谨以此书献予

北京大学物理学科110周年

量 子 力 学

刘玉鑫　曹庆宏　编著

科学出版社

北　京

内 容 简 介

本书系统全面地介绍非相对论性量子力学的基本原理, 可使读者掌握利用非相对论性量子力学研究微观粒子的性质和运动规律的基本方法, 以及进行创新性研究的基本方式和方法.

全书内容共分九章: 第 1 章介绍并讨论物质波概念的建立与物质波的描述, 第 2 章介绍并讨论物理量及其算符表达与相应的量子态, 第 3 章介绍并讨论量子态和物理量随时间的演化, 第 4 章介绍并讨论一维定态问题举例, 第 5 章介绍并讨论有心力场中运动的粒子, 第 6 章介绍并讨论微观粒子的自旋与全同粒子体系的性质及相应的理论研究方法, 第 7 章介绍并讨论非相对论性量子力学的理论体系的公理化表述以及矩阵力学, 第 8 章介绍并讨论非相对论层次上的近似计算方法, 第 9 章介绍并讨论电磁场中运动的带电粒子的性质.

本书内容与本科生(非相对论性)量子力学课程 60~72 学时(周学时 4) 相匹配, 可作为相应的本科生课程的教材或参考书, 也可供相关专业方向的研究生和青年科技工作者参考; 其基本内容也可供 45~54 学时(周学时3)的量子力学课程的教学使用.

图书在版编目(CIP)数据

量子力学/刘玉鑫, 曹庆宏编著. —北京: 科学出版社, 2023.3
ISBN 978-7-03-075160-7

Ⅰ. ①量⋯　Ⅱ. ①刘⋯ ②曹⋯　Ⅲ. ①量子力学-高等学校-教材
Ⅳ. ①O413.1

中国国家版本馆 CIP 数据核字(2023) 第 044447 号

责任编辑: 窦京涛　崔慧娴 / 责任校对: 杨聪敏
责任印制: 赵　博 / 封面设计: 无极书装

科学出版社 出版
北京东黄城根北街 16 号
邮政编码: 100717
http://www.sciencep.com
北京中石油彩色印刷有限责任公司印刷
科学出版社发行　各地新华书店经销
*
2023 年 3 月第 一 版　开本: 720×1000　1/16
2024 年 12 月第三次印刷　印张: 26 3/4
字数: 540 000
定价: 89.00 元
(如有印装质量问题, 我社负责调换)

前　　言

作为 20 世纪最重大科学发现之一的量子物理的重要组成部分, 非相对论性量子力学自 20 世纪 60 年代就已经成为中国大学物理学专业本科教育课程体系的重要核心基础课程之一. 其教学目标通常定位为, 使读者了解并掌握微观粒子的非相对论性运动的基本规律.

经过长期的建设, 在国内已经涌现了周世勋先生编著的《量子力学》(上海科学技术出版社, 1961 年第一版)、曾谨言先生编著的《量子力学》(科学出版社, 1981 年第一版, 并已出版至第五版)、苏汝铿先生编著的《量子力学》(复旦大学出版社, 1997 年第一版; 并已有高等教育出版社出版的第二版)、张永德先生编著的《量子力学》(科学出版社, 2002 年第一版) 等一批有重大影响的优秀教材和教学参考书. 本书秉承作者一贯的 "崇尚结构、力求平实、承袭传统、注意扩展" 的原则, 较系统全面地介绍非相对论性量子力学的基本原理, 使读者掌握利用非相对论性量子力学研究微观粒子的性质和运动规律的基本方法, 以及进行创新性研究的基本方式和方法. 根据上述的课程范畴和适用对象的特点, 全书内容共分九章.

第 1 章介绍并讨论物质波概念的建立与物质波的描述, 包括由对光的本质的探究建立量子的概念、关于实物粒子的量子性初探、物质波概念的建立, 以及量子态的波函数描述初探等.

第 2 章介绍并讨论物理量及其算符表达与相应的量子态, 包括物理量的值的不确定性及其平均值、物理量的算符表达及其本征值和本征函数、物理量算符的性质及运算、量子态与态叠加原理、可测量物理量完全集及其共同本征函数等.

第 3 章介绍并讨论量子态和物理量随时间的演化, 包括量子态满足的动力学方程 (含时薛定谔方程)、定态薛定谔方程、连续性方程与概率守恒、物理量随时间的演化及守恒量等.

第 4 章介绍并讨论一维定态问题实例, 包括一维定态的一般性质、一维线性谐振子、一维方势垒及其隧穿、一维周期场中运动的粒子.

第 5 章介绍并讨论有心力场中运动的粒子, 包括一般讨论、氢原子和类氢离子的性质、三维和更高维无限深球方势阱中运动的粒子.

第 6 章介绍并讨论微观粒子的自旋与全同粒子体系的性质及相应的理论研究方法, 包括自旋自由度的发现、单电子自旋态和两电子自旋态的描述、全同粒子及其交换对称性、电子的自旋–轨道耦合作用与原子能级的精细结构和超精细结构、元素周期表、多粒子体系的一般研究方法, 以及多粒子体系的集体运动的研究方法.

第 7 章介绍并讨论非相对论性量子力学的理论体系的公理化表述以及矩阵力学, 包括希尔伯特空间与量子力学基本原理、量子测量、表象与表象变换、矩阵力学初步以及绘景等.

第 8 章介绍并讨论非相对论层次上的近似计算方法, 包括定态微扰方法、含时微扰方法和量子跃迁、散射问题计算方法、变分方法, 以及准经典近似方法.

第 9 章介绍并讨论电磁场中运动的带电粒子的性质, 包括量子力学的波动力学方法的规范对称性、电子的朗道能级、电磁场中运动的原子、量子相位等.

这些内容及其组织结构和讨论基本与国内外先进教材相同, 但在对物理现象的分析和讨论方面有所深入, 添加了一些最新的研究进展、新发现的现象及其应用, 以及发展建立的新方法的应用的内容. 全书内容与本科生 (非相对论性) 量子力学课程 60~72 学时 (周学时 4) 相匹配, 可作为相应的本科生课程的教材或参考书, 也可供相关专业方向的研究生和青年科技工作者参考; 其基本内容也可供 45~54 学时 (周学时 3) 的量子力学课程的教学使用.

关于 (非相对论性) 量子力学课程教学, 与其他基础物理课程的教学一样, 我们应该将其目标定位为由单纯地向学生传授知识转变成激发和调动同学们的好奇心和学习兴趣、提高他们自己获取知识的能力、提高他们批判性思维的能力和创新性研究的能力, 并使其发挥作为自然科学各学科的先导的作用. 为真正实现这一目标定位, 笔者认为在具体教学中至少应该注意下述事项或环节:

(1) 以物理学基本原理作为载体, 打造课程之魂, 切实培养同学们的科学精神、科学素质和科学方法, 塑造同学们的科学观和科学品质, 从而实现润物无声、潜移默化的既启迪智慧又立德树人的培养目标;

(2) 准确把握并宣扬物理学 "见物讲理、依理造物" 的内涵和外延, 避免其被认为是 "纯粹理论" 科学、甚至因所谓的加强应用技术而将物理学课程边缘化;

(3) 着重对基本概念的准确论述和讲解, 着重物理原理和机制的基础性及其寻根求源的探索性, 切莫让人将 "物理" 误认为是 "无理";

(4) 着重物理图像和知识体系构建及解析计算能力、数值计算和分析能力的培养, 着重定理、定律及公式的实质及适用条件的分析, 避免生搬硬套甚至误导;

(5) 积极调动和激发同学们探索未知的兴趣和欲望, 培养并提高同学们批判性思维的能力和创新性研究的能力, 切忌抹杀同学们的好奇心和批判精神.

众所周知, 教育的目标是启迪智慧、立德树人, 专业是教育和人才培养的平台, 课程是教育和人才培养的实际抓手, 教材则是课程构架和教学内容的系统性载体,是同学们学习的依托，是教师讲授的主线和素材库. 再者, 北京大学的老校长丁石孙先生曾就数学有云 "一个人, 一个国家甚至一个民族, 对待数学, 重要的不是公式、不是定理, 而是它的方法", 并且我们的先贤早就有云 "名不正则言不顺, 言不顺则事不成". 因此, 为实现潜移默化、润物无声地启迪智慧、立德树人的目标, 并落实上述教学事项和教学环节, 最重要的是要采用合适的方法, 这首先要求我们建设相应的以科学观 (包括科学精神、科学素养和科学方法等) 作为其魂的教材或教学参考书, 从而以之为 "名" 和 "言", 激发调动同学们的主观能动性. 另外, 我们还清楚地知道, (非相对论性) 量子力学这门学科和课程本身具有明显的基础性、前沿性和创新性等特点, 对于学生, 量子力学是他们全面了解微观世界的现象和规律、系统学习利用量子物理的基本原理和规律研究实际问题的最重要课程, 学生学习和教师讲授的难度都很大. 考虑预期目标与现实状况的契合, 在本书编著过程中, 作者们秉承一贯的 "崇尚结构、力求平实、承袭传统、注意扩展" 的原则, 根据学科和课程的基础性、前沿性和创新性等特点将具体的着力点落实在下述几方面.

(1) 关于量子力学的创新性, 众所周知, 无论是量子概念的建立还是相应描述 (研究) 方法的建立和应用, 都可谓石破天惊, 是物理学质的升华和飞跃, 具有划时代的意义. 人们常说, 前事不忘, 后事之师. 探究这些创新性研究的过程并将之融入教材和教学之中, 是当今的优秀拔尖人才培养实施过程的重要环节和措施. 对于这些认识过程和升华飞跃, 本书尽量以从无到有、不断深化、实现升华的顺序表述, 具体即沿着 "以遇到问题、发现问题、提出问题作为开端来展开, 然后对解决问题的方案和方法予以具体分析和介绍, 再对新建立方法的成功和适用范围以及尚存问题等进行分析" 的路线, 从学术的角度认真探寻了普朗克光量子假说的提出、爱因斯坦光量子概念的建立、德布罗意物质波概念的提出、物质波概念的动力学基础 (定态薛定谔方程的建立)、波函数统计诠释的建立、海森伯方程的建立、自旋自由度的发现与描述方法的建立、公理化理论表述及与准经典近似对应的建立、产生湮灭算符的引入与占有数表象的建立等引起物理学质的飞跃的重要事件, 以使读者 (尤其是学生) 具有身临其境之感. 一方面, 这样能使同学们切身感受到自己不仅仅是知识的接受者和储藏器, 更是经验尚且不足的知识的解释者、发现者和创造者, 从而更新身份定位, 自觉自愿地接受严格的训练和培养, 实现 "由要我学到我要学" 的转变, 为实现研究型学习奠定基础; 另一方面, 通过这样的分析和讨论, 同学们的以实事求是、热爱科学、坚持真理等为核心的科学精神和以科学判断、批判能力和科学应用等为核心的科学素养得以训练和培养. 我们还知道, 创新研究, 或者说, 科学研究, 有其自身的方法 (实际工作中, 我们都在自觉或不自觉地利用之), 例如实验探究、理论分析、演绎推理、归纳总结、类比外推、顿悟突破、融合集成等. 于是, 本书在探寻引起物理学质的飞跃的一些重要事件时, 较具体地分析了其采用的科学研究方法 (尽管当时可能都是不自觉地), 以之作为实例见习、研判利用这些科学研究方法进行创新性研究的过程, 对同学们发现问题和提出问题的能力、分析问题和解决问题的能力等进行训练, 培养和提高同学们的创造性思维和创新性工作的能力、应对未来未知因素的能力、引领未来的能力和一般的科学方法及相关品质.

(2) 量子力学的基础性主要表现在其研究对象是微观粒子和决定微观粒子运动行为与性质的动力学规律 (即量子力学原理及其后续的发展). 这一基础性特点使得量子力学中的许多概念和原理明显超越经典物理的直观性特点, 其理论方法更是全新的. 这一方面给教师讲授和同学学习增添了困难, 另一方面给我们展现了一幕其背后可能风采绚丽多姿、行为离奇动人的纱幔, 强烈的一探究竟的好奇心将激励学生揭开纱幔并探根寻源. 因此, 在概念建立与知识体系构建及物理实质、使用范围的介绍与讨论方面, 本书始终基于物理学的实验科学本质来展开内容, 从全面系统地介绍观测到的实验现象入手, 分析原有理论遇到的困难及其核心因素, 到建立新的概念和理论方法, 并根据理论的逻辑性、系统性和严谨性逐层深入. 关于概念的准确性及学科本身的基础性和探索性, 对于定理、定律和 (动力学) 方程及公式等, 本书尽量在预判的、同学们已具备的知识储备基础上给出完整的论述、论证或证明, 避免出现 "可以证明" 的字样; 对于远远超出同学们知识储备基础和本课程范畴的问题, 本书明确说明在后续的课程可以得以解决或处于正在研究的阶段, 避免引起 "物理学自说自话" 的误解和学术上有 "一言堂" 或 "强词夺理" 甚至 "无理取闹" 的嫌疑.

(3) 量子力学的前沿性与其基础性紧密相伴. 从 20 世纪 20 年代中期量子力学建立到 50 年代前期甚至 20 世纪末关于原子核的组分单元的探究及这些组分单元 (强子) 的结构的揭示, 到 70 年代关于强子结构的理论的建立及后来的发展, 再到 21 世纪初关于原子核的集体运动模式的相变及其临界点对称性的揭示等, 其突破的原始形式都是在 (非相对论性) 量子力学层次上的, 例如夸克和胶子 (强子的组分单元) 的色自由度的建立是费米子的泡利不相容原理的必然结论, 描述强子结构的直观的理论模型是三维无限深球方势阱中运动的粒子, 描述原子核集体运动模式相变的临界点状态的性质的理论模型亦是无限深球方势阱及其扩展, 等等. 因此, 本书在牺牲了对三维各向同性谐振子问题等传统内容的介绍和深入讨论 (转变为例题或习题, 由读者自己完成) 的情况下, 添加了对这些相关内容的介绍和讨论. 同时, 相干态表象是利用量子力学解决实际物理问题的一个重要表象, 本书不仅对其进行了介绍和讨论, 还给出了利用量子力学研究多粒子体系的集体运动状态的实例. 再者, 与量子力学的理论体系的建立和研究相对应, 发展建立了众多新技术和应用. 在目前大力实施基础学科优秀拔尖人才培养和新工科等建设的今天, 教学和教材必须反映前沿研究的发展状况. 因此, 本书既注意阐述概念、理论及其导出或证明过程, 也重视对实验及应用的描述和分析, 尤其是尽可能在不超出同学们知识储备水平层次上自然地引入前沿研究和发展现状的介绍, 使得 "所开窗口" 自然出现, 与课程的基本知识和同学们的学术背景无缝衔接, 激发同学们的兴趣和积极性, 并以其为基础进行展开和深化, 例如光电子技术、扫描电子显微镜、微观粒子探测技术、光谱分析技术、自旋霍尔效应、量子相位、磁共振技术等, 以期读者可以由之体会到物理学不仅是深化并提高人类对自然界的认识、丰富人类知识的科学, 更是几乎所有高新技术的源泉的科学, 从而窥得物理学是 "见物讲理、依理造物" 的科学的学科真谛.

(4) 前已述及, 物理学教育与其他学科的教育一样, 总体目标也是启迪智慧、立德树人. 上面简述了量子力学课程及本书在关于启迪智慧方面的措施和实施方式及期待的效果. 事实上, 量子力学的建立和发展还是课程思政、立德树人的极佳载体. 笔者以为, 课程思政、立德树人除了包括前述的启迪智慧之外, 还应该引导同学们建立正确的世界观、人生观和价值观, 培养同学们的家国情怀, 培养同学们艰苦奋斗、勤奋刻苦、严谨认真、执着探索的精神和能力, 培养同学们坚持真理的科学精神和批判性思维的能力等. 量子力学的建立和发展, 尤其是使得物理学发生质的飞跃的众多事件, 都是课程思政的极佳范例, 例如赫兹等发现和确认光电效应、密立根证实爱因斯坦关于光电效应的理论、薛定谔建立其定态运动方程等都是艰苦奋斗、勤奋刻苦、严谨认真、质疑批判、执着探索的具体实例; 自旋自由度的发现和相应描述理论的建立、EPR 佯谬的发现等都是批判需要能力而不能盲目批判、坚持真理并执着探索的典范; 凡此等等, 不胜枚举. 本书对此也都做了介绍和分析, 以期起到教学和教材都是课程思政、立德树人的载体的作用.

(5) 此外, 本书引用、改编和新编思考题与习题近 300 道, 其中约五分之一是根据目前广泛关心的自然现象和学术问题以及正在致力研究的问题或提出的方法改编和新编的, 难度较大, 尤其是对解析计算、数值分析、物理直觉及合理近似的要求较高, 以期由之激发同学们的兴趣, 培养并提高其能力.

尽管本书是基于作者们在北京大学物理学院讲授量子力学和原子物理学近 20 年的讲义整理而成, 并经多位同仁使用, 但是, 由于其中蕴含的材料不仅信息量较大, 知识跨度也较大, 尤其是首次引入教材和教学的探索之处甚多, 加上作者水平所限, 书中可能存在不妥和谬误之处, 恳请读者不吝指正.

在本书写作过程中, 北京大学的高原宁院士、陈斌教授、刘川教授、马中水教授、田光善教授、朱守华教授、朱世琳教授, 南开大学的刘玉斌教授, 上海交通大学的陈列文教授和华中师范大学的侯德富教授等认真阅读了全部书稿, 并多次与作者进行深入具体的讨论, 提出了许多宝贵的修改意见. 北京大学理论物理研究所、北京大学基础物理教学中心及其他单位的多位同仁也都提出了许多宝贵意见和建议, 并提供了参考资料. 在此, 作者对诸位同仁表示衷心感谢!

刘玉鑫　曹庆宏

2022 年 10 月于北京大学物理学院

目　　录

第 1 章　物质波概念的建立与物质波的描述

量子概念的建立可谓石破天惊, 对量子现象及其动力学行为的描述更非易事. 然而这一建立过程并非无迹可寻, 更不是那些物理大师突发奇想而成. 前事不忘, 后事之师. 本章简要介绍经典物理发展到 20 世纪初遇到的本质困难和前辈物理学家执着探索实现升华而建立量子概念的过程, 以及量子物理中对于状态的表征的基本概念和图像, 主要内容包括: 由对光的本质的探究建立量子的概念, 实物粒子的量子性初探——玻尔旧量子论, 物质波的概念, 量子态的波函数描述初探.

1.1　由对光的本质的探究建立量子的概念

1.1.1　经典物理在热辐射研究中遇到的困难与普朗克光量子假说

1. 经典物理在热辐射研究中遇到的困难

1) 热辐射及相关主要物理量

对于物体以电磁波形式向外部发射能量, 人们称之为辐射. 处在热平衡态的物体在一定温度下进行的辐射称为热辐射.

显然, 对于热辐射, 人们关心物体进行热辐射的能力. 直观地, 物体进行热辐射的能力除与物体的性质和结构有关外, 还与物体所含的物质的量, 尤其是进行辐射的表面积有关. 为便于比较不同物体的辐射能力, 人们把温度为 T 的物体在单位时间内从单位表面上发射的波长在 λ 到 $\lambda + \mathrm{d}\lambda$ 范围内的辐射能量 $\mathrm{d}E$ 与波长间隔 $\mathrm{d}\lambda$ 之比称为物体在温度 T、波长 λ 情况下的辐射本领, 常记为 r. 上述定义可以简记为

$$r(T,\lambda) = \frac{\mathrm{d}E(T,\lambda)}{\mathrm{d}\lambda}. \tag{1.1}$$

单位时间内从单位面积上辐射的各种波长的总能量称为该物体的总辐射本领, 即有

$$E(T) = \int_{\lambda=0}^{\lambda \to \infty} \mathrm{d}E(T,\lambda) = \int_0^\infty r(T,\lambda)\mathrm{d}\lambda. \tag{1.2}$$

物体都有热辐射, 并且对其他物体的辐射 (辐射来的能量) 由散射 (常狭义地称为反射)、吸收、透射等方式进行响应. 为描述物体的性质, 除辐射本领外, 人们

还引入了吸收本领 (系数)、反射本领 (系数) 和透射本领 (系数) 等概念. 它们分别定义为

$$a(T, \lambda) = \frac{\mathrm{d}E^{\mathrm{a}}(T, \lambda)}{\mathrm{d}E^{\mathrm{in}}(T, \lambda)}, \quad \rho(T, \lambda) = \frac{\mathrm{d}E^{\mathrm{refl}}(T, \lambda)}{\mathrm{d}E^{\mathrm{in}}(T, \lambda)}, \quad t(T, \lambda) = \frac{\mathrm{d}E^{\mathrm{trans}}(T, \lambda)}{\mathrm{d}E^{\mathrm{in}}(T, \lambda)},$$

其中, $\mathrm{d}E^{\mathrm{in}}(T, \lambda)$ 为确定温度 T 下外来辐射中波长为 λ 的那部分电磁波的能量; $\mathrm{d}E^{\mathrm{a}}(T, \lambda)$ 为温度 T 下物体从外来辐射中吸收的波长为 λ 的那部分电磁波的能量; $\mathrm{d}E^{\mathrm{refl}}(T, \lambda)$ 为温度 T 下物体反射的波长为 λ 的那部分电磁波的能量; $\mathrm{d}E^{\mathrm{trans}}(T, \lambda)$ 为温度 T 下从外来辐射中直接穿透过物体的波长为 λ 的那部分电磁波的能量.

2) 黑体与基尔霍夫辐射定律

显然, 根据能量守恒定律, 我们有

$$a(T, \lambda) + \rho(T, \lambda) + t(T, \lambda) = 1. \tag{1.3}$$

人们通常称不透明的物体为黑体, 即 $t_{\mathrm{B}}(T, \lambda) \equiv 0$. 对于黑体, 如果 $a(T, \lambda) = 1$, 则显然有 $\rho(T, \lambda) = 0$. 在任何温度下把辐照在其上的任意波长的辐射能量都全部吸收的物体称为绝对黑体, 通常简称为黑体, 即有 $a_{\mathrm{B}}(T, \lambda) \equiv 1$.

由平衡态的定义知, 包含辐射本领和吸收本领分别为 r_1, r_2, r_3, $\cdots$, a_1, a_2, a_3, $\cdots$ 的一系列物体 O_1, O_2, O_3, $\cdots$ 的系统, 各辐射体的辐射本领与吸收本领的比值仅与系统的温度和辐射的波长有关, 与具体的物体无关, 即有

$$\frac{r_1(T, \lambda)}{a_1(T, \lambda)} = \frac{r_2(T, \lambda)}{a_2(T, \lambda)} = \frac{r_3(T, \lambda)}{a_3(T, \lambda)} = \cdots = f(T, \lambda). \tag{1.4}$$

该规律称为基尔霍夫辐射定律. 那么, 吸收本领大的物体其辐射本领也大. 由此可知, (绝对) 黑体是辐射本领最大的物体, 也就是一般物体 (常称为灰体) 的辐射本领都小于 (绝对) 黑体的辐射本领, 即有 $r(T, \lambda) \leqslant r_{\mathrm{B}}(T, \lambda)$. 因此, 研究物体的辐射本领时, 人们通常由研究黑体的辐射本领入手.

3) 关于黑体辐射的基本规律

到 19 世纪末, 已进行了很多关于黑体的辐射本领的实验测量, 测得的结果如图 1.1 所示.

通过综合分析大量实验结果, 斯特藩 (J. Stefan) 和玻尔兹曼 (L. E. Boltzmann) 在较早时候就分别发现了关于黑体辐射的总辐射本领的规律, 其具体表述为

$$E = \sigma T^4, \tag{1.5}$$

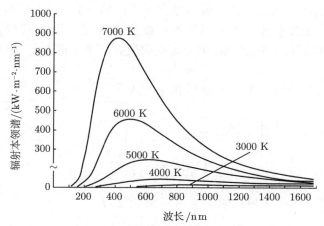

图 1.1 关于黑体的辐射本领的实验测量结果 (示意图)

其中, $\sigma = 5.67 \times 10^{-8}$ W·m^{-2}·K^{-4} 常被称为斯特藩–玻尔兹曼常量. 此即著名的斯特藩–玻尔兹曼定律.

由图 1.1 知, 对于任一温度下的黑体辐射, 其对不同波长的电磁波的辐射本领不同, 并且存在一个特定波长, 其被辐射的辐射本领最大. 维恩 (W. Wien) 通过总结很多实验的测量结果发现, 对应辐射本领取得极大值的辐射的波长 λ_m 随温度 T 升高而减小, 二者的乘积 $\lambda_m T$ 保持为常量, 即有

$$\lambda_m T = b, \tag{1.6}$$

其中, $b = 2.898 \times 10^{-3}$ m·K 为常量. 该规律称为 (黑体辐射的) 维恩位移定律.

4) 经典物理对黑体辐射的描述及其遇到的困难

根据热辐射的定义, 温度 T 情况下波长为 λ 的热辐射即从物体中发射出的波长为 λ 的电磁波的能量. 对于波长为 λ 的电磁波, 其频率为 $\nu = \dfrac{c}{\lambda}$, 角频率为 $\omega = 2\pi\nu = \dfrac{2\pi c}{\lambda} = 2\pi c k$, 其中, c 为电磁波传播的速度 (即光速), $k = \dfrac{1}{\lambda}$ 为波数. 假设辐射体为边长为 L 的立方体, 记电磁波的角频率密度为 $D(\omega)$, 则在物体内形成电磁波的振动数为各方向振动数的乘积, 即有

$$D(\omega)\mathrm{d}\omega = \mathrm{d}n_x \mathrm{d}n_y \mathrm{d}n_z = \mathrm{d}\left(\frac{L}{\lambda_x}\right)\mathrm{d}\left(\frac{L}{\lambda_y}\right)\mathrm{d}\left(\frac{L}{\lambda_z}\right) = V\mathrm{d}k_x \mathrm{d}k_y \mathrm{d}k_z.$$

严格地从经典物理看, 因为固定边界内的振动形成的波为驻波, 上述计算应以 $\dfrac{\lambda}{2}$ 为分母计算出半个振动的数目, 再转化为振动的数目 (由上式中的 k_x、k_y、k_z 的

意义知, 它们的取值范围仅在三维直角坐标系的第一卦限, 在转换到球坐标系时出现系数 $1/8$, 与由考虑 $\lambda/2$ 而引入的系数 8 相消, 从而结果相同). 假设振动各向同性, 将上式转换到球坐标系, 并考虑电磁波有两个偏振方向, 则有

$$D(\omega)\mathrm{d}\omega = V \cdot 2 \cdot 4\pi k^2 \mathrm{d}k = 8\pi V \frac{\omega^2 \mathrm{d}\omega}{(2\pi c)^3} = \frac{8\pi V}{c^3}\nu^2 \mathrm{d}\nu.$$

将上式转换到波长 λ 空间, 则有

$$D(\lambda)\mathrm{d}\lambda = \frac{8\pi V}{\lambda^4}\mathrm{d}\lambda,$$

于是, 电磁波的态密度可以用频率 ν 为宗量表述为

$$D(\nu) = \frac{8\pi}{c^3}\nu^2. \tag{1.7}$$

也可以用波长 λ 为宗量表述为

$$D(\lambda) = \frac{8\pi}{\lambda^4}. \tag{1.8}$$

　　由热物理基本原理, 单位时间内从物体上的单位面积辐射出去的电磁波的数目为电磁波的泻流数率 $\Gamma = \frac{1}{4}n\bar{v} = \frac{1}{4}cD$. 再考虑能量均分定理: 每一振动的平均能量与系统的温度之间有关系 $\bar{\varepsilon} = k_\mathrm{B}T$, 则得黑体的辐射本领为

$$r_\mathrm{B}(T, \lambda) = \frac{2\pi c}{\lambda^4}k_\mathrm{B}T. \tag{1.9}$$

此即著名的黑体辐射本领的瑞利 (Rayleigh) 公式, 也常称为瑞利–金斯 (Rayleigh-Jeans, R-J) 公式.

　　如果不利用能量均分定理的结果, 而考虑一个振动的能量与其波长 λ 之间有关系 $\varepsilon = f(\lambda)$, 系统的振动能量的分布满足玻尔兹曼分布 $n(\varepsilon) \propto \mathrm{e}^{-\frac{\varepsilon}{k_\mathrm{B}T}}$, 即有 $\bar{\varepsilon} = \int f(\lambda)\mathrm{e}^{-\frac{f(\lambda)}{k_\mathrm{B}T}}\mathrm{d}\lambda$, 再计算总辐射本领, 并与斯特藩–玻尔兹曼定律比较, 得到函数 $f(\lambda)$, 进而可得黑体辐射本领的维恩公式

$$r_\mathrm{B}(T, \lambda) = \frac{c_1}{\lambda^5}\mathrm{e}^{-\frac{c_2}{\lambda T}}, \tag{1.10}$$

其中, c_1、c_2 为普适常量 (常分别称之为第一、第二辐射常量).

　　利用瑞利–金斯公式和维恩公式对黑体的辐射本领的计算结果及其与实验结果的比较如图 1.2 所示.

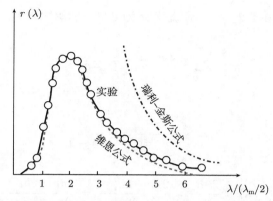

图 1.2 利用瑞利–金斯公式和维恩公式对黑体的辐射本领的计算结果
及其与实验结果的比较 (示意图)

由图 1.2 很容易看出, 维恩公式可以很好地描述黑体辐射本领在中短波长区的行为, 但不能描述其在长波区的行为 (衰减太快); 瑞利–金斯公式可以描述黑体辐射本领在长波区的行为, 但对于黑体辐射本领在短波区的行为, 不仅不能定量描述, 并且出现发散, 也就是说, 定性上就不正确. 此即著名的关于黑体辐射的紫外灾难. 这说明对于黑体辐射, 经典物理遇到了本质上的困难.

2. 紫外灾难的解决——光量子假说

1) 普朗克光量子假说与普朗克黑体辐射本领公式

为解决上述本质困难, 德国物理学家普朗克 (M. Planck) 根据瑞利–金斯公式和维恩公式分别适用于长波区、短波区, 参照热力学关系, 对这两个公式进行内插拟合, 给出一个对全波长区域都适用的公式——普朗克公式. 为探究公式背后的物理本质, 普朗克分析了两个公式的导出过程, 发现其问题可能是出在黑体辐射能量的平均值的表述. 为解决上述问题, 普朗克假设引起辐射的谐振子的能量只能取某些特殊的分立值, 这些分立值是某一最小能量单元 ε_0 的整数倍, 即 $E = E_n = n\varepsilon_0$, 其中频率为 ν 的谐振子的能量单元为 $\varepsilon_0 = h\nu$, $h = (6.6256 \pm 0.0005) \times 10^{-34}$ J·s 为普朗克常量. 考虑粒子能量状态的玻尔兹曼分布律

$$P(\varepsilon) \propto \mathrm{e}^{-\beta\varepsilon},$$

其中 $\beta = \dfrac{1}{k_{\mathrm{B}}T}$, 则黑体辐射出的能量的平均值应为

$$\overline{\varepsilon} = \frac{\sum\limits_{n=0}^{\infty} n\varepsilon_0 \mathrm{e}^{-\beta n\varepsilon_0}}{\sum\limits_{n=0}^{\infty} \mathrm{e}^{-\beta n\varepsilon_0}} = -\frac{\partial}{\partial\beta}\left[\ln\left(\sum\limits_{n=0}^{\infty} \mathrm{e}^{-\beta n\varepsilon_0}\right)\right].$$

因为 $\{e^{-\beta n\varepsilon_0}, n = 0, 1, 2, \cdots, \infty\}$ 是公比为 $e^{-\beta\varepsilon_0}$ 的等比数列, 即有

$$\sum_{n=0}^{\infty} e^{-\beta n\varepsilon_0} = \frac{1}{1 - e^{-\beta\varepsilon_0}},$$

于是[1]

$$\bar{\varepsilon} = \frac{\varepsilon_0 e^{-\beta\varepsilon_0}}{1 - e^{-\beta\varepsilon_0}} = \frac{\varepsilon_0}{e^{\beta\varepsilon_0} - 1}.$$

所以

$$r_{\mathrm{B}}(T, \lambda) = \frac{2\pi c}{\lambda^4}\bar{\varepsilon} = \frac{2\pi c}{\lambda^4}\frac{\varepsilon_0}{e^{\beta\varepsilon_0} - 1} = \frac{2\pi c}{\lambda^4}\frac{h\nu}{e^{\frac{h\nu}{k_{\mathrm{B}}T}} - 1}.$$

将波长与频率间的关系 $\nu = \dfrac{c}{\lambda}$ 代入, 则得

$$r_{\mathrm{B}}(T, \lambda) = \frac{2\pi h c^2}{\lambda^5}\frac{1}{e^{\frac{hc}{\lambda k_{\mathrm{B}}T}} - 1}. \tag{1.11}$$

此即著名的黑体辐射本领的普朗克公式. 具体计算表明, 普朗克公式给出的结果与实验测量结果完全一致.

2) 普朗克公式与维恩公式及瑞利–金斯公式间的关系

很显然, 在短波情况下, $k_{\mathrm{B}}T \ll \dfrac{hc}{\lambda}$, $e^{\frac{hc}{\lambda k_{\mathrm{B}}T}} \gg 1$, 于是

$$r_{\mathrm{B}}(T, \lambda) = \frac{2\pi h c^2}{\lambda^5}\frac{1}{e^{\frac{hc}{\lambda k_{\mathrm{B}}T}} - 1} \approx \frac{2\pi h c^2}{\lambda^5}e^{-\frac{hc}{\lambda k_{\mathrm{B}}T}}.$$

此即前述的维恩公式, 并有 $c_1 = 2\pi h c^2$, $c_2 = \dfrac{hc}{k_{\mathrm{B}}}$.

在长波情况下, $k_{\mathrm{B}}T \gg \dfrac{hc}{\lambda}$, $e^{\frac{hc}{\lambda k_{\mathrm{B}}T}} - 1 \approx \dfrac{hc}{\lambda k_{\mathrm{B}}T}$, 于是

$$r_{\mathrm{B}}(T, \lambda) = \frac{2\pi h c^2}{\lambda^5}\frac{1}{e^{\frac{hc}{\lambda k_{\mathrm{B}}T}} - 1} \approx \frac{2\pi h c^2}{\lambda^5}\frac{1}{\dfrac{hc}{\lambda k_{\mathrm{B}}T}} = \frac{2\pi c}{\lambda^4}k_{\mathrm{B}}T.$$

此即前述的瑞利–金斯公式.

---

① 用现在的观点来看, 玻色分布 $n_\varepsilon = \dfrac{1}{e^{\frac{\varepsilon}{k_{\mathrm{B}}T}} - 1}$, 则 $\bar{\varepsilon} = \varepsilon n_\varepsilon = \dfrac{h\nu}{e^{\frac{h\nu}{k_{\mathrm{B}}T}} - 1}$ 是玻色分布下的直接结果. 只不过当时没有建立玻色统计规律, 没有量子统计物理.

这些分析表明, 瑞利–金斯公式和维恩公式分别是普朗克公式在长波、短波情况下的近似. 那么, 经典物理下的瑞利–金斯公式可以很好地描述黑体辐射的辐射本领在长波区的行为, 维恩公式可以很好地描述黑体辐射的辐射本领在短波区的行为的事实可以作为普朗克公式正确的例证.

3) 斯特藩–玻尔兹曼定律和维恩位移定律的导出

进一步, 将普朗克公式代入式 (1.2), 完成积分, 则得

$$E = \sigma T^4,$$

其中, $\sigma = \dfrac{2\pi^5 k_{\mathrm{B}}{}^4}{15h^3 c^2} = 5.662 \times 10^{-8} \ \mathrm{W \cdot m^{-2} \cdot K^{-4}}$. 此即著名的斯特藩–玻尔兹曼定律, 并且这样确定的斯特藩–玻尔兹曼常量 σ 与实验观测值符合得很好.

另外, 将普朗克公式代入 $\dfrac{\mathrm{d} r_{\mathrm{B}}(T, \lambda)}{\mathrm{d}\lambda} = 0$, 在保证二阶导数 $\dfrac{\mathrm{d}^2 r_{\mathrm{B}}(T, \lambda)}{\mathrm{d}\lambda^2} < 0$ 条件下, 得到

$$\lambda_{\mathrm{m}} T = b,$$

其中, λ_{m} 为对应辐射本领取得极大值的辐射的波长; $b = \dfrac{hc}{4.965 k_{\mathrm{B}}}$ 为与实验观测结果很好符合的常量 $(2.898 \times 10^{-3} \ \mathrm{m \cdot K})$. 这就是著名的维恩位移定律.

1.1.2 光电效应与爱因斯坦光量子理论

1.1.1 小节关于黑体辐射的讨论表明, 通过引入光量子假说: 引起辐射的谐振系统只能以 $h\nu$ 为单元改变能量, 并吸收或发射电磁波, 其中 h 为普朗克常量、ν 为光波的频率, 很好地解决了经典物理在关于黑体辐射本领研究中遇到的本质困难 (紫外灾难). 对光量子假说提供机制支撑当然成为需要探究的重要问题. 与此同时, 实验上发现了光电效应, 并且在对之研究中经典物理也遇到了本质困难. 爱因斯坦独辟蹊径的工作不仅对普朗克光量子假说提供了理论支撑, 还解决了光电效应研究中经典物理遇到的困难. 本小节对此予以简要介绍.

1. 光电效应的实验事实与经典物理遇到的困难

1) 光电效应的实验事实

1887 年, 在对电磁波的发射与接收的实验研究中, 为了更容易观测并提高实验精度 (排除发射器直接影响, 说明接收器接收到的确实是传播来的电磁波), 德国物理学家海因里希·赫兹 (Heinrich Hertz) 把整个接收器置入一个不透明的盒子内, 结果发现接收间隙中的最大火花长度因之而减小. 具体分析表明, 上述现象是由除频率高 (波长短) 的紫外光外其他波段的光都遇到屏蔽所致. 此即光电效应的原始表现 (亦称为 "赫兹效应").

经霍尔伐克士、里吉、史托勒托夫、莱纳德等很多学者进一步深入系统的研究, 人们确认了赫兹效应, 并把由光 (电磁波) 照射到物质材料 (金属等) 表面上, 材料中有电子 (光电子) 逸出形成光电流的现象统称为光电效应. 现在常用的观测光电效应的实验装置示意图如图 1.3 所示, 并且归纳总结出光电效应的实验事实和规律如下.

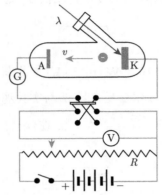

图 1.3   现在常用的观测光电效应的实验装置示意图

(1) 不同材料虽有差异, 但都存在截止频率 (红限)ν_s. 采用频率低于 ν_s 的光, 无论其辐照光的强度 (辐照度) 多大, 都不会产生光电效应. 该最低 "极限频率" 称为该材料的截止频率, 亦称为其红限.

(2) 对于不同材料, 只要辐照光的频率大于截止频率, 单位时间从材料的单位表面发射的光电子的数量 (光电流强度) 不随外加电压增大而一直增大, 而存在最大值 (饱和电流), 饱和电流强度与辐照光强度成正比, 如图 1.4 所示. 饱和电流 $I_s \propto E$, 其中 E 为入射光的光强.

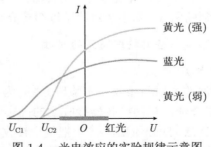

图 1.4   光电效应的实验规律示意图

(3) 每一种材料所发射出的光电子都有其特定的最大动能 (最大速度)$\frac{1}{2}mv_{\max}^2$,

该最大动能与辐照强度无关; 存在截止电压, 并与外加电压成正比, 与光波的光谱成分有关, 正比于辐照光的频率. 记截止电压为 U_0, 辐照光的截止频率为 ν_s, 电子携带电量的数值为 e, 则光电子的最大动能可表述为

$$\frac{1}{2}mv_{\max}^2 = e(U - U_0) \propto (\nu - \nu_s). \tag{1.12}$$

(4) 弛豫时间非常短, 只要辐照光的频率大于截止频率, 辐照到材料表面马上就有光电子逸出 (后来的测量表明, 所需时间小于 3×10^{-9}s).

2) 经典物理遇到的困难

与对黑体辐射的研究一样, 在对光电效应的规律的研究中, 经典物理也遇到了本质困难.

对于第 (1) 条规律, 尽管当时有莱纳德的 "触发假说", 但学术界广泛接受的仍然是基于对固体中电子运动行为的学说. 电子本来在固体晶格间做近自由运动, 受外电磁场影响, 电子在固体中作受迫振动, 并逐渐获得能量, 当能量积累足够多即克服束缚而脱出固体, 形成光电子. 在这一观点下, 只要光照时间足够长, 电子总可以获得足够的能量而脱出, 从而不应该存在截止频率, 这显然无法解释前述实验观测到的第 (1) 条规律.

按照上述受迫振动吸收能量的方案, 记 W 为光电子的脱出功, P 为单位时间内照射到单位面积上的光能量, n 为金属内自由电子数密度, d 为光穿入金属内的深度, τ 为弛豫时间, 根据能量守恒原理, 应有

$$\tau = \frac{dnW}{P}.$$

将通常所用材料的 n、W 以及所用光的 P 和 d 代入上式知, 对于常用材料及光, 逸出光电子的弛豫时间一般很长 (小时的量级). 这与实验观测到的只要频率足够高, 光一照上去就有光电流形成存在严重的矛盾.

根据经典物理学, 入射光束是一种电磁波, 在材料表面的电子感受到电磁波的电场力后会跟随电磁波振动. 电磁波的振幅越大 (即辐照光强度越大), 电子的振动就越激烈, 从而具有更大的能量, 因此, 发射出的光电子应该具有更大的动能. 但事实是发射的光电子的最大动能与辐照光的强度无关, 从而经典物理遇到严重困难. 再者, 按照经典电磁理论, 材料中的电子通过共振吸收获得能量而脱出时, 其吸收谱很复杂 (详细内容可参见 J. D. Jackson, 经典电动力学 (第 3 版) 第 7 章), 绝非线性关系, 因此发射出的光电子的最大动能与辐照光的频率不应该呈简单的线性关系. 在这方面经典物理也遇到了严重挑战.

2. 困难的解决——爱因斯坦光量子理论

1) 爱因斯坦的光量子理论

1.1.1 节关于黑体辐射的讨论表明, 为解决经典物理遇到的困难 (关于黑体辐射本领的紫外灾难), 普朗克提出了光量子假说: 引起辐射的谐振系统只能以 $h\nu$ 为单元改变能量, 并吸收或发射电磁波, 其中 h 为普朗克常量, ν 为光波的频率. 为探讨普朗克光量子假说的机制, 1905 年, 爱因斯坦发表了题为《关于光的产生和转化的一个试探性观点》的论文 (Annalen der Physik 322, 132-148 (1905)), 一方面在当时物理学发展水平上证明了普朗克的光量子假说, 另一方面对光电效应给出了很好的解释 (因此获得 1921 年的诺贝尔物理学奖). 爱因斯坦的证明基于对辐射系统的熵的具体计算而展开 (具体过程请钻研爱因斯坦的原始文献 (有英译版), 简要的中文介绍请参见刘玉鑫编著的《原子物理学》(高等教育出版社, 2021)), 并得到结论

$$\Delta S = S - S_0 = \frac{k_{\rm B}E}{h\nu} \ln\left(\frac{V}{V_0}\right),$$

其中, E 为稳定辐射时辐射的能量; ν 为辐射的光的频率; h 为普朗克常量; V 为辐射系统的体积. 显然, 该辐射系统的熵改变量与系统体积之间的关系和理想气体系统的熵改变量与系统体积之间的关系完全相同. 据此, 爱因斯坦大胆外推, 既然系统的熵改变量的表达式与理想气体系统的熵改变量的表达式相同, 那么其组分也应该具有相同的特征或性质; 理想气体系统的组分单元是一个一个独立的颗粒 (分子), 那么组成辐射系统的单元也应该是一个一个独立的具有能量的颗粒.

这样, 爱因斯坦利用 20 世纪初已知的物理学理论 (如电磁学、热力学统计物理学等) 对辐射系统的熵的直接计算和类比方法的大胆外推, 说明光 (电磁波) 是由一份一份不连续的能量单元组成的能量流, 其中每一个单元称为光量子 (简称光子, 其后一段时间才这样命名), 光子的能量 $\varepsilon = h\nu$, 其中 h 为普朗克常量, ν 为光波的频率, 光子只能整个地被吸收或发射. 对比普朗克在对于黑体辐射的研究中提出的关于光的认识 "谐振子系统只能以 $\varepsilon = h\nu$ 为单元改变能量, 并吸收或发射电磁波", 爱因斯坦的 "$\varepsilon = h\nu$" 显然具有很好的理论基础, 并且揭示了光的本质 (严格来讲, 应该是光的本质的一个侧面), 因此, 人们称爱因斯坦的这一结论 (以及其后建立的关于自发辐射的机制) 为光量子理论, 而称普朗克的 "$\varepsilon = h\nu$"(实际比爱因斯坦的早五年) 为光量子假说.

2) 经典物理在描述光电效应的规律时遇到的困难的解决

在说明了光是不连续的能量颗粒形成的能量流之后, 作为其关于光的新观点的应用, 爱因斯坦讨论了光电效应.

　　既然光束是一个一个光子形成的能量流, 光子只能整个地发射或被吸收, 并且光子的能量正比于光的频率, 那么只有当光子的能量满足材料中电子对能量共振吸收的条件时, 才被吸收, 于是, 一定存在极限频率 (红限). 对频率在极限频率之下的光, 由于不满足共振吸收条件, 光子都不会被吸收, 因此无论光强多大, 都不会有光电子产生; 对频率在极限频率之上的光, 电子在很短的时间内即可吸收一个光子, 获得大于电子在材料中的束缚能 (脱出功) 的能量, 从而立即脱离束缚而逸出, 形成光电子, 亦即光电效应的弛豫时间很短. 这样, 很自然地解决了经典物理在描述光电效应的第 (1)、第 (4) 条规律时遇到的本质困难.

　　在爱因斯坦关于光的新观点下, 记光子能量为 $\varepsilon = h\nu$, 材料中的电子的束缚能 (脱出功) 对应的能量为 $\varepsilon_\mathrm{c} = h\nu_\mathrm{s}$, 根据能量守恒定律, 逸出电子的最大动能可以表述为

$$E_\mathrm{k,max} = \frac{1}{2} m_\mathrm{e} v_\mathrm{max}^2 = \varepsilon - \varepsilon_\mathrm{c} = h(\nu - \nu_\mathrm{s}).$$

这样就圆满地解决了经典物理在描述光电效应的第 (3) 条规律时遇到的本质困难.

　　在爱因斯坦关于光的新观点下, 顾名思义, 光的强度即单位时间内通过单位横截面的光子数; 而由电流强度的定义知, 光电流强度为单位时间内通过单位横截面积的光电子携带的电量 (当然正比于光电子的数目). 既然材料中的电子吸收一个满足共振吸收条件的光子即成为光电子, 那么光电子的数目自然等于被吸收的光子的数目. 对于满足频率极限 (波长极限) 条件的光束, 在单位时间内通过单位横截面积的光子数目自然决定了光电子的数目, 即光电流的强度. 因此, 饱和光电流强度必然正比于光的强度. 由于设备设计因素, 所以在未达到饱和光电流强度情况下, 外加电压当然具有加速光电子、提高光电流强度的作用. 这样, 爱因斯坦关于光的新观点自然可以很好地描述光电效应的第 (2) 条规律.

　　尽管爱因斯坦关于光的新观点是基于当时已知的物理学理论, 并解决了经典物理在描述光电效应时遇到的困难, 但它毕竟是建立在类比外推的基础之上的. 虽然爱因斯坦的结论具有坚实基础, 但其论证极具想象力, 并且与通过精密实验证明的光的波动理论不相容而遭到学术界强烈的抗拒. 例如, 美国物理学家罗伯特 · 密立根 (R. A. Millikan) 曾坦率地讲 "怎么都不相信爱因斯坦的理论是一个令人满意的理论", 并致力于利用实验事实否定爱因斯坦的观点. 然而, 花费十年时间, 完成对 Na、Mg、Al、Cu 等很多材料的实验之后, 密立根不得不承认爱因斯坦的理论正确无误, 并且应用光电效应直接确定了普朗克常量 (Phys. Rev. 7: 18 (1916); 7: 355 (1916)). 基于 "关于基本电荷以及光电效应的工作", 密立根获得了 1923 年的诺贝尔物理学奖.

　　光电效应的发现及其规律的解释, 不仅推动了人们对光的量子性的认识的发展, 还引发了很多技术上的重大进步, 成为当今一个巨大产业, 推动着人类社会的

进步. 显然, 光电效应问题的解决也是好奇心和批判性思维引发重大创新的典范, 是演绎推理与类比外推等科学方法产生重大创新的典型案例.

1.1.3 康普顿效应

1. 光的康普顿散射与康普顿效应

X 射线在由轻元素原子形成的物质上的散射称为光的康普顿 (Compton) 散射 (A. H. Compton, Phys. Rev. 22, 409(1923). 我国物理学家吴有训对此作出重要贡献.). 众多实验得到的结果可以归纳为下述四条规律 (具体介绍请参见 "原子物理学" 相关教材):

(1) 散射光中除有与原入射光波长 λ_0 相同的成分外, 还有较原波长长的成分 λ.

(2) $\lambda - \lambda_0$ 随散射角 θ 的增大而增大, 并且 λ_0 成分的强度随 θ 的增大而减小, λ 成分的强度随 θ 的增大而增大.

(3) 对不同元素的散射物质, 在相同散射角下, 波长的改变量 $\lambda - \lambda_0$ 相同.

(4) 随散射物质原子量的增大, 原波长 λ_0 成分的强度增大, λ 成分的强度减小.

2. 康普顿效应的理论描述与解释

X 射线波长很短, 如果接受光是由不连续的能量集团形成的能量流的学说, 则其散射过程实际是形成 X 射线的光子经电子作用而散射的过程, 并可近似为图 1.5 所示的形式.

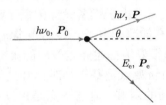

图 1.5   X 射线的康普顿散射过程示意图

假设 X 射线为光子流, 碰撞前, 电子处于静止状态, 其质量为 m_0, X 射线的频率为 ν_0, 波长为 λ_0, 运动方向的单位向量为 $\hat{\boldsymbol{k}}_0$; 碰撞后, 运动的电子的质量为 m, 速度为 $\boldsymbol{v}$, X 射线的频率为 ν, 波长为 λ, 运动方向的单位向量为 $\hat{\boldsymbol{k}}$; 再记光速为 c, 普朗克常量为 h, 光子的散射角 (即光子的出射方向 $\hat{\boldsymbol{k}}$ 与入射方向 $\hat{\boldsymbol{k}}_0$ 之间的夹角) 为 θ, 在宏观上的能量守恒定律和动量守恒定律都仍然成立的情况下, 考虑狭义相对论下的质量变换关系, 经计算得波长改变量为

$$\Delta\lambda = \lambda - \lambda_0 = \frac{h}{m_0 c}(1 - \cos\theta) = \frac{2h}{m_0 c}\sin^2\frac{\theta}{2}. \tag{1.13}$$

显然, 上式中的 $\dfrac{h}{m_0 c}$ 是由电子的静止质量、普朗克常量和真空中的光速决定的常量. 为方便, 人们称之为电子的康普顿波长 (常量), 即有

$$\frac{h}{m_0 c} = \lambda_{\mathrm{C}} = 0.0243 \times 10^{-10} \text{ m} = 0.00243 \text{ nm},$$

进而, 式 (1.13) 改写为

$$\Delta\lambda = 2\lambda_{\mathrm{C}} \sin^2 \frac{\theta}{2},$$

这表明, 康普顿散射中 X 射线的波长的改变量仅由电子的内禀性质和散射角决定.

由上述计算得到的康普顿散射中 X 射线的波长改变量的表达式出发, 很容易对康普顿效应给予解释.

(1) 由 $\Delta\lambda$ 的表达式知, $\Delta\lambda = \lambda - \lambda_0 > 0$, 这充分表明, 散射光中除有与原入射光波长 λ_0 相同的成分外, 还有波长变长的成分 λ.

(2) 由 $\Delta\lambda$ 的表达式知, $\Delta\lambda = \lambda - \lambda_0$ 正比于散射角 (θ) 一半的正弦的平方, 在问题涉及的 $\theta \in [0, \pi]$ 范围内, 它显然是散射角 θ 的增函数, 即随 θ 增大而增大.

(3) 由 $\Delta\lambda$ 的表达式知, $\Delta\lambda = \lambda - \lambda_0$ 由散射角和电子的内禀性质决定, 与散射物质种类无关, 与入射光波长无关; 因此, 对于不同元素的散射物质, 在相同散射角下, 波长的改变量 $\lambda - \lambda_0$ 相同.

(4) 尽管 $\Delta\lambda$ 的表达式表明康普顿散射中波长的改变量与散射物质种类和入射光波长无关, 但回顾前述计算和推导过程知, 波长改变量的表达式是在仅考虑光子与外层的一个电子作用下得到的. 对于较重的原子, 光子不仅与外层电子作用, 还与内层电子作用. 与内层电子作用引起的能量转移较小, 因此随散射物质原子量的增大, 原波长 λ_0 成分保留越多, 即其强度增大, 从而波长为 λ 的成分的强度减小.

至此, 在考虑光的量子性、狭义相对论基本原理及能量和动量守恒原理的情况下, 我们很好地解释了康普顿效应. 由确定角度下散射光的成分随散射物质种类变化的行为可知, 散射光强度的分布是对应于两波长的两条线, 而不应该是连续的曲线. 为解决这一矛盾, 我们再回顾前述计算和推导过程. 在计算中, 我们假设碰撞前的电子是静止的, 但事实上碰撞前后的电子都不可能是静止的, 而是具有各种运动状态, 因此碰撞之后, 散射 (出射) 光中就不仅具有 λ_0 和 λ 两成分, 还具有其他各种波长成分, 所以散射光成分呈具有两个峰的连续分布.

再者, 由于前述的计算和分析仅仅是建立在能量动量守恒等基本原理上的, 没有考虑具体的光子与电子相互作用的动力学因素, 因此不能严格讨论散射光子的强度随出射角变化的行为. 利用后来建立的量子电动力学 (QED), 人们可以很好地定量描述这些角分布规律.

回顾关于康普顿散射和康普顿效应的计算和分析讨论知, 我们计算和分析的基础是光的粒子性 (量子性)、狭义相对论给出的质能关系, 以及能量动量守恒原理. 理论计算结果与实验测量结果很好符合的事实表明, 康普顿散射和康普顿效应进一步证实了光具有粒子性 (量子性), 为爱因斯坦的狭义相对论给出的微观粒子的质能关系提供了实验事实, 也说明能量动量守恒原理不仅适用于宏观系统和宏观现象, 在微观粒子作用过程中同样成立. 鉴于康普顿散射和康普顿效应的重要学术意义, 康普顿获得了 1927 年的诺贝尔物理学奖.

1.1.4　光的本质及对之研究中经典物理遇到的困难

前面讨论的黑体的热辐射、光电效应及 X 射线的康普顿效应表明, 光是一个一个不连续的能量集团形成的能量流, 即光具有微粒性, 或者说光具有粒子性 (亦即量子性). 然而, 在没有清楚知晓光的这种颗粒性 (粒子性、量子性) 的产生机制之前, 人们很难理解光的量子性. 事实上, 向前追溯, 原子光谱早已表明光具有粒子性. 并且, 与之相联系, 人们在探讨光的产生机制时, 经典物理也遇到了严重的本质性的困难. 下面简单介绍原子光谱的观测事实及在关于光谱和光的产生机制的研究中经典物理遇到的困难.

1. 经典物理中的发光机制与原子结构的核式模型

到 19 世纪中后期, 关于电磁辐射的研究表明, 当带电粒子的运动状态发生变化时, 亦即带电粒子有加速运动时, 即辐射电磁波. 到 19 世纪末, 关于物质结构的研究表明, 物质由分子组成, 分子由原子组成, 原子是包含有带负电荷的电子和正电荷的电中性的不能由任何化学手段分割或改变的基本单元. 物质材料发光应该是组成物质的原子中的带电粒子的运动状态发生变化所致. 于是, 为探讨原子发光的机制和原子光谱, 我们先讨论原子的结构.

1897 年, 汤姆孙 (J. J. Thomson) 完成测量阴极射线在电磁场中的轨迹的实验, 说明阴极射线的组成单元带负电荷, 并测定了这些组分单元的荷质比, 从而发现电子 (汤姆孙因此获得 1906 年的诺贝尔物理学奖). 1910 年, 密立根 (R. A. Millikan) 完成油滴实验, 测定电子的电量 (密立根因此及确认爱因斯坦关于光电效应的理论的实验工作而获得 1923 年的诺贝尔物理学奖). 结合后来的进展, 我们知道, 自然界中存在电子, 电子是微观粒子, 它具有 (静止) 质量 $m = 9.1093897 \times 10^{-31}$ kg $= 0.511$ MeV$/c^2$, 并且携带电量 $e = -1.6021773 \times 10^{-19}$ C.

在发现电子后不久的 1898 年, 汤姆孙就提出: 原子呈球体形状, 由带正电荷的物质和带负电荷的电子两部分组成, 其中带正电荷的物质均匀分布在整个球体中, 电子分立地嵌在其中, 从而使得原子整体呈电中性. 这与布丁及西瓜中物质的分布很相似 (布丁与带葡萄干或/和果仁的发糕类似, 电子的分布相当于其中的葡萄干或果仁, 带正电荷的物质相当于其中发酵过的淀粉. 以西瓜来表征原子, 则其中正电荷物质的分布相当于西瓜中的瓜瓤儿, 电子的分布相当于西瓜中的瓜籽儿), 因此这一模型常称为布丁模型, 也称为西瓜模型.

1903 年, 勒纳德 (P. Lenard) 利用阴极射线照射物质的实验发现阴极射线可以被物质吸收, 这表明原子不是均匀地充满物质的坚实的集团, 而是十分空虚的集团. 1903 年, 日本物理学家长冈半太郎就提出原子结构的行星模型: 原子中的带正电荷的物质和带负电荷的电子不是均匀混合的, 而是相互分离的, 带负电荷的电子围绕带正电荷的物质运动.

1904 年, 英国学者盖革 (H. Geiger) 和马斯顿 (E. Marsden) 在利用 α 粒子轰击金箔的实验中发现 α 粒子有 $\dfrac{1}{8000}$ 的概率被反射. 根据电磁学原理, 正电荷与负电荷之间的作用是吸引的, 因此, 带正电荷的 α 粒子被反射不可能是 α 粒子与带负电荷的电子之间的相互作用引起的, 而应该是 α 粒子与金原子中的带正电荷的物质作用导致的.

按照汤姆孙的西瓜模型, 金原子中带正电荷的物质均匀分布于原子中, 即金原子中的正电荷分布于一个球体中. 由电磁学原理知, 与半径为 r_0 的有正电荷均匀地分布于其中的球体的球心相距为 r 的带正电荷的粒子所受的库仑排斥力有下述规律:

$$F \propto \begin{cases} r, & r < r_0, \\ \dfrac{1}{r^2}, & r > r_0. \end{cases}$$

这表明, 越靠近金原子中心, α 粒子所受的排斥力越小, 从而不可能被 "反弹". 这一结果与实验事实显然不符. 这表明汤姆孙关于原子结构的西瓜模型不正确.

为解决 α 粒子轰击金箔实验发现的 α 粒子可以被反弹的事实与原子结构的西瓜模型不一致的矛盾, 1911 年, 卢瑟福 (E. Rutherford) 建立原子结构的核式模型: 原子中, 带正电荷的物质集中在很小的区域 ($< 10^{-14}$ m) 内, 并且原子的质量主要集中在正电荷部分, 形成原子核, 而电子则围绕着原子核运动. 按照卢瑟福的核式结构模型, 金原子中的带正电荷的物质形成空间线度很小的原子核, 即可以近似为电荷为正的点电荷, 其与 α 粒子之间的相互作用 (库仑排斥力) 总有

$$F \propto \frac{1}{r^2}$$

的行为. 很显然, α 粒子越靠近金原子的中心, 其所受的排斥力就越大, 从而可能被 "反弹". 并且, 因为金原子很空虚, α 粒子很靠近金原子中心的概率很小, 因此其被反弹的概率也就很小. 其后的一系列对于 α 粒子等的散射截面的实验研究

都定量地证明了原子的核式结构的正确性. 有关具体介绍这里从略, 有兴趣的读者请参阅 "原子物理学" 的有关教材.

2. 原子光谱——光具有粒子性的另一实验事实

按照经典电磁理论, 原子中的电子绕原子核运动时, 由于其速度变化引起电磁辐射而形成的光谱即原子光谱. 因为电子的速度改变的行为不同, 该辐射光一般包括许多不同波长的光, 经分光仪器分光后形成一系列的谱线, 每一条谱线对应一种波长 (频率) 成分, 这种由分立的谱线形成的光谱称为线状光谱. 最简单的, 人们拿一棱镜, 即可看到太阳光 (常说的自然的白光) 实际由赤橙黄绿青蓝紫七色组成, 其中的每一种光对应一个波长 (频率), 即对应一条光谱线.

实验还发现, 原子及由之形成的各种材料可以发射光, 形成发射光谱; 也可以吸收光, 形成吸收光谱. 因此, 原子光谱可分为发射光谱和吸收光谱两类.

实验发现, 原子光谱都具有线状谱的特征, 例如, 氢原子的光谱如图 1.6 所示.

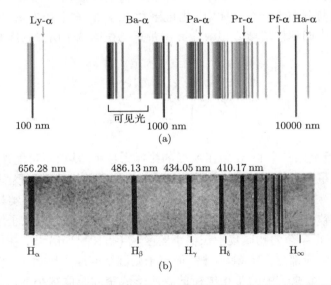

图 1.6　氢原子的光谱示意图: (a) 整体概貌; (b) 巴耳末系的谱线

概括而言, 原子光谱的基本特征可以表述为:

(1) 不同元素的光谱具有成分不同的线状谱.

(2) 各种元素的光谱中, 光谱线按一定规律排列, 形成线系.

例如, 早在 1885 年数学教师巴耳末通过分析太阳光谱中各谱线的波长, 发现氢原子光谱中的一些谱线满足关系

$$\tilde{\nu} = R\left(\frac{1}{2^2} - \frac{1}{n^2}\right),$$

其中, $\tilde{\nu} = \dfrac{1}{\lambda} = \dfrac{\nu}{c}$ 称为波数; $n = 3, 4, 5, 6, \cdots$; R 为一常量. 该关系常被称为巴耳末公式.

后续研究表明, 氢原子的其他光谱线也满足类似关系, 即有广义巴耳末公式

$$\tilde{\nu} = R\left(\frac{1}{m^2} - \frac{1}{n^2}\right), \tag{1.14}$$

其中, $R = \dfrac{4}{\lambda_0} = 109677.6 \text{ cm}^{-1}$ ($\lambda_0 = 364.57$ nm) 被称为里德伯常量; m、n 为整数, 并且 $n > m$. m、n 不同, 形成不同的线系, 其划分规则 (以发现人的姓氏命名) 如下: $m = 2$, $n = 3, 4, 5, 6, \cdots$, 称为巴耳末系 (1885 年发现); $m = 1$, $n = 2, 3, 4, 5, \cdots$, 称为莱曼系 (1906 年发现); $m = 3$, $n = 4, 5, 6, 7, \cdots$, 称为帕邢系 (1908 年发现); $m = 4$, $n = 5, 6, 7, 8, \cdots$, 称为布拉开系 (1922 年发现); $m = 5$, $n = 6, 7, 8, 9, \cdots$, 称为普丰德系 (1928 年发现); 等等. 并可由图 1.7 所示的形式展示.

由广义巴耳末公式 $\tilde{\nu} = R\left(\dfrac{1}{m^2} - \dfrac{1}{n^2}\right)$ 知, 原子光谱的光谱线的波数总由两项之差决定, 即有

$$\tilde{\nu} = T(m) - T(n), \tag{1.15}$$

其中, $T(m)$、$T(n)$ 即称为光谱项. 特殊地, 氢原子的光谱项可以表示为 $T_{\mathrm{H}}(n) = \dfrac{R}{n^2}$, 碱金属的光谱项可以表示为 $T_{\mathrm{A}}(n) = \dfrac{Z^2 R_{\mathrm{A}}}{n^2}$, R_{A} 与 R 略有差异, 也称为 (原子 A 的) 里德伯常量.

进一步的研究表明, 原子的任何两光谱项之差都给出这种原子的一条谱线的波数, 即原子光谱的波数都可以表述为式 (1.15) 所示的形式. 该规律称为里德伯–里兹组合原理. 例如, 氢原子光谱的 α 线, $T(2) - T(3) = \tilde{\nu}(\mathrm{H}_\alpha)$.

广义巴耳末公式和里德伯–里兹组合原理都表明, 原子的光谱线的波数都是不连续的, 也就是说原子的光谱线对应的波长 (频率) 都是不连续的. 由此可以推知, 对于一种原子, 其发出的光不是通常的波长可以连续改变的波, 而是特殊的具有特定波长的能量集团 (流).

3. 光的本质与相应研究中经典物理遇到的困难

前面讨论的黑体辐射、光电效应、X 射线的康普顿效应和光谱都表明, 光是一个一个不连续的能量集团形成的能量流, 即光具有微粒性, 或者说光具有粒子

性 (亦即量子性).

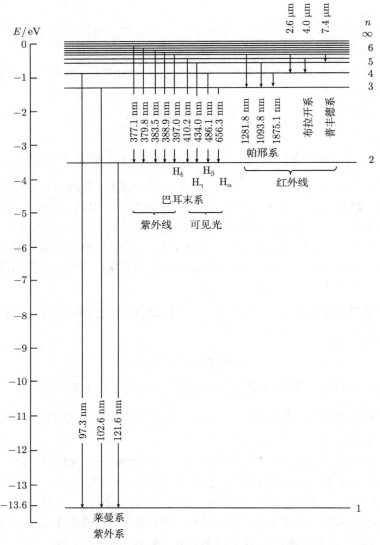

图 1.7   氢原子光谱的线系确定规则示意图

早前的关于光的干涉、衍射和偏振的研究 (具体讨论见光学的教材或专著, 例如钟锡华《现代光学基础》(北京大学出版社), 或 M. Born, and E. Wolf, Principles of Optics (Pergamon, London), 等等) 表明, 光具有波动性.

综上所述, 作为一个可观测的物理实在, 光具有前述两方面的特征和性质, 即光既具有波动性, 又具有粒子性 (量子性). 简单来讲就是光具有波粒二象性. 按照前述传统的光的产生机制, 光是电磁振荡的传输, 具有波的性质, 从而光在主要与传播有关的现象中显示出其波动性; 而在与物质相互作用的过程中, 光主要表现出其不连续的能量集团形成的流的性质, 即主要显示其粒子性. 总之, 光既具有波动性, 又具有粒子性, 在不同情况下 (场合) 表现出波粒二象性的不同方面.

前述的光的波粒二象性似乎已经全面反映了光的本质, 但物理学的范畴不仅应探明 "是什么" 和 "怎么样", 更应该研究清楚 "为什么". 因此, 对于光, 当然应关注其产生机制.

前述的光的产生机制是物质原子的核式结构学说和电磁学的电磁辐射原理, 按照经典电磁辐射原理, 电子绕原子核运动时, 由于其速度状态连续改变, 因此辐射出电磁波, 即发出光. 根据能量守恒原理, 辐射使得电子的能量连续减小, 于是其轨道半径减小、频率连续变化, 该辐射源频率的连续变化当然使得辐射出的电磁波 (光) 的频率连续变化, 那么实验测量到的原子光谱应该为连续谱. 这一结果显然与实际测量结果严重不符. 再者, 由于电子绕原子核运动的轨道半径不断减小, 电子最后将落到原子核上, 考虑原子核带正电荷、电子带负电荷的事实, 当电子落到原子核上时, 二者即会湮灭掉, 从而原子是不稳定的. 但实验发现, 原子是稳定的, 并且是不能由任何化学手段分割或改变的.

很显然, 在关于原子光谱的实验测量结果, 或者广义来讲, 光的波粒二象性及光的产生机制的研究中, 经典物理的结论与实验观测事实之间存在严重矛盾. 也就是说, 经典物理遇到了无法克服的困难. 因此, 必须发展新的物理理论, 至少回答光为什么是不连续的能量集团形成的能量流 (粒子性)、物质原子为什么在辐射光之后仍然是稳定的等问题.

探讨和回答上述问题正是量子物理学的主要内容之一. 下面我们沿着历史发展进程, 先从半经典半量子的旧量子论出发探讨这些问题.

1.2 实物粒子的量子性初探——玻尔旧量子理论

1.2.1 玻尔关于氢原子结构的理论

为解决前述的经典物理遇到的困难, 丹麦物理学家尼尔斯·玻尔 (Niels Bohr) 于 1913 年提出了两个基本假设, 再结合德国物理学家索末菲通过推广普朗克的量子化条件而提出的角动量量子化条件, 建立了关于氢原子及其光谱的半经典半量子理论, 在形式上解决了前述困难. 本节介绍玻尔的半经典半量子理论.

1. 玻尔的两个基本假设

为解决前述困难, 玻尔提出了两个基本假设: 定态假设和频率假设.

1) 定态假设

经典物理在描述原子光谱时遇到的严重困难之一是原子中的电子在辐射光子之后仍然稳定. 为解决这一困难, 玻尔假设: 原子中的电子绕原子核运动时既不辐射也不吸收能量, 而是处于一定的能量状态, 这种状态称为定态. 原子的定态能量不能连续取值, 只能取一些分立数值 E_1, E_2, E_3, $\cdots$, 这些分立的定态能量称为能级. 相应于最低能量的状态称为基态. 其他较高能量的状态称为激发态, 并根据能量由低到高的顺序分别称为第一激发态、第二激发态, 等等. 这些概念显然与经典物理中关于原子中的电子绕原子核运动中连续辐射能量的概念完全不同, 但在该定态假设中认定这些能量分立的状态都有确定的运动轨道.

2) 频率假设

为描述原子光谱呈线状光谱, 玻尔假设: 原子能量的任何变化 (包括发射或吸收电磁辐射) 都只能在两个定态间以跃迁方式进行. 原子在以 n、m 标记的两个定态之间跃迁时, 发射或吸收的电磁辐射的频率满足

$$h\nu = |E_n - E_m|. \tag{1.16}$$

此即原子发出光子的能量, 其中 ν 即所发出光的频率, n 和 m 称为量子数.

2. 玻尔关于氢原子能级和光谱的理论

下面我们在前述量子概念的基础上探讨氢原子的能级和所发光的频率 (波数).

1) 角动量量子化

记一系统的动能为 E_k、势能为 E_p, 则系统的能量为 $E = E_k + E_p$. 对于讨论黑体辐射时我们已经讨论过的谐振子, 记作谐振运动的粒子的质量为 m、谐振的劲度系数为 k、处于位置 x 处的速度为 $\boldsymbol{v}$, 则

$$E = \frac{1}{2}m\boldsymbol{v}^2 + \frac{1}{2}kx^2 = \frac{\boldsymbol{p}^2}{2m} + \frac{1}{2}kx^2,$$

其中, $\boldsymbol{p} = m\boldsymbol{v}$ 为粒子的动量 (实际是低速运动的质点的动量).

很显然, 上式可以改写为

$$\frac{p^2}{2mE} + \frac{x^2}{\dfrac{2E}{k}} = 1.$$

这表明, 谐振子运动在其相空间中的轨道为椭圆, 其长、短轴分别为 $a = \sqrt{2mE}$, $b = \sqrt{\dfrac{2E}{k}}$.

再考虑关于上述相空间轨道的回路积分. 由几何原理知, 该回路积分的结果即椭圆的面积, 于是有

$$\oint p \mathrm{d}x = \pi ab = \pi\sqrt{2mE}\sqrt{\frac{2E}{k}} = 2\pi E\sqrt{\frac{m}{k}}.$$

因为与劲度系数为 k 的轻弹簧相连的质量为 m 的质点的振动频率 $\nu = \dfrac{1}{2\pi}\sqrt{\dfrac{k}{m}}$, 即 $\sqrt{\dfrac{m}{k}} = \dfrac{1}{2\pi\nu}$, 所以

$$\oint p \mathrm{d}x = \frac{E}{\nu}.$$

推广普朗克和爱因斯坦关于光量子的概念, 假设谐振子能量有量子化条件 $E = nh\nu$, 则得

$$\oint p \mathrm{d}x = nh. \tag{1.17}$$

这一关系常称为普朗克量子化条件.

索末菲进一步假设: 上述普朗克量子化条件适用于任意自由度, 对转动, 记其角度变量为 φ, 则有

$$\oint p_\varphi \mathrm{d}\varphi = nh.$$

对有心力场, 因为角动量守恒, 即 $p_\varphi = $ 常量, 于是有

$$2\pi p_\varphi = nh.$$

这表明, 对空间转动角动量 $p_\varphi = L$, 我们有

$$L = n\frac{h}{2\pi} = n\hbar, \tag{1.18}$$

其中, $\hbar = \dfrac{h}{2\pi}$ 称为约化普朗克常量; n 常称为相应轨道的量子数. 该关系称为索末菲 (角动量) 量子化条件.

2) 能级公式

假设氢原子的原子核 (质子) 静止不动, 记电子质量为 m_e, 其绕原子核所做圆周运动的轨道半径为 r_n, 运动速率为 v_n, 由电子做圆周运动的向心力为电子与质子之间的库仑作用力则知

$$\frac{e^2}{4\pi\varepsilon_0 r_n^2} = m_\mathrm{e}\frac{v_n^2}{r_n}.$$

那么

$$r_n = \frac{e^2}{4\pi\varepsilon_0 m_e v_n^2}.$$

由角动量的定义 $\boldsymbol{L} = \boldsymbol{r} \times \boldsymbol{p}$ 和圆周运动的质点的速度垂直于其半径的特点知, 上述圆周运动的角动量的大小为 $L = m_e v_n r_n$. 考虑索末菲 (角动量) 量子化条件, 则得 $m_e v_n r_n = n\hbar$. 于是有

$$v_n = \frac{n\hbar}{m_e r_n}.$$

将之代入 r_n 的表达式, 则有

$$r_n = \frac{e^2}{4\pi\varepsilon_0 m_e \dfrac{n^2\hbar^2}{m_e^2 r_n^2}} = \frac{m_e e^2 r_n^2}{4\pi\varepsilon_0 n^2\hbar^2},$$

由之可得

$$r_n = n^2 \frac{4\pi\varepsilon_0\hbar^2}{m_e e^2} = n^2 \frac{\varepsilon_0 h^2}{\pi m_e e^2}.$$

记 $a_0 = r_1 = \dfrac{\varepsilon_0 h^2}{\pi m_e e^2} = 5.29 \times 10^{-11}$ m $= 0.0529$ nm, 并称之为玻尔半径 (或更严格地, 称为第一玻尔轨道半径), 则有

$$r_n = n^2 r_1 = n^2 a_0. \tag{1.19}$$

进而, 电子绕原子核运动的动能可以表示为

$$E_k = \frac{1}{2} m_e v_n^2 = \frac{1}{2} m_e \frac{n^2\hbar^2}{m_e^2 r_n^2} = \frac{n^2 h^2}{8\pi^2 m_e} \frac{1}{\left(\dfrac{n^2\varepsilon_0 h^2}{\pi m_e e^2}\right)^2} = \frac{m_e e^4}{8\varepsilon_0^2 n^2 h^2},$$

电子绕原子核运动的势能为

$$E_p = -\frac{e^2}{4\pi\varepsilon_0 r_n} = -\frac{e^2}{4\pi\varepsilon_0} \cdot \frac{1}{\dfrac{n^2\varepsilon_0 h^2}{\pi m_e e^2}} = -\frac{m_e e^4}{4\varepsilon_0^2 n^2 h^2},$$

所以, 氢原子中电子绕原子核运动的总能量为

$$E_n = E_k + E_p = -\frac{m_e e^4}{8\varepsilon_0^2 n^2 h^2}.$$

记常量组合

$$\frac{m_{\mathrm{e}}e^4}{8\varepsilon_0^2 h^3 c} = R,$$

则有

$$E_n = -\frac{Rhc}{n^2}. \tag{1.20}$$

显然, 对应于确定轨道量子数 n 的状态, 氢原子的能量为小于 0 的常量, 不随电子绕原子核的运动而变化, 因此, 尽管电子绕原子核的运动是加速运动, 但氢原子是稳定的, 即处于定态.

3) 氢原子光谱

因为轨道量子数为 n 的定态的能量为

$$E_n = -\frac{Rhc}{n^2},$$

其中, $R = \dfrac{m_{\mathrm{e}}e^4}{8\varepsilon_0^2 h^3 c}$. 由频率假设可得

$$\nu = \frac{E_n - E_m}{h} = Rc\left(\frac{1}{m^2} - \frac{1}{n^2}\right).$$

所以, 由 m 态到 n 态的跃迁产生的光的波数为

$$\tilde{\nu} = \frac{1}{\lambda} = \frac{\nu}{c} = R\left(\frac{1}{m^2} - \frac{1}{n^2}\right), \tag{1.21}$$

其中 $R_{\mathrm{th}} = \dfrac{m_{\mathrm{e}}e^4}{8\varepsilon_0^2 h^3 c} = 109737.3 \ \mathrm{cm}^{-1}$, 与实验测量结果 $R_{\mathrm{ob}} = 109677.6 \ \mathrm{cm}^{-1}$ 符合得很好, 但略有差异.

至此, 将量子化假设与经典电磁作用规律相结合的玻尔理论解决了近三十年的 "巴耳末公式之谜".

3. 实验检验

检验玻尔关于原子结构和光谱的量子理论的最早的实验是弗兰克–赫兹实验 (该实验于 1914 年进行).

1) 实验装置

弗兰克–赫兹实验装置的示意图如图 1.8 所示.

装置中 U_1 为加速电压, U_2 为减速电压. 实验中, 由加热的电阻丝逸出的电子经加速电压加速, 如果电子在加速阶段获得的能量不足够高, 则在减速电压的作

用下, 这些电子不能到达接收端并形成电流, 即不能被检流计测量到. 显然, 电子能否到达接收端并由检流计测量到, 取决于其在加速阶段被加速的程度和在减速电压区能量损失掉的程度.

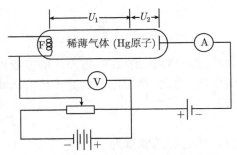

图 1.8　弗兰克–赫兹实验装置示意图

2) 实验及测量到的现象

假设由加热的电阻丝逸出的电子的速度为 0, 加速电压为 U_1, 由能量守恒定律知, 在加速电压作用下, 电子获得的动能 E_k 及定向速度 $\boldsymbol{v}_e$ 满足关系

$$E_{\mathrm{k}} = \frac{1}{2} m_{\mathrm{e}} \boldsymbol{v}_{\mathrm{e}}^2 = eU_1.$$

在不同加速电压情况下, 实验上用检流计测量穿过减速电压区到达另一侧的电子的数目.

对于减速电压区充以稀薄的汞蒸气 (实际不可能仅充在减速电压区, 但由于原子整体呈电中性, 因此加速电压对其影响可以忽略) 情况下实验观测的结果如图 1.9 所示.

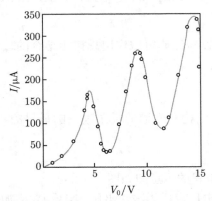

图 1.9　减速电压区充以稀薄汞蒸气 (即有汞原子) 情况下弗兰克–赫兹实验测量结果示意图

考察实验测量结果知, 在加速电压 $U_1 < 4.9$ V, 即电子获得的能量 $E_k <$ 4.9 eV 情况下, 记录到的电流强度随加速电压 U_1 增大而单调增大. 由于加速电压 U_1 决定电子进入减速电压区时的速度的平方, 而被电流表记录下电子的数目 (形成的电流的强度) 正比于电子的速度, 因此实验测量到的电流强度随加速电压 U_1 升高而增大. 上述实验测量结果表明, 在 $U_1 < 4.9$ V 的加速电压区域, 被加速的电子基本都到达收集极, 由此可知, 这些被加速的电子在汞原子形成的介质内运动的过程中不损失能量, 也就是说, 即使被加速的电子与汞原子之间有碰撞, 相应的碰撞为弹性碰撞.

但是, 在加速电压 $U_1 = U_0 = 4.9$ V, 即电子获得的能量 $E_k = 4.9$ eV 情况下, 记录到的电流强度突然急剧减小, 这表明出现了类似于减速电压作用的显著因素, 也就是存在使电子能量突然减小的效应. 考察实验装置和过程知, 由于减速电压确定 (甚至已经撤掉), 因此这一能量突然减小只可能是因为电子与汞原子之间的碰撞是非弹性碰撞, 从而其能量突然被汞原子吸收所致.

在加速电压 $U_1 > U_0 (= 4.9 \text{V})$, 即电子获得的能量 $E_k > 4.9$ eV 情况下, 当加速电压 U_1 不是 $U_0 = 4.9$ V 的整数倍时, 记录到的电流强度随 U_1 增大而增大; 而在 U_1 是 $U_0 = 4.9$ V 的整数倍的情况下, 记录到的电流强度也突然减小. 这表明, 这种情况下也具有使电子能量突然减小 4.9 eV 的效应. 参照 $U_1 = U_0 = 4.9$ V 情况下的结果, 我们知道, 在 $U_1 > U_0$ 情况下, 电子与汞原子之间的非弹性碰撞中损失的能量只能是 eU_0 的整数倍.

3) 结论

上述实验现象表明, 在汞原子与电子的非弹性碰撞过程中, 对于外来能量, 汞原子不是 "来者皆收", 而是仅吸收 4.9 eV 的整数倍的能量. 由于通常实验环境下, 系统的温度都很低 (即使上千 K, 其对应的能量也仅是 0.1 eV 的量级), 不足以使原子处于激发态, 按照玻尔兹曼分布律, 实验之初的稀薄汞蒸气中的汞原子都处于基态; 按照能量守恒定律和共振吸收原理, 只有在汞原子具有特定能量间隔状态的情况下, 它才能吸收相应的能量. 由此知, 汞原子具有比基态能量高 4.9 eV 的第一激发态.

填充其他气体 (如 Na、K、N 等) 的实验得到完全类似的结果, 并给出 Na、K、N 等的第一激发态能量分别为 2.12 eV、1.63 eV、2.1 eV 等.

这些实验结果表明: 玻尔的关于原子结构的量子理论完全正确. 基于玻尔对深化原子结构和原子光谱的贡献以及后来提出对应原理的贡献, 玻尔获得了 1922 年的诺贝尔物理学奖, 弗兰克和赫兹获得了 1925 年的诺贝尔物理学奖.

1.2.2 玻尔理论的成功与局限

1. 玻尔理论的成功

回顾玻尔理论的内容及其结果, 我们知道, 玻尔理论至少在下述三个方面取得了成功:

(1) 很好地描述了氢原子光谱, 解决了"巴耳末公式之谜";

(2) 清楚地说明了光子是不连续的能量集团的机制;

(3) 把光谱学、电磁辐射、原子结构纳入一个理论框架内, 统一和谐地处理.

2. 玻尔理论的局限

尽管玻尔理论取得了巨大的成功, 但仍存在问题和局限, 例如:

(1) 在描述光谱结构方面, 玻尔模型可以很好地描述氢原子的光谱, 但无法定量描述其他原子的光谱, 也无法解释光谱线的强度及光的偏振现象.

(2) 从玻尔关于氢原子光谱的模型与经典物理学原理的比较看, 玻尔理论与经典物理原理完全不相容. 尽管玻尔于 1918 年提出对应原理: 在大量子数的极限下, 量子体系的行为趋于与经典体系的行为相同, 但仍显突兀.

(3) 玻尔理论实际是一个把经典概念与量子假设混杂在一起的模型, 缺乏完整统一的理论体系, 因此常称之为半经典理论或旧量子论.

为弘扬其成功之处, 解决其存在的问题和局限, 有必要发展新的 (完整的) 量子理论.

1.3 物质波的概念

1. 物质波概念的提出

1923 年, 为解决玻尔 (旧量子) 理论中定态假设的机制问题, 法国青年学者德布罗意 (L. de Broglie) 通过发展布里渊 (M. Brillouin) 关于电子与以太作用形成驻波的观点, 在其博士论文中直接假设 (氢) 原子中绕核运动的电子的运动状态就是驻波, 提出微观粒子的物质波的概念. 其基本内容是: 实物粒子与光一样, 既有波动性又有粒子性. 通常, 描述实物粒子性质的典型物理量是能量和动量, 描述波的性质的典型物理量是频率和波长, 与具有一定能量 E 和动量 p 的实物粒子相联系的波 (物质波) 的频率 ν 和波长 λ 分别为

$$\nu = \frac{E}{h}, \quad \lambda = \frac{h}{p}. \tag{1.22}$$

这两个公式常被称为德布罗意关系.

2. 物质波的动力学描述

德布罗意关于氢原子中绕核运动的电子的运动状态呈驻波的假设, 尽管在形式上为玻尔的定态假设提供了基础, 但没有动力学基础. 为解决其动力学机制问题, 薛定谔 (E. Schrödinger) 从经典力学出发进行了系统的计算和分析, 并引入一些新的假设, 从形式上给出了 (氢原子中电子的) 物质波的动力学描述. 薛定谔的导出过程大致如下 (具体见 Annalen der Physik 384: 361 (1916) 等论文).

对广义坐标为 $\{q_1, q_2, \cdots, q_n\}$ 的经典力学系统, 人们可以采用拉格朗日力学体系描述, 也可以采用哈密顿力学体系描述, 其中的核心物理量哈密顿量 $H(q_\alpha, p_\alpha, t)$ 为拉格朗日量 $L(q_\alpha, \dot{q}_\alpha, t)$ 的勒让德变换的目标函数, 即有

$$H = -L + \sum_{\alpha=1}^{n} p_\alpha \dot{q}_\alpha,$$

并有 (容易与牛顿力学对应的) 哈密顿正则方程

$$\dot{q}_\alpha = \frac{\partial H}{\partial p_\alpha}, \quad \dot{p}_\alpha = -\frac{\partial H}{\partial q_\alpha}, \quad \frac{\partial H}{\partial t} = -\frac{\partial L}{\partial t},$$

其中, $\dot{q}_\alpha$ 为广义速度, p_α 为广义动量.

进一步, 记系统的哈密顿特性函数为 W, 则系统的作用量 $S = \int_{t_1}^{t_2} L \mathrm{d}t$ 可以由系统的能量 E、时间 t、哈密顿特性函数 W 和常量 A 表述为

$$S = -Et + W + A.$$

由哈密顿方程经正则变换则得哈密顿–雅可比方程

$$\frac{\partial S(q, p, t)}{\partial t} + H\left(\frac{\partial S}{\partial q}, q, t\right) = 0.$$

进一步, 系统的哈密顿量可以改写为

$$H = H\left(q_1, q_2, \cdots, q_n; \frac{\partial W}{\partial q_1}, \frac{\partial W}{\partial q_2}, \cdots, \frac{\partial W}{\partial q_n}\right).$$

对于保守系统 (能量 E 保持不变), 即有

$$H = E.$$

记 n 维势场为 $V(q_1, q_2, \cdots, q_n)$, 运动粒子的质量为 m, 则有

$$\frac{1}{2m} \sum_{i=1}^{n} \left(\frac{\partial W}{\partial q_i} \right)^2 + V(q_1, q_2, \cdots, q_n) = E.$$

与统计物理中系统的熵 S 和微观状态数目 Ω 的关系 $S = k_B \ln \Omega$ 类比, 薛定谔假设微观粒子的哈密顿特性函数为 $W = K \ln \psi$, 其中 ψ 为表征粒子运动状态的函数, K 为常量. 将之代入上式, 根据作用量原理, 对三维有心力场情况, 有

$$\delta \int \left\{ \frac{1}{2m} \left[\left(\frac{\partial \psi}{\partial x} \right)^2 + \left(\frac{\partial \psi}{\partial y} \right)^2 + \left(\frac{\partial \psi}{\partial z} \right)^2 \right] + \frac{1}{K^2} [E - V(r)] \psi^2 \right\} \mathrm{d}x \mathrm{d}y \mathrm{d}z = 0.$$

经分部积分, 计算得

$$\frac{K^2}{2m} \left(\frac{\partial^2}{\partial x^2} + \frac{\partial^2}{\partial y^2} + \frac{\partial^2}{\partial z^2} \right) \psi + V(x, y; z) \psi = E \psi.$$

为得到玻尔的氢原子模型的定态 (驻波) 解 (据说 (具体见 Phys. Today 29: 23 (1976)), 薛定谔在瑞士联邦理工大学 (ETH) 做了关于德布罗意的物质波学说的报告后, 德拜教授对之不甚满意, 并评论说, 只有在给出其动力学方程和具体的解的表述情况下才算确定), 薛定谔指出, 上述系数 K 应为 $K = -i\hbar$. 将氢原子中电子与原子核的库仑作用势 $V = -\dfrac{e^2}{4\pi\varepsilon_0 r}$ 代入, 则有

$$\left(\frac{\partial^2}{\partial x^2} + \frac{\partial^2}{\partial y^2} + \frac{\partial^2}{\partial z^2} \right) \psi + \frac{2m}{\hbar^2} \left(E + \frac{e^2}{4\pi\varepsilon_0 r} \right) \psi = 0.$$

该方程是典型的振动方程 (即不考虑时间因素情况下的波动方程), 其解自然是 (期望的) 驻波解, 从而为德布罗意的物质波学说提供了动力学机制. 该方程的一般形式即我们现在常说的定态薛定谔方程.

回顾这段历史知, 定态薛定谔方程是薛定谔厚积薄发, 并由顿悟 (提出 $K = -i\hbar$) 而实现突破的结晶, 也是薛定谔变压力为动力、勤奋刻苦工作的结晶 (时年, 薛定谔已经 38 岁, 仅仅是不知名的苏黎世大学的物理学科的一位小教授, 连课题组组会都要到瑞士联邦理工大学的德拜教授的课题组去开).

3. 物质波概念的实验验证

德布罗意的物质波概念表明, 实物粒子像光一样, 具有波粒二象性. 该概念显然石破天惊, 因此, 人们进行了很多实验对之进行检验.

1) 戴维孙–革末实验和汤姆孙实验

显然, 为检验实物粒子的波粒二象性, 最直接的方法应该是效仿验证光的波动性的实验, 但把光换为微观粒子束流.

对于光的单晶衍射实验, 由图 1.10 (a) 知, 与晶体表面成 θ 角入射的平行光束经晶格间距为 d 的两相邻晶格反射后, 其间的光程差为

$$\Delta L = 2d\sin\theta.$$

当该光程差为入射光的波长 λ 的整数倍时, 上述两 "光线" 同相位叠加, 出现亮的衍射斑纹, 记亮纹级次为 k, 则有出现亮纹的条件

$$d\sin\theta = k\frac{\lambda}{2}.$$

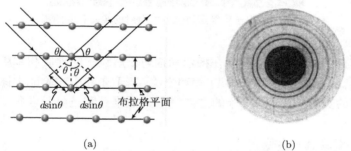

(a)   (b)

图 1.10   电子束的单晶衍射实验原理图 (a) 及以银为靶的实验的观测结果 (b)

如果德布罗意的物质波假设正确, 即微观粒子具有波动性, 则以其束流代替平行光应该观测到类似于光的单晶衍射的衍射斑纹. 在德布罗意提出物质波假设不久, 德国学者 W. Elsasser 即进行了电子束射向单晶的实验, 但未得到衍射图样. 经过长期努力, 戴维孙 (C. J. Davission) 和革末 (L. H. Germer) 在其以电子束流代替平行光的实验中观测到 (1927 年) 如图 1.10 (b) 所示的结果. 很显然, 该观测结果与光衍射的结果完全相同, 从而为电子的波粒二象性提供了一个实验证据.

1926~1928 年, G. P. 汤姆孙进行了将电子束射向赛璐珞薄膜、铂箔、金箔等, 观测其衍射现象的实验, 也观测到与光的衍射实验得到的完全类似的衍射图样, 如图 1.11 所示. 这也为电子的波粒二象性提供了一个实验事实, 尤其是为清楚准确地说明衍射图样来自于电子本身的衍射而非束中电子碰撞发出的 X 射线所致. 汤姆孙采用了外加磁场, 考察衍射图样随电子束偏转而偏转的方案. 这种精妙的实验方案设计和严谨求真的科学精神为我们树立了榜样.

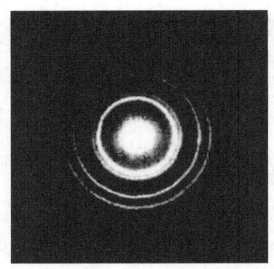

图 1.11　　电子束经金属金表面衍射的实验观测结果

基于德布罗意的物质波概念在揭示和描述物质粒子的性质和本质中的重要贡献, 德布罗意获得 1929 年的诺贝尔物理学奖; 基于在利用实验证实德布罗意的物质波概念中的贡献, 上述两实验的主要完成人戴维孙和汤姆孙获得 1937 年的诺贝尔物理学奖.

2) 电子双缝衍射实验

尽管在 20 世纪 20~30 年代即完成了一系列证实德布罗意的物质波概念的实验, 但人们对于这一概念 (或者说理论) 的全面检验一直在进行. 对于电子的波动性的进一步检验的典型实验是 20 世纪 60~70 年代进行的电子束流通过双缝的实验.

对于电子的双缝实验观测到的结果及其与经典情况的比较如图 1.12 所示, 为更清楚地说明问题, (a) 给出经典波的衍射图样, (b) 显示经典粒子 (子弹) 经过双缝后的分布情况. 具体的分析表明, 经双缝衍射后电子在后观测屏上不同位置的数目的分布如图 1.12 (c) 中的曲线 n_{12} 所示. 很显然, 如果电子与经典的粒子具有相同的性质, 即仅有颗粒性, 则电子束流经过两缝后的数目的分布 (概率) 一定是正对着缝隙的多、偏离正对的少, 即分别如图 1.12 中的 n_1、n_2 所示, 整体效果一定呈如图 1.12 (b) 中 $n_{12} = n_1 + n_2$ 所示的中间分布多、偏离中间的两侧分布少的特征, 并且随偏离距离增大而单调减小. 但图 1.12 (c) 所示的实验观测结果显然与电子仅具有 (与子弹相同的) 颗粒性情况下所得的结果不一致, 而是呈明显的疏密相间的不均匀分布. 更具体地, 其分布与图 1.12 (a) 所示的经典波经双缝后所呈的衍射图样完全相同.

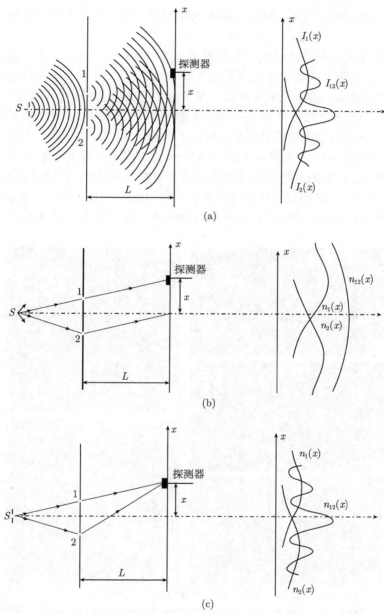

图 1.12　电子束的杨氏双缝衍射实验测量结果及其与经典粒子 (子弹) 和经典波经双缝后的分布的比较. (a) 经典波的测量结果 (标记 S 的源处实际为一条狭缝); (b) 经典粒子 (子弹) 的测量结果; (c) 电子束经双缝后测量的结果 (标记 S 的源处实际为一条狭缝)

由此可知, 电子束流在传播过程中有与波完全相同的性质. 进一步, 电子束流经双缝后叠加的行为不是概率直接叠加而是波本身叠加后才确定其强度 (概率) 分布.

尽管前述实验很好地说明了电子束流具有与光一样的性质, 即具有波粒二象性, 但尚无法说明上述实验观测到的波粒二象性是 ("单个") 电子本身的波粒二象性, 因为无法排除实验结果是束流中很多电子的整体效应. 为解决这一问题, 意大利学者 Merli 等和日本学者 Tonomura 等分别于 1976 年、1989 年进行了极其微弱的电子束流的双棱镜衍射实验 (Am. J. Phys. 44, 306 (1976); Am. J. Phys. 57, 117 (1989)). 因为束流极其微弱, 所以一个时刻只有一个电子到达并经双棱镜作用后改变方向, 从而测量到的结果是单个电子性质的反映. 极弱束流入射 (各电子相距约 150 km) 之后分别在接收屏累积 10 个电子、100 个电子、3000 个电子、20000 个电子、70000 个电子情况下的测量结果分别如图 1.13 的 (a)~(e) 所示.

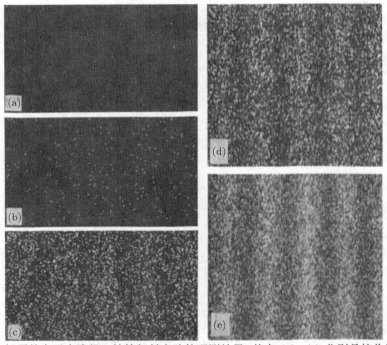

图 1.13　极弱的电子束流经双棱镜衍射实验的观测结果, 其中 (a)~(e) 分别是接收屏接收 10 个电子、100 个电子、3000 个电子、20000 个电子、70000 个电子情况下的测量结果

显然, 在实验开始后极短时间 (按电子束流品质折算, 约 0.01s) 仅测到一些离散的点 (图 1.13(a)), 说明出射电子在空间的分布不是均匀的, 但不能说明电子具有波动性. 但经长时间后 (约 70 s), 测量得到的却是明显强弱相间的分布

(图 1.13(e)), 并且强弱相间的分布明显具有波相干叠加形成的干涉条纹的性质. 如果单个电子没有波的性质, 则不同时刻到达接收屏的电子在屏上像前述的子弹一样 (也像说明多粒子系统的状态具有统计规律的伽尔顿板实验中的小球一样) 简单叠加, 不会出现强弱相间的分布; 只有不同时刻到达接收屏的电子都具有波的性质, 它们才能相干叠加形成强弱相间的、满足波相干叠加规律的分布. 至此, 人们得到结果: 电子本身就是粒子与波的集合体, 具有波粒二象性.

3) 中子晶体衍射实验

微观粒子种类很多, 到 20 世纪 30 年代, 人们认识到的就有电子、质子、中子等.

1947 年, N. H. Zinn 等把 $E_k \approx k_B T \approx 0.0259\,\mathrm{eV}$ $\left(\lambda = \dfrac{h}{p} = \dfrac{h}{\sqrt{2m_n E}} \approx 0.178\,\mathrm{nm} \right)$ 的热中子流照射到单晶体方解石上, 观测到衍射图样. 1948 年, E. O. Wollan 和 C. G. Shull 等将中子束射到氯化钠、金刚石等晶体上, 观测到类似夫琅禾费衍射的花样. 这些实验表明, 中子也具有波动性.

4) 量子围栏实验

前述实验说明微观粒子具有波粒二象性, 并且粒子性与波动性之间的关系如德布罗意关系所述, 但尚未提供波动的具体模式的信息.

1993 年, M. F. Grommie 等利用扫描隧道显微镜 (STM) 技术实现了对原子的操控, 结果发现, 蒸发到金属 Cu 表面上的 Fe 原子排成圆环形的量子围栏 ($r = 7.13\mathrm{nm}$), 如图 1.14 所示 (取自 Science 262, 218 (1993)).

图 1.14 扫描隧道显微镜观测到的蒸发到金属 Cu 表面上的 Fe 原子排成的圆环形的量子围栏

观测到的同心圆状的驻波表明, Cu 表面的电子具有波动性.

4. 物质波假设的意义

物质波假设使得微观粒子与光具有完全相同的特征, 其意义至少表现在下述两个方面.

1) 关于实物粒子的理论可以与关于光的理论统一起来

既然实物粒子与光具有相同的特征, 既具有呈单个颗粒状的粒子性, 也具有振动在空间传播本质的波动性, 那么描述它们性质的理论方法应该可以纳入一个框架, 也就是关于实物粒子的理论应该可以与关于光的理论统一起来.

2) 帮助人们更自然地理解微观粒子能量、角动量等的不连续性

由德布罗意物质波假设直接得知, 微观粒子的动量和能量分别与振动在空间传播的波长、频率对应, 那么, 微观粒子的动量、能量、角动量的量子化直接与有限空间中驻波的频率和波长的不连续性相联系, 如图 1.14 所示, 并可抽象表述为图 1.15 所示的形式.

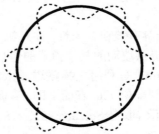

图 1.15　物质波波长的不连续性 (量子性) 的驻波示意图

记半径为 r 的圆周对应 n 个波长为 λ 的驻波的振动中心, 显然有 $2\pi r = n\lambda\,(n = 1, 2, 3, \cdots)$ 于是

$$\lambda = \frac{2\pi}{n}r, \quad n = 1, 2, 3, \cdots,$$

不能连续变化, 即是量子化的. 进而, 系统的角动量为

$$L = rp = \frac{n\lambda}{2\pi} \cdot \frac{h}{\lambda} = \frac{nh}{2\pi} = n\hbar.$$

这表明, 角动量量子化是微观粒子与其波动性相联系的固有特征.

5. 波粒二象性及其本质

德布罗意的物质波概念说明物质粒子具有波粒二象性, 即既具有粒子性又具有波动性. 究其实质, 物质粒子的粒子性是其基本性质的直观表征, 也就是其颗粒性或原子性, 具有一定的质量、电荷等内禀属性, 但其运动不具有确定的轨道. 物质粒子的波动性也是粒子的本质的表征, 主要指粒子在传输过程中具有与波一样的可叠加性 [干涉、衍射、偏振 (在粒子物理中常称之为 "极化")]. 例如, 电子在双缝衍射实验中主要呈现波动性, 而电子在其康普顿散射实验 (即以电子轰击较轻元素的原子形成的物质材料、观测出射电子在空间的分布) 中主要呈现粒子性. 因此, 物质粒子的波粒二象性指的是微观粒子的 "原子性" 和波的 "叠加性" 的统一, 即 "量子粒子" 和 "量子波" 是同一微观客体 (物理实在) 的不同侧面. 换言之, 粒子的量子化使其波动性得以展现, 波的量子化使其具有粒子性. 概括而言, 粒子是波的量子.

1.4 量子态的波函数描述初探

1.4.1 物质波的表述——波函数

自从德布罗意提出物质波的概念, 很多实验表明, 微观客体都具有波动性. 我们知道, 波可以用三角函数或指数函数表述, 那么, 微观客体的状态可以用函数 $\Psi(\boldsymbol{r}, t) = \Psi_0 \mathrm{e}^{\mathrm{i}(\boldsymbol{k} \cdot \boldsymbol{r} - \omega t)}$ 表述, 考虑德布罗意关系, 则有

$$\Psi(\boldsymbol{r}, t) = \Psi_0 \mathrm{e}^{\mathrm{i}(\boldsymbol{p} \cdot \boldsymbol{r} - Et)/\hbar}. \tag{1.23}$$

该表征微观客体状态的函数称为微观客体的波函数.

1.4.2 波函数的统计诠释

电磁学研究表明, 光 (电磁场) 的强度由其电场强度的平方决定: $I \propto |\boldsymbol{E}|^2$. 在爱因斯坦的光量子理论下, 光场的强度对应光子出现的概率密度, 亦即光波的模的平方为光子出现的概率. 对于描述物质粒子状态的波函数 Ψ, 定义 $|\Psi|^2 = \Psi^* \Psi$, 通过具体计算两个自由粒子间散射的散射截面 (不同方向出射的概率密度分布), 参照光波 (电场强度) 的模的平方对应光子出现的概率的原理, 英国物理学家马克斯·玻恩 (Max Born) 于 1926 年提出 $|\Psi(r, t)|^2 \Delta x \Delta y \Delta z$ 表示 t 时刻粒子出现在空间 $\boldsymbol{r}$ 附近的小体元 $\Delta \boldsymbol{r} \equiv \Delta x \Delta y \Delta z$ 中的概率. 这也就是说, $|\Psi(\boldsymbol{r})|^2$ 为概率密度.

例如, 束流极弱的电子的双棱镜衍射实验表明, 在很短时间内, 电子在通过双棱镜后随机分布; 但在相当长时间后, 镜后的记录屏上清晰记录下与光的双缝衍

射结果相同的图样; 由于电子束流极弱, 因此记录屏上记录到的图样不可能是电子束整体作为波而相互干涉的结果, 而是每个电子都相应于一列波, 其通过双棱镜后的分布就是各电子的波函数的和的模的平方表征的概率密度分布.

1.4.3　统计诠释及其他物理条件对波函数的要求

波函数的统计诠释揭示了波函数的物理本质, 从而对波函数给出了要求, 或者说自然地提供了限制条件. 既然波函数是描述微观粒子状态的概率密度波, 那么它应该由粒子所处环境及相应的动力学规律决定. 因此, 波函数的统计诠释和其他物理条件都对波函数给出限制, 根据这些限制我们可以得到波函数的基本特征. 本小节对此予以讨论.

1. 统计诠释对波函数的要求

1) 波函数是有限的、可以归一化的函数

根据波函数的统计诠释, $\left|\Psi(\boldsymbol{r})\right|^2$ 是粒子出现在位形空间中 $\boldsymbol{r}$ 附近的概率密度, 是关于宗量 $\boldsymbol{r}$ 的正定函数, 由于粒子出现在位形空间中任一 $\boldsymbol{r}$ 附近的概率不可能是无穷大, 即 $\left|\Psi(\boldsymbol{r})\right|^2$ 不可能是无穷大, 因此波函数 $\Psi(\boldsymbol{r})$ 一定是有限的函数.

据此, 我们可以对波函数的行为给出定性的限制. 例如, 对半径为 r 的小空腔内的粒子的波函数, 根据 $\left|\Psi(\boldsymbol{r})\right|^2 r^3$ 有限的自然条件, 我们知道, 粒子出现在球心附近很小的区间内的概率是有限的, 亦即 $\lim\limits_{r \to 0} \left|\Psi(\boldsymbol{r})\right|^2 r^3$ 为有限值. 记 $\Psi \sim \dfrac{1}{r^s}$, 则 $|\Psi| \sim r^{-2s}$, 为保证 $\lim\limits_{r \to 0} \left|\Psi(\boldsymbol{r})\right|^2 r^3$ 为有限值, 即 $\lim\limits_{r \to 0} r^{3-2s}$ 为有限值, 于是, 应该有 $3 - 2s \to 0^+$, 所以 $s < \dfrac{3}{2}$.

由于在不同时刻, 物质粒子一定出现在完整的位形空间中的某一处附近, 亦即粒子出现在全空间中的概率为 1, 也就是粒子在全空间中各处附近出现的概率的总和等于 1. 概括来讲, 即波函数应该是归一化的. 以数学形式表述, 即有

$$\int \left|\Psi(\boldsymbol{r})\right|^2 \mathrm{d}\boldsymbol{r} = 1. \tag{1.24}$$

这也就是说, 波函数一定是模平方可积的.

根据波函数归一化的基本要求, 如果某波函数 $\Psi(\boldsymbol{r})$ 尚未归一化, 即

$$\int \left|\Psi(\boldsymbol{r})\right|^2 \mathrm{d}\boldsymbol{r} = C,$$

则可引入归一化因子 $\dfrac{1}{\sqrt{C}}$ 使之归一化.

需要注意的是, 散射波 $\Psi_{\mathrm{S}}(\boldsymbol{r}) = C\,\mathrm{e}^{\mathrm{i}\boldsymbol{p}\cdot\boldsymbol{r}/\hbar}$(其中 C 为常量) 不能直接归一化, 因为 $|\Psi_{\mathrm{S}}(\boldsymbol{r})|^2 = |C|^2$, 则

$$\int_{-\infty}^{\infty}\left|\Psi_{\mathrm{S}}(\boldsymbol{r})\right|^2\mathrm{d}\boldsymbol{r} = \int_{-\infty}^{\infty}\left|C\right|^2\mathrm{d}\boldsymbol{r} = |C|^2\int_{-\infty}^{\infty}1\mathrm{d}\boldsymbol{r} = \infty,$$

从而 C 的数值无法确定, 即不能直接归一化. 为解决这一问题, 人们通常引入扭曲, 例如记扭曲因子为 $f_{\mathrm{d}}(\boldsymbol{r})$, 它在全空间平方可积, 则 $f_{\mathrm{d}}(\boldsymbol{r})\Psi_{\mathrm{S}}(\boldsymbol{r})$ 即可归一化. 另一个解决方案是采用 δ-函数归一化、箱归一化等进行归一化.

较数学理论化地讲, 平方可积的波函数 $\Psi(\boldsymbol{r})$ 张成一个无限维的复线性空间, 也就是一个希尔伯特空间. 进而, 量子力学的理论框架大多都是以此描述粒子状态的波函数具有的基本性质为基础的. 考虑量子力学的公理化理论表述似乎比较复杂, 因此有关具体讨论留待本书第 7 章第 7.2 节来展开.

2) 波函数是单值函数

由于概率密度 $\left|\Psi(\boldsymbol{r},t)\right|^2$ 在任意时刻 t 都是确定的, 这从概念上要求 $\Psi(\boldsymbol{r},t)$ 在任意时刻 t 都是确定的, 因此波函数 $\Psi(\boldsymbol{r},t)$ 应该是时间 (t) 和空间 ($\boldsymbol{r}$) 的单值函数.

由此可得下述两个推论.

(1) 在量子力学中, 具有重要的实在意义的是相对概率分布.

例如, 对波函数 $\Psi(\boldsymbol{r})$ 和 $C\Psi(\boldsymbol{r})$, 因为对任意两点 $\boldsymbol{r}_1$、$\boldsymbol{r}_2$,

$$\frac{\left|C\Psi(\boldsymbol{r}_1)\right|^2}{\left|C\Psi(\boldsymbol{r}_2)\right|^2} = \frac{\left|\Psi(\boldsymbol{r}_1)\right|^2}{\left|\Psi(\boldsymbol{r}_2)\right|^2},$$

所以 $C\Psi(\boldsymbol{r})$ 和 $\Psi(\boldsymbol{r})$ 描述的相对概率分布完全相同, 亦即 $C\Psi(\boldsymbol{r})$ 与 $\Psi(\boldsymbol{r})$ 描述同一个概率波.

(2) 在通常情况下, 物质粒子的波函数具有相位不确定性.

例如, 对于常数 α, 由于

$$|\mathrm{e}^{\mathrm{i}\alpha}\Psi(\boldsymbol{r})|^2 = \mathrm{e}^{-\mathrm{i}\alpha}\Psi^*(\boldsymbol{r})\mathrm{e}^{\mathrm{i}\alpha}\Psi(\boldsymbol{r}) = \Psi^*(\boldsymbol{r})\Psi(\boldsymbol{r}) = |\Psi(\boldsymbol{r})|^2,$$

即 $\mathrm{e}^{\mathrm{i}\alpha}\Psi(\boldsymbol{r})$ 与 $\Psi(\boldsymbol{r})$ 对应的概率密度分布相同, 因此 $\mathrm{e}^{\mathrm{i}\alpha}\Psi(\boldsymbol{r})$ 与 $\Psi(\boldsymbol{r})$ 表示同一个概率波. 这表明, 在通常情况下, 物质粒子的波函数可以相差一个常数相位, 也就是具有相位不确定性.

物质粒子的波函数具有相位不确定性, 它们可以相差任意常数相位, 并不是说量子相位不重要. 相反, 深入的研究表明, 量子相位极为重要. 例如, 阿哈罗诺夫–玻姆 (Aharonov-Bohm, AB) 效应、贝利相位 (Berry phase) 及其他相关拓扑相及相变、中性粒子在磁场中的有效质量等都是量子相位的重要性的体现. 关于

这些内容的深入具体的讨论, 请参阅有关专著 (例如, A. Shapere, and F. Wilczek, Geometric Phases in Physics (World Scientific Publishing Company, Singapore, 1988); A. Bohm, A. Mostafazadeh, H. Koizumi, Q. Niu, and J. Zwanziger, The Geometric Phase in Quantum Systems (Springer-Verlag, Berlin, 1993) 等), 较简明的讨论可参见本书第 9 章第 9.5 节.

2. 势场性质和边界条件对波函数的要求

前已述及, 波函数的统计诠释对波函数的具体行为提供了自然的限制条件. 事实上, 既然波函数是描述微观粒子状态的概率密度波, 那么它应该由粒子所处势场环境及相应的动力学规律决定. 因此, 粒子所处的势场和边界条件等都对波函数给出限制, 根据这些限制我们可以得到波函数的基本特征. 这里对此予以扼要的讨论.

1) 波函数 $\Psi(\boldsymbol{r},t)$ 及其梯度 $\nabla\Psi(\boldsymbol{r},t)$ 应连续

1926 年, 奥地利物理学家薛定谔推广其说明物质波 (具体地, 氢原子中电子的运动状态为驻波) 的动力学基础的学说, 提出在势场 $U(\boldsymbol{r})$ 中运动的物质粒子的波函数满足的运动方程 (通常简称为薛定谔方程)

$$i\hbar\frac{\partial}{\partial t}\Psi(\boldsymbol{r},t) = \left(-\frac{\hbar^2}{2m}\nabla^2 + U\right)\Psi(\boldsymbol{r},t),$$

其中, $-\dfrac{\hbar^2}{2m}\nabla^2 + U$ 称为系统的哈密顿量 (Hamiltonian), 常记作 $\hat{H}$. 如果 U 仅仅是空间的函数, 与时间 t 无关, 则 $\Psi(\boldsymbol{r},t)$ 可以分离变量, 从而表述为 $\Psi(\boldsymbol{r},t) = f(t)\psi(\boldsymbol{r})$, 于是时间相关的因子可以表示为 $f(t) = \mathrm{e}^{-\mathrm{i}Et/\hbar}$, 空间相关的因子 $\psi(\boldsymbol{r})$ 满足方程

$$\left(-\frac{\hbar^2}{2m}\nabla^2 + U\right)\psi(\boldsymbol{r}) = E\psi(\boldsymbol{r}),$$

该方程常被称为能量本征方程, 简称运动方程.

很显然, 决定微观粒子状态的运动方程 (动力学方程) 是波函数关于时间的一阶导数和波函数关于空间的二阶导数构成的微分方程. 为保证表征粒子状态的波函数确实存在, 即上述方程有确定的解, 至少要求在势场为 $U(\boldsymbol{r})$ 的情况下, 上述方程一定成立, 即波函数关于时间的一阶导数 $\dfrac{\partial\Psi(\boldsymbol{r},t)}{\partial t}$ 和波函数关于空间的二阶导数 $\nabla^2\Psi(\boldsymbol{r},t)$ 都必须存在. 为保证上述一阶导数和二阶导数都存在, 则要求在 $U(\boldsymbol{r})$ 是 $\boldsymbol{r}$ 的连续函数的情况下, 波函数 $\Psi(\boldsymbol{r},t)$ 及其梯度 $\nabla\Psi(\boldsymbol{r},t)$ 都应该是连续的函数.

波函数及其梯度的连续性是体系的波函数固有的性质, 与我们已经熟悉的电磁场的连续性对不同情况下的电磁场给出强烈限制一样, 量子力学中的波函数及

其梯度 (亦即一阶导数) 也对不同情况下的量子态 (由波函数表征) 的具体分布给出强烈限制, 以致它们实际是求解确定体系波函数时必须考虑的必要条件. 下面将举例说明.

2) 对于束缚态, 波函数在无穷远处一定为零

顾名思义, 束缚态是仅存在于限定的空间内的状态, 即粒子在无穷远处的概率密度一定为 0 (否则, 称为散射态). 也就是说, $\left|\Psi(\boldsymbol{r})\right|^2_{r\to\infty} = 0$, 所以 $\Psi(\boldsymbol{r})|_{r\to\infty} = 0$, 即对于束缚态, 其波函数在无穷远处一定为零. 该要求亦常被称为束缚态的自然边界条件.

例题 1.1 试确定在位于 $[0,a]$ 的一维无限深势阱中运动的粒子的波函数和能量.

解 对势阱外 $x \leqslant 0, x \geqslant a$ 区域.

因为粒子原本在阱内, 并且阱壁和阱外都有 $U(x) = \infty$, 由直观物理图像知, 对 $x \leqslant 0$ 和 $x \geqslant a$, 粒子的波函数为

$$\psi(x) = 0.$$

对势阱内 $(0 < x < a)$, 由定态薛定谔方程的一般形式

$$\left[-\frac{\hbar^2}{2m}\nabla^2 + U(\boldsymbol{r})\right]\psi(\boldsymbol{r}) = E\psi(\boldsymbol{r})$$

和势阱内 $(0 < x < a)$ $U(x) = 0$ 知, 一维无限深势阱内运动的粒子的定态薛定谔方程可以表述为

$$-\frac{\hbar^2}{2m}\frac{\mathrm{d}^2}{\mathrm{d}x^2}\psi(x) = E\psi(x),$$

即

$$\frac{\mathrm{d}^2\psi}{\mathrm{d}x^2} + \frac{2mE}{\hbar^2}\psi = 0.$$

记 $\dfrac{2mE}{\hbar^2} = k^2$, 则上式即

$$\frac{\mathrm{d}^2\psi}{\mathrm{d}x^2} + k^2\psi = 0,$$

此乃典型的振动方程, 其通解为

$$\psi(x) = A\sin(kx + \delta),$$

其中, A 和 δ 为待定常量.

由边界条件和波函数的连续性知, $\psi(x=0)=0$, 则 $A\sin\delta=0$, 所以 $\delta=n\pi\ (n=1,\pm1,\cdots)$. 为简单, 取 $n=0$, 则 $\delta=0$.

仍根据边界条件和波函数的连续性知, $\psi(x=a)=0$, 即有 $A\sin ka=0$, 那么 $ka=n\pi\ (n=0,\pm1,\cdots)$, 所以 $k=\dfrac{n\pi}{a}$.

又因为 $n=0$ 时, $\psi(x)=A\sin0\equiv0$, 则 $n=0$ 应舍去, 所以

$$\psi(x)|_{0<x<a}=A\sin\frac{n\pi x}{a},\quad n=\pm1,\pm2,\cdots.$$

由归一化条件

$$\int_{-\infty}^{\infty}\left|\psi(x)\right|^2\mathrm{d}x=A^2\int_0^a\left|\sin\frac{n\pi x}{a}\right|^2\mathrm{d}x=1$$

知

$$A=\sqrt{\frac{2}{a}}.$$

至此, 我们确定了待定常量 A 和 δ 及 k 的取值.

取 k 中的数 n 为标记状态的序号, 即有 $n=1,2,3,\cdots$, 那么, 本征函数可以表述为

$$\psi(x)|_{0<x<a}=\sqrt{\frac{2}{a}}\sin\frac{n\pi x}{a}.$$

由定义 $k=\sqrt{\dfrac{2mE}{\hbar^2}}$ 和物理条件 $k=\dfrac{n\pi}{a}$ 知

$$E=\frac{n^2\pi^2\hbar^2}{2ma^2}.$$

由于 n 应取分立值 $1,2,3,\cdots$, 所以有分立的本征值

$$E_n=\frac{n^2\pi^2\hbar^2}{2ma^2}.$$

显然, $E_1=E_{\min}$, 则本征函数 ψ_1 称为基态, $\psi_n\ (n=2,3,\cdots)$ 称为激发态.

例题 1.2　假设 $\Psi(x)=Ax(a-x)$ 为在区间 $[0,a]$ 中运动的粒子的波函数, 试确定: (1) 常数 A 的数值; (2) 粒子在何位置附近出现的概率最大.

解　(1) 因为已知 $\Psi(x)=Ax(a-x)$ 为 $[0,a]$ 区间内粒子的波函数, 待解问题之一是确定波函数的表达式中的归一化 A. 为解决这一问题, 我们先根据波函数的统计诠释确定粒子在题设区间内的概率. 直观地,

$$\int_0^a|\Psi(x)|^2\mathrm{d}x=\int_0^a A^2x^2(a-x)^2\mathrm{d}x$$

$$= A^2\left(a^2\frac{x^3}{3} - 2a\frac{x^4}{4} + \frac{x^5}{5}\right)\bigg|_0^a = A^2\frac{a^5}{30}.$$

由波函数的归一化条件知

$$\int_0^a |\Psi(x)|^2 \mathrm{d}x = A^2\frac{a^5}{30} = 1.$$

解之得

$$A = \sqrt{30/a^5}.$$

所以, 波函数中待定的常数为 $A = \sqrt{30/a^5}$.

(2) 确定粒子在何处附近出现的概率最大, 即确定该波函数表征的粒子状态的概率密度取得最大值的位置. 依题意, 粒子在 x 附近出现的概率密度为

$$\left|\Psi(x)\right|^2 = A^2 x^2(a-x)^2 = \frac{30}{a^5}x^2(a-x)^2.$$

显然, 这是一个关于 x 的四次函数.

依题意, 确定使粒子出现的概率密度取得最大值的位置, 即确定保证上述四次函数取得极大值的位置. 由极值条件知, 当

$$\begin{aligned}\frac{\mathrm{d}}{\mathrm{d}x}|\Psi(x)|^2 &= \frac{30}{a^5}\left[2x(a-x)^2 - 2x^2(a-x)\right] \\ &= \frac{60}{a^5}x(a-x)(a-2x) = 0\end{aligned}$$

时, $|\Psi(x)|^2$ 有极值. 解上述方程知, $x = 0, \dfrac{a}{2}, a$ 处有极值.

又因为函数取得极大值的条件是极值处函数关于宗量的二阶导数小于 0, 直接计算上述三个极值处的二阶导数知

$$\frac{\mathrm{d}^2}{\mathrm{d}x^2}\left|\Psi(x)\right|^2\bigg|_{x=0} = \frac{60}{a^3} > 0,$$

$$\frac{\mathrm{d}^2}{\mathrm{d}x^2}\left|\Psi(x)\right|^2\bigg|_{x=a/2} = -\frac{30}{a^3} < 0,$$

$$\frac{\mathrm{d}^2}{\mathrm{d}x^2}\left|\Psi(x)\right|^2\bigg|_{x=a} = \frac{60}{a^3} > 0.$$

显然, 仅 $\dfrac{\mathrm{d}^2}{\mathrm{d}x^2}\left|\Psi(x)\right|^2\big|_{x=a/2} < 0$, 所以, 粒子在 $x = \dfrac{a}{2}$ 附近出现的概率最大.

思考题与习题

1.1　实验测得, 在每分钟时间内通过每平方厘米面积的地面接收到的来自太阳辐射的能量为 8.11J, 太阳与地面之间的距离为 1.5×10^8 km, 太阳直径为 1.39×10^6 km, 太阳表面温度约为 6000K. 试由这些测量结果确定斯特藩–玻尔兹曼常量.

1.2　一温度为 5700 (°C) 的空腔, 壁上开有直径为 0.10 mm 的小孔, 试确定通过该小孔辐射的波长在 $550.0 \sim 551.0$ nm 内的光的功率. 如果辐射是以发射光子的形式进行的, 试确定光子的发射数率.

1.3　实验测得宇宙微波背景辐射的温度为 2.7 K, 试确定宇宙微波背景辐射的最大亮度相应的波长、辐射的能量密度、光子数密度、平均光子能量.

1.4　式 (1.6) 给出了黑体辐射的维恩位移定律的波长表达形式. 试给出维恩位移定律的频率表达形式.

1.5　试估算一位身高 1.80 m 的人 (正常体表温度大约为 35.5 °C) 在正常的舒适环境下的辐射功率.

1.6　现在许多机场、车站、码头都设有非接触型的红外体温计, 以检测是否有高烧的病人. (1) 如果认定体温在 39.5 °C (忽略衣服表面温度与人体温度的差异) 及其以上的人为高烧病人, 试确定光敏体温计前的滤光片应该最敏感的红外光波长; (2) 如果光敏体温计也能同样检测到正常体温 (体表温度大约为 35.5 °C) 的人的频谱, 试确定该体温计检测到的体温为 39.5 °C 的高烧病人的频谱亮度比正常体温的人的频谱亮度高出的百分率.

1.7　正常人的眼睛能够觉察的最小光强为 10^{-10} W·m^{-2}. 假设人眼瞳孔的面积为 0.03cm^2, 试确定, 对于波长为 560 nm 的光, 每秒有多少光子进入眼睛时就有光感.

1.8　实验测得一束单色电磁辐射的强度为 1 W·cm^{-2}, 如果它来自于 1 MHz 的无线电波, 试确定这种情况下每立方米空间内的平均光子数. 如果上述辐射光强来自于 10 MeV 的 γ 射线呢?

1.9　试证明, 在没有物质背景的情况下, 不可发生光电效应; 或者说, 自由电子不能发生光电效应.

1.10　利用 Ca 阴极光电管做光电效应实验, 采用不同波长 λ 的单色光照射时, 测出相应光电流的反向截止电压 U_0, 如下所列. 试确定普朗克常量.

辐照光波长 λ/nm	253.6	313.2	365.0	404.7
反向截止电压 U_0/V	1.95	0.98	0.50	0.14

1.11　照相底版之所以能感光并记录下信息, 是因为底版上有受光照即可以分解出来的光敏物质分子. 实验测得, 分解出一个溴化银分子需要的最小能量为约 2.0 eV. 试确定可否利用溴化银照相底版在红光环境下进行拍照.

1.12　试给出通常的康普顿散射中反冲电子的动能 E_R 与入射光子能量 $E_{\gamma,i}$ 之间的关系.

1.13　试证明, 通常的康普顿散射中电子反冲偏离入射线方向的角度 ϕ 与散射光子偏离入射线方向的角度 θ 之间的关系为 $\cot \phi = \left(1 + \dfrac{h\nu}{m_e c^2}\right) \tan \dfrac{\theta}{2}$.

1.14　一个能量为 12 MeV 的光子被一自由电子散射到与原入射方向垂直的方向上时, 对该光子可测到的波长是多长?

1.15 一个能量为 5.00 MeV 的电子与一静止的正电子相遇后发生湮灭, 产生两个光子, 其中一个光子向电子入射的方向运动, 试确定这两个光子的能量.

1.16 在通常的康普顿散射实验中, 如果散射出的光子可以产生 (湮灭为) 一对正负电子, 其最大散射角不会超过多大?

1.17 用能量为 12.5 eV 的电子激发基态氢原子, 受激发的氢原子向低能态跃迁时可以发出哪些波长的光谱线?

1.18 假设一个电子可以在一半径为 R、总带电量为 Ze 的均匀带电球内运动, 试采用玻尔理论方法计算相应于在带电球内运动的那些状态的能级.

1.19 两个分别处于基态、第一激发态的氢原子以速率 v 相向运动, 如果原来处于基态的氢原子吸收从激发态氢原子发出的光之后刚好跃迁到第二激发态, 试确定这两个氢原子相向运动的速率 v.

1.20 试确定氢原子光谱中位于可见光区的那些谱线的波长.

1.21 当氢原子跃迁到激发能为 10.19 eV 的状态时, 发出一个波长为 489 nm 的光子, 试确定氢原子所处初态的结合能.

1.22 静止氢原子从第一激发态向基态跃迁发射一个光子, 试确定这个氢原子获得的反冲速度及反冲能与所发出光子能量的比值.

1.23 电子射入室温下的氢原子气体, 如果观测到了 H_α 线, 试确定入射电子的最小动能.

1.24 前述正文中讨论了索末菲量子化对确定氢原子能级的作用. 事实上, 玻尔关于氢原子的理论的原始出发点是库仑场中运动粒子的经典力学描述方案, 没有考虑电子高速运动的相对论性效应. 索末菲最早考虑了相对论性修正对氢原子能级的贡献. 试证明, 在考虑了相对论性修正情况下, 玻尔理论结果中主量子数为 n 的能级修正为

$$E_n = -\frac{1}{2}m_0 c^2 \left(\frac{Z\alpha}{n}\right)^2 \left[1 + \frac{1}{4}\left(\frac{Z\alpha}{n}\right)^2\right],$$

其中, m_0 为电子的静质量; Z 为原子核的核电荷数; c 为真空中的光速, $\alpha = \dfrac{e^2}{4\pi\varepsilon_0 \hbar c}$ 是精细结构常数 (是电磁作用中至关重要的特征量).

1.25 试确定动能分别为 1 eV、100 eV、1 keV、1 MeV、12 GeV 的电子的德布罗意波长和频率. 对镍晶体, 实验测得其晶格间距为 0.215 nm, 试确定上述哪些能量的电子可在镍晶体上发生显著的衍射; 对确定的 30° 衍射角呢?

1.26 对波长均为 0.4 nm 的光子和电子, 试确定光子的动量与电子的动量的比值以及光子的动能与电子的动能的比值.

1.27 若一电子的动能等于其静质量能, 试确定该电子的速度和德布罗意波长.

1.28 将核反应堆产生的热中子窄束投射到晶格间距为 0.16 nm 的晶体上, 试确定能量分别为 2eV、10eV 的中子被强烈衍射的布拉格角.

1.29 在一电子单缝衍射实验中, 如果所用电子的德布罗意波长为 10 μm, 狭缝的宽度为 100 μm, 试确定狭缝衍射引起的电子束的角展宽.

1.30 试证明: 运动速度为 v 的微观粒子的康普顿波长与其德布罗意波长的比值为 $\left(\sqrt{\left(\dfrac{c}{v}\right)^2 - 1}\right)^{-1}$, 其中 c 为真空中的光速; 也可以由其总能量 E 和静质量能 E_0 表示为

$\sqrt{\left(\dfrac{E}{E_0}\right)^2 - 1}$. 请说明电子的动能为何值时, 其德布罗意波长等于其康普顿波长.

1.31　电子显微镜中所用的加速电压一般都很高, 因此加速后的电子的速度很大, 从而应该考虑相对论效应. 试证明: 电子的德布罗意波长与加速电压之间的关系为 $\lambda = \dfrac{1.226}{\sqrt{V_r}}$, 其中 $V_r = V\left(1 + 0.978 \times 10^{-6}V\right)$ 为电子的相对论修正电压, 加速电压 V 的单位采用了伏特, 波长 λ 的单位采用了纳米 (nm).

1.32　试确定高斯型波函数 $\psi(x) = Ae^{-ax^2/2}e^{ip_0x/\hbar}$ 的归一化系数 A.

1.33　如果我们知道粒子分别以概率 $\dfrac{1}{3}$、$\dfrac{2}{3}$ 处于能量为 E_1、E_2 ($E_2 \neq E_1$) 的态 Ψ_1、Ψ_2, 那么该粒子的态是否一定是 $\sqrt{\dfrac{1}{3}}\Psi_1 + \sqrt{\dfrac{2}{3}}\Psi_2$?

1.34　记氢原子基态的径向波函数为 $\psi(r) = Ae^{-r/a_0}$, 其中 a_0 为玻尔模型中氢原子中电子的第一轨道半径, 试确定归一化系数 A, 并说明玻尔模型中第一轨道半径在完整的量子态概念下的意义.

1.35　如果在圆频率为 ω 的一维谐振子势场中运动的质量为 m 的粒子的波函数可以表示为 $\psi_n(x) = \dfrac{(-1)^n}{\sqrt{2^n\sqrt{\pi}n!}}e^{\xi^2/2}\dfrac{\mathrm{d}^n}{\mathrm{d}x^n}e^{-\xi^2}$, 其中 $\xi = \sqrt{\dfrac{m\omega}{\hbar}}x$, 试给出 $n = 0, 1, 2, 5, 10$ 情况下的概率密度分布的图示, 并说明在 n 很大情况下, 量子谐振子的空间分布特征趋于与经典谐振子一致.

1.36　试证明, 通常情况下的一维空间的波函数的连续性和波函数的一阶导数的连续性可以统一表述为 $\dfrac{\partial \ln \psi}{\partial x}$.

1.37　试确定在位于 $\left[-\dfrac{a}{2}, \dfrac{a}{2}\right]$ 的一维无限深势阱中运动的粒子的波函数和能量.

第 2 章　物理量及其算符表达与相应的量子态

物理量是表征物质和运动的基本性质的特征量. 与经典物理不同, 量子力学中的物理量有其数值具有不确定性、需要由算符表达等特殊要求, 对其测量更有特殊性. 本章对非相对论性量子力学中的物理量的值的不确定性、算符表达与算符的性质及运算, 以及对量子系统的状态的描述予以讨论, 主要内容包括: 物理量的值的不确定性及其平均值; 物理量的算符表达及其本征值和本征函数; 物理量算符的性质及运算; 量子态与态叠加原理; 可测量物理量完全集及其共同本征函数.

2.1　物理量的值的不确定性及其平均值

2.1.1　物理量的值的不确定性

1. 实例

我们已经熟知, 经典粒子的位置 r 和动量 p 可以同时精确确定 (被测定). 但是, 对于微观粒子, 由图 2.1 所示的电子的单缝衍射实验结果知, 记该电子的德布罗意波长为 λ, 则当 $d\sin\theta = k\lambda$, 即 $\sin\theta = k\dfrac{\lambda}{d}$ 时, 出现 k 级亮斑, 这表明, 衍射狭缝宽度 d 越小, 电子束所产生的衍射图样的中心极大 ($k = 1$) 区域越大. 由于狭缝的宽度限定电子的位置, 衍射亮斑的大小表征通过狭缝后的电子的动量的范围, 那么, 上述衍射实验结果表明, 对粒子位置测量的精确度越高, 对粒子动量测量的精确度就越低; 亦即, 在测量电子状态时, 人们无法同时确定其位置和动量, 它们的不确定范围 Δx 和 Δp_x 不仅不同时为零, 而且其乘积有下限.

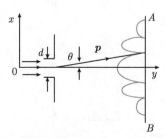

图 2.1　电子单缝衍射实验及其结果示意图

2. 直观分析

我们考察出现上述现象的原因. 我们已经知道, 微观粒子具有波粒二象性, 其动量 p 与其相应的波的波长满足德布罗意关系 $p = \dfrac{h}{\lambda}$. 我们还知道, 波长 λ 描述一个振动态在传播过程中的分布区域, 因此粒子不能像经典物理中一样被近似为点. 进而可知, 粒子的动量与其所处位形空间的关系不是 "点" 与 "点" 之间的对应, 而是 "段" 与 "段" 之间的对应, 即在描述粒子状态的相空间中, 微观粒子的相轨道不像经典粒子可以由一条曲线表征, 而应由一个柱子表征; 即使限定粒子的动量为一个确定的数值, 即在动量空间中可以近似为一个 "点", 其分布相应于一条线, 粒子的相轨道也不是一条线而是一条带子, 带子的宽度由波长表征的 "段" 决定.

具体地, 波的传播一定有与动量对应的速度, 对周期为 τ、频率为 ν 的波, $\tau\nu = 1$, 测定一列波的性质的时间应该大于波的一个周期, 即有 $\Delta t \geqslant \tau$, 记相应的频率为 $\Delta\nu$, 则有 $\Delta t \Delta\nu \geqslant 1$. 记波速为 v, 则该时间内波传播的距离为 $\Delta x = v\Delta t$. 于是有

$$\frac{\Delta x}{v} = \Delta t \geqslant \frac{1}{\Delta\nu}.$$

考虑 $\nu = \dfrac{v}{\lambda}$, $\Delta\nu = -\dfrac{v\Delta\lambda}{\lambda^2}$, 并注意 $\Delta t > \tau > 0$ 时, $\Delta\lambda < 0$, 则

$$\Delta x \Delta\lambda \leqslant -\lambda^2.$$

根据 $\Delta t \Delta\nu \geqslant 1, \Delta x \Delta\lambda \leqslant -\lambda^2$, 并考虑德布罗意关系

$$\lambda = \frac{h}{p}, \quad \Delta\lambda = -\frac{h}{p_x^2}\Delta p_x,$$

则得

$$\Delta x \Delta\lambda = -\Delta x \Delta p_x \frac{h}{p_x^2} \leqslant -\lambda^2,$$

即有

$$\Delta x \Delta p_x \geqslant \frac{(\lambda p_x)^2}{h}.$$

再考虑德布罗意关系 $\lambda p_x = h$, 则得

$$\Delta x \Delta p_x \geqslant h,$$

其中 Δx 和 Δp_x 分别为对位置坐标 x 测量的标准差、对 x 方向上的动量 p_x 测量的标准差, 亦即坐标和相应动量的方均根误差.

同理, 考虑 $E = h\nu$, 则得

$$\Delta E \Delta t \geqslant h.$$

例如, 一维自由运动的粒子, 如果它具有确定的动量 p_x, 即有坐标空间波函数 $\Psi(x) = \Psi_0 e^{ip_x x/\hbar}$(其中 Ψ_0 为常数), 则该粒子出现在位置 x 附近的概率密度 $|\Psi(x)|^2 = |\Psi_0|^2 = $ 常量, 不依赖于位置 x. 这表明, 如果动量 p_x 完全确定 ($\Delta p_x = 0$), 则粒子在任何位置附近出现的概率都相同, 即其位置完全不确定 ($\Delta x \to \infty$).

2.1.2 不确定性原理

1. 表述

海森伯 (Heisenberg) 发现, 描述粒子的状态和性质的有些物理量不能同时准确测定, 它们的不确定范围存在一定的关系, 受到普朗克常量 h 的支配. 具体地,

(1) 对位置 x 和动量 p_x, 它们的不确定度之间有关系

$$\Delta x \cdot \Delta p_x \geqslant \frac{\hbar}{2}. \tag{2.1}$$

近似地, 即有 $\Delta x \cdot \Delta p_x \approx \hbar$, 其中 $\hbar = \dfrac{h}{2\pi}$, 或 $\Delta x \cdot \Delta p_x \approx h$.

(2) 对时间 t 和能量 E, 它们的不确定度之间有关系

$$\Delta E \cdot \Delta t \geqslant \frac{\hbar}{2}. \tag{2.2}$$

(3) 一般地, 对于两物理量 A 和 B, 对它们测量的不确定度之间有关系

$$\Delta A \cdot \Delta B \geqslant \frac{1}{2}|\overline{[\hat{A}, \hat{B}]}| = \frac{1}{2}|\overline{\hat{A}\hat{B} - \hat{B}\hat{A}}|, \tag{2.3}$$

这些表述物理量的不确定性原理的关系式常被简称为不确定关系. 其中 $[\hat{A}, \hat{B}] \equiv \hat{A}\hat{B} - \hat{B}\hat{A}$ 称为物理量 A、B 对应的算符的对易子.

2. 验证

仍以电子单缝衍射实验结果为例, 其衍射图样的中心极大张角 θ 满足

$$\sin\theta = \frac{\lambda}{d},$$

由图 2.1 知, $p_x \neq 0$, 且有各种数值 $p_x \in [p\sin\theta, p]$, 所以 $\Delta p_x \geqslant p\sin\theta = p\dfrac{\lambda}{d}$. 由德布罗意关系知 $p = \dfrac{h}{\lambda}$, 即 $p\lambda = h$, 所以 $\Delta p_x \geqslant \dfrac{h}{d}$. 因为从狭缝的任何位置通

过的电子都出现在衍射中, 即电子的位置有不确定度 $\Delta x = d$, 所以 $\Delta x \cdot \Delta p_x \geqslant d \cdot \dfrac{h}{d} = h$.

不确定关系是微观粒子波粒二象性的必然结果, 反映了微观粒子的普遍性质, 是量子力学的一条重要规律; 不确定关系给出了微观粒子的经典描述方法的适用范围.

3. 应用举例

1) 氢原子的稳定性

记氢原子的半径为 r, 即氢原子中的电子位置的不确定度为 $\Delta x \sim r$, 由位置与动量的不确定度之间的关系 $\Delta x \Delta p_x \geqslant \dfrac{\hbar}{2} \sim \hbar$ 知, 其动量的不确定度为 $\Delta p_x \geqslant \dfrac{\hbar}{2\Delta x} \cong \dfrac{\hbar}{2r}$. 由此知, 电子动量为 $p \cong 2\Delta p \cong \dfrac{\hbar}{r}$.

所以电子的能量为

$$E = \frac{p^2}{2m} - \frac{e^2}{4\pi\varepsilon_0 r} \cong \frac{\hbar^2}{2m}\frac{1}{r^2} - \frac{e^2}{4\pi\varepsilon_0}\frac{1}{r}.$$

由于原子核的质量远大于电子的质量 (相差 1836 倍), 因此通常视之为静止, 那么上式亦即氢原子的能量.

由力学原理知, 系统处于稳定状态时, 其能量取得极小值. 由数学原理知, 上式表述的能量取得极值的条件为

$$\frac{\mathrm{d}E}{\mathrm{d}r} \cong -\frac{\hbar^2}{m}\frac{1}{r^3} + \frac{e^2}{4\pi\varepsilon_0}\frac{1}{r^2} = \frac{1}{r^2}\left(\frac{e^2}{4\pi\varepsilon_0} - \frac{\hbar^2}{m}\frac{1}{r}\right) = 0,$$

解之得

$$r_0 = \frac{4\pi\varepsilon_0\hbar^2}{me^2}.$$

再计算 $r = r_0$ 情况下上述能量关于 r 的二阶导数知, $\dfrac{\mathrm{d}^2 E}{\mathrm{d}r^2}\big|_{r=r_0} > 0$, 即上述 $r = r_0$ 确实保证前述的能量 E 取得极小值. 于是有氢原子的最小能量为

$$E_{\min} = \frac{\hbar^2}{2m}\frac{1}{\left(\dfrac{4\pi\varepsilon_0\hbar^2}{me^2}\right)^2} - \frac{e^2}{4\pi\varepsilon_0}\frac{1}{\dfrac{4\pi\varepsilon_0\hbar^2}{me^2}} = \frac{me^4}{2(4\pi\varepsilon_0\hbar)^2} - \frac{me^4}{(4\pi\varepsilon_0\hbar)^2} = -\frac{me^4}{2(4\pi\varepsilon_0\hbar)^2}.$$

定义 $a_0 = \dfrac{4\pi\varepsilon_0\hbar^2}{me^2}$, 则有

$$E_{\min} = -\frac{e^2}{8\pi\varepsilon_0 a_0} < 0.$$

所以氢原子是稳定的.

具体计算知 $a_0 = 0.0529$ nm, $E_{\min} = -13.6$ eV. 这些结果与玻尔模型给出的结果完全相同.

2) 一维谐振子势场中运动的粒子的最低能量

考虑一维谐振子体系. 记运动粒子的质量为 m, 谐振的圆频率为 ω, 则粒子的势能为 $U(x) = \dfrac{1}{2}m\omega^2 x^2$. 由直观图像知, 该运动粒子的位置不确定度为 $\Delta x \sim x$, 动量不确定度为 $\Delta p \sim p$, 由位置的不确定度与动量的不确定度之间的不确定关系 $\Delta x \cdot \Delta p \geqslant \dfrac{\hbar}{2}$ 得, 粒子的动量为

$$p \sim \Delta p \geqslant \frac{\hbar}{2\Delta x} \cong \frac{\hbar}{2x}.$$

于是, 谐振子势场中运动的粒子的能量可以表述为

$$E = \frac{p^2}{2m} + \frac{1}{2}m\omega^2 x^2 \cong \frac{\hbar^2}{2m}\frac{1}{4x^2} + \frac{1}{2}m\omega^2 x^2.$$

根据极值条件, 上述表达式表述的能量取极小值时,

$$\frac{\mathrm{d}E}{\mathrm{d}x} = \frac{\hbar^2}{8m}\left(-2\frac{1}{x^3}\right) + m\omega^2 x = 0.$$

解之得

$$x_0 = \pm\sqrt{\frac{\hbar}{2m\omega}}.$$

代入前述的能量表达式得

$$E_{\min} \cong \frac{\hbar^2}{8m}\frac{1}{\dfrac{\hbar}{2m\omega}} + \frac{1}{2}m\omega^2\frac{\hbar}{2m\omega} = \frac{\hbar\omega}{4} + \frac{\hbar\omega}{4} = \frac{1}{2}\hbar\omega.$$

所以, 在一维谐振子势场中运动的粒子的最低能量为 $\dfrac{1}{2}\hbar\omega$, 其中 $\hbar$ 为约化普朗克常量, ω 为粒子作谐振运动的圆频率.

3) 原子核内部不存在电子

实验发现原子核会逸出电子, 此即所谓的原子核的 β 衰变. 这样, 原子核内是否本来就存在电子就是一个基本问题, 因为它涉及原子核的组分结构等重要问题; 并且, 如果原子核内本来没有电子存在, 那么逸出的电子一定是在某个过程中产生的, 因此还涉及原子核衰变的物理过程和机制的重要问题. 这里我们从不确定关系出发对之予以简单讨论.

假设从原子核中逸出的电子本来存在于原子核内部, 记其最小动量为 $p_{\min}$, 最小动能为 $E_{\min}$, 由直观图像知, 记原子核的半径为 r, 电子在原子核内时的位置不确定度则为 $\Delta x \sim 2r$, 动量不确定为 $\Delta p \sim p$, 那么, 由位置与动量的不确定度之间的关系 $\Delta x \cdot \Delta p \geqslant \dfrac{\hbar}{2}$ 知, $2r\Delta p \approx \hbar$, 于是有

$$p_{\min} \cong \Delta p \cong \frac{\hbar}{2r}.$$

将中重原子核的半径最大约 10^{-14}m (实验表明, 原子核的半径与其中的核子数目 A 之间有关系 $r = r_0 A^{1/3}$, 其中 $r_0 \approx (1.05 \sim 1.25) \times 10^{-15}$ m.) 和普朗克常量 h 的值代入上式, 则得

$$p_{\min} \cong \frac{1.05 \times 10^{-34}}{2 \times 10^{-14}} \approx 5.26 \times 10^{-21} \ (\text{J} \cdot \text{s} \cdot \text{m}^{-1}) \approx 3.3 \times 10^{-8} \ (\text{MeV} \cdot \text{s} \cdot \text{m}^{-1}).$$

考虑原子核半径所限定的范围内的电子的运动速率可能很大, 由狭义相对论给出的物质的能量动量关系知, 对于动量为 $p_{\min}$、能量为 $E_{\min}$、静质量能为 E_0 的电子, 我们有

$$(E_{\min} + E_0)^2 = (p_{\min}c)^2 + E_0^2.$$

考虑电子的静质量能很可能远小于其最小动能, 则有

$$E_{\min} = \sqrt{(p_{\min}c)^2 + E_0^2} - E_0 \cong p_{\min}c \cong 10 \ \text{MeV}.$$

与实验测量结果比较知, 该最小能量远大于实验观测到的 β 衰变释放出的电子的能量 (大多不超过 1 MeV), 这一理论假设情况与实验测量结果之间的不一致表明, 原子核内部不可能存在电子, β 衰变释放出的电子是通过核反应产生的 (具体的元过程是: n→p + e⁻ + $\bar{\nu}_e$, 其中 $\bar{\nu}_e$ 为反电子型中微子).

4) 量子态具有有限寿命

记任意一个量子态的能量的不确定度为 ΔE、时间的不确定度为 Δt, 由时间与能量间的不确定关系 $\Delta E \cdot \Delta t \geqslant \dfrac{\hbar}{2}$ 知

$$\Delta t \geqslant \frac{\hbar}{2\Delta E}.$$

显然, 如果 $\Delta E \nrightarrow 0$, 则 $\Delta t \nrightarrow \infty$. 这就是说, 如果量子态的能量不取精确确定的值而使得 $\Delta E = 0$, 则该量子态的寿命就不可能是无限长.

事实上, 所有量子态的能量都有按统计规律的分布, 即所有量子态的能量都有自然宽度 $\Delta E \neq 0$, 那么, $\Delta t \in \left[\dfrac{\hbar}{2\Delta E}, \infty \right)$ 为有限值, 所以, 一般的量子态都具有有限寿命. 只有能量精确确定 $(\Delta E = 0)$ 的量子态, 才是完全稳定的.

顺便说明, 对波的性质的测量至少需要一个周期的时间, 由上述量子态即量子化的波的讨论知, 在通常意义下, 能量与时间的不确定关系中时间的不确定度一般指测量一个量子态所需要的时间, 并不说明时间完全不确定. 但是, 如果关于时间晶体的概念 (2012 年提出) 被确立, 即时间与空间一样, 具有离散的晶体结构, 则时间的不确定度的概念需要再认真推敲.

2.1.3 物理量的平均值及其计算规则

我们已经知道, 量子物理中的物理量不能被准确测定 (严格来讲, 应该是共轭物理量不能同时被准确测定). 为描述量子态和相应情况下的物理量的性质, 人们采用统计规律确定物理量的平均值. 对于由波函数 $\Psi(\boldsymbol{r})$ 表述的量子态, $|\Psi(\boldsymbol{r})|^2$ 为该量子态在 $\boldsymbol{r}$ 附近的概率密度, 也就是相当于统计力学中的分布函数 (或称配分函数). 那么, 按照统计力学中计算物理量的平均值的规则, 物理量 Q 的平均值可以表述为

$$\overline{Q} = \langle Q \rangle = \int_{-\infty}^{\infty} |\Psi(\boldsymbol{r})|^2 Q \mathrm{d}\boldsymbol{r}.$$

下面我们先按此规则计算一些常见的物理量的平均值.

1. 位置 x 及其函数 $U(x)$ 的平均值

按照前述一般规则直接计算,

$$\overline{x} = \langle x \rangle = \int_{-\infty}^{\infty} |\Psi(x)|^2 x \mathrm{d}x = \int_{-\infty}^{\infty} \Psi^*(x)\Psi(x)x \mathrm{d}x = \int_{-\infty}^{\infty} \Psi^*(x)x\Psi(x)\mathrm{d}x,$$

$$\overline{U(x)} = \langle U(x) \rangle = \int_{-\infty}^{\infty} |\Psi(x)|^2 U(x)\mathrm{d}x = \int_{-\infty}^{\infty} \Psi^*(x)U(x)\Psi(x)\mathrm{d}x.$$

显然, 按照积分规则, 完成上式中的积分即可得到位置 x 的平均值及以位置为自变量的函数 $U(x)$ 的平均值. 数学上, 通常将上述积分简记为 $(\Psi(x), U(x)\Psi(x))$, 并称之为 $\Psi(x)$ 与 $U(x)\Psi(x)$ 的内积 (这里可仅看作是上述积分的一个简化标记, 下文对其性质予以简要讨论). 于是, 对于以波函数 $\Psi(x)$ 表述的量子态, 物理量 $U(x)$ 的平均值常简单地表述为

$$\overline{U(x)} = \langle U(x) \rangle = (\Psi(x), U(x)\Psi(x)).$$

2. 动量的平均值

按经典定义, 动量的平均值为

$$\overline{p} = \langle p(x) \rangle = \int_{-\infty}^{\infty} \left| \Psi(x) \right|^2 p \mathrm{d}x.$$

形式上, 完成上式中的积分, 即可确定动量的平均值. 然而, 在量子物理中, 根据不确定关系, 在确定的位置 x 处, 动量 p 完全不确定, 那么上述积分实际上无意义, 由之无法直接确定动量的平均值. 简言之, 即

$$\overline{p} = \langle p(x) \rangle \neq \int_{-\infty}^{\infty} \left| \Psi(x) \right|^2 p \mathrm{d}x.$$

回顾前述确定物理量的平均值的方案知, 仅从数学上来讲, 这里采用的计算动量平均值的方案并无原则错误, 上面遇到的问题是尚未把动量 p 表述为位置 x 的函数. 为把动量 p 表述为 x 的函数, 我们回顾数学或统计力学层面上计算统计平均值的方法. 仔细考察数学或统计力学层面上计算统计平均值的方法知, 在已知概率密度分布情况下计算物理量的平均值时, 必须将概率密度分布和物理量表述为同一个宗量空间的函数. 前述的计算动量平均时遇到的问题正是由于尚未把动量表述为位置的函数, 并且由量子物理中的不确定关系知, 无法将动量 p 表述为位置 x 的通常意义上的解析函数.

换一个角度来考虑问题, 既然无法在位置空间中直接利用前述原理计算动量的平均值, 我们就将上述计算转换到动量空间中, 于是有

$$\overline{p} = \int_{-\infty}^{\infty} |\Phi(p)|^2 p \mathrm{d}p = \int_{-\infty}^{\infty} \Phi^*(p) p \Phi(p) \mathrm{d}p.$$

由傅里叶 (Fourier) 变换知

$$\Phi(p) = \frac{1}{(2\pi\hbar)^{1/2}} \int_{-\infty}^{\infty} \Psi(x) \mathrm{e}^{-\mathrm{i}px/\hbar} \mathrm{d}x.$$

将之代入上式中的 $\Phi^*(p)$, 则得

$$\overline{p} = \int_{-\infty}^{\infty} \left[\frac{1}{(2\pi\hbar)^{1/2}} \int_{-\infty}^{\infty} \Psi(x) \mathrm{e}^{-\mathrm{i}px/\hbar} \mathrm{d}x \right]^* p \Phi(p) \mathrm{d}p$$

$$= \int_{-\infty}^{\infty} \int_{-\infty}^{\infty} \frac{1}{(2\pi\hbar)^{1/2}} \Psi^*(x) \mathrm{e}^{\mathrm{i}px/\hbar} p \Phi(p) \mathrm{d}p \mathrm{d}x.$$

因为

$$\frac{\partial}{\partial x}\mathrm{e}^{\mathrm{i}px/\hbar} = \mathrm{e}^{\mathrm{i}px/\hbar}\frac{\mathrm{i}p}{\hbar},$$

即

$$\mathrm{e}^{\mathrm{i}px/\hbar}p = -\mathrm{i}\hbar\frac{\partial}{\partial x}\mathrm{e}^{\mathrm{i}px/\hbar},$$

则

$$\bar{p} = \int_{-\infty}^{\infty}\int_{-\infty}^{\infty}\frac{1}{(2\pi\hbar)^{1/2}}\Psi^*(x)\left(-\mathrm{i}\hbar\frac{\partial}{\partial x}\mathrm{e}^{\mathrm{i}px/\hbar}\right)\Phi(p)\mathrm{d}p\mathrm{d}x$$

$$= \int_{-\infty}^{\infty}\Psi^*(x)\left(-\mathrm{i}\hbar\frac{\partial}{\partial x}\right)\left[\int_{-\infty}^{\infty}\frac{1}{(2\pi\hbar)^{1/2}}\mathrm{e}^{\mathrm{i}px/\hbar}\Phi(p)\mathrm{d}p\right]\mathrm{d}x.$$

再考虑 $\Phi(p)$ 的逆变换, 则知

$$上式 = \int_{-\infty}^{\infty}\Psi^*(x)\left(-\mathrm{i}\hbar\frac{\partial}{\partial x}\right)\Psi(x)\mathrm{d}x,$$

即有

$$\overline{p_x} = \left(\Psi, -\mathrm{i}\hbar\frac{\partial}{\partial x}\Psi\right).$$

推广到三维情况, 则有

$$\overline{\boldsymbol{p}} = (\Psi, -\mathrm{i}\hbar\nabla\Psi).$$

由此知, 波函数的梯度越大 (波长越短), 动量的平均值就越大 (简单地, 已由德布罗意关系给出 $p = \dfrac{h}{\lambda}$).

若记

$$\hat{\boldsymbol{p}} = -\mathrm{i}\hbar\nabla,$$

则

$$\overline{\boldsymbol{p}} = \langle\boldsymbol{p}\rangle = (\Psi, \hat{\boldsymbol{p}}\Psi).$$

这与 $\overline{U(x)} = \langle U(x)\rangle = \langle\hat{U}(x)\rangle = \left(\Psi, \hat{U}\Psi\right)$ 的形式完全相同.

上述讨论和表达式表明, $\hat{\boldsymbol{p}}\Psi = -\mathrm{i}\hbar\nabla\Psi$ 和 $\hat{U}(\boldsymbol{r})\Psi$ 都是对波函数 $\Psi(\boldsymbol{r})$ 作用 (或操作) 后的结果, 其中一个是波函数的梯度乘以一些常量和常数, 另一个是波函数直接乘以一个函数. 一般地, 施加在波函数上的数学运算 (或操作) 称为算符,

每一个物理量都对应于一个算符. 显然, 如果将物理量 Q 由其对应的算符 $\hat{Q}$ 表征, 则物理量 Q 在量子态 $\varPsi$ 下的平均值可以一般地表述为

$$\overline{Q} = \left(\varPsi, \hat{Q}\varPsi\right) = \int_V \varPsi^*(\boldsymbol{q})\hat{Q}(\boldsymbol{q})\varPsi(\boldsymbol{q})\mathrm{d}\boldsymbol{q}, \tag{2.4}$$

其中, $\boldsymbol{q}$ 为量子态的宗量空间坐标, V 为其相应的范围. 由此易知, 算符具有关键的作用. 因此, 下面对算符予以具体讨论.

2.2　物理量的算符表达及其本征值和本征函数

2.2.1　物理量的算符表达

1. 引进算符表示物理量的必要性及算符的定义

由计算动量的平均值 $\overline{\boldsymbol{p}}$ 的过程知, 必须对动量 $\boldsymbol{p}$ 引进算符 $\hat{\boldsymbol{p}} = -\mathrm{i}\hbar\nabla$ 才可以计算得到动量在坐标空间的波函数 $\varPsi(\boldsymbol{r})$ 下的平均值. 推而广之, 在量子物理中, 物理量都必须用算符表达, 即任何一个物理量都必须对应一个算符.

一般地, 在量子力学中, 任何一个物理量对应的算符定义为施加在波函数上的数学运算 (或作用).

2. 量子力学中物理量用算符表达的一般规则

由前述讨论知, 每一个物理量都必须由算符表达, 物理量算符为施加在波函数上的数学运算. 根据我们熟知的经典力学, 物理量 Q 都可以表示为位置 $\boldsymbol{r}$ 和动量 $\boldsymbol{p}$ 的函数, 即有 $Q = Q(\boldsymbol{r}, \boldsymbol{p})$, 例如, 势场 $U(\boldsymbol{r})$ 中运动的质量为 m 的粒子的能量为

$$E = E_{\mathrm{k}} + E_{\mathrm{p}} = \frac{1}{2}m\boldsymbol{v}^2 + U(\boldsymbol{r}) = \frac{\boldsymbol{p}^2}{2m} + U(\boldsymbol{r}).$$

推而广之, 在量子力学中, 物理量 Q 由其相应的算符 $\hat{Q}$ 表达, 并且, 对于经典力学中由坐标和动量的函数表达的物理量, 仍保持其作为坐标和动量的函数关系不变, 但其中的坐标和动量都分别由其对应的算符表达, 即有

$$\hat{Q} = Q(\hat{\boldsymbol{r}}, \hat{\boldsymbol{p}}). \tag{2.5}$$

需要注意的是, 对于经典物理中由坐标与动量的乘积的函数表达的物理量, 因为 $[\hat{x}, \hat{p}_x] \neq 0$, $[\hat{y}, \hat{p}_y] \neq 0$, $[\hat{z}, \hat{p}_z] \neq 0$ (2.3.4 节将予以具体证明), 将之表达成算符时, 我们还需要一些额外的约定, 例如将之对称化 ($xp_x \to \dfrac{\hat{x}\hat{p}_x + \hat{p}_x\hat{x}}{2}$ 等), 从而保证算符具有厄米性 (基本假定, 下文将予具体讨论). 例如,

位置 r 在量子力学中表述为 $\hat{r} = r$;

动量 p 在量子力学中表述为 $\hat{p} = -\mathrm{i}\hbar\nabla$;

速度 v 在量子力学中表述为 $\hat{v} = \dfrac{p}{m} = -\mathrm{i}\dfrac{\hbar}{m}\nabla$;

势能 (势函数)$U(r)$ 在量子力学中表述为 $\hat{U}(r) = U(r)$;

动能 $T = \dfrac{p^2}{2m}$ 在量子力学中表述为

$$\hat{T} = \frac{\hat{p}^2}{2m} = -\frac{\hbar^2}{2m}\nabla^2 = -\frac{\hbar^2}{2m}\left(\frac{\partial^2}{\partial x^2} + \frac{\partial^2}{\partial y^2} + \frac{\partial^2}{\partial z^2}\right);$$

角动量 $L = r \times p$ 在量子力学中表述为

$$\begin{cases} \hat{L}_x = \hat{y}\hat{p}_z - \hat{z}\hat{p}_y = \mathrm{i}\hbar\left(\sin\varphi\dfrac{\partial}{\partial\theta} + \cot\theta\cos\varphi\dfrac{\partial}{\partial\varphi}\right), \\[2mm] \hat{L}_y = \hat{z}\hat{p}_x - \hat{x}\hat{p}_z = -\mathrm{i}\hbar\left(\cos\varphi\dfrac{\partial}{\partial\theta} - \cot\theta\sin\varphi\dfrac{\partial}{\partial\varphi}\right), \\[2mm] \hat{L}_z = \hat{x}\hat{p}_y - \hat{y}\hat{p}_x = -\mathrm{i}\hbar\dfrac{\partial}{\partial\varphi}; \end{cases}$$

其中已利用了直角坐标与球坐标之间的变换关系,

$$x = r\sin\theta\cos\varphi, \quad y = r\sin\theta\sin\varphi, \quad z = r\cos\theta$$

并且, 角动量算符在球坐标中表述为

$$\hat{L} = -\mathrm{i}\hbar\left(-\hat{\theta}_0\frac{1}{\sin\theta}\frac{\partial}{\partial\varphi} + \hat{\varphi}_0\frac{\partial}{\partial\theta}\right),$$

其中 $\hat{\theta}_0$、$\hat{\varphi}_0$ 分别为极角方向、方位角方向的单位向量. 由此知, 角动量算符完全由角向的函数及角向的变化率决定, 与径向坐标无关.

进而, 转动能 $E_\mathrm{r} = \dfrac{L^2}{2I}$ (其中 I 为转动惯量) 在量子力学中的算符表述为

$$\hat{E}_\mathrm{r} = \hat{H}_\mathrm{r} = \frac{\hat{L}^2}{2\hat{I}} = \frac{\hat{L}\cdot\hat{L}}{2I} = \frac{1}{2I}\left(\hat{L}_x^2 + \hat{L}_y^2 + \hat{L}_z^2\right)$$

$$= -\frac{\hbar^2}{2I}\left[\frac{1}{\sin\theta}\frac{\partial}{\partial\theta}\sin\theta\frac{\partial}{\partial\theta} + \frac{1}{\sin^2\theta}\frac{\partial^2}{\partial\varphi^2}\right].$$

再者, 我们知道, 表征量子态 $\psi(\boldsymbol{r})$ 的空间分布性质的物理量是概率密度 $\rho = |\psi(\boldsymbol{r})|^2$, 相应地有概率流密度 $\boldsymbol{j}(\boldsymbol{r}, t)$. 为保证概率流密度为实数量, 则有

$$\boldsymbol{j}(\boldsymbol{r}, t) = \frac{1}{2} \left\{ \psi^*(\boldsymbol{r}, t) \frac{\hat{\boldsymbol{p}}}{m} \psi(\boldsymbol{r}, t) + \left[\psi^*(\boldsymbol{r}, t) \frac{\hat{\boldsymbol{p}}}{m} \psi(\boldsymbol{r}, t) \right]^* \right\}$$

$$= -\frac{\mathrm{i}\hbar}{2m} \left[\psi^*(\boldsymbol{r}, t) \nabla \psi(\boldsymbol{r}, t) - \psi(\boldsymbol{r}, t) \nabla \psi^*(\boldsymbol{r}, t) \right].$$

在量子力学中, 除了前述的可以表述为位置和/或动量的函数的物理量对应的算符外, 还有一些抽象算符. 对于抽象算符, 通常直接由其具体物理意义表达. 例如, 空间反射 (即宇称变换, 有时亦称为空间反演) 算符 $\hat{P}$ 直接表述为 $\hat{P}\Psi(\boldsymbol{r}) = \Psi(-\boldsymbol{r})$, 两粒子交换算符 $\hat{P}_{ij}$ 直接表述为 $\hat{P}_{ij}\Psi(\boldsymbol{r}_i, \boldsymbol{r}_j) = \Psi(\boldsymbol{r}_j, \boldsymbol{r}_i)$, 等等.

2.2.2　物理量算符的本征值和本征函数

1. 本征值方程、本征值及本征函数

我们已经知道, 在量子力学中微观粒子的状态 (量子态) 由波函数描述, 物理量由算符表达. 如果物理量 Q 的算符 $\hat{Q}$ 作用在波函数 Ψ_n(其中 n 为量子数) 上, 所得结果为同一波函数乘以一个常量, 即有方程

$$\hat{Q}\Psi_n = Q_n\Psi_n, \tag{2.6}$$

则该方程称为物理量算符 $\hat{Q}$ 的本征值方程, 常量 Q_n 称为算符 $\hat{Q}$ 的本征值, 波函数 Ψ_n 称为算符 $\hat{Q}$ 的本征函数. 显然, 这些概念与线性代数中的相应概念完全相同. 此后将说明, 所有本征值 Q_n 都为物理量 Q 的可能取值, 或者说, 由本征值方程解出的全部本征值就是相应的物理量的全部可能取值.

2. 简并、简并度和简并态

上面述及, 物理量算符 $\hat{Q}$ 和波函数 Ψ_n 可能有如式 (2.6) 所示的本征方程, 其本征值 Q_n 为物理量 Q 的可能取值. 如果属于本征值 Q_n 的本征函数 Ψ_n 不止一个, 即有本征值方程

$$\hat{Q}\Psi_{n\alpha} = Q_n\Psi_{n\alpha}, \quad \alpha = 1, 2, \cdots, d_n, \tag{2.7}$$

则称本征值 Q_n 是 d_n 重简并的, 并称 d_n 为 Q_n 的简并度, 相应的量子态$\{\Psi_{n\alpha}$ ($\alpha = 1, 2, \cdots, d_n)\}$ 称为简并态.

式 (2.6) 表明, 对应于物理量 Q 的一个值 Q_n 的状态 (波函数) 不是唯一的, 因此应该**注意**, 出现简并时, 简并态的选择不是唯一的. 严格地, 应该引入其他物理量将这些简并态区分开, 或者引入相应于物理量 Q 的很小的扰动, 采用简并微

扰理论解得相应情况下物理量的值和相应的态函数. 另外, 量子态 $\{\Psi_{n\alpha}\ (\alpha = 1, 2, \cdots, d_n)\}$ 简并表明这些态之间具有变换不变性, 即具有 (较高的) 对称性, 为解除简并, 从而将它们区分开来, 就是使系统的对称性降低, 亦即使对称性破缺. 相应地, 引入扰动将简并态区分开来, 即通过考虑动力学因素使对称性破缺, 这种对称性破缺称为对称性动力学破缺 (在相互作用的形式保持不变情况下, 通过考虑相互作用强度变化而引起的对称性破缺亦称为对称性动力学破缺).

3. 一些实例

1) 角动量的 z 分量的本征值方程及本征函数

由前述讨论知, 角动量的 z 分量的算符在球坐标系中表述为 $\hat{L}_z = -\mathrm{i}\hbar\dfrac{\partial}{\partial\varphi}$, 其本征值方程为

$$-\mathrm{i}\hbar\frac{\partial}{\partial\varphi}\Psi(\varphi) = l_z\Psi(\varphi),$$

其中, l_z 为待定的本征值, $\Psi(\varphi)$ 为待定的本征函数.

显然, 该本征方程为一个关于 φ 的一阶常微分方程, 有通解

$$\Psi(\varphi) = C\mathrm{e}^{\mathrm{i}\frac{l_z}{\hbar}\varphi}.$$

我们需要确定 l_z 的取值和 C 的取值.

由于当体系绕 z 轴转动一周时, 体系回到空间原来的位置, 即波函数具有周期为 2π 的周期性, 亦即有

$$C\mathrm{e}^{\mathrm{i}\frac{l_z}{\hbar}(\varphi+2\pi)} = C\mathrm{e}^{\mathrm{i}\frac{l_z}{\hbar}\varphi},$$

于是有

$$\mathrm{e}^{\mathrm{i}\frac{l_z}{\hbar}2\pi} = 1.$$

由此可得本征值

$$l_z = m\hbar,$$

其中 $m = 0, \pm 1, \pm 2, \cdots$. 显然, l_z 只能取离散值, 所以, 微观体系的角动量的 z 分量的本征值是量子化的. 推而广之, 微观体系的角动量在空间任何方向的投影都是量子化的, 其状态可以表述为 $\Psi(\varphi) = C\mathrm{e}^{\mathrm{i}m\varphi}$.

再者, 由归一化条件

$$\int_0^{2\pi}\left|C\mathrm{e}^{\mathrm{i}\frac{l_z}{\hbar}\varphi}\right|^2\mathrm{d}\varphi = |C|^2\int_0^{2\pi}\mathrm{d}\varphi = 1,$$

得

$$C = \frac{1}{\sqrt{2\pi}}.$$

所以, 角动量的 z 分量有本征值 $l_z = m\hbar$ (其中 $m = 0, \pm1, \pm2, \cdots$) 和本征函数 $\Psi_m(\varphi) = \frac{1}{\sqrt{2\pi}}\mathrm{e}^{\mathrm{i}m\varphi}$.

2) 动量的 x 方向分量的本征方程及本征函数

因为动量的 x 分量的算符为 $\hat{p}_x = -\mathrm{i}\hbar\frac{\partial}{\partial x}$, 记其本征函数为 $\Psi(x)$、本征值为 p_x, 则有本征值方程

$$-\mathrm{i}\hbar\frac{\partial}{\partial x}\Psi(x) = p_x\Psi(x).$$

这也是一个常系数的一阶常微分方程, 其通解为

$$\Psi_{p_x}(x) = C\mathrm{e}^{\mathrm{i}\frac{p_x}{\hbar}x}.$$

显然, 如果粒子有确定的动量 $p_x = p_x^0$, 则 $\left|\Psi_{p_x^0}(x)\right|^2 = |C|^2$. 这表明, 该本征函数不能直接归一化.

考虑相应于 p_x 的动量本征函数与相应于 p_x^0 的动量本征函数之间的重叠积分 (亦即内积), 我们有

$$\int_{-\infty}^{\infty}\left(C\mathrm{e}^{\mathrm{i}\frac{p_x}{\hbar}x}\right)^*\left(C\mathrm{e}^{\mathrm{i}\frac{p_x^0}{\hbar}x}\right)\mathrm{d}x = |C|^2\int_{-\infty}^{\infty}\mathrm{e}^{\mathrm{i}\frac{p_x^0-p_x}{\hbar}x}\mathrm{d}x = |C|^2 2\pi\hbar\delta(p_x - p_x^0).$$

这表明, 在 $p_x \neq p_x^0$ 情况下, 相应的两动量本征函数没有重叠, 亦即正交. 在 $p_x = p_x^0$ 情况下, 相应的动量本征函数完全重叠, 重叠的值为 $|C|^2 2\pi\hbar$. 由波函数的正交归一性的概念知, $|C|^2 2\pi\hbar = 1$, 由此可得

$$C = \frac{1}{\sqrt{2\pi\hbar}}\mathrm{e}^{\mathrm{i}\alpha},$$

其中 α 为任意实常数. 为方便, 常取 $\alpha = 0$, 所以动量的 x 方向分量的本征函数可以表述为 $\Psi_{p_x} = \frac{1}{\sqrt{2\pi\hbar}}\mathrm{e}^{\mathrm{i}\frac{p_x}{\hbar}x}$.

2.3 物理量算符的性质及运算

2.3.1 算符及线性厄米算符

1. 算符及线性厄米算符的概念

我们已知, 在量子力学中, 物理量需要用算符表达, 算符为施加在波函数上的数学运算 (或作用). 为方便以后讨论, 这里先回顾线性代数中的相关内容.

1) (波) 函数的线性叠加和线性算符

对于任意的 (波) 函数 Ψ_1、Ψ_2 和任意的常数 c_1、c_2(通常为复数), $\Psi = c_1\Psi_1 + c_2\Psi_2$ 称为 Ψ_1 与 Ψ_2 的线性叠加.

如果算符 $\hat{O}$ 满足运算规则

$$\hat{O}\left(c_1\Psi_1 + c_2\Psi_2\right) = c_1\hat{O}\Psi_1 + c_2\hat{O}\Psi_2,$$

则称该算符 $\hat{O}$ 为线性算符 (linear operator).

2) (波) 函数的内积及其性质

对 (一个量子体系的) 任意两个 (波) 函数 ψ_1 和 ψ_2, 记其宗量 (亦即自变量) 集合为 $\{\tau\}$(根据实际情况, 它可能是一维的, 也可能是高维的), 则它们的内积定义为 $\int \psi_1^*\psi_2\mathrm{d}\tau$, 通常简记为 (ψ_1 , ψ_2). 也就是说, 任意两个 (波) 函数 ψ_1 和 ψ_2 的内积为

$$(\psi_1 , \psi_2) = \int \psi_1^*\psi_2\mathrm{d}\tau, \tag{2.8}$$

其中, $\mathrm{d}\tau$ 为宗量空间体积元. 两个 (波) 函数 ψ_1 和 ψ_2 的内积亦常标记为 $\langle\psi_1|\psi_2\rangle$, 其中 $|\psi_2\rangle$、$\langle\psi_1|$ 分别等价于积分表达式中的 ψ_2、ψ_1^*, 关于这种符号表述 (常称为狄拉克符号) 的具体讨论见本书第 7 章.

如果宗量取离散值, 则上述积分化为 (分立) 求和. 如果宗量集合既包含连续宗量也包含离散宗量, 则上述积分既包含对连续宗量的积分也包含对离散宗量的求和. 通过直接计算可以证明, (波) 函数的内积具有性质:

(1) $(\psi,\psi) \geqslant 0$;

(2) $(\psi,\varphi)^* = (\varphi,\psi)$;

(3) $(\psi, c_1\varphi_1 + c_2\varphi_2) = c_1(\psi,\varphi_1) + c_2(\psi,\varphi_2)$;

(4) $(c_1\psi_1 + c_2\psi_2, \varphi) = c_1^*(\psi_1,\varphi) + c_2^*(\psi_2,\varphi)$;

其中, c_1 和 c_2 为任意常数.

3) 厄米共轭算符与厄米算符

(1) 复共轭算符 (complex conjugate operator).

把算符 $\hat{O}$ 的表达式中的所有量都换成其复共轭构成的算符称为 $\hat{O}$ 的复共轭算符, 记为 $\hat{O}^*$.

例如, 动量算符 $\hat{\boldsymbol{p}} = -i\hbar\nabla$ 的复共轭算符为 $\hat{\boldsymbol{p}}^* = (-i\hbar\nabla)^* = i\hbar\nabla = -\hat{\boldsymbol{p}}$.

(2) 转置算符 (transposed operator).

前已多次述及, 算符是施加在 (波) 函数上的运算 (作用). 这就是说, 在讨论算符时一定要明确其作用对象. 如果算符 $\tilde{\hat{O}}$ 满足关系

$$\int \psi^* \tilde{\hat{O}} \varphi \mathrm{d}\tau = \int \varphi \hat{O} \psi^* \mathrm{d}\tau = \int (\hat{O}^*\psi)^* \varphi \mathrm{d}\tau,$$

即

$$\left(\psi,\, \tilde{\hat{O}}\varphi\right) = \left(\varphi^*,\, \hat{O}\psi^*\right) = \left(\hat{O}^*\psi,\, \varphi\right),$$

则称 $\tilde{\hat{O}}$ 为算符 $\hat{O}$ 的转置算符.

所谓转置即交换被作用的对象, 转置算符即交换被作用的波函数的算符.

(3) 厄米共轭算符 (Hermitian conjugate operator).

对任意的 (波) 函数 ψ 和 φ, 如果算符 $\hat{O}^\dagger$ 满足关系

$$\int \psi^* \hat{O}^\dagger \varphi \mathrm{d}\tau = \int (\hat{O}\psi)^* \varphi \mathrm{d}\tau,$$

即

$$\left(\psi,\, \hat{O}^\dagger\varphi\right) = \left(\hat{O}\psi,\, \varphi\right),$$

则算符 $\hat{O}^\dagger$ 为算符 $\hat{O}$ 的厄米共轭算符, 又称为 $\hat{O}$ 的伴随算符 (adjoint operator).

因为

$$\left(\psi,\, \hat{O}^\dagger\varphi\right) = \left(\hat{O}\psi,\, \varphi\right) = \left(\varphi,\, \hat{O}\psi\right)^* = \left(\varphi^*,\, \hat{O}^*\psi^*\right) = \left(\psi,\, \tilde{\hat{O}}^*\varphi\right),$$

所以, 厄米共轭算符就是转置共轭算符.

(4) 厄米算符 (Hermitian operator).

对任意的 (波) 函数 ψ 和 φ, 如果算符 $\hat{O}$ 满足关系

$$\int \psi^* \hat{O} \varphi \mathrm{d}\tau = \int (\hat{O}\psi)^* \varphi \mathrm{d}\tau,$$

即

$$\left(\psi,\, \hat{O}\varphi\right) = \left(\hat{O}\psi,\, \varphi\right),$$

则算符 $\hat{O}$ 称为厄米算符.

因为 $\left(\psi, \hat{O}\varphi\right) = \left(\hat{O}\psi, \varphi\right) = \left(\psi, \hat{O}^{\dagger}\varphi\right)$, 即有

$$\hat{O}^{\dagger} = \hat{O}.$$

这就是说, 如果一个算符的厄米共轭算符就是其本身, 则称之为厄米算符. 为说明这些不同种类的算符的意义和以后使用方便, 我们讨论一个具体问题.

试证明 $\dfrac{\tilde{\partial}}{\partial x} = -\dfrac{\partial}{\partial x}, \left(\dfrac{\partial}{\partial x}\right)^{\dagger} = -\dfrac{\partial}{\partial x}.$

证明 根据转置算符的定义, 对任意波函数 ψ 和 φ, 有

$$\int_{-\infty}^{\infty} \psi^{*} \frac{\tilde{\partial}}{\partial x} \varphi \mathrm{d}x = \int_{-\infty}^{\infty} \varphi \frac{\partial}{\partial x} \psi^{*} \mathrm{d}x = \varphi\psi^{*}\big|_{-\infty}^{\infty} - \int_{-\infty}^{\infty} \psi^{*} \frac{\partial}{\partial x} \varphi \mathrm{d}x.$$

根据波函数的有限性, 通常情况 $\varphi\psi^{*}\big|_{-\infty}^{\infty} = 0$, 于是

$$\int_{-\infty}^{\infty} \psi^{*} \frac{\tilde{\partial}}{\partial x} \varphi \mathrm{d}x = - \int_{-\infty}^{\infty} \psi^{*} \frac{\partial}{\partial x} \varphi \mathrm{d}x.$$

因为 ψ 和 φ 为任意波函数, 所以 $\dfrac{\tilde{\partial}}{\partial x} = -\dfrac{\partial}{\partial x}.$

另外, 根据转置共轭的定义

$$\left(\frac{\partial}{\partial x}\right)^{\dagger} = \left(\frac{\tilde{\partial}}{\partial x}\right)^{*} = \left(-\frac{\partial}{\partial x}\right)^{*} = -\frac{\partial}{\partial x},$$

所以 $\left(\dfrac{\partial}{\partial x}\right)^{\dagger} = -\dfrac{\partial}{\partial x}.$

2. 量子力学关于算符的基本假设

根据前述的量子力学中的物理量都必须用算符表达的基本要求和数学上已知的一些算符的性质, 前辈物理学家们就量子力学中表征物理量的算符提出一个基本假设. 该基本假设通常表述为: 描写物理系统性质的每一个物理量都对应一个线性厄米算符.

回顾第 1 章关于波函数的基本性质的讨论知, 量子力学中描述量子态的波函数张成一个线性空间, 对线性空间的最简单的操作是线性变换, 也就是说, 线性厄米算符是对波函数进行操作的最简单的表述形式. 因此, 量子力学中的物理量被假设为线性厄米算符.

2.3.2　量子力学中算符的基本性质

1. 量子力学中算符的平均值的基本性质

根据统计力学原理, 如果存在大量基本组分完全相同的体系, 这些基本组分都处在用波函数描述的状态, 则这些波函数的集合构成一个系综. 统计物理学研究已经表明, 对一个系综中的某物理量进行测量所得的结果求平均而得到的结果称为该物理量在该系综下的平均值 (或期望值). 于是, 对波函数 Ψ 描述的系综, 我们有

$$\overline{O} = \frac{(\Psi, \hat{O}\Psi)}{(\Psi, \Psi)}. \tag{2.9}$$

记量子力学中物理量 Q 对应的算符为 $\hat{Q}$, 对任意已归一化的波函数 Ψ, 即有 $(\Psi, \Psi) = 1$, 根据量子力学关于算符的基本假设和厄米算符的定义, 我们知道, 该物理量的平均值可以表述为

$$\overline{Q} = \left(\Psi, \hat{Q}\Psi\right) = \left(\hat{Q}\Psi, \Psi\right) = \left(\Psi, \hat{Q}\Psi\right)^* = (\overline{Q})^*.$$

这表明, 量子力学中的物理量对应的算符的平均值等于其复共轭. 一个物理量的平均值与其复共轭相等说明该平均值必为实数量.

总之, 量子力学中的算符 (线性厄米算符) 的平均值具有基本性质: **在任何状态下, 量子力学体系的物理量对应的算符的平均值必为实数量.**

2. 量子力学中算符的本征值的基本性质

由本征值方程的定义知, 对归一化的本征函数 Ψ_n, 厄米算符 $\hat{Q}$ 的平均值 $\overline{Q}$ 就是其相应的本征值 Q_n, 即有

$$\overline{Q} = (\Psi_n, \hat{Q}\Psi_n) = (\Psi, Q_n\Psi) = Q_n(\Psi_n, \Psi_n) = Q_n.$$

由前述 "性质 1" 知, 平均值 $\overline{Q}$ 为实数量, 所以本征值 Q_n 也必为实数量.

于是, 我们有量子力学中关于物理量算符的本征值的基本定理: **量子力学中的物理量算符 (线性厄米算符) 的本征值必为实数量.**

3. 量子力学中算符的本征函数的基本性质

参照初等几何中两矢量正交的概念, 如果两波函数 Ψ_1 和 Ψ_2 的内积为 0, 即

$$(\Psi_1, \Psi_2) = \int \Psi_1^* \Psi_2 \mathrm{d}\tau = 0,$$

则称这两个波函数 Ψ_1 与 Ψ_2 相互正交.

记厄米算符 $\hat{O}$ 取本征值 O_n、O_m 的本征函数分别为 Ψ_n、Ψ_m, 即有

$$\hat{O}\Psi_n = O_n\Psi_n, \quad \hat{O}\Psi_m = O_m\Psi_m,$$

由"性质 2"知

$$(\hat{O}\Psi_m, \Psi_n) = (O_m\Psi_m, \Psi_n) = O_m^*(\Psi_m, \Psi_n) = O_m(\Psi_m, \Psi_n).$$

另外, 根据厄米算符的定义, $\hat{O} = \hat{O}^\dagger$, 我们有

$$(\hat{O}\Psi_m, \Psi_n) = (\Psi_m, \hat{O}^\dagger\Psi_n) = (\Psi_m, \hat{O}\Psi_n) = O_n(\Psi_m, \Psi_n).$$

上述两式相减, 则得

$$(O_m - O_n)(\Psi_m, \Psi_n) = 0,$$

所以, 如果 $O_m \neq O_n$, 则必有 $(\Psi_m, \Psi_n) = 0$.

将此性质所述的两个本征值与相应的本征函数推广到多个, 并考虑波函数的可归一性, 则知厄米算符的本征函数组成正交归一函数系, 即

$$(\Psi_m, \Psi_n) = \int \Psi_m^* \Psi_n \mathrm{d}\tau = \delta_{mn}.$$

这表明, 量子力学中关于物理量算符的本征函数有基本性质: **量子力学中的物理量算符的不同本征值的本征函数相互正交, 其 (完备的) 本征函数的集合构成正交归一函数系.** 该正交归一函数系可作为任意波函数的正交归一基.

注意, 由上述讨论知, 对于相同本征值的本征函数, 无法判断它们是否一定正交. 也就是说, 简并态不一定彼此正交. 但人们可以适当地把它们线性叠加 (如采用施密特正交化方法), 即可构成彼此正交的态.

2.3.3 量子力学中算符的运算

前述讨论表明 (基本假设), 量子力学中的每一个物理量都对应一个线性厄米算符, 其运算规则与一般的线性厄米算符的运算规则相同. 其中常用的简述如下.

1. 厄米算符的和与积

1) 算符的和

如果对两个算符 $\hat{O}_1$、$\hat{O}_2$ 和任意波函数 Ψ, 都有

$$\left(\hat{O}_1 + \hat{O}_2\right)\Psi = \hat{O}_1\Psi + \hat{O}_2\Psi,$$

则称 $\hat{O}_1 + \hat{O}_2$ 为算符 $\hat{O}_1$ 与 $\hat{O}_2$ 的和.

由定义可以证明 (请读者作为习题完成), 算符的和具有如下性质: ① 两个线性算符的和仍为线性算符; ② 两个厄米算符的和仍为厄米算符. 并且, (线性厄米) 算符的和满足交换律和结合律, 即有

(1) 交换律: $\hat{O}_1 + \hat{O}_2 = \hat{O}_2 + \hat{O}_1$;

(2) 结合律: $\hat{O}_1 + \left(\hat{O}_2 + \hat{O}_3\right) = \left(\hat{O}_1 + \hat{O}_2\right) + \hat{O}_3$.

2) 算符的积

如果对于两个算符 $\hat{O}_1$、$\hat{O}_2$ 和任意波函数 Ψ, 都有

$$\left(\hat{O}_1\hat{O}_2\right)\Psi = \hat{O}_1\left(\hat{O}_2\Psi\right),$$

则称 $\hat{O}_1\hat{O}_2$ 为算符 $\hat{O}_1$ 与 $\hat{O}_2$ 的积.

注意, 波函数经算符作用后通常会改变, 因此, 一般情况下,

$$\hat{O}_1\hat{O}_2 \neq \hat{O}_2\hat{O}_1,$$

即算符的乘积的结果与相乘的顺序密切相关. 例如 (图 2.2), 对于原本沿 z 方向的单位矢量 (波函数), 对之作先绕 $\hat{x}$ 轴转 $90°$、再绕 $\hat{y}$ 轴转 $90°$ 的操作后, 它转变为沿 $-\hat{y}$ 方向的单位矢量; 对之作先绕 $\hat{y}$ 轴转 $90°$、再绕 $\hat{x}$ 轴转 $90°$ 的操作后, 它转变为沿 $\hat{x}$ 方向的单位矢量. 由此知, 尽管有限角度转动的角度相同, 但两种不同顺序操作的结果不同.

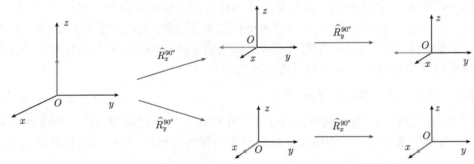

图 2.2　沿 z 轴的矢量经不同顺序的两有限角度转动后的状态差异示意图

2. 算符的对易式及其恒等式

如上所述, 算符的乘积的结果与相乘算符的顺序密切相关. 为清楚表征不同顺序的两算符乘积的结果的差异, 人们引入了对易式 (或称对易子). 这里对之予以简单讨论.

1) 对易式 (commutator) 的定义

对两个算符 $\hat{O}_1$ 和 $\hat{O}_2$, 其对易式定义为

$$[\hat{O}_1\,,\ \hat{O}_2] = \hat{O}_1\hat{O}_2 - \hat{O}_2\hat{O}_1\,. \tag{2.10}$$

2) 对易、不对易及反对易的概念

如果 $[\hat{O}_1\,,\ \hat{O}_2] = 0$, 即 $\hat{O}_1\hat{O}_2 = \hat{O}_2\hat{O}_1$, 则称算符 $\hat{O}_1$ 与 $\hat{O}_2$ 对易.

如果 $[\hat{O}_1\,,\ \hat{O}_2] \neq 0$, 则称 $\hat{O}_1$ 与 $\hat{O}_2$ 不对易.

如果 $[\hat{O}_1\,,\ \hat{O}_2] \neq 0$, 但 $\hat{O}_1\hat{O}_2 = -\hat{O}_2\hat{O}_1$, 即 $\{\hat{O}_1\,,\ \hat{O}_2\} \equiv \hat{O}_1\hat{O}_2 + \hat{O}_2\hat{O}_1 = 0$, 则称 $\hat{O}_1$ 与 $\hat{O}_2$ 反对易.

3) 对易式的恒等式

容易证明 (请读者作为习题自己完成), 对易式具有下述恒等式.

(1) $[\hat{O}_1\,,\ \hat{O}_2 \pm \hat{O}_3] = [\hat{O}_1\,,\ \hat{O}_2] \pm [\hat{O}_1\,,\ \hat{O}_3]$.

(2) $[\hat{O}_1\,,\ \hat{O}_2\hat{O}_3] = \hat{O}_2[\hat{O}_1\,,\ \hat{O}_3] + [\hat{O}_1\,,\ \hat{O}_2]\hat{O}_3$.

(3) $[\hat{O}_1\hat{O}_2\,,\ \hat{O}_3] = \hat{O}_1[\hat{O}_2\,,\ \hat{O}_3] + [\hat{O}_1\,,\ \hat{O}_3]\hat{O}_2$.

3. 逆算符

对算符 $\hat{O}$, 如果存在算符 $\hat{O}^{-1}$ 满足关系

$$\hat{O}\hat{O}^{-1} = \hat{O}^{-1}\hat{O} = \hat{I}\,,$$

其中 $\hat{I}$ 为单位算符 (亦即恒等算符), 则称 $\hat{O}^{-1}$ 为 $\hat{O}$ 的逆算符 (inverse operator).

如果算符 $\hat{O}$ 的逆算符 $\hat{O}^{-1}$ 存在, 由 $\hat{O}\psi = \varphi$, 则可唯一解出 $\psi = \hat{O}^{-1}\varphi$. 从而可以简化 (至少实现) 很多现实的复杂计算, 有助于理解很多复杂的现象.

根据算符乘积的定义和逆算符的定义易知, 如果两算符 $\hat{O}_1$、$\hat{O}_2$ 分别具有逆算符 $\hat{O}_1^{-1}$、$\hat{O}_2^{-1}$, 则 $\left(\hat{O}_1\hat{O}_2\right)^{-1} = \hat{O}_2^{-1}\hat{O}_1^{-1}$.

2.3.4 量子力学中的主要对易关系

1. 量子力学的基本对易式

与经典力学中相同, 在量子力学中表征量子态的基本宗量也是 (广义) 坐标和 (广义) 动量. 其不同顺序的乘积之间的关系 (对易式) 称为量子力学的基本对易式. 该基本对易式为

$$[\hat{x}_\alpha\,,\ \hat{p}_\beta] = \mathrm{i}\hbar\delta_{\alpha\beta}\,, \tag{2.11}$$

其中 α 和 β 为维度方向标记. 下面对之予以证明.

记 ψ 为任意波函数, 由算符的乘积的定义 $\left(\hat{O}_1\hat{O}_2\right)\psi = \hat{O}_1\left(\hat{O}_2\psi\right)$, 知

$$x\hat{p}_x\psi = x\left(-\mathrm{i}\hbar\frac{\partial}{\partial x}\psi\right) = -\mathrm{i}\hbar x\frac{\partial}{\partial x}\psi\,,$$

$$\hat{p}_x x\psi = -\mathrm{i}\hbar\frac{\partial}{\partial x}\left(x\psi\right) = -\mathrm{i}\hbar x\frac{\partial}{\partial x}\psi - \mathrm{i}\hbar\psi.$$

以上两式相减则得

$$\left(x\hat{p}_x - \hat{p}_x x\right)\psi = \left[\hat{x}\,,\,\hat{p}_x\right]\psi = \mathrm{i}\hbar\psi.$$

因为 ψ 是任意的波函数, 所以 $\left[\hat{x}\,,\,\hat{p}_x\right] = \mathrm{i}\hbar.$
　　同理可证

$$\left[\hat{y}\,,\,\hat{p}_y\right] = \left[\hat{z}\,,\,\hat{p}_z\right] = \mathrm{i}\hbar,$$

$$\left[\hat{x}\,,\,\hat{p}_y\right] = \left[\hat{x}\,,\,\hat{p}_z\right] = \left[\hat{y}\,,\,\hat{p}_x\right] = \left[\hat{y}\,,\,\hat{p}_z\right] = \left[\hat{z}\,,\,\hat{p}_x\right] = \left[\hat{z}\,,\,\hat{p}_y\right] = 0\,.$$

综合这些对易式, 它们可以统一表述为 $\left[\hat{x}_\alpha\,,\,\hat{p}_\beta\right] = \mathrm{i}\hbar\delta_{\alpha\beta}\,.$

2. 角动量算符的对易关系

1) 角动量的各分量算符间的对易关系
由定义 $\hat{L}_x = \hat{y}\hat{p}_z - \hat{z}\hat{p}_y,\ \hat{L}_y = \hat{z}\hat{p}_x - \hat{x}\hat{p}_z,\ \hat{L}_z = \hat{x}\hat{p}_y - \hat{y}\hat{p}_x,$ 则

$$
\begin{aligned}
\left[\hat{L}_x\,,\,\hat{L}_y\right] &= \left[\hat{y}\hat{p}_z - \hat{z}\hat{p}_y\,,\,\hat{z}\hat{p}_x - \hat{x}\hat{p}_z\right] = \left[\hat{y}\hat{p}_z\,,\,\hat{z}\hat{p}_x - \hat{x}\hat{p}_z\right] - \left[\hat{z}\hat{p}_y\,,\,\hat{z}\hat{p}_x - \hat{x}\hat{p}_z\right] \\
&= \left[\hat{y}\hat{p}_z\,,\,\hat{z}\hat{p}_x\right] - \left[\hat{y}\hat{p}_z\,,\,\hat{x}\hat{p}_z\right] - \left[\hat{z}\hat{p}_y\,,\,\hat{z}\hat{p}_x\right] + \left[\hat{z}\hat{p}_y\,,\,\hat{x}\hat{p}_z\right] \\
&= \hat{y}\left[\hat{p}_z\,,\,\hat{z}\hat{p}_x\right] + \left[\hat{y}\,,\,\hat{z}\hat{p}_x\right]\hat{p}_z - \hat{y}\left[\hat{p}_z\,,\,\hat{x}\hat{p}_z\right] - \left[\hat{y}\,,\,\hat{x}\hat{p}_z\right]\hat{p}_z \\
&\quad -\hat{z}\left[\hat{p}_y\,,\,\hat{z}\hat{p}_x\right] - \left[\hat{z}\,,\,\hat{z}\hat{p}_x\right]\hat{p}_y + \hat{z}\left[\hat{p}_y\,,\,\hat{x}\hat{p}_z\right] + \left[\hat{z}\,,\,\hat{x}\hat{p}_z\right]\hat{p}_y \\
&= \hat{y}\hat{z}\left[\hat{p}_z\,,\,\hat{p}_x\right] + \hat{y}\left[\hat{p}_z\,,\,\hat{z}\right]\hat{p}_x + \hat{z}\left[\hat{y}\,,\,\hat{p}_x\right]\hat{p}_z + \left[\hat{y}\,,\,\hat{z}\right]\hat{p}_x\hat{p}_z \\
&\quad -\hat{y}\hat{x}\left[\hat{p}_z\,,\,\hat{p}_z\right] - \hat{y}\left[\hat{p}_z\,,\,\hat{x}\right]\hat{p}_z - \hat{x}\left[\hat{y}\,,\,\hat{p}_z\right]\hat{p}_z - \left[\hat{y}\,,\,\hat{x}\right]\hat{p}_z\hat{p}_z \\
&\quad -\hat{z}\hat{z}\left[\hat{p}_y\,,\,\hat{p}_x\right] - \hat{z}\left[\hat{p}_y\,,\,\hat{z}\right]\hat{p}_x - \hat{z}\left[\hat{z}\,,\,\hat{p}_x\right]\hat{p}_y - \left[\hat{z}\,,\,\hat{z}\right]\hat{p}_x\hat{p}_y \\
&\quad +\hat{z}\hat{x}\left[\hat{p}_y\,,\,\hat{p}_z\right] + \hat{z}\left[\hat{p}_y\,,\,\hat{x}\right]\hat{p}_z + \hat{x}\left[\hat{z}\,,\,\hat{p}_z\right]\hat{p}_y + \left[\hat{z}\,,\,\hat{x}\right]\hat{p}_z\hat{p}_y \\
&= \hat{y}\hat{z}\cdot 0 + \hat{y}\left(-\mathrm{i}\hbar\right)\hat{p}_x + \hat{z}\cdot 0\cdot\hat{p}_z + 0\cdot\hat{p}_x\hat{p}_z - \hat{y}\hat{x}\cdot 0 - \hat{y}\cdot 0\cdot\hat{p}_z \\
&\quad -\hat{x}\cdot 0\cdot\hat{p}_z - 0\cdot\hat{p}_z\hat{p}_z - \hat{z}\hat{z}\cdot 0 - \hat{z}\cdot 0\cdot\hat{p}_x - \hat{z}\cdot 0\cdot\hat{p}_y - 0\cdot\hat{p}_x\hat{p}_y \\
&\quad +\hat{z}\hat{x}\cdot 0 + \hat{z}\cdot 0\cdot\hat{p}_z + \hat{x}\left(\mathrm{i}\hbar\right)\hat{p}_y + 0\cdot\hat{p}_z\hat{p}_y \\
&= -\mathrm{i}\hbar\hat{y}\hat{p}_x + \mathrm{i}\hbar\hat{x}\hat{p}_y = \mathrm{i}\hbar\hat{L}_z\,,
\end{aligned}
$$

同理可证,

$$
\begin{array}{lll}
\left[\hat{L}_x,\hat{L}_x\right] = 0\,, & & \left[\hat{L}_x,\hat{L}_z\right] = -\mathrm{i}\hbar\hat{L}_y\,, \\
\left[\hat{L}_y,\hat{L}_x\right] = -\mathrm{i}\hbar\hat{L}_z\,, & \left[\hat{L}_y,\hat{L}_y\right] = 0\,, & \left[\hat{L}_y,\hat{L}_z\right] = \mathrm{i}\hbar\hat{L}_x\,, \\
\left[\hat{L}_z,\hat{L}_x\right] = \mathrm{i}\hbar\hat{L}_y\,, & \left[\hat{L}_z,\hat{L}_y\right] = -\mathrm{i}\hbar\hat{L}_x\,, & \left[\hat{L}_z,\hat{L}_z\right] = 0\,,
\end{array}
$$

通常将之统一表述, 即有

$$\left[\hat{L}_\alpha,\hat{L}_\beta\right] = \varepsilon_{\alpha\beta\gamma}\mathrm{i}\hbar\hat{L}_\gamma, \tag{2.12}$$

其中 $\varepsilon_{\alpha\beta\gamma}$ 为列维–奇维塔 (Levi-Civita) 符号 (也称为反对称张量). 记 $\{1,\,2,\,3\} = \{\alpha\,,\,\beta\,,\,\gamma\}$, 则它们之间两个对换顺序相差一个负号, 三个依序轮换不改变符号, 即有

$$\varepsilon_{123} = \varepsilon_{231} = \varepsilon_{312} = 1, \quad \varepsilon_{213} = \varepsilon_{132} = \varepsilon_{321} = -\varepsilon_{123} = -1.$$

式 (2.12) 亦常简记为

$$\hat{\boldsymbol{L}} \times \hat{\boldsymbol{L}} = \mathrm{i}\hbar\hat{\boldsymbol{L}}.$$

2) 角动量算符与坐标及角动量与动量算符的对易关系

直接计算, 知

$$
\begin{aligned}
[\hat{L}_\alpha\,,\,\hat{x}_\beta] &= [\hat{x}_\beta\hat{p}_\gamma - \hat{x}_\gamma\hat{p}_\beta\,,\,\hat{x}_\beta] = [\hat{x}_\beta\hat{p}_\gamma\,,\,\hat{x}_\beta] - [\hat{x}_\gamma\hat{p}_\beta\,,\,\hat{x}_\beta] \\
&= \hat{x}_\beta[\hat{p}_\gamma\,,\,\hat{x}_\beta] + [\hat{x}_\beta\,,\,\hat{x}_\beta]\hat{p}_\gamma - \hat{x}_\gamma[\hat{p}_\beta\,,\,\hat{x}_\beta] - [\hat{x}_\gamma\,,\,\hat{x}_\beta]\hat{p}_\beta \\
&= 0 + 0 - \hat{x}_\gamma(-\mathrm{i}\hbar) - 0 \\
&= \mathrm{i}\hbar\hat{x}_\gamma\,,
\end{aligned}
$$

$$
\begin{aligned}
[\hat{L}_\alpha\,,\,\hat{p}_\beta] &= [\hat{x}_\beta\hat{p}_\gamma - \hat{x}_\gamma\hat{p}_\beta\,,\,\hat{p}_\beta] = [\hat{x}_\beta\hat{p}_\gamma\,,\,\hat{p}_\beta] - [\hat{x}_\gamma\hat{p}_\beta\,,\,\hat{p}_\beta] \\
&= \hat{x}_\beta[\hat{p}_\gamma\,,\,\hat{p}_\beta] + [\hat{x}_\beta\,,\,\hat{p}_\beta]\hat{p}_\gamma - \hat{x}_\gamma[\hat{p}_\beta\,,\,\hat{p}_\beta] - [\hat{x}_\gamma\,,\,\hat{p}_\beta]\hat{p}_\beta \\
&= 0 + \mathrm{i}\hbar\hat{p}_\gamma - 0 - 0 \\
&= \mathrm{i}\hbar\hat{p}_\gamma\,.
\end{aligned}
$$

亦即可以统一表述为

$$[\hat{L}_\alpha, \hat{x}_\beta] = \varepsilon_{\alpha\beta\gamma}\mathrm{i}\hbar\hat{x}_\gamma\,, \tag{2.13}$$

$$[\hat{L}_\alpha, \hat{p}_\beta] = \varepsilon_{\alpha\beta\gamma}\mathrm{i}\hbar\hat{p}_\gamma\,. \tag{2.14}$$

3) 角动量的升、降算符及其与角动量的 z 分量算符间的对易关系

定义: $\hat{L}_+ = \hat{L}_x + \mathrm{i}\hat{L}_y$ 称为升算符, $\hat{L}_- = \hat{L}_x - \mathrm{i}\hat{L}_y$ 称为降算符.

直接计算, 知

$$
\begin{aligned}
[\hat{L}_+\,,\,\hat{L}_-] &= [\hat{L}_x + \mathrm{i}\hat{L}_y, \hat{L}_x - \mathrm{i}\hat{L}_y] = [\hat{L}_x, \hat{L}_x] - \mathrm{i}[\hat{L}_x, \hat{L}_y] + \mathrm{i}[\hat{L}_y, \hat{L}_x] + [\hat{L}_y, \hat{L}_y] \\
&= 0 - \mathrm{i}\left(\mathrm{i}\hbar\hat{L}_z\right) + \mathrm{i}\left(-\mathrm{i}\hbar\hat{L}_z\right) + 0 = 2\hbar\hat{L}_z\,,
\end{aligned}
$$

$$
\begin{aligned}
[\hat{L}_z\,,\,\hat{L}_\pm] &= [\hat{L}_z\,,\,\hat{L}_x \pm \mathrm{i}\hat{L}_y] = [\hat{L}_z\,,\,\hat{L}_x] \pm \mathrm{i}[\hat{L}_z\,,\,\hat{L}_y] = \mathrm{i}\hbar\hat{L}_y \pm \mathrm{i}(-\mathrm{i}\hbar\hat{L}_x) \\
&= \pm\hbar(\hat{L}_x \pm \mathrm{i}\hat{L}_y) = \pm\hbar\hat{L}_\pm\,.
\end{aligned}
$$

概括起来, 即有

$$[\hat{L}_+, \hat{L}_-] = 2\hbar\hat{L}_z, \tag{2.15}$$

$$[\hat{L}_z, \hat{L}_\pm] = \pm\hbar\hat{L}_\pm. \tag{2.16}$$

4) 角动量平方算符与各分量算符间的对易式

记角动量的三个分量对应的算符分别为 $\hat{L}_\alpha$、$\hat{L}_\beta$、$\hat{L}_\gamma$, 直接计算, 知

$$
\begin{aligned}
[\hat{\boldsymbol{L}}^2, \hat{L}_\alpha] &= [\hat{L}_\alpha^2 + \hat{L}_\beta^2 + \hat{L}_\gamma^2, \hat{L}_\alpha] \\
&= [\hat{L}_\alpha^2, \hat{L}_\alpha] + [\hat{L}_\beta^2, \hat{L}_\alpha] + [\hat{L}_\gamma^2, \hat{L}_\alpha] \\
&= 0 + \hat{L}_\beta(\varepsilon_{\beta\alpha\gamma}\mathrm{i}\hbar\hat{L}_\gamma) + (\varepsilon_{\beta\alpha\gamma}\mathrm{i}\hbar\hat{L}_\gamma)\hat{L}_\beta + \hat{L}_\gamma(\varepsilon_{\gamma\alpha\beta}\mathrm{i}\hbar\hat{L}_\beta) + (\varepsilon_{\gamma\alpha\beta}\mathrm{i}\hbar\hat{L}_\beta)\hat{L}_\gamma \\
&= (\varepsilon_{\beta\alpha\gamma} + \varepsilon_{\gamma\alpha\beta})\mathrm{i}\hbar\hat{L}_\beta\hat{L}_\gamma + (\varepsilon_{\beta\alpha\gamma} + \varepsilon_{\gamma\alpha\beta})\mathrm{i}\hbar\hat{L}_\gamma\hat{L}_\beta \\
&= (-\varepsilon_{\alpha\beta\gamma} + \varepsilon_{\alpha\beta\gamma})\mathrm{i}\hbar\hat{L}_\beta\hat{L}_\gamma + (-\varepsilon_{\alpha\beta\gamma} + \varepsilon_{\alpha\beta\gamma})\mathrm{i}\hbar\hat{L}_\gamma\hat{L}_\beta \\
&= 0 + 0 \\
&= 0.
\end{aligned}
$$

总之, 有

$$[\hat{L}^2, \hat{L}_\alpha] = 0. \tag{2.17}$$

即角动量的平方算符与角动量的各分量算符都对易.

顺便说明, 角动量算符的上述对易关系表明, 角动量的三个分量构成 SO(3) 李代数的三个元素, L_z 可作为其嘉当子代数, $L_\pm$ 为与非零根相应的代数元素, L^2 正比于该李代数的二阶开西米尔 (Casimir) 算子. 这些关系为关于角动量的描述和研究提供了数学基础.

2.4　量子态与态叠加原理

2.4.1　量子态及其表象

1.4 节的讨论表明, 微观粒子的量子态由波函数 $\Psi(q)$ 描述, 所以波函数 $\Psi(q)$ 通常亦称为量子态.

描述微观客体 (粒子) 的量子态的空间, 亦即描述量子态性质的物理量的完备集称为其表象.

回顾前述讨论知, 波函数 (量子态) 可以由坐标空间中的函数表述, 也可以由动量空间中的函数表述. 波函数 $\Psi(\boldsymbol{r})$ 即为微观粒子的量子态在坐标表象中的表述, 波函数 $\Psi(\boldsymbol{p})$ 则为微观粒子的量子态在动量表象中的表述.

此后讨论将表明, 描述量子态的表象除有坐标表象和动量表象外, 还有能量表象、占有数表象、相干态表象等.

显而易见, 在不同表象中, 不仅量子态的表述不同, 物理量的算符表述也有不同的形式.

2.4.2 态叠加原理

先考察电子的双缝衍射的实验结果. 记通过两缝的表征电子量子态的波函数分别为 Ψ_1、Ψ_2, 它们的线性叠加态为 $\Psi = C_1\Psi_1 + C_2\Psi_2$, 实验测量得到的衍射图样满足下式决定的分布:

$$\left|\Psi\right|^2 = \left(C_1^*\Psi_1^* + C_2^*\Psi_2^*\right)\left(C_1\Psi_1 + C_2\Psi_2\right)$$

$$= \left|C_1\Psi_1\right|^2 + \left|C_2\Psi_2\right|^2 + \left(C_1^*C_2\Psi_1^*\Psi_2 + C_1C_2^*\Psi_1\Psi_2^*\right).$$

这说明, 如果 Ψ_1 和 Ψ_2 是系统的可能状态, 则它们的线性叠加 $\Psi = C_1\Psi_1 + C_2\Psi_2$ 也为系统的可能的状态, 并且其中的干涉项 (一般不为 0) 尤为重要.

于是, 基于量子力学中的物理量对应的算符都是线性厄米算符的基本假设, 人们提出: 如果 $\Psi_1, \Psi_2, \cdots, \Psi_n, \cdots$ 都是体系的可能的状态, 那么, 它们的线性叠加态

$$\Psi = \sum_i C_i\Psi_i = C_1\Psi_1 + C_2\Psi_2 + \cdots + C_n\Psi_n + \cdots$$

也是体系的一个可能的状态 (其中 C_1, C_2, $\cdots$ 为复数).

该表述称为量子态 (波函数) 的态叠加原理.

由态叠加原理很容易得到下述推论.

推论 2.1 态的叠加是概率幅的叠加, 而不是概率直接相加, 即波函数是概率幅.

推论 2.2 物理量的观测结果具有不确定性.

例如, 对遵循本征方程 $\hat{Q}\Psi_1 = Q_1\Psi_1$、$\hat{Q}\Psi_2 = Q_2\Psi_2$ 的物理量 Q ($\hat{Q}$ 为其算符表述) 和本征函数 Ψ_1、Ψ_2, 如果

$$\Psi = C_1\Psi_1 + C_2\Psi_2,$$

则

$$\hat{Q}\Psi = C_1Q_1\Psi_1 + C_2Q_2\Psi_2.$$

由测量结果为物理量的平均值知

$$\overline{Q} = (\varPsi, \hat{Q}\varPsi) = \left|C_1\right|^2 Q_1 + \left|C_2\right|^2 Q_2,$$

这就是说, 对物理量 Q 进行测量时, 测得结果既不一定是 Q_1, 也不一定是 Q_2, 测得数值 Q_1、Q_2 的概率分别为 $\left|C_1\right|^2$、$\left|C_2\right|^2$.

2.3.2 节关于物理量算符的本征函数的性质的讨论表明, 量子力学中的物理量算符的本征函数组可构成正交归一的函数系, 也就是可以作为一组正交归一基矢, 量子力学系统的任意一个量子态都可以在这组基矢下表示出来. 这正是波的可叠加性的直观表现. 如果上述本征函数系构成的基矢是完备的, 则任意波函数都可以在这组基矢上线性叠加展开, 并且此线性展开完全地描述量子体系的量子态. 因此, 态叠加原理是波函数可以完全描述一个体系的量子态与波的叠加性两个概念的概括.

顺便说明, 物理量算符的本征态及对应于不同本征值的本征函数的线性叠加态也常称为纯态.

应用举例: 量子搜索与量子计算.

例如, 从一组 N 个没有分类的数 $\{n_1, n_2, \cdots, n_i, \cdots, n_N\}$ 中找出一个有特殊性质的数. 人们可以采用两种方法解决这一问题.

方法一是利用现有计算机进行运算. 具体是将这 N 个数分别与那个 "具有特殊性质的数" 比较, 从而挑出那个 "具有特殊性质的数". 显然, 这一工作需要至少 N 的量级次比较操作才能完成.

方法二是利用量子态的叠加原理. 设纯态代表数, 如

$$\varPsi_1 = n_1, \quad \varPsi_2 = n_2, \cdots, \varPsi_N = n_N,$$

叠加态代表多个数的集合

$$\varPsi = \frac{1}{\sqrt{N!}} \left(\mathrm{e}^{\mathrm{i}\alpha_1} n_1 + \mathrm{e}^{\mathrm{i}\alpha_2} n_2 + \cdots + \mathrm{e}^{\mathrm{i}\alpha_N} n_N \right),$$

记找出 "具有特殊性质的数的操作" 为 $\hat{O}$, 则

$$\hat{O}\varPsi = \frac{1}{\sqrt{N!}} \left(\mathrm{e}^{\mathrm{i}\alpha_1'} O_1 n_1 + \mathrm{e}^{\mathrm{i}\alpha_2'} O_2 n_2 + \cdots + \mathrm{e}^{\mathrm{i}\alpha_N'} O_N n_N \right).$$

即对 $\varPsi$ 的一次操作等价于对 N 个纯态 (数) 同时操作一次, 它使得其各自的相位发生改变并出现本征值. 对纯态的操作和对叠加态的操作的形象模拟如图 2.3 所示. 由此知, 作用后的态 $\hat{O}\varPsi$ 中各纯态 $\varPsi_i = n_i\, (i = 1, 2, \cdots, N)$ 的概率发生变化, 从而较容易找出那个 "具有特殊性质的数".

图 2.3 对纯态操作 (逐个依次操作) 和对叠加态操作 (每一次都对其中的所有纯态操作) 的形象模拟示意图

理论计算表明, 进行 $\frac{\pi}{4}\sqrt{N}$ 次操作即可 (具体可参阅 Phys. Rev. Lett. 79, 325 (1997); Phys. Rev. Lett. 80, 3408 (1998); Science 280, 228 (1998) 等文献), 并有 "量子力学帮助大海捞针" (quantum mechanics helps in searching a needle in a haystack) 的观点.

2.5 可测量物理量完全集及其共同本征函数

2.5.1 对不同物理量同时测量的不确定度

1. 一个物理量有确定值的条件

对物理量 Q (相应的算符为 $\hat{Q}$) 和量子态 ψ, 一般情况下, $\hat{Q}\psi = \Phi$, 物理量 Q 没有确定值. 但当体系处于算符 $\hat{Q}$ 的本征态时, $\hat{Q}\psi_n = Q_n\psi_n$. 在此情况下, 对物理量 Q 进行测量, 得到确定值 Q_n.

所以, 一个物理量有确定值的条件是: 体系处于该物理量的本征态.

2. 对两物理量同时测量时的不确定度

2.2. 节已经讨论过, 坐标与动量、时间与能量等共轭物理量不能同时精确测定, 它们的不确定度由不确定关系 $\Delta x \Delta p_x \geqslant \dfrac{\hbar}{2}$、$\Delta t \Delta E \geqslant \dfrac{\hbar}{2}$ 表述. 这里对一般情况予以简要讨论.

1) 不确定度的定义

对物理量测量的不确定度通常由测量的方均根误差表述, 按照计算平均值的基本方法, 关于量子态 ψ, 测量物理量 Q 的误差的平方的平均值为

$$\overline{(\Delta Q)^2} = \overline{(\hat{Q} - \overline{Q})^2} = \int \psi^* (\hat{Q} - \overline{Q})^2 \psi \mathrm{d}\tau,$$

不确定度则为

$$\Delta Q = \sqrt{\overline{(\Delta Q)^2}}. \tag{2.18}$$

2) 一般情况下的不确定关系

记 Q_1、Q_2 为任意两物理量, ψ 为体系的任意波函数, 由基本原理知, $\hat{Q}_1\psi$ 和 $\hat{Q}_2\psi$ 也为体系波函数.

由态叠加原理知: $\xi\hat{Q}_1\psi + \mathrm{i}\hat{Q}_2\psi$ (其中 ξ 为任意实数) 同样也为体系的波函数. 由波函数内积的性质知,

$$I(\xi) = \int |\xi\hat{Q}_1\psi + \mathrm{i}\hat{Q}_2\psi|^2 \mathrm{d}\tau \geqslant 0.$$

因为 $I(\xi)$ 又可以表示为

$$\begin{aligned} I(\xi) &= \left(\xi\hat{Q}_1\psi + \mathrm{i}\hat{Q}_2\psi,\, \xi\hat{Q}_1\psi + \mathrm{i}\hat{Q}_2\psi \right) \\ &= \left(\xi\hat{Q}_1\psi,\, \xi\hat{Q}_1\psi \right) - \mathrm{i}\xi\left(\hat{Q}_2\psi,\, \hat{Q}_1\psi \right) + \mathrm{i}\xi\left(\hat{Q}_1\psi,\, \hat{Q}_2\psi \right) - \mathrm{i}^2\left(\hat{Q}_2\psi,\, \hat{Q}_2\psi \right). \end{aligned}$$

利用量子力学中每个物理量都对应一个线性厄米算符的基本假设和厄米算符的性质, 可得

$$\begin{aligned} \text{上式} &= \xi^2\left(\psi,\, \hat{Q}_1^2\psi \right) - \mathrm{i}\xi\left(\psi,\, \hat{Q}_2\hat{Q}_1\psi \right) + \mathrm{i}\xi\left(\psi,\, \hat{Q}_1\hat{Q}_2\psi \right) + \left(\psi,\, \hat{Q}_2^2\psi \right) \\ &= \xi^2\left(\psi,\, \hat{Q}_1^2\psi \right) + \xi\left(\psi,\, \mathrm{i}[\hat{Q}_1,\, \hat{Q}_2]\psi \right) + \left(\psi,\, \hat{Q}_2^2\psi \right) \\ &= \xi^2\overline{\hat{Q}_1^2} + \xi\mathrm{i}\overline{[\hat{Q}_1,\, \hat{Q}_2]} + \overline{\hat{Q}_2^2} \\ &\geqslant 0. \end{aligned}$$

因为上式即 $\left(\sqrt{\overline{\hat{Q}_1^2}}\,\xi + \dfrac{\mathrm{i}\overline{[\hat{Q}_1,\, \hat{Q}_2]}}{2\sqrt{\overline{\hat{Q}_1^2}}} \right)^2 + \left(\overline{\hat{Q}_2^2} - \dfrac{\mathrm{i}\overline{[\hat{Q}_1,\, \hat{Q}_2]}^2}{4\overline{\hat{Q}_1^2}} \right) > 0$, 其中前一项为完全平方, 所以为保证上式成立, 需要

$$\left(\mathrm{i}\overline{[\hat{Q}_1,\, \hat{Q}_2]} \right)^2 - 4\overline{\hat{Q}_1^2}\,\overline{\hat{Q}_2^2} \leqslant 0,$$

因此

$$\sqrt{\overline{\hat{Q}_1^2} \cdot \overline{\hat{Q}_2^2}} \geqslant \frac{1}{2}\sqrt{\left(\overline{i\left[\hat{Q}_1, \hat{Q}_2\right]}\right)^2} = \frac{1}{2}\left|\overline{\left[\hat{Q}_1, \hat{Q}_2\right]}\right|.$$

由厄米算符的性质知, $\overline{Q_1}$ 和 $\overline{Q_2}$ 都是实数, 并且 $\Delta\hat{Q}_1 = \hat{Q}_1 - \overline{Q_1}$, $\Delta\hat{Q}_2 = \hat{Q}_2 - \overline{Q_2}$ 也是厄米算符, 于是有

$$\sqrt{\overline{(\Delta\hat{Q}_1)^2} \cdot \overline{(\Delta\hat{Q}_2)^2}} \geqslant \frac{1}{2}\left|\overline{\left[\Delta\hat{Q}_1, \Delta\hat{Q}_2\right]}\right|.$$

又因为

$$\left[\Delta\hat{Q}_1, \Delta\hat{Q}_2\right] = \left[\hat{Q}_1 - \overline{Q_1}, \hat{Q}_2 - \overline{Q_2}\right] = \left[\hat{Q}_1, \hat{Q}_2\right],$$

$$\sqrt{\overline{\left(\Delta\hat{Q}_1\right)^2} \cdot \overline{\left(\Delta\hat{Q}_2\right)^2}} = \sqrt{\overline{\left(\Delta\hat{Q}_1\right)^2}} \cdot \sqrt{\overline{\left(\Delta\hat{Q}_2\right)^2}} = \Delta Q_1 \cdot \Delta Q_2,$$

代入上式, 则得

$$\Delta Q_1 \cdot \Delta Q_2 \geqslant \frac{1}{2}\left|\overline{\left[\hat{Q}_1, \hat{Q}_2\right]}\right|.$$

总之, 对任意两物理量 Q_1 和 Q_2 同时进行测量时, 它们的不确定度 ΔQ_1、ΔQ_2 之间满足关系

$$\Delta Q_1 \cdot \Delta Q_2 \geqslant \frac{1}{2}\left|\overline{\left[\hat{Q}_1, \hat{Q}_2\right]}\right|. \tag{2.19}$$

该关系称为不确定关系的一般形式.

由上式知, 如果 $\left[\hat{Q}_1, \hat{Q}_2\right] = 0$, 则 $\Delta Q_1 \Delta Q_2 = 0$, 即 Q_1 和 Q_2 有可能同时准确测定. 如果 $\left[\hat{Q}_1, \hat{Q}_2\right] \neq 0$, 则 $\Delta Q_1 \Delta Q_2 \neq 0$, 即 ΔQ_1 和 ΔQ_2 都不为 0, 即 Q_1 和 Q_2 不可能同时准确测定. 也就是说, 相应算符不对易的物理量不能同时精确测定, 相应算符对易的物理量有可能同时测定.

一个值得注意的情况是, 即使 $\left[\hat{Q}_1, \hat{Q}_2\right] \neq 0$, 但可能 $\overline{\left[\hat{Q}_1, \hat{Q}_2\right]} = 0$, 于是, 由式 (2.19) 知, $\Delta Q_1 \cdot \Delta Q_2 = 0$, 即 Q_1 和 Q_2 可以同时测定. 具体能否同时测定取决于系统的状态 (波函数). 例如, 对于角动量 $L = 0$ 的状态, 尽管 $\left[\hat{L}_\alpha, \hat{L}_\beta\right] = i\hbar\varepsilon_{\alpha\beta\gamma}\hat{L}_\gamma \neq 0$, 但角动量的各分量都可测定为 0.

2.5.2 不同物理量同时有确定值的条件

1. 不同物理量同时有确定值的概念

1) 一个物理量有确定值的概念及条件

顾名思义, 一物理量有确定值即其不确定度为零. 例如, 物理量 Q 有确定值, 即在量子态 ψ 下测量 Q 的不确定度为

$$\Delta Q = \sqrt{\overline{(\Delta Q)^2}} = [\overline{(\hat{Q} - \overline{Q})^2}]^{1/2} = \left[\int \psi^*(\hat{Q} - \overline{Q})^2 \psi \mathrm{d}\tau\right]^{1/2} = 0.$$

由该定义知

$$\Delta Q = \left[\overline{(\hat{Q} - \overline{Q})^2}\right]^{1/2} = \left[\langle\psi|(\hat{Q} - \overline{Q})^2|\psi\rangle\right]^{1/2}.$$

由物理量算符的厄米性知, 上式即

$$\Delta Q = \left((\hat{Q} - \overline{Q})\psi, (\hat{Q} - \overline{Q})\psi\right)^{1/2},$$

也就是 $(\hat{Q} - \overline{Q})\psi$ 的模的平方的平方根. 这表明, $\Delta Q = 0$ 即有 $(\hat{Q} - \overline{Q})|\psi\rangle = 0$, 亦即有 $\hat{Q}|\psi\rangle = \overline{Q}|\psi\rangle = Q|\psi\rangle$. 所以, 一物理量有确定值的充要条件是所考虑的态 $|\psi\rangle$ 应为其对应的算符 $\hat{Q}$ 的本征态 (本征函数), 测量所得值即相应于该本征函数的本征值 Q.

2) 两物理量有确定值的概念

所谓两物理量 Q_1 和 Q_2 有确定值, 即对两物理量同时进行测量的不确定度都为零, 亦即 $\Delta Q_1 = \Delta Q_2 = 0$.

2. 不同物理量的共同本征函数

1) 共同本征函数

如果两物理量 Q_1、Q_2 关于同一个波函数同时有本征值, 即

$$\hat{Q}_1\psi = Q_1\psi, \quad \hat{Q}_2\psi = Q_2\psi,$$

也就是 $\overline{\Delta Q_1} = \overline{\Delta Q_2} = 0$, 则称物理量算符 $\hat{Q}_1$ 与 $\hat{Q}_2$ 有共同本征函数 ψ.

2) 不同物理量的共同本征函数的定理

(1) 关于不同物理量的本征函数的定理.

如果物理量算符 $\hat{Q}_1$、$\hat{Q}_2$ 有不止一个共同本征函数 , 且这些本征函数构成完备系 (关于物理量算符的本征函数的完备性的证明可参见本书 7.2 节), 则 $\hat{Q}_1$ 与 $\hat{Q}_2$ 一定对易.

证明　记共同本征函数系为 $\{\psi_n\}$, 则系统的任意状态都可表述为

$$\Phi = \sum_n C_n \psi_n,$$

然后计算 $[\hat{Q}_1, \hat{Q}_2]\Phi$ 即可证明该定理成立.

(2) 关于不同物理量的共同本征函数的定理的逆定理.

如果物理量算符 $\hat{Q}_1$ 与 $\hat{Q}_2$ 对易, 则它们必有共同的本征函数系, 且该共同本征函数系为完备系.

证明　先讨论无简并情况.

记 ψ_n 为物理量算符 $\hat{Q}_1$ 的任意一个本征函数, 即有

$$\hat{Q}_1\psi_n = Q_{1,n}\psi_n,$$

其中 $Q_{1,n}$ 为相应的本征值, 则

$$\hat{Q}_2\hat{Q}_1\psi_n = \hat{Q}_2(\hat{Q}_1\psi_n) = Q_{1,n}\hat{Q}_2\psi_n.$$

由已知条件知,

$$[\hat{Q}_1, \hat{Q}_2] = \hat{Q}_1\hat{Q}_2 - \hat{Q}_2\hat{Q}_1 = 0,$$

那么,

$$\hat{Q}_1\hat{Q}_2\psi_n = \hat{Q}_2\hat{Q}_1\psi_n = Q_{1,n}\hat{Q}_2\psi_n.$$

这表明 $\hat{Q}_2\psi_n$ 也是物理量算符 $\hat{Q}_1$ 的本征函数, 相应的本征值也是 $Q_{1,n}$.

由于物理量算符 $\hat{Q}_1$ 的本征函数无简并, 与本征值 $Q_{1,n}$ 相应的本征函数只有一个, 因此 $\hat{Q}_2\psi_n$ 与 ψ_n 描述的是同一个态, 它们之间只能相差一个常数因子, 记其本征值为 $Q_{2,n}$, 则有

$$\hat{Q}_2\psi_n = Q_{2,n}\psi_n.$$

即 ψ_n 也是算符 $\hat{Q}_2$ 的本征态.

总之, 物理量算符 $\hat{Q}_1$ 和 $\hat{Q}_2$ 有共同本征函数 ψ_n.

由于上述证明可以遍及 $\hat{Q}_1$ 的所有本征函数, 且这组本征函数构成完备系, 所以对易算符 $\hat{Q}_1$ 和 $\hat{Q}_2$ 有共同的完备的本征函数系.

再讨论有简并的情况.

记 $\{\psi_{n\alpha}|\alpha = 1, 2, \cdots, d\}$ 为物理量算符 $\hat{Q}_1$ 的 d 重简并的本征函数组, 即有

$$\hat{Q}_1\psi_{n\alpha} = Q_{1,n}\psi_{n\alpha}, \quad \alpha = 1, 2, \cdots, d,$$

重复关于非简并态的讨论易得

$$\hat{Q}_1\hat{Q}_2\psi_{n\alpha} = Q_{1,n}\hat{Q}_2\psi_{n\alpha}.$$

即 $\hat{Q}_2\psi_{n\alpha}$ 也是物理量算符 $\hat{Q}_1$ 的本征函数, 相应的本征值也是 $Q_{1,n}$.

但是, 由于简并态不唯一确定, 这里不能得到 $\hat{Q}_2\psi_{n\alpha}$ 与 $\psi_{n\alpha}$ 仅相差一个常数因子的结论, 但可将之表述为

$$\Phi_n = \sum_{\alpha=1}^{d} C_\alpha \psi_{n\alpha}.$$

据此得

$$\hat{Q}_2\Phi_n = \hat{Q}_2\sum_{\alpha=1}^{d}C_\alpha\psi_{n\alpha} = Q_{2,n}\sum_{\alpha=1}^{d}C_\alpha\psi_{n\alpha}.$$

上式后一等号两侧左乘 $\psi_{n\beta}^*$, 并对空间积分, 则得

$$\sum_{\alpha=1}^{d}C_\alpha\left(\psi_{n\beta},\hat{Q}_2\psi_{n\alpha}\right) = Q_{2,n}\sum_{\alpha=1}^{d}C_\alpha\delta_{\beta\alpha},$$

即有

$$\sum_{\alpha=1}^{d}(Q_{2\beta\alpha} - Q_{2,n}\delta_{\beta\alpha})C_\alpha = 0,$$

其中, $Q_{2\beta\alpha}$ 为物理量算符 $\hat{Q}_2$ 在相应于物理量 $\hat{Q}_1$、$\hat{Q}_2$ 的本征值分别为 $Q_{1,n}$、$Q_{2,n}$ 的简并波函数 $\psi_{n\beta}$ 与 $\psi_{n\alpha}$ 之间的矩阵元. 此乃一关于 C_α 的线性齐次方程组. 为保证其有非零解, 应有

$$\det\left|Q_{2\beta\alpha} - Q_{2,n}\delta_{\beta\alpha}\right| = 0.$$

由 $\hat{Q}_2$ 及其矩阵的厄米性知, 该久期方程有解, 进而可确定 C_α, 从而确定

$$\Phi_n = \sum_{\alpha=1}^{d}C_\alpha\psi_{n\alpha}.$$

这样确定的波函数 Φ_n 自然满足

$$\hat{Q}_1\Phi_n = Q_{1,n}\Phi_n, \quad \hat{Q}_2\Phi_n = Q_{2,n}\Phi_n,$$

即 Φ_n 为物理量算符 $\hat{Q}_1$ 与 $\hat{Q}_2$ 的共同本征函数.

对 $\hat{Q}_1$ 的所有各本征值的简并态重复上述计算, 即得相应于所有本征值的共同本征函数.

再重复关于非简并态的计算, 可证明 $\hat{Q}_1$ 与 $\hat{Q}_2$ 有完备的共同本征函数系.

3) 两物理量有共同本征函数的条件

由前述关于不同物理量的本征函数的定理和逆定理, 以及不确定关系都可得知, 只有当 $[\hat{Q}_1,\hat{Q}_2] = 0$ 时, 才有 $\Delta Q_1 = \Delta Q_2 = 0$. 所以两物理量算符 $\hat{Q}_1$、$\hat{Q}_2$ 有共同本征函数的充要条件是: $[\hat{Q}_1,\hat{Q}_2] = 0$, 即算符 $\hat{Q}_1$ 与 $\hat{Q}_2$ 对易.

推而广之, 一组算符具有共同本征函数的充要条件是: 这组算符中的任何两个都互相对易.

3. 不同物理量同时有确定值的条件

前述讨论表明, 一组算符有共同本征函数时, 它们同时有确定值; 而一组算符有共同本征函数的充要条件是这组算符中的任何两个都相互对易. 因此, 不同物理量同时有确定值的充要条件是: 这组物理量对应的算符中的任何两个都相互对易.

2.5.3 一些物理量的共同本征函数

1. 直角坐标系下三个坐标轴方向的动量的共同本征函数

直角坐标系中, 动量算符 $\hat{\boldsymbol{p}}$ 的三个分量 $\hat{p}_x$、$\hat{p}_y$、$\hat{p}_z$ 之间有对易关系

$$[\hat{p}_x,\ \hat{p}_y] = [\hat{p}_y,\ \hat{p}_z] = [\hat{p}_z,\ \hat{p}_x] = \cdots = 0,$$

所以, 它们有共同本征函数

$$\psi_{\boldsymbol{p}}(\boldsymbol{r}) = \psi_{p_x}(x)\psi_{p_y}(y)\psi_{p_z}(z) = \frac{1}{(2\pi\hbar)^{3/2}}\mathrm{e}^{\mathrm{i}(p_x x + p_y y + p_z z)/\hbar} = \frac{1}{(2\pi\hbar)^{3/2}}\mathrm{e}^{\mathrm{i}\boldsymbol{p}\cdot\boldsymbol{r}/\hbar}.$$

2. 角动量算符 $\{\hat{L}^2, \hat{L}_z\}$ 的共同本征函数

1) 可能性
因为 $[\hat{L}^2,\ \hat{L}_z] = 0$ (2.2 节已证明), 则 $\hat{L}^2$ 与 $\hat{L}_z$ 有共同本征函数.
2) $\hat{L}_z$ 的本征函数
2.2 节的讨论已表明, 如果记 L_z 的本征方程为 $\hat{L}_z\phi_m(\varphi) = L_z\phi_m(\varphi)$, 则有本征函数 $\phi_m(\varphi) = \frac{1}{\sqrt{2\pi}}\mathrm{e}^{\mathrm{i}m\varphi}$, 相应的本征值为 $L_z = m\hbar$.
3) $\{\hat{L}^2, \hat{L}_z\}$ 的共同本征函数
记 $\{\hat{L}^2, \hat{L}_z\}$ 的共同本征函数为 $Y(\theta,\varphi)$, 且 $\hat{L}^2$ 的本征方程可以表示为

$$\hat{L}^2 Y(\theta,\varphi) = \lambda\hbar^2 Y(\theta,\varphi),$$

由于 $\hat{L}_z$ 的本征方程为 $\hat{L}_z\phi_m(\varphi) = m\hbar\phi_m(\varphi)$, 与 θ 无关, 则 $Y(\theta,\varphi)$ 可以分离变量. 于是, 可设 $Y(\theta,\varphi) = \Theta(\theta)\phi_m(\varphi)$.
因为

$$\hat{L}^2 = -\frac{\hbar^2}{\sin\theta}\frac{\mathrm{d}}{\mathrm{d}\theta}\left(\sin\theta\frac{\mathrm{d}}{\mathrm{d}\theta}\right) + \frac{\hat{L}_z^2}{\sin^2\theta},$$

则有本征方程

$$\left[-\frac{\hbar^2}{\sin\theta}\frac{\mathrm{d}}{\mathrm{d}\theta}\left(\sin\theta\frac{\mathrm{d}}{\mathrm{d}\theta}\right) + \frac{\hat{L}_z^2}{\sin^2\theta} \right]\Theta(\theta)\phi_m(\varphi) = \lambda\hbar^2\Theta(\theta)\phi_m(\varphi),$$

即有

$$\frac{1}{\sin\theta}\frac{\mathrm{d}}{\mathrm{d}\theta}\left(\sin\theta\frac{\mathrm{d}}{\mathrm{d}\theta}\right)\Theta(\theta) + \left(\lambda - \frac{m^2}{\sin^2\theta}\right)\Theta(\theta) = 0.$$

此乃连带勒让德方程 (associated Legendre equation). 其存在有限解的条件是

$$\lambda = l(l+1), \quad l = 0, 1, 2, \cdots,$$

其解为连带勒让德函数 (associated Legendre function)

$$\Theta(\theta) = \mathrm{P}_l^{|m|}(\cos\theta), \quad |m| \leqslant l.$$

根据正交归一条件, 则得

$$Y(\theta,\varphi) = \mathrm{Y}_{lm}(\theta,\varphi) = (-1)^m \sqrt{\frac{(2l+1)(l-|m|)!}{4\pi(l+|m|)!}}\mathrm{P}_l^{|m|}(\cos\theta)\mathrm{e}^{\mathrm{i}m\varphi}.$$

该函数 $\mathrm{Y}_{lm}(\theta,\varphi)$ 称为球谐函数.

　　总之, 角动量算符集 $\{\hat{L}^2, \hat{L}_z\}$ 有共同本征函数 $\mathrm{Y}_{lm}(\theta,\varphi)$, 其本征值方程和正交归一条件可以小结为

$$\hat{L}^2\mathrm{Y}_{lm}(\theta,\varphi) = l(l+1)\hbar^2\mathrm{Y}_{lm}(\theta,\varphi), \tag{2.20}$$

$$\hat{L}_z\mathrm{Y}_{lm}(\theta,\varphi) = m\hbar\mathrm{Y}_{lm}(\theta,\varphi), \tag{2.21}$$

$$\int_0^{2\pi}\mathrm{d}\varphi\int_0^{\pi}\mathrm{Y}_{lm}^*(\theta,\varphi)\mathrm{Y}_{l'm'}(\theta,\varphi)\sin\theta\mathrm{d}\theta = \delta_{ll'}\delta_{mm'}, \tag{2.22}$$

其中, $l = 0, 1, 2, \cdots$, 称为轨道角动量量子数; $m = 0, \pm 1, \pm 2, \cdots, \pm l$ 称为角动量 l 在 z 方向的投影的量子数, 通常简称为磁量子数.

　　由于 $\hat{\boldsymbol{L}}^2$ 的本征值仅由轨道角动量量子数 l 决定, 与磁量子数 m 无关, 而一个 l 对应有 $(2l+1)$ 个 m 值 (具体地, $m = 0, \pm 1, \pm 2, \cdots, \pm l$. 该量子化的直观图像如图 2.4 所示), 这就是说, $\hat{\boldsymbol{L}}^2$ 的一个本征值 $l(l+1)\hbar^2$ 对应有 $(2l+1)$ 个本征函数 $\mathrm{Y}_{lm}(\theta,\varphi)$, 所以该本征态是 $d_l = (2l+1)$ 重简并的.

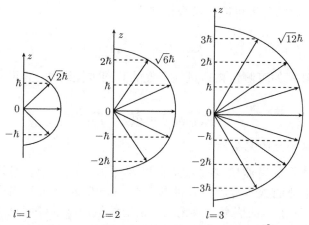

$$l=1 \qquad l=2 \qquad l=3$$

图 2.4   角动量在 z 轴方向投影的量子化示意图. 图中还给出了以 $\hat{l}^2$ 的本征值的平方根标记的与经典概念对应的"角动量的值"

2.5.4   可测量物理量完全集及其共同本征函数的完备性

1. 可测量物理量完全集

假定 $\{\hat{Q}_1, \hat{Q}_2, \cdots\}$ 是一组彼此独立且相互对易的线性厄米算符, 它们的共同本征函数为 ψ_Q, 如果给定一组量子数 α, 就能够完全确定体系的一个可能的状态, 则称这组算符对应的物理量的集合 $\{\hat{Q}_1, \hat{Q}_2, \cdots\}$ 构成体系的一组可测量物理量完全集 (complete set of dynamical variables, CSDV; 或 complete set of commutative operators, CSCO).

我们知道, 要完全确定体系的一个可能的状态, 所需要确定的量子数必须与该系统的自由度数目相同. 因此, 按照上述定义, 可测量物理量完全集中物理量的数目一般等于体系的自由度数目.

例如, 一维线性谐振子仅 1 个自由度, 因此确定系统状态的可测量物理量完全集只需一个物理量, 例如哈密顿量 $\hat{H}$. 又如, 三维空间中的定点转子, 由于它具有三个自由度, 因此确定其状态的可测量物理量完全集应该有三个物理量, 例如, 哈密顿量 $\hat{H}$ 和角动量的平方 $\hat{L}^2$ 以及角动量在 z 轴方向的投影 $\hat{L}_z$. 如果转子为长度确定 (转动惯量确定) 的转子, 其自由度为 2, 即转角 (θ, φ), 因此确定其状态的可测量物理量完全集可仅取为 $\{\hat{L}^2, \hat{L}_z\}$.

2. 共同本征函数的正交归一性

由定义知, 体系的可测量物理量完全集的共同本征函数是该可测量物理量完全集中每个物理量的本征函数, 因此这组共同本征函数一定满足正交归一性, 记描述体系状态的 (分立) 量子数为 α、α' (它们实际是可测量物理量完全集中各物

理量对应的量子数的各种可能的组合), 则有

$$(\psi_\alpha, \psi_{\alpha'}) = \delta_{\alpha\alpha'}.$$

对于具有连续谱 q 的可测量物理量完全集的共同本征函数, 其正交归一性可以表述为

$$(\psi_\alpha, \psi_{\alpha'}) = \delta(q - q').$$

3. 共同本征函数的完备性

若一量子体系的可测量物理量完全集为 $\{\hat{Q}_1, \hat{Q}_2, \cdots\}$, 其共同本征函数为 $\{\psi_\alpha\}$, 由共同本征函数本身的完备性和正交归一性知, $\{\psi_\alpha\}$ 构成一个完备的正交归一函数系 (对于本征值有下界无上界情况的较严格的证明见 7.2 节), 体系的任何一个状态都可以表示为它们的线性叠加, 即有

$$\Psi = \sum_\alpha c_\alpha \psi_\alpha. \tag{2.23}$$

由共同本征函数为 $\{\psi_\alpha\}$ 的正交归一性知,

$$(\psi_\alpha, \Psi) = \left(\psi_\alpha, \sum_{\alpha'} c_{\alpha'} \psi_{\alpha'}\right) = \sum_{\alpha'} c_{\alpha'} (\psi_\alpha, \psi_{\alpha'}) = \sum_{\alpha'} c_{\alpha'} \delta_{\alpha\alpha'} = c_\alpha,$$

所以, 上述展开式中的展开系数可以确定为

$$c_\alpha = (\psi_\alpha, \Psi) = \int \psi_\alpha^* \Psi \mathrm{d}\tau,$$

其中的 $\mathrm{d}\tau$ 表示所有各种变量的积分体积元. 如果 Ψ 已归一, 则 $\sum_\alpha |c_\alpha|^2 = 1$.

由波函数的统计诠释和量子态叠加原理知, $|c_\alpha|^2$ 表示在态 Ψ 下测量物理量 Q 得到数值 Q_α 的概率.

根据上述量子态及物理量的基本性质, 人们提出**量子力学中关于测量的基本假设**: 量子力学系统的任一状态的波函数 Ψ 都可以用物理量算符的本征函数系 (或一组可测量物理量完全集的共同本征函数系) 来展开. 一次测量, 得到所有本征值中的某一个 Q_n; 多次测量, 得到平均值 $\overline{Q} = \dfrac{(\Psi, \hat{Q}\Psi)}{(\Psi, \Psi)}$, 而测得 Q_n 值的概率为 $w_n = |(\psi_n, \Psi)|^2$.

思考题与习题

2.1 在以粒子作为探针的测量中, 探测粒子的线度必须总小于 (通常要小到其 1/10 以下) 被测物体的线度, 否则被测物体的位置和速度都会受到显著的影响, 并且测不到被测物体的结构. 现拟分别采用光子束、电子束、质子束、中子束作为探针测量一直径为 10 fm 的原子核, 试确定这些粒子的最小能量.

2.2 测量一质子在 x 方向的速度的精度为 10^{-7} m·s^{-1}, 试确定同时测量该质子在 x 方向和 y 方向位置的精度. 如果将上述质子换为电子呢?

2.3 已知一设备测量电子位置的不确定度为 0.01 nm, 现测量电子能量约为 1 keV, 试确定该能量测量的不确定度. 对于半径约为 5 fm 的原子核内的能量约为 2 MeV 的质子, 测量其能量的不确定度为多大呢?

2.4 一原子激发态发射波长为 600 nm 的光谱线, 测量时得到波长的精度为 $\frac{\Delta\lambda}{\lambda} = 10^{-7}$, 试确定该原子态的寿命.

2.5 第 1 章讨论 α 粒子与金箔的散射时采用的是经典模型, 即散射的角分布由质量为 m 带电量为 $Z_1 e$ 的粒子与带电量为 $Z_2 e$ 的固定靶之间按经典电磁作用散射后的轨迹决定. 但事实上, 这些粒子都是微观粒子, 记入射粒子的速率为 v, 试确定上述经典描述方案成立的条件.

2.6 测量一原子核的能量的不确定度为 33 keV, 试确定原子核处于这一能量状态的寿命.

2.7 试就我们常用的约 1 kg 重的笔记本电脑, 估算其能达到的运算速度极限.

2.8 位于美国新泽西州的杰斐逊国家实验室研究核子结构的 CEBAF 计划中, 拟采用电子束在中子上的散射来研究中子内部的电荷分布, 中子的半径为 0.8 fm, 试确定所用电子的入射动能至少应该多少. 如果希望做 100 层的断层扫描测量, 所用电子的入射能量应该为多大呢?

2.9 由于微观粒子具有波粒二象性, 当粒子相应的波有较大重叠时, 我们称粒子间有很强的关联. 但是, 当粒子的线度 (或占据的空间的长度) 小于其位置的不确定度时, 我们称这些粒子处于简并状态, 使粒子处于简并状态的温度称为系统的简并温度. 对于分别由质量为 m 的非相对论性粒子和由极端相对论性粒子形成的温度为 T、数密度为 n 的理想气体系统, 若假设粒子的平均能量分别为 $\frac{3}{2}k_B T$、$3k_B T$, 其中 k_B 为玻尔兹曼常量, 试分别给出这两种理想气体的简并温度.

2.10 利用高能粒子轰击原子核是常用的研究原子核的组分物质分布、内部结构和其他性质的方法. 实验测得利用 C 原子核轰击 ^{11}Li 原子核的碎片产物的横向动量分布如图中的带误差棒的圆点所示, 实线为拟合实验数据得到的曲线; 利用 C 原子核轰击 ^{9}Li 时得到的碎片产物的横向动量分布如图中的虚线所示. 作为一位研修物理学的学生, 试从这些实验结果, 分析 ^{11}Li 和 ^{9}Li 的大小等基本性质的主要差异.

2.11 试就高斯型波函数 $\psi(x) = Ae^{-ax^2/2}e^{ip_0x/\hbar}$ 描述的状态, 确定归一化系数 A 及对位置 x 的平方进行测量的平均值.

2.12 试给出对应于坐标表象中的高斯型波函数 $\psi(x) = \left(\frac{a}{\pi}\right)^{1/4} e^{-ax^2/2}e^{ip_0x/\hbar}$ 在动量表象中的表述形式, 并分别在坐标表象和动量表象具体计算对位置 x 进行测量的不确定度 $\sqrt{\overline{x^2}}$ 和对动量进行测量的不确定度 $\sqrt{\overline{(\hat{p}-p_0)^2}}$, 验证不确定关系.

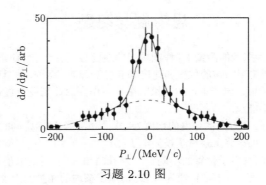

习题 2.10 图

2.13　记一维运动的粒子的状态可以表述为波函数 $\psi(x) = \begin{cases} Ax\mathrm{e}^{-\lambda x}, & x \geqslant 0; \\ 0, & x < 0. \end{cases}$　试确定 $\overline{(\Delta x)^2 (\Delta p)^2}$.

2.14　试就波函数 $\psi(r, \theta, \phi) = \dfrac{1}{\sqrt{\pi a_0^3}} \mathrm{e}^{-r/a_0}$, 其中 a_0 为玻尔轨道半径的常量, 给出势能 $U(r) = -\dfrac{1}{4\pi\varepsilon_0}\dfrac{e^2}{r}$(其中 ε_0 为真空的介电常量, e 为基本电荷电量) 的平均值.

2.15　一粒子处于球谐函数 Y_{lm} 表征的波函数的状态, (1) 试确定 l_x 和 l_y 的平均值 $\overline{l_x}$、$\overline{l_y}$; (2) 试确定 $\overline{(\Delta l_x)^2}$ 和 $\overline{(\Delta l_y)^2}$.

2.16　记一体系处于波函数 $\psi = C_1 Y_{11} + C_2 Y_{10}$(其中 Y_{lm} 为球谐函数, 并且 $|C_1|^2 + |C_2|^2 = 1$) 表征的状态, 试确定: (1) 物理量 l_z 的可能测得值及平均值; (2) 物理量 l^2 的本征值及可能测得值; (3) 物理量 l_x 和 l_y 的可能测得值.

2.17　设对一体系所处状态测量其角动量的平方 l^2 得到结果 $6\hbar^2$, 对其角动量在 z 方向投影进行测量得到结果 $-\hbar$, 试确定对体系的角动量在 x 方向上的投影进行测量和对角动量在 y 方向上的投影进行测量时可能得到的结果.

2.18　对于角动量的 z 方向分量 l_z 的本征态, 试确定对角动量在与 z 轴方向成 θ 角的方向上的分量进行测量的平均值.

2.19　试确定坐标 x 表象中算符 $\widehat{\dfrac{1}{p_x}}$ 的表述形式, 以及在动量 p 表象中算符 $\widehat{\dfrac{1}{x}}$ 的表述形式.

2.20　试证明, 在动量 p 表象中, 位置矢量 $\boldsymbol{r} = x\hat{\boldsymbol{i}} + y\hat{\boldsymbol{j}} + z\hat{\boldsymbol{k}}$, 其中 $\hat{\boldsymbol{i}}$、$\hat{\boldsymbol{j}}$、$\hat{\boldsymbol{k}}$ 分别为 x、y、z 方向的单位矢量, 可以以算符形式表述为 $\hat{\boldsymbol{r}} = \mathrm{i}\hbar\nabla_p$, 其中 $\nabla_p = \hat{\boldsymbol{i}}\dfrac{\partial}{\partial p_x} + \hat{\boldsymbol{j}}\dfrac{\partial}{\partial p_y} + \hat{\boldsymbol{k}}\dfrac{\partial}{\partial p_z}$ 为动量空间中的梯度.

2.21　试证明: 两个线性算符的和仍为线性算符; 两个厄米算符的和仍为厄米算符; 但两个厄米算符之积一般不是厄米算符.

2.22　试证明对易式有下述恒等式:

(1) $\left[\hat{O}_1, \hat{O}_2 \pm \hat{O}_3\right] = \left[\hat{O}_1, \hat{O}_2\right] \pm \left[\hat{O}_1, \hat{O}_3\right]$.

(2) $\left[\hat{O}_1, \hat{O}_2\hat{O}_3\right] = \hat{O}_2\left[\hat{O}_1, \hat{O}_3\right] + \left[\hat{O}_1, \hat{O}_2\right]\hat{O}_3$.

(3) $\left[\hat{O}_1\hat{O}_2, \hat{O}_3\right] = \hat{O}_1\left[\hat{O}_2, \hat{O}_3\right] + \left[\hat{O}_1, \hat{O}_3\right]\hat{O}_2$.

2.23 试证明, 如果两算符 $\hat{O}_1$、$\hat{O}_2$ 分别具有逆算符 $\hat{O}_1^{-1}$、$\hat{O}_2^{-1}$, 则 $\left(\hat{O}_1\hat{O}_2\right)^{-1} = \hat{O}_2^{-1}\hat{O}_1^{-1}$.

2.24 记 $\hat{x}$、$\hat{p}$ 分别为一维运动的粒子的坐标、动量算符, $f(x)$ 为 x 的可微函数, 试证明:

(1) $\left[\hat{x},\ \hat{p}^2 f(x)\right] = 2i\hbar\hat{p}f(x)$;

(2) $\left[\hat{x},\ \hat{p}f(x)\hat{p}\right] = i\hbar\left[f(x)\hat{p} + \hat{p}f(x)\right]$;

(3) $\left[\hat{x},\ f(x)\hat{p}^2\right] = 2i\hbar f(x)\hat{p}$;

(4) $\left[\hat{p},\ \hat{p}^2 f(x)\right] = -i\hbar\hat{p}^2 f'(x)$;

(5) $\left[\hat{p},\ \hat{p}f(x)\hat{p}\right] = -i\hbar\hat{p}f'(x)\hat{p}$;

(6) $\left[\hat{p},\ f(x)\hat{p}^2\right] = -i\hbar f(x)\hat{p}^2$.

2.25 试证明, 对关于径向坐标 $\boldsymbol{r}$ 的任意 (标量) 函数 $F(\hat{\boldsymbol{r}})$ 和动量算符 $\hat{\boldsymbol{p}} = -i\hbar\nabla$, 都有

$$\left[\hat{\boldsymbol{p}},\ F(\hat{\boldsymbol{r}})\right] = -i\hbar\nabla F(\hat{\boldsymbol{r}}).$$

2.26 试证明, 对关于动量为 $\hat{\boldsymbol{p}}$ 的任意函数 $F(\hat{\boldsymbol{p}})$ 和坐标算符 $\hat{\boldsymbol{r}} = i\hbar\nabla_p$, 都有

$$\left[\hat{\boldsymbol{r}},\ F(\hat{\boldsymbol{p}})\right] = i\hbar\nabla_{\boldsymbol{p}} F(\hat{\boldsymbol{p}}),$$

并请给出 $\left[\hat{\boldsymbol{r}},\ \hat{\boldsymbol{p}}^2\right]$ 的具体形式.

2.27 因为同一方向上的位置坐标与动量不对易, 则量子力学中定义径向动量为

$$\hat{p}_r = \frac{1}{2}\left(\hat{\boldsymbol{p}} \cdot \frac{\hat{\boldsymbol{r}}}{r} + \frac{\hat{\boldsymbol{r}}}{r} \cdot \hat{\boldsymbol{p}}\right).$$

试给出球坐标系中 $\hat{p}_r$ 的具体表达式, 并证明: $\left[\hat{p}_r,\ \hat{r}\right] = -i\hbar$.

2.28 试就由位置算符 $\hat{\boldsymbol{r}} = (x, y, z)$ 和动量算符 $\hat{\boldsymbol{p}} = -i\hbar\nabla$ 定义的角动量算符 $\hat{\boldsymbol{l}} = \hat{\boldsymbol{r}} \times \hat{\boldsymbol{p}}$, 证明:

(1) $\left[\hat{\boldsymbol{l}},\ \dfrac{1}{\hat{r}}\right] = 0$, $\quad \left[\hat{\boldsymbol{l}},\ \hat{\boldsymbol{p}}^2\right] = 0$;

(2) $\hat{\boldsymbol{r}} \cdot \hat{\boldsymbol{l}} = \hat{\boldsymbol{l}} \cdot \hat{\boldsymbol{r}} = 0$, $\quad \hat{\boldsymbol{p}} \cdot \hat{\boldsymbol{l}} = \hat{\boldsymbol{l}} \cdot \hat{\boldsymbol{p}} = 0$;

(3) $\hat{\boldsymbol{r}} \times \hat{\boldsymbol{l}} + \hat{\boldsymbol{l}} \times \hat{\boldsymbol{r}} = 2i\hbar\hat{\boldsymbol{r}}$, $\quad \hat{\boldsymbol{p}} \times \hat{\boldsymbol{l}} + \hat{\boldsymbol{l}} \times \hat{\boldsymbol{p}} = 2i\hbar\hat{\boldsymbol{p}}$;

(4) $\hat{x}\hat{\boldsymbol{l}}^2 - \hat{\boldsymbol{l}}^2\hat{x} = i\hbar\left[(\hat{\boldsymbol{l}}\times\hat{\boldsymbol{r}})_x - (\hat{\boldsymbol{r}}\times\hat{\boldsymbol{l}})_x\right]$, $\quad \hat{p}_x\hat{\boldsymbol{l}}^2 - \hat{\boldsymbol{l}}^2\hat{p}_x = i\hbar\left((\hat{\boldsymbol{l}}\times\hat{\boldsymbol{p}})_x - (\hat{\boldsymbol{p}}\times\hat{\boldsymbol{l}})_x\right)$.

2.29 试就由位置算符 $\hat{\boldsymbol{r}}$ 和动量算符 $\hat{\boldsymbol{p}} = -i\hbar\nabla_r$ 定义的角动量算符 $\hat{\boldsymbol{l}} = \hat{\boldsymbol{r}} \times \hat{\boldsymbol{p}}$ 和任一个其他物理量 $\hat{Q}$, 证明: $\left[\hat{\boldsymbol{l}},\ \hat{Q}\right] = -i\hbar\left(\boldsymbol{r} \times (\nabla_r\hat{Q}) - (\nabla_p\hat{Q}) \times \hat{\boldsymbol{p}}\right)$.

2.30 对于两个不对易的算符 $\hat{A}$、$\hat{B}$, 如果 $[\hat{A},\ \hat{B}] = \hat{I}$, 其中 $\hat{I}$ 为恒等算符, 试证明:

(1) $[\hat{A},\ \hat{B}^2] = 2\hat{B}$;

(2) $[\hat{A},\ \hat{B}^3] = 3\hat{B}^2$;

(3) 对任意 n, 都有 $[\hat{A},\ \hat{B}^n] = n\hat{B}^{n-1}$.

2.31 对于两个不对易的算符 $\hat{A}$、$\hat{B}$, 如果 $[\hat{A},\ \hat{B}] = \hat{C}$, 并且 $[\hat{C},\ \hat{A}] = [\hat{C},\ \hat{B}] = 0$, 试证明 (有 Baker–Hausdorff 公式)

$$e^{\hat{A}+\hat{B}} = e^{\hat{A}}e^{\hat{B}}e^{-\frac{1}{2}\hat{C}} = e^{\hat{B}}e^{\hat{A}}e^{\frac{1}{2}\hat{C}}.$$

2.32　对于两个不对易的算符 $\hat{A}$、$\hat{B}$, 记 α 为一参数, 试证明

$$e^{-\alpha\hat{A}}\hat{B}e^{\alpha\hat{A}} = \hat{B} - \alpha[\hat{A},\,\hat{B}] + \frac{\alpha^2}{2}\big[\hat{A},\,[\hat{A},\,\hat{B}]\big] + \cdots.$$

2.33　设 λ 为一小量, $\hat{A}$、$\hat{B}$ 为两物理量算符, 试给出算符 $\left(\hat{A} - \lambda\hat{B}\right)^{-1}$ 按 λ 的幂函数展开的表达形式.

2.34　试证明, 两个厄米矩阵能够利用同一个幺正变换进行对角化的充要条件是这两个厄米矩阵对易.

2.35　设 $\hat{U}$ 是幺正算符, 且可表述为

$$\hat{U} = \frac{1}{2}\left(\hat{U} + \hat{U}^{\dagger}\right) + i\frac{\hat{U} - \hat{U}^{\dagger}}{2i} = \hat{A} + i\hat{B},$$

其中 i 为虚数单位, 试证明:

(1) $\hat{A}$ 和 $\hat{B}$ 均为厄米算符, 并且 $\hat{A}^2 + \hat{B}^2 = \hat{I}$ ($\hat{I}$ 为单位算符);

(2) $[\hat{A},\,\hat{B}] = 0$, 从而 $\hat{A}$ 和 $\hat{B}$ 可以同时对角化;

(3) 记算符 $\hat{A}$、$\hat{B}$ 的共同本征函数为 $|A',B'\rangle$, 其本征值分别为 A'、B', 则 $\hat{U}$ 的本征值可表述为 $U' = A' + iB'$, 并且 $|U'| = 1$, 据此可令 $A' = \cos H'$, $B' = \sin H'$(H' 为实数), 从而有

$$U' = e^{iH'} = \frac{1 + i\tan\dfrac{H'}{2}}{1 - i\tan\dfrac{H'}{2}};$$

(4) 如果上述算符 $\hat{U}$ 为幺正算符, 则它可以表述为 $\hat{U} = e^{i\hat{H}} = \dfrac{1 + i\tan\dfrac{\hat{H}}{2}}{1 - i\tan\dfrac{\hat{H}}{2}}$, 其中 $\hat{H}$ 为厄米算符.

第 3 章　量子态和物理量随时间的演化

物理系统的状态和物理量的演化是相应的动力学的核心. 本章对非相对论性量子力学中量子态的动力学演化方程、连续性方程、物理量的平均值随时间的演化及守恒量等予以讨论, 主要内容包括: 量子态满足的动力学方程; 定态薛定谔方程; 连续性方程与概率守恒; 物理量随时间的演化及守恒量等.

3.1　量子态满足的动力学方程

3.1.1　薛定谔方程

我们已经熟知, 空间波函数 $\Psi(\boldsymbol{r})$ 描述某一时刻的量子态.

若不同时刻量子态不同, 即态随时间变化, 则称之为运动状态, 记为 $\Psi(\boldsymbol{r},t)$.

由第 2 章的讨论知, 如果 $\Psi(\boldsymbol{r},t)$ 确定, 则物理量的平均值、某确定值的概率, 以及它们随时间变化的规律等都确定.

在量子力学中, 体系的运动状态由下式所示的薛定谔方程确定:

$$\mathrm{i}\hbar\frac{\partial}{\partial t}\Psi(\boldsymbol{r},t)=\hat{H}\Psi(\boldsymbol{r},t),\tag{3.1}$$

其中的 $\hat{H}$ 为体系的哈密顿量.

薛定谔方程是量子力学的一个基本假设, 尚不能导出, 但可验证. 一个常用的验证方案如下.

粒子的状态由波函数描述, 假设其为单色平面波

$$\Psi(\boldsymbol{r},t)\sim\mathrm{e}^{\mathrm{i}(\boldsymbol{k}\cdot\boldsymbol{r}-\omega t)},$$

根据德布罗意关系 $\boldsymbol{k}=\dfrac{\boldsymbol{p}}{\hbar},\omega=\dfrac{E}{\hbar}$, 则 $\Psi(\boldsymbol{r},t)\sim\mathrm{e}^{\mathrm{i}(\boldsymbol{p}\cdot\boldsymbol{r}-Et)/\hbar}$.

对之取时间的微商, 则有 $\dfrac{\partial}{\partial t}\Psi=-\mathrm{i}\dfrac{E}{\hbar}\Psi$, 即有

$$\mathrm{i}\hbar\frac{\partial}{\partial t}\Psi(\boldsymbol{r},t)=E\Psi(\boldsymbol{r},t).$$

对之求空间梯度, 则有 $\nabla\Psi=\mathrm{i}\dfrac{\boldsymbol{p}}{\hbar}\Psi$; 取上述梯度的散度, 则有 $\nabla^2\Psi=-\dfrac{\boldsymbol{p}^2}{\hbar^2}\Psi$, 即有

$$\hbar^2\nabla^2\Psi=-\boldsymbol{p}^2\Psi.\tag{3.2}$$

上述两式相加, 得

$$\left(\mathrm{i}\hbar\frac{\partial}{\partial t} + \frac{\hbar^2}{2m}\nabla^2 \right)\Psi = \left(E - \frac{\boldsymbol{p}^2}{2m} \right)\Psi.$$

在非相对论情况下, 自由粒子的能量与动量之间有关系 $E = E_{\mathrm{k}} = \dfrac{\boldsymbol{p}^2}{2m}$, 则上式即

$$\left(\mathrm{i}\hbar\frac{\partial}{\partial t} + \frac{\hbar^2}{2m}\nabla^2 \right)\Psi = 0,$$

也就是

$$\mathrm{i}\hbar\frac{\partial}{\partial t}\Psi = -\frac{\hbar^2}{2m}\nabla^2\Psi.$$

因为量子力学中, 动量算符为 $\hat{\boldsymbol{p}} = -\mathrm{i}\hbar\nabla$, 则上式即

$$\mathrm{i}\hbar\frac{\partial}{\partial t}\Psi(\boldsymbol{r}, t) = \frac{\hat{\boldsymbol{p}}^2}{2m}\Psi(\boldsymbol{r}, t).$$

当粒子在势场 $U(\boldsymbol{r})$ 中运动时,

$$E = E_{\mathrm{k}} + E_{\mathrm{p}} = \frac{\boldsymbol{p}^2}{2m} + U(\boldsymbol{r}),$$

即有

$$E - \frac{\boldsymbol{p}^2}{2m} = U(\boldsymbol{r}). \tag{3.3}$$

由式 (3.2) 和式 (3.3) 可知

$$\left(\mathrm{i}\hbar\frac{\partial}{\partial t} + \frac{\hbar^2}{2m}\nabla^2 \right)\Psi(\boldsymbol{r}, t) = U(\boldsymbol{r})\Psi(\boldsymbol{r}, t),$$

亦即有

$$\mathrm{i}\hbar\frac{\partial}{\partial t}\Psi(\boldsymbol{r}, t) = \left[-\frac{\hbar^2}{2m}\nabla^2 + U(\boldsymbol{r}) \right]\Psi(\boldsymbol{r}, t).$$

与经典力学比较知, $-\dfrac{\hbar^2}{2m}\nabla^2 + U(\boldsymbol{r})$ 为能量算符, 于是, 引入哈密顿量算符

$$\hat{H} \equiv -\frac{\hbar^2}{2m}\nabla^2 + \hat{U}(\boldsymbol{r}) \equiv \frac{\hat{\boldsymbol{p}}^2}{2m} + \hat{U}(\boldsymbol{r}),$$

则有一般形式的薛定谔方程

$$i\hbar\frac{\partial}{\partial t}\Psi(\boldsymbol{r},t) = \hat{H}\Psi(\boldsymbol{r},t).$$

注意, 由上述表达式和哈密顿算符的定义知, 进行计算时, 相互作用势能 $U(\boldsymbol{r})$ 实际也是算符, 它从左侧作用于波函数之上.

3.1.2 态叠加原理的验证

记 $\psi_1(\boldsymbol{r},t)$ 和 $\psi_2(\boldsymbol{r},t)$ 都是薛定谔方程的解, 即有

$$i\hbar\frac{\partial}{\partial t}\Psi_1(\boldsymbol{r},t) = \hat{H}\Psi_1(\boldsymbol{r},t),$$

$$i\hbar\frac{\partial}{\partial t}\Psi_2(\boldsymbol{r},t) = \hat{H}\Psi_2(\boldsymbol{r},t).$$

如果 c_1、c_2 为常 (复) 数, 则

$$i\hbar\frac{\partial}{\partial t}c_1\Psi_1(\boldsymbol{r},t) = \hat{H}c_1\Psi_1(\boldsymbol{r},t),$$

$$i\hbar\frac{\partial}{\partial t}c_2\Psi_2(\boldsymbol{r},t) = \hat{H}c_2\Psi_2(\boldsymbol{r},t).$$

两式相加, 并考虑哈密顿量的线性厄米算符性质, 则有

$$i\hbar\frac{\partial}{\partial t}[c_1\Psi_1(\boldsymbol{r},t) + c_2\Psi_2(\boldsymbol{r},t)] = \hat{H}[c_1\Psi_1(\boldsymbol{r},t) + c_2\Psi_2(\boldsymbol{r},t)],$$

即

$$\Psi(\boldsymbol{r},t) = c_1\Psi_1(\boldsymbol{r},t) + c_2\Psi_2(\boldsymbol{r},t)$$

也是薛定谔方程的解. 这样就验证了态叠加原理的正确性.

3.1.3 初值问题

经典力学中, 初条件的个数与微分方程的阶数相同时, 我们即可确定任意时刻质点的状态, 例如 $\dfrac{\partial^2}{\partial t^2}\xi = u^2\nabla^2\xi$ 的解 $\xi(\boldsymbol{r},t)$ 应由两个初条件 $\xi(\boldsymbol{r},t_0)$ 和 $\left(\dfrac{\partial\xi}{\partial t}\right)\Big|_{t=t_0}$ 确定.

根据数学原理, 量子力学中的薛定谔方程是关于时间的一阶偏微分方程, 那么只需一个初条件 $\psi(\boldsymbol{r},t_0)$, 原则上即可确定量子态随时间的演化 (运动状态).

记 $t_0 = 0$, 由

$$\psi(\boldsymbol{r}, 0) = \psi(\boldsymbol{r}) = \frac{1}{(2\pi\hbar)^{3/2}} \int \varphi(\boldsymbol{p}) \mathrm{e}^{\mathrm{i}\boldsymbol{p}\cdot\boldsymbol{r}/\hbar} \mathrm{d}\boldsymbol{p}$$

知

$$\varphi(\boldsymbol{p}) = \frac{1}{(2\pi\hbar)^{3/2}} \int \psi(\boldsymbol{r}, 0) \mathrm{e}^{-\mathrm{i}\boldsymbol{p}\cdot\boldsymbol{r}/\hbar} \mathrm{d}\boldsymbol{r}.$$

将之代入

$$\psi(\boldsymbol{r}, t) = \frac{1}{(2\pi\hbar)^{3/2}} \int \varphi(\boldsymbol{p}) \mathrm{e}^{\mathrm{i}(\boldsymbol{p}\cdot\boldsymbol{r} - Et)/\hbar} \mathrm{d}\boldsymbol{p}$$

"即可确定" $\psi(\boldsymbol{r}, t)$.

3.2　定态薛定谔方程

3.2.1　定态薛定谔方程与能量本征值和本征函数

一般情况下, $U(\boldsymbol{r})$ 是时间的函数, 求解薛定谔方程并不容易.

如果势能 $U(\boldsymbol{r})$ 不显含时间, 则 $\psi(\boldsymbol{r}, t)$ 可以因子化分离变量, 记之为 $\psi(\boldsymbol{r}, t) = \psi(\boldsymbol{r})f(t)$, 则有

$$\psi(\boldsymbol{r})\left[\mathrm{i}\hbar\frac{\partial}{\partial t}f(t)\right] = f(t)\left[-\frac{\hbar^2}{2m}\nabla^2 + U(\boldsymbol{r})\right]\psi(\boldsymbol{r}).$$

方程两边同除以 $\psi(\boldsymbol{r}, t) = \psi(\boldsymbol{r})f(t)$, 则得

$$\frac{\mathrm{i}\hbar}{f(t)}\frac{\mathrm{d}}{\mathrm{d}t}f(t) = \frac{1}{\psi(\boldsymbol{r})}\left[-\frac{\hbar^2}{2m}\nabla^2 + U(\boldsymbol{r})\right]\psi(\boldsymbol{r}).$$

由于该方程左边仅是时间 t 的函数, 右边仅是空间 $\boldsymbol{r}$ 的函数, 在通常的非相对论情况下, t 和 $\boldsymbol{r}$ 互相独立, 则只有上式两边等于同一常量时, 上式才成立.

由于 $-\dfrac{\hbar^2}{2m}\nabla^2 + U(\boldsymbol{r})$ 对应于哈密顿算符 $\hat{H}$, 则方程右侧对应的常量可记为能量 E. 上述方程左侧则化为

$$\mathrm{i}\hbar\frac{\mathrm{d}}{\mathrm{d}t}f(t) = Ef(t),$$

其解为

$$f(t) \sim \mathrm{e}^{-\mathrm{i}Et/\hbar}.$$

同时, 上述方程右侧化为

$$\left[-\frac{\hbar^2}{2m}\nabla^2 + U(\boldsymbol{r}) \right]\psi(\boldsymbol{r}) = E\psi(\boldsymbol{r}). \tag{3.4}$$

该方程称为不含时 (或定态) 薛定谔方程.

满足物理条件 (连续、有限、平方可积等) 的上述方程的本征值 E 称为能量本征值 (energy eigenvalue), 相应的解 $\psi_E(\boldsymbol{r})$ 称为能量本征函数. 此时的不含时薛定谔方程称为能量本征方程.

回溯历史, 上述不含时薛定谔方程, 实际是在一些假设下由经典力学推导出来的, 原始的具体讨论见 (E. Schrödinger, Annalen der Physik 384, 361 (1926)) 等论文, 简单介绍见本书第 1 章第 1.3 节的讨论.

3.2.2 定态及频谱分析

设 $\psi_E(\boldsymbol{r})$ 是能量本征函数, 若初始时刻 $(t = 0)$ 粒子处于某个能量本征态, 即

$$\psi(\boldsymbol{r}, 0) = \psi_E(\boldsymbol{r}),$$

则

$$\varphi(\boldsymbol{p}) = \frac{1}{(2\pi\hbar)^{3/2}} \int \psi_E(\boldsymbol{r}) \mathrm{e}^{\mathrm{i}\boldsymbol{p}\cdot\boldsymbol{r}/\hbar} \mathrm{d}\boldsymbol{r},$$

$$\begin{aligned}
\psi(\boldsymbol{r}, t) &= \frac{1}{(2\pi\hbar)^{3/2}} \int \varphi(\boldsymbol{p}) \mathrm{e}^{\mathrm{i}(\boldsymbol{p}\cdot\boldsymbol{r} - Et)/\hbar} \mathrm{d}\boldsymbol{p} \\
&= \frac{1}{(2\pi\hbar)^3} \iint \psi_E(\boldsymbol{r}') \mathrm{e}^{\mathrm{i}(\boldsymbol{p}\cdot(\boldsymbol{r} - \boldsymbol{r}') - Et)/\hbar} \mathrm{d}\boldsymbol{p}\mathrm{d}\boldsymbol{r}' \\
&= \int \psi_E(\boldsymbol{r}') \mathrm{e}^{-\mathrm{i}Et/\hbar} \delta(\boldsymbol{r} - \boldsymbol{r}') \mathrm{d}\boldsymbol{r}' \\
&= \psi_E(\boldsymbol{r}) \mathrm{e}^{-\mathrm{i}Et/\hbar}.
\end{aligned}$$

这表明,

$$\psi(\boldsymbol{r}, t) = \psi_E(\boldsymbol{r}) \mathrm{e}^{-\mathrm{i}Et/\hbar} \tag{3.5}$$

为任意时刻 t 能量为 E 的态的波函数.

因为

$$\overline{O} = \langle \hat{O} \rangle = \int \psi^* \hat{O} \psi \mathrm{d}\boldsymbol{r} = \int \psi_E^*(\boldsymbol{r}) \mathrm{e}^{\mathrm{i}Et/\hbar} \hat{O} \psi_E(\boldsymbol{r}) \mathrm{e}^{-\mathrm{i}Et/\hbar} \mathrm{d}\boldsymbol{r},$$

所以, 对任何不显含时间 t 的物理量 O, 都有

$$\overline{O} = \int \psi_E^*(\boldsymbol{r}) \hat{O} \psi_E(\boldsymbol{r}) \mathrm{d}\boldsymbol{r}$$

与时间无关.

并且, 概率密度

$$\rho(\boldsymbol{r}, t) = \left| \psi(\boldsymbol{r}, t) \right|^2 = \left| \psi_E(\boldsymbol{r}) \right|^2,$$

概率流密度

$$\boldsymbol{j}(\boldsymbol{r}, t) = -\frac{\mathrm{i}\hbar}{2m} [\psi^*(\boldsymbol{r}, t) \nabla \psi(\boldsymbol{r}, t) - \psi(\boldsymbol{r}, t) \nabla \psi^*(\boldsymbol{r}, t)]$$

$$= -\frac{\mathrm{i}\hbar}{2m} [\psi_E^*(\boldsymbol{r}) \nabla \psi_E(\boldsymbol{r}) - \psi_E(\boldsymbol{r}) \nabla \psi_E^*(\boldsymbol{r})],$$

也都与时间无关.

综上所述, 如果系统的量子态可以表述为 $\psi(\boldsymbol{r}, t) = \psi_E(\boldsymbol{r}) \mathrm{e}^{-\mathrm{i}Et/\hbar}$, 则系统的概率密度分布、概率流密度分布和物理量的平均值都保持常量, 不随时间变化. 因此, $\psi(\boldsymbol{r}, t) = \psi_E(\boldsymbol{r}) \mathrm{e}^{-\mathrm{i}Et/\hbar}$ 描述的量子态称为能量为 E 的定态.

如果 $\psi_E(\boldsymbol{r})$ 为能量 E 的本征态, 由态叠加原理知, 一般情况下, 系统的初始状态可由它们表述为

$$\psi(\boldsymbol{r}, 0) = \sum_E c_E \psi_E(\boldsymbol{r}),$$

则

$$\psi(\boldsymbol{r}, t) = \sum_E c_E \psi_E(\boldsymbol{r}) \mathrm{e}^{-\mathrm{i}Et/\hbar}.$$

因为叠加系数和指数因子都与能量 E 相关, 所以该波函数描述的量子态一般不是定态.

由于在量子力学中 $E = \hbar w$, 则这种展开即关于圆频率的展开, 因此, 这种叠加展开称为频谱分析 (或谱分解), 是常用的分析一般状态的性质的方法.

3.3   连续性方程与概率守恒

3.3.1   连续性方程

对概率流密度

$$\boldsymbol{j}(\boldsymbol{r}, t) = \frac{1}{2} \left\{ \psi^*(\boldsymbol{r}, t) \frac{\hat{\boldsymbol{p}}}{m} \psi(\boldsymbol{r}, t) + \left[\psi^*(\boldsymbol{r}, t) \frac{\hat{\boldsymbol{p}}}{m} \psi(\boldsymbol{r}, t) \right]^* \right\}$$

$$= -\frac{\mathrm{i}\hbar}{2m}\big[\psi^*(\boldsymbol{r},t)\nabla\psi(\boldsymbol{r},t) - \psi(\boldsymbol{r},t)\nabla\psi^*(\boldsymbol{r},t)\big],$$

直接计算其散度, 得

$$\nabla\cdot\boldsymbol{j}(\boldsymbol{r},t) = -\frac{\mathrm{i}\hbar}{2m}\big[\nabla\psi^*(\boldsymbol{r},t)\cdot\nabla\psi(\boldsymbol{r},t) + \psi^*(\boldsymbol{r},t)\nabla\cdot\nabla\psi(\boldsymbol{r},t)$$
$$- \nabla\psi(\boldsymbol{r},t)\cdot\nabla\psi^*(\boldsymbol{r},t) - \psi(\boldsymbol{r},t)\nabla\cdot\nabla\psi^*(\boldsymbol{r},t)\big]$$
$$= -\frac{\mathrm{i}\hbar}{2m}\big[\psi^*(\boldsymbol{r},t)\nabla^2\psi(\boldsymbol{r},t) - \psi(\boldsymbol{r},t)\nabla^2\psi^*(\boldsymbol{r},t)\big]. \tag{3.6a}$$

直接计算系统中粒子的概率密度

$$\rho(\boldsymbol{r},t) = |\psi(\boldsymbol{r},t)|^2 = \psi^*(\boldsymbol{r},t)\psi(\boldsymbol{r},t)$$

随时间的变化率, 则有

$$\frac{\partial}{\partial t}\rho(\boldsymbol{r},t) = \left(\frac{\partial}{\partial t}\psi^*(\boldsymbol{r},t)\right)\psi(\boldsymbol{r},t) + \psi^*(\boldsymbol{r},t)\left(\frac{\partial}{\partial t}\psi(\boldsymbol{r},t)\right). \tag{3.6b}$$

由一般的势场 $U(\boldsymbol{r})$ 情况下的薛定谔方程

$$\mathrm{i}\hbar\frac{\partial}{\partial t}\psi(\boldsymbol{r},t) = \left[-\frac{\hbar^2}{2m}\nabla^2 + \hat{U}(\boldsymbol{r})\right]\psi(\boldsymbol{r},t)$$

知

$$\nabla^2\psi(\boldsymbol{r},t) = -\frac{2m}{\hbar^2}\left[\mathrm{i}\hbar\frac{\partial}{\partial t}\psi(\boldsymbol{r},t) - \hat{U}(\boldsymbol{r})\psi(\boldsymbol{r},t)\right],$$

$$\nabla^2\psi^*(\boldsymbol{r},t) = -\frac{2m}{\hbar^2}\left[-\mathrm{i}\hbar\frac{\partial}{\partial t}\psi^*(\boldsymbol{r},t) - \hat{U}(\boldsymbol{r})\psi^*(\boldsymbol{r},t)\right].$$

将上述两式代入式 (3.6a), 则有

$$\nabla\cdot\boldsymbol{j}(\boldsymbol{r},t) = -\frac{\mathrm{i}\hbar}{2m}\bigg(\psi^*(\boldsymbol{r},t)\bigg\{-\frac{2m}{\hbar^2}\left[\mathrm{i}\hbar\frac{\partial}{\partial t}\psi(\boldsymbol{r},t) - \hat{U}(\boldsymbol{r})\psi(\boldsymbol{r},t)\right]\bigg\}$$
$$-\psi(\boldsymbol{r},t)\bigg\{-\frac{2m}{\hbar^2}\left[-\mathrm{i}\hbar\frac{\partial}{\partial t}\psi^*(\boldsymbol{r},t) - \hat{U}(\boldsymbol{r})\psi^*(\boldsymbol{r},t)\right]\bigg\}\bigg)$$
$$= -\left[\psi^*(\boldsymbol{r},t)\frac{\partial}{\partial t}\psi(\boldsymbol{r},t) + \psi(\boldsymbol{r},t)\frac{\partial}{\partial t}\psi^*(\boldsymbol{r},t)\right]$$

$$+\frac{\mathrm{i}}{\hbar}\left[-\psi^*(\boldsymbol{r},t)\hat{U}(\boldsymbol{r})\psi(\boldsymbol{r},t)+\psi(\boldsymbol{r},t)\hat{U}(\boldsymbol{r})\psi^*(\boldsymbol{r},t)\right].$$

由基本对易关系 $\left[\hat{x}_\alpha,\hat{x}_\beta\right]=\hat{x}_\alpha\hat{x}_\beta-\hat{x}_\beta\hat{x}_\alpha\equiv 0$ 知

$$-\psi^*(\boldsymbol{r},t)\hat{U}(\boldsymbol{r})\psi(\boldsymbol{r},t)+\psi(\boldsymbol{r},t)\hat{U}(\boldsymbol{r})\psi^*(\boldsymbol{r},t)=0.$$

于是, 上式即

$$\nabla\cdot\boldsymbol{j}(\boldsymbol{r},t)=-\left[\psi^*(\boldsymbol{r})\frac{\partial}{\partial t}\psi(\boldsymbol{r},t)+\psi(\boldsymbol{r})\frac{\partial}{\partial t}\psi^*(\boldsymbol{r},t)\right].$$

与式 (3.6b) 比较知, 上式可改写为

$$\nabla\cdot\boldsymbol{j}(\boldsymbol{r},t)=-\frac{\partial}{\partial t}\rho(\boldsymbol{r},t),$$

移项, 则得

$$\frac{\partial}{\partial t}\rho(\boldsymbol{r},t)+\nabla\cdot\boldsymbol{j}(\boldsymbol{r},t)=0. \tag{3.6c}$$

该方程称为连续性方程. 回顾经典物理知, 该方程与经典力学中流体的连续方程和电磁学中电流的连续性方程的表述形式完全一致.

3.3.2　定域流守恒和概率守恒

对连续性方程在任意体积 V 积分, 则有

$$\int_V\frac{\partial}{\partial t}\rho(\boldsymbol{r},t)\mathrm{d}V+\int_V[\nabla\cdot\boldsymbol{j}(\boldsymbol{r},t)]\mathrm{d}V=0.$$

由散度定理知,

$$\int_V[\nabla\cdot\boldsymbol{j}]\mathrm{d}V=\oiint_S\boldsymbol{j}\cdot\mathrm{d}\boldsymbol{S},$$

则上式即

$$\frac{\partial}{\partial t}\int_V\rho\mathrm{d}V=-\oiint_S\boldsymbol{j}\cdot\mathrm{d}\boldsymbol{S}.$$

这表明, 一定区间内的概率随时间的变化率等于由所考虑区间外通过区间界面流入区间内的概率流的通量. 并且由波函数的平方可积性知

$$\boldsymbol{j}\big|_{\boldsymbol{r}\to\infty}\Rightarrow 0,$$

所以

$$\int_{\mathrm{total}}\rho(\boldsymbol{r},t)\mathrm{d}V=常量.$$

这表明, 与经典物理一样, 量子情况下具有定域流守恒和全空间概率守恒.

3.4 物理量随时间的演化及守恒量

3.4.1 物理量的平均值随时间的演化

1. 变化规律及其证明

因为对于量子态 $\psi(\boldsymbol{r}, t)$, 物理量 Q 的平均值为

$$\overline{Q} = \int \psi^*(\boldsymbol{r}, t)\hat{Q}\psi(\boldsymbol{r}, t)\mathrm{d}\tau,$$

其中 $\mathrm{d}\tau$ 为波函数的所有自由度的积分体积元, 既包括对连续变量的积分, 也包括对分立变量的求和, 则

$$\frac{\mathrm{d}\overline{Q}}{\mathrm{d}t} = \int \psi^*\hat{Q}\left(\frac{\partial \psi}{\partial t}\right)\mathrm{d}\tau + \int \psi^*\left(\frac{\partial \hat{Q}}{\partial t}\right)\psi\mathrm{d}\tau + \int \left(\frac{\partial \psi^*}{\partial t}\right)\hat{Q}\psi\mathrm{d}\tau.$$

由薛定谔方程知

$$\frac{\partial \psi}{\partial t} = \frac{1}{\mathrm{i}\hbar}\hat{H}\psi, \quad \frac{\partial \psi^*}{\partial t} = \frac{1}{-\mathrm{i}\hbar}(\hat{H}\psi)^*,$$

那么,

$$\frac{\mathrm{d}\overline{Q}}{\mathrm{d}t} = \int \psi^*\left(\frac{\partial \hat{Q}}{\partial t}\right)\psi\mathrm{d}\tau + \frac{1}{\mathrm{i}\hbar}\int \psi^*\hat{Q}\hat{H}\psi\mathrm{d}\tau - \frac{1}{\mathrm{i}\hbar}\int (\hat{H}\psi)^*\hat{Q}\psi\mathrm{d}\tau.$$

因为 $\hat{H}$ 是厄米算符, 即有

$$\int (\hat{H}\psi)^*\hat{Q}\psi\mathrm{d}\tau = \int \psi^*\tilde{\hat{H}}^*\hat{Q}\psi\mathrm{d}\tau = \int \psi^*\hat{H}^\dagger\hat{Q}\psi\mathrm{d}\tau = \int \psi^*\hat{H}\hat{Q}\psi\mathrm{d}\tau,$$

所以

$$\frac{\mathrm{d}\overline{Q}}{\mathrm{d}t} = \int \psi^*\left(\frac{\partial \hat{Q}}{\partial t}\right)\psi\mathrm{d}\tau + \frac{1}{\mathrm{i}\hbar}\int \psi^*(\hat{Q}\hat{H} - \hat{H}\hat{Q})\psi\mathrm{d}\tau,$$

即有

$$\frac{\mathrm{d}\overline{Q}}{\mathrm{d}t} = \overline{\frac{\partial \hat{Q}}{\partial t}} + \frac{1}{\mathrm{i}\hbar}\overline{[\hat{Q}, \hat{H}]}.$$

总之, 物理量 Q 的平均值随时间演化的规律可以表述为

$$\frac{\mathrm{d}\overline{Q}}{\mathrm{d}t} = \overline{\frac{\partial \hat{Q}}{\partial t}} + \frac{1}{\mathrm{i}\hbar}\overline{[\hat{Q}, \hat{H}]}. \tag{3.7}$$

2. 应用举例

1) 位力 (Virial) 定理

对在不随时间变化的势场 $U(\boldsymbol{r})$ 中运动的质量为 m 的粒子, 哈密顿量

$$\hat{H} = \frac{\boldsymbol{p}^2}{2m} + U(\boldsymbol{r})$$

不显含时间, 于是

$$\frac{\mathrm{d}}{\mathrm{d}t}\overline{\hat{\boldsymbol{r}} \cdot \hat{\boldsymbol{p}}} = \frac{1}{\mathrm{i}\hbar}\overline{[\hat{\boldsymbol{r}} \cdot \hat{\boldsymbol{p}}, \hat{H}]} = \frac{1}{\mathrm{i}\hbar}\left\{\overline{\left[\hat{\boldsymbol{r}} \cdot \hat{\boldsymbol{p}}, \frac{\boldsymbol{p}^2}{2m}\right]} + \overline{[\hat{\boldsymbol{r}} \cdot \hat{\boldsymbol{p}}, U(\boldsymbol{r})]}\right\}$$

$$= \frac{1}{m}\overline{\boldsymbol{p}^2} - \overline{\boldsymbol{r} \cdot \nabla U(\boldsymbol{r})},$$

即有

$$\frac{\mathrm{d}}{\mathrm{d}t}\overline{\hat{\boldsymbol{r}} \cdot \hat{\boldsymbol{p}}} = 2\overline{\hat{T}} - \overline{\boldsymbol{r} \cdot \nabla U}.$$

另外, 对于定态, 直接计算得

$$\frac{\mathrm{d}}{\mathrm{d}t}\overline{\hat{\boldsymbol{r}} \cdot \hat{\boldsymbol{p}}} = \frac{\mathrm{d}}{\mathrm{d}t}\left[\int \psi^*(\boldsymbol{r}, t)(\boldsymbol{r} \cdot \hat{\boldsymbol{p}})\psi(\boldsymbol{r}, t)\mathrm{d}\tau\right]$$

$$= \frac{\mathrm{d}}{\mathrm{d}t}\left[\int \psi_E^*(\boldsymbol{r})\mathrm{e}^{\mathrm{i}\frac{Et}{\hbar}}(\boldsymbol{r} \cdot \hat{\boldsymbol{p}})\psi_E(\boldsymbol{r})\mathrm{e}^{-\mathrm{i}\frac{Et}{\hbar}}\mathrm{d}\tau\right] = 0,$$

所以, 对于定态,

$$2\overline{\hat{T}} = \overline{\boldsymbol{r} \cdot \nabla U}. \tag{3.8}$$

该规律称为位力定理.

类比于经典力学中 König 定理的讨论, $\nabla U = -\boldsymbol{F}$, 也就是势场对应的保守力的负值, 从而, 对于参考点取在无穷远处的有心力场情况, $\overline{\boldsymbol{r} \cdot \nabla U}$ 为外界克服有心力所做的功, 也就是有心力场体系的势能的负值. 由此知, 量子力学中, 在平均值的意义上, 平方反比力场中的稳定平衡系统的动能 E_k 等于系统势能的负值的一半, 即有

$$\overline{E_k} = -\frac{1}{2}\overline{E_p}.$$

2) 埃伦菲斯特 (Ehrenfest) 定理

对在不随时间变化的势场 $U(\boldsymbol{r})$ 中运动的质量为 m 的粒子, 哈密顿量

$$\hat{H} = \frac{\boldsymbol{p}^2}{2m} + U(\boldsymbol{r})$$

不显含时间, 则

$$\frac{\mathrm{d}}{\mathrm{d}t}\overline{\hat{\boldsymbol{r}}} = \frac{1}{\mathrm{i}\hbar}\overline{[\hat{\boldsymbol{r}}, \hat{H}]} = \frac{\overline{\hat{\boldsymbol{p}}}}{m},$$

即有

$$\overline{\hat{\boldsymbol{p}}} = m\frac{\mathrm{d}}{\mathrm{d}t}\overline{\hat{\boldsymbol{r}}}.$$

并且, 直接计算得

$$\frac{\mathrm{d}}{\mathrm{d}t}\overline{\hat{\boldsymbol{p}}} = \frac{1}{\mathrm{i}\hbar}\overline{[\hat{\boldsymbol{p}}, \hat{H}]} = -\overline{\nabla U(\boldsymbol{r})} = \overline{\hat{\boldsymbol{F}}}.$$

上述两式联立, 则得

$$m\frac{\mathrm{d}^2}{\mathrm{d}t^2}\overline{\hat{\boldsymbol{r}}} = -\overline{\nabla U(\boldsymbol{r})} = \overline{\hat{\boldsymbol{F}}(\boldsymbol{r})}.$$

该规律称为埃伦菲斯特定理.

这一规律表明, 在平均值的意义上, 量子力学中粒子的动量的平均值随时间的变化率等于粒子所处势场施加于粒子的力的平均值. 显然, 这一规律与经典力学中牛顿第二定律 (即动量定理) 相对应.

3.4.2 守恒量

1. 定义

直接将经典物理中守恒量的定义推广, 人们称平均值及测值概率都不随时间变化的物理量为守恒量. 守恒量对应的量子数称为好量子数.

2. 物理量为守恒量的条件

记物理量 $\hat{Q}$ 不显含时间 t, 并且与 $\hat{H}$ 对易, 即有

$$\frac{\partial \hat{Q}}{\partial t} = 0, \quad [\hat{Q}, \hat{H}] = 0,$$

则

$$\frac{\mathrm{d}\overline{Q}}{\mathrm{d}t} = \overline{\frac{\partial \hat{Q}}{\partial t}} + \frac{1}{\mathrm{i}\hbar}\overline{[\hat{Q}, \hat{H}]} = 0 + 0 = 0.$$

所以, 量子力学中的物理量为守恒量的条件是: 物理量不显含时间, 并且与哈密顿量 $\hat{H}$ 对易.

3. 几种常见情况的守恒量

1) 能量

如果体系的哈密顿量不显含时间 t, 由于总有 $[\hat{H}, \hat{H}] = 0$, 则哈密顿量是体系的一个守恒量.

2) 自由粒子的动量和角动量

因为无相互作用, 即 $U(\boldsymbol{r}) \equiv 0$, $\hat{H} = \dfrac{\hat{\boldsymbol{p}}^2}{2m}$, 则

$$\left[\hat{\boldsymbol{p}}, \hat{H}\right] = \left[\hat{\boldsymbol{p}}, \frac{\hat{\boldsymbol{p}}^2}{2m}\right] = 0,$$

所以自由粒子的动量是守恒量.

又因为

$$\left[\hat{L}_\alpha, \hat{p}_\beta^2\right] = \hat{p}_\beta\left[\hat{L}_\alpha, \hat{p}_\beta\right] + \left[\hat{L}_\alpha, \hat{p}_\beta\right]\hat{p}_\beta = \hat{p}_\beta \mathrm{i}\hbar\varepsilon_{\alpha\beta\gamma}p_\gamma + \mathrm{i}\hbar\varepsilon_{\alpha\beta\gamma}\hat{p}_\gamma\hat{p}_\beta$$

$$= \mathrm{i}\hbar\varepsilon_{\alpha\beta\gamma}\left(\hat{p}_\beta\hat{p}_\gamma + \hat{p}_\gamma\hat{p}_\beta\right)$$

$$= 0,$$

则

$$\left[\hat{L}_\alpha, \hat{H}\right] = \left[\hat{L}_\alpha, \frac{\hat{p}_\alpha^2 + \hat{p}_\beta^2 + \hat{p}_\gamma^2}{2m}\right] = 0,$$

所以自由粒子的角动量也是守恒量.

3) 有心力场中的粒子

与经典物理相同, 在量子力学中, 人们称仅与距离有关、与方向无关的势场为有心力场, 即 $U(\boldsymbol{r}) = U(r)$ 的势场为有心力场.

显然, 有心力场中运动的粒子的哈密顿量可以表述为

$$\hat{H} = \frac{\hat{\boldsymbol{p}}^2}{2m} + U(r),$$

于是有

$$\left[\hat{p}_\alpha, \hat{H}\right] = \left[\hat{p}_\alpha, \frac{\hat{p}_\alpha^2 + \hat{p}_\beta^2 + \hat{p}_\gamma^2}{2m} + U(r)\right] = 0 + \left[\hat{p}_\alpha, U(r)\right] \neq 0,$$

$$\left[\hat{L}_\alpha, \hat{H}\right] = \left[\hat{L}_\alpha, \frac{\hat{\boldsymbol{p}}^2}{2m} + U(r)\right] = \left[\hat{L}_\alpha, \frac{\hat{\boldsymbol{p}}^2}{2m}\right] + \left[\hat{L}_\alpha, U(r)\right] = 0.$$

所以有心力场中运动的粒子的角动量是守恒量, 而动量不是守恒量.

4. 守恒量与定态的比较

回顾前述讨论知, 守恒量是物理体系的一类特殊的物理量, 在一切状态 (不管是否是定态) 下, 其平均值和测值概率都不随时间改变. 而定态是物理体系的一种特殊状态, 即能量本征态. 在定态下, 一切不含时间的物理量 (不管是否是守恒量) 的平均值及测值概率都不随时间改变.

综合前述讨论, 我们可以意识到, 描述量子体系的性质可以采用两种方案, 一种方案是体系的波函数随时间变化, 但物理量及其平均值不随时间变化, 另一种方案是体系的波函数保持常数 (不随时间变化), 但物理量及其平均值都随时间变化. 事实确实如此. 有关这些描述方案的理论称为绘景理论. 具体讨论留待第 7 章.

3.4.3 守恒量与对称性

1. 概述

前述讨论已经说明, 在量子力学中, 平均值及测值概率都不随时间变化的物理量为守恒量, 守恒量对应的量子数为好量子数. 我们还知道, 体系状态在某种变换 (或操作) 下的不变性称为体系的对称性. 由此可以推断: 物理体系的守恒量一定与体系的对称性相对应. 严格地, 我们有诺特定理 (德国数学家、物理学家诺特 (E. Noether) 1918 年提出): 物理体系的每一个连续的对称性变换都有一个守恒量与之相对应.

上述介绍表明, 守恒量实际是体系的某种对称性所对应的物理量. 具体地有: 空间平移不变 (对称性) 对应 (决定了) 动量守恒, 空间转动不变 (对称性) 对应 (决定了) 角动量守恒, 时间平移不变 (对称性) 对应 (决定了) 能量守恒. 并且, 这些连续变换的对称性 (不变性) 可以推广到分立变换的对称性.

2. 空间平移不变与动量守恒

记一维平移变换参数为 α, 在此变换下, 位矢 X 的变换为

$$X \Longrightarrow X' = X + \alpha.$$

再作参数为 β 的变换, 则有

$$X' \Longrightarrow X'' = X' + \beta = X + (\alpha + \beta).$$

若将 X 到 X'' 视为由一步参数为 γ 的变换所致, 则变换参数间的关系为

$$\gamma = \alpha + \beta.$$

这种变换参数间的函数关系称为变换的合成函数.

显然, 平移变换算符的单位算符和逆算符可以分别由变换参数表述为

$$I = \alpha_0 = 1, \quad \alpha^{-1} = -\alpha.$$

考虑无穷小变换, 将变换后的结果记为原始状态和变换的函数, 如果其解析, 即有

$$\psi(X') = f(X, \alpha) = g(X(\alpha)) \in \mathcal{A},$$

其中 $\mathcal{A}$ 表示解析空间, 则

$$\psi(X') = \psi(X, \delta X) = \psi(X) + \frac{\partial \psi}{\partial X} \frac{\partial X}{\partial \alpha} \mathrm{d}\alpha.$$

这表明, 变换参数空间的无穷小变化 $\mathrm{d}\alpha$ 会引起被作用对象有无穷小变化 $\frac{\partial X}{\partial \alpha} \frac{\partial}{\partial X} \psi \mathrm{d}\alpha$.

抽象地, 记上述变换为 $\psi(X') = \hat{O}\psi(X)$, 即有算符

$$\hat{O} = \hat{I} + \mathbb{X}\mathrm{d}\alpha,$$

其中, $\hat{I}$ 为恒等算符 (亦即前述单位算符, 或称单位元), $\mathbb{X}$ 为无穷小生成元, 则一维平移变换的无穷小生成元为

$$\mathbb{X} = \frac{\partial X(\alpha)}{\partial \alpha} \frac{\partial}{\partial X} = \frac{\partial}{\partial X}.$$

这表明, 无穷小平移操作实际由空间梯度生成, 也就是与动量算符对应 (仅差常量因子 $-\mathrm{i}\hbar$).

对平移量为 d 的有限平移, 因为它可以被认为是无穷多步无穷小变换累积所致, 则有

$$d = \int \delta X, \quad \psi(x + d) = \lim_{n \to \infty} \left(1 + \frac{\mathrm{i}\hat{p}_x}{\hbar} \delta X\right)^n \psi(X).$$

由此知, 有限操作可以由无穷小生成元的指数函数实现, 即有

$$\psi(x) \Longrightarrow \psi(x + d) = \mathrm{e}^{\frac{\mathrm{i}}{\hbar}\hat{p}_x d}\psi(x).$$

推广到三维, 则有

$$\psi(\boldsymbol{r}) \Longrightarrow \psi(\boldsymbol{r} + \boldsymbol{d}) = \mathrm{e}^{\frac{\mathrm{i}}{\hbar}\hat{\boldsymbol{p}}\cdot\boldsymbol{d}}\psi(\boldsymbol{r}).$$

记前述空间平移变换为 $\hat{D}$, 系统的哈密顿量为 $\hat{H}$, 且有 $\hat{H}\psi = E\psi$, 对之做空间平移变换, 则得

$$\hat{D}\hat{H}\psi = \hat{D}E\psi = E\hat{D}\psi.$$

在 $\hat{H}\psi$ 之间插入恒等算符 $\hat{I} = \hat{D}^{-1}\hat{D}$, 则得

$$\hat{D}\hat{H}\hat{I}\psi = \hat{D}\hat{H}\hat{D}^{-1}\hat{D}\psi = (\hat{D}\hat{H}\hat{D}^{-1})\hat{D}\psi.$$

如果系统具有空间平移不变性, 即有 $\hat{D}\psi = \lambda\psi$, 则上式即 $\lambda(\hat{D}\hat{H}\hat{D}^{-1})\psi$, 其中 λ 为常数, 进而, 由空间平移后的能量本征方程得

$$\hat{D}\hat{H}\hat{D}^{-1}\psi = E\psi = \hat{H}\psi,$$

因此有 $\hat{D}\hat{H}\hat{D}^{-1} = \hat{H}$, 即有 $[\hat{D}, \hat{H}] = 0$, 而 $\hat{D} \propto \sum_n \hat{\boldsymbol{p}}^n$ $(n = 0, 1, 2, \cdots)$, 从而有 $[\hat{\boldsymbol{p}}, \hat{H}] = 0$.

这表明, 如果系统具有空间平移不变性, 则系统的动量为守恒量[①].

3. 空间转动不变与角动量守恒

1) 绕 z 轴的定轴转动情况

记绕 z 轴转动的转角为 φ, 转动操作算符为 $\hat{R}_z(\varphi)$, 在无穷小转角 $\delta\varphi$ 变换下,

$$\hat{R}_z(\delta\varphi)\psi(\varphi) \longrightarrow \psi(\varphi - \delta\varphi).$$

如果其解析, 则

$$\psi(\varphi - \delta\varphi) = \psi(\varphi) - \frac{\mathrm{d}\psi}{\mathrm{d}\varphi}\delta\varphi + \cdots = \left(1 - \frac{\mathrm{d}}{\mathrm{d}\varphi}\delta\varphi + \cdots\right)\psi(\varphi).$$

另外, 由角动量算符在球坐标系中的表达式知

$$\frac{\mathrm{d}}{\mathrm{d}\varphi} = \frac{\mathrm{i}}{\hbar}\hat{l}_z,$$

$$\psi(\varphi - \delta\varphi) = \left(1 - \mathrm{i}\frac{\hat{l}_z}{\hbar}\delta\varphi\right)\psi(\varphi).$$

---

① 一般而言, 对称性即系统性质在一些操作或变换下的不变性, 表征连续变换的不变性 (对称性) 的理论即李群和李代数. 李群即关于变换参数的合成函数为连续可微函数的各种变换的集合, 例如各种 n 维保模变换的集合构成 n 维幺正群, 记为 U(n) 群, 其中保持变换矩阵 (及其表示) 的行列式为 1 的幺正群称为特殊幺正群, 记为 SU(n); 保持 n 维向量的各分量的平方和不变的各种变换的集合构成 n 维正交群, 记为 O(n) 群, 其中保持变换矩阵 (及其表示) 的行列式为 1 的正交群称为特殊正交群, 记为 SO(n); 此外, 如果空间维数 $n = 2l$ 为偶数, 则可能还有斜交群, 亦称为辛群, 常记为 SP($2l$). 代数即具有双线性、反对称性和雅可比恒等性的线性空间. 理论研究表明, 李群的无穷小生成元构成相应的李代数. 这表明, 一个李群唯一决定一个李代数, 但一个李代数仅在同构的意义上决定一个局部李群. 例如, 这里所述的一维平移实际是通常的四维空间的洛伦兹变换局限到一维上的特殊情况, 平移变换的指数实现即李群由李代数指数实现的一个特例. 下面将要讨论的三维空间转动的生成元即三个方向的角动量, 或由它们线性组合而成的 $\{L_-, L_z, L_+\}$, 它们构成一个 SO(3) 李代数, 第 2 章第 2.3 节已证明其代数关系.

对有限转角 φ 变换, 则有

$$\hat{R}_z(\varphi) = \mathrm{e}^{-\mathrm{i}\frac{\hat{l}_z}{\hbar}\varphi}.$$

显然, 如果 $\hat{R}_z\psi$ 不变, 则 l_z 不变, 即定轴转动不变决定相应的角动量守恒.

2) 通常的三维转动情况

记三维转动的转角为 $\boldsymbol{\varphi} = \{\varphi_1, \varphi_2, \varphi_3\}$, $\varphi_i(i = 1, 2, 3)$ 即通常的欧拉角, 转动操作算符为 $\hat{R}(\boldsymbol{\varphi})$, 在无穷小转角 $\delta\boldsymbol{\varphi}$ 变换下,

$$\psi(\boldsymbol{r}) \Longrightarrow \hat{R}(\delta\boldsymbol{\varphi})\psi(\boldsymbol{r}) = \psi(\boldsymbol{r} - \delta\boldsymbol{r}).$$

如果该变换解析, 则

$$\psi(\boldsymbol{r} - \delta\boldsymbol{r}) = \psi(\boldsymbol{r} - \delta\boldsymbol{\varphi} \times \boldsymbol{r}) = [1 - (\delta\boldsymbol{\varphi} \times \boldsymbol{r}) \cdot \nabla + \cdots]\psi(\boldsymbol{r}).$$

另外, 由矢量积的运算规则和动量算符的表达式知

$$(\delta\boldsymbol{\varphi} \times \boldsymbol{r}) \cdot \nabla = (\boldsymbol{r} \times \nabla) \cdot \delta\boldsymbol{\varphi} = \frac{\mathrm{i}}{\hbar}(\boldsymbol{r} \times \boldsymbol{p}) \cdot \delta\boldsymbol{\varphi} = \frac{\mathrm{i}}{\hbar}\boldsymbol{l} \cdot \delta\boldsymbol{\varphi},$$

则上式即

$$\psi(\boldsymbol{r} - \delta\boldsymbol{r}) = \mathrm{e}^{-\frac{\mathrm{i}}{\hbar}\boldsymbol{l}\cdot\delta\boldsymbol{\varphi}}\psi(\boldsymbol{r}).$$

这表明 $\hat{R}(\boldsymbol{\varphi}) = \mathrm{e}^{-\frac{\mathrm{i}}{\hbar}\boldsymbol{l}\cdot\boldsymbol{\varphi}}$.

仿照对于空间平移操作的讨论, 对定态薛定谔方程作转动操作, 则有

$$\hat{R}\hat{H}\psi = \hat{R}E\psi = E\hat{R}\psi,$$

在 $\hat{H}\psi$ 之间插入恒等算符 $\hat{I} = \hat{R}^{-1}\hat{R}$, 则得

$$\hat{R}\hat{H}\hat{I}\psi = \hat{R}\hat{H}\hat{R}^{-1}\hat{R}\psi = (\hat{R}\hat{H}\hat{R}^{-1})\hat{R}\psi.$$

如果系统具有空间转动不变性, 即有 $\hat{R}\psi = \lambda\psi$, 其中 λ 为常数, 则上式即

$$\hat{R}\hat{H}\hat{R}^{-1}\psi = E\psi = \hat{H}\psi.$$

因此有 $\hat{R}\hat{H}\hat{R}^{-1} = \hat{H}$, 即有 $[\hat{R}, \hat{H}] = 0$, 而 $\hat{R} \propto \sum_n \hat{l}^n$ $(n = 0, 1, 2, \cdots)$, 从而有 $[\hat{l}, \hat{H}] = 0$.

这表明, 如果系统具有空间转动不变性, 则系统的角动量为守恒量.

4. 时间平移不变与能量守恒

按照薛定谔方程

$$\mathrm{i}\hbar\frac{\partial}{\partial t}\psi = \hat{H}\psi,$$

如果 $\hat{H}$ 不含 t, 则

$$\psi(t) = \mathrm{e}^{-\mathrm{i}\frac{\hat{H}}{\hbar}t}\psi(0).$$

即时间平移的无穷小生成元就是 $\hat{H}$, 时间平移算符则为 $\hat{D}(\delta t) = \mathrm{e}^{-\mathrm{i}\frac{\hat{H}}{\hbar}\delta t}$, 并具有厄米性.

如果 $\psi(0)$ 处于包含 $\hat{H}$ 的一组可测量物理量完全集的本征态 ψ_k, $\psi(0) = \psi_k$, 则 $\psi(t) = \mathrm{e}^{-\mathrm{i}\frac{E_k}{\hbar}t}\psi_k$, 即时间平移不变保证体系一直处于同一本征态, 能量当然守恒.

如果

$$\psi(0) = \sum_k C_k\psi_k,$$

则

$$\psi(t) = \sum_k C_k\mathrm{e}^{-\mathrm{i}\frac{E_k}{\hbar}t}\psi_k.$$

因为 $C_k = (\psi_k, \psi(0))$ 不含时间, 所以能量仍守恒.

5. 空间反演不变与宇称守恒

1) 空间反演的定义

由第 1 章第 1.4 节的讨论知, 系统的量子态张成一个平方可积空间, 为表述简洁, 狄拉克 (P.A.M. Dirac) 引入 $|\psi\rangle$ 标记量子态 ψ (相应地, $\langle\psi|$ 标记 ψ^*), 并称之为狄拉克符号. 如果一操作使得空间中的向量 $\boldsymbol{r}$ 转变为 $-\boldsymbol{r}$, 则称该操作为空间反演 (严格地, 应该称为空间反射, 因为 "演" 通常具有演化之意, 给人以时间相关的感觉, 但事实上, 这里的变换只涉及空间反向, 不涉及时间因素), 记之为 $\hat{P}$, 即有

$$\hat{P}|\boldsymbol{r}\rangle = |-\boldsymbol{r}\rangle, \quad \hat{P}|\psi(\boldsymbol{r})\rangle = |\psi(\hat{P}\boldsymbol{r})\rangle = |\psi(-\boldsymbol{r})\rangle.$$

2) 空间反演算符是线性厄米算符

因为

$$\big(\varphi(\boldsymbol{r}), \hat{P}\psi(\boldsymbol{r})\big) = \big(\varphi(\boldsymbol{r}), \psi(-\boldsymbol{r})\big),$$

$$\big(\varphi(\boldsymbol{r}), \tilde{\hat{P}}\psi(\boldsymbol{r})\big) = \big(\hat{P}\varphi(\boldsymbol{r}), \psi(\boldsymbol{r})\big) = \big(\varphi(-\boldsymbol{r}), \psi(\boldsymbol{r})\big),$$

考虑空间反演的意义和积分体积元的定义式, 知

$$\big(\varphi(-\boldsymbol{r}), \psi(\boldsymbol{r})\big) = \big(\varphi(\boldsymbol{r}), \psi(-\boldsymbol{r})\big).$$

于是有

$$\left(\varphi(\boldsymbol{r}), \hat{P}\psi(\boldsymbol{r})\right) = \left(\varphi(\boldsymbol{r}), \tilde{\hat{P}}\psi(\boldsymbol{r})\right).$$

由此知 $\tilde{\hat{P}} = \hat{P}$. 又因为 $\hat{P}^* \equiv \hat{P}$, 所以 $\hat{P}^\dagger = \hat{P}$. 再者, 由线性算符的定义容易证明, 空间反演算符是线性算符. 综合起来知, 空间反演算符是线性厄米算符.

3) 存在逆算符

由原始定义知 $\hat{P}\hat{P} = \hat{I}$, 与逆算符的定义比较知, 存在逆算符 $\hat{P}^{-1} = \hat{P} = \hat{P}^\dagger$.

4) 空间反演算符的本征值及宇称的概念

记 $\hat{P}\psi = \lambda\psi$, 则

$$\hat{P}\hat{P}\psi = \lambda\hat{P}\psi = \lambda^2\psi.$$

由 $\hat{P}^2 = \hat{P}\hat{P} = \hat{I}$ 知, $\lambda^2 = 1$.

对应 $\lambda = 1$ 的态, 即 $\hat{P}\psi = \psi$ 的态, 称为偶宇称态; 对应 $\lambda = -1$ 的态, 即 $\hat{P}\psi = -\psi$ 的态, 称为奇宇称态.

5) 如果空间反演不变, 则宇称守恒

记系统的哈密顿量为 $\hat{H}$, 且有 $\hat{H}\psi = E\psi$, 对之做空间反演变换, 则得

$$\hat{P}\hat{H}\psi = \hat{P}E\psi = E\hat{P}\psi.$$

在 $\hat{H}\psi$ 之间插入恒等算符 $\hat{I} = \hat{P}^{-1}\hat{P}$, 则得

$$\hat{P}\hat{H}\hat{I}\psi = \hat{P}\hat{H}\hat{P}^{-1}\hat{P}\psi = \left(\hat{P}\hat{H}\hat{P}^{-1}\right)\hat{P}\psi.$$

如果系统具有空间反演不变性, 即有 $\hat{P}\psi = \lambda\psi$, 其中 λ 为常数, 则上式即 $\lambda(\hat{P}\hat{H}\hat{P}^{-1})\psi$, 进而, 有空间反演后的能量本征方程

$$\hat{P}\hat{H}\hat{P}^{-1}\psi = E\psi.$$

因此有 $\hat{P}\hat{H}\hat{P}^{-1} = \hat{H}$, 即有 $[\hat{P}, \hat{H}] = 0$.

总之, 如果系统具有空间反演不变性, 则空间反演算符为守恒量, 从而宇称守恒.

6) 一般态按具有确定宇称态的分解

记一般的不具有确定宇称的态为 ψ, 经空间反演后转变为 $\hat{P}\psi$, 由 $\hat{P}^2 = \hat{I}$ 则得

$$\hat{P}(1 \pm \hat{P})\psi = (\hat{P} \pm 1)\psi = \pm(1 \pm \hat{P})\psi.$$

记 $\psi_\pm = \frac{1}{2}(1 \pm \hat{P})\psi$, 则有

$$\hat{P}\psi_\pm = \frac{1}{2}\hat{P}(1 \pm \hat{P})\psi = \pm\frac{1}{2}(1 \pm \hat{P})\psi = \pm\psi_\pm.$$

即这样构建的态 ψ_+、ψ_- 分别是偶宇称态、奇宇称态.

因为

$$\psi_+ + \psi_- = \frac{1}{2}(1+\hat{P})\psi + \frac{1}{2}(1-\hat{P})\psi = \psi,$$

所以, 一个一般的不具有确定宇称的态总可以分解为分别具有偶、奇宇称的态的叠加, 即有 $\psi = \psi_+ + \psi_-$.

7) 一般算符按具有确定宇称算符的分解

与一般的不具有确定宇称的态可以分解为具有奇、偶宇称的态的叠加态完全相同, 一般的算符 $\hat{O}$ 也不是具有确定宇称的算符. 但是, 定义 $\hat{O}_\pm = \frac{1}{2}(\hat{O}\pm\hat{P}\hat{O}\hat{P})$, 则有

$$\hat{O} = \hat{O}_+ + \hat{O}_-.$$

即一般的算符 $\hat{O}$ 也可以分解为分别具有偶、奇宇称的算符 $\hat{O}_+$、$\hat{O}_-$ 的叠加, 并且 $\hat{P}^\dagger\hat{O}_\pm\hat{P} = \hat{P}\hat{O}_\pm\hat{P} = \pm\hat{O}_\pm$.

记 $|\pi\rangle$、$|\pi'\rangle$ 分别为具有宇称 π、π' 的态, 即有 $\hat{P}|\pi\rangle = \pi|\pi\rangle$, $\hat{P}|\pi'\rangle = \pi'|\pi'\rangle$, 于是, 由

$$\langle\pi'|\hat{O}_+|\pi\rangle = \langle\pi'|\hat{P}^\dagger\hat{O}_+\hat{P}|\pi\rangle = \pi\pi'\langle\pi'|\hat{O}_+|\pi\rangle,$$

得

$$\pi\pi' = 1.$$

由

$$\langle\pi'|\hat{O}_-|\pi\rangle = \langle\pi'|(-\hat{P}^\dagger\hat{O}_-\hat{P})|\pi\rangle = -\pi\pi'\langle\pi'|\hat{O}_-|\pi\rangle,$$

得

$$\pi\pi' = -1.$$

这表明, 偶宇称算符在相同宇称态之间的矩阵元才不为 0, 奇宇称态算符在不同宇称态之间的矩阵元才不为 0. 这一结论对于实际计算一些过程的作用矩阵元很重要, 可以作为相应的选择定则.

思考题与习题

3.1 对于一维自由粒子, 设 $t=0$ 时刻的状态为 $\psi(x,0) = \frac{1}{(2\pi\hbar)^{1/2}}\exp(\mathrm{i}p_0 x/\hbar)$, 试确定任意时刻 t 的状态 $\psi(x,t)$.

3.2 对于一维自由粒子, 设 $\psi(x,0) = \delta(x)$, 试确定任意时刻 t 的波函数及其模的平方 $|\psi(x,t)|^2$.

3.3　设质量为 m 的一维自由粒子的初态为

$$\psi(x,0) = \frac{1}{(2\pi a^2)^{1/4}} \exp\left[-\frac{(x-x_0)^2}{4a^2}\right], \quad a > 0,$$

试证明, 在任意时刻 t, 粒子的波函数和概率密度分别为

$$\psi(x,t) = \left(\frac{a^2}{2\pi}\right)^{1/4} \frac{1}{\left(a^2 + \dfrac{\mathrm{i}\hbar t}{2m}\right)^{1/2}} \exp\left[-\frac{(x-x_0)^2}{4\left(a^2 + \dfrac{\mathrm{i}\hbar t}{2m}\right)}\right],$$

$$|\psi(x,t)|^2 = \frac{1}{\sqrt{2\pi}} a(t) \exp\left[-\frac{(x-x_0)^2}{2a^2(t)}\right],$$

其中 $a(t) = \left(a^2 + \dfrac{\hbar^2 t^2}{4m^2 a^2}\right)^{-1/2}$.

3.4　$t = 0$ 时刻做一维运动的质量为 m 的粒子的波函数可以表述为

$$\psi(x, 0, \langle x^2\rangle) = \frac{1}{(2\pi\langle x^2\rangle)^{1/4}} \mathrm{e}^{-x^2/(4\langle x^2\rangle)},$$

(1) 试确定 $\langle(\Delta p)^2\rangle^{1/2} \equiv \sqrt{\langle p^2\rangle - \langle p\rangle^2}$; (2) 试证明, 在 $t > 0$ 时, 粒子的概率密度满足 $|\psi(x,t)|^2 = \left|\psi\left(x, 0, \langle x^2\rangle + \dfrac{\langle(\Delta p)^2\rangle t^2}{m^2}\right)\right|^2$; (3) 试利用不确定关系解释前述两结果.

3.5　记质量为 m 的一维自由粒子的初态为 $\psi(x,0)$, 试证明, 经足够长时间后, 该粒子的状态为

$$\psi(x,t) = \sqrt{\frac{m}{\hbar t}} \exp\left(-\mathrm{i}\frac{\pi}{4}\right) \exp\left(\mathrm{i}\frac{mx^2}{2\hbar t}\right) \phi\left(\frac{mx}{\hbar t}\right),$$

其中

$$\phi(k) = \frac{1}{\sqrt{2\pi}} \int_{-\infty}^{\infty} \psi(x,0) \exp(-\mathrm{i}kx)\mathrm{d}x.$$

3.6　记质量为 m 在势场 $U(\boldsymbol{r})$ 中运动的粒子的能量密度为

$$W = \frac{\hbar^2}{2m} \nabla\psi^* \cdot \nabla\psi + \psi^* U\psi,$$

能流密度为

$$\boldsymbol{S} = -\frac{\hbar^2}{2m}\left(\frac{\partial\psi^*}{\partial t}\nabla\psi + \frac{\partial\psi}{\partial t}\nabla\psi^*\right),$$

试证明: (1) 该粒子的能量平均值为 $E = \int W\mathrm{d}^3r$; (2) 它满足能量守恒公式 $\dfrac{\partial W}{\partial t} + \nabla\cdot\boldsymbol{S} = 0$.

3.7　记质量为 m 的粒子在其中运动的势场为 $U(\boldsymbol{r}) = U_1(\boldsymbol{r}) + \mathrm{i}U_2(\boldsymbol{r})$, 其中 $U_1(\boldsymbol{r})$ 和 $U_2(\boldsymbol{r})$ 为实函数, i 为虚数单位, 试证明该粒子的概率不守恒, 并求出空间体元 $\mathrm{d}\Omega$ 中粒子概率丢失或增长的速率.

3.8 试证明单粒子运动的速度场为无旋场.

3.9 设在非定域势场 $U(\boldsymbol{r}, \boldsymbol{r}')$ 中运动的粒子满足的薛定谔方程可以表示为

$$\mathrm{i}\hbar\frac{\partial}{\partial t}\psi(\boldsymbol{r}, t) = -\frac{\hbar^2}{2m}\nabla^2\psi(\boldsymbol{r}, t) + \int U(\boldsymbol{r}, \boldsymbol{r}')\psi(\boldsymbol{r}', t)\mathrm{d}\boldsymbol{r}',$$

试确定概率守恒对非定域势的要求, 并说明该情况下是否存在只依赖于波函数 ψ 在空间一点的值的概率流.

3.10 对于在对数中心势场 $U(r) = V_0 \ln\frac{r}{r_0}$ 中运动的质量为 m 的粒子, 试证明: (1) 粒子的任意两能级之差与其质量 m 无关; (2) 所有的能量本征态都具有相同的方均根速率.

3.11 对于哈密顿量为 $\hat{H}$ 的系统, 试证明: 不显含时间 t 的物理量 Q 的平均值关于时间的二次微商为

$$-\hbar^2\frac{\mathrm{d}^2}{\mathrm{d}t^2}\bar{Q} = \overline{[[\hat{Q}, \hat{H}], \hat{H}]},$$

其中 $\hat{Q}$ 是物理量 Q 的算符.

3.12 试证明, 在不连续的能量本征态 (束缚定态) 下, 不显含时间 t 的物理量 (算符) 关于 t 的导数的平均值为 0.

3.13 对于一维运动的质量为 m 的粒子, 记其哈密顿量为 $\hat{H} = \frac{\hat{p}^2}{2m} + U(x)$,

(1) 试证明: $\dfrac{\mathrm{d}}{\mathrm{d}t}\overline{x^2} = \dfrac{1}{m}\overline{(xp + px)}$, $\dfrac{\mathrm{d}}{\mathrm{d}t}\overline{p^2} = -\overline{\left(p\dfrac{\partial U}{\partial x} + \dfrac{\partial U}{\partial x}p\right)}$.

(2) 定义 $\delta x = x - \bar{x}$, $(\Delta x)^2 = \overline{(\delta x)^2} = \overline{(x - \bar{x})^2} = \overline{x^2} - \bar{x}^2$, $\delta p = p - \bar{p}$, $(\Delta p)^2 = \overline{(\delta p)^2} = \overline{(p - \bar{p})^2} = \overline{p^2} - \bar{p}^2$, 试证明:

$$\frac{\mathrm{d}}{\mathrm{d}t}(\Delta x)^2 = \frac{1}{m}[\overline{(xp + px)} - 2\bar{x}\,\bar{p}],$$

$$\frac{\mathrm{d}}{\mathrm{d}t}(\Delta p)^2 = [\overline{(p\dot{p}_x + \dot{p}_x p)} - 2\bar{p}\bar{\dot{p}_x}],$$

式中 $\dot{p}_x = \dfrac{\mathrm{d}}{\mathrm{d}t}p = m\ddot{x}$.

(3) 定义 $\delta\dot{x} = \dot{x} - \bar{\dot{x}}$, $\delta\dot{p} = \dot{p} - \bar{\dot{p}}$, 试证明:

$$\frac{\mathrm{d}}{\mathrm{d}t}(\Delta x)^2 = \overline{(\delta x\delta\dot{x} + \delta\dot{x}\delta x)}, \quad \frac{\mathrm{d}}{\mathrm{d}t}(\Delta p)^2 = \overline{(\delta p\delta\dot{p} + \delta\dot{p}\delta p)},$$

$$\frac{\mathrm{d}}{\mathrm{d}t}\overline{(\delta x\delta p + \delta p\delta x)} = \overline{(\delta\dot{x}\delta p + \delta x\delta\dot{p} + \delta\dot{p}\delta x + \delta p\delta\dot{x})}.$$

3.14 试证明, 对于任意的状态 ψ, 守恒量 Q 的概率密度分布都不随时间变化.

3.15 试证明, 如果一体系有两个或两个以上守恒量, 并且这些守恒量相互不对易, 则一般说来, 体系的能量简并.

3.16 如果一多粒子体系不受外力, 即其哈密顿量表述为

$$\hat{H} = \sum_i \frac{\hat{p}_i^2}{2m_i} + \sum_{i<j} U(|r_i - r_j|),$$

其中, m_i 为体系中第 i 个粒子的质量, p_i 为第 i 个粒子的动量. 试证明, 体系的总动量 $\hat{P} = \sum_i \hat{p}_i$ 守恒.

3.17　对于一多粒子体系, 试证明, 如果其所受外力矩为 0, 则总角动量 $\hat{L} = \sum_i \hat{l}_i$ 守恒.

3.18　试证明: (1) 对于经典力学体系, 若 A 与 B 为守恒量, 则 $\{A, B\}$ (泊松 (Poisson) 括号) 也是守恒量 (但不一定是新的守恒量); (2) 对于量子力学体系, 若 $\hat{A}$ 与 $\hat{B}$ 为守恒量, 则 $[\hat{A}, \hat{B}]$ 也是守恒量 (不一定是新的守恒量).

3.19　记 $\hat{D}_x(a) = \exp(-\mathrm{i}ap_x/\hbar) = \exp\left(-a\dfrac{\partial}{\partial x}\right)$ 为体系沿 x 方向平移距离 a 的算符, 设算符 $\hat{f}(x)$ 与 $\hat{D}_x(a)$ 对易, 试确定 $\hat{f}(x)$ 的一般形式.

3.20　试证明, 周期场中的布洛赫波函数

$$\varphi(x) = \exp(\mathrm{i}kx)\phi_k(x), \quad \phi_k(x + a) = \phi_k(x)$$

是空间平移算符 $D_x(a)$ 的本征函数, 相应本征值为 $\exp(-\mathrm{i}ka)$.

3.21　记 $\psi_m^{(0)}$ 是角动量沿 z 方向投影的算符 $\hat{l}_z$ 的本征态, 相应本征值为 $m\hbar$, 试证明:

$$\psi_m = \exp(-\mathrm{i}\hat{l}_z\varphi)\exp(-\mathrm{i}\hat{l}_y\theta)\psi_m^{(0)}$$

是极角为 θ、方位角为 φ 的角动量 $\hat{l}_n = \hat{l}_x\sin\theta\cos\varphi + \hat{l}_y\sin\theta\sin\varphi + \hat{l}_z\cos\theta$ 的本征态.

3.22　记一粒子的哈密顿量为

$$\hat{H} = \frac{\hat{l}_x^2}{2J_1} + \frac{\hat{l}_y^2}{2J_2} + \frac{\hat{l}_z^2}{2J_3} - (a_1x + a_2y + a_3z),$$

试对 $J_1 = J_2, a_1 = a_2 = 0$ 情况, 给出粒子的主要守恒量.

3.23　记约化质量为 μ 的体系的哈密顿量为 $\hat{H} = \dfrac{\hat{p}^2}{2\mu} + \omega\hat{l}_z$, 试确定体系的角动量 l 和动量 p 随时间的变化率, 以及它们的平均值随时间变化的行为.

3.24　试证明, 在伽利略 (Galileo) 变换下, 薛定谔方程具有不变性. 并证明, 沿 x 方向以速度 v 运动的势场形式相同的两惯性系中的波函数 $\psi(x, t)$、$\psi'(x - vt, t)$ 之间的关系可以表述为

$$\psi(x, t) = \exp\left[\mathrm{i}\left(\frac{mv}{\hbar}x - \frac{mv^2}{2\hbar}t\right)\right]\psi'(x - vt, t).$$

第 4 章　一维定态问题举例

从空间维度讲, 一维是最低的维度, 也就是说, 一维空间是最简单的空间; 定态是体系的概率密度和物理量的平均值都与时间无关的特殊状态. 因此, 一维定态问题是最简单的量子力学问题. 作为具体讨论量子力学问题的入门, 我们先对一些一维定态问题进行讨论. 具体内容包括: 一维定态的一般性质; 一维线性谐振子; 一维方势垒及其隧穿; 一维周期场中运动的粒子.

4.1　一维定态的一般性质

为以后讨论具体问题方便, 我们先简要讨论一维定态问题的一些基本性质.

1. 一维定态波函数的复共轭是具有相同能量本征值的定态

在第 2 章中一般地讨论物理量算符的本征方程和本征值时, 我们曾经述及, 对应于一个本征值, 系统的本征函数可能不止一个, 即本征函数具有简并性. 对于一维定态问题, 其关于能量本征值的本征函数具有下述定理表述的基本性质.

定理 4.1　记一维定态薛定谔方程的一个解为 $\psi(x)$, 对应的本征值为 E, 则 $\psi^*(x)$ 也是该本征方程的一个解, 对应的能量也是 E.

证明　对定态薛定谔方程

$$\left[-\frac{\hbar^2}{2m}\frac{\mathrm{d}^2}{\mathrm{d}x^2} + \hat{U}(x)\right]\psi(x) = E\psi(x)$$

取复共轭, 得

$$\left[-\frac{\hbar^2}{2m}\frac{\mathrm{d}^2}{\mathrm{d}x^2} + \hat{U}^*(x)\right]\psi^*(x) = E^*\psi^*(x).$$

因为通常的势场都为实数场, 即有 $\hat{U}^*(x) = \hat{U}(x)$, 亦即 $\hat{U}$ 为厄米算符. 由此知, 系统的哈密顿量为厄米算符. 由物理量算符的本征值为实数的性质知, $E^* = E$, 则上式即

$$\left(-\frac{\hbar^2}{2m}\frac{\mathrm{d}^2}{\mathrm{d}x^2} + \hat{U}\right)\psi^*(x) = E\psi^*(x).$$

这显然是与原方程相同的本征方程, 因此 $\psi^*(x)$ 也是原本征方程的一个解. 从而命题得证.

上述定理表明, 由于哈密顿量为线性厄米算符, 因此 $\psi^*(x)$ 和 $\psi(x)$ 总为对应相同能量的本征函数.

定理 4.1 之推论　由定理 4.1 易知, 如果对应于能量 E 只有一个本征函数 $\psi(x)$, 即该能量无简并, 则 $\psi^*(x)$ 与 $\psi(x)$ 描述的是同一个量子态, 于是有 $\psi^*(x) = c\psi(x)$. 对之取复共轭, 得

$$\psi(x) = c^*\psi^*(x) = c^*c\psi(x) = |c|^2\psi(x).$$

于是有 $|c|^2 = 1$, 亦即有 $c = \mathrm{e}^{\mathrm{i}\alpha}$, α 为常数.

取 $\alpha = 0$, 即得推论: 如果能量 E 不简并, 则相应的本征函数总可以取为实数.

2. 实数解的完备性

定理 4.1 表明, 一维定态问题的本征函数总可以取为实数. 前述三章的讨论表明, 量子力学是建立在复空间上的关于微观粒子的非相对性性质的动力学理论. 上述实数解是否完备自然成为我们必须讨论的问题. 研究表明, 一维定态问题的实数解具有下述定理 4.2 所述的性质.

定理 4.2　对应于某能量本征值 E, 总可以找到一维定态薛定谔方程的一组完备的实数解. 即属于本征值 E 的任何解都可以表示为这组实数解的线性叠加.

证明　记 $\psi(x)$ 是定态薛定谔方程

$$\left[-\frac{\hbar^2}{2m}\frac{\mathrm{d}^2}{\mathrm{d}x^2} + U(x) \right]\psi(x) = E\psi(x)$$

的解, 如果为实数, 则它自然归入实数解的集合; 如果为复数, 则 ψ^* 也是薛定谔方程的解, 且本征能量也为 E. 由线性方程的解的叠加性原理知

$$\varphi(x) = \psi(x) + \psi^*(x), \quad \chi(x) = \frac{1}{\mathrm{i}}[\psi(x) - \psi^*(x)]$$

是薛定谔方程的线性独立的纯实数解, 本征能量也为 E. 由此知

$$\psi(x) = \frac{1}{2}\big[\varphi(x) + \mathrm{i}\chi(x)\big], \quad \psi^*(x) = \frac{1}{2}\big[\varphi(x) - \mathrm{i}\chi(x)\big]$$

也是薛定谔方程的属于本征能量 E 的解.

3. 具有空间反演对称性的势场的解

空间反演对称性即空间反演不变性, 也就是, 在空间反演变换下, 系统的相互作用势的形式保持不变. 例如, 稳定零点在坐标原点的一维谐振子势场 $U(x) =$

$\frac{1}{2}m\omega^2 x^2$, 显然, 相应于 $x > 0$ 的 $U(x)$, 有 $U(-x) = U(x)$. 具有空间反演对称性的势场的薛定谔方程的解具有下述性质.

定理 4.3　记具有空间反演对称性的势场为 $U(x)$, 即有 $U(-x) = U(x)$, 如果 $\psi(x)$ 是相应薛定谔方程的对应于能量 E 的解, 则 $\psi(-x)$ 也是相应薛定谔方程的解, 且本征能量也是 E.

证明　记空间反演变换为 $\hat{P}$, 对薛定谔方程做空间反演变换, 即有

$$\hat{P}\left\{\left[-\frac{\hbar^2}{2m}\frac{\mathrm{d}^2}{\mathrm{d}x^2} + U(x)\right]\psi(x)\right\} = \hat{P}\{E\psi(x)\},$$

因为

$$\hat{P}\frac{\mathrm{d}^2}{\mathrm{d}x^2} = \frac{\mathrm{d}^2}{\mathrm{d}(-x)^2} = \frac{\mathrm{d}^2}{\mathrm{d}x^2},$$

E 为实数, 则上述方程即

$$\left[-\frac{\hbar^2}{2m}\frac{\mathrm{d}^2}{\mathrm{d}x^2} + U(x)\right]\psi(-x) = E\psi(-x).$$

这表明 $\psi(-x)$ 也是薛定谔方程的本征能量为 E 的解. 证毕.

4. 具有空间反演对称性的势场的解的宇称

具有空间反演对称性的势场的薛定谔方程的解还具有另一个性质.

定理 4.4　如果势场 $U(x)$ 具有空间反演对称性, 即有 $U(-x) = U(x)$, 则相应于任何一个能量本征值 E, 总可以找到相应的薛定谔方程的一组完备解, 它们中的每一个都有确定的宇称.

证明　由定理 4.3 知, 如果势场具有空间反演对称性, 则定态薛定谔方程具有本征能量都为 E 的解 $\psi(x)$ 和 $\psi(-x)$, 定义

$$f(x) = \psi(x) + \psi(-x), \quad g(x) = \psi(x) - \psi(-x),$$

显然有 $\hat{P}f(x) = f(x), \hat{P}g(x) = -g(x)$, 这表明 $f(x)$、$g(x)$ 分别为具有偶宇称、奇宇称的函数, 也就是说, $f(x)$、$g(x)$ 分别是具有偶、奇宇称的能量都为 E 的态, 并且有

$$\psi(x) = \frac{1}{2}[f(x) + g(x)], \quad \psi(-x) = \frac{1}{2}[f(x) - g(x)].$$

即命题成立, 也就是定理成立.

5. 一维运动粒子的波函数的关系

第 1 章讨论波函数的一般性质时曾经述及, 体系的波函数和波函数的梯度一定有连续性. 对于一维运动的粒子, 其波函数及其梯度的连续性可以表述为下述定理的形式.

定理 4.5　对于一维运动粒子, 记 $\psi_1(x)$、$\psi_2(x)$ 为相应于薛定谔方程的能量本征值 E 的两个解, 则
$$\psi_1\psi_2' - \psi_2\psi_1' = 常数.$$

证明　由薛定谔方程知, $\psi_1(x)$、$\psi_2(x)$ 满足的方程可以分别改写为

$$\frac{\mathrm{d}^2\psi_1}{\mathrm{d}x^2} + \frac{2m}{\hbar^2}[E - U(x)]\psi_1 = 0, \tag{4.1a}$$

$$\frac{\mathrm{d}^2\psi_2}{\mathrm{d}x^2} + \frac{2m}{\hbar^2}[E - U(x)]\psi_2 = 0. \tag{4.1b}$$

$\psi_1\times$ 式 (4.1b)$-\psi_2\times$ 式 (4.1a) 得

$$\psi_1\frac{\mathrm{d}^2\psi_2}{\mathrm{d}x^2} - \psi_2\frac{\mathrm{d}^2\psi_1}{\mathrm{d}x^2} = 0,$$

亦即

$$\frac{\mathrm{d}}{\mathrm{d}x}\left(\psi_1\frac{\mathrm{d}\psi_2}{\mathrm{d}x} - \psi_2\frac{\mathrm{d}\psi_2}{\mathrm{d}x}\right) = 0,$$

积分得 $\psi_1\psi_2' - \psi_2\psi_1' = 常数$, 其中 $\psi_i' = \dfrac{\mathrm{d}\psi_i}{\mathrm{d}x}$. 即定理得证.

该定理的表述形式常被称为朗斯基式.

6. 规则场中运动粒子的束缚态不简并

我们知道, 束缚态是局限在一定空间中的量子态, 即有自然边界条件 $\psi(x)|_{x\to\pm\infty} = 0$. 对于分布规则的势场的束缚态, 其数目具有下述基本性质.

定理 4.6　规则势场中运动粒子的束缚态是不简并的.

证明　由定理 4.5 知, 规则势场中运动粒子的波函数的两个解 $\psi_1(x)$、$\psi_2(x)$ 之间有关系
$$\psi_1\psi_2' - \psi_2\psi_1' = 常数.$$

对于规则势场中的束缚态, 由于 $\psi_1(x\to\infty) = 0$, $\psi_2(x\to\infty) = 0$, 则上式中的常数必为 0, 于是有 $\psi_1\psi_2' = \psi_2\psi_1'$. 以 $\psi_1\psi_2$ 除上式等号两侧得

$$\frac{\psi_1'}{\psi_1} = \frac{\psi_2'}{\psi_2}.$$

积分得 $\psi_1 = C\psi_2(x)$, 其中 C 为常数. 这表明 $\psi_1(x)$ 和 $\psi_2(x)$ 描述同一个量子态, 亦即量子态不简并. 定理得证.

7. 束缚态与离散谱的波函数的特征

束缚态能谱是离散谱, 是薛定谔方程在一定边界条件下的结果. 下面分析波函数的具体特征.

记势场为 $U(x)$, 将薛定谔方程改写, 则有

$$\frac{\mathrm{d}^2}{\mathrm{d}x^2}\psi(x) = -\frac{2m}{\hbar^2}[E - U(x)]\psi.$$

由于函数的二阶导数决定其凸凹性, 因此一维束缚态的本征函数具有下述性质.

在经典允许区, $E - U(x) > 0$, ψ 与 ψ'' 正负号相反. 于是, 如果本征函数 $\psi(x) > 0$, 则它必为上凸的具有极大值的函数; 如果本征函数 $\psi(x) < 0$, 则它必为上凹的具有极小值的函数; 如图 4.1(a) 所示. 在经典禁戒区, ψ 与 ψ'' 正负号相同, 于是, 如果本征函数 $\psi(x) > 0$, 则它必为上凹的具有极小值的函数; 如果本征函数 $\psi(x) < 0$, 则它必为上凸的具有极大值的函数; 如图 4.1(b) 所示.

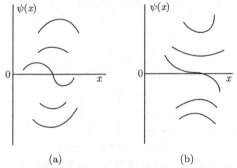

(a)   (b)

图 4.1 波函数 $\psi(x)$ 与其二阶导数的关系示意图

具体地, 记 $x \in [x_{\min}, x_{\max}]$, 在经典允许情况, 随宗量 x 由边界 $x = x_{\min}$ 增大, 如果 $\psi(x) > 0$, 且是单调增函数, 则在 $x_{\max} \to \infty$ 时, $\psi(x) \to \infty$, 不满足波函数有界的性质, 且与 $\psi''(x) < 0$ 矛盾, 因此 $\psi(x)$ 一定不是单调函数, 即有振荡. 这表明, 边界条件要求束缚态能谱是离散谱, 波函数有振荡, 且有节点. 进而, 随着振荡加剧, 波函数节点增多, 粒子的能量升高. 例如, 第 1 章曾经讨论过的宽度为 a 的一维无限深势阱中运动的粒子的第 n 激发态的本征能量为

$$E_n = \frac{\pi^2\hbar^2}{2ma^2}(n+1)^2,$$

其中, n 为波函数的节点的数目. 再如, 4.2 节将讨论的在一维线性谐振子势场中运动的粒子, 其第 n 激发态的本征能量为

$$E_n = \left(n + \frac{1}{2}\right)\hbar\omega,$$

其中 n 为本征波函数的节点的数目. 在此基础上, 人们发展建立了少体系统的内禀节点分析方法 (C.G. Bao and Y.X. Liu, Phys. Rev. Lett. 82: 61 (1999); Y.X. Liu, J.S. Li and C.G. Bao, Phys. Rev. C 67: 055207 (2003); 李训贵, 《少体系统的量子力学对称性》(科学出版社, 2006) 等), 根据系统的对称性决定的内禀节点的数目, 即可得到系统的低激发态能谱.

4.2　一维线性谐振子

由

$$U(x) = \frac{1}{2}kx^2 = \frac{1}{2}m\omega^2 x^2, \tag{4.2}$$

其中 m 为粒子的质量, $\omega = \sqrt{\dfrac{k}{m}}$ 为谐振的圆频率, 定义的势称为一维线性谐振子势, 如图 4.2 所示.

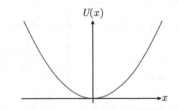

图 4.2　一维线性谐振子势模型示意图

一维受限 (仅有微小振动) 量子系统 (如固体晶格、分子等) 都可以模型化为一维谐振子势系统.

4.2.1　波动力学方法 (坐标表象) 求解

1. 定态薛定谔方程及其无量纲化

将 $U(x) = \dfrac{1}{2}m\omega^2 x^2$ 代入定态薛定谔方程, 则有

$$\left(-\frac{\hbar^2}{2m}\frac{\mathrm{d}^2}{\mathrm{d}x^2} + \frac{1}{2}m\omega^2 x^2\right)\psi(x) = E\psi(x),$$

即

$$\left(\frac{\mathrm{d}^2}{\mathrm{d}x^2} - \frac{m^2\omega^2}{\hbar^2}x^2 + \frac{2mE}{\hbar^2}\right)\psi(x) = 0.$$

定义 $\alpha = \sqrt{\dfrac{m\omega}{\hbar}}$, $\xi = \alpha x$, $\lambda = \dfrac{2mE}{\hbar^2\alpha^2} = \dfrac{2E}{\hbar\omega}$, 则上述薛定谔方程化为无量纲形式

$$\frac{\mathrm{d}^2}{\mathrm{d}\xi^2}\psi(\xi) + (\lambda - \xi^2)\psi(\xi) = 0.$$

2. 波函数在无穷远处的渐近行为

由 $\lambda = \dfrac{2E}{\hbar\omega}$ 知, E 有限时, λ 也有限, 则 $\xi = \pm\infty$ 时, 相对于 ξ, λ 可忽略. 于是, 上述方程化为

$$\frac{\mathrm{d}^2}{\mathrm{d}\xi^2}\psi - \xi^2\psi = 0.$$

其解为

$$\psi \sim \mathrm{e}^{\pm\frac{\xi^2}{2}}.$$

因为 $\xi \to \infty$ (即 $x \to \infty$) 时, $U \to \infty$, 相当于无限深势阱, 那么 $\psi(\xi \to \infty) \to 0$. $\psi \sim \mathrm{e}^{\frac{\xi^2}{2}}$ 的解显然与之不符, 因此应舍去. 所以, 一维谐振子的波函数在 $\xi = \pm\infty$ 处的渐近行为是

$$\psi(\xi \to \pm\infty) \sim \mathrm{e}^{-\frac{\xi^2}{2}}.$$

3. 满足束缚态条件的级数解与量子化条件

因为波函数有渐近行为 $\psi(\xi \to \pm\infty) \sim \mathrm{e}^{-\xi^2/2}$, 则定态薛定谔方程的解可设为 $\psi = \mathrm{e}^{-\xi^2/2}u(\xi)$, 并且无量纲化的定态薛定谔方程化为

$$\frac{\mathrm{d}^2}{\mathrm{d}\xi^2}u - 2\xi\frac{\mathrm{d}}{\mathrm{d}\xi}u + (\lambda - 1)u = 0.$$

此乃标准的厄米方程 (Hermite equation). 一般情况下, 其解为无穷级数, 且有渐近行为 $u(\xi \to \pm\infty) \sim \mathrm{e}^{\xi^2}$, 那么

$$\psi(\xi \to \pm\infty) = \mathrm{e}^{-\xi^2/2}u(\xi) \sim \mathrm{e}^{\xi^2/2}$$

与 $\psi(\xi \to \pm\infty) \sim \mathrm{e}^{-\xi^2/2}$ 不一致, 因此应舍去.

数学研究表明, 当 $\lambda - 1 = 2n$ $(n = 0, 1, 2, \cdots)$, 即 $\lambda = $ 奇数时, 该方程的解为有限项级数 (Hermite polynomial), 并可以表示为

$$u(\xi) = \mathrm{H}_n(\xi) = (-1)^n \mathrm{e}^{\xi^2} \frac{\mathrm{d}^n}{\mathrm{d}\xi^n} \mathrm{e}^{-\xi^2}.$$

其前几项可解析地表示为

$$\mathrm{H}_0(\xi) = 1, \qquad \mathrm{H}_1(\xi) = 2\xi,$$
$$\mathrm{H}_2(\xi) = 4\xi^2 - 2, \quad \mathrm{H}_3(\xi) = 8\xi^2 - 12\xi,$$
$$\cdots\cdots$$

所以, 为了保证得到有物理意义的解, 厄米函数应中断为厄米多项式, 于是有量子化条件

$$\lambda = 2n + 1.$$

由参数 λ 的定义容易得到 $E = \dfrac{\lambda}{2}\hbar\omega$. 于是, 一维线性谐振子的本征能量为

$$E_n = \left(n + \frac{1}{2}\right)\hbar\omega. \tag{4.3}$$

4. 一维线性谐振子的特点

1) 能谱特点

由能量本征值 $E_n = \left(n + \dfrac{1}{2}\right)\hbar\omega$ 易知, 一维线性谐振子系统的能谱具有下述特点 (图 4.3).

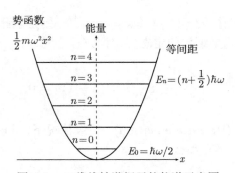

图 4.3　一维线性谐振子的能谱示意图

(1) $E_{n+1} - E_n = \hbar\omega = $ 常量, 即能级均匀分布, 也就是呈简谐振动谱.

(2) 具有零点能 $E_0 = \dfrac{1}{2}\hbar\omega$. 例如, $^4\mathrm{He}$ 和 $^3\mathrm{He}$ 在很低温度下仍不固化, 即是这些原子具有相当高的零点能的表现.

2) 能量本征函数及其宇称

A. 能量本征函数的宇称和特点

由 $\psi_n(x) = A_n \mathrm{e}^{-\alpha^2 x^2/2} \mathrm{H}_n(\alpha x)$, 其中 $A_n = \sqrt{\dfrac{\alpha}{2^n n! \sqrt{\pi}}}$, $\alpha = \sqrt{\dfrac{m\omega}{\hbar}}$ 知, 一维线性谐振子的能量本征函数有下述特点 (图 4.4):

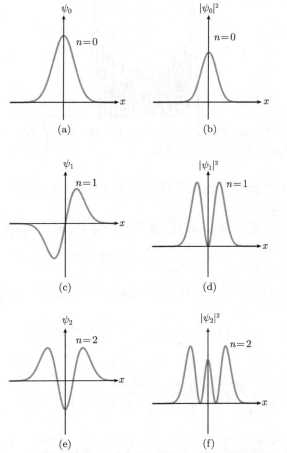

图 4.4   一维线性谐振子的一些低能态的波函数及概率密度分布

⟨a⟩ $n =$ 偶数, 宇称 P 为偶; $n =$ 奇数, 宇称 P 为奇.

〈b〉第 n 激发态的波函数的节点数等于 n, 能量正比于 n[①].

B. 与经典力学中的线性谐振子的比较

在经典力学中, 在 $x=0$ 处, 线性谐振子的速度 $\dot{x}$ 最大, 粒子出现概率 P 最小; 而在两端, $\dot{x}=0$, 粒子出现概率最大.

在量子力学中, 粒子在 $x=0$ 附近出现的概率与 n 有关, 例如 $P(x=0, n=0)=P_{\max}$, $P(x=0, n=偶数) \neq P_{\min}$, $P(x=0, n=奇数)=0=P_{\min}$. 但随着 n 增大, 逐渐接近经典情况. 直观比较如图 4.4 的右侧部分和图 4.5 所示.

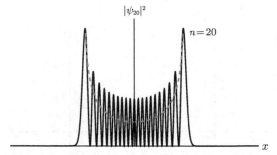

图 4.5　一维线性谐振子在量子数 $n=20$ 的较高激发态下的概率密度分布 (实曲线) 及其与经典情况 (虚线) 的比较

例题 4.1　对于处于一维线性谐振子的第一激发态的粒子, 试确定其在何位置附近出现的概率最大.

分析: 粒子处于第一激发态时的概率密度为 $P_1(x)=|\psi_1(x)|^2$, 欲确定概率最大之处, 即确定使 $\dfrac{\mathrm{d}P_1(x)}{\mathrm{d}x}=0$, $\dfrac{\mathrm{d}^2 P_1(x)}{\mathrm{d}x^2}<0$ 的位置.

解　因为 $\psi_1(x)=A_1 \mathrm{e}^{-\xi^2/2} \mathrm{H}_1(\xi)=2 A_1 \mathrm{e}^{-\xi^2/2}\xi$, 其中 $\xi=\sqrt{\dfrac{m\omega}{\hbar}}x \propto x$, 则

$$P_1(x)=|\psi_1(x)|^2=4 A_1^2 \mathrm{e}^{-\xi^2}\xi^2.$$

所以

$$\frac{\mathrm{d}P_1(x)}{\mathrm{d}x}=\sqrt{\frac{m\omega}{\hbar}}\frac{\mathrm{d}P_1(\xi)}{\mathrm{d}\xi}=\sqrt{\frac{m\omega}{\hbar}}4 A_1^2\big[2\xi \mathrm{e}^{-\xi^2}+\xi^2 \mathrm{e}^{-\xi^2}(-2\xi)\big]$$

---

① 根据这里的 (能量) 本征值与本征函数 (波函数) 的节点数的关系及前述的一维无限深势阱的 (能量) 本征值与本征函数 (波函数) 的节点数的关系等, 结合理论上关于微分方程的本征值和本征函数的振荡定理 (Sturm 定理, 简述可参见 4.1 节的讨论): 对于束缚态, 基态波函数无节点 (无穷远处的除外), 第 n 激发态有 n 个节点. 并进一步考虑内禀节点是由系统的对称性决定的, 人们提出了少体系统性质的内禀节点分析方法, 有兴趣对之深入探讨的读者可参阅 Phys. Rev. Lett. 82, 61 (1999); Phys. Rev. C 67, 055207 (2003); 《少体系统的量子力学对称性》(科学出版社, 2006 年第一版) 等文献.

$$= \sqrt{\frac{m\omega}{\hbar}} 8A_1^2 \xi e^{-\xi^2} \left(1 - \xi^2\right),$$

则极值条件方程即

$$\xi\left(1 - \xi^2\right) = 0,$$

解之得

$$\xi_1 = 0, \quad \xi_{2,3} = \pm 1.$$

于是有

$$P_{1,1} = 0, \quad P_{1,2} = P_{1,3} = 4A_1^2 e^{-1}.$$

显然, $P_{1,1}$ 不是最大值, 故 $\xi_1 = 0$ 应舍去. 那么

$$x_P = \frac{\xi_{2,3}}{\sqrt{\dfrac{m\omega}{\hbar}}} = \pm\sqrt{\frac{\hbar}{m\omega}},$$

所以一维线性谐振子在第一激发态时概率最大的位置是 $x = \pm\sqrt{\dfrac{\hbar}{m\omega}}$.

4.2.2 能量占有数表象方法求解

1. 粒子产生湮灭算符与一维谐振子的哈密顿量

将一维谐振子的哈密顿量 $\hat{H} = \dfrac{\hat{p}^2}{2m} + \dfrac{1}{2}kx^2 = \dfrac{1}{2m}\left(\hat{p}^2 + m^2\omega^2 x^2\right)$ 改写为

$$\hat{H} = \frac{1}{2m}\left[(\hat{p} + \mathrm{i}m\omega\hat{x})(\hat{p} - \mathrm{i}m\omega\hat{x}) - \mathrm{i}m\omega(\hat{x}\hat{p} - \hat{p}\hat{x})\right],$$

利用对易关系

$$[\hat{x}, \hat{p}] = \hat{x}\hat{p} - \hat{p}\hat{x} = \mathrm{i}\hbar,$$

则得

$$\hat{H} = \frac{1}{2m}\left(\hat{p} + \mathrm{i}m\omega\hat{x}\right)\left(\hat{p} - \mathrm{i}m\omega\hat{x}\right) + \frac{1}{2}\hbar\omega.$$

定义厄米共轭算符

$$\hat{b}^\dagger = -\mathrm{i}\sqrt{\frac{1}{2m\hbar\omega}}\left(\hat{p} + \mathrm{i}m\omega\hat{x}\right), \quad \hat{b} = \mathrm{i}\sqrt{\frac{1}{2m\hbar\omega}}\left(\hat{p} - \mathrm{i}m\omega\hat{x}\right), \tag{4.4a}$$

直接计算知, 其间有对易关系

$$[\hat{b}, \hat{b}^\dagger] = 1. \tag{4.4b}$$

于是, 一维谐振子的哈密顿量可以改写为

$$\hat{H} = \left(\hat{b}^\dagger \hat{b} + \frac{1}{2}\right)\hbar\omega = \left(\hat{n} + \frac{1}{2}\right)\hbar\omega, \tag{4.5}$$

其中 $\hat{n} = \hat{b}^\dagger \hat{b}$. 计算知

$$[\hat{n}, \hat{b}^\dagger] = \hat{b}^\dagger, \tag{4.6a}$$

$$[\hat{n}, \hat{b}] = -\hat{b}. \tag{4.6b}$$

2. 本征函数

采用狄拉克符号标记粒子的状态, 即记 $\psi_n = |n\rangle$, 并假设有本征方程

$$\hat{n}|n\rangle = n|n\rangle. \tag{4.7}$$

由粒子的能量本征方程 $\hat{H}\psi_n = E_n\psi_n$, 亦即 $\hat{H}|n\rangle = E_n|n\rangle$, 得粒子的能量本征值为

$$E_n = \left(n + \frac{1}{2}\right)\hbar\omega. \tag{4.8}$$

下面考察引入的算符 $\hat{b}$、$\hat{b}^\dagger$、$\hat{n}$ 等的物理意义. 由上述能量表达式知, 基态, 亦即能量最低的态, 为相应于量子数 $n = 0$ 的态, 即有 $\hat{n}|0\rangle = 0$. 由算符 $\hat{n}$ 的定义式 $\hat{n} = \hat{b}^\dagger \hat{b}$ 知

$$\hat{b}|0\rangle = 0. \tag{4.9}$$

接着考察 $\hat{b}^\dagger|0\rangle$, 将哈密顿量 $\hat{H}$ 作用于其上, 则有

$$\hat{H}\hat{b}^\dagger|0\rangle = \left(\hat{n} + \frac{1}{2}\right)\hat{b}^\dagger|0\rangle = (\hat{b}^\dagger\hat{n} + \hat{b}^\dagger)|0\rangle + \frac{1}{2}\hat{b}^\dagger|0\rangle = \hat{b}^\dagger(\hat{n}+1)|0\rangle + \frac{1}{2}\hat{b}^\dagger|0\rangle.$$

考虑前述本征方程 $\hat{n}|n\rangle = n|n\rangle$ 知, $\hat{b}^\dagger(\hat{n}+1)|0\rangle = \hat{b}^\dagger(0+1)|0\rangle = \hat{b}^\dagger|0\rangle$, 于是

$$上式 = \left(1 + \frac{1}{2}\right)\hat{b}^\dagger|0\rangle.$$

由此知, 如果称前述的最低能态 $|0\rangle$ 为真空态, 或称之为 0 振动数 ("粒子" 数) 态, 则 $\hat{b}^\dagger|0\rangle$ 为 1 振动数 (粒子数) 态, 即 $\hat{b}^\dagger|0\rangle \propto |1\rangle$. 依此类推, 则知 $|n\rangle$ 为振动数为 n 的态, $\hat{b}^\dagger|n\rangle$ 为振动数为 $(n+1)$ 的态, 也就是说 $\hat{b}^\dagger|n\rangle$ 为算符 $\hat{n}$ 的相应于粒子数 (振动数) 为 $(n+1)$ 的本征态. 从而, 算符 $\hat{b}^\dagger$ 为与振动数相应的粒子的产生算符, 并有

$$\hat{b}^\dagger|n\rangle = b|n+1\rangle,$$

其中 b 为待定参数. 并且算符 $\hat{n} = \hat{b}^\dagger \hat{b}$ 为粒子数算符.

将式 (4.6b) 作用于 $|n\rangle$ 态, 得

$$\hat{n}\hat{b}|n\rangle - \hat{b}\hat{n}|n\rangle = -\hat{b}|n\rangle.$$

考虑本征方程 $\hat{n}|n\rangle = n|n\rangle$, 上式化为

$$\hat{n}\hat{b}|n\rangle = (n-1)\hat{b}|n\rangle.$$

这表明, $\hat{b}|n\rangle$ 为算符 $\hat{n}$ 的相应于粒子数 (振动数) 为 $(n-1)$ 的本征态, 也就是说 $\hat{b}$ 为与振动数相应的粒子的湮灭算符, 并有

$$\hat{b}|n\rangle = b'|n-1\rangle,$$

其中 b' 为待定参数.

计算本征态 $\hat{b}^\dagger|n\rangle$ 的模, 我们有

$$\left(\hat{b}^\dagger|n\rangle, \hat{b}^\dagger|n\rangle\right) = |b|^2 \left(|n+1\rangle, |n+1\rangle\right).$$

假设本征态 $|n\rangle$ 已正交归一, 则上式即

$$\left(\hat{b}^\dagger|n\rangle, \hat{b}^\dagger|n\rangle\right) = |b|^2.$$

另外, 考虑算符 $\hat{b}^\dagger$ 的厄米性, 我们有

$$\left(\hat{b}^\dagger|n\rangle, \hat{b}^\dagger|n\rangle\right) = \left(|n\rangle, \hat{b}\hat{b}^\dagger|n\rangle\right) = \left(|n\rangle, (\hat{b}^\dagger\hat{b}+1)|n\rangle\right) = \left(|n\rangle, (\hat{n}+1)|n\rangle\right) = n+1.$$

比较上述利用不同方法得到的本征态 $\hat{b}^\dagger|n\rangle$ 的模的表达式, 知

$$|b|^2 = n+1.$$

由此可得 (约定相因子) $b = \sqrt{n+1}$.

同理可得 $b' = \sqrt{n}$.

于是, 有递推关系

$$\hat{b}^\dagger|n\rangle = \sqrt{n+1}\,|n+1\rangle, \tag{4.10}$$

$$\hat{b}|n\rangle = \sqrt{n}\,|n-1\rangle. \tag{4.11}$$

由这些递推关系进而可得

$$|n\rangle = \frac{1}{\sqrt{n!}}(\hat{b}^\dagger)^n|0\rangle, \tag{4.12}$$

其中 $|0\rangle$ 为相应于 "粒子" 数 $n=0$ 的态, 亦即真空态. 由此知, 只要确定了真空态 $|0\rangle$ 的表达式, 然后由产生算符 $\hat{b}^\dagger$ 作用 n 次, 即得第 n 激发态的具体表述式. 前述讨论表明, "粒子" 数 $n\geqslant 0$, 由能量本征值 $E_n=\left(n+\dfrac{1}{2}\right)\hbar\omega$ 知, 一维谐振子系统具有最低能量 $E_0=\dfrac{1}{2}\hbar\omega$.

记真空态 (基态)$|0\rangle$ 在坐标表象中的表达式为 $\psi_0(x)$, 由

$$\hat{b}|0\rangle=0$$

和湮灭算符 $\hat{b}$ 的定义, 知

$$\left(\frac{\mathrm{d}}{\mathrm{d}x}+\frac{m\omega}{\hbar}x\right)\psi_0(x)=0.$$

解上述一阶微分方程得

$$\psi_0(x)=C\mathrm{e}^{-m\omega x^2/(2\hbar)}.$$

由归一化条件得

$$C=\sqrt{\frac{m\omega}{\pi\hbar}},$$

于是有基态波函数

$$\psi_0(x)=\sqrt{\frac{m\omega}{\pi\hbar}}\mathrm{e}^{-m\omega x^2/(2\hbar)}.$$

该结果显然与直接求解坐标表象中的定态薛定谔方程所得结果完全相同. 然后将产生算符

$$\hat{b}^\dagger=-\mathrm{i}\sqrt{\frac{1}{2m\hbar\omega}}(\hat{p}+\mathrm{i}m\omega\hat{x})=\sqrt{\frac{\hbar}{2m\omega}}\left(-\frac{\mathrm{d}}{\mathrm{d}x}+\frac{m\omega}{\hbar}x\right)$$

作用于上述 $\psi_0(x)$ 的表达式即得第一激发态 $\psi_1(x)$ 的表达式, 连续作用于 $\psi_0(x)$ 的表达式 n 次即得第 n 激发态 $\psi_n(x)$ 的表达式. 与利用求解薛定谔方程所得的解比较知, 利用两种方法得到的解完全相同.

回顾上述讨论知, 这里采用的方法实际是考察各能量状态的 (被) 占有情况, 因此通常称之为 (能量) 占有数表象方法, 传统上亦称之为二次量子化方法. 前述讨论涉及的 "粒子" (振动数对应的粒子)(在其内禀空间中) 仅有一个态, 如果以角动量标记其状态的话, 记为角动量子数为 0 的粒子. 事实上, 对于其他情况, 上述粒子可以扩展为内禀空间中有多个态的粒子, 例如对于内禀空间中有三个态的粒子可以表述为角动量量子数为 1 的粒子 (因为该角动量在 z 方向上的投影有三个

值); 对于内禀空间中有五个态的粒子可以表述为角动量量子数为 2 的粒子 (因为该角动量在 z 方向上的投影有 5 个值). 具体研究表明, 对于多体系统, 二次量子化表象求解更有效. 并且, 人们发展建立了量子力学的相干态表象理论, 从而可以利用代数方法研究多粒子系统的集体运动 (例如, 分子和原子核等都具有振动、转动等模式的集体运动) 的性质和规律.

4.2.3　相干态表象及集体运动的二次量子化表象的一般讨论

由第 3 章的讨论我们知道, 一维坐标空间 (记为 x) 中的平移操作 $\mathbb{X}_x = \dfrac{\mathrm{d}}{\mathrm{d}x}$ 正比于量子力学中的动量算符 $\hat{p}$, 具体地, 即有 $\mathbb{X}_x = \dfrac{\mathrm{d}}{\mathrm{d}x} = \dfrac{\mathrm{i}}{\hbar}\hat{p}$. 那么, 对于一维谐振子的基态 $|\psi_0(x)\rangle$, 在坐标空间平移 d 之后的状态可以直接表述为

$$\left|\psi_0(x - d)\right\rangle = \mathrm{e}^{-\frac{\mathrm{i}}{\hbar}\hat{p}d}\left|\psi_0(x)\right\rangle.$$

在能量占有数表象中, 动量算符 $\hat{p}$ 可以表述为玻色子的产生算符与湮灭算符的线性叠加, 即有

$$\hat{p} = \mathrm{i}\sqrt{\frac{m\hbar\omega}{2}}\left(b^\dagger - b\right),$$

于是, 上述坐标空间平移之后的态还可以表述为

$$\left|\psi_0(x - d)\right\rangle = \mathrm{e}^{\sqrt{\frac{m\omega}{2\hbar}}\,d(b^\dagger - b)}\left|\psi_0(x)\right\rangle.$$

同理, 对动量空间作平移之后的态也可以表述为类似的形式, 差别仅在于上述产生算符与湮灭算符的反相位叠加换为同相位叠加 $\left(\text{因为 } \hat{x} = \sqrt{\dfrac{\hbar}{2m\omega}}\left(b^\dagger + b\right)\right)$.

推而广之, 在相空间中有位移之后的态都可以由位移之前的态表述为

$$\left|S\right\rangle = \mathrm{e}^{(S^*b^\dagger - Sb)}\left|0\right\rangle. \tag{4.13}$$

该状态即被 (最早由 Glauber) 称为相干态, S 称为相空间参数. 其原始的物理意义是在相空间中有位移之后的谐振子基态波函数.

考虑算符的函数

$$\mathrm{e}^{(S^*b^\dagger - Sb)} = \mathrm{e}^{S^*b^\dagger}\mathrm{e}^{-Sb}\mathrm{e}^{-\frac{1}{2}S^*S},$$

易知

$$\left|S\right\rangle = \mathrm{e}^{-\frac{1}{2}S^*S}\mathrm{e}^{S^*b^\dagger}\mathrm{e}^{-Sb}\left|0\right\rangle = \mathrm{e}^{-\frac{1}{2}S^*S}\mathrm{e}^{S^*b^\dagger}\left|0\right\rangle,$$

于是有

$$\left|S\right\rangle = \mathrm{e}^{-\frac{1}{2}S^*S}\sum_n \frac{S^{*n}}{\sqrt{n!}}\left|n\right\rangle,$$

其中 $|n\rangle$ 为粒子数算符 $\hat{n} = b^\dagger b$ 的本征态.

显然, 相干态为各种粒子数本征态的线性叠加, 或者说, 相干态是粒子数不固定 (即不守恒) 的态. 但其平均值为

$$\langle S|\hat{n}|S\rangle = e^{-S^*S} \sum_n \frac{(S^*S)^n}{(n-1)!} = |S|^2.$$

即粒子数算符在相干态上的期望值为相空间参数的模的平方. 据此, 人们通常取具有确定粒子数的态作为近似进行研究, 并称之为投影相干态或内禀相干态.

还容易证明, 相干态是湮灭算符 $\hat{b}$ 的本征态, 是相应于坐标和动量的最小不确定态, 是一组归一、但不正交且过完备的态. 以这组态作为基表述量子态即构成相干态表象. 相干态中粒子可以是内禀空间中有多个态的粒子 (如 4.2.2 节所述), 相空间参数 S 可以对应所考虑的各种集体运动的参数. 例如, 除了原始讨论的平移, 还可以是转动参数、偏离球形的形变参数等, 进而可以描述多粒子系统的集体运动. 具体应用举例见本书第 6 章第 6.5 节.

一般地, 从数学角度考虑, 产生算符 $\hat{b}^\dagger$、湮灭算符 $\hat{b}$ 和单位算符 $\hat{I}$ 构成 Heisenberg–Weyl (HW) 代数 $\{\hat{b}^\dagger, \hat{b}, \hat{I}\}$, 其代数关系为

$$[\hat{b}, \hat{b}^\dagger] = \hat{I}, \quad [\hat{b}, \hat{I}] = [\hat{b}^\dagger, \hat{I}] = 0.$$

HW 代数中的一般元素可以表述为

$$\theta \hat{I} + i(S\hat{b} - S\hat{b}^\dagger),$$

其中, θ 为实数, S 为复数.

参照关于一维谐振子态的讨论知, 由 HW 代数中的元素可以构建新的元素

$$T(\theta, S) = e^{i\theta\hat{I} + (S\hat{b}^\dagger - S\hat{b})}.$$

直接计算知

$$T(\theta, S)T(\theta', S') = T(\theta + \theta' + \mathrm{Re}(S^*S), S + S').$$

这就是说, 由 HW 代数可以构成三参数李群, 即 Heisenberg-Weyl (HW) 群.

显然, $T(\theta, S)$ 可以唯一分解为

$$T(\theta, S) = T(0, S)T(\theta, 0).$$

这表明, 集合 $\{T(\theta, 0)\}$ 构成 HW 群的子群, 集合 $\{T(0, S)\}$ 构成该子群的陪集.

上述算符 T 也可视为 HW 的不可约表示空间 $\mathcal{V}$ 上的算符, 空间 $\mathcal{V}$ 的基矢可以表述为

$$\left\{|n\rangle = \frac{1}{\sqrt{n!}}(\hat{b}^\dagger)^n|0\rangle \,\middle|\, n = 0, 1, 2, \cdots\right\}.$$

将 HW 的子群 (记之为 $\mathcal{M}$) 中的元素 $T(\theta, 0)$ 作用于参考态, 我们有

$$T(\theta, 0)|0\rangle = \mathrm{e}^{\mathrm{i}\theta}|0\rangle.$$

将元素 $T(\theta, S) \in HW$ 作用到参考态, 我们有

$$T(\theta, S)|0\rangle = \mathrm{e}^{\mathrm{i}\theta}T(0, S)|0\rangle.$$

与前面所述的相干态的定义比较知, 对 $T(0, S) \in HW/\mathcal{M}$,

$$T(0, S)|0\rangle = \mathrm{e}^{(S^*\hat{b}^\dagger - S\hat{b})}|0\rangle = |S\rangle.$$

这些讨论表明, 在群 HW 的陪集空间 $HW/\mathcal{M}$ 上, 我们可以定义相干态. 由于量子力学研究的物理系统往往都有一定的群结构, 因此自然地可以将相干态与具有确定动力学对称性的物理系统相联系, 从而可以利用代数方法研究多粒子系统的集体运动状态. 具体应用举例见本书第 6 章第 6.5 节和刘玉鑫的《物理学家用李群李代数》(北京大学出版社, 2022).

4.3 一维方势垒及其隧穿

能量为 E 的粒子在势场 (图 4.6)

$$U(x) = \begin{cases} U_0, & 0 \leqslant x \leqslant a \\ 0, & x < 0, x > a \end{cases}$$

中运动的问题称为一维方势垒问题.

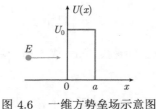

图 4.6　一维方势垒场示意图

　　显然, $U_0 > 0$ 的情况为真正的方势垒, $U_0 < 0$ 的情况实际为势阱. 类似地, 有 δ-势垒、线性势垒、谐振子势垒等. 并且这些势垒都是实际物理问题的模型化表述, 例如, 线性势垒是匀强电场的模型化表述, δ-势垒可视为极短脉冲势的模型化表述, 等等. 因此, 计算并分析一维方势垒问题不仅是学习量子力学的例题或习题, 也是对实际物理问题进行建模和研究的具体例证.

4.3.1　一维方势垒的求解

1. 势垒外部的定态薛定谔方程及其形式解

　　因为势垒外 (即 $x < 0$ 和 $x > a$ 区域) $U(x) = 0$, 则这些区域中粒子的定态薛定谔方程为

$$\frac{\mathrm{d}^2}{\mathrm{d}x^2}\psi + \frac{2mE}{\hbar^2}\psi = 0.$$

定义 $\sqrt{\dfrac{2mE}{\hbar^2}} = k$, 则其解可表示为

$$\psi_1 \sim \mathrm{e}^{\mathrm{i}kx}, \quad \psi_2 \sim \mathrm{e}^{-\mathrm{i}kx}.$$

　　直观地, 在 $x < 0$ 区域, 既有入射波 ($\sim \mathrm{e}^{\mathrm{i}kx}$), 也可能有反射波 ($\sim \mathrm{e}^{-\mathrm{i}kx}$). 在 $x > 0$ 区域, 只有透射波 ($\sim \mathrm{e}^{\mathrm{i}kx}$).

　　所以, 势垒外的波函数可取为

$$\psi(x) = \begin{cases} \mathrm{e}^{\mathrm{i}kx} + R\mathrm{e}^{-\mathrm{i}kx}, & x < 0, \\ T\mathrm{e}^{\mathrm{i}kx}, & x > a, \end{cases}$$

即有入射流密度

$$j_{\mathrm{in}} = -\frac{\mathrm{i}\hbar}{2m}\left(\mathrm{e}^{-\mathrm{i}kx}\frac{\mathrm{d}}{\mathrm{d}x}\mathrm{e}^{\mathrm{i}kx} - \mathrm{c.c.}\right) = \frac{\hbar k}{m} = v,$$

反射流密度

$$j_{\mathrm{r}} = -|R|^2 v,$$

透射流密度

$$j_{\mathrm{t}} = |T|^2 v,$$

其中 $v = \dfrac{\hbar k}{m} = \dfrac{p}{m}$ 即入射粒子的速度, c.c. 代表前一项的复共轭.

　　据此可定义反射系数

$$C_{\mathrm{r}} = \frac{|j_{\mathrm{r}}|}{j_{\mathrm{in}}} = |R|^2,$$

透射系数

$$C_{\mathrm{t}} = \frac{j_{\mathrm{t}}}{j_{\mathrm{in}}} = \left| T \right|^2.$$

2. 势垒内部的定态薛定谔方程及其形式解

因为在 $0 \leqslant x \leqslant a$ 区域内 $U(x) = U_0$, 则其定态薛定谔方程为

$$\frac{\mathrm{d}^2}{\mathrm{d}x^2}\psi - \frac{2m}{\hbar^2}(U_0 - E)\psi = 0.$$

定义 $\sqrt{\dfrac{2m(U_0 - E)}{\hbar^2}} = k'$, 则有

$$\frac{\mathrm{d}^2}{\mathrm{d}x^2}\psi - k'^2\psi = 0.$$

其通解可表示为

$$\psi(x) = A\mathrm{e}^{k'x} + B\mathrm{e}^{-k'x}.$$

3. 波函数具体形式的确定

由上述分析知, 一维方势垒问题中各区域的波函数可表示为

$$\psi(x) = \mathrm{e}^{\mathrm{i}kx} + R\mathrm{e}^{-\mathrm{i}kx}, \qquad x < 0;$$
$$\psi(x) = A\mathrm{e}^{k'x} + B\mathrm{e}^{-k'x}, \quad 0 \leqslant x \leqslant a;$$
$$\psi(x) = T\mathrm{e}^{\mathrm{i}kx}, \qquad\qquad x > a.$$

由 $x = 0$ 处, $\psi(x)$ 和 $\psi'(x)$ 的连续性得

$$1 + R = A + B, \quad \frac{\mathrm{i}k}{k'}(1 - R) = A - B.$$

由 $x = a$ 处, $\psi(x)$ 和 $\psi'(x)$ 的连续性得

$$A\mathrm{e}^{k'a} + B\mathrm{e}^{-k'a} = T\mathrm{e}^{\mathrm{i}ka}, \quad A\mathrm{e}^{k'a} - B\mathrm{e}^{-k'a} = \frac{\mathrm{i}k}{k'}T\mathrm{e}^{\mathrm{i}ka}.$$

由上述四个方程组成的方程组可解得 R、T、A 和 B, 从而完全确定系统的波函数. 并有反射系数

$$C_{\mathrm{r}} = \left| R \right|^2 = \frac{(k^2 + k'^2)^2 \sinh^2 k'a}{(k^2 + k'^2)^2 \sinh^2 k'a + 4k^2 k'^2},$$

透射系数

$$C_{\mathrm{t}} = \left|T\right|^2 = \frac{4k^2k'^2}{(k^2+k'^2)^2\sinh^2 k'a + 4k^2k'^2}.$$

显然有 $C_{\mathrm{r}} + C_{\mathrm{t}} = \left|R\right|^2 + \left|T\right|^2 = 1$, 即有流守恒.

4.3.2　一维方势垒势场中运动粒子的性质

上面讨论薛定谔方程及其解时曾经说明, E 和 U_0 都是代数量, 其间的相对大小关系有四种可能. 由上面得到的解或者反射系数和透射系数的表达式知, 对于这些不同情况, 一维方势垒势场中运动的粒子的性质和行为可能不同. 下面分别对之予以讨论.

1. $U_0 > 0, E > U_0$ 情形

$U_0 > 0$ 表明该情形确实是方势垒情形, 在经典情况下, $E > U_0$ 表明入射粒子将完全透射, 没有反射. 在量子情况下, 由 $k' = \sqrt{\dfrac{2m(U_0-E)}{\hbar^2}}$ 知, $k' = \mathrm{i}k''$ 为虚数, 并且 $k'' < k$, 则在 $0 \leqslant x \leqslant a$ 区域内,

$$\psi(x) = A\mathrm{e}^{\mathrm{i}k''x} + B\mathrm{e}^{-\mathrm{i}k''x}.$$

这表明, 在势垒内部, 与入射粒子相应, 既有右行波又有左行波, 它们的波数相同, 但小于原入射波的波数. 在势垒外, 与入射粒子 (入射波) 相应的反射系数和透射系数分别为

$$C_{\mathrm{r}} = \left|R\right|^2 = \frac{(k^2-k''^2)^2 \sin^2 k''a}{(k^2-k''^2)^2\sin^2 k''a + 4k^2k''^2},$$

$$C_{\mathrm{t}} = \left|T\right|^2 = \frac{4k^2k''^2}{(k^2-k''^2)^2\sin^2 k''a + 4k^2k''^2}.$$

由上述两表达式知, 在 $\sin k''a = 0$ 的情况下, $C_{\mathrm{r}} = \left|R\right|^2 = 0$, $C_{\mathrm{t}} = \left|T\right|^2 = 1$. 由此知, 在特殊情况下, 有可能与经典情况一样, 入射粒子完全透射, 没有反射. 在 $\sin k''a \neq 0$ 的一般情况下, 既有 $0 < C_{\mathrm{r}} = \left|R\right|^2 < 1$, 又有 $0 < C_{\mathrm{t}} = \left|T\right|^2 < 1$, 即与经典情况完全不同.

2. $U_0 > 0, E < U_0$ 情形

$U_0 > 0$ 表明该情形确实是方势垒情形, 在经典情况下, $E < U_0$ 表明入射粒子一定不能透射. 在量子情况下, 由定义 $k' = \sqrt{\dfrac{2m(U_0-E)}{\hbar^2}}$ 知, 在 $U_0 > 0, E < U_0$

的情况下, $k' > 0$, 则在 $0 \leqslant x \leqslant a$ 区域内,

$$\psi(x) = Ae^{k'x} + Be^{-k'x},$$

并且

$$Ae^{k'x} \propto e^{-k'(a-x)}, \quad Be^{-k'x} \propto e^{k'(a-x)},$$

其基本特征如图 4.7 所示. 很显然, 在势垒内, 波函数呈指数衰减的行为. 而反射系数和透射系数分别为

$$C_{\mathrm{r}} = |R|^2 = \frac{\left(k^2 + k'^2\right)^2 \sinh^2 k'a}{\left(k^2 + k'^2\right)^2 \sinh^2 k'a + 4k^2 k'^2},$$

$$C_{\mathrm{t}} = |T|^2 = \frac{4k^2 k'^2}{\left(k^2 + k'^2\right)^2 \sinh^2 k'a + 4k^2 k'^2}.$$

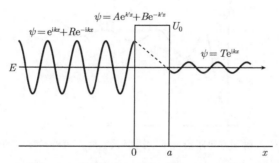

图 4.7 入射能量比位垒高度低的情况下, 粒子的波函数的示意图

由此知, 尽管势垒内波函数指数衰减, 但仍然有 $|T|^2 > 0$, 即出现量子穿透. 这种微观粒子穿透比其能量高的位垒的现象称为量子隧道效应. 在 $k'a \gg 1$ 情况下, $\sinh k'a \approx \frac{1}{2}e^{k'a}$, 于是透射系数可以简洁地近似表述为

$$C_{\mathrm{t}} = |T|^2 \cong \frac{16E(U_0 - E)}{U_0^2} e^{-\frac{2a}{\hbar}\sqrt{2m(U_0 - E)}}. \tag{4.14}$$

量子隧道效应的实例很多, 并已有广泛应用, 如超流现象、核衰变、核聚变、核裂变、半导体等都是量子隧道效应的典型表现, 电子扫描隧道显微镜 (ESTM)、原子力显微镜 (AFM) 等各类扫描显微设备都是量子隧道效应的应用的典型代表.

3. $U_0 < 0,\ E > 0$ 情形

由 $k' = \sqrt{\dfrac{2m(U_0 - E)}{\hbar^2}}$ 知, $k' = \mathrm{i}k''$ 为虚数, 并且 $k'' > k$, 则在 $0 \leqslant x \leqslant a$ 区域内,

$$\psi(x) = A\mathrm{e}^{\mathrm{i}k''x} + B\mathrm{e}^{-\mathrm{i}k''x}.$$

这表明, 在势垒内部, 与入射粒子相应, 既有入射波又有反射波, 它们的频率相同, 但大于原入射波的频率. 在势垒外, 与入射粒子 (入射波) 相应的反射系数和透射系数分别为

$$C_{\mathrm{r}} = \left|R\right|^2 = \frac{\left(k^2 - k''^2\right)^2 \sin^2 k''a}{\left(k^2 - k''^2\right)^2 \sin^2 k''a + 4k^2 k''^2},$$

$$C_{\mathrm{t}} = \left|T\right|^2 = \frac{4k^2 k''^2}{(k^2 - k''^2)^2 \sin^2 k''a + 4k^2 k''^2}.$$

该透射系数随入射能量变化的行为如图 4.8 所示.

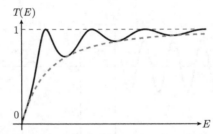

图 4.8   粒子入射到方势阱情况下的透射系数随入射能量变化的行为示意图

图 4.8 表明, 对应于 $U_0 < 0$ 的所谓 "势垒" 实际是势阱, 并且尽管 $E > 0$、粒子不被束缚, 但势阱内仍为波动, 也就是说, 势阱区域相当于光密介质. 并且, 对应于一些特殊的入射能量, 粒子的透射系数可以为 1, 即完全透射. 这种情况称为共振透射.

4. $U_0 < 0,\ U_0 < E < 0$ 情形

由 $k' = \sqrt{\dfrac{2m(U_0 - E)}{\hbar^2}}$ 知, $k' = \mathrm{i}k''$ 为虚数, 粒子在位于 $0 \leqslant x \leqslant a$ 区域的势阱内的状态为波动.

乍看起来, 这种情况与 $U_0 < 0,\ E > 0$ 的情况很类似. 然而, 虽然 $U_0 < 0$ 表明这里的情况实际也是势阱, 但 $E < 0$ 说明 $k = \sqrt{\dfrac{2mE}{\hbar^2}}$ 为虚数, 粒子在阱外的

状态不是简单的平面波. 因此, 这种情况实际是有限深势阱中运动的粒子, 应该根据边界条件重新求解. 解之则得, 在 $k''a = n\pi$ ($n =$ 整数) 情况下, 出现 "共振束缚" 现象, 粒子以共振态形式被限制在势阱内, 相应的共振态能量为

$$E_{\mathrm{R}} = \frac{\pi^2 \hbar^2}{2ma^2} n^2 + U_0.$$

即与同样宽度的一维无限深势阱中的粒子 (束缚态) 很类似, 但能量低 $|U_0|$.

4.4 一维周期场中运动的粒子

我们知道, 对于质量为 m 的自由粒子, 其定态为非束缚态, 能量 $E = \hbar^2 k^2/2m$ ($-\infty < k < +\infty$), 不受限制、连续变化, 并且能级具有二重简并性 (k 取相反的数, 能量相同). 而一维谐振子场中运动的粒子, 定态为束缚态 (不简并), 能量是不连续的,

$$E = E_n = \left(n + \frac{1}{2}\right)\hbar\omega_0, \quad n = 0, 1, 2, \cdots$$

在方势阱中运动的粒子, 束缚态的能量是不连续的, 但散射态的能量则是连续的. 本节对另一种简单情况, 即周期场中运动的粒子进行讨论.

所谓周期场, 即势能函数 $U(x)$ 具有特征

$$U(x + na) = U(x), \quad n = 0, \pm 1, \pm 2, \cdots,$$

亦即对于坐标平移 a 的整数倍而势能函数保持不变的场. 例如, 图 4.9 所示的势场即为周期为 $a + b$ 的周期场.

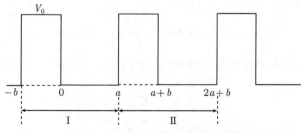

图 4.9 周期为 $a + b$ 的类似矩形波的周期场示意图

下面先讨论周期场中粒子的能量本征函数的特点, 然后研究其能谱结构.

4.4.1   弗洛凯 (Floquet) 定理

定理表述: 记粒子的能量本征方程的相应于同一个能量本征值 E 的两个线性无关解为 $u_1(x)$、$u_2(x)$, 并且它们都已正交归一, 考虑周期场的特性, 则 $u_1(x+a)$ 和 $u_2(x+a)$ 也是粒子的能量仍为 E 的本征函数. 因此它们都可以表述为 $u_1(x)$ 与 $u_2(x)$ 的线性叠加, 即有

$$u_1(x+a) = C_{11}u_1(x) + C_{12}u_2(x),$$

$$u_2(x+a) = C_{21}u_1(x) + C_{22}u_2(x),$$

由之进行适当的线性叠加后, 总可以找到两个解, 即 ψ_1 和 ψ_2, 它们具有简单特性:

$$\psi(x+a) = \lambda\psi(x), \quad \lambda \text{ 为常数}. \tag{4.15}$$

证明   记周期场的周期为 a, 在其中运动的粒子的对应于能量本征值 E 的已正交归一的本征函数有 $u_1(x)$、$u_2(x)$ 等, 根据态叠加原理可构造叠加态:

$$\psi(x) = Au_1(x) + Bu_2(x),$$

其中 A、B 为待定的系数. 将之代入前述假设的一周期后的本征函数的表达式, 得

$$\psi(x+a) = Au_1(x+a) + Bu_2(x+a)$$

$$= (AC_{11} + BC_{21})u_1(x) + (AC_{12} + BC_{22})u_2(x).$$

如果待证命题成立 (即满足周期性的意义), 应该有

$$\psi(x+a) = \lambda\big[Au_1(x) + Bu_2(x)\big].$$

利用 $u_1(x)$ 及 $u_2(x)$ 的正交归一性, 可得

$$AC_{11} + BC_{21} = \lambda A, \quad AC_{12} + BC_{22} = \lambda B.$$

此乃一个关于 A、B 的线性齐次方程组, 它们有非平庸解的充要条件为

$$\begin{vmatrix} C_{11} - \lambda & C_{21} \\ C_{12} & C_{22} - \lambda \end{vmatrix} = 0.$$

这是一个关于 λ 的二次方程, 总能找出它的两个根, 即 λ_1 与 λ_2, 分别将 λ_1 及 λ_2 代入前述的线性方程组, 可求出 A、B 的两组解, 再将它们代入原假设的波函数的

表达式, 即求得相应的两个波函数 $\psi_1(x)$ 和 $\psi_2(x)$, 它们显然是满足周期性条件的解.　　　　　　　　　　　　　　　　　　　　　　　　　　　　　　　【定理证毕】

推论 1　式 (4.15) 所示的周期场中运动粒子的波函数可以推广为

$$\psi(x + na) = \lambda^n \psi(x), \quad n = 0, \pm 1, \pm 2, \cdots, \tag{4.16}$$

并且 λ 为模为 1 的相因子.

　　根据式 (4.16), 如果 $|\lambda| > 1$, 则当 $n \to \infty$ 时, $|\psi(x + na)| \to \infty$, 即在无穷远处, ψ 是无界的, 这显然与波函数的有界性不一致, 因此, $|\lambda| > 1$ 是不允许的.

　　与此相似, 由

$$\psi(x - na) = \frac{1}{\lambda^n} \psi(x)$$

知, 如果 $|\lambda| < 1$, 则当 $n \to \infty$ 时, $|\psi(x - na)| \to \infty$ 也是无界的, 所以 $|\lambda| < 1$ 也是不允许的.

　　总之, 式 (4.15) 中的 λ 只能是模为 1 的相因子, 即有

$$|\lambda| = 1.$$

推论 2　前述的模为 1 的相因子可取为 $\lambda = \mathrm{e}^{\pm \mathrm{i} K a}$, 其中 $K \in \left[-\dfrac{\pi}{a}, \dfrac{\pi}{a} \right]$.

　　根据波函数的连续性条件和 4.1 节所述的定理 4.5, 对于一维运动, 属于同一个能量本征值的两个本征函数 ψ_1 和 ψ_2 总是满足条件

$$\psi_1 \psi_2' - \psi_2 \psi_1' = 常数 \quad (与 \ x \ 无关),$$

其中 $\psi_i' = \dfrac{\mathrm{d}\psi_i}{\mathrm{d}x}$, 即

$$D(x) = \begin{vmatrix} \psi_1(x) & \psi_2(x) \\ \psi_1'(x) & \psi_2'(x) \end{vmatrix} = 常数 \quad (与 \ x \ 无关).$$

对于周期场中运动的粒子, 由式 (4.15) 知

$$D(x + a) = \lambda_1 \lambda_2 D(x),$$

所以

$$\lambda_1 \lambda_2 = 1.$$

由前述推论 1 知, $|\lambda| = 1$, 而这里得到 $|\lambda|^2 = \lambda_1 \lambda_2$, 于是有

$$\lambda_2 = \lambda_1^*.$$

所以, 不妨取

$$\lambda_1 = \mathrm{e}^{\mathrm{i}Ka}, \quad \lambda_2 = \mathrm{e}^{-\mathrm{i}Ka} \quad (K \text{ 为实数}).$$

考虑到复指数函数的周期性 (周期为 2π), 则可将 Ka 限制在范围: $Ka \in [-\pi, \pi]$, 亦即有

$$K \in \left[-\frac{\pi}{a}, \ \frac{\pi}{a}\right].$$

4.4.2　布洛赫 (Bloch) 定理

根据弗洛凯定理, 对于在周期为 a 的周期场中运动的粒子, 其能量本征函数 $\psi(x)$ 具有周期性, 即 $\psi(x+a)$ 与 $\psi(x)$ 仅相差一个模为 1 的相因子, 则该能量本征函数总可以表述为

$$\psi(x) = \mathrm{e}^{\mathrm{i}Kx}\Phi_K(x),$$

其中 $\Phi_K(x)$ 为周期与周期场相同的周期函数, 即有

$$\Phi_K(x+a) = \Phi_K(x),$$

其中 K 为 (待定) 实数, 并称为布洛赫波数. 该规律称为布洛赫定理. 这种类型的周期波函数称为布洛赫波函数.

证明　由弗洛凯定理知, 周期为 a 的周期场中运动的粒子的能量本征函数具有性质

$$\psi(x+a) = \mathrm{e}^{\mathrm{i}Ka}\psi(x) \quad (K \text{ 为实数}),$$

将前面假设的波函数形式代入上式, 知

$$上式左边 = \mathrm{e}^{\mathrm{i}K(x+a)}\Phi_K(x+a) = \mathrm{e}^{\mathrm{i}Ka}\mathrm{e}^{\mathrm{i}Kx}\Phi_K(x+a),$$

$$上式右边 = \mathrm{e}^{\mathrm{i}Ka}\mathrm{e}^{\mathrm{i}Kx}\Phi_K(x).$$

比较知

$$\Phi_K(x+a) = \Phi_K(x).$$

即有布洛赫定理成立.

4.4.3　应用举例: 周期为 $a+b$ 的周期场中运动粒子的性质的具体求解与固体的能带理论

我们知道, 固体具有一定的体积和确定的表观结构, 其机制是形成固体的分子 (及其集团) 之间具有稳定的构型. 由于分子由原子组成, 原子由原子核和电子组成, 分子键大多为原子部分电离形成的离子与离子之间的作用、离子与电子

之间的作用以及电子与电子之间的作用的整体表现, 并且离子的质量通常远大于电子的质量, 因此固体大多 (尤其是金属和合金) 具有稳定的晶格结构, 即为晶体 (包括准晶体). 固体中包含离子、原子和分子的呈周期性分布排列的集团称为元胞 (或单胞), 元胞周期性排列形成的结构称为晶格, 被简化掉的信息的集合称为基元, 因此, 简单来讲, 固体的晶体结构即晶格与基元的叠加. 由于晶格由元胞周期性排列而成, 并且元胞是有结构的离子集团 (根据其结构和对称性, 晶体被分为七大晶系), 粗略地可以近似视为离子, 决定晶体导电等性质的电子的运动可以视为在晶格与电子共同形成的周期场中的粒子的运动. 因此, 前述的抽象的周期场中运动的粒子 (量子态) 的行为和规律对于描述固体的性质至关重要, 并发展成为能带理论, 这里对之予以简略介绍, 有兴趣的读者请参阅关于固体物理或者固体理论的教材或专著.

上述简介表明, 记固体晶格的间距为 a, 晶格的空间线度为 b, 则电子等的运动可以近似为如图 4.9 所示的周期为 $a+b$ 的周期场的粒子的运动, 并且该周期场可以表述为

$$U[x + n(a + b)] = U(x).$$

这种情况即常说的 Krönig–Penny 模型.

先考虑 $x \in [-b, a]$ 的一个周期.

对于 $x \in [-b, 0]$ 的区域, 因为 $U(x) = U_0 =$ 常量, 则在该区域内运动的粒子的定态薛定谔方程为

$$\frac{\mathrm{d}^2\psi}{\mathrm{d}x^2} + \frac{2m}{\hbar^2}(E - U_0)\psi = 0.$$

定义 $\sqrt{\frac{2m}{\hbar^2}(E - U_0)} = k'$, 则有

$$\frac{\mathrm{d}^2\psi}{\mathrm{d}x^2} + k'^2\psi = 0.$$

对于 $x \in [0, a]$ 的区域, 因为 $U(x) = 0$, 在该区域内运动的粒子的定态薛定谔方程为

$$\frac{\mathrm{d}^2\psi}{\mathrm{d}x^2} + \frac{2mE}{\hbar^2}\psi = 0.$$

定义 $\sqrt{\frac{2mE}{\hbar^2}} = k$, 则有

$$\frac{\mathrm{d}^2\psi}{\mathrm{d}x^2} + k^2\psi = 0.$$

由 4.3 节求解一维方势垒问题可知, 对于 $E > U_0$ 的经典允许情况和 $E < U_0$ 的经典不允许情况, 表征粒子状态和性质的解不同. 因此, 下面分别对之进行讨论.

1. $E > U_0$ 的经典允许情况

直接求解上述两波动方程知, 在区域 I $(-b < x < a)$ 中运动的粒子的波函数的通解可以表述为

$$\psi(x) = \begin{cases} A\mathrm{e}^{\mathrm{i}kx} + B\mathrm{e}^{-\mathrm{i}kx}, & 0 < x < a; \\ C\mathrm{e}^{\mathrm{i}k'x} + D\mathrm{e}^{-\mathrm{i}k'x}, & -b < x < 0. \end{cases}$$

利用 $x = 0$ 处波函数 (ψ) 及其一阶导数 (ψ') 的连续性条件, 可得上述通解中的待定系数满足关系

$$C + D = A + B, \quad C - D = \frac{k}{k'}(A - B).$$

由此可得

$$C = \frac{1}{2}\left[\left(1 + \frac{k}{k'}\right)A + \left(1 - \frac{k}{k'}\right)B\right],$$

$$D = \frac{1}{2}\left[\left(1 - \frac{k}{k'}\right)A + \left(1 + \frac{k}{k'}\right)B\right].$$

由布洛赫定理知, 区域 II $(a < x < 2a + b)$ 中的波函数 $\psi(x)$ 与区域 I $(-b < (x - a - b) < a)$ 中的波函数 $\psi(x - a - b)$ 之间有关系

$$\psi(x) = \mathrm{e}^{\mathrm{i}K(a+b)}\psi(x - a - b),$$

其中 K 为布洛赫波数.

在区域 I 与区域 II 的交界处 $(x = a)$, ψ 和 ψ' 必须分别连续, 于是有

$$A\mathrm{e}^{\mathrm{i}ka} + B\mathrm{e}^{-\mathrm{i}ka} = \mathrm{e}^{\mathrm{i}K(a+b)}\psi(-b) = \mathrm{e}^{\mathrm{i}K(a+b)}(C\mathrm{e}^{-\mathrm{i}k'b} + D\mathrm{e}^{\mathrm{i}k'b}),$$

$$k(A\mathrm{e}^{\mathrm{i}ka} - B\mathrm{e}^{-\mathrm{i}ka}) = k'\mathrm{e}^{\mathrm{i}K(a+b)}(C\mathrm{e}^{-\mathrm{i}k'b} - D\mathrm{e}^{\mathrm{i}k'b}).$$

将上面的由 $x = 0$ 处波函数及其一阶导数的连续性得到的 C、D 与 A、B 的关系代入上述两式, 得到 A、B 满足的方程为

$$\left\{\mathrm{e}^{\mathrm{i}ka} - \frac{1}{2}\mathrm{e}^{\mathrm{i}K(a+b)}\left[\left(1 + \frac{k}{k'}\right)\mathrm{e}^{-\mathrm{i}k'b} + \left(1 - \frac{k}{k'}\right)\mathrm{e}^{\mathrm{i}k'b}\right]\right\}A$$

$$+ \left\{\mathrm{e}^{-\mathrm{i}ka} - \frac{1}{2}\mathrm{e}^{\mathrm{i}K(a+b)}\left[\left(1 - \frac{k}{k'}\right)\mathrm{e}^{-\mathrm{i}k'b} + \left(1 + \frac{k}{k'}\right)\mathrm{e}^{\mathrm{i}k'b}\right]\right\}B = 0,$$

$$\left\{ e^{ika} - \frac{1}{2}e^{iK(a+b)}\left[\left(1 + \frac{k}{k'} \right)e^{-ik'b} + \left(1 - \frac{k}{k'} \right)e^{ik'b} \right] \right\} A$$

$$- \left\{ e^{-ika} + \frac{1}{2}e^{iK(a+b)}\left[\left(\frac{k}{k'} - 1 \right)e^{-ik'b} - \left(\frac{k}{k'} + 1 \right)e^{ik'b} \right] \right\} B = 0.$$

此齐次方程组有非平庸解的充要条件为 A、B 的系数行列式为 0. 经化简, 得

$$(k+k')^2 \cos(k'b + ka) - (k-k')^2 \cos(k'b - ka) = 4kk' \cos K(a+b).$$

将三角函数关系 $\cos(\theta_1 + \theta_2) = \cos\theta_1\cos\theta_2 - \sin\theta_1\sin\theta_2$ 代入, 得

$$\cos ka \cos k'b - \frac{k^2 + k'^2}{2kk'}\sin ka \sin k'b = \cos K(a+b).$$

这表明, 只有当

$$\left| \cos ka \cos k'b - \frac{k^2 + k'^2}{2kk'}\sin ka \sin k'b \right| \leqslant 1$$

时才有解. 由此知, 周期场中运动的粒子的能量本征值与一维谐振子势场中运动的粒子一样, 也受到限制, 不能取任意值.

2. $E < U_0$ 的经典禁戒情况

因为在 $E < U_0$ 情况下, $k'^2 = \dfrac{2m(E - U_0)}{\hbar^2} < 0$, 记

$$k''^2 = \frac{2m(U_0 - E)}{\hbar^2},$$

则有 $k' = ik''$.

考虑关系

$$\cos(ik''b) = \cosh k''b, \quad \sin(ik''b) = i\sinh k''b$$

知, 前述的存在非平庸解的条件可以改写为

$$\cos ka \cosh k''b - \frac{k^2 - k''^2}{2kk''}\sin ka \sinh k''b = \cos K(a+b).$$

因此, 粒子的能量本征值受到的限制条件可以表述为

$$\left| \cos ka \cosh k''b - \frac{k^2 - k''^2}{2kk''} \sin ka \sinh k''b \right| \leqslant 1.$$

　　总之, 在周期为 $a + b$ 的矩形波状的周期场中运动的粒子的能量不能取任意值, 仅能够取特殊区间内的值.

　　3. 固体的能带理论与物质的导电性

　　设在 $-b \leqslant x \leqslant a$ 区域中,

$$\psi(x) = Au_1(x) + Bu_2(x),$$

$u_1(x)$ 与 $u_2(x)$ 是在 $-b \leqslant x \leqslant a$ 区域中薛定谔方程的属于某能量本征值的任意两个线性无关解. 根据布洛赫定理, 在 $a \leqslant x \leqslant 2a + b$ 区域中的波函数可表示为

$$\psi(x) = \mathrm{e}^{\mathrm{i}K(a+b)}\psi(x - (a+b)) = \mathrm{e}^{\mathrm{i}K(a+b)}\big[Au_1(x - (a+b)) + Bu_2(x - (a+b))\big].$$

由波函数 ψ 及其一阶导数 ψ' 在 $x = a$ 处的连续性, 可得

$$Au_1(a) + Bu_2(a) = \mathrm{e}^{\mathrm{i}K(a+b)}\big[Au_1(-b) + Bu_2(-b)\big],$$

$$Au_1'(a) + Bu_2'(a) = \mathrm{e}^{\mathrm{i}K(a+b)}\big[Au_1'(-b) + Bu_2'(-b)\big].$$

此乃一组关于 A、B 的线性齐次方程组, A 和 B 有非平庸解的充要条件为

$$\begin{vmatrix} u_1(a) - \mathrm{e}^{\mathrm{i}K(a+b)}u_1(-b) & u_2(a) - \mathrm{e}^{\mathrm{i}K(a+b)}u_2(-b) \\ u_1'(a) - \mathrm{e}^{\mathrm{i}K(a+b)}u_1'(-b) & u_2'(a) - \mathrm{e}^{\mathrm{i}K(a+b)}u_2'(-b) \end{vmatrix} = 0.$$

由波函数满足的朗斯基式知, $u_1u_2' - u_2u_1' = $ 常数, 经过计算, 上式可以化简为

$$\frac{U_1 - U_2}{2(u_1u_2' - u_2u_1')} = \cos K(a+b),$$

其中

$$U_1 = u_1(-b)u_2'(a) + u_1(a)u_2'(-b), \quad U_2 = u_2(-b)u_1'(a) + u_2(a)u_1'(-b).$$

显然, 该式对粒子的能量本征值给予限制. 具体地, 由于 $|\cos K(a+b)| \leqslant 1$, 从而只有一定范围内的能量值才是允许的, 另外一些能量值则是不允许. 这样就构成所谓 "能带结构". 允许的能量范围称为导带 (conducting band), 不允许的能量范围称为禁带 (forbidden band). 它们的交界处在 $\cos K(a+b) = \pm 1$ 点, 即

$K(a + b) = n\pi, n = 1, 2, 3, \cdots.$ 该情况的能带结构示意图如图 4.10 所示. 实际情况远较此复杂.

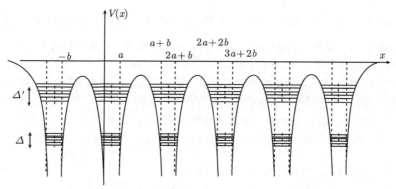

图 4.10 晶格周期为 $(a + b)$ 的固体的能带结构示意图

根据固体的能带结构, 人们可以对固体的性质进行研究, 一个简单直接的应用是研究固体的导电性质, 并对固体进行相应分类. 由前述讨论和图 4.10 易知, 固体中的载流子 (电子或空穴) 可以处于导带允许能态, 不同导带间的能量差称为带隙. 由于电子和空穴都是费米子, 都应遵循泡利不相容原理 (第 6 章将予以具体讨论), 在导带中的能态未被载流子完全占据情况下, 载流子即可运动前来占据该能态, 从而形成带电粒子的流动, 也就是形成电流, 这样的固体即为导体. 如果带隙很大, 以致载流子不能逾越而形成电流, 或者导带中的所有能态都已被占据, 不存在可以接纳载流子的 (空穴) 能态, 则这样的物体就是不能导电的绝缘体. 如果前述的由一个导带到另一个导带的跃迁仅仅是单向的, 则相应的物体即为半导体. 这些讨论仅是周期场中运动的粒子的性质的直接且简化的展示, 有兴趣了解实际情况的读者请参阅有关固体物理学的教材或专著.

思考题与习题

4.1 对于在一维势场 $U(x)$ 中运动的粒子, 试证明其属于不同能级的束缚态波函数彼此正交.

4.2 对于位于 $[0, a]$ 的无限深势阱中运动的粒子, 试证明

$$\bar{x} = \frac{a}{2}, \qquad \overline{(x - \bar{x})^2} = \frac{a^2}{12}\left(1 - \frac{6}{n^2\pi^2}\right).$$

并证明当 $n \to \infty$ 时, 以上结果与经典结论一致.

4.3　对于处于 $[0, a]$ 的无限深势阱中的质量为 m 的粒子, 假设其状态可以用波函数 $\psi(x) = Ax(x-1)$ 描述, 其中 $A = \sqrt{30}a^{-5/2}$ 是归一化常数, 试确定: (1) 粒子取不同能量的概率分布 w_n; (2) 粒子的能量平均值及涨落.

4.4　对于位于 $[0, a]$ 区间的一维无限深势阱中运动的粒子, 设其初态为 $\psi(x, 0) = \dfrac{1}{\sqrt{2}}[\psi_1(x) + \psi_2(x)]$, 试确定: (1) 粒子在 t 时刻的波函数 $\psi(x, t)$; (2) 粒子位置的平均值随时间变化的行为 $\bar{x}(t)$; (3) 粒子的能量平均值 $\overline{E}$; (4) 粒子能量的不确定度 δE.

4.5　对于一维无限深方势阱中运动的粒子, 设其处于 $\psi_n(x)$ 态, 试确定其动量分布概率; 并具体比较说明, 当 $n \gg 1$ 时, 其与经典粒子的运动行为相同.

4.6　与经典力学对应, 试确定一维无限深势阱中运动的质量为 m 的粒子作用于势阱壁上的力的平均值.

4.7　对于宽度为 a 的有限深方势阱 $U(x) = \begin{cases} 0, & -\dfrac{a}{2} < x < \dfrac{a}{2} \\ U_0, & |x| \geqslant \dfrac{a}{2}, U_0 > 0 \end{cases}$ 中运动的质量为 m 的粒子, 试确定其能谱.

4.8　对于宽度为 a 的有限深方势阱 $U(x) = \begin{cases} 0, & |x| \geqslant \dfrac{a}{2} \\ -U_0, & -\dfrac{a}{2} < x < \dfrac{a}{2}, U_0 > 0 \end{cases}$ 中运动的质量为 m 的粒子, 试确定: (1) 在阱口附近刚好出现一条束缚能级 (即 $E \approx U_0$) 的条件; (2) 束缚能级的总数, 并与无限深势阱中运动的粒子的情况比较, 且由不确定关系予以定性说明; (3) 记处于第 n 个束缚态的粒子的波函数为 ψ_n、能量为 E_n, 试确定 $U_0 \gg E_n$ 情况下粒子出现在阱外的概率.

4.9　试确定不对称势阱 $U(x) = \begin{cases} U_1, & x \leqslant 0, U_1 > 0 \\ 0, & 0 < x < a \\ U_2, & x \geqslant a, U_2 > 0 \end{cases}$ 中运动的质量为 m 的粒子的束缚态能级.

4.10　对于在势场 $U(x) = \begin{cases} U_0, & |x| \leqslant a \\ 0, & a < |x| < L \\ \infty, & |x| \geqslant L \end{cases}$ 中运动的质量为 m 的粒子, 试确定其能级公式; 并讨论 $a \to 0$ 时 $U_0 \to \infty$、但 $2aU_0 = \gamma$ (有限值) 的极限情况下的能谱的行为.

4.11　对于在势场 $U(x) = \begin{cases} \infty, & x < 0, x > 2a + b \\ 0, & 0 \leqslant x \leqslant a, a + b \leqslant x \leqslant 2a + b \\ U_0, & a < x < a + b \end{cases}$ 中运动的质量为 m 的粒子, 试确定其能量小于 U_0 的能谱.

4.12　对于在势阱 $U(x) = \begin{cases} \infty, & x < 0 \\ \dfrac{1}{2}m\omega^2 x^2, & x > 0 \end{cases}$ 中运动的质量为 m 的粒子, 试确定其能谱.

4.13 质量为 m 的粒子处于谐振子势 $U_1(x) = \frac{1}{2}Kx^2$ $(K > 0)$ 的基态. (1) 如果弹性系数突然增大一倍, 即势场突然变为 $U_2(x) = Kx^2$, 随即测量粒子能量, 试确定粒子处于 U_2 势场的基态的概率; (2) 势场由 U_1 突变为 U_2 后, 不进行测量, 而在经过一段时间 τ 后, 使势场重新恢复成 U_1, 试确定使粒子正好完全恢复到原来势场 U_1 的基态 (概率 100%) 的弛豫时间 τ.

4.14 对于在势场 $U(x) = U_0\left(\dfrac{a}{x} - \dfrac{x}{a}\right)^2$ $(a, x, U_0 > 0)$ 中运动的质量为 m 的粒子, 试确定其能级与波函数, 并证明其能谱特征与谐振子势场中运动的粒子的相似.

4.15 试在动量表象中求解 δ 势阱 $U(x) = -\gamma\delta(x)$ $(\gamma > 0)$ 的束缚态能级和本征函数, 并计算粒子的位置和动量的不确定度 Δx, Δp.

4.16 试确定在双 δ 势阱 $U(x) = -\gamma[\delta(x+a) + \delta(x-a)]$ $(\gamma > 0)$ 中运动的质量为 m 的粒子的束缚态能谱.

4.17 对于在势场 $U(x) = \begin{cases} \gamma\delta(x), & |x| < a, \gamma > 0 \\ \infty, & |x| > a \end{cases}$ (即无限深势阱中央有一个 δ 势垒) 中运动的质量为 m 的粒子的能谱, 并讨论 γ 很大和很小两种极限情况下的能谱特征.

4.18 一质量为 m 的粒子在一维线性势场 $U(x) = \begin{cases} mgx, & x > 0 \\ \infty, & x \leqslant 0 \end{cases}$ 中运动, 试确定其本征能谱和本征函数.

4.19 一质量为 m 的粒子在双曲函数势阱 $U(x) = -\dfrac{U_0}{\cosh^2\frac{x}{a}}$ $(U_0 > 0)$ 中运动, 试确定其本征能谱和本征函数.

4.20 一质量为 m 的粒子在一维三角函数势场 $U(x) = U_0\cot^2\dfrac{\pi x}{a}$ $(U_0 > 0, 0 < x < a)$ 中运动, 试确定其本征能谱和本征函数.

4.21 一质量为 m 的粒子在 Pöschl–Teller 势场 $U(x) = \frac{1}{2}U_0\left[\dfrac{K(K-1)}{\sin^2 ax} + \dfrac{\lambda(\lambda-1)}{\cos^2 ax}\right]$ $\left(\text{其中 } U_0 = \dfrac{\alpha^2\hbar^2}{m}, K > 1, \lambda > 1, a > 0, 0 \leqslant x \leqslant \dfrac{\pi}{2a}\right)$ 中运动, 试确定其束缚态能谱和本征函数.

4.22 对于一维谐振子, 试证明无论其处于哪个本征态, 它的动能的平均值都恒等于其势能的平均值.

4.23 设一质量为 m、能量为 E (> 0) 的粒子入射到不对称势场
$$U(x) = \begin{cases} -U_0, & x \leqslant 0, U_0 > 0, \\ 0, & x > 0, \end{cases}$$
试确定其在 $x = 0$ 处的壁上的反射系数.

4.24 试确定在势场 $U(x) = \dfrac{-U_0}{\mathrm{e}^{x/a}+1}$ 中 $(U_0 > 0, a > 0)$ 运动的粒子的反射系数 R.

4.25 一质量为 m 的粒子以低于位垒高度的能量 E 射向半壁有限高方势垒 $U(x) = \begin{cases} 0, & x < 0 \\ U_0, & x \geqslant 0 \end{cases}$, (1) 如果粒子入射的状态可以近似为单色平面波 $\exp[\mathrm{i}(kx - \omega t)]$,

$\omega = E/\hbar = \hbar k^2/2m$, 试确定反射的波函数; (2) 如果粒子入射的状态为波包

$$\psi_{\mathrm{in}}(x,t) = \int_0^\infty \mathrm{d}k A(k) \exp[\mathrm{i}(kx - \omega t)],$$

其中 $A(k)$ 是以 k_0 为对称中心的分布较窄的函数, 从而使得 ψ_{in} 的宽度很窄 (Δx 很小), 试确定反射波函数, 并给出反射波包中心的运动方程和反射弛豫时间.

4.26   能量为 E 的平行粒子束以 θ 角入射到位于 $x = 0$ 的强度有限的界面

$$U(x) = \begin{cases} 0, & x < 0, \\ U_0, & x \geqslant 0, \end{cases}$$

试分析粒子束的反射和折射的行为.

4.27   粒子以动量 E 入射到一个双 δ 势垒 $U(x) = \gamma[\delta(x) + \delta(x - a)]$, 试确定其反射和折射概率, 以及发生完全透射的条件.

4.28   一质量为 m 的粒子以动量 E 入射到相继分布的两个方势垒

$$U(x) = \begin{cases} 0, & x < 0, a < x < b, x > c, \\ U_1, & 0 \leqslant x \leqslant a, \\ U_2, & b \leqslant x \leqslant c, \end{cases}$$

试确定其连续贯穿这两个方势垒的透射系数.

4.29   单粒子质量为 m 的粒子束以动量 $p = k\hbar$ 从 $x = -\infty$ 入射, 遇到周期性 δ 势垒 (狄拉克梳场) $U(x) = \gamma \sum_{n=0}^\infty \delta(x - na)(a > 0)$, 试确定发生完全反射的入射动量值.

4.30   一质量为 m 的粒子在狄拉克梳场 $U(x) = \gamma \sum_{n=-\infty}^\infty \delta(x - na)(a > 0)$ 中运动, 试确定其能带结构.

第 5 章 有 心 力 场

相互作用力沿径向方向的力场称为有心力场, 在自然界中广泛存在, 是学习量子力学和利用量子力学进行研究的一大类实际问题的典型代表. 因此本章举例对有心力场中运动的粒子的问题进行讨论, 主要内容包括: 有心力场中运动的粒子的一般讨论, 氢原子和类氢离子的能级和能量本征函数, 氢原子和类氢离子的结构与性质, 三维及更高维球方势阱中运动的粒子的性质.

5.1 有心力场中运动的粒子的一般讨论

按定义, 有心力场即相互作用势仅与径向距离有关、与方向无关的势场. 解析地, 记相互作用势为 $U(\boldsymbol{r})$, 有心力场即 $U(\boldsymbol{r}) = U(r)$ 的力场, 因为它所对应的力为 $\boldsymbol{F} = -\nabla U = -\hat{\boldsymbol{r}} \dfrac{\mathrm{d}}{\mathrm{d}r} U(r)$, 其中 $\hat{\boldsymbol{r}}$ 为径向方向的单位矢量. 由此定义知, 有心力场问题是一大类量子力学可以很好解决的问题的代表, 在讨论具体实例之前, 我们先做一些一般性的讨论.

5.1.1 有心力场中运动的粒子的可测量物理量完全集

第 2 章和第 3 章中关于量子力学的基本原理的讨论表明, 为完整描述一个微观系统的量子态, 我们需要可测量物理量完全集决定的物理量的量子数, 其数目一般与系统的自由度数目相同. 在有心力场中运动的单粒子系统是最简单的有心力场系统, 因此, 我们先讨论有心力场中运动粒子的可测量物理量完全集.

1. 有心力场中运动的粒子的哈密顿量

记粒子的质量为 m, 有心力场为 $U(r)$, 则运动粒子的哈密顿量为

$$\hat{H} = \frac{\hat{\boldsymbol{p}}^2}{2m} + U(\boldsymbol{r}) = -\frac{\hbar^2}{2m} \nabla^2 + U(r).$$

由于 $U(r)$ 不显含时间, $\dfrac{\mathrm{d}E}{\mathrm{d}t} = \dfrac{\mathrm{d}\overline{\hat{H}}}{\mathrm{d}t} = \dfrac{\partial \overline{\hat{H}}}{\partial t} + \dfrac{1}{\mathrm{i}\hbar} \overline{[\hat{H}, \hat{H}]} = 0$, 因此系统的哈密顿量是一个守恒量 (即一个确定量子态的能量是守恒量), 可以作为描述有心力场中运动粒子的量子态的一个物理量.

2. 一些对易关系及守恒量

第 2 章已经讨论过, 对角动量的任一分量 $\hat{L}_\alpha$, 有

$$\left[\hat{L}_\alpha, \hat{\boldsymbol{p}}^2\right] = \left[\hat{L}_\alpha, \hat{p}_\alpha^2\right] + \left[\hat{L}_\alpha, \hat{p}_\beta^2\right] + \left[\hat{L}_\alpha, \hat{p}_\gamma^2\right] = 0$$

$$\left[\hat{L}_\alpha, U(r)\right] = 0,$$

所以,

$$\left[\hat{L}_\alpha, \hat{H}\right] = 0,$$

$$\left[\hat{\boldsymbol{L}}^2, \hat{H}\right] = 0.$$

由此知, 有心力场中运动的粒子的角动量及其任一分量都是守恒量.

3. 可测量物理量完全集

我们知道, 通常的位形空间是三维空间, 因此有心力场中运动的粒子有三个自由度, 可以由记为 $\{x, y, z\}$ 的直角坐标系表述, 更常由记为 $\{r, \theta, \varphi\}$ 的球坐标系表述, 则描述在其中运动的粒子的状态的可测量物理量完全集应包含三个物理量. 上述讨论表明, 有心力场中运动的粒子的哈密顿量 $\hat{H}$、角动量的平方 $\hat{\boldsymbol{L}}^2$ 和角动量的任一分量 $\hat{L}_\alpha$ 是有心力场中运动粒子的守恒量, 由它们可以构成有心力场中运动粒子的可测量物理量完全集. 因此, 有心力场中运动粒子的可测量物理量完全集可以取为 $\{\hat{H}, \hat{\boldsymbol{L}}^2, \hat{L}_z\}$.

5.1.2 径向本征方程与能量本征值

1. 定态薛定谔方程

因为有心力场中运动粒子的哈密顿量为

$$\hat{H} = -\frac{\hbar^2}{2m}\nabla^2 + U(r),$$

其中 ∇^2 在球坐标系中可以表述为

$$\nabla^2 = \frac{1}{r^2}\frac{\partial}{\partial r}r^2\frac{\partial}{\partial r} + \frac{1}{r^2}\left[\frac{1}{\sin\theta}\frac{\partial}{\partial\theta}\left(\sin\theta\frac{\partial}{\partial\theta}\right) + \frac{1}{\sin^2\theta}\frac{\partial^2}{\partial\varphi^2}\right] = \frac{1}{r}\frac{\partial^2}{\partial r^2}r - \frac{\hat{\boldsymbol{L}}^2}{\hbar^2 r^2},$$

其中 $\hat{\boldsymbol{L}}^2$ 为角动量平方算符.

记有心力场中运动粒子的波函数为 $\psi(r, \theta, \varphi)$, 代入一般形式的定态薛定谔方程, 则有心力场中运动粒子的定态薛定谔方程可以表述为

$$\left[-\frac{\hbar^2}{2m}\frac{1}{r}\frac{\partial^2}{\partial r^2}r + \frac{\hat{\boldsymbol{L}}^2}{2mr^2} + U(r)\right]\psi(r, \theta, \varphi) = E\psi(r, \theta, \varphi). \tag{5.1}$$

由于上述哈密顿量中的 $\dfrac{\hat{\boldsymbol{L}}^2}{2mr^2} = \dfrac{\hat{\boldsymbol{L}}^2}{2I}$ (其中 $I = mr^2$ 为粒子的转动惯量) 为离心势能 V_{C}, 其期望值为 $\langle V_{\mathrm{C}} \rangle = \left\langle \dfrac{\hat{\boldsymbol{L}}^2}{2I} \right\rangle = \dfrac{\langle \hat{\boldsymbol{L}}^2 \rangle}{2I} = \dfrac{l(l+1)\hbar^2}{2I}$, 其中 l 为空间角动量 (亦即常说的 "轨道" 角动量) 量子数. 显然 "轨道" 角动量 l 越大, $\langle V_{\mathrm{C}} \rangle$ 越大, 由 Hellman-Feynmann 定理 (证明见 8.5.1 小节) 知, 有心力场中运动粒子的基态的 "轨道" 角动量 $l_{\mathrm{g}} = 0$.

2. 径向方程

因为体系的可测量物理量完全集为 $\{\hat{H}, \hat{\boldsymbol{L}}^2, \hat{L}_z\}$, 并且其中的 $\{\hat{\boldsymbol{L}}^2, \hat{L}_z\}$ 有共同本征函数 $\mathrm{Y}_{l,m}(\theta, \varphi)$, 则可设粒子的波函数 $\psi(r, \theta, \varphi) = R(r)\mathrm{Y}_{l,m}(\theta, \varphi)$, 经简单计算, 并利用第 3 章得到的一些结论, 则有

$$\hat{\boldsymbol{L}}^2 \mathrm{Y}_{l,m}(\theta, \varphi) = l(l+1)\hbar^2 \mathrm{Y}_{l,m}(\theta, \varphi),$$

$$\hat{L}_z \mathrm{Y}_{l,m}(\theta, \varphi) = m\hbar \mathrm{Y}_{l,m}(\theta, \varphi),$$

并有能量本征方程

$$\left[-\frac{\hbar^2}{2m} \frac{1}{r} \frac{\partial^2}{\partial r^2} r + \frac{l(l+1)\hbar^2}{2mr^2} + U(r) \right] R(r) = ER(r),$$

移项则得

$$\left[\frac{1}{r} \frac{\partial^2}{\partial r^2} r + \frac{2m}{\hbar^2}(E - U(r)) - \frac{l(l+1)}{r^2} \right] R(r) = 0. \tag{5.2}$$

记 $R(r) = \chi(r)/r$, 亦即有 $rR(r) = \chi(r)$, 则上式化为

$$\frac{\partial^2}{\partial r^2} \chi(r) + \left\{ \frac{2m}{\hbar^2}[E - U(r)] - \frac{l(l+1)}{r^2} \right\} \chi(r) = 0, \tag{5.3}$$

此即有心力场中运动粒子的径向方程.

3. 能量本征值浅析

1) 离散谱与量子化

回顾前几章的讨论, 非束缚态对能量 E 无限制, 则 E 可以连续. 对束缚态, E 取离散值, 是量子化的. 因此, 对于束缚态问题, 在求解有心力场问题的径向方程时, 应该注意束缚态边界条件, 以确定径向量子数 n_r 和对应于束缚态的离散能谱.

2) 能量简并度

由上述能量本征值方程容易看出, 它包含空间角动量 (常被称为 "轨道" 角动量) 量子数 l, 但不包含空间角动量在 z 方向上的投影的量子数 m_l (为以后表述方便, 这里对空间角动量在 z 方向上的投影的量子数加上下标), 那么, 其本征能量 E 与 l 有关, 与 m_l 无关. 但是, 由本征函数的形式知, 它不仅包含角动量量子数 l, 还包含 m_l, 这就是说, 对应于一个由角动量 l 决定的能量, 相应的本征函数包含由 l 决定的所有量子数 m_l. 因为对于一个 l, $m_l = 0, \pm 1, \pm 2, \cdots, \pm l$ 有 $(2l + 1)$ 个取值, 所以有心力场中运动粒子的能量简并度一般为 $2l + 1$.

5.2　氢原子和类氢离子的能级和能量本征函数

5.2.1　径向方程的质心运动与相对运动的分离

我们已经知道, 氢原子和类氢离子是由一个原子核 (氢原子是仅带一个单位正电荷 e 的一个质子, 类氢离子则是带正电荷 Ze 的原子核) 与一个电子形成的束缚态, 这就是说, 氢原子和类氢离子是一个典型的两体系统.

记原子核、电子的静止质量分别为 m_1、m_2, 其位置分别记为 $\boldsymbol{r}_1$、$\boldsymbol{r}_2$, 相互作用势为 $U(|\boldsymbol{r}_1 - \boldsymbol{r}_2|)$, 则有两体薛定谔方程

$$\left[-\frac{\hbar^2}{2m_1}\nabla_1^2 - \frac{\hbar^2}{2m_2}\nabla_2^2 + U(|\boldsymbol{r}_1 - \boldsymbol{r}_2|) \right]\Psi(\boldsymbol{r}_1, \boldsymbol{r}_2) = E_t\Psi(\boldsymbol{r}_1, \boldsymbol{r}_2). \tag{5.4}$$

与经典力学中类似, 定义该两体系统的质心坐标 $\boldsymbol{R}$、相对坐标 $\boldsymbol{r}$、质心质量 M、约化质量 μ 分别为

$$\boldsymbol{R} = \frac{m_1\boldsymbol{r}_1 + m_2\boldsymbol{r}_2}{m_1 + m_2}, \quad \boldsymbol{r} = \boldsymbol{r}_1 - \boldsymbol{r}_2, \quad M = m_1 + m_2, \quad \mu = \frac{m_1 m_2}{m_1 + m_2}, \tag{5.5}$$

容易解得

$$\boldsymbol{r}_1 = \frac{M\boldsymbol{R} + m_2\boldsymbol{r}}{M}, \qquad \boldsymbol{r}_2 = \frac{M\boldsymbol{R} - m_1\boldsymbol{r}}{M},$$

则

$$\frac{1}{m_1}\nabla_1^2 + \frac{1}{m_2}\nabla_2^2 = \frac{1}{M}\nabla_R^2 + \frac{1}{\mu}\nabla_r^2.$$

于是, 前述的关于氢原子和类氢离子的两体薛定谔方程可以改写为

$$\left[-\frac{\hbar^2}{2M}\nabla_R^2 - \frac{\hbar^2}{2\mu}\nabla_r^2 + U(r) \right]\Psi(\boldsymbol{R}, \boldsymbol{r}) = E_t\Psi(\boldsymbol{R}, \boldsymbol{r}).$$

由于作为两体系统的氢原子和类氢离子的哈密顿量中的质心运动部分与相对运动部分相互独立, 没有关联, 由数学原理知, 其 (能量) 本征函数 (定态薛定谔方

程的解) 可以分离变量. 记之为 $\Psi(\boldsymbol{R}, \boldsymbol{r}) = \phi(\boldsymbol{R})\psi(\boldsymbol{r})$, 并有 $E = E_t - E_c$, 则上式化为质心运动与相对运动分离的薛定谔方程

$$-\frac{\hbar^2}{2M}\nabla_R^2\phi(\boldsymbol{R}) = E_c\phi(\boldsymbol{R}),$$

$$\left[-\frac{\hbar^2}{2\mu}\nabla_r^2 + U(r)\right]\psi(\boldsymbol{r}) = E\psi(\boldsymbol{r}).$$

(5.6)

对氢原子和类氢离子, 记 $m_1 = m_{\mathrm{N}}, m_2 = m_{\mathrm{e}}$, 因为 $m_{\mathrm{N}} = (10^3 \sim 10^5)m_{\mathrm{e}}$ (仅一个质子的氢原子核 $m_{\mathrm{p}} = 1836m_{\mathrm{e}}$, 中子比质子稍重, 因此质量数 A 在 55 以上的中重原子核的质量都在 $10^5 m_{\mathrm{e}}$ 以上), 从而质心运动状态 $\phi(\boldsymbol{R})$ 可以很好地由原子核的运动状态近似表述, 由其运动方程的表述形式知, 其运动状态可以由自由粒子的状态来表述. 并且, 相对运动的状态 $\psi(\boldsymbol{r})$ 可以由有心力场 $U(\boldsymbol{r}) = U(r)$ 中运动的质量为 $\mu = \dfrac{m_{\mathrm{N}}m_{\mathrm{e}}}{m_{\mathrm{N}} + m_{\mathrm{e}}}$ 的有效粒子的状态来表述. 求解相应的薛定谔方程即可确定氢原子中的有效粒子的能级 $E = E_t - E_c$, 通常简称之为氢原子的能级.

5.2.2 氢原子的径向方程与能量本征值

1) 径向方程及其无量纲化

因为氢原子和类氢离子中的原子核与电子间的相互作用是带电荷分别是 Ze、$-e$ 的两电荷间的库仑相互作用, 即有 $U(r) = -\dfrac{Ze^2}{4\pi\varepsilon_0 r}$, 记 $e_s^2 = \dfrac{e^2}{4\pi\varepsilon_0}$, 则有径向方程

$$\chi''(r) + \left[\frac{2\mu}{\hbar}\left(E + \frac{Ze_s^2}{r}\right) - \frac{l(l+1)}{r^2}\right]\chi(r) = 0.$$

(5.7)

为简单, 但不失一般性, 下面我们以氢原子为例讨论氢原子和类氢离子的径向方程的求解及其能量本征值 (差别仅在于上述方程的中的参数 Z 的取值是否为 1 和约化质量的具体数值不同). 定义 $\rho = \dfrac{r}{a_0}$, 其中 $a_0 = \dfrac{\hbar^2}{\mu e_s^2} = 0.529 \times 10^{-10}\mathrm{m} = 0.0529\mathrm{nm}$, $\varepsilon = \dfrac{E}{2E_I}$, 其中 $E_I = \dfrac{\mu e_s^4}{2\hbar^2} = \dfrac{e_s^2}{2a_0} = 13.60\mathrm{eV}$, 则上式化为

$$\frac{\mathrm{d}^2}{\mathrm{d}\rho^2}\chi(\rho) + \left[2\varepsilon + \frac{2}{\rho} - \frac{l(l+1)}{\rho^2}\right]\chi(\rho) = 0.$$

(5.8)

此即无量纲化的氢原子中的相对运动的 (近似来讲, 氢原子中的电子的) 径向方程.

2) 渐近行为

我们知道, 氢原子中电子的位置有两种极限, 其一是 $r \to \infty$, 其二是 $r \to 0$. 为确定氢原子中电子的完整状态, 我们先讨论电子的波函数在这两种极限情况下的渐近行为.

(1) $\rho \to \infty$ (即 $r \to \infty$) 的渐近行为.

由式 (5.8) 知, 在 $\rho \to \infty$ (即 $r \to \infty$) 的情况下, 无量纲化的径向方程化为

$$\frac{\mathrm{d}^2 \chi}{\mathrm{d}\rho^2} + 2\varepsilon\chi = 0.$$

此乃一典型的振动方程, 其通解为

$$\chi \sim c_1 \sin\sqrt{2\varepsilon}\rho + c_2 \cos\sqrt{2\varepsilon}\rho.$$

如果 $\varepsilon > 0$, 则 χ 总有解, 无限制.

如果 $\varepsilon < 0$, 则

$$\chi \sim a\mathrm{e}^{\sqrt{-2\varepsilon}\rho} + b\mathrm{e}^{-\sqrt{-2\varepsilon}\rho}, \quad \text{其中 } a、b \text{ 为常数.}$$

因为 $\mathrm{e}^{\sqrt{-2\varepsilon}\rho}\big|_{\rho \to \infty} \to \infty$, 不满足束缚态条件, 则应舍去, 所以有

$$\chi\big|_{\rho \to \infty} \to \mathrm{e}^{-\sqrt{-2\varepsilon}\rho}.$$

(2) $\rho \to 0$ (即 $r \to 0$) 的渐近行为.

由式 (5.8) 知, 在 $\rho \to 0$ (即 $r \to 0$) 的情况下, 无量纲化的径向方程化为

$$\frac{\mathrm{d}^2 \chi}{\mathrm{d}\rho^2} - \frac{l(l+1)}{\rho^2}\chi = 0.$$

设 $\chi \sim \rho^s$, 则可解得 $s = l+1$ 或 $s = -l$.

对 $s = -l$, $\chi \sim \dfrac{1}{\rho^l}$, 则 $\chi\big|_{\rho \to 0} \to \infty$, 与波函数的有限性不一致, 因此应舍去. 于是有渐近解 $\chi\big|_{\rho \to 0} \sim \rho^{l+1}$.

3) 径向方程及其解

考虑径向方程的解的渐近行为, 可设

$$\chi = \rho^{l+1}\mathrm{e}^{-\beta\rho}u(\rho), \quad \beta = \sqrt{-2\varepsilon},$$

则径向方程化为

$$\rho u'' + \big[2(l+1) - 2\beta\rho\big]u' - 2\big[(l+1)\beta - 1\big]u = 0.$$

再定义 $\xi = 2\beta\rho$, $\gamma = 2(l+1)$, $\alpha = l + 1 - \dfrac{1}{\beta}$, 则径向方程化为

$$\xi \frac{\mathrm{d}^2 u}{\mathrm{d}\xi^2} + (\gamma - \xi)\frac{\mathrm{d}u}{\mathrm{d}\xi} - \alpha u = 0.$$

此乃标准的合流超几何方程. 其解为合流超几何函数

$$u = F(\alpha, \gamma, \xi) = 1 + \frac{\alpha}{\gamma}\xi + \frac{\alpha(\alpha+1)}{\gamma(\gamma+1)}\frac{\xi^2}{2!} + \frac{\alpha(\alpha+1)(\alpha+2)}{\gamma(\gamma+1)(\gamma+2)}\frac{\xi^3}{3!} + \cdots.$$

4) 能量本征值

上述合流超几何函数为发散度比 $\mathrm{e}^{-\beta\rho} = \mathrm{e}^{-\xi/2}$ 高的无穷级数, 不能保证波函数有限. 为保证波函数有限, 上述合流超几何函数应截断为合流超几何多项式. 数学研究表明, 上述截断要求

$$\alpha = l + 1 - \frac{1}{\beta} = -n_r, \quad n_r = 0, 1, 2, \cdots.$$

因为 l 为整数、n_r 为整数, 则 $\dfrac{1}{\beta}$ 为整数, 记之为 n, 则有

$$n = n_r + l + 1 = 1, 2, 3, \cdots.$$

因为

$$\beta = \sqrt{-2\varepsilon}, \quad \varepsilon = \frac{E}{2E_I} = \frac{\hbar^2 E}{\mu e_s^4} = \frac{a_0}{e_s^2}E,$$

所以有

$$E_n = \frac{e_s^2}{a_0}\varepsilon = \frac{e_s^2}{a_0}\left(-\frac{\beta^2}{2}\right) = -\frac{e_s^2}{2a_0}\frac{1}{n^2}.$$

具体地, 即有

$$E_n = -\frac{\mu e_s^4}{2\hbar^2}\frac{1}{n^2} = -\frac{\mu e^4}{32\pi^2\varepsilon_0^2\hbar^2}\frac{1}{n^2}. \tag{5.9}$$

5) 量子数与本征函数

上述讨论表明, 对于氢原子的状态 (束缚态), 描述它们需要的量子数有我们已经熟悉的角动量量子数 l 和角动量在 z 方向上的投影量子数 m_l, 以及这里为得到束缚态的径向波函数而需要的量子数 n. 由 n 的定义 $n = n_r + l + 1$ 知, 它包含

了径向量子数和角动量量子数的贡献, 因此常称之为主量子数. 这些量子数的可能取值和相互关系如下:

主量子数: $n = n_r + l + 1 = 1, 2, 3, \cdots$;

角动量量子数: $l = n - n_r - 1 = 0, 1, 2, \cdots, n - 1$

(对每个 n, 都有 n 个值);

角动量在 z 方向的投影量子数: $m_l = 0, \pm 1, \pm 2, \cdots, \pm l$

(对每个 l, 都有 $(2l + 1)$ 个值).

氢原子的本征函数为

$$\Psi(r, \theta, \varphi) = \Psi_{nlm_l}(r, \theta, \varphi) = R_{nl}(r) Y_{l, m_l}(\theta, \varphi), \tag{5.10}$$

其中

$$R_{nl}(r) = \frac{\chi_{nl}(r)}{r} = N_{nl} e^{-\xi/2} \xi^l F(-n + l + 1, 2l + 2, \xi). \tag{5.11}$$

此处 $F(-n + l + 1, 2l + 2, \xi)$ 为合流超几何多项式, 其中 $\xi = \dfrac{2r}{na_0}$, 归一化系数

$$N_{nl} = \frac{2}{a_0^{3/2} n^2 (2l + 1)!} \sqrt{\frac{(n + 1)!}{(n - l - 1)!}}.$$

5.3 氢原子和类氢离子的结构与性质

5.3.1 氢原子和类氢离子的能级特点及简并度

1. 氢原子的能级的特点

由本征能量可以表述为

$$E_n = -\frac{e_s^2}{2a_0} \frac{1}{n^2}, \quad n = 1, 2, 3, \cdots$$

可知, 氢原子的能级具有下述特点:

(1) 能量只能取离散值.

(2) 能量 E_n 随 n 增大而升高 $\left(\text{绝对值以 } \dfrac{1}{n^2} \text{ 减小}\right)$.

(3) 两相邻能级间的间距 $E_{n+1} - E_n = -\dfrac{e_s^2}{2a_0} \dfrac{1}{(n+1)^2} - \left(-\dfrac{e_s^2}{2a_0} \dfrac{1}{n^2}\right) = \dfrac{e_s^2}{2a_0} \dfrac{2n + 1}{n^2 (n + 1)^2}$ 随 n 增大而减小; 亦即随 n 增大, 能级越来越密.

(4) 在 $n \to \infty$ 情况下, $E_{n\to\infty} \to 0$, 从而电子可完全脱离原子核的束缚, 也就是电子可以被电离. 使电子脱离原子 (核) 的束缚而成为动能为零的电子需要的能量通常称为该原子的电离能. 由此知, 氢原子发生电离的电离能为 $E_{\mathrm{I}} = -E_1 = \dfrac{e_s^2}{2a_0} \approx 13.6\mathrm{eV}$.

2. 能量简并度

由能量本征值的表达式知, 氢原子的能量仅依赖于主量子数 n. 由波函数的表达式知, 波函数 $\psi_{nlm_l}(r, \theta, \varphi) = R_{nl}(r)\mathrm{Y}_{l,m_l}(\theta, \varphi)$ 不仅依赖于 n, 还依赖于 l 和 m_l.

由于对一个 n, $l = 0, 1, 2, \cdots, n-1$, 有 n 个取值; 对一个 l, $m_l = 0, \pm 1, \pm 2, \cdots, \pm l$, 有 $2l+1$ 个取值; 则氢原子的能量简并度为

$$d_n = \sum_{l=0}^{n-1}(2l+1) = 2 \cdot \frac{n(n-1+0)}{2} + n = n(n-1) + n = n^2,$$

比一般的有心力场中能级的简并度 $(2l+1)$ 高.

考察氢原子的能量简并度比一般的有心力场中运动粒子的能量简并度 $2l+1$ 高的原因. 对一般的有心力场中运动的粒子而言, 其本征能量不仅依赖于主量子数 n, 还依赖于角动量量子数 l; 而氢原子的本征能量仅依赖于包含各种角动量 $l \in [0, n-1]$ 的主量子数 n. 也就是说, 氢原子的对称性比一般的有心力场中运动的粒子的对称性高. 经过深入的研究表明, 一般的有心力场中运动的粒子具有相应于角动量守恒的三维正交变换不变性 (SO(3) 对称性), 而氢原子的两体平方反比作用使得它除有空间角动量 (即常说的 "轨道" 角动量) 是守恒量之外, 楞次矢量[1]也是守恒量, 这表明氢原子具有四维正交变换不变性 (SO(4) 对称性), 并且 SO(4) $\supset$ SO(3) $\otimes$ SO(3)).

3. 氢原子的光谱和光谱系

根据能量守恒原理, 电子由能级 E_n 跃迁到 $E_{n'}$ 时辐射出的光的频率为

$$\nu = \frac{E_\gamma}{h} = \frac{E_n - E_{n'}}{2\pi\hbar} = \frac{1}{2\pi\hbar}\frac{\mu e_s^4}{2\hbar^2}\left(\frac{1}{n'^2} - \frac{1}{n^2}\right) = Rc\left(\frac{1}{n'^2} - \frac{1}{n^2}\right),$$

其中

---

[1] 所谓楞次矢量, 即由运动粒子的速度 $\boldsymbol{v}$、角动量 $\boldsymbol{L}$ 和力与径向间距平方的乘积定义的矢量,

$$\boldsymbol{B} = \boldsymbol{v} \times \boldsymbol{L} + r^2 \boldsymbol{F}.$$

亦常称为隆格–楞次矢量 (Runge–Lenz vector).

$$R = \frac{\mu e_s^4}{4\pi c\hbar^3} = \frac{\mu}{4\pi c\hbar^3} \frac{e^4}{(4\pi\varepsilon_0)^2} = \frac{\mu e^4}{8\varepsilon_0^2 h^3 c} = 109677.6 \text{cm}^{-1}$$

称为里德伯常量. 显然, 这一结果与实验观测结果符合得很好, 明显解决了玻尔模型给出的 $R_{\text{BM}} = \frac{m_e e^4}{8\varepsilon_0^2 h^3 c} = 109737.3 \text{cm}^{-1}$ 与实验观测结果相差约 $\frac{1}{2000}$ 的问题.

根据初态 n 和终态 n' 取值不同, 形成不同的光谱系. 例如, 取 $n' = 1$, $n = 2, 3, \cdots$, 即有莱曼系; 取 $n' = 2$, $n = 3, 4, \cdots$, 即有巴耳末系; 取 $n' = 3$, $n = 4, 5, \cdots$, 即有帕邢系; 取 $n' = 4$, $n = 5, 6, \cdots$, 即有布拉开系, 等等. 所得的这些光谱系如图 1.7 所示.

5.3.2 氢原子的波函数及概率密度分布

1. 波函数

前已说明, 氢原子的波函数为

$$\psi_{nlm_l}(r, \theta, \varphi) = R_{nl} Y_{l,m_l}(\theta, \varphi) = R_{nl}(r)\Theta_{l,m_l}(\theta)\Phi_{m_l}(\varphi).$$

下面对其中的各个因子予以讨论.

1) 方位角波函数

关于方位角波函数 $\Phi_{m_l}(\varphi)$ 的本征方程为

$$\hat{L}_z \Phi_{m_l}(\varphi) = m_l\hbar\Phi_{m_l}(\varphi),$$

相应的本征值为

$$L_z = m_l\hbar, \quad m_l = 0, \pm 1, \pm 2, \cdots, \pm l.$$

本征函数可具体表述为

$$\Phi_{m_l}(\varphi) = \frac{1}{\sqrt{2\pi}} e^{im_l\varphi}.$$

2) 极角波函数

关于极角波函数 $\Theta_{l,m_l}(\theta)$ 的本征方程为

$$\frac{\hbar^2}{\sin\theta} \frac{\mathrm{d}}{\mathrm{d}\theta}\left(\sin\theta \frac{\mathrm{d}}{\mathrm{d}\theta}\right)\Theta_{l,m_l}(\theta) + \left(\lambda - \frac{m_l^2}{\sin^2\theta}\right)\Theta_{l,m_l}(\theta) = 0,$$

相应的本征值为

$$\lambda = l(l+1).$$

本征函数可具体表述为 (连带勒让德函数的形式)

$$\Theta_{l,m_l}(\theta) = (-1)^{m_l}\sqrt{\frac{(2l+1)(l-|m_l|)!}{2(l+|m_l|)!}}\,\mathrm{P}_l^{|m_l|}(\cos\theta).$$

一些较低阶的本征函数的具体形式是

$$\Theta_{00} = \frac{\sqrt{2}}{2},$$

$$\Theta_{10} = \frac{\sqrt{6}}{2}\cos\theta, \qquad\qquad \Theta_{1\pm1} = \mp\frac{\sqrt{3}}{2}\sin\theta,$$

$$\Theta_{20} = \frac{\sqrt{10}}{4}(3\cos^2\theta - 1), \qquad \Theta_{2\pm1} = \mp\frac{\sqrt{15}}{2}\sin\theta\cos\theta, \qquad \Theta_{2\pm2} = \frac{\sqrt{15}}{4}\sin^2\theta.$$

$l = 0, 1, 2, 3$ 情况下的氢原子的极角本征函数的具体分布行为如图 5.1 所示.

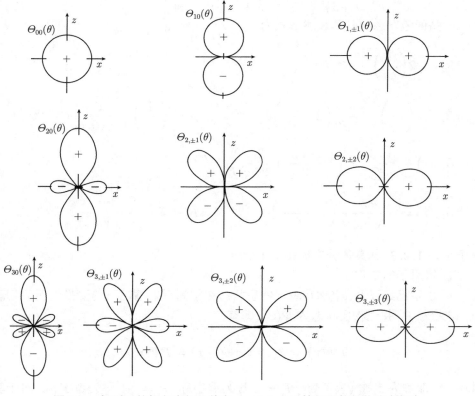

图 5.1 氢原子的极角本征函数在 $l = 0, 1, 2, 3$ 情况下的具体分布行为

3) 径向波函数

关于径向的本征方程为

$$\left[-\frac{\hbar}{2\mu}\frac{1}{r}\frac{\mathrm{d}^2}{\mathrm{d}r^2}r + \frac{l(l+1)\hbar^2}{2\mu r^2} - \frac{e_s^2}{r} \right]R_{nl}(r) = ER_{nl}(r),$$

相应的本征值为

$$E_n = -\frac{\mu e_s^4}{2\hbar^2}\frac{1}{n^2} = -\frac{\mu e^4}{32\pi^2\varepsilon_0^2\hbar^2}\frac{1}{n^2},$$

本征函数可具体表述为

$$R_{nl}(r) = N_{nl}\mathrm{e}^{-\xi/2}\xi^l F(-n+l+1, 2l+2, \xi),$$

其中 $N_{nl} = \dfrac{2}{a_0^{3/2}n^2(2l+1)!}\sqrt{\dfrac{(n+l)!}{(n-l+1)!}}$, $\xi = \dfrac{2r}{na_0}$.

一些低激发态的具体表述形式为

$$R_{10} = 2\left(\frac{1}{a_0}\right)^{3/2}\mathrm{e}^{-r/a_0},$$

$$R_{20} = \left(\frac{1}{a_0}\right)^{3/2}\frac{1}{2\sqrt{2}}\left(2 - \frac{r}{a_0}\right)\mathrm{e}^{-r/2a_0}, \quad R_{21} = \left(\frac{1}{a_0}\right)^{3/2}\frac{1}{2\sqrt{6}}\frac{r}{a_0}\mathrm{e}^{-r/2a_0},$$

$$R_{30}(r) = \frac{1}{3\sqrt{3}a_0^{3/2}}\left(1 - \frac{2r}{3a_0} + \frac{2r^2}{27a_0^2}\right)\mathrm{e}^{-r/(3a_0)},$$

$$R_{31}(r) = \frac{8r}{27\sqrt{6}a_0^{5/2}}\left(1 - \frac{r}{6a_0}\right)\mathrm{e}^{-r/(3a_0)}, \quad R_{32}(r) = \frac{4r^2}{81\sqrt{30}a_0^{7/2}}\mathrm{e}^{-r/(3a_0)}.$$

对于 $n = 1, 2, 3$, 其具体分布如图 5.2 所示.

4) 氢原子的宇称

第 3 章已经述及, 宇称是表征物质状态在空间反射情况下的变换性质的物理量, 记之为 P, 并记物质状态为 $\Psi(\boldsymbol{r})$, 即有

$$\hat{P}\Psi(\boldsymbol{r}) = \Psi(\hat{P}\boldsymbol{r}) = \Psi(-\boldsymbol{r}) = P\Psi(\boldsymbol{r}),$$

其中, P 即称为宇称 (量子数), $P = 1$ 称为偶宇称, $P = -1$ 称为奇宇称. 对于氢原子, 空间反演使 $\boldsymbol{r}$ 变换为 $-\boldsymbol{r}$, 在球坐标系中表述, 即有

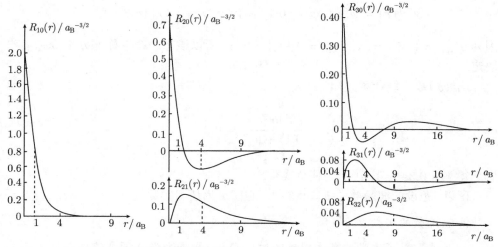

图 5.2 氢原子的径向本征函数在 $n = 1, 2, 3$ 情况下的具体分布行为
(以玻尔半径 $a_0^{-3/2}$ 为单位)

$$r = (r, \theta, \varphi) \xrightarrow{\hat{P}r=-r} -r = (r, \pi - \theta, \pi + \varphi).$$

由于 $R_{nl}(r)$ 与角度无关, 并且在空间反演变换下 r 不变, 因此 $R_{nl}(r)$ 不包含宇称的信息.

因为球谐函数 $Y_{l,m_l}(\theta, \varphi)$ 有性质: $Y_{l,m_l}(\pi - \theta, \pi + \varphi) = (-1)^l Y_{l,m_l}(\theta, \varphi)$, $Y_{l,m_l}^*(\theta, \varphi) = (-1)^{m_l} Y_{l,-m_l}(\theta, \varphi)$, 那么

$$\hat{P}\psi_{nlm_l}(r, \theta, \varphi) = (-1)^l \psi_{nlm_l}(r, \theta, \varphi).$$

所以, 氢原子的宇称 $P = (-1)^l$.

例题 5.1 已知氢原子中的电子处于状态 $\psi(r, \theta, \varphi) = 0.1\psi_{321} + b\psi_{210}$, 其中 ψ_{nlm_l} 是氢原子的本征函数. 若测量此态中奇宇称的概率为 90%, 试确定此波函数中 b 的数值.

解 由前述讨论知, 对氢原子的本征函数 $\psi_{nlm_l}(r)$ 和空间反演变换 $\hat{P}$,

$$\hat{P}\psi_{nlm_l}(r) = \psi_{nlm_l}(-r) = (-1)^l \psi_{nlm_l}(r),$$

即氢原子的本征函数的宇称为 $P_{nlm_l} = (-1)^l$.

这里已知

$$\psi(\boldsymbol{r}) = \psi(r, \theta, \varphi) = 0.1\psi_{321}(r, \theta, \varphi) + b\psi_{210}(r, \theta, \varphi),$$

因为 $P_{321} = (-1)^2 = 1$, $P_{210} = (-1)^1 = -1$, 所以该态中奇宇称部分由 $b\psi_{210}$ 项决定.

由波函数的统计意义知

$$\frac{|b|^2}{0.1^2 + |b|^2} = 0.9,$$

解之得 $b = 0.3\mathrm{e}^{\mathrm{i}\alpha}$, 其中 α 为任意实数.

所以, 题设的波函数中 $b = 0.3\mathrm{e}^{\mathrm{i}\alpha}$, 其中 α 为任意实数.

2. 波函数的实数表示

前面关于量子力学的基本原理的讨论表明, 量子力学必须是建立在复空间上的. 对于氢原子, 在复空间中的波函数是 $\{\hat{H}, \hat{\boldsymbol{L}}^2, \hat{L}_z\}$ 的共同本征函数, 但是复数比较复杂, 因此在其他相关学科中, 人们常根据态叠加原理通过对角向部分的波函数进行线性组合, 将其实数化.

对于 $l = 0$ 情况, 因为 $l = 0$、$m_l = 0$, $Y_{0,0}$ 本来就是实的 (常数), 因此不需通过线性组合, 它自然就是实的.

对于 $l = 1$ 情况, 考虑欧拉公式, 则有

$$\begin{cases} p_0 \propto \cos\theta \\ p_{\pm 1} \propto \sin\theta\mathrm{e}^{\pm\mathrm{i}\varphi} \end{cases} \xrightarrow{\text{实数化为}} \begin{cases} p_z = p_0 \propto \cos\theta \propto z/r, \\ p_x = \dfrac{p_{+1} + p_{-1}}{\sqrt{2}} \propto \sin\theta\cos\varphi \propto x/r, \\ p_y = \dfrac{p_{+1} - p_{-1}}{\sqrt{2}\mathrm{i}} \propto \sin\theta\sin\varphi \propto y/r. \end{cases}$$

对于 $l = 2$ 情况, 采用类似于对 $l = 1$ 情况的处理方法, 则得

$$\begin{cases} d_0 \propto (3\cos^2\theta - 1), \\ d_{\pm 1} \propto \cos\theta\sin\theta\mathrm{e}^{\pm\mathrm{i}\varphi}, \\ d_{\pm 2} \propto \sin^2\theta\mathrm{e}^{\pm 2\mathrm{i}\varphi}, \end{cases} \xrightarrow{\text{实数化为}} \begin{cases} d_{z^2} = d_0, \\ d_{xz} = \dfrac{d_{+1} + d_{-1}}{\sqrt{2}}, \qquad d_{yz} = \dfrac{d_{+1} - d_{-1}}{\sqrt{2}i}, \\ d_{x^2 - y^2} = \dfrac{d_{+2} + d_{-2}}{\sqrt{2}}, \quad d_{xy} = \dfrac{d_{+2} - d_{-2}}{\sqrt{2}i}. \end{cases}$$

这些实数化后的波函数的分布如图 5.3 所示.

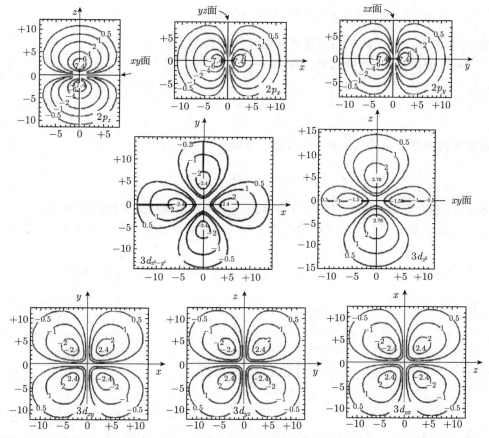

图 5.3 氢原子的一些实数化的波函数在一些坐标平面内的等高线图 (以玻尔半径 a_0 为单位)

3. 概率分布

1) 径向位置概率分布

由波函数的统计意义易知, 氢原子中的电子在空间体元 $\mathrm{d}\tau = r^2 \sin\theta \mathrm{d}r\mathrm{d}\theta\mathrm{d}\varphi$ 中的概率为

$$W_{nlm}(r,\theta,\varphi)\mathrm{d}\tau = \left|\psi_{nlm_l}(r,\theta,\varphi)\right|^2 r^2 \sin\theta \mathrm{d}r\mathrm{d}\theta\mathrm{d}\varphi. \tag{5.12}$$

因为 $\mathrm{d}\tau = r^2 \sin\theta \mathrm{d}r\mathrm{d}\theta\mathrm{d}\varphi = r^2 \mathrm{d}r\mathrm{d}\Omega$, 完成对角向的积分, 则得

$$W_{nlm}(r)\mathrm{d}r = \int_0^\pi \int_0^{2\pi} \left|\psi_{nlm_l}(r,\theta,\varphi)\right|^2 r^2 \sin\theta \mathrm{d}r\mathrm{d}\theta\mathrm{d}\varphi$$

$$= \int_0^\pi \int_0^{2\pi} \left|R_{nl}(r)\mathrm{Y}_{l,m_l}(\theta,\varphi)\right|^2 r^2 \sin\theta \mathrm{d}r\mathrm{d}\theta\mathrm{d}\varphi$$

$$= R_{nl}^2(r)r^2\mathrm{d}r = \chi_{nl}^2(r)\mathrm{d}r.$$

所以, 氢原子中电子的径向位置概率密度分布为 $W_{nl}(r) = \chi_{nl}^2(r)$.

考虑使 $W_{nl}(r)$ 取最大值的条件

$$\frac{\mathrm{d}W_{nl}(r)}{\mathrm{d}r} = 0, \quad \frac{\mathrm{d}^2 W_{nl}(r)}{\mathrm{d}r^2} < 0,$$

则可解得氢原子中的 $l = n-1$ 的电子的最概然半径为

$$r_{n,(n-1)} = n^2 a_0, \quad n = 1, 2, 3, \cdots.$$

由此知, 玻尔轨道是氢原子中电子在其附近出现概率密度最大的位置的集合.

主量子数 $n = 1, 2, 3$ 三种情况下的径向位置概率密度分布如图 5.4 所示.

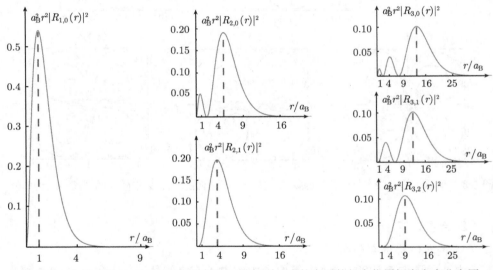

图 5.4　主量子数 $n = 1, 2, 3$ 三种情况下的氢原子中的电子的径向位置概率密度分布图 (以玻尔半径 a_0 为单位)

由图 5.4 易知, 氢原子中的电子的径向位置概率密度分布有下述特点.

(1) 对一个主量子数 n, 角动量为 l 时, $W_{nl}(r)$ 有 $(n-l)$ 个极大值;

(2) 对一个主量子数 n, 角动量 l 越小, 主峰位置距原子核越远;

(3) 对一个角动量 l, 对应的主峰位置随 n 增大而外移.

关于这样的分布特点的物理机制, 简单来讲即相互作用的特征和微观粒子的量子行为. 有关具体讨论请读者自己完成 (习题 5.11).

2) 概率密度分布随角度变化的行为

根据波函数的统计意义, 完成式 (5.12) 中关于 r 的积分, 则得氢原子中电子的概率密度分布作为角度的函数为

$$W_{lm}(\theta,\varphi) = \int_{r=0}^{\infty} \left| R_{nl}(r) \mathrm{Y}_{l,m}(\theta,\varphi) \right|^2 r^2 \mathrm{d}r \mathrm{d}\Omega = \left| \mathrm{Y}_{l,m}(\theta,\varphi) \right|^2 \mathrm{d}\Omega.$$

在 $l = 0, 1, 2, 3$ 情况下, 氢原子中电子的概率密度分布如图 5.5 所示.

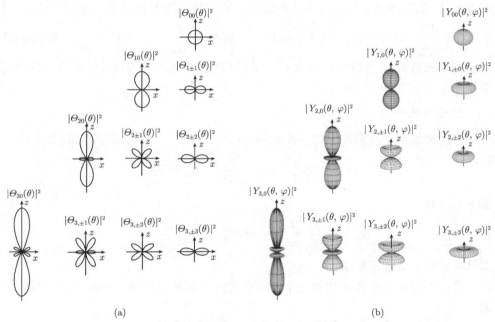

(a)   (b)

图 5.5 $l = 0, 1, 2, 3$ 情况下, 氢原子中电子的概率密度分布随角度变化的行为
((a) 为其在 y-z 平面内的投影, (b) 为其立体形状)

由图 5.5 知, 氢原子中电子的概率密度分布随角度变化的行为有下述特点:

(1) 概率密度分布与方位角 φ 无关;

(2) $l = 0$ 情况下的概率密度分布呈球形; $l = 1$ 情况下的概率密度分布近似呈哑铃形; $l = 2$ 情况下的概率密度分布的包罗面近似呈椭球形.

5.3.3 类氢离子的性质

原子核外只有一个电子的离子称为类氢离子, 如 He^+、Li^{++}、Be^{+++} 等.

与氢原子相比, 核电荷数为 Z 的类氢离子与氢原子的差别在于原子核的电量 (氢原子核的电量仅为 $+e$, 而类氢离子的电量为 Ze) 和系统的约化质量 (折合质量, 因为不同原子核的质量不同).

1. 波函数

由类氢离子与氢原子的差别知, 类氢离子的角向波函数的本征方程与氢原子的完全相同, 类氢离子的径向波函数的本征方程化为

$$\chi''(r) + \left[\frac{2\mu}{\hbar} \left(E + \frac{Ze_s^2}{r} \right) - \frac{l(l+1)}{r^2} \right] \chi(r) = 0.$$

该方程与关于氢原子的相应方程 (式 (5.7)) 相比, 其差别仅在于式 (5.7) 中的 e_s^2 换成了 Ze_s^2, 那么, 其解的形式与氢原子的相应方程的解的形式相同. 并且, 由于 $a_0 = \dfrac{\hbar^2}{\mu e_s^2}$, 则只需将式 (5.11) 中的 $\dfrac{1}{a_0}$ 替换为 $\dfrac{Z}{a_0}$、$\dfrac{r}{a_0}$ 替换为 $\dfrac{Zr}{a_0}$, 即得类氢离子的径向波函数. 进而知, 类氢离子的结构 (概率密度分布等) 与氢原子的结构类似.

2. 能级及光谱

由于类氢离子与氢原子的本质差别是核电荷数由 1 换为 Z, 相应的变化有

$$e_s^2 \to Ze_s^2, \quad a_0 \to \frac{a_0}{Z}, \quad r_n \to \frac{r_n}{Z},$$

那么由变换

$$E_n = -\frac{e_s^2}{2a_0} \frac{1}{n^2} \longrightarrow E_n^{\text{H-ion}} = -\frac{Z^2 e_s^2}{2a_0} \frac{1}{n^2}$$

即得类氢离子的本征能量.

进一步即得类氢离子的相应于氢原子的光谱系的谱线对应的频率和波数分别为

$$\nu^{\text{H-ion}} = Z^2 \nu^{\text{H}}, \quad \tilde{\nu}^{\text{H-ion}} = Z^2 \tilde{\nu}^{\text{H}}.$$

5.4 三维及更高维无限深球方势阱问题

5.4.1 三维无限深球方势阱问题

1. 定义

径向方向为与一维无限深势阱相同的势阱、其他方向各向同性的势场称为三维无限深球 (方) 势阱.

该势场可以解析表述为

$$U(\boldsymbol{r}) = U(r) = \begin{cases} 0, & 0 < r < R, \\ \infty, & r \geqslant R. \end{cases} \tag{5.13}$$

2. 粒子的能量本征值和本征函数

1) 势阱外

因为在势阱外 ($r \geqslant R$ 区域), $U(r) = \infty$, 则 $\psi(r) \equiv 0$.

2) 势阱内

与关于氢原子的讨论相同, 由质量为 m 的粒子的定态薛定谔方程

$$\left[-\frac{\hbar^2}{2m} \nabla^2 + U(\boldsymbol{r}) \right] \psi = E\psi,$$

经简单计算容易证明, 无限深球方势阱体系的可测量物理量完全集仍为 $\{\hat{H}, \hat{L}^2, \hat{L}_z\}$, 并且, 以球坐标系表述, 其 (共同) 本征函数可以表述为

$$\psi(\boldsymbol{r}) = \psi_{nl}(r) \mathrm{Y}_{lm}(\theta, \phi),$$

径向薛定谔方程具体表述为

$$\left[\frac{1}{r} \frac{\mathrm{d}^2}{\mathrm{d}r^2} r + \frac{2m}{\hbar^2} E - \frac{l(l+1)}{r^2} \right] \psi_{nl}(r) = 0.$$

记 $\sqrt{\dfrac{2mE}{\hbar^2}} = k$, 则上式即

$$\frac{\mathrm{d}^2}{\mathrm{d}r^2} \psi_{nl}(r) + \frac{2}{r} \frac{\mathrm{d}}{\mathrm{d}r} \psi_{nl}(r) + \left[k^2 - \frac{l(l+1)}{r^2} \right] \psi_{nl}(r) = 0.$$

根据波函数的连续性易知, 上述方程的解应满足边界条件 $\psi_{nl}(r = R) = 0$.

记 $kr = \xi$, 则上式化为

$$\frac{\mathrm{d}^2}{\mathrm{d}\xi^2} \psi_{nl}(\xi) + \frac{2}{\xi} \frac{\mathrm{d}}{\mathrm{d}\xi} \psi_{nl}(\xi) + \left[1 - \frac{l(l+1)}{\xi^2} \right] \psi_{nl}(\xi) = 0.$$

此乃标准的 l 阶球贝塞尔方程, 其解为球贝塞尔函数 $\mathrm{j}_l(\xi)$ 和球诺伊曼函数 $\mathrm{n}_l(\xi)$.

再记 $\psi_{nl}(\xi) = \xi^{-1/2} \phi_{nl}(\xi)$, 则上述方程改写为

$$\frac{\mathrm{d}^2}{\mathrm{d}\xi^2} \phi_{nl}(\xi) + \frac{1}{\xi} \frac{\mathrm{d}}{\mathrm{d}\xi} \phi_{nl}(\xi) + \left[1 - \frac{(l+1/2)^2}{\xi^2} \right] \phi_{nl}(\xi) = 0.$$

此乃标准的 $\left(l + \dfrac{1}{2} \right)$ 阶贝塞尔方程. 由此知, l 阶球贝塞尔函数 $\mathrm{j}_l(\xi)$、球诺伊曼函数 $\mathrm{n}_l(\xi)$ 等与贝塞尔函数 J_k 和 Y_k、汉克尔函数 $\mathrm{H}_k^{(1)}$ 和 $\mathrm{H}_k^{(2)}$ 等间有关系

$$\mathrm{j}_l(\xi) = \sqrt{\frac{\pi}{2\xi}} \mathrm{J}_{l+1/2}(\xi), \quad \mathrm{n}_l(\xi) = \sqrt{\frac{\pi}{2\xi}} \mathrm{Y}_{l+1/2}(\xi),$$

$$h_l^{(1)}(\xi) = \sqrt{\frac{\pi}{2\xi}}H_{l+1/2}^{(1)}(\xi), \quad h_l^{(2)}(\xi) = \sqrt{\frac{\pi}{2\xi}}H_{l+1/2}^{(2)}(\xi).$$

由 $\xi \to 0$ (即 $r \to 0$) 处的渐近行为

$$j_l(\xi) \longrightarrow \frac{\xi^l}{(2l+1)!!} \longrightarrow 0, \quad n_l(\xi) \longrightarrow -\frac{(2l-1)!!}{\xi^{l+1}} \longrightarrow -\infty$$

知, $n_l(\xi)$ 解应舍去.

所以, 三维无限深球方势阱的径向波函数还可以表述为

$$\psi_{nl}(r) = \sqrt{\frac{\pi}{2kr}}J_{l+1/2}(kr), \quad l > 0.$$

边界条件 $\psi_{nl}(r = R) = 0$, 即

$$J_{l+1/2}(kR) = 0.$$

由贝塞尔函数的零点 $J_{l+1/2}(kR) = 0$ 等可以得到

$$k = \sqrt{\frac{2mE}{\hbar^2}}.$$

从而可以确定粒子的能量.

记相应于贝塞尔函数 $J_{l+1/2}$ 的零点为 $\xi = kR = \xi_{nl}$, 其中 n 为零点的序号, 则三维无限深球方势阱中运动的质量为 m 的粒子的本征能量 $E = \dfrac{k^2\hbar^2}{2m}$ 为

$$E_{nl} = \frac{\hbar^2}{2mR^2}\xi_{nl}^2,$$

径向波函数可以完整表述为

$$\psi_{nl}(r) = C_{nl}j_l(k_{nl}r),$$

其中 $k_{nl} = \dfrac{\xi_{nl}}{R}$, $C_{nl} = \left[\dfrac{8\pi}{R^3j_{l-1}(k_{nl}R)j_{l+1}(k_{nl}R)}\right]^{1/2}$.

对于 $l = 0$ 情况, 径向的定态薛定谔方程为

$$\frac{\mathrm{d}^2}{\mathrm{d}r^2}\psi_{n0}(r) + \frac{2mE}{\hbar^2}\psi_{n0}(r) = 0,$$

与一维无限深势阱中粒子的定态薛定谔方程完全相同. 因此, 其解为驻波, 并可具体表述为

$$\psi_{n0}(r) = \sqrt{\frac{2}{R}}\sin\frac{(n+1)\pi}{R}r.$$

本征能谱为

$$E_{n0} = \frac{\pi^2\hbar^2}{2mR^2}(n+1)^2,$$

其中 $n=0$ 为基态, $n=1,2,3,4,\cdots$ 为激发态序号.

对于本征能量, 对应于一些低 n、l 值的 ξ_{nl} 如表 5.1 所示.

表 5.1 对应于一些低 n、l 值的 ξ_{nl} 的值

l \ n	0	1	2	3
0	π	2π	3π	4π
1	4.493	7.725	10.904	14.066
2	5.764	9.095	12.323	15.515
3	6.988	10.417	13.698	16.924

部分低激发态能谱如图 5.6 所示.

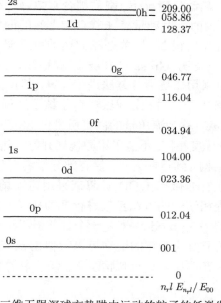

图 5.6　三维无限深球方势阱中运动的粒子的低激发态能谱
(取定 $n=0$、$l=0$ 态的能量为 1 单位)

3. 应用举例——强子结构的口袋模型

1) 核子等强子都有结构

到 20 世纪 60 年代初, 电子轰击质子等实验表明, 核子不是点粒子, 具有结构, 即它们由更基本的粒子组成. 这种组成核子等强子的组分粒子最早被称为部分子

(在我国称之为层子). 20 世纪 60 年代中期以后, 人们将部分子分为夸克和胶子, 其中夸克是构建强子的基本单元粒子, 胶子是传递夸克之间相互作用的媒介粒子 (用更严格一点儿的语言表述, 为规范玻色子), 并建立了强子的 SU(3) 分类模型, 亦即强子结构的 SU(3) 夸克模型. 并且还认识到, 部分子除具有静质量、电荷等内禀自由度外, 还具有自旋和色自由度 (关于引入该自由度的必要性, 在学习了第 6 章之后请读者自己给予粗略的讨论, 具体深入讨论超出非相对论性量子力学的范畴), 色自由度具有 SU(3) 对称性. 但实验发现, 强子都是无色的, 即不具有色自由度, 因此色自由度是被禁闭的 (这种现象简称为色禁闭). 到 20 世纪 70 年代前期, 人们建立了量子色动力学 (简称 QCD). 在 QCD 理论下, 夸克场是基本的物质场, 胶子场是规范场, 相互作用是 SU(3) 规范作用. 并且, QCD 除具有色禁闭性质外, 还具有渐近自由和手征对称性动力学破缺的性质.

2) 强子结构的口袋模型

所谓渐近自由是指夸克之间的相互作用强度是动量依赖的 (因此, 常简称之为跑动耦合常数), 在很高动量情况下, 跑动耦合常数趋于很小的值 (由不确定关系知, 两粒子间具有很大的相对动量意味着它们之间的间距很小, 因此这种相距很近的夸克之间的相互作用很弱, 以致夸克的运动可近似为自由运动, 这一规律称为渐近自由. 基于这一发现, Gross、Wilczek 和 Politzer 获得了 2004 年的诺贝尔物理学奖), 从而可以采用微扰展开方法进行计算 (其在量子力学层面上的表述及应用举例将在第 8 章中予以讨论). 但是, 对于核子这样的轻强子, 由于其组分夸克的质量仅为 10^2MeV (称为流质量的内禀质量仅 5MeV 以下, 因此常取为 0), 与 QCD 的非微扰能量标度相同, 不能采用微扰展开方法进行计算, 因此需要发展模型方法求解强子的结构 (到目前为止, 仅有部分学者可以采用离散场论层次上的格点模拟方法直接进行非微扰 QCD 计算或采用连续场论层次上的戴森–施温格方程与法捷耶夫方程相结合的方法直接进行非微扰 QCD 计算, 多数研究仍采用模型方法). 口袋模型 (bag model) 即是一个目前仍广泛应用的强子结构模型.

口袋模型认为, 强子内的夸克的运动可以近似由裸夸克[①]在三维无限深球方势阱中的运动来表征. 在非相对论近似情况下, 强子中的夸克的能谱可以近似表述为

$$E_{n0} = \frac{\pi^2 \hbar^2}{2mR^2}(n+1)^2, \quad l = 0, \quad E_{nl} = \frac{\hbar^2}{2mR^2}\xi_{nl}^2, \quad l \neq 0,$$

其中, ξ_{nl} 为 $l + 1/2$ 阶贝塞尔函数的第 n 零点的值, R 为强子的半径.

然而, 为了保证无限深势阱模型成立, 即组成强子的夸克之间的相互作用很弱, 它们的动量必须很大, 因此, 为考虑高速运动的相对论性效应, 人们应该将薛

[①] 前述的组分夸克为裸夸克经手征对称性动力学破缺而 "dressed" 修正所致, 对于核子, 其中的夸克的裸质量 (严格地, 应称为流质量) 很小, 仅 4MeV 左右.

定谔方程更换为狄拉克方程. 在狄拉克方程情况下, 三维无限深势阱的径向波函数仍为贝塞尔函数, 只是夸克的单粒子能谱改写为

$$E_{\mathrm{k}} = \frac{\xi_{nl}}{R}.$$

为了给无限深阱壁一个 "机制", 假设存在一个正比于体积的相互作用, 其比例系数称为袋常数, 记为 $\mathcal{B}$, 则有

$$E_{\mathrm{V}} = \frac{4}{3}\pi R^3 \mathcal{B}.$$

再考虑强子由不止一个夸克组成的性质 (核子等重子由 3 个夸克组成, π 介子等介子由一个夸克和一个反夸克组成), 还应该考虑质心修正等的贡献, 记之为

$$E_{\mathrm{C}} = -\frac{Z}{R},$$

其中 Z 为待定常数. 那么, 强子的质量 (能量) 谱可以表述为

$$E_{\mathrm{t}} = E_{\mathrm{k}} + E_{\mathrm{V}} + E_{\mathrm{C}} = \frac{N\xi_{nl}}{R} + \frac{4}{3}\pi R^3 \mathcal{B} - \frac{Z}{R},$$

其中 N 为 "阱内" 的夸克和反夸克的数目, 对重子, $N = 3$; 对介子, $N = 2$. 由前述贝塞尔函数的零点的分布及三维无限深势阱中粒子的本征能量的特点知, 对于基态粒子, 即仅考虑 ξ_{10}, 根据能量极小值条件, 可得袋常数与袋半径 (即强子半径) 等之间有关系

$$\mathcal{B} = \frac{N\xi_{nl} - Z}{4\pi R^4}.$$

通过拟合核子的质量可得参数 $\mathcal{B} = (163~\mathrm{MeV})^4$, $Z = 3.08$, $R = 0.85~\mathrm{fm}$. 该拟合得到的核子半径值与实验测得的核子半径值符合得相当好.

考虑不同味道夸克的裸质量的差异, 可以得到与实验测量结果符合得相当好的重子八重态、介子八重态等的质量谱.

此外, 按照现在的理论, 袋常数可以表述为具有手征动力学对称性的不禁闭相与手征对称性动力学破缺的禁闭相之间的压强差. 计算结果与前述拟合结果符合得也很好.

5.4.2 五维无限深球方势阱问题

1. 问题的提出与系统的哈密顿量

前述问题可以直接推广到任意高维的空间, 这里举一个具体的例子.

我们知道, 分子和原子核是量子多体束缚系统, 其组分物质分布的包络面的形状称为这些复合粒子的形状. 复合粒子的形状可以分为球形和变形两大类, 形变状态通常按类似电磁场的多极展开方式分为偶极形变、四极相变、八极形变、十六极形变等, 并且这些多粒子束缚态具有所有组分粒子共同参与的集体运动. 具体地, 这些复合粒子的集体运动模式分为振动和转动两大类, 并且与形变对应而分为四极振动、八极振动、四极转动、八极转动等 (转动可以细分为定轴转动和不定轴转动, 四极转动中的定轴转动还可以分为转轴垂直于对称轴的长椭球形变转动、转轴沿对称轴的扁椭球形变转动, 以及转轴不沿任何一个惯量主轴的三轴转动), 也就是说这些复合粒子具有不同的集体运动相. 更深入的研究表明, 随着一些因素的变化, 这些复合粒子的集体运动相会发生变化, 也就是具有集体运动模式相变, 常简称之为形状相变, 并且这些形状相变也有连续过渡、二级相变、一级相变之分. 例如, 对于同一个同位素链中的原子核, 随价中子数增多, 原子核会由近似的四极振动相转变到定轴转动或不定轴转动相; 随角动量量子数增大, 中重原子核会由四极振动相转变到定轴转动相. 到 21 世纪初的研究还给出了描述这些相变的临界点状态的方案和核形状相变临界点状态的性质.

我们知道, 三维空间中的一个凸凹不均匀分布可以按球谐函数展开为

$$R(\theta,\varphi) = R_0\left[1 + \sum_{kq}\alpha_{k,-q}^*\mathrm{Y}_{kq}(\theta,\varphi)\right].$$

对于简单的轴对称的四极形变 (椭球形形变), 可以简化为

$$R_{\mathrm{EQ}}(\theta,\varphi) = R_0\left[1 + \sum_{q=-2}^{2}\alpha_{2,-q}^*\mathrm{Y}_{2q}(\theta,\varphi)\right],$$

其中 $\alpha_{2q}^*(q=-2,-1,0,1,2)$ 张成一个五维空间. 该五维空间通过转动 D 函数与实验室坐标系建立起联系, 其关系为

$$\alpha_{2q} = \sum_{\nu}D_{q\nu}^2(\Omega)a_{2,\nu},$$

其中, Ω 为表征四极形变的对称轴取向的欧拉角. 考虑四极形变的椭球形在随体坐标系中具有空间反演对称性, 则可采用 Bohr–Wheeler 参数化方案将其表述为

$$a_{2,-1} = a_{2,1} = 0,\quad a_{2,0} = \beta\cos\gamma,\quad a_{2,-2} = \alpha_{2,2} = \frac{1}{\sqrt{2}}\beta\sin\gamma,$$

其中, β 为表征椭球的偏心率的参量; γ 为表征转轴取向的参量.

经过一系列计算, 可以将原来 $R = \{R, \theta, \varphi\}$ 空间中的哈密顿量改写为

$$\hat{H} = -\frac{\hbar^2}{2B}\left[\frac{1}{\beta^4}\frac{\partial}{\partial\beta}\beta^4\frac{\partial}{\partial\beta} + \frac{1}{\beta^2\sin 3\gamma}\frac{\partial}{\partial\gamma}\sin 3\gamma\frac{\partial}{\partial\gamma} - \frac{1}{4\beta^2}\sum_k\frac{Q_k^2}{\sin^2\left(\gamma - \frac{k}{3}2\pi\right)}\right]$$
$$+ V(\beta, \gamma),$$

此即所谓的五维空间中的哈密顿量 (在随体系 (两维空间) 中) 的表述, 其中 B 为与形变相关的集体质量参数. 显然, 对不同的相互作用 $V(\beta, \gamma)$, 即有不同的实际模型及物理对应. 现在常用的模型有:

(1) 五维无限深球方势阱

$$V(\beta, \gamma) = V(\beta) = \begin{cases} 0, & 0 < \beta < \beta_\text{W}, \\ \infty, & \beta \geqslant \beta_\text{W}. \end{cases} \tag{5.14}$$

显然, 该模型具有平移和转动变换不变性, 因此称之为 $E(5)$ 模型 (F. Iacchelo, Phys. Rev. Lett. 85: 3580 (2000)).

(2) "变形" 的五维无限深球方势阱

$$V(\beta, \gamma) = V(\beta) + V(\gamma), \tag{5.15}$$

其中, $V(\beta)$ 为无限深势阱或谐振子势, $V(\gamma)$ 为谐振子势或无限深势阱. $V(\beta)$ 为无限深势阱、$V(\gamma)$ 为谐振子势的情况称为 $X(5)$ 模型 (F. Iacchelo, Phys. Rev. Lett. 87: 052502 (2001)), $V(\beta)$ 为谐振子势、$V(\gamma)$ 为无限深势阱的情况称为 $Y(5)$ 模型 (F. Iacchelo, Phys. Rev. Lett. 91: 132502 (2003)).

2. 粒子的能量本征值和应用举例

经过类似 5.4.1 节前半部分的计算可以证明, $E(5)$ 模型下的能量本征方程实际为 $(\tau + 3/2)$ 阶贝塞尔方程, 角动量量子数为 $l = 2\tau$ 的态的能量本征值为

$$E_{E(5)} = \frac{\hbar^2}{2B}\left(\frac{\xi_{n,l/2}}{\beta_\text{W}}\right)^2, \tag{5.16}$$

其中, $\xi_{n,l/2}$ 为 $(l/2 + 3/2)$ 阶贝塞尔函数的第 n 个零点对应的宗量的值. 系统的本征函数为 $(l/2 + 3/2)$ 阶的贝塞尔函数, 由之可以求出不同态之间的跃迁概率.

一些低激发态的能谱及一些态之间的跃迁概率的相对值如图 5.7 所示.

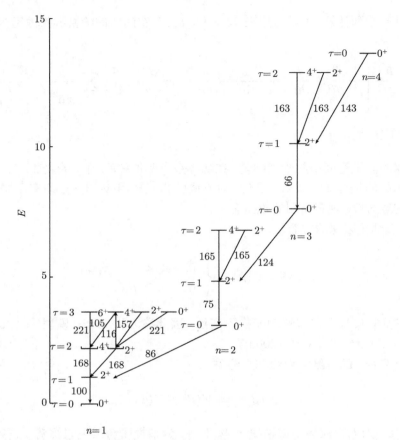

图 5.7　$E(5)$ 对称性模型下的低激发态能谱及相对跃迁强度 (取定 $B(E2, 2_1 \to 0_1) = 100$)

对于 $X(5)$ 模型, 显然, 其 β 自由度与 $E(5)$ 模型下的结果类似, 其 γ 自由度与谐振子势的结果相同, 于是系统 (粒子) 的能量本征值为

$$E_{X(5)} = \frac{\hbar^2}{2B}\left(\frac{\xi_{s,L}}{\beta_{\mathrm{W}}}\right)^2 + An_\gamma + CK^2, \tag{5.17}$$

其中, $\xi_{s,L}$ 为 $\sqrt{\dfrac{L(L+1)}{3} - \dfrac{9}{4}}$ 阶贝塞尔函数的相应于量子数 L 的第 s 个零点对应的宗量的值, A 和 C 为可调参数. K 类似于角动量在体坐标系中的投影, 其取值规则是: $n_\gamma = 0$, $K = 0$; $n_\gamma = 1$, $K = \pm 2$; $n_\gamma = 2$, $K = 0, \pm 4$; $\cdots$. 而角动量由 K 决定, 具体关系为: 对 $K = 0$, $L = 0, 2, 4, 6, \cdots$; 对 $K \neq 0$, $L = |K|, |K|+1, |K|+2, |K|+3, \cdots$.

一些低激发态的能谱及一些态之间的跃迁概率的相对值如图 5.8 所示.

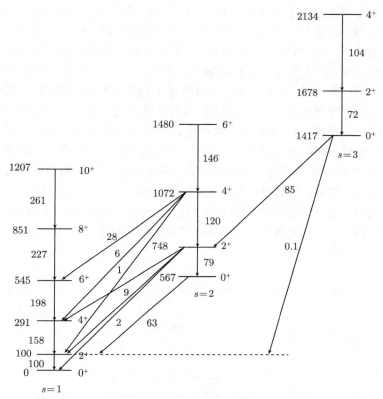

图 5.8 $X(5)$ 对称性模型下的低激发态能谱及相对跃迁强度 (取定 $B(E2, 2_1 \to 0_1) = 100$)

对于 $Y(5)$ 模型, 显然, 其 γ 自由度与 $E(5)$ 模型下的结果类似, 其 β 自由度与带转动的谐振子势的结果相同, 于是系统 (粒子) 的能量本征值为

$$E_{Y(5)} = E_0 + B'n_\beta + BL(L+1) + A(\xi_{s',L'})^2, \tag{5.18}$$

其中, $\xi_{s',L'}$ 为 $L' = |K|/2$ 阶贝塞尔函数的第 s' 个零点对应的宗量的值, K 为角动量 L 在随体坐标系 z 方向的投影, n_β 为 β 方向的振动量子数, A、B、B' 分别为与形变相关的集体运动质量、转动惯量、β 方向振动频率相关的参数.

$Y(5)$ 模型下的一些低激发态的能谱及一些态之间的跃迁概率的相对值如图 5.9 所示.

由于前述的 Bohr–Wheeler 参数化方案是典型的四极形变原子核的描述方案, 因此这些模型被用来描述原子核形状相变临界点状态的性质, 例如, $E(5)$ 模型 (也称为 $E(5)$ 对称性) 描述由振动到不定轴转动间的二级相变的临界点状态的性质, $X(5)$ 模型 (也称为 $X(5)$ 对称性) 描述由振动到定轴转动间的一级相变的临界点状态的性质, $Y(5)$ 模型 (也称为 $Y(5)$ 对称性) 描述由长椭球转动到扁椭球转动之间的二级相变的临界点状态的性质, 并已找到一批代表性原子核. 然而, 将上述 $E(5)$ 模型、$X(5)$ 模型、$Y(5)$ 模型直接分别表述为具有 $E(5)$ 对称性、$X(5)$ 对称性、$Y(5)$ 对称性模型实际上有些牵强, 因为尚未明确其在相应变换下的不变性和变换的代数结构, 也就是还需要检验各自模型下的状态在相应变换下的不变性及变换操作的代数结构. 我们知道, 平移操作与动量算符相对应, 转动操作与角动量算符相对应. 再考虑将第 4 章讨论的占有数表象方法推广, 上述操作算符都可以表述为表征四极形变的 d 玻色子的产生算符和湮灭算符的二次式和四次式等叠加的形式 (分别相应于通常所说的多粒子系统中的单体作用算符、两体相互作用算符), 从而说明其确实具有所说的对称性, 并建立起了统一描述这些临界点对称性状态的 $F(5)$ 对称性模型 (Y. Zhang, Y.X. Liu, et al., Phys. Lett. B 732: 55 (2014)). 另外, 无限深势阱当然是极端的理想模型, 实际的势阱可能是有限深的, 从而有推广的 $E(5)$ 模型等 (相关的具体讨论请读者作为习题完成).

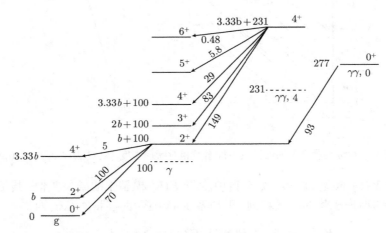

图 5.9　$Y(5)$ 对称性模型下的低激发态能谱及相对跃迁强度 (其中 $b = 6B$, 并取定 $B(E2, 2_2 \to 2_1) = 100$)

思考题与习题

5.1　试证明, 不论角动量的值多大, 在离开坐标原点很远处, 自由粒子的波函数总可以表述为 $\dfrac{f(\theta)}{r} \mathrm{e}^{\pm \mathrm{i} k r}$, 其中 $k = \dfrac{\sqrt{2mE}}{\hbar}$, $f(\theta)$ 是由角动量决定的角向宗量 θ 的函数, 并说明指数函数中正负号的物理意义.

5.2　对于氢原子的能谱和光谱, 人们常引入里德伯常量进行简洁的表述, 试说明为什么利用玻尔的半经典量子论计算得到的氢原子的里德伯常量与实验测量结果之间存在差异, 并给出在量子力学框架下解决这一问题的方案.

5.3 对于在有心力场 $U(r) = -\dfrac{a}{r^s}\ (a > 0)$ 中运动的质量为 m 的粒子, 试证明: (1) 其存在束缚态的条件是 $0 < s < 2$; (2) 在 $E \sim 0^-$ 附近存在无穷多条束缚态能级.

5.4 对于在球壳场 $U(r) = -U_0 \delta(r - R_0)\ (U_0 > 0)$ 中运动的质量为 m 的粒子, 试确定其存在束缚态的条件.

5.5 对于在有心力场 $U(r)$ 中运动的质量为 m 的粒子的任何一个束缚态, 试证明其轨道角动量 $\hat{l}$ 和中心处的波函数 $\psi(0)$ 具有关系 $\left\langle \dfrac{\mathrm{d}U}{\mathrm{d}r} \right\rangle - \left\langle \dfrac{\hat{l}^2}{mr^3} \right\rangle = \dfrac{2\pi\hbar^2}{m} |\psi(0)|^2$.

5.6 试对于氢原子的 "圆轨道" 态 $\psi_{n(n-1)m_l}$, 确定电子处于经典禁区 $(r > R)$ 中的概率.

5.7 试确定氢原子中处于各 s 态、p 态的电子的 "轨道" 半径, 并分析其随主量子数 n 增大而演化的行为.

5.8 对于氢原子、$\mathrm{He^+}$ 和 $\mathrm{Li^{++}}$, (1) 试给出它们的第一玻尔轨道半径、第二玻尔轨道半径及电子在这些轨道上的速度; (2) 电子处于上述各轨道所决定状态时的结合能; (3) 由基态到第一激发态所需的激发能及由第一激发态退激到基态时所发光的波长.

5.9 试确定氢原子中电子的角速度、势能和动能作为主量子数 n 的函数, 并给出它们关于 n 的曲线, 说明它们随电子总能量增加而变化的行为.

5.10 量子态的宗量空间中找到粒子的概率为零的点称为节点. 试确定类氢离子的 $n \leqslant 3$ 的各量子态的节点的位置.

5.11 试证明不同量子态的类氢离子的半径的平均值可以由其主量子数 n 和角动量量子数 l 表示为

$$\bar{r} = \dfrac{n^2 a_0}{Z} \left\{ 1 + \dfrac{1}{2} \left[1 - \dfrac{l(l+1)}{n^2} \right] \right\},$$

并请以平均半径由小到大顺序排列 $n \leqslant 6$ 的各量子态, 说明类氢原子中电子的径向概率密度分布随主量子数和轨道角动量量子数变化的行为的物理机制.

5.12 试确定氢原子的主量子数 $n = 1, 2, 3$ 三个玻尔轨道上的电子形成的电流强度以及氢原子的磁矩.

5.13 对于核电荷数为 Ze 的类氢离子的本征态 $\psi_{n(n-1)m_l}$, 试确定: (1) 最概然半径; (2) 平均半径; (3) 径向位置的涨落 Δr.

5.14 对于核电荷数为 Ze 的类氢离子的本征态 ψ_{nlm_l}, 记其第一玻尔轨道半径为 $a_0 = \dfrac{\hbar^2}{me_s^2}$, 其中 m 为电子的静止质量, 试证明: $\langle r^\lambda \rangle$ 有递推关系

$$\dfrac{\lambda + 1}{n^2} \langle r^\lambda \rangle - (2\lambda + 1) \dfrac{a_0}{Z} \langle r^{\lambda-1} \rangle + \dfrac{\lambda}{4} \left[(2l+1)^2 - \lambda^2 \right] \dfrac{a_0^2}{Z^2} \langle r^{\lambda-2} \rangle = 0,$$

并给出 $\lambda = 2, 1, -1, -2, -3, -4$ 情况下的值.

5.15 假设碱金属原子中的价电子所受原子实的作用可以近似为

$$U(r) = -\dfrac{e_s^2}{r} - \lambda \dfrac{e_s^2 a_0}{r^2},$$

其中 $0 < \lambda < 1$, a_0 为玻尔轨道半径, 试确定价电子的能谱, 并与氢原子的能谱比较.

5.16   一个电子与一个正电子形成的束缚系统称为电子偶素. 试确定: (1) 基态的电子偶素中电子与正电子之间的间距; (2) 基态电子偶素的电离能和由基态到第一激发态的激发能; (3) 由第一激发态退激到基态时发出的光的波长.

5.17   对于由质子和 μ^- 粒子 (除质量外, 其他性质都与电子相同的粒子) 形成的束缚态, 人们常称之为 μ 原子. 实验测得 μ^- 粒子的质量为电子的 207 倍, 试给出 μ 原子的里德伯常量、第一玻尔轨道半径、最低能量和光谱的莱曼系中的最短波长.

5.18   对于由质子和 π^- 介子形成的束缚态, 人们常称之为 π^- 原子. 实验测得 π^- 介子的质量约为 138MeV, 试给出 π^- 原子的里德伯常量, 能谱及第一、第二、第三、第四和第五"轨道"半径.

5.19   由重夸克与其反夸克形成的束缚态和共振态统称为重夸克偶素. 重夸克之间及重夸克与其反夸克之间的相互作用可以近似地由静态势表述为 $V(r) = -\dfrac{a}{r} + Kr$, 其中 a 和 K 都为正的实数, 试确定重夸克偶素的能谱. 对于静止质量 (严格来讲为流质量) 分别约为 1.27 GeV、4.18 GeV 的粲夸克、底夸克, 实验测得由 $c\bar{c}$ 形成的轨道角动量量子数为 1 的基态粒子的质量约为 2.983 GeV、由 $b\bar{b}$ 形成的轨道角动量量子数为 1 的基态粒子的质量约为 9.399 GeV, 试由之拟合出参数 a 和 K 的值, 并给出由 c 夸克和 $\bar{b}$ 夸克 (或由 $\bar{c}$ 夸克和 b 夸克) 形成的轨道角动量量子数为 1 的夸克偶素的能谱.

5.20   试给出三维各向同性谐振子势场中运动的质量为 m 的粒子的能量本征值和本征函数, 并讨论其简并度.

5.21   试给出轴对称谐振子势场中运动的质量为 m 的粒子的能量本征值和本征函数, 并讨论其简并度.

5.22   试确定在半径为 R_0 的无限长圆筒中运动的质量为 m 的粒子的本征谱.

5.23   试确定在半径为 R_0、长度为 h 的有限长圆筒中运动的质量为 m 的粒子的本征能谱.

5.24   试确定在势场 $U(r) = -U_0 e^{-r/a}$ (其中 $U_0 > 0$, $a > 0$) 中运动的质量为 m 的粒子的基态 ($l = 0$) 的波函数.

5.25   试确定在势场 $U(r) = Br^2 + \dfrac{A}{r^2}$ (其中 $A > 0$, $B > 0$) 中运动的质量为 m 的粒子的本征能谱.

5.26   试确定在势场 $U(r) = -\dfrac{a}{r} + \dfrac{A}{r^2}$ (其中 $A > 0$, $a > 0$) 中运动的质量为 m 的粒子的本征能谱.

5.27   试证明在 Hulthen 场 $U(r) = \dfrac{U_0}{1 - e^{r/a}}$ (其中 $U_0 > 0$, $a > 0$) 中运动的质量为 m 的粒子的束缚态能级 E_n 具有关系 $E_n > -\dfrac{mU_0^2 a^2}{2n^2 \hbar^2}$.

5.28   一质量为 m 的粒子被限制在由半径分别为 R_1、R_2 的同心球面决定的球壳内运动, 并且不存在其他势场, 试确定粒子基态的本征能量和本征函数.

5.29   试具体求解 $E(5)$ 对称性模型, 讨论其能谱特征.

5.30   试具体求解 $Y(5)$ 对称性模型, 讨论其能谱特征.

5.31   对于在有限深球方势阱 $U(r) = \begin{cases} 0, & r < R_0 \\ U_0, & r > R_0 \end{cases}$ 中运动的质量为 m 的粒子, (1) 试确定出现第一个束缚态对 $U_0 R_0^2$ 的限制条件; (2) 试确定出现一个新的束缚态 ψ_{nrl} 的条

件; (3) 试对 U_0 很大的情况, 估算束缚态的数目; (4) 五维空间中相应于有限深球方势阱的模型称为推广的 $E(5)$ 模型, 试讨论推广的 $E(5)$ 模型下粒子的能谱和本征函数的特征.

5.32 我们知道, 氘核由一个质子和一个中子组成, 其结合能远小于一般原子核中的核子的平均结合能, 并且没有激发态. 现建立一个最简单的有限深球方势阱模型

$$U(r) = \begin{cases} -U_0, & r < r_0, U_0 > 0, \\ 0, & r > r_0, \end{cases}$$

则氘核可视为该有限深球方势阱中能量小于但近似等于 0 的唯一一个束缚态. 若实验测得的氘核的半径即上述的 r_0, 记核子的质量为 m_N, 试给出该模型中的势阱深度 U_0 (以核子质量、氘核半径及常量表达).

5.33 核电荷数为 Ze 的类氢离子的原子核发生 β^- 衰变转变为核电荷数为 $(Z+1)e$ 的类氢离子, 试确定衰变前处于 K 态的电子在原子核衰变后仍然处于 K 态的概率.

第 6 章 自旋与全同粒子系统

前面的讨论除了非相对论性量子力学的基本原理之外, 涉及的具体问题都是单个粒子在外场中运动的能谱和概率密度分布, 但我们面临的实际物理对象绝大多数都是多个微观粒子组成的系统, 并且这多个粒子通常具有相同的 (静止) 质量和电荷等内禀性质, 也就是说, 系统的组成单元具有全同性. 由于量子化使得微观粒子不存在细微的差别, 因此全同性是量子物理区别于经典物理的典型特征之一, 而全同性由微观粒子的内禀属性和运动状态共同决定. 于是, 为研究多粒子系统的性质和结构, 微观粒子是否还有其他内禀性质 (或者说, 内禀自由度) 当然就是必须事先探究清楚的问题. 本章简要介绍微观粒子的内禀属性—自旋的概念的建立和简单的描述方案、全同粒子系统的分类、量子力学中的全同性原理、研究全同粒子系统的基本方法, 以及对原子等多粒子系统的性质和结构的初步探索. 主要内容包括: 微观粒子具有自旋自由度、单电子自旋态的描述、两电子的自旋的耦合及其波函数、全同粒子及其交换对称性、多粒子体系性质的研究方法、电子的自旋–轨道耦合与原子能级的精细结构、原子的壳层结构与周期表以及多粒子体系的集体运动的研究方法等.

6.1 微观粒子具有自旋自由度

6.1.1 实验基础

1. 原子光谱具有精细结构

利用分辨率较高的光谱仪观测发现, 在碱金属原子的光线中, 原来观测到的一条谱线实际上是由两条或更多条谱线组成的, 这种结构称为原子光谱的精细结构 (fine structure)[①]. 例如, 钠黄光 D 线, 利用高分辨率光谱仪观测发现, 通常所说的波长为 589.3nm 的钠黄光 D 线实际由波长分别为 589.6nm、589.0nm 的两条谱线 D_1、D_2 组成.

2. 反常塞曼效应

在弱磁场中, 原子的光谱线分裂成偶数条的现象称为反常塞曼效应 (anomalous Zeeman effect)[②]. 例如, 钠黄光的 D_1 线 (589.6nm) 分裂成 4 条, D_2 线

---

① 这里仅给出现象, 本章第 6.6 节将给予具体讨论.
② 这里仅给出现象, 第 9 章将给予具体讨论.

(589.0nm) 分裂成 6 条.

3. 施特恩–格拉赫实验

1922 年施特恩 (O. Stern) 和格拉赫 (W. Gerlach) 进行了使 Ag、Li、Na、K、Cu、Au 等原子束通过与束流方向垂直的不均匀磁场、观测出射束流的分布的实验[①], 结果发现束流都分裂为两束, 且分别分布在原束流方向的上、下两侧. 施特恩–格拉赫实验的实验装置及实验测量结果的示意图如图 6.1 所示.

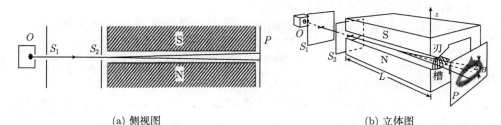

(a) 侧视图   (b) 立体图

图 6.1   施特恩–格拉赫实验的实验装置及实验测量结果的示意图

我们知道, 磁矩 $\boldsymbol{\mu}$ 与沿 z 方向的外磁场间的相互作用势为

$$U = -\boldsymbol{\mu} \cdot \boldsymbol{B} = -\mu_z B,$$

如果 $\boldsymbol{B}$ 沿 z 向不均匀, 则磁矩受力

$$f_z = -\frac{\partial U}{\partial z} = \mu_z \frac{\partial B}{\partial z}.$$

记原子有质量 m, 原子进入磁场时的速度为 v, 非均匀磁场的宽度为 L, 由力学原理可知, 原子在不均匀磁场方向上有加速度

$$a_z = \frac{f_z}{m} = \frac{\mu_z}{m} \frac{\partial B}{\partial z},$$

并且原子在原入射方向上不受力, 从而保持速度为 v 匀速运动, 因此原子在到达非均匀磁场边缘时沿非均匀磁场方向偏转的距离为

$$\Delta z = \frac{1}{2} a_z t^2 = \frac{1}{2} \frac{\mu_z}{m} \frac{\partial B}{\partial z} \left(\frac{L}{v}\right)^2.$$

实验中, m、L、v、$\dfrac{\partial B}{\partial z}$ 一定, 则实验观测到 Δz 有正负两个值说明 μ_z 有正负两个值.

---

① 后来, 人们将观测粒子束通过与束流方向垂直的不均匀磁场后的偏转情况的实验统称为施特恩–格拉赫实验.

　　由于产生原子束的高温炉的温度为 10^3K 的量级 (即 10^{-1}eV 的量级), 原子的第一激发能为 eV 或 10eV 的量级, 所以原子束中的原子应该都 (至少绝大多数) 是基态原子, 则实验揭示的磁矩信息是这些原子的基态的磁矩的信息. 由实验结果知, 这些原子的基态的磁矩仅有正负两个数值.

6.1.2　电子具有内禀自由度——自旋

1. 自旋概念的提出

1) 实验事实不可能由轨道运动引起

根据磁矩的安培电流机制, 载有电流强度 I 的面积为 S 的回路的磁矩为

$$\boldsymbol{\mu} = IS\hat{\boldsymbol{n}},$$

其中, $\hat{\boldsymbol{n}}$ 为回路面积的正法线方向的单位矢量.

　　记质量为 m、带电量为 q 的粒子所做周期运动的周期为 τ, 则其形成的电流强度为

$$I = \frac{q}{\tau}.$$

　　假设粒子所做周期运动的 "轨道" 为椭圆形, 则其面积为

$$S = \frac{1}{2}\int_0^{2\pi} r \cdot r\mathrm{d}\varphi = \frac{1}{2}\int_0^\tau r^2\omega\mathrm{d}t = \frac{1}{2m}\int_0^\tau mr^2\omega\mathrm{d}t = \frac{l}{2m}\int_0^\tau \mathrm{d}t = \frac{l\tau}{2m},$$

其中, mr^2 为粒子的转动惯量 I; $l = I\omega$ 为粒子的 "轨道" 角动量. 所以, "轨道" 角动量为 $\boldsymbol{l}$、带电量为 q 的粒子的 "轨道" 磁矩为

$$\boldsymbol{\mu}_l = \frac{q\boldsymbol{l}}{2m}.$$

　　记 $\mu_{\mathrm{B}} = \dfrac{e\hbar}{2m_{\mathrm{e}}} = 9.2740154\times10^{-24}$J/T, 并称之为玻尔磁子 (Bohr magneton), 则粒子的 "轨道" 磁矩的量子化形式可以表述为

$$\hat{\boldsymbol{\mu}}_l = \frac{q_{\mathrm{e}}}{\hbar m_{m_{\mathrm{e}}}}\mu_{\mathrm{B}}\hat{\boldsymbol{l}},$$

其中, $m_{m_{\mathrm{e}}}$ 是以电子质量为单位的质量; q_{e} 是以正电子电量 e 为单位的电量; $\hat{\boldsymbol{l}}$ 为角动量算符.

　　记粒子的 "轨道" 角动量在 z 方向的投影为 $m_l\hbar$, 即角动量投影量子数为 m_l, 则粒子的 "轨道" 磁矩在 z 方向的投影为

$$\mu_z = \frac{qm_l\hbar}{2m} = \frac{q_{\mathrm{e}}m_l}{m_{m_{\mathrm{e}}}}\mu_{\mathrm{B}}.$$

施特恩–格拉赫实验中的 Ag、Li、Na、K、Cu、Au 原子都是一族原子, 其中基态电子的轨道运动角动量量子数 $l_o =$ 整数, 其 z 分量 m_l 有 $2l+1 =$ 奇数个值, 由之引起的 z 方向磁矩都不可能为偶数个. 因此, 施特恩–格拉赫实验表明, 这些原子中的电子一定存在其他自由度.

2) 朗德假设

1921 年, 为描述实验观测到的反常塞曼效应, 朗德 (A. Landé) 提出: 角动量在 z 方向的投影量子数 (磁量子数) 不是 (第 3 章中得到的)

$$m_l = l, l-1, \cdots, 1, 0, -1, \cdots, -(l-1), -l, \quad \text{奇数个值,}$$

而应该是

$$m = l - \frac{1}{2}, l - \frac{3}{2}, \cdots, -\left(l - \frac{3}{2}\right), -\left(l - \frac{1}{2}\right), \quad \text{偶数个值.}$$

3) 泡利假设

1924 年, 为解决反常塞曼效应的机制问题, 并避免电子表面电荷运动速率超光速的问题, 泡利 (W. E. Pauli) 提出: 满壳层的电子的角动量应为零, 反常塞曼效应中的谱线分裂与原子实无关, 而只由价电子引起, 它来自 "一种特有的经典上不能描述的价电子量子论性质的二重性".

4) 乌伦贝克和古兹米特的电子自旋假设

显然, 朗德假设很突兀, 泡利假设很艰涩、绕口, 并且都不直观.

1925 年, 乌伦贝克 (G. E. Uhlenbeck) 和古兹米特 (S. A. Goudsmit) 提出: 电子除了轨道运动外, 还有自旋运动. 每个电子都具有类似自身转动角动量 (但不同于经典的定轴转动) 的自旋 $\boldsymbol{s}$, 它在空间任一方向上的投影 s_z 只能取两个值, 它们是 $s_z = \pm\frac{1}{2}\hbar$. 相应地, 每个电子具有自旋磁矩 $\boldsymbol{\mu}_s$, 它与自旋 $\boldsymbol{s}$ 之间的关系是

$$\boldsymbol{\mu}_s = \frac{e}{m_e}\boldsymbol{s},$$

$$\mu_{s_z} = \frac{e}{m_e}s_z = \pm\frac{e\hbar}{2m_e} = \pm\mu_B. \tag{6.1}$$

为描述磁矩与相应的角动量之间的关系, 人们引入旋磁比 g 的概念. 电子的自旋旋磁比 (gyromagnetic ratio) g_s 即电子的相应于单位自旋的自旋磁矩与玻尔磁子的比值 $g_s = \dfrac{\mu_{s_z}/s_z}{\mu_B} = \dfrac{\dfrac{\pm e\hbar}{2m_e}\Big/\left(\pm\dfrac{1}{2}\right)}{\dfrac{e\hbar}{2m_e}} = 2$, 电子的轨道旋磁比 g_l 即电子的

相应于单位角动量的轨道磁矩与玻尔磁子的比值, $g_l = \dfrac{\mu_{l_z}/l_z}{\mu_B} = \dfrac{\dfrac{el_z\hbar}{2m_e}\Big/l_z}{\dfrac{e\hbar}{2m_e}} = 1.$

2. 关于氢原子束的施特恩–格拉赫实验与电子自旋的实验证实

在当时, 关于原子结构的认识还不够深入, 上述 "满壳层电子的角动量为零" 的论断需要谨慎对待. 况且, 前述实验得到的关于磁矩的信息都是 (束流中的) 原子的, 而不仅仅是电子的. 因此, 从前述实验结果尚不能直接得到电子具有自旋磁矩和自旋的结论. 为解决这一问题, 施特恩和格拉赫在 1927 年进行了氢原子束通过不均匀磁场的实验, 结果发现, 氢原子束也在不均匀磁场的方向上分裂为两束. 根据前述讨论, 氢原子的磁矩应为其组分粒子—— 质子和电子的磁矩之和, 即有

$$\boldsymbol{\mu}_H = \boldsymbol{\mu}_p + \boldsymbol{\mu}_{e,l} + \boldsymbol{\mu}_{e,s},$$

从而其 z 分量为

$$\mu_{H,z} = \pm\frac{m_e}{m_p}\mu_B - m_l\mu_B \pm \mu_B.$$

因为氢原子基态的 "轨道" 角动量量子数确定为 $l=0$, 即 $m_l = 0$, 并且 $m_p = 1836\,m_e$, 从而 $\dfrac{m_e}{m_p}\mu_B \ll \mu_B$, 所以

$$\mu_{H,z} \approx \mu_{e,s_z}.$$

也就是说, 关于氢原子的施特恩–格拉赫实验得到的氢原子磁矩的信息就是 (以很高的精度) 基态氢原子中电子的自旋磁矩的信息, 从而说明电子确实具有自旋, 并且其在 z 方向上的投影为 $s_z = \pm\dfrac{\hbar}{2}$. 后来的研究表明, 绝大多数微观粒子都具有自旋自由度.

3. 电子自旋理论的发展

关于电子自旋的认识和描述自旋的理论的建立, 主要有下述三个阶段.

(1) 乌伦贝克和古兹米特的假设及对其本质的认识, 电子的自旋和自旋磁矩是电子本身的内禀属性, 是量子性质, 不能用经典角动量来理解. 否则, 假设电子内电荷均匀分布, 为使其自旋磁矩为 μ_B, 它应有巨大的电流, 从而其表面部分的电荷的速度超过真空中的光速 $(v \sim 10c)$, 与狭义相对论原理不一致 [正是基于这些考虑, 泡利否定了柯罗尼希 (R.L.Krönig) 较早就提出的与乌伦贝克和古兹米特相同的观点. 否则, 电子自旋概念的提出人就是柯罗尼希. 由此可知, 批判应该理性, 被批判者应该坚持真理 (但不能陷入无知而导致的错误不能自拔)].

(2) 1927 年泡利提出泡利矩阵理论, 把自旋概念纳入量子力学体系.

(3) 1928 年狄拉克创立相对论量子力学, 说明电子自旋本质上是相对论性量子效应.

后来的研究表明, 所有微观粒子都具有自旋自由度, 并且其投影值不限于 $\pm\dfrac{\hbar}{2}$. 限于课程范畴, 下面仅简单介绍 (电子等) $s_z = \pm\dfrac{1}{2}\hbar$ 的自旋态的描述. 其他情况与此类似.

6.2 单电子的自旋态的描述

6.2.1 自旋态的描述

1. 单纯自旋态的描述

由实验事实和电子自旋的概念知, 电子的自旋 s 的 z 分量仅能取值 $\pm\dfrac{\hbar}{2}$, 即 s_z 有本征值 $\pm\dfrac{\hbar}{2}$, 记其本征态为 $\chi_{m_s}(s_z)$, 则有

$$\hat{s}_z\chi_{m_s}(s_z) = m_s\chi_{m_s}(s_z),$$

其中, $m_s = \pm\dfrac{\hbar}{2}$, 并且人们称其中的 $\dfrac{1}{2}$、$-\dfrac{1}{2}$ 为电子自旋的投影量子数.

记对应本征值 $\dfrac{\hbar}{2}$、$-\dfrac{\hbar}{2}$ 的本征态分别为 α、β, 则它们可由矩阵表示为

$$\alpha = \chi_{\frac{1}{2}}(s_z) = \begin{pmatrix} 1 \\ 0 \end{pmatrix}, \quad \beta = \chi_{-\frac{1}{2}}(s_z) = \begin{pmatrix} 0 \\ 1 \end{pmatrix}.$$

显然,

$$|\alpha|^2 = (1,\ 0)\begin{pmatrix} 1 \\ 0 \end{pmatrix} = 1, \quad |\beta|^2 = (0,\ 1)\begin{pmatrix} 0 \\ 1 \end{pmatrix} = 1,$$

$$\alpha^\dagger\beta = (1,\ 0)\begin{pmatrix} 0 \\ 1 \end{pmatrix} = 0, \quad \beta^\dagger\alpha = (0,\ 1)\begin{pmatrix} 1 \\ 0 \end{pmatrix} = 0,$$

即 α 和 β 构成电子自旋态空间的一组正交完备基. 那么, 按照态叠加原理, 一般的电子自旋态可以表示为

$$\chi(s_z) = a\,\alpha + b\,\beta = \begin{pmatrix} a \\ b \end{pmatrix},$$

其正交归一性可表示为

$$\sum_{s_z=\pm\frac{\hbar}{2}} \left|\chi(s_z)\right|^2 = \chi^\dagger\chi = (a^*,\ b^*)\begin{pmatrix} a \\ b \end{pmatrix} = |a|^2 + |b|^2 = 1.$$

2. 包含自旋自由度的电子波函数

因为实际的电子不仅具有一个自旋自由度 s_z, 还具有三个空间自由度 $\boldsymbol{r}$, 并且通常情况下, 空间坐标与自旋自由度之间没有耦合作用, 从而可以分离变量, 那么将前述描述电子自旋态的展开系数 a、b 推广到空间坐标 $\boldsymbol{r}$ 依赖的函数, 即可描述电子的完整的状态. 于是描述电子状态的完整的波函数可以表示为 $\psi(\boldsymbol{r}, s_z)$.

具体地, 记与 $s_z = \frac{\hbar}{2}, -\frac{\hbar}{2}$ 对应的空间波函数分别为 $\psi\left(\boldsymbol{r}, \frac{\hbar}{2}\right)$、$\psi\left(\boldsymbol{r}, -\frac{\hbar}{2}\right)$, 则一般的波函数可以表示为

$$\psi(\boldsymbol{r}, s_z) = \psi\left(\boldsymbol{r}, \frac{\hbar}{2}\right)\alpha + \psi\left(\boldsymbol{r}, -\frac{\hbar}{2}\right)\beta = \begin{pmatrix} \psi\left(\boldsymbol{r}, \frac{\hbar}{2}\right) \\ \psi\left(\boldsymbol{r}, -\frac{\hbar}{2}\right) \end{pmatrix}.$$

因为从表征转动对称性的群理论角度来讲, 前述的自旋投影量子数 $\frac{1}{2}$、$-\frac{1}{2}$ 相应于转动群的旋量表示, 该一般的波函数 $\psi\left(\boldsymbol{r}, \frac{\hbar}{2}\right)\alpha$、$\psi\left(\boldsymbol{r}, -\frac{\hbar}{2}\right)\beta$ 通常称为旋量波函数, 其归一性为

$$\sum_{s_z=\pm\frac{\hbar}{2}} \int \mathrm{d}\boldsymbol{r}\, |\varPsi(\boldsymbol{r}, s_z)|^2 = \int \mathrm{d}\boldsymbol{r}\left[\left|\varPsi\left(\boldsymbol{r}, \frac{\hbar}{2}\right)\right|^2 + \left|\varPsi\left(\boldsymbol{r}, -\frac{\hbar}{2}\right)\right|^2\right] = \int \mathrm{d}\boldsymbol{r}\, \psi^\dagger\psi = 1,$$

其中, $\psi^\dagger = \left(\varPsi^*\left(\boldsymbol{r}, \frac{\hbar}{2}\right), \varPsi^*\left(\boldsymbol{r}, -\frac{\hbar}{2}\right)\right)$.

值得注意的是, 如此分离变量的条件是: 哈密顿量可以表示为空间部分与自旋部分之和, 或不包含自旋部分.

6.2.2   自旋算符与泡利矩阵

1. 自旋算符

前已述及, 自旋是表征纯粹量子效应的物理量, 不能表示为坐标和动量的函数, 因此应该抽象地用自旋算符 $\hat{s}$ 来描述.

1) 对易关系

由于自旋与转动具有完全相同的特征, 只不过自旋是纯粹的量子性质的转动, 因此 $\hat{s}$ 具有与角动量算符完全相同的性质, 首先它应满足与轨道角动量 $\hat{l}$ 相同的对易关系, 即对于 $\alpha, \beta, \gamma = x, y, z$, 有

$$[\hat{s}_\alpha, \hat{s}_\beta] = i\hbar\varepsilon_{\alpha\beta\gamma}\hat{s}_\gamma. \tag{6.2}$$

2) 本征方程与本征值

由基本假定知, s 在任一方向上的投影都只能取值 $\pm\dfrac{\hbar}{2}$, 所以 $\hat{s}_x$、$\hat{s}_y$、$\hat{s}_z$ 三个算符的本征值都是 $\pm\dfrac{\hbar}{2}$, 即有

$$\hat{s}_\alpha \chi_{m_s} = m_s \hbar \chi_{m_s}, \tag{6.3}$$

其中 $m_s = \pm\dfrac{1}{2}$.

那么,

$$\langle \hat{s}_x^2 \rangle = \langle \hat{s}_y^2 \rangle = \langle \hat{s}_z^2 \rangle = \frac{\hbar^2}{4},$$

$$\langle \hat{\boldsymbol{s}}^2 \rangle = \langle \hat{\boldsymbol{s}} \cdot \hat{\boldsymbol{s}} \rangle = \langle (\hat{s}_x^2 + \hat{s}_y^2 + \hat{s}_z^2) \rangle = \frac{3}{4}\hbar^2.$$

与 $\hat{l}^2$ 的本征值方程 $\hat{l}^2 Y_{l,m} = l(l+1)\hbar^2 Y_{l,m}$ 类比, 记

$$\hat{\boldsymbol{s}}^2 \chi_{sm_s} = s(s+1)\hbar^2 \chi_{sm_s},$$

则有 $s = \dfrac{1}{2}$. 该量子数称为 (电子的) 自旋量子数 (quantum number of spin).

2. 泡利算符

1) 泡利算符的引入

因为 s 为表征粒子纯粹量子性质的内禀转动角动量, 其本征值 s 具有 $\hbar$ 的量纲, 为简便, 引进无量纲算符 $\hat{\boldsymbol{\sigma}}$, 使得 $\hat{\boldsymbol{s}} = \dfrac{\hbar}{2}\hat{\boldsymbol{\sigma}}$, 该算符 $\hat{\boldsymbol{\sigma}}$ 称为泡利算符.

2) 泡利算符的代数关系

(1) 由 $[\hat{s}_\alpha, \hat{s}_\beta] = i\hbar\varepsilon_{\alpha\beta\gamma}\hat{s}_\gamma$ 得

$$[\hat{\sigma}_\alpha, \hat{\sigma}_\beta] = 2i\varepsilon_{\alpha\beta\gamma}\hat{\sigma}_\gamma. \tag{6.4}$$

(2) 因为自旋量子数 $s = \dfrac{1}{2}$, s_x、s_y、s_z 取值都为 $\pm\dfrac{1}{2}\hbar$, 则 $\hat{\sigma}_x$、$\hat{\sigma}_y$、$\hat{\sigma}_z$ 的本征值都是 ± 1, 所以有

$$\hat{\sigma}_x^2 = \hat{\sigma}_y^2 = \hat{\sigma}_z^2 = 1. \tag{6.5}$$

(3) 对于 $\beta \neq \alpha$ 情况, $\{\hat{\sigma}_\alpha, \hat{\sigma}_\beta\} = 0$, 即

$$\hat{\sigma}_x\hat{\sigma}_y + \hat{\sigma}_y\hat{\sigma}_x = 0, \quad \hat{\sigma}_y\hat{\sigma}_z + \hat{\sigma}_z\hat{\sigma}_y = 0, \quad \hat{\sigma}_z\hat{\sigma}_x + \hat{\sigma}_x\hat{\sigma}_z = 0. \tag{6.6}$$

证明　由泡利矩阵的基本对易关系式 (6.4) 知

$$\hat{\sigma}_y\hat{\sigma}_z - \hat{\sigma}_z\hat{\sigma}_y = 2\mathrm{i}\hat{\sigma}_x.$$

对上式等号两边都左乘 $\hat{\sigma}_y$, 则得

$$\hat{\sigma}_y^2\hat{\sigma}_z - \hat{\sigma}_y\hat{\sigma}_z\hat{\sigma}_y = 2\mathrm{i}\hat{\sigma}_y\hat{\sigma}_x.$$

因为 $\hat{\sigma}_y^2 = 1$, 则上式即

$$\hat{\sigma}_z - \hat{\sigma}_y\hat{\sigma}_z\hat{\sigma}_y = 2\mathrm{i}\hat{\sigma}_y\hat{\sigma}_x. \tag{6.6a}$$

对原对易关系等号两边都右乘 $\hat{\sigma}_y$, 则得

$$\hat{\sigma}_y\hat{\sigma}_z\hat{\sigma}_y - \hat{\sigma}_z = 2\mathrm{i}\hat{\sigma}_x\hat{\sigma}_y. \tag{6.6b}$$

式 (6.6a) + 式 (6.6b) 则得

$$0 = 2\mathrm{i}\hat{\sigma}_x\hat{\sigma}_y + 2\mathrm{i}\hat{\sigma}_y\hat{\sigma}_x,$$

所以有

$$\hat{\sigma}_x\hat{\sigma}_y + \hat{\sigma}_y\hat{\sigma}_x = 0.$$

同理可证

$$\hat{\sigma}_y\hat{\sigma}_z + \hat{\sigma}_z\hat{\sigma}_y = 0, \quad \hat{\sigma}_z\hat{\sigma}_x + \hat{\sigma}_x\hat{\sigma}_z = 0.$$

概括起来, 对于 $\beta \neq \alpha$ 情况有

$$\{\hat{\sigma}_\alpha, \hat{\sigma}_\beta\} = 0.$$

(4)

$$\hat{\sigma}_\alpha\hat{\sigma}_\beta = -\hat{\sigma}_\beta\hat{\sigma}_\alpha = \mathrm{i}\varepsilon_{\alpha\beta\gamma}\sigma_\gamma. \tag{6.7}$$

证明　因为 $\hat{\sigma}_x\hat{\sigma}_y + \hat{\sigma}_y\hat{\sigma}_x = 0$, 即 $-\hat{\sigma}_y\hat{\sigma}_x = \hat{\sigma}_x\hat{\sigma}_y$, 代入基本对易关系

$$\left[\hat{\sigma}_x, \hat{\sigma}_y\right] = \hat{\sigma}_x\hat{\sigma}_y - \hat{\sigma}_y\hat{\sigma}_x = 2\mathrm{i}\sigma_z,$$

则得

$$\hat{\sigma}_x\hat{\sigma}_y + \hat{\sigma}_x\hat{\sigma}_y = 2\mathrm{i}\sigma_z,$$

即有

$$\hat{\sigma}_x\hat{\sigma}_y = \mathrm{i}\hat{\sigma}_z.$$

所以有

$$\hat{\sigma}_x\hat{\sigma}_y = -\hat{\sigma}_y\hat{\sigma}_x = \mathrm{i}\hat{\sigma}_z.$$

同理可证 $\hat{\sigma}_y\hat{\sigma}_z = -\hat{\sigma}_z\hat{\sigma}_y = \mathrm{i}\hat{\sigma}_x, \hat{\sigma}_z\hat{\sigma}_x = -\hat{\sigma}_x\hat{\sigma}_z = \mathrm{i}\hat{\sigma}_y$.

概括起来, 即有

$$\hat{\sigma}_\alpha\hat{\sigma}_\beta = \mathrm{i}\varepsilon_{\alpha\beta\gamma}\hat{\sigma}_\gamma. \tag{6.8}$$

(5)$\hat{\boldsymbol{\sigma}}^\dagger = \hat{\boldsymbol{\sigma}}$, 因为物理量算符都应为线性厄米算符, 所以一定有 $\hat{\boldsymbol{\sigma}}^\dagger = \hat{\boldsymbol{\sigma}}$.

(6) 定义 $\hat{\sigma}_\pm = \dfrac{1}{2}\left(\hat{\sigma}_x \pm \mathrm{i}\hat{\sigma}_y\right)$, 则

$$\hat{\sigma}_\pm^2 = 0, \quad [\hat{\sigma}_+, \hat{\sigma}_-] = \hat{\sigma}_z, \quad [\hat{\sigma}_z, \hat{\sigma}_\pm] = \pm\hat{\sigma}_\pm. \tag{6.9}$$

这些对易关系 (代数关系) 表明, 泡利算符构成 SU(2) 李代数. 也就是说, 与三维空间中的角动量相同, 自旋也具有 SU(2) 对称性 (粗略来讲, 即 SO(3) 对称性). 限于课程范畴, 这里不对此予以展开讨论, 有兴趣的读者可参阅群论或李群与李代数的教材或专著.

3. 泡利矩阵

前已说明, 自旋在某一方向上的投影算符的本征态可以表述为矩阵形式. 相应地, 泡利算符的本征态也可以表述为矩阵的形式. 由线性代数理论知, 既然泡利算符的本征态可以表述为矩阵, 泡利算符也就可以表述为矩阵. 这样的表述泡利算符的矩阵形式称为泡利矩阵. 前述讨论还表明, 取定了自旋在某一方向的投影算符的本征态作为基矢之后, 自旋在其他方向上的本征态可以表述为已取定的方向的本征态的线性叠加. 由此知, 泡利矩阵的表述取决于取定为基矢的方向, 并且以不同方向的本征态作为基矢的不同的矩阵表述形式可以通过转动变换相联系. 这里对此予以简要讨论.

1) z 表象中的泡利矩阵

按照前面关于量子力学基本原理的讨论, 所谓 z 表象, 即以 $\hat{s}_z$ 的本征态 α、β 为基矢的空间 (或称 $\hat{\sigma}_z$ 对角化的表象).

按照上述定义, 在 z 表象中, $\hat{\sigma}_z$ 的本征值只能取 ± 1. 于是, 为表述简单, 则将 $\hat{\sigma}_z$ 表示为

$$\hat{\sigma}_z = \begin{pmatrix} 1 & 0 \\ 0 & -1 \end{pmatrix}.$$

显然有

$$\hat{\sigma}_z\begin{pmatrix} 1 \\ 0 \end{pmatrix} = \hat{\sigma}_z\alpha = \alpha, \quad \hat{\sigma}_z\begin{pmatrix} 0 \\ 1 \end{pmatrix} = \hat{\sigma}_z\beta = -\beta.$$

进一步, 根据前述对易关系 (代数关系) 可得

$$\hat{\sigma}_x = \begin{pmatrix} 0 & 1 \\ 1 & 0 \end{pmatrix}, \quad \hat{\sigma}_y = \begin{pmatrix} 0 & -i \\ i & 0 \end{pmatrix}.$$

泡利算符 $\boldsymbol{\sigma}$ 的这种矩阵表述形式即泡利矩阵在 z 表象中的表述形式.

2) x 表象和 y 表象中的泡利矩阵

参照前述 z 表象中泡利矩阵的表述, 在 x 表象中, 即以 $\hat{s}_x$ 的本征态

$$|x\rangle = \alpha = \begin{pmatrix} 1 \\ 0 \end{pmatrix} \quad 和 \quad |\overline{x}\rangle = \beta = \begin{pmatrix} 0 \\ 1 \end{pmatrix}$$

为基矢、相应的本征值分别为 $\pm\dfrac{1}{2}\hbar$ 的空间中, 泡利矩阵可以表述为

$$\hat{\sigma}_x = \begin{pmatrix} 1 & 0 \\ 0 & -1 \end{pmatrix}, \quad \hat{\sigma}_y = \begin{pmatrix} 0 & 1 \\ 1 & 0 \end{pmatrix}, \quad \hat{\sigma}_z = \begin{pmatrix} 0 & -i \\ i & 0 \end{pmatrix}.$$

在 y 表象中, 即以 $\hat{s}_y$ 的本征态

$$|y\rangle = \alpha = \begin{pmatrix} 1 \\ 0 \end{pmatrix} \quad 和 \quad |\overline{y}\rangle = \beta = \begin{pmatrix} 0 \\ 1 \end{pmatrix}$$

为基矢、相应的本征值分别为 $\pm\dfrac{1}{2}\hbar$ 的空间中, 泡利矩阵可以表述为

$$\hat{\sigma}_x = \begin{pmatrix} 0 & -i \\ i & 0 \end{pmatrix}, \quad \hat{\sigma}_y = \begin{pmatrix} 1 & 0 \\ 0 & -1 \end{pmatrix}, \quad \hat{\sigma}_z = \begin{pmatrix} 0 & 1 \\ 1 & 0 \end{pmatrix}.$$

3) 不同基矢之间的转换

A. 各表象的基矢在相应表象的泡利矩阵下的变换

在 z 表象中, 记

$$\alpha = \begin{pmatrix} 1 \\ 0 \end{pmatrix} = |z\rangle, \quad \beta = \begin{pmatrix} 0 \\ 1 \end{pmatrix} = |\overline{z}\rangle,$$

即有

$$\hat{\sigma}_z|z\rangle = |z\rangle, \quad \hat{\sigma}_z|\overline{z}\rangle = -|\overline{z}\rangle,$$

直接计算, 则得

$$\hat{\sigma}_x|z\rangle = |\overline{z}\rangle, \quad \hat{\sigma}_x|\overline{z}\rangle = |z\rangle, \quad \hat{\sigma}_y|z\rangle = i|\overline{z}\rangle, \quad \hat{\sigma}_y|\overline{z}\rangle = -i|z\rangle.$$

在 x 表象中,

$$\hat{\sigma}_x|x\rangle = |x\rangle, \quad \hat{\sigma}_x|\overline{x}\rangle = -|\overline{x}\rangle,$$

直接计算, 则得

$$\hat{\sigma}_y|x\rangle = |\overline{x}\rangle, \quad \hat{\sigma}_y|\overline{x}\rangle = |x\rangle, \quad \hat{\sigma}_z|x\rangle = \mathrm{i}|\overline{x}\rangle, \quad \hat{\sigma}_z|\overline{x}\rangle = -\mathrm{i}|x\rangle.$$

在 y 表象中,

$$\hat{\sigma}_y|y\rangle = |y\rangle, \quad \hat{\sigma}_y|\overline{y}\rangle = -|\overline{y}\rangle,$$

直接计算, 则得

$$\hat{\sigma}_x|y\rangle = \mathrm{i}|\overline{y}\rangle, \quad \hat{\sigma}_x|\overline{y}\rangle = -\mathrm{i}|y\rangle, \quad \hat{\sigma}_z|y\rangle = |\overline{y}\rangle, \quad \hat{\sigma}_z|\overline{y}\rangle = |y\rangle.$$

B. 各表象下不同泡利算符的本征态

先考虑 z 表象, 对以 z 表象的基矢为基础的情况, 先将 $\hat{\sigma}_x$、$\hat{\sigma}_y$ 的本征态假设为 z 表象的基矢的线性叠加态, 考虑前述的 $\hat{\sigma}_x$、$\hat{\sigma}_y$ 对 $|z\rangle$ 和 $|\overline{z}\rangle$ 作用的结果, 再考虑归一化条件, 直接计算出假设形式中的待定系数, 可以得到 $\hat{\sigma}_x$ 的本征态和 $\hat{\sigma}_y$ 的本征态在 z 表象的基矢下的表述形式分别为

$$|x\rangle = \frac{1}{\sqrt{2}}\big[|z\rangle + |\overline{z}\rangle\big], \quad |\overline{x}\rangle = \frac{1}{\sqrt{2}}\big[|z\rangle - |\overline{z}\rangle\big];$$

$$|y\rangle = \frac{1}{\sqrt{2}}\big[|z\rangle + \mathrm{i}|\overline{z}\rangle\big], \quad |\overline{y}\rangle = \frac{1}{\sqrt{2}}\big[|z\rangle - \mathrm{i}|\overline{z}\rangle\big].$$

亦即有变换

$$|z\rangle = \frac{1}{\sqrt{2}}\big[|x\rangle + |\overline{x}\rangle\big], \quad |\overline{z}\rangle = \frac{1}{\sqrt{2}}\big[|x\rangle - |\overline{x}\rangle\big];$$

$$|z\rangle = \frac{1}{\sqrt{2}}\big[|y\rangle + |\overline{y}\rangle\big], \quad |\overline{z}\rangle = \frac{-\mathrm{i}}{\sqrt{2}}\big[|y\rangle - |\overline{y}\rangle\big].$$

以另两个表象的基矢为基础, 也有类似的变换形式. 请读者自己完成.

上述讨论表明, 有关的计算可以说很简单, 也可以说相当复杂. 一般情况的具体表述 (包括本征态的变换和算符的变换等) 即表象与表象变换理论, 具体讨论见第 7 章.

6.3　两电子的自旋的叠加及其波函数

6.3.1　两电子自旋叠加的概念和代数关系

前述讨论已经表明, 与 "轨道" 角动量类似, 本质上是旋量的自旋可以像矢量一样叠加, 两自旋的叠加耦合可以简记为矢量耦合的形式

$$\boldsymbol{S} = \boldsymbol{s}_1 + \boldsymbol{s}_2.$$

严格来讲, 因为自旋是旋量, 两自旋的耦合叠加应该是直和, 即有

$$S = s_1 \oplus s_2 = s_1 \otimes \begin{pmatrix} 1 & 0 \\ 0 & 0 \end{pmatrix} + s_2 \otimes \begin{pmatrix} 0 & 0 \\ 0 & 1 \end{pmatrix} = \begin{pmatrix} s_1 & 0 \\ 0 & s_2 \end{pmatrix}. \qquad (6.10)$$

由于自旋是旋量, 其叠加仍然是旋量, 于是总自旋算符有对易关系

$$\left[\hat{S}_\alpha , \hat{S}_\beta\right] = \mathrm{i}\hbar\varepsilon_{\alpha\beta\gamma}\hat{S}_\gamma , \quad \left[\hat{S}^2 , \hat{S}_\alpha\right] = 0,$$

其中, $\alpha, \beta = x, y, z$.

由于通常说的两个自旋各自独立, 因此有关系

$$\left[\hat{s}_{1\alpha} , \hat{s}_{2\beta}\right] \equiv 0. \qquad (6.11)$$

6.3.2　总自旋的 M-Scheme 确定

两电子各有一个自旋自由度, 则两电子系统的自旋有两个自由度, 其可测量物理量完全集应包含两个物理量. 通常, 人们可以采用非耦合表象或耦合表象来表征两电子自旋系统的状态.

对两电子的自旋态都取 z 表象, 则 $\{\hat{s}_{1z} , \hat{s}_{2z}\}$ 即构成非耦合表象中的可测量物理量完全集. 对于第 i ($i = 1, 2$) 个电子, 记其自旋在 z 方向的投影的本征态为 $\alpha(i)$ 和 $\beta(i)$, 则有

$$\hat{s}_{iz}\alpha(i) = \frac{\hbar}{2}\alpha(i), \quad \hat{s}_{iz}\beta(i) = -\frac{\hbar}{2}\beta(i).$$

并且, 由于两电子自旋各自独立, 系统的总自旋波函数可分离变量为各自的自旋波函数的直积, 以前述的最简单情况为例, 可以由矩阵形式 (矩阵的直积为矩阵的张量积) 表述为

$$\begin{pmatrix} \alpha(1) \\ \beta(1) \end{pmatrix} \otimes \begin{pmatrix} \alpha(2) \\ \beta(2) \end{pmatrix} = \left(\begin{pmatrix} \alpha(1) \\ \beta(1) \\ 0 \end{pmatrix} \alpha(2) \right) \oplus \left(\begin{pmatrix} 0 \\ \alpha(1) \\ \beta(1) \end{pmatrix} \beta(2) \right) = \begin{pmatrix} \alpha(1)\alpha(2) \\ \beta(1)\alpha(2) \\ \alpha(1)\beta(2) \\ \beta(1)\beta(2) \end{pmatrix}.$$

对于耦合表象, 人们通常采用与表征一个角动量的状态相同的方案 (既有角动量又有角动量在 z 方向的投影), 即取 $\{\hat{S}^2 , \hat{S}_z\}$ 为耦合表象中的可测量物理量完全集.

由 $\hat{S}_z = \hat{s}_{1z} + \hat{s}_{2z}$ 知, 耦合表象中系统的总自旋在 z 方向的投影为两电子各自的自旋在 z 方向上的投影的简单叠加, 那么, $\alpha(1)\alpha(2)$、$\alpha(1)\beta(2)$、$\beta(1)\alpha(2)$、$\beta(1)\beta(2)$ 对应的 S_z 分别为 1、0、0、−1.

由角动量的 z 分量 m_l 与角动量 l 的关系

$$m_l = 0, \pm 1, \pm 2, \cdots, \pm l$$

知, 上述的 $S_z = \pm 1$ 和一个 $S_z = 0$ 对应 $S = 1$ 在 z 方向的三个投影值, 一个 $S_z = 0$ 对应 $S = 0$ 在 z 方向的投影值①. 所以, 两电子系统 (两自旋量子数都为 $\dfrac{1}{2}$ 的系统) 的总自旋量子数可能为

$$S = 1, \ 0.$$

这种通过分析角动量 (自旋) 在 z 方向上的投影, 进而确定总角动量 (自旋) 的方法通常称为角动量 (自旋) 叠加的 M-Scheme.

6.3.3　两电子的总自旋及其波函数

由定义 $\hat{\boldsymbol{S}} = \hat{\boldsymbol{s}}_1 + \hat{\boldsymbol{s}}_2$, 知

$$
\begin{aligned}
\hat{\boldsymbol{S}}^2 &= \left(\hat{\boldsymbol{s}}_1 + \hat{\boldsymbol{s}}_2\right)^2 = \hat{\boldsymbol{s}}_1^{\,2} + \hat{\boldsymbol{s}}_2^{\,2} + 2\hat{\boldsymbol{s}}_1 \cdot \hat{\boldsymbol{s}}_2 \\
&= \frac{3}{2}\hbar^2 \hat{I} + \frac{\hbar^2}{2}\left(\hat{\sigma}_{1x}\hat{\sigma}_{2x} + \hat{\sigma}_{1y}\hat{\sigma}_{2y} + \hat{\sigma}_{1z}\hat{\sigma}_{2z}\right) \\
&= \frac{3}{2}\hbar^2 \hat{I} + \frac{\hbar^2}{2}\left[\hat{\sigma}_{1y}\hat{\sigma}_{2y}\left(\hat{I} - \hat{\sigma}_{1z}\hat{\sigma}_{2z}\right) + \hat{\sigma}_{1z}\hat{\sigma}_{2z}\right].
\end{aligned}
$$

记 ξ、η 为两电子的编号, 由定义则知

$$\hat{\sigma}_{\xi z}\alpha(\eta) = \delta_{\xi\eta}\alpha(\eta), \quad \hat{\sigma}_{\xi z}\beta(\eta) = -\delta_{\xi\eta}\beta(\eta),$$

并且

$$\hat{\sigma}_{\xi y}\alpha(\eta) = \mathrm{i}\delta_{\xi\eta}\beta(\eta), \quad \hat{\sigma}_{\xi y}\beta(\eta) = -\mathrm{i}\delta_{\xi\eta}\alpha(\eta),$$

于是

$$\hat{\boldsymbol{S}}^2\alpha(1)\alpha(2) = 2\hbar^2\alpha(1)\alpha(2),$$

$$\hat{\boldsymbol{S}}^2\beta(1)\beta(2) = 2\hbar^2\beta(1)\beta(2),$$

$$\hat{\boldsymbol{S}}^2\alpha(1)\beta(2) = \hbar^2\left[\frac{3}{2} + \frac{1}{2}\left(2\hat{\sigma}_{1y}\hat{\sigma}_{2y} - 1\right)\right]\alpha(1)\beta(2) = \hbar^2\alpha(1)\beta(2) + \hbar^2\beta(1)\alpha(2),$$

$$\hat{\boldsymbol{S}}^2\beta(1)\alpha(2) = \hbar^2\left[\frac{3}{2} + \frac{1}{2}\left(2\hat{\sigma}_{1y}\hat{\sigma}_{2y} - 1\right)\right]\beta(1)\alpha(2) = \hbar^2\beta(1)\alpha(2) + \hbar^2\alpha(1)\beta(2).$$

---

① 利用数学上关于李群的直积表示的约化的语言来讲, 这种方法称为权空间分解方法.

这表明, $\alpha(1)\alpha(2)$ 和 $\beta(1)\beta(2)$ 是 $\hat{\boldsymbol{S}}^2$ 的本征函数, 相应的本征值为 $S = 1$; 但 $\alpha(1)\beta(2)$ 和 $\beta(1)\alpha(2)$ 不是 $\hat{\boldsymbol{S}}^2$ 的本征函数, 然而很显然

$$\hat{\boldsymbol{S}}^2\big[\alpha(1)\beta(2) + \beta(1)\alpha(2)\big]$$
$$= \hbar^2\big[\alpha(1)\beta(2) + \beta(1)\alpha(2)\big] + \hbar^2\big[\beta(1)\alpha(2) + \alpha(1)\beta(2)\big]$$
$$= 2\hbar^2\big[\alpha(1)\beta(2) + \beta(1)\alpha(2)\big],$$
$$\hat{\boldsymbol{S}}^2\big[\alpha(1)\beta(2) - \beta(1)\alpha(2)\big]$$
$$= \hbar^2\big[\alpha(1)\beta(2) + \beta(1)\alpha(2)\big] - \hbar^2\big[\beta(1)\alpha(2) + \alpha(1)\beta(2)\big]$$
$$= 0 \cdot \big[\alpha(1)\beta(2) - \beta(1)\alpha(2)\big].$$

这表明, $\alpha(1)\beta(2)$ 与 $\beta(1)\alpha(2)$ 的线性组合 $\alpha(1)\beta(2) + \beta(1)\alpha(2)$ 和 $\alpha(1)\beta(2) - \beta(1)\alpha(2)$ 都是 $\hat{\boldsymbol{S}}^2$ 的本征函数, 本征值分别为 $S = 1, S = 0$.

总之, 两自旋量子数都为 $\dfrac{1}{2}$ 的电子形成的系统总自旋量子数为

$$S = 1, \ 0.$$

并且, 可以证明 (利用 M-制式的唯象证明见 6.5.3 小节; 严格的证明, 请参见有关群表示的直积的约化的讨论), 一般的两角动量 l_1、l_2 耦合而成的总角动量为

$$L = |l_1 - l_2|, \ |l_1 - l_2| + 1, \ \cdots, \ l_1 + l_2 - 1, \ l_1 + l_2. \tag{6.12}$$

考虑归一化, 则总自旋的本征函数为

$$\psi_{S=1} = \begin{cases} \chi_{1,1} = \alpha(1)\alpha(2), & S = 1, M_S = 1, & (6.12a) \\[2mm] \chi_{1,0} = \dfrac{1}{\sqrt{2}}\big[\alpha(1)\beta(2) + \alpha(2)\beta(1)\big], & S = 1, M_S = 0, & (6.12b) \\[2mm] \chi_{1,-1} = \beta(1)\beta(2), & S = 1, M_S = -1, & (6.12c) \end{cases}$$

$$\psi_{S=0} = \chi_{0,0} = \dfrac{1}{\sqrt{2}}\big[\alpha(1)\beta(2) - \alpha(2)\beta(1)\big], \quad S = 0, M_S = 0. \tag{6.12d}$$

其直观图像如图 6.2所示.

这些结果具体说明, 总自旋 $S = 1$ 的态是三重态, 分别对应 $M_S = 1, 0, -1$; 总自旋 $S = 0$ 的态为单态, 因为仅有 $M_{S=0} \equiv 0$. 由一个原子核和两个电子形成的氦原子有三重态的正氦和单态仲氦, 正是两自旋量子数 $\dfrac{1}{2}$ 的系统的总自旋态有 $S = 1$ 的三重态和 $S = 0$ 的单态的直接反映.

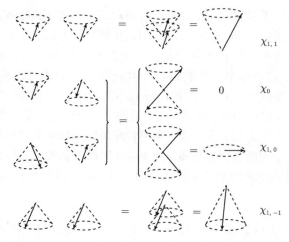

图 6.2 两量子数为 $\frac{1}{2}$ 的自旋的叠加及其形成的态示意图

6.3.4 纠缠态初步

1. 纠缠态的概念

回顾本章和前两章的讨论及数学原理我们知道, 求解多变量的本征方程时, 能够把完整的波函数表述为以各变量为宗量的波函数的乘积 (也就是能够分离变量) 的条件是这些变量各自相互独立、没有相互影响. 将之推广, 独立粒子系统的波函数能够表述为各粒子波函数的简单乘积 (直积). 那么, 体系的波函数不能表述为组成体系的各组分粒子的波函数的简单乘积的多粒子体系的各组分粒子之间一定有相互作用, 也就是各组分粒子之间有纠缠. 例如, 前述的两电子自旋体系的波函数表述为各电子的自旋的波函数 $\{\alpha(i),\ \beta(i)\}$ 的直积 $\{\alpha(1)\alpha(2), \alpha(1)\beta(2), \beta(1)\alpha(2), \beta(1)\beta(2)\}$ 时, $\alpha(1)\beta(2)$ 和 $\beta(1)\alpha(2)$ 仅仅是各电子的自旋的 z 分量的本征函数, 不是总自旋 $\hat{\boldsymbol{S}} = \hat{\boldsymbol{s}}_1 + \hat{\boldsymbol{s}}_2$ 及其平方的本征函数; 总自旋 $\hat{\boldsymbol{S}} = \hat{\boldsymbol{s}}_1 + \hat{\boldsymbol{s}}_2$ 及其平方的本征函数一定是 $\alpha(1)\beta(2)$ 与 $\beta(1)\alpha(2)$ 的线性组合.

于是, 对于多粒子 (多变量) 系统的量子态, 人们称不能表述为各组分粒子的量子态的简单乘积的量子态为纠缠态. 再如, 两电子的总自旋的波函数中的式 (6.12b) 和式 (6.12d).

回顾前述的两电子自旋的 (总) 波函数知, 其中的 χ_{10} 和 χ_{00} 是纠缠态, 而 χ_{11} 和 χ_{1-1} 不是纠缠态. 事实上, 人们可以把两电子的四个 (总) 自旋波函数都表述为纠缠态. 例如, 在前述的 $\{\hat{\sigma}_{1z}\hat{\sigma}_{2z}\}$ 表象中, 算符集 $\{\hat{\sigma}_{1x}\hat{\sigma}_{2x}, \hat{\sigma}_{1y}\hat{\sigma}_{2y}\}$、$\{\hat{\sigma}_{1x}\hat{\sigma}_{2y}, \hat{\sigma}_{1y}\hat{\sigma}_{2x}\}$ 都构成可测量物理量完全集, 它们的共同本征函数就都是纠缠态 (作为习题, 请读者给出其具体表达式). 这两个可测量物理量完全集的各自的共同本征函数系都称为 (著名的) 贝尔基, 在 2–qubits 系统的 (量子信息) 研究中被广泛应用. 尤其需要注意的是, 并不是任意的量子态都构成纠缠态. 认真考察前述的纠缠态的特点知, 纠缠态是涉及不同自由度的至少两个对易可测量物理量的共同本征态, 例如粒子自旋在不同坐标方向上的投影算符的本征态. 也就是说, 仅一个可测量物理量完全集中的各物理量的共同本征函数才可能构成纠缠态. 由此知, 制备纠缠态需要相互作用, 但维持纠缠态不需要相互作用, 纠缠态会像通常量子态的自发辐射一样发生退相干. 考察纠缠态时的一个重要因素是与不同自由度相应的可以使它们的共同本征态相干叠加的可测量物理量完全集中的物理量, 并且退相干时间是标志纠缠态的品质的重要特征量. 为使读者对此理解得更具体更深入, 下面对贝尔基及三量子比特系统和四量子比特系统的 GHZ 态予以简单介绍.

　　2. 贝尔基

　　上述两电子的总自旋态 χ_{SM} ($\hat{\boldsymbol{S}}^2$ 和 $\hat{S}_z = \hat{s}_{1z} + \hat{s}_{2z}$ 的共同本征函数) 中的一部分为纠缠态, 另一部分为可分离态. 事实上, 人们可以构建全是纠缠态的表述形式. 例如, 因为

$$[\hat{\sigma}_{1x}\hat{\sigma}_{2x} \, , \, \hat{\sigma}_{1y}\hat{\sigma}_{2y}] = [\hat{\sigma}_{1y}\hat{\sigma}_{2y} \, , \, \hat{\sigma}_{1z}\hat{\sigma}_{2z}] = [\hat{\sigma}_{1z}\hat{\sigma}_{2z} \, , \, \hat{\sigma}_{1x}\hat{\sigma}_{2x}] = 0,$$
$$(\hat{\sigma}_{1x}\hat{\sigma}_{2x})(\hat{\sigma}_{1y}\hat{\sigma}_{2y})(\hat{\sigma}_{1z}\hat{\sigma}_{2z}) = -\hat{I},$$
$$(\hat{\sigma}_{1x}\hat{\sigma}_{2y})(\hat{\sigma}_{1y}\hat{\sigma}_{2z})(\hat{\sigma}_{1z}\hat{\sigma}_{2x}) = -\hat{I},$$
$$(\hat{\sigma}_{1x}\hat{\sigma}_{2z})(\hat{\sigma}_{1z}\hat{\sigma}_{2y})(\hat{\sigma}_{1y}\hat{\sigma}_{2z}) = -\hat{I},$$

记 $\hat{\sigma}_{iz}$ 的本征函数为 $|z_i\rangle = |\alpha(i)\rangle = |\uparrow\rangle$, $|\bar{z}_i\rangle = |\beta(i)\rangle = |\downarrow\rangle$, 则可解得 $(\hat{\sigma}_{1x}\hat{\sigma}_{2x})$、$(\hat{\sigma}_{1y}\hat{\sigma}_{2y})$ 和 $(\hat{\sigma}_{1z}\hat{\sigma}_{2z})$ 有共同本征函数

$$|\psi^-\rangle_{12} = \frac{1}{\sqrt{2}}[|\uparrow\downarrow\rangle_{12} - |\downarrow\uparrow\rangle_{12}], \quad |\psi^+\rangle_{12} = \frac{1}{\sqrt{2}}[|\uparrow\downarrow\rangle_{12} + |\downarrow\uparrow\rangle_{12}],$$

$$|\varphi^-\rangle_{12} = \frac{1}{\sqrt{2}}[|\uparrow\uparrow\rangle_{12} - |\downarrow\downarrow\rangle_{12}], \quad |\varphi^+\rangle_{12} = \frac{1}{\sqrt{2}}[|\uparrow\uparrow\rangle_{12} + |\downarrow\downarrow\rangle_{12}].$$

它们的本征值如表 6.1 所列.

表 6.1　相应于贝尔基的一个可测量物理量完全集及其本征值

	$\hat{\sigma}_{1x}\hat{\sigma}_{2x}$	$\hat{\sigma}_{1y}\hat{\sigma}_{2y}$	$\hat{\sigma}_{1z}\hat{\sigma}_{2z}$
$\|\psi^-\rangle_{12} = \frac{1}{\sqrt{2}}[\|\uparrow\downarrow\rangle_{12} - \|\downarrow\uparrow\rangle_{12}]$	-1	-1	-1
$\|\psi^+\rangle_{12} = \frac{1}{\sqrt{2}}[\|\uparrow\downarrow\rangle_{12} + \|\downarrow\uparrow\rangle_{12}]$	$+1$	$+1$	-1
$\|\varphi^-\rangle_{12} = \frac{1}{\sqrt{2}}[\|\uparrow\uparrow\rangle_{12} - \|\downarrow\downarrow\rangle_{12}]$	-1	$+1$	$+1$
$\|\varphi^+\rangle_{12} = \frac{1}{\sqrt{2}}[\|\uparrow\uparrow\rangle_{12} + \|\downarrow\downarrow\rangle_{12}]$	$+1$	-1	$+1$

并且, 由

$$[\hat{\sigma}_{1x}\hat{\sigma}_{2y},\ \hat{\sigma}_{1y}\hat{\sigma}_{2x}] = [\hat{\sigma}_{1y}\hat{\sigma}_{2x},\ \hat{\sigma}_{1z}\hat{\sigma}_{2z}] = [\hat{\sigma}_{1z}\hat{\sigma}_{2z},\ \hat{\sigma}_{1x}\hat{\sigma}_{2y}] = 0,$$
$$(\hat{\sigma}_{1y}\hat{\sigma}_{2z})(\hat{\sigma}_{1z}\hat{\sigma}_{2y})(\hat{\sigma}_{1x}\hat{\sigma}_{2x}) = \hat{I},$$
$$(\hat{\sigma}_{1z}\hat{\sigma}_{2x})(\hat{\sigma}_{1x}\hat{\sigma}_{2z})(\hat{\sigma}_{1y}\hat{\sigma}_{2y}) = \hat{I},$$
$$(\hat{\sigma}_{1x}\hat{\sigma}_{2y})(\hat{\sigma}_{1y}\hat{\sigma}_{2x})(\hat{\sigma}_{1z}\hat{\sigma}_{2z}) = \hat{I}$$

知, $(\hat{\sigma}_{1x}\hat{\sigma}_{2y})$、$(\hat{\sigma}_{1y}\hat{\sigma}_{2x})$、$(\hat{\sigma}_{1z}\hat{\sigma}_{2z})$ 有共同本征态 (记 $|z_i\rangle = |\alpha(i)\rangle = |\uparrow\rangle$, $|\bar{z}_i\rangle = |\beta(i)\rangle = |\downarrow\rangle$)

$$|\psi'^{-}\rangle_{12} = \frac{1}{\sqrt{2}}[|\uparrow\downarrow\rangle_{12} - i|\downarrow\uparrow\rangle_{12}],\quad |\psi'^{+}\rangle_{12} = \frac{1}{\sqrt{2}}[|\uparrow\downarrow\rangle_{12} + i|\downarrow\uparrow\rangle_{12}],$$

$$|\varphi'^{-}\rangle_{12} = \frac{1}{\sqrt{2}}[|\uparrow\uparrow\rangle_{12} - i|\downarrow\downarrow\rangle_{12}],\quad |\varphi'^{+}\rangle_{12} = \frac{1}{\sqrt{2}}[|\uparrow\uparrow\rangle_{12} + i|\downarrow\downarrow\rangle_{12}],$$

它们的本征值如表 6.2 所列.

表 6.2 相应于贝尔基的另一个可测量物理量完全集及其本征值

	$\hat{\sigma}_{1x}\hat{\sigma}_{2y}$	$\hat{\sigma}_{1y}\hat{\sigma}_{2x}$	$\hat{\sigma}_{1z}\hat{\sigma}_{2z}$
$\|\psi'^{-}\rangle_{12} = \frac{1}{\sqrt{2}}[\|\uparrow\downarrow\rangle_{12} - i\|\downarrow\uparrow\rangle_{12}]$	+1	−1	−1
$\|\psi'^{+}\rangle_{12} = \frac{1}{\sqrt{2}}[\|\uparrow\downarrow\rangle_{12} + i\|\downarrow\uparrow\rangle_{12}]$	−1	+1	−1
$\|\varphi'^{-}\rangle_{12} = \frac{1}{\sqrt{2}}[\|\uparrow\uparrow\rangle_{12} - i\|\downarrow\downarrow\rangle_{12}]$	−1	−1	+1
$\|\varphi'^{+}\rangle_{12} = \frac{1}{\sqrt{2}}[\|\uparrow\uparrow\rangle_{12} + i\|\downarrow\downarrow\rangle_{12}]$	+1	+1	+1

总之, 前述各包含三个因子的两体自旋算符的恒等式中的任意两个都构成两电子体系的自旋态的一组可测量物理量完全集, 例如 $\{\hat{\sigma}_{1z}\hat{\sigma}_{2z}\}$ 表象中的 $\{(\hat{\sigma}_{1x}\hat{\sigma}_{2x}),(\hat{\sigma}_{1y}\hat{\sigma}_{2y})\}$ 和 $\{(\hat{\sigma}_{1x}\hat{\sigma}_{2y}),(\hat{\sigma}_{1y}\hat{\sigma}_{2x})\}$, 它们的共同本征函数系为

$$|\psi^{-}\rangle_{12} = \frac{1}{\sqrt{2}}[|\uparrow\downarrow\rangle_{12} - |\downarrow\uparrow\rangle_{12}],\quad |\psi^{+}\rangle_{12} = \frac{1}{\sqrt{2}}[|\uparrow\downarrow\rangle_{12} + |\downarrow\uparrow\rangle_{12}],$$

$$|\varphi^{-}\rangle_{12} = \frac{1}{\sqrt{2}}[|\uparrow\uparrow\rangle_{12} - |\downarrow\downarrow\rangle_{12}],\quad |\varphi^{+}\rangle_{12} = \frac{1}{\sqrt{2}}[|\uparrow\uparrow\rangle_{12} + |\downarrow\downarrow\rangle_{12}];$$

$$|\psi'^{-}\rangle_{12} = \frac{1}{\sqrt{2}}[|\uparrow\downarrow\rangle_{12} - i|\downarrow\uparrow\rangle_{12}],\quad |\psi'^{+}\rangle_{12} = \frac{1}{\sqrt{2}}[|\uparrow\downarrow\rangle_{12} + i|\downarrow\uparrow\rangle_{12}],$$

$$|\varphi'^{-}\rangle_{12} = \frac{1}{\sqrt{2}}[|\uparrow\uparrow\rangle_{12} - i|\downarrow\downarrow\rangle_{12}],\quad |\varphi'^{+}\rangle_{12} = \frac{1}{\sqrt{2}}[|\uparrow\uparrow\rangle_{12} + i|\downarrow\downarrow\rangle_{12}].$$

它们都被称为贝尔基, 以之作为基可以描述二量子比特系统的状态. 并且, 对于二量子比特系统, 还有其他多种表述形式, 这里不再重述.

3. 三量子比特纠缠态的一种实现方式 —— GHZ 态

对三电子体系的自旋算符 $\{\hat{\sigma}_{ix}, \hat{\sigma}_{iy}, \hat{\sigma}_{iz}\}(i = 1, 2, 3)$, 直接计算其中不同粒子的自旋算符的乘积知

$$\left[\hat{\sigma}_{1x}\hat{\sigma}_{2y}\hat{\sigma}_{3y}, \hat{\sigma}_{1y}\hat{\sigma}_{2x}\hat{\sigma}_{3y}\right] = \left[\hat{\sigma}_{1x}\hat{\sigma}_{2y}\hat{\sigma}_{3y}, \hat{\sigma}_{1y}\hat{\sigma}_{2y}\hat{\sigma}_{3x}\right] = \left[\hat{\sigma}_{1x}\hat{\sigma}_{2y}\hat{\sigma}_{3y}, \hat{\sigma}_{1x}\hat{\sigma}_{2x}\hat{\sigma}_{3x}\right] = 0,$$

$$\left[\hat{\sigma}_{1y}\hat{\sigma}_{2x}\hat{\sigma}_{3y}, \hat{\sigma}_{1y}\hat{\sigma}_{2y}\hat{\sigma}_{3x}\right] = \left[\hat{\sigma}_{1y}\hat{\sigma}_{2x}\hat{\sigma}_{3y}, \hat{\sigma}_{1x}\hat{\sigma}_{2x}\hat{\sigma}_{3x}\right] = \left[\hat{\sigma}_{1y}\hat{\sigma}_{2y}\hat{\sigma}_{3x}, \hat{\sigma}_{1x}\hat{\sigma}_{2x}\hat{\sigma}_{3x}\right] = 0,$$

$$(\hat{\sigma}_{1x}\hat{\sigma}_{2y}\hat{\sigma}_{3y})(\hat{\sigma}_{1y}\hat{\sigma}_{2x}\hat{\sigma}_{3y})(\hat{\sigma}_{1y}\hat{\sigma}_{2y}\hat{\sigma}_{3x})(\hat{\sigma}_{1x}\hat{\sigma}_{2x}\hat{\sigma}_{3x}) = -1.$$

这表明, 算符集 $\{\hat{\sigma}_{ix}, \hat{\sigma}_{iy}, \hat{\sigma}_{iz}\}(i = 1, 2, 3)$ 中的任意不相同的三个的乘积都构成可测量物理量完全集 (CSCO). 进一步计算知, 它们的共同本征函数和相应的本征值如表 6.3 所示.

表 6.3　相应于三量子比特的 GHZ 态的一个可测量物理量完全集及其本征值

	$\hat{\sigma}_{1x}\hat{\sigma}_{2y}\hat{\sigma}_{3y}$	$\hat{\sigma}_{1y}\hat{\sigma}_{2x}\hat{\sigma}_{3y}$	$\hat{\sigma}_{1y}\hat{\sigma}_{2y}\hat{\sigma}_{3x}$	$\hat{\sigma}_{1x}\hat{\sigma}_{2x}\hat{\sigma}_{3x}$
$\frac{1}{\sqrt{2}}[\|\uparrow\uparrow\uparrow\rangle_{123} \pm \|\downarrow\downarrow\downarrow\rangle_{123}]$	∓ 1	∓ 1	∓ 1	± 1
$\frac{1}{\sqrt{2}}[\|\uparrow\uparrow\downarrow\rangle_{123} \pm \|\downarrow\downarrow\uparrow\rangle_{123}]$	± 1	± 1	∓ 1	± 1
$\frac{1}{\sqrt{2}}[\|\uparrow\downarrow\uparrow\rangle_{123} \pm \|\downarrow\uparrow\downarrow\rangle_{123}]$	± 1	∓ 1	± 1	± 1
$\frac{1}{\sqrt{2}}[\|\uparrow\downarrow\downarrow\rangle_{123} \pm \|\downarrow\uparrow\uparrow\rangle_{123}]$	∓ 1	± 1	± 1	± 1

由于这组共同本征态最早由 D.M. Greenberger、M.A. Horne 和 A. Zeilinger 给出, 因此常称之为 GHZ 态 (American Journal of Physics, 58: 1131 (1990)).

4. 四量子比特系统的 GHZ 态

对四电子体系的自旋算符, 可以证明

$$\{\hat{\sigma}_{1x}\hat{\sigma}_{2x}\hat{\sigma}_{3x}\hat{\sigma}_{4x}, \hat{\sigma}_{1x}\hat{\sigma}_{2x}\hat{\sigma}_{3y}\hat{\sigma}_{4y}, \hat{\sigma}_{1x}\hat{\sigma}_{2y}\hat{\sigma}_{3x}\hat{\sigma}_{4y}, \hat{\sigma}_{1x}\hat{\sigma}_{2y}\hat{\sigma}_{3y}\hat{\sigma}_{4x}, \hat{\sigma}_{1z}\hat{\sigma}_{2z}\hat{\sigma}_{3z}\hat{\sigma}_{4z}, \cdots\}$$

构成可测量物理量完全集, 并且满足关系

$$(\hat{\sigma}_{1x}\hat{\sigma}_{2x}\hat{\sigma}_{3x}\hat{\sigma}_{4x})(\hat{\sigma}_{1y}\hat{\sigma}_{2y}\hat{\sigma}_{3y}\hat{\sigma}_{4y}) = (\hat{\sigma}_{1x}\hat{\sigma}_{2x}\hat{\sigma}_{3y}\hat{\sigma}_{4y})(\hat{\sigma}_{1y}\hat{\sigma}_{2y}\hat{\sigma}_{3x}\hat{\sigma}_{4x})$$

$$= (\hat{\sigma}_{1x}\hat{\sigma}_{2y}\hat{\sigma}_{3x}\hat{\sigma}_{4y})(\hat{\sigma}_{1y}\hat{\sigma}_{2x}\hat{\sigma}_{3y}\hat{\sigma}_{4x}) = (\hat{\sigma}_{1x}\hat{\sigma}_{2y}\hat{\sigma}_{3y}\hat{\sigma}_{4x})(\hat{\sigma}_{1y}\hat{\sigma}_{2x}\hat{\sigma}_{3x}\hat{\sigma}_{4y})$$

$$= (\hat{\sigma}_{1z}\hat{\sigma}_{2z}\hat{\sigma}_{3z}\hat{\sigma}_{4z}).$$

它们的共同本征态即四电子系统的 GHZ 态, 亦即四量子比特系统的 GHZ 态. 对于以各电子自旋的 z 表象中本征态表述的 GHZ 态, 一组四量子比特系统的可测量物理量完全集的本征值如表 6.4 所列 (其中 $\alpha\beta\gamma\delta = \sigma_{1\alpha}\sigma_{2\beta}\sigma_{3\gamma}\sigma_{4\delta}$).

表 6.4 相应于四量子比特的 **GHZ** 态的一个可测量物理量完全集及其本征值

	$xxxx$	$xxyy$	$xyxy$	$xyyx$	$zzzz$
$\frac{1}{\sqrt{2}}[\lvert\uparrow\uparrow\uparrow\uparrow\rangle_{1234} \pm \lvert\downarrow\downarrow\downarrow\downarrow\rangle_{1234}]$	±1	∓1	∓1	∓1	$+1$
$\frac{1}{\sqrt{2}}[\lvert\uparrow\uparrow\uparrow\downarrow\rangle_{1234} \pm \lvert\downarrow\downarrow\downarrow\uparrow\rangle_{1234}]$	±1	±1	±1	∓1	-1
$\frac{1}{\sqrt{2}}[\lvert\uparrow\uparrow\downarrow\uparrow\rangle_{1234} \pm \lvert\downarrow\downarrow\uparrow\downarrow\rangle_{1234}]$	±1	±1	∓1	±1	-1
$\frac{1}{\sqrt{2}}[\lvert\uparrow\uparrow\downarrow\downarrow\rangle_{1234} \pm \lvert\downarrow\downarrow\uparrow\uparrow\rangle_{1234}]$	±1	∓1	±1	±1	$+1$
$\frac{1}{\sqrt{2}}[\lvert\uparrow\downarrow\uparrow\uparrow\rangle_{1234} \pm \lvert\downarrow\uparrow\downarrow\downarrow\rangle_{1234}]$	±1	∓1	∓1	±1	-1
$\frac{1}{\sqrt{2}}[\lvert\uparrow\downarrow\uparrow\downarrow\rangle_{1234} \pm \lvert\downarrow\uparrow\downarrow\uparrow\rangle_{1234}]$	±1	±1	∓1	±1	$+1$
$\frac{1}{\sqrt{2}}[\lvert\uparrow\downarrow\downarrow\uparrow\rangle_{1234} \pm \lvert\downarrow\uparrow\uparrow\downarrow\rangle_{1234}]$	±1	±1	±1	∓1	$+1$
$\frac{1}{\sqrt{2}}[\lvert\uparrow\downarrow\downarrow\downarrow\rangle_{1234} \pm \lvert\downarrow\uparrow\uparrow\uparrow\rangle_{1234}]$	±1	∓1	±1	±1	-1

6.4 全同粒子及其交换对称性

6.4.1 全同粒子体系的概念和基本特征

1. 定义

截至目前我们知道, 对于微观粒子, 它们除具有我们已经熟知的质量和电荷自由度外, 还具有自旋自由度. 更深入的研究表明, 有些粒子 (例如, 组成质子的夸克和胶子) 还具有颜色自由度. 静质量、电荷和自旋等内禀属性完全相同的同类微观粒子称为全同粒子 (identical particle). 由之组成的多粒子体系称为全同粒子体系.

我们知道, 在经典物理中, 描述粒子状态的物理量都可以连续变化, 无穷小的差别即显示其状态不同, 因此不需要全同粒子及全同粒子体系的概念. 而在量子物理中, 物理量都是离散变化的. 因此, 微观粒子的全同性是对粒子状态量子化的结果, 或者说, 全同性是微观粒子的量子性本质的体现.

2. 基本特征 (量子力学基本假设)

先考察一个实例: 处于电荷数为 Z 的粒子形成的静电场中的两全同电子, 记其位置坐标分别为 $\boldsymbol{r}_1$、$\boldsymbol{r}_2$, 动量分别为 $\boldsymbol{p}_1$、$\boldsymbol{p}_2$, 它们组成的体系的哈密顿量为

$$\hat{H} = \frac{\hat{\boldsymbol{p}}_1^2}{2m} + \frac{\hat{\boldsymbol{p}}_2^2}{2m} - \frac{Ze^2}{r_1} - \frac{Ze^2}{r_2} + \frac{e^2}{\lvert\boldsymbol{r}_1 - \boldsymbol{r}_2\rvert},$$

当这两个电子交换时, 该哈密顿量显然不变. 这表明, 关于全同粒子体系的任何可测量物理量, 特别是哈密顿量, 对于任何两个粒子之间的交换都是不变的.

推而广之, 对于全同粒子体系中任何两个粒子的交换, 体系的任何可测量物理量都是不变的. 这是量子力学中的一个基本原理 (或称基本假设), 常称之为全同性原理.

全同性原理与量子态假设、算符假设、测量假设和薛定谔方程一起, 构成量子力学的理论体系的理论框架 (或称基石).

6.4.2   全同粒子体系波函数的交换对称性

1. 全同粒子体系的波函数的交换对称性及其分类

对一由 N 个全同粒子组成的多粒子体系, 记量子态为

$$\psi(q_1, q_2, \cdots, q_i, \cdots, q_j, \cdots, q_N),$$

其中, q_i $(i = 1, 2, \cdots, N)$ 为表征第 i 个粒子状态的各种自由度的 “坐标”, 再记对第 i, j 两粒子的全部坐标进行交换的算符为 $\hat{P}_{ij}$, 则

$$\hat{P}_{ij}\psi(q_1, q_2, \cdots, q_i, \cdots, q_j, \cdots, q_N) = \psi(q_1, q_2, \cdots, q_j, \cdots, q_i, \cdots, q_N).$$

由于粒子具有全同性, 粒子 i 和粒子 j 只是对粒子的人为编号, 其实是不能区分的, 因此 $\hat{P}_{ij}\psi$ 和 ψ 描述的是同一个量子态, 这就是说, 交换系统内部任意两个粒子的坐标不改变系统的状态, 于是有本征方程

$$\hat{P}_{ij}\psi = c\psi.$$

那么

$$\hat{P}_{ij}^{~2}\psi = \hat{P}_{ij}(\hat{P}_{ij}\psi) = \hat{P}_{ij}c\psi = c\hat{P}_{ij}\psi = c^2\psi.$$

另一方面, 直观地, 连续两次交换一定回到其原本的状态, 即有

$$\hat{P}_{ij}^{~2}\psi \equiv \psi.$$

于是有

$$c^2 = 1,$$

所以

$$c = \pm 1.$$

即交换算符只有两个本征值 $c = 1$ 和 $c = -1$.

如果 $\hat{P}_{ij}\psi = \psi$, 则称 ψ 为对称波函数, 即两粒子互换后, 波函数不变.

如果 $\hat{P}_{ij}\psi = -\psi$, 则称 ψ 为反对称波函数, 即两粒子互换后, 波函数改变符号.

2. 交换对称性是守恒量

记 $\hat{P}_{ij}$ 为对多粒子体系中的两粒子进行交换的算符, 体系的本征方程为

$$\hat{H}\psi(q_1, q_2, \cdots, q_i, \cdots, q_j, \cdots, q_N) = E\psi(q_1, q_2, \cdots, q_i, \cdots, q_j, \cdots, q_N),$$

显然有

$$\hat{H}\hat{P}_{ij}\psi(q_1, q_2, \cdots, q_i, \cdots, q_j, \cdots, q_N) = E\hat{P}_{ij}\psi(q_1, q_2, \cdots, q_i, \cdots, q_j, \cdots, q_N),$$

$$\hat{P}_{ij}\big(\hat{H}\psi(q_1, q_2, \cdots, q_i, \cdots, q_j, \cdots, q_N)\big) = E\hat{P}_{ij}\psi(q_1, q_2, \cdots, q_i, \cdots, q_j, \cdots, q_N).$$

另外

$$\hat{P}_{ij}\big(\hat{H}\psi(q_1, q_2, \cdots, q_i, \cdots, q_j, \cdots, q_N)\big) = \hat{P}_{ij}\hat{H}\hat{P}_{ij}^{-1}\hat{P}_{ij}\psi(q_1, q_2, \cdots, q_i, \cdots, q_j, \cdots, q_N).$$

比较上述两式知, $\hat{P}_{ij}\hat{H}\hat{P}_{ij}^{-1}$ 和 $\hat{H}$ 都有本征值 E 和本征函数 $\hat{P}_{ij}\psi$. 既然本征函数相同 (都为 $\hat{P}_{ij}\psi$)、本征值又相同 (都为 E), 于是有

$$\hat{P}_{ij}\hat{H}\hat{P}_{ij}^{-1} = \hat{H},$$

即

$$[\hat{P}_{ij}, \hat{H}] = 0.$$

又因为 $\hat{P}_{ij}$ $(i \neq j = 1, 2, \cdots, N)$ 本身不显含时间, 即有 $\dfrac{\partial \hat{P}_{ij}}{\partial t} = 0$, 所以所有交换算符 $\hat{P}_{ij}$ 都是守恒量.

因此, 全同粒子体系的波函数的交换对称性是不随时间改变的. 如果粒子在某一时刻处在对称 (或反对称) 态上, 则它将永远处在对称 (或反对称) 态上.

3. 全同粒子的分类

因为对于粒子交换, 全同粒子体系的波函数只有对称和反对称两类, 并且这两种交换对称性是完全确定的, 不随时间而改变, 那么全同粒子可以按其波函数的交换对称性分为玻色系统和费米系统两类.

如果全同粒子系统的波函数对其中的任意两粒子的交换都是对称的, 则称这类粒子为玻色子 (boson). 统计物理学的研究表明, 自旋为 $\hbar$ 的整数倍, 即自旋量子数 $s = 0, 1, 2, \cdots$ 的粒子为玻色子, 其状态按能量的分布规律遵守玻色统计法则.

如果全同粒子系统的波函数对其中任意两粒子的交换都是反对称的, 则称这类粒子为费米子 (fermion). 统计物理学研究表明, 自旋为 $\hbar$ 的半奇数倍, 即自旋

量子数 $s = \dfrac{1}{2}, \dfrac{3}{2}, \cdots$ 的粒子为费米子, 其状态按能量的分布规律遵守费米统计法则.

关于玻色子与费米子的区分, 对 "基本粒子" (没有组分结构的粒子) 很简单, 直接考察其内禀自由度—— 自旋即可 (自旋量子数为整数的是玻色子, 自旋量子数为半奇数的是费米子). 对 "复合粒子", 即具有组分结构的粒子, 比较复杂, 应该首先考察其内部自由度是否冻结; 如果其内部自由度冻结, 则参照对 "基本粒子" 的分类即可对之分类; 如果其内部结构不冻结, 则应根据其内部组分粒子耦合成的总自旋来分类, 例如对正负电子形成的束缚态 (正负电子偶素) 通常认为是玻色子.

6.4.3　仅包含两个全同粒子的体系的波函数与泡利不相容原理

由前两章的讨论知, 一个量子体系的波函数 (状态) 由体系的相互作用决定, 对于简单的体系, 其状态较容易确定. 对于复杂的体系, 其状态很难确定. 这里对最简单的多粒子体系—— 两全同粒子组成的体系予以简要讨论.

1. 无相互作用的两个全同粒子组成的体系

1) 哈密顿量与单粒子波函数

记两粒子的哈密顿量分别为 $\hat{H}(q_1)$、$\hat{H}(q_2)$, 其中 q_i $(i = 1, 2)$ 为表征粒子 i 的状态的所有坐标, 因为粒子间无相互作用, 则体系的哈密顿量为

$$\hat{H} = \hat{H}(q_1) + \hat{H}(q_2).$$

单粒子的哈密顿量 $\hat{H}(q_i)$ 有本征方程

$$\hat{H}(q_i)\phi_k(q_i) = \varepsilon_k \phi_k(q_i),$$

其中, k 为描述单粒子状态的所有量子数的集合, ε_k 为单粒子能量, $\phi_k(q_i)$ 为归一化的单粒子波函数.

2) 体系的波函数

因为两粒子之间无相互作用, 则体系的波函数可以分离变量 (因子化) 为两粒子各自的波函数之积, 对两粒子分别以 1、2 编号, 记一个粒子处于 ϕ_{k_1} 态, 另一个粒子处于 ϕ_{k_2}, 则因子化后的体系的波函数的构件为

$$\phi_{k_1}(q_1)\phi_{k_2}(q_2) \quad 和 \quad \phi_{k_1}(q_2)\phi_{k_2}(q_1),$$

相应的本征能量都为

$$E = \varepsilon_{k_1} + \varepsilon_{k_2},$$

即有交换简并.

如果 $k_1 = k_2 = k$, 则 $\phi_k(q_1)\phi_k(q_2)$ 和 $\phi_k(q_2)\phi_k(q_1)$ 是完全区分不开的, 即是对称的.

如果 $k_1 \neq k_2$, 则 $\phi_{k_1}(q_1)\phi_{k_2}(q_2)$ 和 $\phi_{k_1}(q_2)\phi_{k_2}(q_1)$ 既不对称也不反对称. 但根据对两电子自旋态的讨论的经验, 我们可以通过线性组合得到具有确定交换对称性的波函数. 其中交换对称态为

$$\psi_{k_1 k_2}^{\mathrm{S}} = \frac{1}{\sqrt{2}} \big[\phi_{k_1}(q_1)\phi_{k_2}(q_2) + \phi_{k_1}(q_2)\phi_{k_2}(q_1)\big],$$

交换反对称态为

$$\psi_{k_1 k_2}^{\mathrm{AS}} = \frac{1}{\sqrt{2}} \big[\phi_{k_1}(q_1)\phi_{k_2}(q_2) - \phi_{k_1}(q_2)\phi_{k_2}(q_1)\big].$$

2. 有相互作用的两个全同粒子组成的体系

记两粒子的哈密顿量分别为 $\hat{H}(q_1)$、$\hat{H}(q_2)$, 其中 q_i $(i = 1, 2)$ 为表征粒子 i 的状态的所有坐标, 因为粒子间有相互作用, 记之为 $U_{q_1 q_2}$, 则体系的哈密顿量为

$$\hat{H} = \hat{H}(q_1) + \hat{H}(q_2) + \hat{U}_{q_1 q_2}.$$

因为两粒子之间有相互作用, 由数学原理知, 这两个粒子组成的体系的本征函数的变量不能分离开, 即体系的波函数 ψ 不能因子化为两单粒子波函数之积, 但可以一般地表述为 $\phi(q_1, q_2)$. 并且, 总可以由本征方程

$$\hat{H}\phi(q_1, q_2) = E\phi(q_1, q_2)$$

解出 (尽管可能很困难) 本征函数 $\phi(q_1, q_2)$. 进而, 通过线性组合, 我们可以得到体系的交换对称态为

$$\psi^{\mathrm{S}}(q_1, q_2) = \frac{1}{\sqrt{2}} \big[\phi(q_1, q_2) + \phi(q_2, q_1)\big],$$

体系的交换反对称态为

$$\psi^{\mathrm{AS}}(q_1, q_2) = \frac{1}{\sqrt{2}} \big[\phi(q_1, q_2) - \phi(q_2, q_1)\big].$$

3. 泡利不相容原理

对两个费米子组成的体系, 如果这两个费米子之间无相互作用, 并且每个粒子的波函数可记为 $\phi_{k_i}(q_j)$ $(i, j = 1, 2)$, 则体系的波函数 (交换反对称) 为

$$\psi_{k_1 k_2}^{\mathrm{AS}} = \frac{1}{\sqrt{2}} \big[\phi_{k_1}(q_1)\phi_{k_2}(q_2) - \phi_{k_1}(q_2)\phi_{k_2}(q_1)\big].$$

如果 $k_1 = k_2 = k$, 则上式中两项相减的结果为 0, 即有

$$\psi_{kk}^{\mathrm{AS}} \equiv 0.$$

这就是说, $k_1 = k_2 = k$ 的反对称态实际不存在.

上述讨论表明, 不可能有两个全同的费米子处在同一个 (单粒子) 量子态. 这就是著名的泡利不相容原理 (Pauli exclusion principle, 1925 年 1 月提出). 显然, 该原理对费米子体系的波函数给出了很强的限制, 是构建费米子系统的波函数时必须遵循的基本规则.

例题 6.1   设有两个相同的自由粒子, 均处于动量本征态, 相应的本征值分别为 $\hbar \boldsymbol{k}_\alpha$、$\hbar \boldsymbol{k}_\beta$, 试就没有交换对称性、交换反对称和交换对称三种情况分别讨论它们在空间的相对位置的概率分布.

解   (1) 依题意, 不计及交换对称性时, 两个自由粒子的波函数可以表示为

$$\psi_{\boldsymbol{k}_\alpha \boldsymbol{k}_\beta}(\boldsymbol{r}_1, \boldsymbol{r}_2) = \frac{1}{(2\pi\hbar)^3} \mathrm{e}^{\mathrm{i}(\boldsymbol{k}_\alpha \cdot \boldsymbol{r}_1 + \boldsymbol{k}_\beta \cdot \boldsymbol{r}_2)}.$$

为方便讨论相对位置的概率分布, 我们引入相对坐标 (因为全同, 质量因子已经约掉) $\boldsymbol{r} = \boldsymbol{r}_1 - \boldsymbol{r}_2$、质心坐标 $\boldsymbol{R} = \dfrac{\boldsymbol{r}_1 + \boldsymbol{r}_2}{2}$、相对波矢量 $\boldsymbol{k} = \dfrac{\boldsymbol{k}_\alpha - \boldsymbol{k}_\beta}{2}$ 和总波矢量 $\boldsymbol{K} = \boldsymbol{k}_\alpha + \boldsymbol{k}_\beta$, 则

$$\psi_{\boldsymbol{k}_\alpha \boldsymbol{k}_\beta}(\boldsymbol{r}_1, \boldsymbol{r}_2) = \frac{1}{(2\pi\hbar)^3} \mathrm{e}^{\mathrm{i}(\boldsymbol{k}_\alpha \cdot \boldsymbol{r}_1 + \boldsymbol{k}_\beta \cdot \boldsymbol{r}_2)} = \frac{1}{(2\pi\hbar)^3} \mathrm{e}^{\mathrm{i}(\boldsymbol{K} \cdot \boldsymbol{R} + \boldsymbol{k} \cdot \boldsymbol{r})}.$$

由此知, 这两个全同粒子的相对运动波函数为

$$\phi_{\boldsymbol{k}}(\boldsymbol{r}) = \frac{1}{(2\pi\hbar)^{3/2}} \mathrm{e}^{\mathrm{i}\boldsymbol{k} \cdot \boldsymbol{r}}.$$

根据波函数的物理意义, 我们知道, 在一个粒子周围半径为 $(r, r + \mathrm{d}r)$ 的球壳内出现另一个粒子的概率为

$$4\pi r^2 P(r)\mathrm{d}r = r^2 \mathrm{d}r \int \left| \phi_{\boldsymbol{k}}(\boldsymbol{r}) \right|^2 \mathrm{d}\Omega = r^2 \mathrm{d}r \frac{4\pi}{(2\pi\hbar)^3},$$

所以相对运动的概率密度为

$$P(r) = \frac{1}{(2\pi\hbar)^3}.$$

(2) 对于交换反对称情况.

根据前述的构建反对称的波函数的规则, 可得该系统的反对称化了的波函数为

$$\psi^{\mathrm{AS}}_{\boldsymbol{k}_\alpha \boldsymbol{k}_\beta}(\boldsymbol{r}_1, \boldsymbol{r}_2) = \frac{1}{(2\pi\hbar)^3}\frac{1}{\sqrt{2}}\big[\mathrm{e}^{\mathrm{i}(\boldsymbol{k}_\alpha \cdot \boldsymbol{r}_1 + \boldsymbol{k}_\beta \cdot \boldsymbol{r}_2)} - \mathrm{e}^{\mathrm{i}(\boldsymbol{k}_\alpha \cdot \boldsymbol{r}_2 + \boldsymbol{k}_\beta \cdot \boldsymbol{r}_1)}\big].$$

采用与前述相同的分离质心运动与相对运动的方案, 则得

$$\psi_{\boldsymbol{k}_\alpha \boldsymbol{k}_\beta}(\boldsymbol{r}_1, \boldsymbol{r}_2) = \frac{1}{(2\pi\hbar)^3}\mathrm{e}^{\mathrm{i}\boldsymbol{K}\cdot\boldsymbol{R}}\frac{1}{\sqrt{2}}\big(\mathrm{e}^{\mathrm{i}\boldsymbol{k}\cdot\boldsymbol{r}} - \mathrm{e}^{-\mathrm{i}\boldsymbol{k}\cdot\boldsymbol{r}}\big)$$

$$= \frac{\sqrt{2}\,\mathrm{i}}{(2\pi\hbar)^3}\mathrm{e}^{\mathrm{i}\boldsymbol{K}\cdot\boldsymbol{R}}\sin(\boldsymbol{k}\cdot\boldsymbol{r}).$$

由此知, 考虑交换反对称性后, 质心运动部分不发生变化, 相对运动部分为

$$\phi^{\mathrm{AS}}_{\boldsymbol{k}}(\boldsymbol{r}) = \frac{\sqrt{2}\,\mathrm{i}}{(2\pi\hbar)^{3/2}}\sin(\boldsymbol{k}\cdot\boldsymbol{r}).$$

那么, 经采用与前述相同的计算方案计算后, 得到考虑反对称性情况下的相对运动的概率密度分布为

$$P^{\mathrm{AS}}(r) = \frac{1}{(2\pi\hbar)^3}\Big[1 - \frac{\sin(2kr)}{2kr}\Big].$$

(3) 对于交换对称情况.

根据前述的构建对称的波函数的规则, 并采用与前述相同的分离质心运动与相对运动的方案, 则得

$$\psi^{\mathrm{S}}_{\boldsymbol{k}_\alpha \boldsymbol{k}_\beta}(\boldsymbol{r}_1, \boldsymbol{r}_2) = \frac{1}{(2\pi\hbar)^3}\frac{1}{\sqrt{2}}\big[\mathrm{e}^{\mathrm{i}(\boldsymbol{k}_\alpha \cdot \boldsymbol{r}_1 + \boldsymbol{k}_\beta \cdot \boldsymbol{r}_2)} + \mathrm{e}^{\mathrm{i}(\boldsymbol{k}_\alpha \cdot \boldsymbol{r}_2 + \boldsymbol{k}_\beta \cdot \boldsymbol{r}_1)}\big]$$

$$= \frac{1}{(2\pi\hbar)^3}\mathrm{e}^{\mathrm{i}\boldsymbol{K}\cdot\boldsymbol{R}}\frac{1}{\sqrt{2}}\big(\mathrm{e}^{\mathrm{i}\boldsymbol{k}\cdot\boldsymbol{r}} + \mathrm{e}^{-\mathrm{i}\boldsymbol{k}\cdot\boldsymbol{r}}\big)$$

$$= \frac{\sqrt{2}}{(2\pi\hbar)^3}\mathrm{e}^{\mathrm{i}\boldsymbol{K}\cdot\boldsymbol{R}}\cos(\boldsymbol{k}\cdot\boldsymbol{r}).$$

由此知: 考虑交换对称性后, 质心运动部分不发生变化, 相对运动部分为

$$\phi^{\mathrm{S}}_{\boldsymbol{k}}(\boldsymbol{r}) = \frac{\sqrt{2}}{(2\pi\hbar)^{3/2}}\cos(\boldsymbol{k}\cdot\boldsymbol{r}).$$

经采用与前述相同的计算方案计算后, 得到考虑交换对称性情况下的相对运动的概率密度分布为

$$P^{\mathrm{S}}(r) = \frac{1}{(2\pi\hbar)^3}\Big[1 + \frac{\sin(2kr)}{2kr}\Big].$$

由此例子可知, 是否考虑多粒子系统的交换对称性, 系统的状态 (概率密度分布) 有很大差别. 因此, 在处理实际问题时, 一定要考虑系统的交换对称性.

6.5　多粒子体系性质的研究方法

6.5.1　N 个无相互作用全同粒子组成的体系

1. 哈密顿量与单粒子态

记系统中第 i 个粒子的哈密顿量为 $\hat{H}(q_i)$, 由于组成系统的各粒子之间无相互作用, 则 N 个全同粒子组成的系统的哈密顿量为各粒子哈密顿量的简单相加, 即有

$$\hat{H} = \hat{H}(q_1) + \hat{H}(q_2) + \cdots + \hat{H}(q_N).$$

因为每个粒子各自都有其哈密顿量, 则每个粒子都有其本征方程, 记之为

$$\hat{H}(q_i)\phi_{k_i}(q_i) = \varepsilon_{k_i}\phi_{k_i}(q_i),$$

其中, ε_{k_i} 为单粒子能量; k_i 表示描述粒子状态的量子数的集合; $\phi_{k_i}(q_i)$ 即为体系中的 (归一化的) 单粒子的波函数.

2. 系统的波函数

因为各粒子之间无相互作用, $\hat{H} = \hat{H}(q_1) + \hat{H}(q_2) + \cdots + \hat{H}(q_N)$, 由求解多宗量本征方程的方法和关于两自旋态等的讨论知, 系统的波函数可以分离变量, 也就是可以因子化为各单粒子波函数的乘积, 即有

$$\Phi(q_1, q_2, \cdots, q_N) = \phi_{k_1}(q_1)\phi_{k_2}(q_2)\cdots\phi_{k_N}(q_N),$$

并有本征方程

$$\hat{H}\Phi = E\Phi,$$

系统的能量为

$$E = \varepsilon_{k_1} + \varepsilon_{k_2} + \cdots + \varepsilon_{k_N}.$$

由于多粒子体系的波函数具有交换对称性, 因此系统的波函数应该由上述波函数 $\Phi(q_1, q_2, \cdots, q_N)$ 的各种粒子交换的结果来构建.

对费米子系统, 其波函数具有交换反对称性. 考虑数学上行列式的性质知, 将每个粒子的各量子态作为行列式的一列 (或一行)、不同粒子的相应于同一量子数

的态作为行列式的一行 (或一列), 则这样的行列式即具有交换反对称性的全同多费米子系统的波函数对称性, 即有

$$\Psi^{\mathrm{AS}}_{k_1 k_2 \cdots k_N}(q_1, q_2, \cdots, q_N) = \frac{1}{\sqrt{N!}} \begin{vmatrix} \phi_{k_1}(q_1) & \phi_{k_1}(q_2) & \cdots & \phi_{k_1}(q_N) \\ \phi_{k_2}(q_1) & \phi_{k_2}(q_2) & \cdots & \phi_{k_2}(q_N) \\ \vdots & \vdots & & \vdots \\ \phi_{k_N}(q_1) & \phi_{k_N}(q_2) & \cdots & \phi_{k_N}(q_N) \end{vmatrix}. \tag{6.13}$$

这样的表征全同费米子系统波函数的行列式常被称为斯莱特 (Slater) 行列式.

对玻色子系统, 因为无泡利不相容原理限制, 则可能有 n_i 个粒子处于量子数为 k_i 的态, 那么

$$\Psi^{\mathrm{S}}_{n_1 n_2 \cdots n_N}(q_1, q_2, \cdots, q_N)$$

$$= \sqrt{\frac{\prod_i n_i!}{N!}} \sum_P P\big[\phi_{k_1}(q_1)\phi_{k_1}(q_2)\cdots\phi_{k_1}(q_{n_1}), \cdots, \phi_{k_N}(q_N)\big], \tag{6.14}$$

其中的 P 表示所有各种交换变换.

6.5.2 有相互作用的全同粒子组成的体系

我们知道, 分子、原子和原子核都是组分粒子间有相互作用的多粒子体系, 并且尽管可以对晶体内的电子系统做理想气体近似, 但其本质上仍是有相互作用的多体系统. 因此, 组分粒子间有相互作用的全同粒子体系的性质是量子多体系统的主要内容, 尽管已发展建立了一些研究方法, 但目前仍处于发展阶段, 因此, 这里不作具体深入的讨论. 由上述波函数的表述形式知, 玻色子系统比费米子系统更复杂, 因此下面以多电子原子对应的全同费米子系统为例予以简单介绍, 并就对分子进行近似研究的方案予以概述.

1. 多电子原子结构的研究方法

1) 一般讨论

参照讨论氢原子时采用的分离质心运动与相对运动的方法, 由于多电子原子中的原子核很重, 因此质心在很靠近原子核的地方, 于是可以用把原子核看成固定不动 (或者说我们不关心其自由运动)、原子中的所有电子都相对于原子核运动的方案描述多电子原子.

记多电子原子中电子的数目为 n, 第 i 个电子相对原子核的位置坐标为 $\boldsymbol{r}_i$, 第 i 个电子与第 j 个电子之间的相对坐标为 $\boldsymbol{r}_{ij} = \boldsymbol{r}_i - \boldsymbol{r}_j$, 则多电子原子的哈密顿量

可以表述为

$$\hat{H} = \hat{H}_1 + \hat{H}_2$$

其中

$$\hat{H}_1 = \sum_i^n \hat{h}_i = \sum_i^n \left(\hat{T}_i + \hat{V}_{Ni} \right) = \sum_i^n \left(\hat{T}_i - \frac{Ze_s^2}{r_i} \right),$$

$$\hat{H}_2 = \sum_{i<j} \frac{e_s^2}{r_{ij}} = \frac{1}{2} \sum_{i \neq j} \frac{e_s^2}{r_{ij}}.$$

假设波函数可以表述为

$$\Phi = \frac{1}{\sqrt{N!}} \begin{vmatrix} u_{k_1}(q_1) & u_{k_1}(q_2) & \cdots & u_{k_1}(q_n) \\ u_{k_2}(q_1) & u_{k_2}(q_2) & \cdots & u_{k_2}(q_n) \\ \vdots & \vdots & & \vdots \\ u_{k_\nu}(q_1) & u_{k_\nu}(q_2) & \cdots & u_{k_\nu}(q_n) \end{vmatrix},$$

其中, k_i $(i = 1, 2, \cdots, \nu)$ 为描述粒子状态的量子数的集合中的第 i 个. 由于费米子系统受泡利不相容原理的限制, 则 $\nu \geqslant n$. 为保证有唯一解, 则取 $\nu = n$. $u_{k_i}(q_j)$ 为包含所有自由度的单粒子波函数.

此式看似与无相互作用情况下的波函数相同, 但事实上, 由于第 i 个电子不仅受原子核 N 的作用, 还受其他 $(n-1)$ 个电子的作用, 即不能由哈密顿量中包含在 $\hat{H}_1$ 中的 $\hat{h}_i$ 确定, 而应由 $\hat{h}_i$ 和 $\hat{H}_2$ 共同确定. 因此, 它应通过统一求解本征方程

$$\hat{H}\Phi = E\Phi$$

来确定. 这也正是求解有相互作用的多费米子系统 (多电子原子等) 的困难所在.

当然, 求解了上述关于 Φ 的本征方程即可确定多电子原子的能谱, 进而即可确定多电子原子的结构和其他性质.

为解决前述计算多粒子系统性质的困难, 已经发展建立了一些递推计算方法和近似计算方法. 下面对之予以简单介绍.

2) 哈特里–福克自洽场方法

由于哈密顿量仅与坐标有关, 包含所有自由度的单粒子波函数 $u_{k_i}(q_j)$ 可以因子化为关于其他自由度的波函数与坐标空间中的单粒子波函数 $\varphi_{k_i}(r_j)$ 的乘积. 并且, 上述多电子原子的哈密顿量可以表述为矩阵形式

$$\hat{H} = \{I_\lambda\} + \frac{1}{2}(J_{\lambda\mu} - K_{\lambda\mu}), \tag{6.15}$$

其中, I_λ 为哈密顿量的矩阵表述形式的对角元, 也就是单体作用矩阵元,

$$I_\lambda = \langle u_\lambda(q_i) | \hat{h}_i | u_\lambda(q_i) \rangle = \langle \varphi_i(\boldsymbol{r}_i) | \hat{h}_i | \varphi_i(\boldsymbol{r}_i) \rangle,$$

$J_{\lambda\mu}$ 和 $K_{\lambda\mu}$ 为哈密顿量的矩阵表述形式中的非对角元. 由于全同费米子具有不可分辨性, 因此常将两体相互作用表述为假设可以区分粒子的直接作用部分 $J_{\lambda\mu}$ 和交换作用部分 $K_{\lambda\mu}$, 由于电子具有交换反对称性, 因此交换作用在形式上与直接作用相差一负号, 具体即有

$$J_{\lambda\mu} = \langle u_\lambda(q_i) u_\mu(q_j) \Big| \frac{e_s^2}{r_{ij}} \Big| u_\lambda(q_i) u_\mu(q_j) \rangle = \langle \varphi_\lambda(\boldsymbol{r}_i) \varphi_\mu(\boldsymbol{r}_j) \Big| \frac{e_s^2}{r_{ij}} \Big| \varphi_\lambda(\boldsymbol{r}_i) \varphi_\mu(\boldsymbol{r}_j) \rangle,$$

$$K_{\lambda\mu} = \langle u_\lambda(q_i) u_\mu(q_j) \Big| \frac{e_s^2}{r_{ij}} \Big| u_\mu(q_i) u_\lambda(q_j) \rangle = \langle \varphi_\lambda(\boldsymbol{r}_i) \varphi_\mu(\boldsymbol{r}_j) \Big| \frac{e_s^2}{r_{ij}} \Big| \varphi_\mu(\boldsymbol{r}_i) \varphi_\lambda(\boldsymbol{r}_j) \rangle.$$

具体求解时, 先找一组试探的单粒子波函数 $\{\varphi_i^{(0)}(\boldsymbol{r}_i)\}$, 例如由 $\hat{h}_i$ 决定的单粒子波函数的集合, 完成上述三式所示的计算, 从而定下相互作用, 求解相应的本征方程得到一组新的单粒子波函数 $\{\varphi_i^{(1)}(\boldsymbol{r}_i)\}$. 由这组新的单粒子波函数, 重新计算哈密顿量的矩阵元, 定下新的相互作用; 通过求解由新的相互作用构成的本征方程得到更新的单粒子波函数 $\{\varphi_i^{(2)}(\boldsymbol{r}_i)\}$, 由此可以定下再新的相互作用矩阵, 得到再新的哈密顿量, 进而得到再再新的波函数 $\{\varphi_i^{(3)}(\boldsymbol{r}_i)\}$. 如此递推计算下去, 直至得到满足精度要求的收敛的解. 这种通过递推计算求解多电子原子问题的方法称为哈特里–福克 (Hartree-Fock) 自洽场方法.

由于这种递推计算极其复杂, 因此在很多计算中仅考虑两体直接作用、忽略两体交换作用, 这种计算方案称为哈特里近似.

2. 密度泛函方法概要

前述讨论表明, 研究多电子原子结构, 或者广义来讲, 研究一般多粒子系统的组分粒子结构的经典方法是哈特里-福克方法及其改进方案的基础是复杂的多电子 (多粒子) 波函数, 计算极其复杂. 为解决这一问题, 人们考虑量子态的波函数的物理意义——波函数的模的平方为粒子概率密度, 从而建立了直接考虑电子密度分布的密度泛函方法 (Phys. Rev. Lett. 76, 3168 (1996); J. Phys. Chem. 100, 12974 (1996); 等等). 因为对于由 N 个粒子形成的系统, 系统有 $3N$ 个宗量 (每个粒子有三个空间自由度), 而粒子密度分布仅有三个宗量 (仅考虑空间自由度情况下), 从而应用起来更简便.

密度泛函方法的概要是体系的基态能量仅仅是粒子密度的泛函, 以基态密度为变量, 将体系能量泛函最小化即得基态能量. 与前述经典方法一样, 密度泛函方法中最难处理的也是多体作用问题, 常用的处理方案是将之简化为一个没有相互作用

的粒子在有效势场中运动的问题, 有效势场包括外部势场以及粒子间的相互作用 (关联和交换两部分). 最简单的近似求解方法为局域密度近似 (LDA 近似), 它采用均匀粒子气模型来确定体系的交换部分的贡献, 并采用对自由粒子气进行拟合的方法而处理关联部分的贡献. 较现实的有广义梯度近似及后来发展的张量方法.

目前, 密度泛函方法除了应用于研究多电子原子和分子等多体束缚系统的性质和结构外, 更多地应用于进行凝聚态物理 (包括高能标下的核物质等) 及材料性质和结构的计算. 有兴趣对之具体探讨的读者请参阅具体的专著或教材 (例如: D.S. Sholl, and J.A. Steckel, Density Functional Theory (有中译本, 国防工业出版社)).

3. 分子结构研究方法概述

1) 哈密顿量与本征方程

通常的分子由不止一个原子核和多个电子组成, 不同的原子核之间、原子核与电子之间、电子与电子之间都有相互作用. 记一个分子具有的原子核的数目和电子的数目分别为 N、n, 在非相对论近似和点粒子近似下, 上述相互作用都可表述为库仑势的形式, 若不考虑自旋效应, 则有哈密顿量:

$$\hat{H} = \sum_{p=1}^{N} \left(-\frac{\hbar^2}{2M_p} \nabla_p^2 \right) + \sum_{i=1}^{n} \left(-\frac{\hbar^2}{2m_i} \nabla_i^2 \right)$$
$$+ \sum_{p<q} \left(\frac{Z_p Z_q e_s^2}{r_{pq}} \right) + \sum_{i<k} \left(\frac{e_s^2}{r_{ik}} \right) - \sum_{p,i} \left(\frac{Z_p e_s^2}{r_{pi}} \right), \tag{6.16}$$

其中, M_p 为第 p $(p = 1, 2, \cdots, N)$ 个原子核的质量; m_i 为第 i $(i = 1, 2, \cdots, n)$ 个电子的质量; Z_p 为第 p $(p = 1, 2, \cdots, N)$ 个原子核的核电荷数; r_{pq} 为第 p 个原子核与第 q 个原子核之间的间距 $|\boldsymbol{r}_p - \boldsymbol{r}_q|$; r_{ik} 为第 i 个电子与第 k 个电子之间的间距 $|\boldsymbol{r}_i - \boldsymbol{r}_k|$; r_{pi} 为第 p 个原子核与第 i 个电子之间的间距 $|\boldsymbol{r}_p - \boldsymbol{r}_i|$, $e_s^2 = \dfrac{e^2}{4\pi\varepsilon_0}$.

上述哈密顿量可简记为

$$\hat{H} = \hat{T}_{\text{N}} + \hat{T}_{\text{e}} + \hat{V}_{\text{NN}} + \hat{V}_{\text{ee}} + \hat{V}_{\text{Ne}}, \tag{6.16'}$$

相应的本征方程可表示为

$$\hat{H}\Psi(\boldsymbol{r}, \boldsymbol{R}) = E\Psi(\boldsymbol{r}, \boldsymbol{R}). \tag{6.17}$$

2) 玻恩–奥本海默近似

上述方程原则上可解. 但是, 由于其涉及的间距, 既有原子核与原子核之间的, 还有原子核与电子之间以及电子与电子之间的, 其本征函数的宗量 $\boldsymbol{r}$ 和 $\boldsymbol{R}$ 涉及不同粒子组分间的多种间距, 因此这些相互作用难以表述为一个有心力场, 从而过于复杂, 实际上无法求解, 因而必须进行近似.

A. 初步近似

为了解决或者说为了简化上述实际无法求解的问题, 人们发展了对电子和原子核分别逐步求解的近似方法. 之所以能够这样, 是因为原子核的质量远大于电子质量, 在粗略的近似下可以忽略各原子核的动能. 在这种情况下, 电子的哈密顿量为

$$\hat{H}_e \approx \hat{T}_e + \hat{V},$$

其中

$$\hat{V} = \hat{V}_{NN} + \hat{V}_{ee} + \hat{V}_{Ne}.$$

求解本征方程

$$\hat{H}_e u_m(\boldsymbol{r}, \boldsymbol{R}) = E_m(\boldsymbol{R}) u_m(\boldsymbol{r}, \boldsymbol{R}),$$

可以确定电子的运动状态.

确定了电子运动状态之后, 再确定原子核的运动.

取上述电子方程的本征函数为基矢, 则分子的波函数可表示为

$$\Psi(\boldsymbol{r}, \boldsymbol{R}) = \sum_m \nu_m(\boldsymbol{R}) u_m(\boldsymbol{r}, \boldsymbol{R}).$$

代入原完整哈密顿量的本征方程 $\hat{H}\Psi(\boldsymbol{r}, \boldsymbol{R}) = E\Psi(\boldsymbol{r}, \boldsymbol{R})$, 则有

$$(\hat{T}_N + \hat{H}_e) \sum_m \nu_m u_m = E \sum_m \nu_m u_m,$$

即

$$\sum_m \left[\hat{T}_N \nu_m u_m + \nu_m E_m(\boldsymbol{R}) u_m - E \nu_m u_m \right] = 0.$$

由多粒子体系的波函数与各组分粒子的波函数之间的关系知, 这里引入的 $\{v_m(\boldsymbol{R})\}$ 实际即原子核的波函数. 对上述方程两边同乘以 $u_n^*(\boldsymbol{r}, \boldsymbol{R})$, 然后对所有电子坐标积分, 则得

$$[E_n(\boldsymbol{R}) - E] \nu_n(\boldsymbol{R}) + \sum_m \langle u_n | \hat{T}_N | \nu_m u_m \rangle = 0.$$

因为上述关于电子的近似的本征方程中包含有 $\hat{V}_{NN}$ 和 $\hat{V}_{Ne}$ 项, 并且其本征函数包含有原子核的宗量, 则

$$\hat{T}_N |\nu_m u_m\rangle = |\hat{T}_N \nu_m\rangle |u_m\rangle - \sum_p \frac{1}{2m_p} [2(\nabla_p \nu_m)(\nabla_p u_m) + (\nabla_p^2 u_m)\nu_m].$$

那么,

$$\sum_m \langle u_n | \hat{T}_N | \nu_m u_m \rangle = \hat{T}_N | \nu_n \rangle - \sum_m \left\{ \sum_p \frac{1}{m_p} [\langle u_n | \nabla_p | u_m \rangle \cdot \nabla_p \right.$$
$$\left. + \langle u_n | \frac{1}{2} \nabla_p^2 | u_m \rangle] | \nu_m \rangle \right\},$$

并可简记为

$$\sum_m \langle u_n | \hat{T}_N | \nu_m u_m \rangle = \hat{T}_N | \nu_n \rangle - \sum_m C_{nm} | \nu_m \rangle,$$

那么, $|\nu_n(\boldsymbol{R})\rangle$ 应满足方程

$$[\hat{T}_N + E_n(\boldsymbol{R})] |\nu_n(\boldsymbol{R})\rangle - \sum_m C_{nm} |\nu_m(\boldsymbol{R})\rangle = E |\nu_n(\boldsymbol{R})\rangle.$$

解之, 即可确定原子核的运动.

B. 玻恩–奥本海默近似

上述方程形式上可解, 但计算交叉矩阵元

$$C_{nm} = \sum_p \frac{1}{m_p} [\langle u_n | \nabla_p | u_m \rangle \cdot \nabla_p + \langle u_n | \frac{1}{2} \nabla_p^2 | u_m \rangle]$$

很复杂. 因为 m_p 很大, 则可忽略交叉项 $\sum_m C_{nm} |\nu_m(\boldsymbol{R})\rangle$, 该近似称为玻恩–奥本海默近似 (Born-Oppenheimer approximation, 简称 B–O 近似). 从形式上看, 这一近似使得完整的本征函数中的展开系数 $\nu_n(\boldsymbol{R})$ 与 $\nu_m(\boldsymbol{R})$ 互不相关, 即忽略了本来依赖于不同原子核之间相互作用的不同态之间的相互影响, 因此也称之为绝热近似.

在玻恩–奥本海默近似下, 原子核的本征方程为

$$[\hat{T}_N + E_n(\boldsymbol{R})] |\nu_n(\boldsymbol{R})\rangle = E |\nu_n(\boldsymbol{R})\rangle,$$

该方程形式上可解, 尽管实际求解仍很困难.

3) "分子轨道" 与自洽场方法

A. "分子轨道" 的概念

在玻恩–奥本海默近似下, 分子中电子的运动方程为

$$(\hat{T}_e + \hat{V}_{ee} + \hat{V}_{Ne} + \hat{V}_{NN}) u_n(\boldsymbol{r}, \boldsymbol{R}) = E_n(\boldsymbol{R}) u_n(\boldsymbol{r}, \boldsymbol{R}),$$

在多电子原子中, 电子的运动方程为

$$(\hat{T}_{\mathrm{e}} + \hat{V}_{\mathrm{ee}} + \hat{V}_{\mathrm{Ne}})\psi(\boldsymbol{q}) = E\psi(\boldsymbol{q}).$$

二者形式基本相同, 差别在于相互作用不同, 本征能量不同, 原子中电子的本征能量仅由电子的状态决定, 而分子中电子的本征能量既由电子的状态决定又与原子核的状态相关, 并且是原子核的宗量 $\boldsymbol{R}$ 的显函数.

原子中电子的运动状态可以由平均场方法确定, 分子中电子的运动状态应该也可以由平均场方法确定.

原子中电子的本征方程中的 $\hat{V}_{\mathrm{Ne}}^{\mathrm{A}}$ (A 标记相应的原子) 可由坐标原点 (近似) 在原子核上的坐标系表示, 每个电子的空间运动状态可以用 "轨道" 表示. 在分子中, 假设原子核不动, 电子在多个原子核和电子形成的平均场中运动, 也可认为各有一个 "轨道", 该单电子 "轨道" 称为 "分子轨道".

由于分子中有多个原子核, 分子中电子的本征方程中的 $\hat{V}_{\mathrm{Ne}}^{\mathrm{M}}$ 很难在一个坐标系中表示出来, 因此 "分子轨道" 较 "原子轨道" 复杂得多.

B. 现实的计算方法

对于多电子原子, 其中电子的状态可以采用平均场方法或哈特里–福克自洽场方法或密度泛函方法等确定. 根据运动方程本身的相似性, 分子中电子的状态也可以采用平均场方法或哈特里–福克自洽场方法或密度泛函方法等确定.

关于平均场方法, 在合适的平均场近似下, 系统的状态由假设的平均场下的薛定谔方程的解表述, 问题是很难给出较准确的平均场的表述形式. 关于哈特里–福克自洽场方法和密度泛函方法, 本小节此前讨论多电子原子的结构时已予介绍, 这里不再重述.

但是, 应该注意, 在原子中电子的运动方程中, 除了在近似考虑情况下有与原子核的质量相关的约化质量外, 没有关于原子核的位置等相关的宗量. 在分子中电子的运动方程中却明显包含关于原子核的位置等的宗量, 并且电子的状态影响原子核的状态. 这样, 在对分子状态进行自洽求解时, 应该对其电子的方程和原子核的方程进行联立自洽求解. 近似地, 人们发展建立了分子轨函法和电子配对法等专门的计算方法. 由于这些方法比较专门, 并且通常还需要采用变分法等近似计算方法, 有关简单情况见本书第 8 章, 因此这里不予介绍. 有兴趣对之深入了解的读者可参阅有关专著或教材.

6.5.3 多角动量的耦合与总角动量

在第 3 章讨论量子力学基本原理时, 我们曾经说过, 有心力场系统的角动量是守恒量, 即系统具有确定的角动量. 实际的分子、原子、原子核等量子多体系统的相互作用主要都是有心力场 (至少有心力场为其主要部分), 因此这些多粒子系统具有确定的角动量. 并且, 较理论地讲, 具有确定角动量的态是对系统状态进行分类的基础. 于是, 我们下面对多粒子系统的角动量的耦合及其总角动量进行简要讨论.

1. 多角动量耦合的概念

对 N 粒子系统, 记每个粒子的角动量 (可以是轨道角动量, 也可以是自旋, 还可以是轨道角动量与自旋耦合而成的总角动量) 分别为 $\hat{\boldsymbol{j}}_i$ $(i = 1, 2, \cdots, N)$, 其在空间 z 方向的投影为 m_i, 则系统的角动量态可以近似表述为

$$\Psi_{j_i} = \prod_{i=1}^{N} |j_i m_i\rangle.$$

这种表述系统的角动量态的表象称为非耦合表象. 非耦合表象中各角动量算符之间有关系

$$[\hat{j}_{i\alpha}, \hat{j}_{k\beta}] = \delta_{ik} \mathrm{i}\hbar \varepsilon_{\alpha\beta\gamma} \hat{j}_{i\gamma}, \quad \alpha, \beta, \gamma = x, y, z.$$

事实上, 每个粒子的角动量都是矢量 (严格地, 为旋量), 它们可以按矢量 (旋量) 叠加规则耦合成总角动量, 相应的算符为

$$\hat{\boldsymbol{J}} = \sum_{i=1}^{N} {}_{\oplus} \hat{\boldsymbol{j}}_i.$$

并且

$$\hat{\boldsymbol{J}}^2 = \hat{J}_x^2 + \hat{J}_y^2 + \hat{J}_z^2,$$

$$[\hat{J}_\alpha, \hat{J}_\beta] = \mathrm{i}\hbar \varepsilon_{\alpha\beta\gamma} \hat{J}_\gamma, \quad [\hat{\boldsymbol{J}}^2, \hat{J}_\alpha] = 0, \quad \alpha, \beta = x, y, z.$$

2. 总角动量

由上述讨论知, 对 N 粒子 (N 个角动量) 系统, 可测量物理量完全集可以取为 $\{\hat{\boldsymbol{j}}_i^2, \hat{j}_{iz}\}$ $(i = 1, 2, \cdots, N)$(非耦合表象), 本征态可记为

$$\Psi_{j_i} = |j_1 m_1 j_2 m_2 \cdots j_N m_N\rangle,$$

系统的态的总数为 $\prod_{i=1}^{N} (2j_i + 1)$.

系统的可测量物理量完全集也可以取为 $\{\hat{\boldsymbol{J}}^2, \hat{J}_z\}$(耦合表象), 本征态可记为 $|j_1 j_2 \cdots j_N JM\rangle$, 系统的态的数目为 $\sum_J (2J + 1)$.

显然, 系统的状态在耦合表象和非耦合表象中的表述形式不同, 但状态的总数目一定相同, 即应满足

$$\sum_J (2J+1) = \prod_{i=1}^{N} (2j_i + 1).$$

根据矢量叠加规则, 系统的总角动量在 z 方向上投影满足简单叠加关系 (即 M-Scheme), 即有

$$M = m_1 + m_2 + \cdots + m_N.$$

由之知

$$M_{\max} = \sum_{i=1}^{N} j_i, \quad M_{\min} = \sum_{i=1}^{N} \left(-j_i \right) = -\sum_{i=1}^{N} j_i.$$

由角动量的 z 分量 m 与角动量 j 的关系

$$m = 0, \pm 1, \pm 2, \cdots, \pm j$$

知, N 粒子 (角动量分别为 j_i ($i = 1, 2, \cdots, N$)) 系统的总角动量的最大值为

$$J_{\max} = \sum_{i=1}^{N} j_i.$$

关于总角动量的其他取值, 直观来讲, 应采用由一个与另一个耦合再与下一个耦合, 逐步递推的方案确定. 但无论如何, 记系统的角动量的最小值为 $J_{\min}$, 则系统的角动量一定为 $J \in \left[J_{\min}, J_{\max} \right]$. 由此知, 我们还需要确定 $J_{\min}$. 然而, 准确确定 N 粒子系统的角动量的最小值的一般方法需要的数学知识较多, 这里不予完整讨论, 而仅以两粒子 (两角动量) 系统为例予以具体讨论.

对两角动量 $\hat{\boldsymbol{j}}_1$ 和 $\hat{\boldsymbol{j}}_2$ 耦合而成的总角动量 $\hat{\boldsymbol{J}}_{12} = \hat{\boldsymbol{j}}_1 + \hat{\boldsymbol{j}}_2$, 由角动量与其在 z 方向上的投影的量子数之间的关系知,

$$J_{12,\max} = M_{12,\max} = j_1 + j_2,$$

与之对应的态的数目为 $2J_{12,\max} + 1 = 2(j_1 + j_2) + 1$, 并且, 总角动量 $J = j_1 + j_2 - 1$ 的态的数目为 $2(j_1 + j_2 - 1) + 1$.

记两粒子的总角动量的最小值为 $J_{12,\min} = j_1 + j_2 - \xi$, 由在耦合表象中系统总的态的数目一定与非耦合表象中系统总的态的数目相等, 则知

$$\sum_{\eta=0}^{\xi} \left[2(j_1 + j_2) + 1 - 2\eta \right] = (2j_1 + 1)(2j_2 + 1),$$

亦即有

$$(\xi + 1)\left[(j_1 + j_2) + (j_1 + j_2 - \xi) \right] + (\xi + 1) = (2j_1 + 1)(2j_2 + 1).$$

解之得

$$\xi = \begin{cases} 2j_1, & \text{当 } j_1 < j_2, \\ 2j_2, & \text{当 } j_1 > j_2, \end{cases}$$

于是有

$$J_{12,\min} = j_1 + j_2 - \xi = \begin{cases} j_2 - j_1, & \text{当 } j_1 < j_2, \\ j_1 - j_2, & \text{当 } j_1 > j_2, \end{cases}$$

因此

$$J_{12,\min} = |j_1 - j_2|.$$

于是, 两角动量 $\boldsymbol{j}_1$ 与 $\boldsymbol{j}_2$ 耦合成的总角动量为

$$J_{12} = j_1 + j_2,\ j_1 + j_2 - 1,\ j_1 + j_2 - 2,\ \cdots,\ |j_1 - j_2|. \tag{6.18}$$

对于多个角动量的耦合, 如前所述, 通过先选取其中的两个进行计算得到这两个粒子的总角动量 J_{12}, 然后与第三个耦合得到这三个粒子的总角动量 J_{123}, 这样依次耦合下去即可得多角动量耦合的总角动量. 直观地, 这样的计算很烦琐, 并且通常的实际问题中还涉及系统中有粒子配对的问题, 因为对系统的非零总角动量有贡献的仅仅是不配成角动量为 0 的对的粒子的贡献. 并且, 对于全同粒子系统, 还有交换对称性的限制. 因此, 确定 (全同) 多粒子系统的总角动量是一个相当复杂的问题. 为解决这一问题, 人们发展建立了在 M-Scheme 下利用自然数的多元划分进行递推计算全同多粒子体系的角动量的重复度的方法, 有兴趣对此进行深入具体探讨的读者可参阅王稼军、孙洪洲, 《高能物理与核物理》14: 842 (1990); 或孙洪洲、韩其智《李代数李超代数及在物理中的应用》(北京大学出版社, 1999); 或刘玉鑫《物理学家用李群李代数》(北京大学出版社, 2022).

6.5.4　角动量态在非耦合表象与耦合表象之间的变换

前已述及, 多角动量系统状态的描述可以采用非耦合表象, 也可以采用耦合表象, 二者可以变换.

1. 两角动量系统的两表象间的变换与 CG 系数的概念

记非耦合表象的本征态为 $|j_1 m_1 j_2 m_2\rangle = |j_1 m_1\rangle |j_2 m_2\rangle$, 耦合表象中的本征态为 $|JM\rangle$, 并且它们都已归一化, 即有

$$\langle JM | J'M' \rangle = \delta_{JJ'} \delta_{MM'}, \quad \langle j_2 m_2 j_1 m_1 | j_1 m_1' j_2 m_2' \rangle = \delta_{m_1 m_1'} \delta_{m_2 m_2'},$$

并有

$$\sum_{JM} |JM\rangle \langle JM| = 1, \quad \sum_{m_1 m_2} |j_2 m_2 j_1 m_1\rangle \langle j_1 m_1 j_2 m_2| = 1.$$

由恒等式 $|JM\rangle = |JM\rangle$, 在其等号右侧的前面乘以以非耦合表象中的投影算符的和表述的数字 1, 则得

$$|JM\rangle = \Big[\sum_{m_1 m_2} |j_2 m_2 j_1 m_1\rangle \langle j_1 m_1 j_2 m_2| \Big] |JM\rangle,$$

即有

$$|JM\rangle = \sum_{m_1 m_2} \langle j_1 m_1 j_2 m_2 | JM\rangle |j_1 m_1 j_2 m_2\rangle.$$

上式显然表明, 耦合表象中的本征态可以表述为非耦合表象中的本征态的线性叠加, 亦即非耦合表象中的本征态可以变换为耦合表象的本征态, $\langle j_1 m_1 j_2 m_2 | JM\rangle$ 即由非耦合表象到耦合表象的变换系数 (矩阵元).

同理, 非耦合表象中的本征态可以表述为耦合表象中的本征态的线性叠加, 亦即耦合表象中的本征态可以变换为非耦合表象的本征态,

$$|j_1 m_1 j_2 m_2\rangle = \sum_{JM} \langle JM | j_1 m_1 j_2 m_2\rangle |JM\rangle,$$

$\langle JM | j_1 m_1 j_2 m_2 \rangle$ 为由耦合表象到非耦合表象的变换矩阵元.

显然, $\langle j_1 m_1 j_2 m_2 | JM\rangle$ 的全体构成的变换矩阵与 $\langle JM | j_1 m_1 j_2 m_2 \rangle$ 的全体构成的变换矩阵互为共轭, 这些变换矩阵元都称为 Clebsch-Gordan 系数, 简称 CG 系数.

2. CG 系数的正交归一性

由角动量态在耦合表象和非耦合表象中的基的正交归一性知, CG 系数有正交归一性

$$\sum_{m_1 m_2} \langle JM | j_1 m_1 j_2 m_2\rangle \langle j_1 m_1 j_2 m_2 | J'M'\rangle = \delta_{JJ'} \delta_{MM'},$$

$$\sum_{JM} \langle j_1 m_1 j_2 m_2 | JM\rangle \langle JM | j_1 m_1' j_2 m_2'\rangle = \delta_{m_1 m_1'} \delta_{m_2 m_2'}.$$

3. CG 系数的确定

由角动量的升、降算符的定义

$$\hat{j}_+ = \hat{j}_x + \mathrm{i}\hat{j}_y, \quad \hat{j}_- = \hat{j}_x - \mathrm{i}\hat{j}_y$$

知

$$[\hat{j}_z, \hat{j}_\pm] = \pm\hbar\hat{j}_\pm, \quad [\hat{j}_+, \hat{j}_-] = 2\hbar\hat{j}_z.$$

由本征方程

$$\hat{j}_z |jm\rangle = m\hbar |jm\rangle$$

和 $\left[\hat{j}_z, \hat{j}_\pm\right] = \pm\hbar \hat{j}_\pm$ 知

$$\hat{j}_z \hat{j}_\pm |jm\rangle = (m \pm 1)\hbar \hat{j}_\pm |jm\rangle.$$

这表明, $\hat{j}_\pm |jm\rangle$ 也为 $\hat{j}_z$ 的本征态, 本征值分别为 $(m \pm 1)\hbar$.

由对易关系 $\left[\hat{j}_+, \hat{j}_-\right] = 2\hbar \hat{j}_z$ 知

$$\langle jm|\hat{j}_+ \hat{j}_-|jm\rangle - \langle jm|\hat{j}_- \hat{j}_+|jm\rangle = 2\hbar \langle jm|\hat{j}_z|jm\rangle,$$

于是有

$$\langle jm|\hat{j}_+|j(m-1)\rangle\langle j(m-1)|\hat{j}_-|jm\rangle - \langle jm|\hat{j}_-|j(m+1)\rangle\langle j(m+1)|\hat{j}_+|jm\rangle$$
$$= 2m\hbar^2.$$

由角动量的升、降算符的厄米性知

$$\langle j(m-1)|\hat{j}_-|jm\rangle = \langle jm|\hat{j}_+|j(m-1)\rangle^*,$$

那么, 前面的式子即

$$\left|\langle jm|\hat{j}_+|j(m-1)\rangle\right|^2 - \left|\langle j(m+1)|\hat{j}_+|jm\rangle\right|^2 = 2m\hbar^2, \tag{6.19a}$$

$$\left|\langle j(m-1)|\hat{j}_-|jm\rangle\right|^2 - \left|\langle jm|\hat{j}_-|j(m+1)\rangle\right|^2 = 2m\hbar^2. \tag{6.19b}$$

直接计算 $\hat{\vec{j}}^2 = \hat{j}_z^2 + \dfrac{1}{2}(\hat{j}_+ \hat{j}_- + \hat{j}_- \hat{j}_+)$ 的期望值

$$\langle jm|\hat{j}_+ \hat{j}_-|jm\rangle + \langle jm|\hat{j}_- \hat{j}_+|jm\rangle = 2\langle jm|\hat{\vec{j}}^2 - \hat{j}_z^2|jm\rangle$$

得

$$\langle jm|\hat{j}_+|j(m-1)\rangle\langle j(m-1)|\hat{j}_-|jm\rangle + \langle jm|\hat{j}_-|j(m+1)\rangle\langle j(m+1)|\hat{j}_+|jm\rangle$$
$$= 2\left[j(j+1) - m^2\right]\hbar^2.$$

考虑厄米性 $\langle j(m-1)|\hat{j}_-|jm\rangle = \langle jm|\hat{j}_+|j(m-1)\rangle^*$, 则得

$$\left|\langle jm|\hat{j}_+|j(m-1)\rangle\right|^2 + \left|\langle j(m+1)|\hat{j}_+|jm\rangle\right|^2 = 2\left[j(j+1) - m^2\right]\hbar^2, \tag{6.19c}$$

$$\left|\langle j(m-1)|\hat{j}_-|jm\rangle\right|^2 + \left|\langle jm|\hat{j}_-|j(m+1)\rangle\right|^2 = 2\left[j(j+1) - m^2\right]\hbar^2. \tag{6.19d}$$

式 (6.19a) + 式 (6.19c), 得

$$\left| \langle jm|\hat{j}_+|j(m-1)\rangle \right|^2 = \left[j(j+1) - m(m-1) \right] \hbar^2,$$

亦即有

$$\left| \langle j(m+1)|\hat{j}_+|jm\rangle \right|^2 = \left[j(j+1) - m(m+1) \right] \hbar^2.$$

式 (6.19b) + 式 (6.19d), 得

$$\left| \langle j(m-1)|\hat{j}_-|jm\rangle \right|^2 = \left[j(j+1) - m(m-1) \right] \hbar^2.$$

于是有

$$\langle j(m+1)|\hat{j}_+|jm\rangle = \mathrm{e}^{\mathrm{i}\delta}\sqrt{(j-m)(j+m+1)},$$
$$\langle j(m-1)|\hat{j}_-|jm\rangle = \mathrm{e}^{\mathrm{i}\delta'}\sqrt{(j+m)(j-m+1)}.$$

约定 $\delta = \delta' = 0$(Condon-Shortley 约定), 则得

$$\langle j(m+1)|\hat{j}_+|jm\rangle = \sqrt{(j-m)(j+m+1)}, \tag{6.20a}$$

$$\langle j(m-1)|\hat{j}_-|jm\rangle = \sqrt{(j+m)(j-m+1)}. \tag{6.20b}$$

另一方面, 考虑态的正交归一性, 知

$$\langle jm|\hat{j}_-|j_1m_1j_2m_2\rangle = \sum_{m'} \langle jm|\hat{j}_-|jm'\rangle \langle jm'|j_1m_1j_2m_2\rangle$$
$$= \langle jm|\hat{j}_-|j(m+1)\rangle \langle j(m+1)|j_1m_1j_2m_2\rangle.$$

再考虑各非耦合态的独立性, 得

$$\langle jm|\hat{j}_-|j_1m_1j_2m_2\rangle = \sum_{m_1'm_2'} \langle jm|j_1m_1'j_2m_2'\rangle \langle j_1m_1'j_2m_2'|\hat{j}_-|j_1m_1j_2m_2\rangle$$
$$= \sum_{m_1'm_2'} \langle jm|j_1m_1'j_2m_2'\rangle \left[\langle j_1m_1'|\hat{j}_-|j_1m_1\rangle \langle j_2m_2'|j_2m_2\rangle \right.$$
$$\left. + \langle j_2m_2'|\hat{j}_-|j_2m_2\rangle \langle j_1m_1'|j_1m_1\rangle \right]$$
$$= \langle jm|j_1(m_1-1)j_2m_2\rangle \langle j_1(m_1-1)|\hat{j}_-|j_1m_1\rangle$$
$$+ \langle jm|j_1m_1j_2(m_2-1)\rangle \langle j_2(m_2-1)|\hat{j}_-|j_2m_2\rangle.$$

比较上述两式, 得

$$\langle jm|\hat{j}_-|j(m+1)\rangle \langle j(m+1)|j_1m_1j_2m_2\rangle$$

$$= \langle j_1(m_1 - 1)|\hat{j}_-|j_1m_1\rangle \langle jm|j_1(m_1 - 1)j_2m_2\rangle$$
$$+ \langle j_2(m_2 - 1)|\hat{j}_-|j_2m_2\rangle \langle jm|j_1m_1j_2(m_2 - 1)\rangle.$$

将前边得到的 $\hat{j}_-$ 的矩阵元的表达式代入上式, 得递推关系

$$\sqrt{(j - m)(j + m + 1)} \langle j_1m_1j_2m_2|j(m + 1)\rangle$$
$$= \sqrt{(j_1 + m_1)(j_1 - m_1 + 1)} \langle j_1(m_1 - 1)j_2m_2|jm\rangle \tag{6.21}$$
$$+ \sqrt{(j_2 + m_2)(j_2 - m_2 + 1)} \langle j_1m_1j_2(m_2 - 1)|jm\rangle.$$

同理 (由 $\hat{j}_+$ 的矩阵元), 得递推关系

$$\sqrt{(j + m)(j - m + 1)} \langle j_1m_1j_2m_2|j(m - 1)\rangle$$
$$= \sqrt{(j_1 - m_1)(j_1 + m_1 + 1)} \langle j_1(m_1 + 1)j_2m_2|jm\rangle \tag{6.22}$$
$$+ \sqrt{(j_2 - m_2)(j_2 + m_2 + 1)} \langle j_1m_1j_2(m_2 + 1)|jm\rangle.$$

进一步考虑 $m_{\max} = j$ 得

$$\langle j_1(m_1 - 1)j_2m_2|jj\rangle = -\sqrt{\frac{(j_2 + m_2)(j_2 - m_2 + 1)}{(j_1 + m_1)(j_1 - m_1 + 1)}} \langle j_1m_1j_2(m_2 - 1)|jj\rangle,$$

$$\langle j_1(j_1 - 1)j_2(j - j_1)|jj\rangle = -\sqrt{\frac{(j + j_2 - j_1)(j_1 + j_2 - j + 1)}{2j_1}} \langle j_1j_1j_2(j - j_1)|jj\rangle.$$

据此即可递推出 CG 系数的表达式 (多种), 例如其第一拉卡形式为

$$\langle j_1m_1j_2m_2|jm\rangle$$
$$= \delta_{(m_1+m_2)m} \left[\frac{(2j + 1)(j_1 + j_2 - j)!(j_1 - m_1)!(j_2 - m_2)!(j - m)!(j + m)!}{(j_1 + j_2 + j + 1)!(j + j_1 - j_2)!(j_1 + m_1)!(j_2 + m_2)!}\right]^{1/2}$$
$$\times \sum_t (-1)^{j_1 - m_1 + t} \left[\frac{(j_1 + m_1 + t)!(j + j_2 - m_1 - t)!}{t!(j - m - t)!(j_1 - m_1 - t)!(j_2 - j + m_1 + t)!}\right].$$

4. CG 系数的交换对称性

由具体表达式知, CG 系数有交换对称性

$$\langle j_1m_1j_2m_2|jm\rangle = (-1)^{j_1+j_2-j} \langle j_1(-m_1)j_2(-m_2)|j(-m)\rangle, \tag{6.23}$$

$$\langle j_1m_1j_2m_2|jm\rangle = (-1)^{j_1+j_2-j} \langle j_2m_2j_1m_1|jm\rangle, \tag{6.24}$$

$$\langle j_1 m_1 j_2 m_2 | j m \rangle = (-1)^{j_1 - m_1} \sqrt{\frac{2j+1}{2j_2+1}} \langle j_1 m_1 j (-m) | j_2 (-m_2) \rangle. \tag{6.25}$$

为简单表述上述对称性, 人们引入 $3j$ 系数, 它与 CG 系数的关系为

$$\begin{pmatrix} j_1 & j_2 & j \\ m_1 & m_2 & m \end{pmatrix} = \frac{(-1)^{j_1 - j_2 + m}}{\sqrt{(2j+1)}} \langle j_1 m_1 j_2 m_2 | j m \rangle. \tag{6.26}$$

$3j$ 系数具有轮换列不变、对换列出现因子 $(-1)^{j_1+j_2+j}$、m 改变符号出现因子 $(-1)^{j_1+j_2+j}$ 的 (变换对称) 性质.

5. 三角动量耦合的不同顺序间的变换

三角动量耦合可以采用不同顺序, 例如, $\hat{\boldsymbol{j}}_1$ 与 $\hat{\boldsymbol{j}}_2$ 先耦合得 $\hat{\boldsymbol{j}}_{12}$, 然后与 $\hat{\boldsymbol{j}}_3$ 耦合, 也可以 $\hat{\boldsymbol{j}}_2$ 与 $\hat{\boldsymbol{j}}_3$ 先耦合得 $\hat{\boldsymbol{j}}_{23}$, 然后与 $\hat{\boldsymbol{j}}_1$ 耦合. 不同顺序间的变换系数称为 Racah 系数

$$\langle (j_1 j_2) j_{12} j_3 j | j_1 (j_2 j_3) j_{23} j \rangle = \sum_{m_1 m_2 m_3} \langle j_1 m_1 j_2 m_2 | j_{12} m_{12} \rangle \langle j_{12} m_{12} j_3 m_3 | j m \rangle$$

$$\times \langle j_2 m_2 j_3 m_3 | j_{23} m_{23} \rangle \langle j_1 m_1 j_{23} m_{23} | j m \rangle.$$

也常由 $6j$ 系数表述为

$$\begin{pmatrix} j_1 & j_2 & j_{12} \\ j_3 & j & j_{23} \end{pmatrix} = \frac{(-1)^{j_1+j_2+j_3+j}}{\sqrt{(2j_{12}+1)(2j_{23}+1)}} \langle (j_1 j_2) j_{12} j_3 j | j_1 (j_2 j_3) j_{23} j \rangle. \tag{6.27}$$

$6j$ 系数具有对换两列保持不变、上一行中的两列与下一行中的两列对换保持不变的 (变换对称) 性质, 由此易于讨论三角动量耦合交换对称性等性质. 由于其比较复杂, 这里不予具体讨论.

6.6 电子的自旋–轨道耦合与原子能级的精细结构

6.6.1 原子的精细结构的概念与分类

实验发现, 原子能级不仅存在由主量子数 n 和角动量量子数 l 决定的结构, 还有更复杂的结构, 例如本章 6.1 节述及的碱金属原子的光谱具有双线结构和三线结构等.

根据更复杂结构的复杂程度 (或数值相对大小), 分别称原子能级的复杂结构为精细结构、超精细结构、兰姆位移.

6.6.2　电子的自旋与轨道角动量之间有相互作用

我们熟知, 物质结构由其组成单元的相互作用决定. 原子光谱的精细结构表明, 除了电子与原子核之间的库仑作用, 电子与电子之间的库仑作用及相对应的转动作用外, 还有其他形式的相互作用. 这里对此予以讨论.

1. 自旋–轨道相互作用的概念

1) 定义

通常情况下, 与空间有关的 "轨道" 角动量 $\hat{l}$ 和与内禀自由度有关的自旋 $\hat{s}$ 之间有相互作用, 这种相互作用称为自旋–轨道相互作用, 简称自旋–轨道耦合.

2) 物理机制

直观上, 在原子中, 相对于电子而言, 携带正电荷的原子核绕电子运动, 从而产生 "内磁场", 电子的内禀磁矩与该内磁场有相互作用. 由于内磁场与 "轨道" 角动量有关, 内禀磁矩与自旋有关, 所以电子的自旋与轨道角动量有相互耦合作用, 常简称之为自旋–轨道耦合.

更深入的相对论性量子力学层次上的研究表明, 自旋–轨道耦合作用的物理本质是 (相对论性) 量子理论在非相对论近似情况 ($pc \ll mc^2$, 狄拉克方程近似为薛定谔方程) 下的体现.

2. 自旋–轨道相互作用的表述形式

记电子相对于原子核的位置矢量为 $\boldsymbol{r}_{eN}$, 原子核绕电子运动的速度为 $\boldsymbol{v}_{Ne}$, 即核电荷数为 Ze 的原子核有电流元 $I = Ze\boldsymbol{v}_{Ne}$, 由毕奥-萨伐尔定律知, 其在电子所在处产生的磁感应强度为

$$\boldsymbol{B} = \frac{\mu_0}{4\pi} \frac{Ze\boldsymbol{v}_{Ne} \times \boldsymbol{r}_{eN}}{r_{eN}^3} = \frac{\mu_0}{4\pi} \frac{Zem_e\boldsymbol{v}_{Ne} \times \boldsymbol{r}_{eN}}{m_e r_{eN}^3} \approx \frac{\mu_0}{4\pi} \frac{Ze(-\boldsymbol{p}_e) \times \boldsymbol{r}_{eN}}{m_e r_{eN}^3}$$

$$= \frac{\mu_0}{4\pi m_e} \cdot \frac{Ze\boldsymbol{r}_{eN} \times \boldsymbol{p}_e}{r_{eN}^3} = \frac{\mu_0 Ze\boldsymbol{l}}{4\pi m_e r_{eN}^3}$$

$$= \frac{Ze\boldsymbol{l}}{4\pi\varepsilon_0 m_e c^2 r_{eN}^3},$$

而电子的自旋磁矩为

$$\boldsymbol{\mu}_s = -\frac{e}{m_e}\boldsymbol{s},$$

上述二者之间的相互作用为

$$U = -\boldsymbol{\mu}_s \cdot \boldsymbol{B} = \frac{Ze^2}{4\pi\varepsilon_0 m_e^2 c^2 r_{eN}^3}\boldsymbol{s} \cdot \boldsymbol{l} = \frac{Ze_s^2}{m_e^2 c^2 r_{eN}^3}\boldsymbol{s} \cdot \boldsymbol{l},$$

其中, $c^2 = \dfrac{1}{\varepsilon_0 \mu_0}$, $e_s^2 = \dfrac{e^2}{4\pi\varepsilon_0}$.

采用相对论性量子力学在低速情况下的近似的计算可得, 原子中电子的自旋–轨道耦合作用可以表述为

$$\hat{U}_{sl} = \frac{1}{2\mu^2 c^2} \frac{1}{r} \frac{\mathrm{d}U}{\mathrm{d}r} \hat{\boldsymbol{s}} \cdot \hat{\boldsymbol{l}},$$

其中, μ 为电子的约化质量; U 为电子所处的外场的势能.

比较知, 通过直观物理图像分析, 计算得到的结果与考虑了相对论效应的严格计算得到的结果之间仅差一系数 $\frac{1}{2}$ 和关于粒子质量的修正 (由粒子质量修正为系统的约化质量). 因此, 人们通常简记之为

$$\hat{U}_{sl} = \xi(r) \hat{\boldsymbol{s}} \cdot \hat{\boldsymbol{l}}, \tag{6.28}$$

其中的 $\xi(r)$ 由粒子所处的外场决定. 记粒子的质量 (实际应为约化质量) 为 μ, 则 $\xi(r)$ 可以表述为

$$\xi(r) = \frac{1}{2\mu^2 c^2} \frac{1}{r} \frac{\mathrm{d}U}{\mathrm{d}r}.$$

3. 考虑自旋–轨道相互作用下原子的哈密顿量及其本征函数

1) 哈密顿量

记考虑库仑作用的哈密顿量为 $\hat{H}_0$, 自旋–轨道耦合作用为 $\hat{H}_{ls}$, 由于通常情况下这两部分相互作用各自独立, 则系统的哈密量可以表述为它们的简单叠加, 即有

$$\hat{H} = \hat{H}_0 + \hat{H}_{ls}. \tag{6.29}$$

对氢原子和类氢离子

$$\hat{H}_{ls} = \xi(r) \hat{\boldsymbol{l}} \cdot \hat{\boldsymbol{s}},$$

对多电子原子, 通常仅考虑

$$\hat{H}_{ls} = \sum_i \xi(r_i) \hat{\boldsymbol{l}}_i \cdot \hat{\boldsymbol{s}}_i,$$

其中, i 仅包括满壳外的电子 (价电子). 这表明, 对多电子原子, 人们通常仅考虑价电子的自旋与同一个价电子的轨道角动量之间的耦合作用, 而不考虑不同电子的自旋–轨道耦合作用、自旋–自旋耦合作用和轨道– 轨道耦合作用, 即忽略 $\hat{\boldsymbol{l}}_i \cdot \hat{\boldsymbol{s}}_j$、 $\hat{\boldsymbol{s}}_i \cdot \hat{\boldsymbol{s}}_j$ 及 $\hat{\boldsymbol{l}}_i \cdot \hat{\boldsymbol{l}}_j$ 等作用 (事实上, 这些作用同样重要, 只不过表现不同).

2) 本征函数及其标记

A. 总角动量

由于 "轨道" 角动量 $\boldsymbol{l}$ 和自旋 $\boldsymbol{s}$ 都是矢量 (严格地, 自旋是旋量), 则其耦合是矢量耦合 (严格地, 旋量耦合). 记二者耦合而成的总角动量为 $\boldsymbol{j}$, 即有

$$\hat{\boldsymbol{j}} = \hat{\boldsymbol{l}} \oplus \hat{\boldsymbol{s}}.$$

并且, 由 6.5 节关于两角动量耦合而成的总角动量的结果知 (实际上, 可以通过李群 (李代数) 表示理论进行更一般的证明), 轨道角动量与自旋耦合而成的总角动量的量子数为

$$j = |l-s|, |l-s|+1, \cdots, l+s-1, l+s. \tag{6.30}$$

B. 考虑自旋–轨道耦合情况下的守恒量和共同本征函数

记轨道角动量 l 的任一分量为 $l_\alpha\,(\alpha = x, y, z)$, 自旋 s 的任一分量为 $s_\beta\,(\beta = x, y, z)$, 总角动量 j 的任一分量为 $j_\gamma\,(\gamma = x, y, z)$, 因为对一个原子, 包含库仑作用的 $\hat{H}_0$ 为有心力场, 则轨道角动量、自旋和总角动量都与 $\hat{H}_0$ 对易. 于是, 考察这些角动量是否为守恒量时, 只需考察它们与自旋–轨道耦合作用间的对易关系.

直接计算知

$$[\hat{l}_\alpha, \hat{s}\cdot\hat{l}] = [\hat{l}_\alpha, \hat{s}_x\hat{l}_x + \hat{s}_y\hat{l}_y + \hat{s}_z\hat{l}_z] \neq 0,$$

$$[\hat{s}_\beta, \hat{s}\cdot\hat{l}] = [\hat{s}_\beta, \hat{s}_x\hat{l}_x + \hat{s}_y\hat{l}_y + \hat{s}_z\hat{l}_z] \neq 0.$$

所以, 考虑自旋–轨道耦合作用时, 轨道角动量 $\hat{l}$ 和自旋 $\hat{s}$ 都不再是守恒量.

但是, 因为

$$\begin{aligned}
[\hat{l}^2, \hat{s}\cdot\hat{l}] =& [\hat{l}_x^2 + \hat{l}_y^2 + \hat{l}_z^2, \hat{s}_x\hat{l}_x + \hat{s}_y\hat{l}_y + \hat{s}_z\hat{l}_z] \\
=& \hat{s}_x[\hat{l}_x^2 + \hat{l}_y^2 + \hat{l}_z^2, \hat{l}_x] + [\hat{l}_x^2 + \hat{l}_y^2 + \hat{l}_z^2, \hat{s}_x]\hat{l}_x \\
&+ \hat{s}_y[\hat{l}_x^2 + \hat{l}_y^2 + \hat{l}_z^2, \hat{l}_y] + [\hat{l}_x^2 + \hat{l}_y^2 + \hat{l}_z^2, \hat{s}_y]\hat{l}_y \\
&+ \hat{s}_z[\hat{l}_x^2 + \hat{l}_y^2 + \hat{l}_z^2, \hat{l}_z] + [\hat{l}_x^2 + \hat{l}_y^2 + \hat{l}_z^2, \hat{s}_z]\hat{l}_z \\
=& 0 + 0 + 0 + 0 + 0 + 0 \\
=& 0,
\end{aligned}$$

所以, 考虑自旋–轨道耦合作用时, 轨道角动量的平方 $\hat{l}^2$ 仍是守恒量.

记 $\hat{i}$、$\hat{j}$、$\hat{k}$ 分别是 x、y、z 方向的单位矢量, 则有

$$\begin{aligned}
[\hat{j}, \hat{s}\cdot\hat{l}] =& \hat{i}\,[\hat{l}_x + \hat{s}_x, \hat{s}_x\hat{l}_x + \hat{s}_y\hat{l}_y + \hat{s}_z\hat{l}_z] + \hat{j}\,[\hat{l}_y + \hat{s}_y, \hat{s}_x\hat{l}_x + \hat{s}_y\hat{l}_y + \hat{s}_z\hat{l}_z] \\
&+ \hat{k}\,[\hat{l}_z + \hat{s}_z, \hat{s}_x\hat{l}_x + \hat{s}_y\hat{l}_y + \hat{s}_z\hat{l}_z] \\
=& \hat{i}\,[\hat{l}_x, \hat{s}_x\hat{l}_x + \hat{s}_y\hat{l}_y + \hat{s}_z\hat{l}_z] + \hat{i}\,[\hat{s}_x, \hat{s}_x\hat{l}_x + \hat{s}_y\hat{l}_y + \hat{s}_z\hat{l}_z] \\
&+ \hat{j}\,[\hat{l}_y, \hat{s}_x\hat{l}_x + \hat{s}_y\hat{l}_y + \hat{s}_z\hat{l}_z] + \hat{j}\,[\hat{s}_y, \hat{s}_x\hat{l}_x + \hat{s}_y\hat{l}_y + \hat{s}_z\hat{l}_z]
\end{aligned}$$

$$+ \hat{\boldsymbol{k}} \left[\hat{l}_z, \, \hat{s}_x \hat{l}_x + \hat{s}_y \hat{l}_y + \hat{s}_z \hat{l}_z \right] + \hat{\boldsymbol{k}} \left[\hat{s}_z, \, \hat{s}_x \hat{l}_x + \hat{s}_y \hat{l}_y + \hat{s}_z \hat{l}_z \right]$$

$$= \hat{\boldsymbol{i}} \left[\hat{s}_y \mathrm{i}\hbar \hat{l}_z + \hat{s}_z (-\mathrm{i}\hbar \hat{l}_y) + \mathrm{i}\hbar \hat{s}_z \hat{l}_y + (-\mathrm{i}\hbar \hat{s}_y) \hat{l}_z \right]$$

$$+ \hat{\boldsymbol{j}} \left[\hat{s}_x (-\mathrm{i}\hbar \hat{l}_z) + \hat{s}_z \mathrm{i}\hbar \hat{l}_x + (-\mathrm{i}\hbar \hat{s}_z) \hat{l}_x + \mathrm{i}\hbar \hat{s}_x \hat{l}_z \right]$$

$$+ \hat{\boldsymbol{k}} \left[\hat{s}_x \mathrm{i}\hbar \hat{l}_y + \hat{s}_y (-\mathrm{i}\hbar \hat{l}_x) + \mathrm{i}\hbar \hat{s}_y \hat{l}_x + (-\mathrm{i}\hbar \hat{s}_x) \hat{l}_y \right]$$

$$= \hat{\boldsymbol{i}} \left\{ 0 \right\} + \hat{\boldsymbol{j}} \left\{ 0 \right\} + \hat{\boldsymbol{k}} \left\{ 0 \right\}$$

$$= 0.$$

这表明, 在考虑自旋–轨道耦合作用情况下, 总角动量 $\boldsymbol{j}$ 及其在三个坐标轴方向上的投影 j_α ($\alpha = x, y, z$) 都是守恒量.

所以, 在有心力场中运动的电子的能量本征态可选为 $\{\hat{H}, \hat{\boldsymbol{l}}^2, \hat{\boldsymbol{j}}^2, \hat{j}_z\}$ 的共同本征态. 在泡利表象中, 该本征态可以表示为 ψ_{nljm_j}, 并有

$$\hat{\boldsymbol{l}}^2 \psi_{nljm_j} = l(l+1)\hbar^2 \psi_{nljm_j},$$
$$\hat{\boldsymbol{j}}^2 \psi_{nljm_j} = j(j+1)\hbar^2 \psi_{nljm_j},$$
$$\hat{j}_z \psi_{nljm_j} = m_j \hbar \psi_{nljm_j}.$$

由此知, 在这种情况下, 好量子数不再是 n、l、m_l、s、m_s, 而是 n、l、j、m_j, 其中 $m_j = m_l + m_s$.

6.6.3 原子能级的精细结构

1. 氢原子和类氢离子的能级的精细结构

我们已经熟知, 氢原子和类氢离子都只有一个价电子. 记电子的质量为 m, 不考虑自旋–轨道耦合时, 氢原子和类氢离子的哈密顿量 (严格来讲是其中相对运动的哈密顿量) 为

$$\hat{H}_0 = \frac{\hat{\boldsymbol{p}}^2}{2m} + \hat{U}_{\mathrm{C}}(r),$$

其中, r 为电子与原子核之间的间距; $U_{\mathrm{C}}(r)$ 为库仑势, 具有球对称性. 可测量物理量完全集为 $\{\hat{H}, \hat{\boldsymbol{l}}^2, \hat{l}_z, \hat{s}_z\}$, 共同本征态为 $\psi_{nlm_l m_s}$, 能量本征值为 $E = E_{nl}$, 具有关于 m_l 和 m_s 的简并性.

考虑自旋–轨道相互作用时,

$$\hat{H} = \hat{H}_0 + \hat{H}_{ls},$$

其中

$$\hat{H}_{ls} = \xi(r)\hat{\boldsymbol{l}} \cdot \hat{\boldsymbol{s}},$$

可测量物理量完全集为 $\{\hat{H}, \hat{l}^2, \hat{j}^2, \hat{j}_z\}$，其中 $\hat{j} = \hat{l} \oplus \hat{s}$ 为电子的总角动量，共同本征态可标记为 ψ_{nljm_j}．

因为 $\hat{j} = \hat{l} \oplus \hat{s}$，其中的 l 与 s 是相互独立的不同自由度，则

$$\hat{j}^2 = (\hat{l} \oplus \hat{s}) \cdot (\hat{l} \oplus \hat{s}) = \hat{l} \cdot \hat{l} + \hat{l} \cdot \hat{s} + \hat{s} \cdot \hat{l} + \hat{s} \cdot \hat{s} = \hat{l}^2 + 2\hat{l} \cdot \hat{s} + \hat{s}^2,$$

于是有

$$\hat{l} \cdot \hat{s} = \frac{1}{2}(\hat{j}^2 - \hat{l}^2 - \hat{s}^2).$$

进而，$\hat{H}_{ls}$ 在前述本征态下的期望值为

$$\begin{aligned}
E_{nlj}^{ls} &= \langle nljm_j | \hat{H}_{ls} | nljm_j \rangle \\
&= \frac{1}{2} \langle nljm_j | \xi(r)(\hat{j}^2 - \hat{l}^2 - \hat{s}^2) | nljm_j \rangle \\
&= \frac{1}{2} \langle nl | \xi(r) | nl \rangle \langle ljm_j | \hat{j}^2 - \hat{l}^2 - \hat{s}^2 | ljm_j \rangle \\
&= \frac{1}{2} \xi_{nl} [j(j+1) - l(l+1) - s(s+1)] \hbar^2,
\end{aligned}$$

其中 $\xi_{nl} = \langle nl | \xi(r) | nl \rangle$．

根据角动量耦合的一般规则 $j = |l-s|, |l-s|+1, \cdots, l+s-1, l+s$ 和电子自旋的量子数为 $\frac{1}{2}$，我们知道，氢原子和类氢离子的总角动量为 $j = l \pm \frac{1}{2}$．于是，对所有非零 l，能级都按 $j = l \pm \frac{1}{2}$ 分裂为 2，分裂出的两能级相对原能级的裂距为

$$\Delta E_{nlj}^{ls} = \begin{cases} \dfrac{1}{2} l \xi_{nl} \hbar^2, & j = l + \dfrac{1}{2}, \\[2mm] -\dfrac{1}{2}(l+1) \xi_{nl} \hbar^2, & j = l - \dfrac{1}{2}. \end{cases} \tag{6.31}$$

劈裂后的两能级之间的间距为

$$\Delta E_{nlj_\pm}^{ls} = \frac{1}{2}(2l+1) \xi_{nl} \hbar^2. \tag{6.32}$$

这种由电子的自旋–轨道相互作用引起的能级结构称为原子能级的精细结构．由前述的能级的具体表达式知，对非零轨道角动量，能级都一分为二，但仍存在关于 m_j 的 $(2j+1)$ 重简并．

我们还知道, 氢原子和类氢离子中的相互作用势是严格的库仑势, 可严格计算 (第 5 章已给出其解). 于是可计算出上述诸式中的 ξ_{nl} 为

$$\xi_{nl} = \langle nl|\xi(r)|nl\rangle = \int_0^\infty \xi(r)r^2\big|R_{nl}(r)\big|^2\mathrm{d}r = \frac{e_s^2}{Zm_{\mathrm{e}}^2c^2}\int_0^\infty \left(\frac{1}{r^3}\right)r^2\big|R_{nl}(r)\big|^2\mathrm{d}r$$

$$= \frac{Ze_s^2}{m_{\mathrm{e}}^2c^2}\cdot\frac{Z^3}{2l\left(l+\dfrac{1}{2}\right)(l+1)n^3a_0^3}$$

$$= \frac{Z^4m_{\mathrm{e}}e_s^8}{n^3\hbar^6c^2}\cdot\frac{1}{2l\left(l+\dfrac{1}{2}\right)(l+1)}.$$

记

$$\alpha = \frac{e_s^2}{c\hbar}, \tag{6.33}$$

并称之为精细结构常数 (目前采用的标准值为 $\alpha^{-1} = 137.03599880(52)$), 则

$$\xi_{nl} = \frac{\alpha^2m_{\mathrm{e}}Z^4e_s^4}{n^3\hbar^4}\cdot\frac{1}{2l\left(l+\dfrac{1}{2}\right)(l+1)}. \tag{6.34}$$

我们已经知道, 在不考虑电子的自旋–轨道耦合作用情况下, 氢原子核仅带一个单位正电荷, 即 $Z = 1$, 氢原子的能级仅依赖于主量子数 n, 且有

$$E_n = -\frac{m_{\mathrm{e}}e_s^4}{2n^2\hbar^2},$$

则氢原子能级的精细结构分裂可改写为

$$\Delta E_{nlj}^{ls} = -\frac{\alpha^2}{n}E_n\frac{j(j+1)-l(l+1)-\dfrac{3}{4}}{2l\left(l+\dfrac{1}{2}\right)(l+1)}. \tag{6.35}$$

考虑高速运动的相对论性修正的计算 (考虑课程范畴, 严格的计算过程这里略去. 粗略的模型计算请读者作为习题完成) 给出相对论修正引起的能级分裂为

$$\Delta E_{nlj}^{\mathrm{rel.}} = \frac{\alpha^2}{n}E_n\left(\frac{1}{l+\dfrac{1}{2}}-\frac{3}{4n}\right). \tag{6.36}$$

这显然与自旋–轨道耦合作用引起的能级分裂在相同的量级. 这表明相对论效应也很重要.

考虑两种效应的氢原子能级精细结构分裂为

$$\Delta E_{nlj}^{\text{total}} = \Delta E_{nlj}^{ls} + \Delta E_{nlj}^{\text{rel.}} = \frac{\alpha^2}{n} E_n \left[\frac{1}{l + \dfrac{1}{2}} - \frac{3}{4n} - \frac{j(j+1) - l(l+1) - \dfrac{3}{4}}{2l\left(l + \dfrac{1}{2}\right)(l+1)} \right].$$

对 $l \neq 0$, $j = l \mp \dfrac{1}{2}$,

$$\Delta E_{nlj}^{\text{total}} = \frac{\alpha^2}{n} E_n \left(\frac{1}{j + \dfrac{1}{2}} - \frac{3}{4n} \right). \tag{6.37}$$

因为

$$\alpha^2 = \left(\frac{e_s^2}{c\hbar} \right)^2 = \frac{1}{137^2} \approx 5.33 \times 10^{-5},$$

$$E_k = -\frac{1}{2} E_n \propto 10^{-5}\, mc^2,$$

则

$$E_{nlj}^{ls} \propto 10^{-10}\, mc^2 \sim 10^{-5} \text{eV}.$$

总之, 氢原子能级的精细结构分裂解除了相同主量子数下的非零的不同轨道量子数 l 的态的简并 (相对论量子力学给出相同结论, 但对 $l = 0$ 的能级也有修正), 但相同主量子数 n 下不同轨道角动量量子数 l 对应的相同的 j 态存在简并. 图 6.3给出该精细结构分裂的示意图.

前述讨论 (尤其是关于考虑电子的自旋–轨道耦合作用时原子和离子的可测量物理量完全集的讨论) 表明, 完整描述原子和离子 (严格来讲是原子和离子中的电子) 的状态需要的量子数有: 主量子数 n、轨道角动量量子数 l、自旋量子数 s、总角动量量子数 j. 为了表述简单, 通常采用一些符号来标记这些量子数, 例如, 对轨道角动量量子数 $l = 0, 1, 2, 3, 4, 5, 6, 7, 8, \cdots$, 通常分别由大写字母 S, P, D, F, G, H, I, K, L, $\cdots$ 作为代表符号来标记, 并且对于单电子态通常采用小写字母标记.

相应地, 主量子数为 n、轨道角动量量子数为 l、自旋量子数为 s、总角动量量子数为 j 的电子的状态 (常简称为原子态) 由符号:

主量子数 n $^{2s+1}$ (代表轨道角动量量子数 l 的字母)$_{总角动量量子数 j}$

标记, 例如, $3\,^2\mathrm{p}_{3/2}$ 代表主量子数 $n=3$、轨道角动量量子数 $l=1$、自旋量子数 $s=1/2$、总角动量量子数 $j=3/2$ 的电子的状态 (原子态), $4\,^2\mathrm{d}_{3/2}$ 代表主量子数 $n=4$、轨道角动量量子数 $l=2$、自旋量子数 $s=1/2$、总角动量量子数 $j=3/2$ 的电子的状态 (原子态).

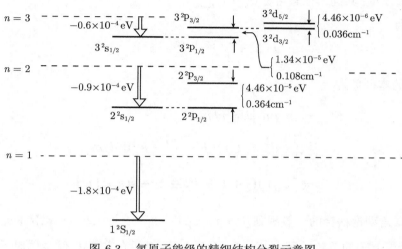

图 6.3 氢原子能级的精细结构分裂示意图

2. 碱金属原子能级的精细结构

我们知道, 只有一个价电子的原子称为碱金属原子, 如钠原子、钾原子、铷原子等.

在碱金属原子中, 带电量为 Ze 的原子核与价电子之外的其他电子形成原子实. 由于有电荷屏蔽, 因此价电子感受到的对之作用的正电荷量不是 1, 而是有效电荷 Z^*.

在不考虑自旋–轨道耦合作用的情况下, 碱金属原子 (实际是碱金属原子中的价电子) 的哈密顿量为

$$\hat{H}_0 = \frac{\hat{\boldsymbol{p}}^2}{2m} + \hat{U}_{\mathrm{eff}}(r),$$

其中, m 为电子的质量; $\hat{\boldsymbol{p}}$ 为电子的动量算符; $U_{\mathrm{eff}}(r)$ 为仍具有球对称性的屏蔽库仑势 (有效电荷数为 Z^*). 并且, 与氢原子等类似, 碱金属原子中电子的可测量物理量完全集为 $\{\hat{H}, \hat{\boldsymbol{l}}^2, \hat{l}_z, \hat{s}_z\}$, 共同本征态可表述为 $\psi_{nlm_lm_s}$, 能量本征值可标记为 $E = E_{nl}$, 即具有关于轨道角动量 l 和自旋 s 的简并性 (即相应于轨道角动量 l 在 z 方向上的投影 m_l 的不同取值和相应于自旋 s 在 z 方向上的投影 m_s 的不同取值, 原子的能量相同).

考虑自旋–轨道相互作用情况下, 碱金属原子 (系统) 的哈密顿量为

$$\hat{H} = \hat{H}_0 + \hat{H}_{ls},$$

其中, $\hat{H}_{ls} = \xi(r)\hat{\boldsymbol{l}} \cdot \hat{\boldsymbol{s}}$. 可测量物理量完全集为 $\{\hat{H}, \hat{\boldsymbol{l}}^2, \hat{\boldsymbol{j}}^2, \hat{j}_z\}$, 其中 $\hat{\boldsymbol{j}} = \hat{\boldsymbol{l}} + \hat{\boldsymbol{s}}$ 为电子的总角动量, 共同本征态可标记为 ψ_{nljm_j}.

因为

$$\hat{\boldsymbol{l}} \cdot \hat{\boldsymbol{s}} = \frac{1}{2}(\hat{\boldsymbol{j}}^2 - \hat{\boldsymbol{l}}^2 - \hat{\boldsymbol{s}}^2),$$

则 $\hat{H}_{ls}$ 的本征值为

$$
\begin{aligned}
E_{nlj}^{ls} &= \langle nljm_j | \hat{H}_{ls} | nljm_j \rangle \\
&= \frac{1}{2} \langle nljm_j | \xi(r)(\hat{\boldsymbol{j}}^2 - \hat{\boldsymbol{l}}^2 - \hat{\boldsymbol{s}}^2) | nljm_j \rangle \\
&= \frac{1}{2} \xi_{nl} \Big[j(j+1) - l(l+1) - s(s+1) \Big] \hbar^2.
\end{aligned}
$$

根据角动量耦合的一般规则 $j = |l-s|, |l-s|+1, \cdots, l+s-1, l+s$, 我们知道, 碱金属原子的总角动量为 $j = l \pm \dfrac{1}{2}$. 于是, 对所有非零 l, 碱金属原子的能级都按 $j = l \pm \dfrac{1}{2}$ 分裂为 2, 分裂出的两能级相对原能级的裂距为

$$
\Delta E_{nlj}^{ls} = \begin{cases} \dfrac{1}{2} l \xi_{nl} \hbar^2, & j = l + \dfrac{1}{2}, \\[2mm] -\dfrac{1}{2}(l+1)\xi_{nl}\hbar^2, & j = l - \dfrac{1}{2}. \end{cases}
$$

劈裂后的两能级之间的间距为

$$\Delta E_{nlj_\pm}^{ls} = \frac{1}{2}(2l+1)\xi_{nl}\hbar^2.$$

由于碱金属原子中的相互作用势不是严格的库仑势, 而是屏蔽的库仑势, 虽然不能严格计算, 但可以近似计算. 从而碱金属原子的自旋–轨道耦合作用的径向因子 ξ_{nl} 可以表述为类似类氢离子的形式, 近似而言, 只需将关于类氢离子的相应表达式中的 Z^4 修改为 Z^{*4}, 其中 Z^* 为考虑屏蔽效应后的有效电荷.

总之, 碱金属原子能级的精细结构具有与氢原子和类氢离子类似的形式. 这种由电子的自旋–轨道耦合作用引起的能级分裂结构称为原子能级的精细结构, 它不仅解除了相同主量子数 n 下不同 l 态等的简并, 由于有效电荷的差异, 相应于

相同主量子数 n 的 l 不同但 j 相同的态的简并 ($(2j+1)$ 重) 也会被解除. 对于碱金属原子, 这种精细结构引起的能级分裂在 $10^{-6} \sim 10^{-3}\mathrm{eV}$ 的量级 (例如, 钠 $4\,^2\mathrm{p}_{3/2}$ 与 $4\,^2\mathrm{p}_{1/2}$ 间的分裂大约为 $7 \times 10^{-4}\,\mathrm{eV}$, $3\,^2\mathrm{p}_{3/2}$ 与 $3\,^2\mathrm{p}_{1/2}$ 间的分裂大约为 $2 \times 10^{-3}\,\mathrm{eV}$). 例如, 碱金属原子光谱的几个低激发线系的双线结构、三线结构如图 6.4所示, 钠原子能级的部分精细结构如图 6.5所示.

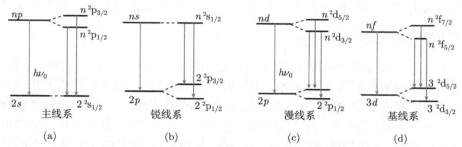

图 6.4 碱金属原子光谱的几个低激发线系的双线结构、三线结构示意图

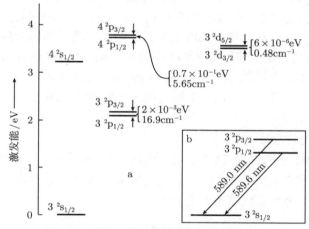

图 6.5 钠原子能级的精细结构分裂示意图

3. 多电子原子能级的精细结构

1) 哈密顿量及其求解

推广第 5 章和本章 6.5 节的讨论, 我们知道, 多电子原子 (扣除了质心运动或原子核运动部分) 的哈密顿量可以表述为

$$\hat{H} = \hat{H}_0 + \hat{H}_{\mathrm{C}} + \hat{H}_{ls},$$

其中

$$\hat{H}_0 = \sum_i \left[\frac{\hat{\boldsymbol{p}}_i^{\,2}}{2m} + \hat{U}_{i,\mathrm{eff}}(r_i) \right],$$

$$\hat{H}_{\mathrm{C}} = \sum_{i \neq k} \frac{e_s^2}{r_{ik}},$$

$$\hat{H}_{ls} = \sum_i \xi_i(r) \hat{l}_i \cdot \hat{s}_i.$$

上述三式中的求和遍历各个 (价) 电子, $U_{i,\mathrm{eff}}(r_i)$ 为第 i 个电子所受的主要来自于原子实的有效库仑场, $e_s^2 = \dfrac{e^2}{4\pi\varepsilon_0}$.

　　由前几节的讨论还易得知, 在不考虑电子的自旋–轨道耦合作用的情况下, 多电子原子的波函数的基矢就很复杂 (应该由各单粒子态的波函数构成的斯莱特行列式表述), 相应的结构就很难具体严格求解, 因此在考虑电子的自旋–轨道耦合作用情况下, 求解该多电子原子问题的难度更大. 实用中, 通常从两个极端情况出发进行近似处理, 一个极端情况是 $\hat{H}_{ls} \ll \hat{H}_{\mathrm{C}}$, 从而可以忽略 $\hat{H}_{ls}$. 在这种极端情况下, 每个电子都具有确定的轨道角动量、自旋和总角动量等量子数, 即 $\{lm_l sm_s\}$ 为好量子数, 也就是可以采用 LS 耦合制式 (LS coupling scheme) 近似求解; 另一个极端情况是 $\hat{H}_{ls} \gg \hat{H}_{\mathrm{C}}$, 由上面对于氢原子、类氢离子和碱金属原子的讨论知, 每个电子的轨道角动量 l 和自旋 s 都不是好量子数, 而应先耦合为总角动量 j, 也就是应该采用 JJ 耦合制式 (JJ coupling scheme) 近似求解.

　　下面分别对 LS 耦合制式和 JJ 耦合制式予以简要介绍.

2) LS 耦合制式

A. 基本规则与特征

　　由于在忽略电子的自旋–轨道相互作用情况下, 每个电子的轨道角动量和自旋都是好量子数, 那么对于多电子体系, 人们采用将各个电子的轨道角动量 l_i 和自旋 s_i 分别先耦合得到总轨道角动量

$$\hat{\boldsymbol{L}} = \sum_i \hat{l}_i$$

和总自旋

$$\hat{\boldsymbol{S}} = \sum_i \hat{s}_i,$$

然后将总轨道角动量 $\hat{\boldsymbol{L}}$ 与总自旋 $\hat{\boldsymbol{S}}$ 耦合得原子的总角动量

$$\hat{\boldsymbol{J}} = \hat{\boldsymbol{L}} + \hat{\boldsymbol{S}}.$$

这种计算多电子原子结构的方案称为 LS 耦合制式.

考察体系的基本特征和上述计算过程知, 在 LS 耦合制式下, 体系的可测量物理量完全集 (守恒量) 为: $\{\hat{\boldsymbol{L}}^2, \hat{\boldsymbol{S}}^2, \hat{\boldsymbol{J}}^2, \hat{J}_z\}$, 体系的共同本征态可以表述为: Ψ_{LSJM_J}.

B. 两电子体系实例

我们知道, 每个电子有 3 个空间自由度和 1 个自旋自由度, 两电子体系共有 8 个自由度, 需要 8 个量子数才能完整描述体系的状态. 给定每个电子的主量子数 n_i 和轨道角动量量子数 $l_i (i = 1, 2)$, 确定了 4 个量子数, 还有 4 个量子数需要确定. 由上述一般讨论知, 可取之为 L、S、J 和 M_J.

回顾前述讨论知, 体系的能级按 L、S 分裂, 但仍保留关于 J 的简并 (相应于 $(2J + 1)$ 个不同的 M_J).

由于每个电子有 $(2l + 1)(2s + 1) = 2(2l + 1)$ 个态, 则体系共有 $4(2l_1 + 1)(2l_2 + 1)$ 态.

例如, 对 $(nd, n'd)$ 组态, $4(2l_1 + 1)(2l_2 + 1) = 4 \times 5 \times 5 = 100$, 即共有 100 个态. 按角动量耦合规则, 体系的总 "轨道" 角动量 $L = 4, 3, 2, 1, 0$, 即有 G、F、D、P、S 五种 (共 25 个) 态, 体系的总自旋 $S = 1, 0$, 即有三重态和单态 (共 4 个态), 因此体系共有 100 个态. 按角动量耦合规则 (式 (6.30)), 由总轨道角动量和总自旋耦合成的总角动量 $J = 5$、4、3、2、1、0, 即有六种情况, 它们的重复度分别为 1 (仅由 $L = 4$ 与 $S = 1$ 耦合而成)、3 (可以由 $L = 4$ 与 $S = 1$ 耦合而成, 也以由 $L = 3$ 与 $S = 1$ 耦合而成, 还可以由 $L = 4$ 与 $S = 0$ 耦合而成)、4 (分别由 $L = 4$ 与 $S = 1$ 耦合而成、$L = 3$ 与 $S = 1$ 耦合而成、$L = 2$ 与 $S = 1$ 耦合而成、$L = 3$ 与 $S = 0$ 耦合而成)、4 (分别由 $L = 3$ 与 $S = 1$ 耦合而成、$L = 2$ 与 $S = 1$ 耦合而成、$L = 1$ 与 $S = 1$ 耦合而成、$L = 2$ 与 $S = 0$ 耦合而成)、4 (分别由 $L = 2$ 与 $S = 1$ 耦合而成、$L = 1$ 与 $S = 1$ 耦合而成、$L = 0$ 与 $S = 1$ 耦合而成、$L = 1$ 与 $S = 0$ 耦合而成)、2 (分别由 $L = 1$ 与 $S = 1$ 耦合而成、$L = 0$ 与 $S = 0$ 耦合而成). 对所有的 $(2J + 1)$ 求和则知, 在耦合表象中也是 100 个态.

对于 (nd, nd) 组态, 由于是全同粒子 (同科电子), 泡利原理要求总波函数交换反对称的态才是实际存在的态, 这就是说, 仅空间部分对称与自旋部分反对称耦合而成的态和空间部分反对称与自旋部分对称耦合而成的态才是实际存在的态. 根据角动量态的非耦合表象与耦合表象间的变换关系 (CG 系数)

$$\langle j_1 m_1 j_2 m_2 | j_3 m_3 \rangle = (-1)^{j_1 + j_2 - j_3} \langle j_2 m_2 j_1 m_1 | j_3 m_3 \rangle$$

知, L 为偶数 (奇数) 的态是空间交换对称 (反对称) 态, S 为奇数 (偶数) 的态是自旋交换对称 (反对称) 态.

关于耦合而成的态的能级顺序, 经验上有洪德 (Hund) 定则 (1927 年提出): 在从同一电子组态分裂出来的精细结构中, S 较大的能级较低, L 较大的能级较低; 并且, 在多重态中, 通常 J 小的态的能级较低 (正常情况), 但有个别 J 越大能级越低的情况出现 (反常). 理论上, 将自旋–轨道耦合作用的势能表述形式推广到任意两角动量的耦合, 即有

$$U_{l_1 l_2} = \frac{1}{2\mu^2 c^2} \frac{1}{r} \frac{\mathrm{d}U}{\mathrm{d}r} \hat{\boldsymbol{l}}_1 \cdot \hat{\boldsymbol{l}}_2,$$

其中, μ 为系统中的两粒子的约化质量; U 为两粒子间的相互作用势能. 则角动量耦合作用对该相互作用势能的贡献为

$$\langle \hat{\boldsymbol{l}}_1 \cdot \hat{\boldsymbol{l}}_2 \rangle = \frac{1}{2}\left[L(L+1) - l_1(l_1+1) - l_2(l_2+1) \right]\hbar^2.$$

显然, L 越大, 对势能贡献的数值越大. 而粒子间的其他作用对该相互作用势能的贡献取决于 $\dfrac{\mathrm{d}U}{\mathrm{d}r}$, 对于轨道角动量与轨道角动量间的作用和自旋与自旋间的作用, 其原本的两粒子间的作用是库仑排斥作用, $\dfrac{\mathrm{d}U}{\mathrm{d}r} \propto \dfrac{\mathrm{d}}{\mathrm{d}r}\left(\dfrac{e^2}{r}\right) \propto -\dfrac{1}{r^2} < 0$; 而一个粒子的自旋与其轨道角动量间的作用源于不同电荷的两粒子间的库仑吸引作用, $\dfrac{\mathrm{d}V}{\mathrm{d}r} \propto \dfrac{\mathrm{d}}{\mathrm{d}r}\left(-\dfrac{e^2}{r}\right) \propto \dfrac{1}{r^2} > 0$. 综合这两方面的因素, 即有洪德定则所述的关于总轨道角动量 L、总自旋 S 的能级顺序规律和关于原子的总角动量 J 正常能级顺序规律; 对于关于总角动量 J 的能级顺序的反常情况, 由于其出现在原子实外的电子数多于半满壳的原子, 有效的价粒子实际是价空穴, 即有相当于带正电荷的粒子与带正电荷的原子实之间作用, 由前述的关于相同电荷情况的讨论知, 对应于量子数 J 大的态的能量相对较低, 即有所说的反常情况.

　　dd 组态电子耦合而成的体系的能级的精细结构分裂如图 6.6所示.

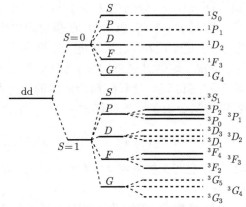

图 6.6　dd 组态电子耦合而成的体系的能级的精细结构示意图
(其中虚线对应的态为泡利原理不允许的态)

4. JJ 耦合制式

在忽略电子间的库仑相互作用 $\hat{H}_C$ 情况下, 原子的哈密顿量可以表述为

$$\hat{H} = \sum_i \hat{H}_i,$$

其中

$$\hat{H}_i = \frac{\hat{p}_i^2}{2m} + \hat{V}_{i,\text{eff}}(r_i) + \xi_i(r_i)\hat{l}_i \cdot \hat{s}_i,$$

即多电子原子近似为独立粒子体系.

由于每个电子的自旋–轨道耦合作用, 其轨道角动量在各方向上的投影和自旋在各方向上的投影都不是守恒量, 但每个电子的总角动量在各方向上的投影仍然是守恒量, 那么对于多电子体系, 人们采用将各个电子的轨道角动量 l_i 与自旋 s_i 先耦合得到各电子的总角动量

$$\hat{j}_i = \hat{l}_i + \hat{s}_i,$$

然后将各电子的总角动量 $\hat{j}_i$ 叠加得到原子的总角动量

$$\hat{J} = \sum_i \hat{j}_i.$$

这种计算多电子原子结构的方案称为 JJ 耦合制式.

由各电子的总角动量 j 及其在各方向上的投影为好量子数知, 这样的多电子原子的本征态可以表示为

$$\Psi \propto \prod_i \psi_{n_i l_i j_i (m_j)_i},$$

于是, 自旋-轨道耦合作用对原子的能量的贡献可以表述为

$$E_{nlJ}^{ls} = \sum_i \langle \psi_i(r_i) | \hat{H}_{i,ls} | \psi_i(r_i) \rangle = \frac{1}{2} \sum_i \xi_i \left[j_i(j_i+1) - l_i(l_i+1) - \frac{3}{4} \right] \hbar^2,$$

其中的 ξ_i 可以采用类似于计算碱金属原子的精细结构分裂时采用的方法计算得到. 其结果是能级有按 J 分裂的精细结构.

关于 LS 耦合制式和 JJ 耦合制式各自的适用对象, 没有严格的区分, 甚至可以说没有区分的理论标准. 根据经验, 对于较轻的原子, 基本按 LS 耦合制式; 对于较重的原子, 基本按 JJ 耦合制式; 对于中重原子, 两种制式都可采用. 图 6.7 给出 pp 组态的两电子的能级结构随原子中电子数目增加由 LS 耦合制式到 JJ 耦合制式而演化的示意图.

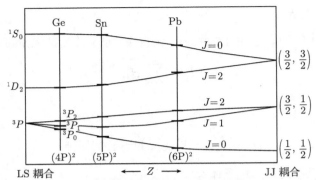

图 6.7　pp 组态的两电子的能级结构随原子中电子数目增加由 LS 耦合制式到
JJ 耦合制式而演化的示意图

6.6.4　原子能级的超精细结构

1. 超精细结构的概念与机制

我们早已熟知, 原子由原子核和电子组成. 通过考虑电子相对于原子核 (严格来讲, 原子的质心) 的运动, 我们得到了原子的能级结构的概貌; 通过考虑原子中电子的自旋–轨道耦合作用, 我们得到了原子能级的精细结构. 从实验角度来讲, 利用更高精度的光谱仪测量到原子光谱中具有比原子能级的精细结构决定的光谱更精细 (上千倍) 的光谱. 人们称决定比精细结构更精细的光谱的能级结构为原子能级的超精细结构 (hyperfine structure).

对于原子中的电子, 我们已考虑其自旋–轨道耦合作用等各种因素和效应, 实验上观测到原子能级还有超精细结构自然使人们将之归因于尚未考虑过的因素, 即除简单的笼统的库仑作用之外的原子核与电子的相互作用. 我们知道, 多数原子核由质子和中子组成 (实际还有超子等复杂的组分, 这里仅考虑最简单的情况), 质子和中子都是费米子, 都有自旋, 由它们构成的原子核当然可能有自旋, 况且原子核还有多种模式的集体运动, 这些集体运动贡献的角动量与其组分粒子贡献的自旋的叠加使得原子核有自旋; 这些自旋和集体运动还使得原子核具有磁矩、电四极矩、电八极矩等. 记原子核的自旋为 I, 电子的总角动量为 J, 由它们的叠加形成的原子的总角动量为

$$F = I + J.$$

前面探讨原子中电子的自旋–轨道耦合作用的物理图像时, 人们只是视原子核为带正电荷的点粒子, 它相对于电子的运动引起的磁场与电子的自旋磁矩之间的作用即电子的自旋–轨道耦合作用, 尚未考虑原本的电子绕原子核运动在原子核处产生的磁场与原子核的磁矩之间的相互作用的贡献, 以及原子核的其他模式的集体运动的贡献. 事实上, 原子核与电子之间的相互作用有多种模式 (例如, 可按

多极展开得到磁偶极作用、电四极作用等), 这些作用当然引起原子能级进一步分裂. 由于核子 (质子和中子的统称) 的质量是电子质量的约 1836 倍, 由粒子的磁矩与质量的反比关系知, 核子磁矩的基本单位 (常简称为核磁子) $\mu_{\mathrm{N}} = \dfrac{e\hbar}{2m_{\mathrm{N}}} = \dfrac{e\hbar}{2 \times 1836 m_{\mathrm{e}}} = \dfrac{1}{1836}\mu_{\mathrm{B}}$, 那么由之引起的原子核与电子之间的相互作用会有 10^{-3} 量级的改变, 这样微弱的相互作用导致的原子能级的进一步分裂当然仅有原分裂的 1/1000 的量级, 也就是使得原子具有超精细结构.

2. 磁偶极超精细结构

记电子的自旋磁矩为 $\boldsymbol{\mu}_s^{\mathrm{e}}$, 电子相对于原子核的位置矢量为 $\boldsymbol{r}$, 电子绕原子核运动的速度为 $\boldsymbol{v}$, 由电磁学原理知, 电子绕原子核的运动在原子核处产生的磁场的磁感应强度为

$$\boldsymbol{B}_{\mathrm{e}}{}^t = \frac{\mu_0}{4\pi}\left\{ \frac{(-e\boldsymbol{v}) \times (-\boldsymbol{r})}{r^3} - \frac{1}{r^3}\left[\boldsymbol{\mu}_s^{\mathrm{e}} - \frac{3(\boldsymbol{\mu}_s^{\mathrm{e}} \cdot \boldsymbol{r})\boldsymbol{r}}{r^2} \right] \right\}$$

$$= \frac{\mu_0}{4\pi r^3}\left\{ \frac{-e}{m_{\mathrm{e}}}\left[\boldsymbol{r} \times (m_{\mathrm{e}}\boldsymbol{v}) \right] - \boldsymbol{\mu}_s^{\mathrm{e}} + \frac{3(\boldsymbol{\mu}_s^{\mathrm{e}} \cdot \boldsymbol{r})\boldsymbol{r}}{r^2} \right\},$$

其中, μ_0 为真空的磁导率. 考虑粒子的轨道角动量的定义和粒子的轨道磁矩的定义知

$$\text{上式} = \frac{\mu_0}{4\pi r^3}\left[2\,\boldsymbol{\mu}_l^{\mathrm{e}} - \boldsymbol{\mu}_s^{\mathrm{e}} + \frac{3(\boldsymbol{\mu}_s^{\mathrm{e}} \cdot \boldsymbol{r})\boldsymbol{r}}{r^2} \right]$$

$$= -\frac{\mu_0}{4\pi r^3}2\mu_{\mathrm{B}}\left[\boldsymbol{l}^{\mathrm{e}} - \boldsymbol{s}^{\mathrm{e}} + \frac{3(\boldsymbol{s}^{\mathrm{e}} \cdot \boldsymbol{r})\boldsymbol{r}}{r^2} \right],$$

其中, $\mu_{\mathrm{B}} = \dfrac{e\hbar}{2m_{\mathrm{e}}}$ 为玻尔磁子; $\boldsymbol{l}^{\mathrm{e}}$、$\boldsymbol{s}^{\mathrm{e}}$ 分别为以 $\hbar$ 为单位的轨道角动量矢量、自旋矢量.

记

$$\boldsymbol{N} = \boldsymbol{l}^{\mathrm{e}} - \boldsymbol{s}^{\mathrm{e}} + \frac{3(\boldsymbol{s}^{\mathrm{e}} \cdot \boldsymbol{r})\boldsymbol{r}}{r^2},$$

并称之为类 (广义的) 角动量矢量, 则上述磁感应强度在电子的总角动量 $\boldsymbol{J}$ 方向的投影为

$$\boldsymbol{B}_{\mathrm{e}} = -\frac{\mu_0}{4\pi r^3}2\mu_{\mathrm{B}}\frac{\boldsymbol{N} \cdot \boldsymbol{J}}{J(J+1)}\boldsymbol{J}.$$

另外, 为描述磁矩与相应的角动量之间的关系, 人们引入了旋磁比 g 的概念. 例如, 质量为 m、带电量为 q 的粒子的轨道磁矩、自旋磁矩分别为

$$\boldsymbol{\mu}_l = \frac{q}{2m}\boldsymbol{l}, \quad \boldsymbol{\mu}_s = \frac{q}{m}\boldsymbol{s}.$$

记

$$\mu_{\mathrm{B}} = \frac{e\hbar}{2m_{\mathrm{e}}},$$

其中, m_{e} 为电子的静止质量, 则粒子的轨道磁矩、自旋磁矩可以分别表述为

$$\boldsymbol{\mu}_l = \frac{q_{\mathrm{e}}}{m_{m_{\mathrm{e}}}} \frac{\mu_{\mathrm{B}}}{\hbar} \boldsymbol{l}, \quad \boldsymbol{\mu}_s = 2\frac{q_{\mathrm{e}}}{m_{m_{\mathrm{e}}}} \frac{\mu_B}{\hbar} \boldsymbol{s},$$

其中, q_{e} 是以基本电荷 e 为单位的带电量; $m_{m_{\mathrm{e}}}$ 是以电子的静止质量为单位的粒子的质量. 粒子的自旋旋磁比、轨道旋磁比分别定义为

$$g_s = \left| \frac{\mu_s}{\mu_{\mathrm{B}} s} \right| = \left| 2\frac{q_{\mathrm{e}}}{m_{m_{\mathrm{e}}}} \right|, \quad g_l = \left| \frac{\mu_l}{\mu_{\mathrm{B}} l} \right| = \left| \frac{q_{\mathrm{e}}}{m_{m_{\mathrm{e}}}} \right|.$$

显然, 旋磁比 (gyromagnetic ratio), 亦称为 g 因子, 反映粒子的基本性质. 例如, 对于电子, 在通常的视之为参与库仑作用的点电荷的情况下有 $g_l^{\mathrm{e}} = 1$, $g_s^{\mathrm{e}} = 2$, 并分别称之为电子的轨道 g 因子、自旋 g 因子.

   类似地, 记原子核的自旋为 $\boldsymbol{I}$, 自旋磁矩为 $\boldsymbol{\mu}_I^N = \frac{\mu_I^N}{I} \boldsymbol{I} = g_I \mu_N \frac{\boldsymbol{I}}{I}$, 其中 μ_N 为核磁子, g_I 为原子核的 g 因子, 那么原子核的自旋磁矩与上述电子产生的磁场之间的相互作用可表述为

$$\hat{H}_{\mathrm{MD}} = -\boldsymbol{\mu}_I^N \cdot \boldsymbol{B}_{\mathrm{e}} = \frac{\mu_0}{4\pi r^3} \frac{2g_I \mu_{\mathrm{B}} \mu_N}{I} \frac{\boldsymbol{N} \cdot \boldsymbol{J}}{J(J+1)} \hat{\boldsymbol{I}} \cdot \hat{\boldsymbol{J}}.$$

   总之, 原子核与电子之间有磁偶极相互作用

$$\hat{H}_{\mathrm{MD}} = A(J) \hat{\boldsymbol{I}} \cdot \hat{\boldsymbol{J}},$$

其中的 $A(J) = \frac{\mu_0}{4\pi r^3} \frac{2g_I \mu_{\mathrm{B}} \mu_N}{I} \frac{\boldsymbol{N} \cdot \boldsymbol{J}}{J(J+1)}$.

   参照对于精细结构的求解方案, 在可测量物理量完全集 $\{\hat{\boldsymbol{I}}, \hat{\boldsymbol{J}}, \hat{\boldsymbol{F}}, \hat{\boldsymbol{F}}_z\}$ 的共同本征函数下, 该磁偶极作用引起的能量改变为

$$E_{\mathrm{MD}} = \frac{1}{2} a_J \big[F(F+1) - I(I+1) - J(J+1) \big].$$

由角动量耦合规则知, 系统的总角动量的取值为 $F = |I - J|, |I - J| + 1, \cdots, I + J - 1, I + J$, 于是上述磁偶极作用引起的能级分裂为

$$\Delta E_{\mathrm{MD}} = E_{\mathrm{MD}}(F) - E_{\mathrm{MD}}(F-1) = a_J F,$$

其中的 a_J 应根据电子的波函数具体计算而确定, 基本结论是它正比于精细结构常数 α 的 4 次方. 这样的由原子核与电子之间的磁偶极作用引起的比精细结构小

很多的能级分裂的结构称为原子能级的磁偶极超精细结构. 相应地, 人们称上述 a_J 为磁偶极超精细结构常数 (实际不是常数, 因为它依赖于原子的状态).

例如, 对氢原子和类氢离子, 其中电子的波函数已严格解得, 进而得到

$$a_J = \frac{\mu_0}{4\pi}\frac{2g_I\mu_B\mu_N}{I}\left(\frac{Z}{na_0}\right)^3\frac{1}{\left(l+\frac{1}{2}\right)j(j+1)}\quad(l\neq 0),$$

$$a_s = \frac{\mu_0}{4\pi}\frac{2g_I\mu_B\mu_N}{I}\frac{8}{3}\left(\frac{Z}{na_0}\right)^3\quad(l=0),$$

其中, Z 为粒子的核电荷数; n 为主量子数; a_0 为第一玻尔轨道半径.

对于氢原子, 原子核的核电荷数 $Z=1$, 自旋即质子的自旋, 即有 $I=\frac{1}{2}$. 氢原子仅包含一个电子, 其基态 $l=0$, $s_e=\frac{1}{2}$, 从而有 $J=\frac{1}{2}$. 上述二者耦合的总角动量为 $F=1, 0$. 这表明, 其基态有 $F=1$ 和 $F=0$ 的超精细结构. 同理, 氢原子的 $2\,^2p_{1/2}$ 态也有 $F=1$ 和 $F=0$ 的超精细结构. 实验测得的氢原子能级的超精细结构如图 6.8所示, 其中的频率 $\nu_{\text{hfs}}=1420.406\,\text{MHz}$ 的超精细光谱线即著名的氢原子的波长 $\lambda=21\text{cm}$ 的光谱线, 对于早期宇宙的状态及物质演化 (氢原子丰度) 的研究至关重要.

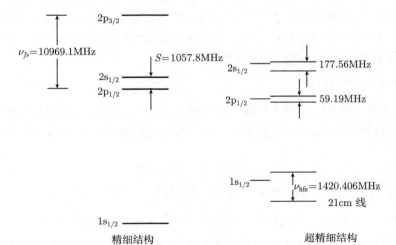

图 6.8 实验测得的氢原子能级的超精细结构示意图及其与部分精细结构的对比

粗略看来, 上述理论分析计算的结果与实验测量结果符合得相当好. 但细致认真比较知, 氢原子的超精细结构分裂的能量为

$$a_s = h\nu_{\text{hfs}} = \frac{2}{3}2g_{\text{p}}\alpha^4\left(\frac{m_{\text{e}}}{m_{\text{p}}}\right)\left(m_{\text{e}}c^2\right)\left(\frac{Z}{n}\right)^3,$$

其中, $g_{\text{p}} = 5.58569$ 为质子的 g 因子; α 为精细结构常数. 该式即关于氢原子的超精细结构的费米公式. 将现在认为的上式包含的各物理量的精确值代入上式计算得

$$\nu_{\text{hfs}}^{\text{F}} = 1421.159716\,\text{MHz},$$

与实验测量结果
$$\nu_{\text{hfs}}^{\text{Expt}} = 1420.4057517667(10)\,\text{MHz}$$

相比, 误差相当大. 究其原因, 该远超出精度范围的误差源自于电子的 g 因子, 即 $g_s^{\text{e}} \neq 2$, 这就是说, 电子具有反常磁矩. 考虑电子自能、弱相互作用和强相互作用等影响因素的贡献后, 理论上给出的结果为

$$g_s^{\text{th}} = 2.00231930436322 \pm 0.00000000000046,$$

实验测量结果为

$$g_s^{\text{exp}} = 2.00231930436124 \pm 0.00000000000024.$$

并且, 关于 $g - 2$ 的数值的问题 (尤其是关于 μ 子的) 仍是目前人们致力探讨的一个重要问题.

对多电子原子, 由上文所述的简单情况可以推知, 关于磁偶极相互作用导致的超精细结构的计算极其复杂, 这里不予讨论. 但基本特征与前述结果相同.

另外, 既然作用是相互的, 那么磁偶极超精细作用会导致原子核的能级出现分裂. 由于这种分裂相当复杂, 这里也不予讨论.

3. 电四极超精细结构

前已述及, 原子核有电四极模式的集体运动 (其实还有电四极振动和转轴沿不同方向的四极转动), 并有电四极矩. 原子核的电四极矩在空间的分布各向异性, 即有
$$Q_{ij} = \left(3x_ix_j - r^2\delta_{ij}\right)\rho(\boldsymbol{r}),$$
其中, $\rho(\boldsymbol{r})$ 为空间电荷密度分布. 实用中, 常取其 z 分量, 于是有

$$Q = Q_{33} = \left(3z^2 - r^2\right)\rho(\boldsymbol{r}) = r^2\left(3\cos^2\theta - 1\right)\rho(\boldsymbol{r}).$$

考虑量子效应情况下, (作为一个整体的) 原子核的电四极矩常由原子核的角动量 I 及其 z 分量 M_I 和其他量子数 α 标记为

$$Q_{IM_I\alpha} = \int r^2\left(3\cos^2\theta - 1\right)\rho_{IM_I\alpha}(\boldsymbol{r})\mathrm{d}\boldsymbol{r}.$$

由于原子中的原子核的电四极集体运动的各处感受到的电子所产生的电场的梯度不同, 根据电磁学原理, 这一各处不同使得原子核与电子之间有相互作用

$$\hat{H}_Q = -\frac{1}{6}\sum_{ij}Q_{ij}\frac{\partial E_j}{\partial x_i}.$$

按照描述原子核性质的习惯, 取 Q_{zz}(即 Q_{33}), 则有

$$\hat{H}_Q = \frac{1}{6}Q_{zz}\frac{\partial^2 U_e}{\partial z^2},$$

其中, U_e 为电子产生的电场在原子核所处区域的势能. 很显然, 对多电子原子, 由于 U_e 等都很难确定, 计算其二阶导数在所考虑体系的量子态下的期望值就更困难, 因此这一计算很复杂, 这里不予细述, 仅给出其引起的能量修正的形式结果如下:

$$\Delta E_{EQ} = \frac{B}{4}\frac{\frac{3}{2}K(K+1) - 2I(I+1)J(J+1)}{I(2I-1)J(2J-1)},$$

其中

$$K = F(F+1) - I(I+1) - J(J+1),$$

$$B = eQ_{IM_I}\alpha\left\langle\frac{\partial^2 U_e}{\partial z^2}\right\rangle.$$

这一电四极作用引起的对原子能级的修正与磁偶极作用引起的能量修正相近 (稍小), 它使得原子能级按原子的总角动量 F 不同而分裂, 但仍存在关于 F 的简并 (不能区分 $(2F+1)$ 个 M_F), 因此称之为电四极超精细结构. 相应地, 人们称上述 B 为电四极超精细结构常数 (实际不是常数, 因为它依赖于原子的状态).

完整地研究原子的超精细结构时, 应该既考虑磁偶极超精细结构又考虑电四极超精细结构.

6.7 原子的壳层结构与元素周期表

6.7.1 单电子能级的壳层结构与电子填充

1. 壳层的概念和标记

所谓原子中的单电子能级即仅考虑一个电子与原子核形成的体系 (亦即类氢离子) 中电子的能级.

在第 5 章, 我们已经给出, 核电荷数为 Z 的类氢离子的能级为

$$E_n = -\frac{Z^2 e_s^2}{2a_0}\frac{1}{n^2}, \quad a_0 = \frac{\hbar^2}{\mu e_s^2}, \quad \mu \text{ 为电子的约化质量}.$$

这表明, (核电荷数为 Z 的) 类氢离子的能级仅依赖于主量子数 n, 与其包含的轨道角动量 l 及其在位形空间的 z 方向的投影 (分量) m_l 无关, 具有 n^2 重的简并性.

即使考虑精细结构和超精细结构等因素, 相应于同一个 n 的不同轨道角动量 l、不同总角动量 j 的简并解除, 其能级分裂仅仅是 $10^{-5}E_n$ 的量级, 甚至更小. 显然, 对于不同的主量子数, 其决定的能量间的差别相对很大, 因此, 人们称主量子数 n 决定的能级为一个壳 (也称主壳, 或大壳). 对于同一个 n, 不同的 l 等决定的能级称为支壳 (也称子壳).

为表述方便, 人们通常称 $n = 1, 2, 3, 4, 5, 6, 7, \cdots$ 决定的 (主) 壳分别记作 K、L、M、N、O、P、Q······ 壳, 并称 $l = 0, 1, 2, 3, 4, 5, 6, 7, 8, 9, 10, \cdots$ 决定的支壳分别为 S、P、D、F、G、H、I、K、L、M、N······ 支壳 (实用中, 通常不区分大小写).

2. 电子填充规则与壳结构

电子为费米子, 遵守泡利不相容原理, 因此每个量子态最多只能有一个电子. 又由于电子的自旋量子数 $s = \frac{1}{2}$, 则轨道角动量量子数为 l 的支壳包含的量子态的数目为 $(2s+1)(2l+1) = 2(2l+1)$, 即可填充 $2(2l+1)$ 个电子, 那么每个主壳可以容纳的电子数为

$$N_{\text{主壳}} = \sum_l 2 \cdot (2l+1).$$

于是, K 壳 ($n=1, l=0$) 可以容纳的电子数为 $N_{\text{K}} = 2 \cdot (2 \cdot 0 + 1) = 2$;
L 壳 ($n=2, l=0, 1$) 可以容纳的电子数为 $N_{\text{L}} = 2 + 2(2 \cdot 1 + 1) = 8$;
M 壳 ($n=3, l=0, 1, 2$) 可以容纳的电子数为 $N_{\text{M}} = 8 + 2(2 \cdot 2 + 1) = 18$;
N 壳 ($n=4, l=0, 1, 2, 3$) 可以容纳的电子数为 $N_{\text{N}} = 18 + 2(2 \cdot 3 + 1) = 32$;
O 壳 ($n=5, l=0, 1, 2, 3, 4$) 可以容纳的电子数为 $N_{\text{O}} = 32 + 18 = 50$;
P 壳 ($n=6, l=0, 1, 2, 3, 4, 5$) 可以容纳的电子数为 $N_{\text{P}} = 50 + 22 = 72$;
等等.

因为一个主壳与另一个主壳之间的能量差与一个主壳内各子壳之间的能量差相比大得多, 所以改变具有各主壳总共可以容纳的电子数 (2、10、28、60、110 等) 的原子的状态需要的能量要大很多. 例如, 实验测得的一系列原子的电离能 (亦称为脱出功) 随核电荷数 (亦称为原子序数) 变化的行为如图 6.9所示.

将前述的由对单电子填充方式的理论分析给出的稳定原子的核电荷数与图 6.9 所示的实验测量结果比较知, 上述单电子填充的理论结果仅对轻元素原子成立. 这一方面说明原子确实具有壳层结构, 另一方面也说明前述的单电子填充形成的壳结构对中重和重元素原子不正确. 因此, 对于多电子原子的填充方式和形成的壳结构, 需要系统认真地专门讨论.

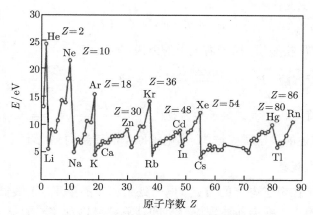

图 6.9　原子的电离能随核电荷数变化的行为

6.7.2　多电子原子中电子的填充

多电子原子即一个原子核和多个电子形成的原子. 由于原子核和电子都带电、都有磁矩, 因此原子核与电子之间、电子与电子之间都有复杂的相互作用. 相应地, 电子在各单电子量子态的填充方式和形成的壳结构等都需要认真讨论.

1. 基本特征

1) 原子实的电荷屏蔽

原子由原子核与电子组成, 电子按单电子量子态具有壳层结构, 主壳被填满的状态称为满壳. 原子核 (记其电荷数为 Z) 与满壳电子形成的体系称为原子实. 由于一个主壳内的电子的能量与另一个主壳内的电子的能量相差较大, 因此原子实相当稳定. 有时, 人们也称原子核与满子壳电子形成的体系为原子实.

如果原子实外只有一个电子, 该电子所受的作用相当于来自一个正电荷, 但这一正电荷的电量不严格等于一个单位正电荷的电量, 这种现象称为原子实的电荷屏蔽. 另外, 在不考虑内层电子形成原子实的情况下, 由于其他电子的存在, 仅就电作用而言, 原子中的每个电子所受的作用与一个单位电量的负电荷和 Z 个单位电量的正电荷之间的作用都有差别, 而是相当于带电量为 $-e$ 的点电荷与带电量为 Z^*e 的点电荷之间的作用, 并且有效电荷数 Z^* 因原子及其状态而异. 这种情况亦称为电荷屏蔽, 并在此前简述过.

2) 简并解除

在原子实外有多个电子的情况下, 由于原子实与各个电子之间及电子与电子之间的作用, 原子实外的各个电子感受到的有效电荷数 Z^* 不同, 从而不同支壳上的电子所受屏蔽后的作用不同. 于是, 对于同一个主量子数 n, 不同轨道角动量 l 态的能量不同, 也就是关于 l 的简并因此而解除, 并有量子数亏损 $\Delta(n, l)$, 使得主量子数 n 发生变化:

$$n \to n^* = n - \Delta(n, l),$$

因而原子能级 (严格来讲, 原子内电子的能级) 有改变.

仅考虑电荷屏蔽: $E_n = -\dfrac{hcZ^2 R_{\mathrm{A}}}{n^2} \implies E_n = -\dfrac{hcZ^{*2} R_{\mathrm{A}}}{n^2}$.

既考虑电荷屏蔽又考虑量子数亏损: $E_n = -\dfrac{hcZ^2 R_{\mathrm{A}}}{n^2} \implies E_n = -\dfrac{hcZ^{*2} R_{\mathrm{A}}}{n^{*2}}$.

亦即, 相对于前述的单电子壳结构, 多电子原子的壳结构与之不同.

2. 电子填充规律

原子中电子在量子态上的填充 (电子处于相应的量子态) 遵循泡利不相容原理和能量最低原理. 根据前述理论分析和计算结果以及实验测量结果, 人们得到电子处于 (填充) 量子态的顺序如图 6.10中自上而下、由左到右及由右到左的箭头标记的方向所示.

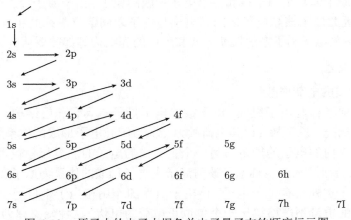

图 6.10　原子中的电子占据各单电子量子态的顺序标示图

由图 6.10知, 1s 态构成一个主壳——K 壳, 2s 和 2p 态构成一个主壳——L 壳, 3s 和 3p 态构成一个主壳——M 壳, 4s、3d 和 4p 态构成一个主壳——N 壳, 5s、4d 和 5p 态构成一个主壳——O 壳, 6s、4f、5d 和 6p 态构成一个主壳——P 壳, 7s、5f、6d 和 7p 态构成一个主壳——Q 壳, 等等.

3. 自旋对电子态填充的影响

我们已经熟知, 电子是自旋 $\frac{1}{2}$ 的费米子, 自旋态的简并度为 $2s+1=2$, 因此前述的考虑了各种相互作用效应的多电子原子中电子填充单电子量子态形成的各主壳可以容纳的电子数为

$$N_{n=1}=2\,, \qquad\qquad N_{n=2}=2\cdot(1+3)=8\,,$$
$$N_{n=3}=2\cdot(1+3)=8\,, \qquad N_{n=4}=2\cdot(1+5+3)=18\,,$$
$$N_{n=5}=2\cdot(1+5+3)=18\,, \qquad N_{n=6}=2\cdot(1+7+5+3)=32\,,$$
$$N_{n=7}=2\cdot(1+7+5+3)=32\,, \qquad 等等.$$

由此知, 随原子中电子数 (原子核的核电荷数) 由小到大变化, 稳定原子对应的电子数分别为 2、10、18、36、54、86、118 等, 即稳定原子依次分别是氦 (He)、氖 (Ne)、氩 (Ar)、氪 (Kr)、氙 (Xe)、氡 (Rn) 等. 这样的壳层结构和各壳最多可能填充的电子数及相应的原子总结于图 6.11 中. 这与图 6.9所示的实验测量结果完全一致, 从而确认原子具有壳层结构, 并且该壳层结构可以由量子力学描述.

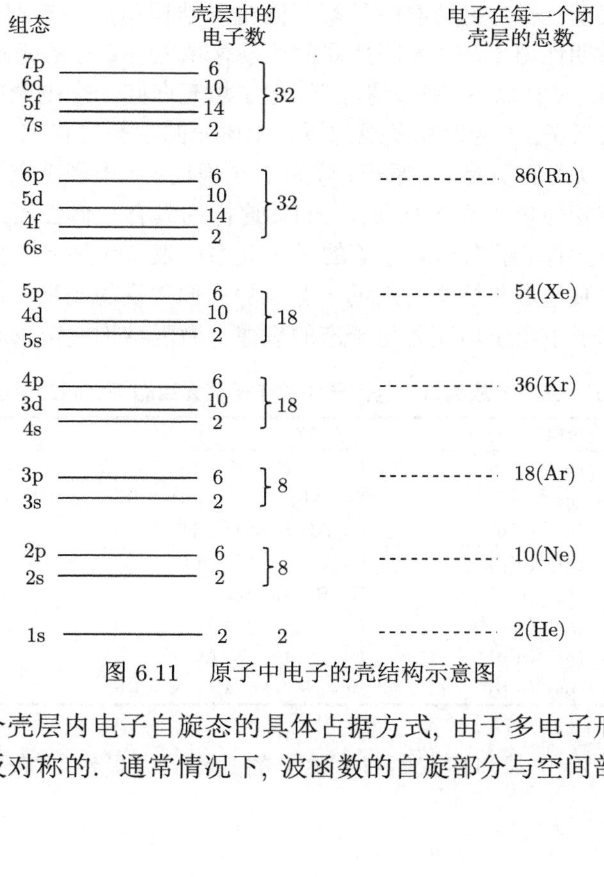

图 6.11 原子中电子的壳结构示意图

关于每一个壳层内电子自旋态的具体占据方式, 由于多电子形成的原子的波函数应该是全反对称的. 通常情况下, 波函数的自旋部分与空间部分可以分离变

量 (更严格地, 波函数中的径向部分可以与角向及自旋部分分离变量), 并应有

$$
多电子原子的波函数 = \begin{cases} 自旋部分对称的波函数 \otimes 空间部分反对称的波函数, \\ 自旋部分反对称的波函数 \otimes 空间部分对称的波函数. \end{cases}
$$

我们知道, 如果空间部分波函数具有交换对称性, 即交换后体系的波函数保持不变. 直观地, 两个相互靠得很近的电子交换, 其状态不可区分, 即保持交换不变. 这表明, 在空间部分波函数对称情况下, 两电子之间的排斥能较大. 如果空间部分波函数具有交换反对称性, 交换后体系的波函数改变一个符号, 也就是状态明显不同. 直观地, 在空间上向不同方向延伸的两电子交换时, 它们形成的状态容易区分开来. 这就是说, 在空间波函数反对称情况下, 两电子之间的排斥能较小. 因此, 在同一个支壳内, 电子倾向于先以自旋取向相同、"轨道" 取向分散填充. 从而, 体系能量最低要求体系的状态是自旋部分波函数具有交换对称性、空间部分波函数具有交换反对称性的状态.

6.7.3　元素周期表

前述讨论表明, 一个主壳层中具有不同电子结构的原子有不同的性质, 并以主壳层不同而周期性出现. 这表明按照前述规律填充各量子态形成的主壳层决定原子性质的周期, 或者说, 在基态情况下, 电子填充在同一个主壳层内的各原子构成一个周期内的原子, 因为现在发现的原子中电子的主壳层有 K、L、M、N、O、P 和 Q 7 个, 所以人们把元素 (原子) 分为 7 个周期. 价电子填充形成的量子组态相同的原子具有相似度很高的性质, 人们称这样的具有相似性质的原子构成一个族, 具体的价电子填充组态与族序等的对应关系如表 6.5 所示. 按照这样的规律排列出的原子的质量数与性质对应的一览表即人们常说的元素周期表. 这就是说, 元素周期表是原子中电子填充各量子态的规律及微观结构决定表观性质的表现.

表 6.5　元素分族的族序与原子中价电子填充组态等之间的对应关系

族序	价电子组态	常见元素	族名
I	$(ns)^1$	H、Li、Na、K、Rb、Cs、Fr	碱金属
II	$(ns)^2$	Be、Mg、Ca、Sr、Ba、Ra	碱土金属
III	$(ns)^2(n'p)^1$	B、Al、Ga、In、Tl	
IV	$(ns)^2(n'p)^2$	C、Si、Ge、Sn、Pb	
V	$(ns)^2(n'p)^3$	N、P、As、Sb、Bi	磷属
VI	$(ns)^2(n'p)^4$	O、S、Se、Te、Po	硫属
VII	$(ns)^2(n'p)^5$	F、Cl、Br、I、At	卤素
VIII	$(ns)^2(n'p)^6$	He、Ne、Ar、Kr、Xe、Rn	惰性气体

元素周期表有立式和横式两种, 常见的是横式, 最新的横式元素周期表见

图 6.12.

需要说明的是, 重原子的电子填充方式是先填外层、再填内层, 因此锕系区原子的结构和性质都很复杂, 并且不具有周期性. 以 3d-4d 态为价壳层的过渡区元素和以 4f-5d 及 5f-6d 为价壳层的稀土区元素也有复杂的结构和特殊的性质.

由于原子是由原子核与电子形成的量子束缚态, 元素周期表的版图的大小当然依赖于原子核的多少. 例如 1869 年门捷列夫最早给出元素周期表时, 仅包含 63 种元素 (原子), 同时预言了 4 种元素的存在[①]. 现在的元素周期表已经扩大到包含 118 种原子 (118 种元素), 见图 6.12. 其中最重的天然元素是铀 (U, $Z = 92$), 由此知, 已经纳入元素周期表的人工合成的元素有 26 种 (从 $Z = 93$ 的锕系区超铀元素镎开始). 有兴趣深入探究超重核合成研究的读者可参阅 S. A. Giuliani, et al., Rev. Mod. Phys. 91:011001 (2019) 等文献.

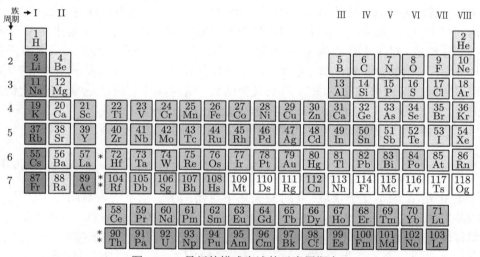

图 6.12 最新的横式表述的元素周期表

元素的产生 (与合成) 一直是原子物理、原子核物理和宇宙学等领域共同致力探索的重要课题, 现在的研究结果表明, 轻元素可以通过宇宙大爆炸之后不久的原初核合成 (核聚变) 而产生, 由于 ^{62}Ni 附近的原子核的结合能最大, 通过聚变反应只能合成到 ^{62}Ni, 甚至仅到 ^{56}Fe, 传统上, 人们认为比 ^{62}Ni 及附近核素重的元素主要通过快速中子俘获过程和相继的 β 衰变而产生. 然而, 激光干涉引力波天文台 (LIGO) 观测到的 GW20170817 双中子星并合事件的产物中存在大量的重

---

① 它们分别是钪 (Sc, $Z = 21$)、镓 (Ga, $Z = 31$)、锗 (Ge, $Z = 32$) 和钋 (Po, $Z = 84$), 并分别于 1874~1875 年、1875 年、1886 年、1898 年被发现. 这充分说明了元素周期表的重要性. 尤其是关于镓的比重的确定 [中文介绍见赵凯华、罗蔚茵,《新概念物理教程·量子物理》(高等教育出版社)] 更说明元素周期表不仅对定性研究重要, 对定量研究也有指导意义.

元素金, 表明非超重的重元素的产生机制需要重新认真审视. 因此, 重元素的合成及其结构和性质的研究仍是当代原子核物理炙手可热的重要前沿课题.

6.8 多粒子体系的集体运动的研究方法

实验测量表明, 分子和原子核都具有频率近似为常量的振动光谱和频率近似线性变化的转动光谱, 这表明这些系统具有其所有组分单元都共同参与的整体运动, 也就是说, 多粒子系统具有集体运动. 相应地, 描述多粒子系统集体运动的方案当然是量子力学的一个重要课题. 本节对此予以简要介绍.

6.8.1 广义相干态及其构建

由第 4 章关于一维谐振子的基态进行平移的讨论和关于 Heisenberg-Weyl (HW) 群的讨论知, 在群 HW 的陪集空间 HW/M 上, 我们可以定义相干态. 显然, 我们可以在此基础上把 HW 群推广到一般的李群 $\mathcal{G}$, 从而广义地建立相干态.

一般地, 对于李代数为 $\mathfrak{g}$ 的李群 $\mathcal{G}$, 可以按照一定的程序找到与其相联系的几何空间, 例如对于转动群 SO(3), 可以将几何参数 θ、φ 与其表示相联系, 从而可以用球谐函数来描述 SO(3) 群的几何结构. 这种程序可能不是唯一的, 视情况而定, 如果不唯一, 则通常选择有明显物理意义的一种即可.

这种程序首先将李代数分成两部分

$$\mathfrak{g} = \mathfrak{h} \oplus \mathfrak{p}, \tag{6.38}$$

这里 $\mathfrak{h}$ 是 $\mathfrak{g}$ 的不变子代数, 在对易关系下封闭, 而 $\mathfrak{p}$ 则不一定封闭[①]. 几何空间的参数和 $\mathfrak{p}$ 中的元素一一对应, 其数目就是几何空间的拓扑维数. 这种分解的方案可以有多种, 通常按照一种称为代数定义的方法进行. $\mathfrak{g}$ 的表示提供了一组基态 $|\Lambda\rangle$, 其中有一个态叫做极值态 (extremal state) $|\Lambda_{\text{ext}}\rangle$, 它定义为李代数中有最多数目的元素可以湮灭它的态. 这样, 几何空间的参数 η_i 可以按照前述的相干态的定义而定义, 其中 p_i 是 $\mathfrak{p}$ 中的元素 (如相应于前述平移变换群的生成元有动量算符), 即有

$$|\eta_i\rangle = \exp\left(\sum i\eta_i p_i\right)|\Lambda_{\text{ext}}\rangle. \tag{6.39}$$

由于代数 $\mathfrak{g}$ 可能有几个不同的不变子代数 $\mathfrak{h}$, 因此相应地可以存在几个不同的几何空间. 在实际应用中, 需要根据物理条件选择使用, 例如要求 $\mathfrak{h}$ 包含转动代

---

① 子代数即作为代数的线性空间的一个封闭子空间. 如果其中的元素与 $\mathfrak{g}$ 的所有元素的对易子都属于该子空间, 则该空间称为不变子代数. 与之相应, 前述的群的子群即相应变换集合的满足对易关系下封闭的子集合, 如果其中的元素与 $\mathcal{G}$ 的所有元素的对易子都属于该子集合, 则称该子群为不变子群 $\mathcal{M}$, 不变子群之外的群 $\mathcal{G}$ 的元素的集合称为群 $\mathcal{G}$ 的关于不变子群 $\mathcal{M}$ 的陪集, 常记为 $\mathcal{G}/\mathcal{M}$.

数 SU(2) 等. 但是即使这样也有可能存在多种选择, 所以通常定义几何空间为满足物理条件约束的最大不变子代数相联系的空间. 这样就可以唯一地确定代数 $\mathfrak{g}$ 的几何空间相应的几何参数, 即集体运动可以由定义在李代数 $\mathfrak{g}$ 的不变子代数 $\mathfrak{h}$ 的陪集空间上的相干态来描述.

数学上, 表征 n 维向量保模幺正变换不变性质的幺正群 U(n) 的生成元 (它们构成相应的幺正李代数) 可以表述为仅一个矩阵元不为 0、其他矩阵元都为 0 的 $n \times n$ 矩阵, 直接计算角动量为 j 的粒子的生成算符 $a_{jm}^{\dagger}$ 与湮灭算符 $a_{jm'}$ 构成的二次型 $a_{jm}^{\dagger} a_{jm'}$ 的对易关系, 可以发现, 记 $2j+1 = n$, 它们之间的对易关系与前述的矩阵表述的 U(n) 群的生成元的对易关系完全相同. 这表明, 角动量为 j 的全同粒子系统具有幺正对称性 U($2j+1$), 并且有子群 SO($2j+1$) ($j =$ 整数) 或 SP($2j+1$) ($j =$ 半奇数), 并且一般还有转动不变性 (SO(3) 对称性). 这表明, 多粒子系统的状态对应具有确定对称性的态, 从而可以由典型李群 (李代数) 标记的动力学对称性描述, 即可以由代数方法描述. 另外, 我们知道, 在不均匀的状态中, 可以由力学手段分离的组分相同、物理和化学性质相同的均匀部分的状态称为物质的相; 在外部条件不变情况下, 由一相到另一相的演化称为相变. 这就是说, 物质的相即具有确定对称性的态, 相变即系统的对称性破缺或恢复过程. 于是, 多粒子系统的集体运动状态及其演化 (相变) 可以由代数方法描述 (研究), 也就是由量子力学的相干态表象描述. 由前述讨论知, 集体运动的生成元 p_i 可以由粒子的产生算符与湮灭算符的线性组合来表述, 由式 (6.39) 知 (对之做泰勒展开), 相干态实际是各种多粒子态的相干叠加态. 其中对应于某确定粒子数的项对应的态称为投影相干态 (亦称为内禀相干态). 利用相干态表象研究多粒子系统的集体运动性质的具体步骤是, 将投影相干态中的 n 粒子态写为以表征集体运动状态的几何参数的函数为叠加系数的包含各种可能的组分粒子的产生算符的形式, 将哈密顿量写为相应粒子表象中的形式, 然后计算哈密顿量在投影相干态下的期望值, 根据作用量原理确定稳定的集体运动状态. 下面以对双原子分子的集体运动的描述为例简要介绍此方法, 关于原子核的集体运动及其相变等的描述, 有兴趣探讨的读者请参阅刘玉鑫《物理学家用李群李代数》(北京大学出版社, 2022).

6.8.2 对分子的集体运动的描述

由关于多电子原子的结构的计算结果推广知, 分子中的组分粒子 (电子等) 具有很强的关联, 即配成对 (例如我们在中学常说的电子对). 记分子系统的组分粒子构成角动量为 0 的对和角动量为 1 的对, 这些粒子对可以近似为 $\{s, p\}$ 玻色子, 则分子可以由 $\{s, p\}$ 玻色子系统来描述. 对简单的双原子分子, 根据前述的 (李群) 李代数的全同粒子实现方案, 计算由这些粒子的产生算符和湮灭算符构成的二次式 $s^{\dagger}s$、$s^{\dagger}p$、$p^{\dagger}s$、$p^{\dagger}p$ 间的对易关系知, 该系统具有 U(4) 对称性, 其状态

对应由系统中配成的对 (玻色子) 的数目 N 标记的全对称表示, 且有对称性破缺途径 (动力学对称性群链)

$$\text{U}(4) \supset \text{U}(3) \supset \text{SO}(3), \tag{M-C1}$$

$$\text{U}(4) \supset \text{O}(4) \supset \text{SO}(3). \tag{M-C2}$$

对应于对称性破缺方式 (M-C1), 系统 (分子) 的哈密顿量为

$$\hat{H} = E_0 + \varepsilon C_{1\text{U}(3)} + \alpha C_{2\text{U}(3)} + \kappa C_{2\text{O}(3)}, \tag{6.40}$$

分子的能谱可以由标记群链中各群的不可约表示的量子数表示为

$$E_{\text{U}(3)} = E_0 + \varepsilon n + \alpha n(n+3) + \kappa L(L+1), \tag{6.41}$$

其中 n 为分子包含的 p 玻色子数目, 记分子包含的总玻色子数为 N, 则 $n = N, N-1, N-2, \cdots, 1, 0$; 对于每个确定的 n, 分子的角动量 $L = n, n-2, n-4, \cdots, 1,$ 或 0. 按照通常的动力学对称性群链中各部分的相对强度惯例, $\varepsilon \gg \alpha \gg \kappa$, 这样的系统具有非简谐振动的振动能谱.

对应于对称性破缺方式 (M-C2), 分子的哈密顿量为

$$\hat{H}_{\text{O}(4)} = E_0 + \beta C_{2\text{O}(4)} + \kappa C_{2\text{SO}(3)}, \tag{6.42}$$

分子的能谱可以由标记群链中各群的不可约表示的量子数表示为

$$E_{\text{O}(4)} = E_0 + \beta \omega(\omega+2) + \kappa L(L+1), \tag{6.43}$$

其中, ω 为所有玻色子中不配成角动量为 0 的对的数目. 记分子包含的总玻色子数为 N, 则 $\omega = N, N-2, N-4, \cdots, 1,$ 或 0; L 为分子的角动量, 对应于每一个确定的 ω, $L = \omega, \omega-1, \omega-2, \cdots, 1, 0$. 按照通常的对称性极限中各部分的相对强度, $\beta \gg \kappa$, 这样的系统具有类似于非刚性转子能谱的转动能谱.

一般地, 分子的哈密顿量可以表述为

$$\hat{H} = \varepsilon \left[(1-\eta)\hat{n} - \frac{\eta}{f(N)} \hat{D} \cdot \hat{D} \right], \tag{6.44}$$

其中, ε 为参数 (标度, 可取为 1); $\hat{n} = \sum_m p_m^\dagger p_m$ 为 p 玻色子数算符, $\hat{D}_q^{(1)} = (s^\dagger \tilde{p} + p^\dagger s)_q^{(1)}$ 为电偶极算符 (相差一有效电荷因子, 并且 $\tilde{p}_q = (-1)^{1-q} p_{-q}$ 为与 p 玻色子湮灭算符相应的不可约张量); $f(N)$ 为关于总玻色子数 N 的线性函数; η 为可调参数. 考虑前述各群的 Casimir 算子的定义, 上述哈密顿量可以改写为

$$\hat{H} = \varepsilon(1-\eta)C_{2\text{U}(3)} - \varepsilon \frac{\eta}{f(N)} C_{2\text{O}(4)} + \varepsilon \frac{\eta}{f(N)} C_{2\text{O}(3)}. \tag{6.45}$$

很显然, 对应于 $\eta = 0$, 系统处于 U(3) 对称态; 对应于 $\eta = 1$, 系统处于 O(4) 对称态; $\eta \in (0, 1)$ 对应于 U(3)–O(4) 之间的过渡态.

根据集体运动的代数研究方法, 该系统的内禀相干态可以表述为

$$|N; \xi\rangle = (N!)^{-1/2} \big[(1 - \xi^* \xi)^{1/2} s^\dagger + \xi p^\dagger \big]^N |0\rangle, \tag{6.46}$$

其中, ξ 为复变量, 可以由三维坐标 x 和相应的动量 q 表述为

$$\xi = (x + \mathrm{i}q)/\sqrt{2}, \quad \xi^* = (x - \mathrm{i}q)/\sqrt{2}.$$

相应的哈密顿量的经典表述形式可以由 $H_{\mathrm{cl}} = \langle N; \xi | \hat{H} | N; \xi \rangle$ 确定, 经典的相互作用势可以表述为 $U(x) = H_{\mathrm{cl}}(q = 0, x)$, 取 $f(N) = 3N$, 则有

$$U(x) = N \Big[(1 - \eta) \frac{x^2}{2} - \frac{\eta}{3} x^2 (2 - x^2) \Big].$$

显然, 对应于 U(3) 对称性极限 $(\eta = 0)$, $U_{\mathrm{U}(3)}(x) = \dfrac{N}{2} x^2$; 对应于 O(4) 对称性极限 $(\eta = 1)$, $U_{\mathrm{O}(4)}(x) = -\dfrac{N}{3} x^2 (2 - x^2)$. 对应于 $\eta \in [0, 1]$ 的势能面如图 6.13 所示.

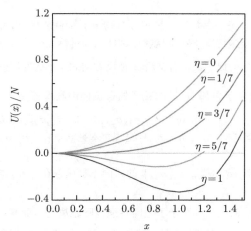

图 6.13　相应于控制参量 η 取几个不同值(0, 1/7, 3/7, 5/7, 1) 情况下的平均
单玻色子势能面 $\dfrac{1}{N} U(x, \eta)$

这些结果清楚表明, 具有 U(3) 对称性的态对应的形变参数 η 为 0, 也就是对应集体振动态; 具有 O(4) 对称性的态对应的形变参数 η 为 1, 也就是对应集体转动态. 并且, U(4) 模型可以很好地描述振动极限与转动极限之间的集体运动模

式相变. 更精细地考察势能面的特征可知, 分子的振动相与转动相之间的相变为二级相变, 相变临界状态对应于 $\eta = \dfrac{3}{7}$. 具体讨论请参见 Y. Zhang, et al., Phys. Rev. C 78, 024314 (2008) 等文献. 事实上, 由于分子的转动能量较振动能量一般低两个量级, 因此为测量到这种振动–转动相变需要量程跨度大、精度高的光谱仪.

思考题与习题

6.1　试给出泡利矩阵 $\hat{\sigma}_y$ 在 $\hat{\sigma}_z$ 表象中的本征值和本征态.

6.2　试证明: 对于任意实参数 α, $\mathrm{e}^{\mathrm{i}\alpha\sigma_z} = \hat{I}\cos\alpha + \mathrm{i}\sigma_z\sin\alpha$.

6.3　对升降算符 $\hat{\sigma}_\pm = \dfrac{1}{2}(\hat{\sigma}_x \pm \mathrm{i}\hat{\sigma}_y)$, 试证明: $\hat{\sigma}_\pm^2 = 0$.

6.4　记极角为 θ、方位角为 ϕ 的方向的单位矢量为 $\hat{n}$, 试确定 $\hat{\boldsymbol{\sigma}} \cdot \hat{\boldsymbol{n}}$ 在 $\hat{\sigma}_z$ 表象中的本征态和本征值.

6.5　在与 z 轴正向成 θ 角的方向上对一投影沿 z 轴正方向的自旋为 $\dfrac{\hbar}{2}$ 的本征态进行测量, 试确定可能测到的自旋值有哪些, 相应的测得概率分别为多大.

6.6　试给出 z 表象中的泡利矩阵的表述形式与 x 表象中的泡利矩阵的表述形式之间的变换关系.

6.7　试给出 z 表象中的泡利矩阵的表述形式与 y 表象中的泡利矩阵的表述形式之间的变换关系.

6.8　一束氢原子通过磁场方向与 z 轴正方向成 θ 角的施特恩–格拉赫磁极后, 进入磁场方向沿 z 轴正方向的第二个施特恩–格拉赫磁极, 试证明通过第二个施特恩–格拉赫磁极后的氢原子束中自旋沿 z 轴正方向的原子数与自旋沿 z 轴反方向的原子数的比值为 $\cos^2\dfrac{\theta}{2} \Big/ \sin^2\dfrac{\theta}{2}$.

6.9　对描述两自旋量子数都为 $\dfrac{1}{2}$ 的粒子的自旋的泡利算符 $\hat{\sigma}_1$、$\hat{\sigma}_2$, 试证明: $[\hat{\sigma}_{1x}\hat{\sigma}_{2x}, \hat{\sigma}_{1z}\hat{\sigma}_{2z}] = 0$, $[\hat{\sigma}_{1y}\hat{\sigma}_{2y}, \hat{\sigma}_{1z}\hat{\sigma}_{2z}] = 0$, $[\hat{\sigma}_{1x}\hat{\sigma}_{2y}, \hat{\sigma}_{1z}\hat{\sigma}_{2z}] = 0$, $[\hat{\sigma}_{1y}\hat{\sigma}_{2x}, \hat{\sigma}_{1z}\hat{\sigma}_{2z}] = 0$.

6.10　试给出算符集 $\{\hat{\sigma}_{1x}\hat{\sigma}_{2x}, \hat{\sigma}_{1y}\hat{\sigma}_{2y}\}$ 的共同本征函数在 $\{\hat{\sigma}_{1z}\hat{\sigma}_{2z}\}$ 表象中的具体表述, 并说明它们是纠缠态.

6.11　试给出算符集 $\{\hat{\sigma}_{1x}\hat{\sigma}_{2y}, \hat{\sigma}_{1y}\hat{\sigma}_{2x}\}$ 的共同本征函数在 $\{\hat{\sigma}_{1z}\hat{\sigma}_{2z}\}$ 表象中的具体表述, 并说明它们是纠缠态.

6.12　设自旋为 $\dfrac{1}{2}\hbar$ 的两全同费米子之间有强度随距离增大而减弱的有心吸引相互作用, 试说明该两费米子系统可能存在哪些自旋态以及其中的哪一个对应系统的基态.

6.13　试计算 He^+ 的自旋–轨道相互作用引起的劈裂能.

6.14　已知自旋–轨道相互作用引起 $\boldsymbol{L}$ 和 $\boldsymbol{S}$ 绕它们的合矢量 $\boldsymbol{J}$ ($\boldsymbol{J}$ 是恒定的) 进动. 试证明, 在此情况下, 虽然 J_z 的值是恒定的, 但 L_z 和 S_z 都不能具有明确的值, 从而 M_L 和 M_S 不是好的量子数, 但 M_J 是一好的量子数.

6.15　对具有强的自旋–轨道耦合的两个等效 p 电子, 试分别在 LS 制式和 JJ 制式下确定系统的总角动量 J 的可能值, 并讨论两种情况下相同的 J 值出现的次数是否相同.

6.16 自旋-轨道相互作用引起的 LSJ 多重项的不同能级之间的相对间距可以看作正比于 $\langle \boldsymbol{S} \cdot \boldsymbol{J} \rangle$. 试画出与 $^3F \rightarrow {}^3D$、$^4D \rightarrow {}^4P$ 和 $^4P \rightarrow {}^4S$ 跃迁相关的各多重项的能级.

6.17 将一块导体或半导体置于磁场内, 垂直于磁场方向通电流, 在垂直于磁场和电流的方向上会产生电压, 这一现象称为霍尔效应. 将材料置于电场中时, 自旋向上的和自旋向下的电子由于自旋形成的磁矩方向相反, 也会分别在相反的方向上累积, 相当于出现自旋的输运, 这一现象称为自旋霍尔效应 (理论预言见 J.E. Hirsch, Phys. Rev. Lett. 83: 1834 (1999); 最早的直接实验观测见 Y.K. Kato, et al., Science 306: 1910 (2004)). 试从自旋–轨道相互作用出发, 构建一个直观图像, 并给出图示, 说明自旋霍尔效应输运自旋的过程.

6.18 试证明考虑氢原子中电子高速运动的相对论效应时氢原子能级分裂的表达式 (6.36) (提示: 仅考虑动能修正).

6.19 试根据图 6.5 中给出的数值, 确定钠的 D 线的波长间距. 根据所得结果, 对于 3^2P 态, 估算 $E_{SL} = a\langle \boldsymbol{S} \cdot \boldsymbol{L} \rangle$ 中的常量 a 的值.

6.20 试根据图 6.5, 分析钠原子的 $3^2D \rightarrow 3^2P$ 跃迁的精细结构及可能的辐射的波长间隔.

6.21 将氢原子能级的精细结构分裂表达式推广到类氢离子, 其中的各量应该如何表述.

6.22 试画出 Li^{++} 的主量子数 $n = 2$ 和 $n = 1$ 的精细结构能级, 确定其中的最大波数和最小波数及其差值.

6.23 试给出 pd、df、fg 电子组态的精细结构分裂的图示, 并通过比较耦合态空间和非耦合态空间中系统状态的数目检验所得结果的正确性.

6.24 试给出 ff 和 gg 电子组态的精细结构分裂的图示, 并具体分析说明哪些态才是实际可能存在的.

6.25 试给出 ddd、fff、ggg 电子组态对应的原子态.

6.26 试给出 dddd、ffff 和 gggg 电子组态对应的原子组态.

6.27 试确定 $^4D_{3/2}$ 态的总角动量与轨道角动量之间的夹角以及总角动量与自旋之间的夹角.

6.28 试在考虑自旋–轨道相互作用下, 确定轨道角动量子数为 l、自旋量子数为 s 的质子和轨道角动量量子数为 l、自旋量子数为 s 的电子的磁矩.

6.29 试具体计算氢原子的磁偶极超精细结构常数, 并给出氢原子的磁偶极超精细结构的能级劈裂和相应的跃迁所发出的光的频率差及波数差.

6.30 实验发现, 钠原子光谱的波长为 589.6 nm 的 D_1 线具有相距为 0.0023 nm 的超精细结构, 并且认识到其根源是钠原子的 $3^2S_{1/2}$ 能级一分为二. 试确定该能级的两个子能级的间距.

6.31 根据角动量耦合的规则, 证明: 如果一原子的所有子壳层都填满了电子, 则该原子的基态一定是 $^1S_0$.

6.32 试由图 6.10 总结归纳出多电子原子中的电子填充单电子量子态的顺序的规律的语言表述.

6.33 试确定核电荷数 $Z = 3, 5, 8, 12, 15$ 的原子的基态电子组态和原子态.

6.34 Pb 原子基态的两个价电子处于 6p 态, 若其中一个被激发到 7s 态, 试在 LS 制式和 JJ 制式两种情况下, 确定该 Pb 激发态原子态.

6.35 试证明, 在 LS 耦合中, 同一多重态中两相邻能级间隔之比等于有关两总角动量 J 中较大值的比 (附注: 该规律常被称为朗德间隔定则).

6.36 实验测得一原子的某能级的多重结构中两相邻能级间隔之比为 5:3, 试确定相关能级的原子态.

6.37 氦原子能级由低到高的原子态顺序是 S、P、D、F, 这刚好与洪德定则所述相反. 试说明其原因.

6.38 壳模型是研究量子系统的结构和性质的基本方法. (1) 试根据正文中的讨论, 总结出壳模型的基本思想. (2) 对于质量为 m、自旋为 $\frac{1}{2}\hbar$ 的在平均场可近似为谐振子势场 $U(r) = \frac{1}{2}m\omega^2 r^2$ 中运动的费米子, 其单粒子能级由主量子数 N、轨道角动量量子数 L 等决定. 其中主量子数 N 决定主壳层能量 $\varepsilon_{NL} = \left(N + \frac{3}{2}\right)\hbar\omega$, 并使得轨道角动量 L 取值为 $L = N, N-2, N-4, \cdots 1$, 或 0; 对于对应于一个主量子数 N 的不同轨道角动量态, 其能量随 L 增大而降低. 考虑自旋–轨道耦合作用, 则每一个 $L \neq 0$ 的能级都出现精细结构. 假设对于较大轨道角动量的态, 其自旋轨道劈裂与主量子数决定的能级间距相近甚至还稍大, 试画出该系统的单粒子能谱, 标出各能级的量子数和可能填充的粒子数, 并说明将出现幻数 (即满壳层可以容纳的粒子数) 2、8、20、28、50、82 等.

6.39 试对两个轨道角动量量子数都为 1 的电子形成的系统写出 (1) $M_L = 2$, $M_S = 0$, (2)$M_L = 1$, $M_S = 1$ 两种情况下的波函数的行列式表述形式.

6.40 具有相同质量的无相互作用的两粒子在宽度为 $2a$ 的无限深势阱中运动, 试就 (1) 两个粒子为自旋 $\frac{1}{2}\hbar$ 的全同费米子、(2) 两个粒子为自旋 $\frac{1}{2}\hbar$ 的非全同费米子、(3) 两个粒子为自旋量子数都为 1 的全同玻色子三种情况, 分别给出体系的四个低激发态能级的能量值及相应状态的简并度.

6.41 两个无相互作用的全同粒子在一个一维谐振子势场中运动, 试就 (1) 两个粒子为自旋量子数都等于 $\frac{1}{2}$ 的费米子、(2) 两个粒子为自旋量子数都等于 1 的玻色子两种情况, 分别给出体系的三条低激发能级的能量值和相应状态的简并度.

6.42 两个全同粒子在一个一维谐振子势场中运动, 这两个粒子之间还有与相对间距成正比的相互作用, 试就 (1) 两个粒子为自旋量子数都等于 $\frac{1}{2}$ 的费米子及 (2) 两个粒子为自旋量子数都等于 0 的玻色子两种情况, 给出体系的能量本征值和相应的本征函数.

6.43 锂原子基态的电子组态为 $(1s)^2(2s)^1$, 试写出 $M_S = \frac{1}{2}$ 的态的波函数的行列式表述形式.

6.44 试在无相互作用近似下, 写出 $(2p)^2(3s)^1$ 组态的三电子体系的对应于 $M_L = 1$、$M_S = \frac{1}{2}$ 的态的波函数的行列式表述形式.

6.45 对各自有单粒子态 ψ_1、ψ_2、ψ_3 的三个全同粒子, 记处于各单粒子态的粒子数分别为 n_1, n_2, n_3, 试给出 (1) $n_1 = 3, n_2 = n_3 = 0$, (2) $n_1 = 2, n_2 = 1, n_3 = 0$, (3) $n_1 = n_2 = n_3 = 1$ 三种情况下的对称或反对称的波函数.

第 7 章 公理化表述与矩阵力学概要

量子力学具有以德布罗意物质波假设和薛定谔方程为代表的波动力学表述形式, 还有以海森伯和玻恩等的矩阵方程为代表的矩阵力学表述形式, 为统一这两种表述形式, 狄拉克、希尔伯特和冯·诺伊曼等建立了量子力学的公理化表述形式, 本章对量子力学的公理化表述予以介绍, 主要内容包括: 概论, 希尔伯特空间与量子力学基本原理, 量子测量, 表象与表象变换, 矩阵力学概要, 薛定谔绘景和海森伯绘景等.

7.1 概   论

回顾前几章的内容, 我们知道, 基于 1923 年德布罗意的奇思妙想, 或者说, 为了给德布罗意的奇思妙想提供动力学基础, 薛定谔于 1926 年建立了波动方程, 玻恩提出了对波函数的统计诠释, 量子力学的波动力学表述被人们普遍承认. 由第 6 章的讨论知, 在波动力学框架下对于自旋相关的物理现象的描述需要将波动方程表述为微分方程组的形式, 也就是表述为矩阵的形式. 事实上, 早在 1924 年, 海森伯就基于哲学思辨提出了一个极其繁复的理论形式, 它包含一系列看似奇怪的系数; 玻恩迅速地识别出海森伯引入的符号乘法就是矩阵乘法; 到 1925 年初, Göttingen 学派的海森伯、玻恩和约当等的研究奠定了量子力学的矩阵力学表述形式的基础.

波动力学表述形式与矩阵力学表述形式截然不同, 但都可以很好地表述氢原子光谱等性质. 这样, 自然引发了一系列问题, 例如, ① 量子力学存在两个版本的理论体系, 人们必须选择哪个更好一些, 即便人们从实用主义的角度出发, 同时接受波动方程和矩阵力学, 认为它们都是描述量子世界的正确理论, 但这仍然让人感到不舒服; ② 人们必须将理论能够描述的体系局限在位形空间或动量空间之中, 为了描述超出坐标或动量之外的物理现象, 人们必须对这两种表述再进行修改扩充, 使其适用于更加一般的物理系统, 如费米子的自旋、强子的同位旋和弱同位旋、夸克的色空间等都无法用传统的坐标或动量表示, 从而人们只能用抽象的数学来描述这些无法 "看到" 的世界中的物理现象; ③ 波动力学理论还存在一些模糊不清的地方, 例如波函数的表述并不是独一无二的, 之前我们已经看到坐标空间的波函数和动量空间的波函数完全等价, 这同样让人感到不满意. 在这种等价性的背后一定隐藏着未知的原理. 1925 年 7 月 28 日, 海森伯应邀在剑桥大学做了关于其矩阵力学的学术报告. 狄拉克听完报告后仔细研读海森伯的文章, 发现海森伯的工作的核心在于坐标与动量之间的不对易性质. 狄拉克基于这种不对易性质发展出一套全新的理论表述形式. 该理论形式完全等同于 Göttingen 学派的理论形式, 但狄拉克的理论形式更具普适性, 也更为优美. 此后, 薛定谔于 1926 年底、狄拉克于 1927年初各自独立证明了矩阵力学和波动力学的等价性, 关于矩阵力学与波动力学的争议终于烟消云散. 两种理论体系的统一的基础是希尔伯特空间的性质. 于是, 到1927 年, 希尔伯特和冯·诺伊曼建立了量子力学的公理化体系.

　　上面述及, 量子力学的公理化表述是抽象的数学表述. 对于粒子在位形空间中的运动, 这种抽象化只不过是将数学公式重新改写为另一种语言. 但新语言的引入使得我们对量子物理的认识发生了革命性的改变. 它允许我们将量子理论推广到那些没有经典对应的量子体系. 由于公理化表述涉及的数学较多, 我们只采用数学来帮助我们更好地理解物理, 因此本章仅对一些很基础的内容给出证明过程, 对其他内容仅给出结论. 事实上, 这仅仅是学习新的数学语言 (甚至可以说是复习线性代数理论), 当我们熟悉了新的语言后, 事情就变得很简单.

　　新语言的威力的一个范例是麦克斯韦方程组. 1864 年 10 月 27 日, 麦克斯韦向英国皇家科学院提交了 "统一电作用与磁作用" 的论文. 麦克斯韦总计用了 283种符号来写下他著名的方程组. 例如,

$$\text{磁力}(\alpha, \beta, \gamma) \begin{cases} \dfrac{\mathrm{d}\gamma}{\mathrm{d}y} - \dfrac{\mathrm{d}\beta}{\mathrm{d}z} = 4\pi p', \\[2mm] \dfrac{\mathrm{d}\alpha}{\mathrm{d}z} - \dfrac{\mathrm{d}\gamma}{\mathrm{d}x} = 4\pi q', \\[2mm] \dfrac{\mathrm{d}\beta}{\mathrm{d}x} - \dfrac{\mathrm{d}\alpha}{\mathrm{d}y} = 4\pi r'. \end{cases}$$

麦克斯韦写道: "在这些电磁场的公式中, 我们已经引入了 20 个变量. 在这 20 个变量中, 我们发现了 20 个方程. 如果我们明确知道所研究问题的连接条件, 那么这些方程就可以确定这 20 个变量." (解析形式上) 求解 20 个微分方程构成的方程组显然复杂得使我们感到头晕. 然而, 采用矢量和矢量分析的方法, 我们可以将麦克斯韦方程组简洁地表述为

$$\nabla \cdot \boldsymbol{E} = \frac{\rho}{\varepsilon_0}, \qquad \nabla \times \boldsymbol{E} = -\frac{\partial \boldsymbol{B}}{\partial t},$$
$$\nabla \cdot \boldsymbol{B} = 0, \qquad \nabla \times \boldsymbol{B} = \mu_0 \boldsymbol{j} + \varepsilon_0 \mu_0 \frac{\partial \boldsymbol{E}}{\partial t}.$$

它们只用到 59 个符号, 而且得到了真空中电磁场的传播方程

$$\left(\frac{\partial^2}{c^2 \partial t^2} - \nabla^2 \right) \boldsymbol{E} = 0,$$

其中 $c^2 = (\varepsilon_0 \mu_0)^{-1}$. 当考虑电磁场的相对论协变性时, 麦克斯韦方程组可以进一步简化为

$$\partial_\mu F^{\mu\nu} = j^\nu,$$

只用到了 8 个符号 (并有两组两两相重). 虽然在计算天线辐射时, 我们仍要将上面这个公式改写回 59 个符号的方程组, 但这又一次证明了物理学第零定律: 公式越短, 物理越深邃. 因此我们在表述我们的研究成果时一定要通过各种定义将公式变短, 正如上面公式中的

$$\varepsilon_0 = \mu_0 = 1, \quad A_\mu = (\varphi, \boldsymbol{A}), \quad F^{\mu\nu} = \partial^\mu A^\nu - \partial^\nu A^\mu, \quad j^\mu = (\rho, \boldsymbol{j}).$$

7.2 希尔伯特空间与量子力学基本原理

考虑两个波函数和它们的傅里叶变换, Plancherel 定理告诉我们, 这两组不同实宗量函数的乘积的积分是等价的, 即有

$$\int \psi_1^*(\boldsymbol{r},t)\psi_2(\boldsymbol{r},t)\mathrm{d}\boldsymbol{r} = \int \varphi_1^*(\boldsymbol{p},t)\varphi_2(\boldsymbol{p},t)\mathrm{d}\boldsymbol{p}.$$

在希尔伯特等数学家的观念中, "这个积分定义了这两个波函数的标量内积". 希尔伯特等数学家将函数看作向量空间中的矢量或点, 并且使用几何语言来分析并解决问题. 在通常的几何学中, 一个矢量可以用给定参考系中的一组坐标值表示, 但是长度和角度等标量积与具体的坐标系无关. 同一个矢量可以用许多甚至无穷多种坐标系来表述. 下面我们先回顾一下线性代数中的矢量空间 (数学中常将之表述为向量空间).

7.2.1 有限维的复向量空间——厄米空间

为简单起见, 我们以二维空间为例展开讨论. 选取正交归一的基矢

$$\boldsymbol{e}_1 = \begin{pmatrix} 1 \\ 0 \end{pmatrix}, \quad \boldsymbol{e}_2 = \begin{pmatrix} 0 \\ 1 \end{pmatrix},$$

任意矢量 $\boldsymbol{u}$ 可以表示为 $\boldsymbol{u} = u_1 \boldsymbol{e}_1 + u_2 \boldsymbol{e}_2$, 即有

$$\boldsymbol{u} = \begin{pmatrix} u_1 \\ u_2 \end{pmatrix}.$$

其共轭矢量为

$$\overline{\boldsymbol{u}} = \begin{pmatrix} u_1^* & u_2^* \end{pmatrix}.$$

该二维空间中的两个矢量 $\boldsymbol{u}$、$\boldsymbol{v}$ 的内积 (亦称厄米标量积) 为

$$(\boldsymbol{v}, \boldsymbol{u}) = v_1^* u_1 + v_2^* u_2.$$

在此空间中, 人们定义矩阵的厄米共轭为

$$M_{ij}^{\dagger} = (M_{ji})^*. \tag{7.1}$$

如果一个矩阵等于它的厄米共轭, 即 $M^{\dagger} = M$, 人们称该矩阵为厄米矩阵. 由线性代数理论和本书第 2 章的讨论知, 厄米矩阵有一个重要且物理上很有用的性质, 它的本征值是实数, 其归一化的本征向量构成厄米空间的正交归一的基矢.

7.2.2 一个实例——厄米和简谐振子本征方程

我们之前求解过以微分方程表述的一维简谐振子势下的本征方程, 得到其束缚态解为厄米多项式 (查理斯·厄米在 1860 年得到). 厄米定义了两个复函数 f 和 g 的厄米标量积

$$(g, f) = \int g^*(x) f(x) \mathrm{d}x,$$

此内积对于函数 f 是线性的, 而对于函数 g 是反线性的, 所以具有厄米对称性

$$(g, f) = (f, g)^*.$$

这使得我们可以定义函数 f 的模 (norm) 为

$$\|f\|^2 = \int |f(x)|^2 \mathrm{d}x. \tag{7.2}$$

数学形式上, 这与我们上面讨论的有限维空间的情况完全相同, 但它的收敛性或者拓扑性是不同的.

厄米研究相应于简谐振子势情况的微分方程的本征值问题

$$\hat{h}\varphi_n(x) = \left(x^2 - \frac{\mathrm{d}^2}{\mathrm{d}x^2}\right)\varphi_n(x) = \varepsilon_n \varphi_n(x),$$

并得到了所有平方可积解 $\{\varphi_n(x), \varepsilon_n\}$,

$$\varphi_n(x) = \gamma_n \mathrm{e}^{x^2/2} \frac{\mathrm{d}^n}{\mathrm{d}x^n} \mathrm{e}^{-x^2}, \quad \varepsilon_n = 2n + 1, \quad n = 0, 1, 2, \cdots.$$

这些函数可以归一化 ($\|\varphi\| = 1$), 归一化因子为

$$\gamma_n = (-1)^n \pi^{-1/4} 2^{-n/2} (n!)^{-1/2}.$$

而且可以验证, 厄米函数是正交的, 它们组成一个正交归一的函数集.

厄米发现了一个非常重要的性质: 所有平方可积函数都可以用厄米函数的集合来展开, 即有

$$\forall f \in \mathcal{L}^2(R), \quad f(x) = \sum_{n=0}^{\infty} C_n \varphi_n(x), \quad C_n = \langle \varphi_n | f \rangle. \tag{7.3}$$

换言之, 厄米函数集合构成了向量空间的希尔伯特基矢. 取厄米函数为基矢, 函数 $f(x)$ 完全由其展开系数独一无二地确定, 即有

$$f(x) \longleftrightarrow \{C_n\}. \tag{7.4}$$

我们熟知, 考虑解析几何中的向量, 一旦选定基矢, 人们就可以 "忘掉" 基矢, 只需要与向量在各基矢方向上的投影打交道. 与此类似, 在量子力学中讨论平方可积的波函数时, 我们也可以忘掉如厄米函数形式 (甚至说幂函数形式) 的希尔伯特基矢, 只关心波函数在厄米函数基矢上的展开系数. 例如, 两个平方可积函数 $f(x)$ 和 $g(x)$, 设其展开形式为

$$f(x) = \sum_{n=0}^{\infty} C_n \varphi_n(x), \quad g(x) = \sum_{n=0}^{\infty} B_n \varphi_n(x),$$

$f(x)$ 和 $g(x)$ 的内积为

$$(g, f) = \sum_{n=0}^{\infty} B_n^* C_n.$$

令 $g = f$, 我们即得到 $f(x)$ 的模方为

$$||f||^2 = (f, f) = \sum_{n=0}^{\infty} |C_n|^2.$$

将本征函数为 φ_n (相应的本征值为 ε_n) 的 $\hat{h}$ 算符作用在函数 $f(x)$ 上, 得

$$\hat{h} f(x) = \sum_{n=0}^{\infty} C_n \hat{h} \varphi_n(x) = \sum_{n=0}^{\infty} C_n \varepsilon_n \varphi_n(x),$$

"能量" 平均值则为

$$(f, \hat{h} f) = \sum_{n=0}^{\infty} \varepsilon_n |C_n|^2.$$

7.2.3　希尔伯特空间

我们现在研究量子力学涉及的平方可积函数.

一般地, 如果一个实数变量的复函数满足

$$\int_{-\infty}^{+\infty} |f(x)|^2 \mathrm{d}x < \infty, \tag{7.5}$$

则称该函数是平方可积的. 数学上将这些平方可积函数的集合记为 $\mathcal{L}^2(R)$. 该集合中的元素之间可以定义加法 "+", 同时也可以定义一个元素与一个复数的数乘, 这些操作之间满足分配率, 此时称这些平方可积函数的集合构成一个复向量空间. 可以验证任何平方可积的线性组合仍然是平方可积的. 将上述一维实变量扩展到三维实变量, 得到的复向量空间则被记作 $\mathcal{L}^2(R^3)$.

为对平方可积空间的性质进行深入的讨论, 我们先证明在初等几何中就已经知道的 Cauchy-Schwarz 不等式: 对于两函数 $\psi_1(x)$ 和 $\psi_2(x)$,

$$(\psi_1, \psi_1)(\psi_2, \psi_2) \geqslant |(\psi_1, \psi_2)|^2. \tag{7.6}$$

证明　我们已经熟知, 对任一向量 (波函数) ψ, 其模的平方 $(\psi, \psi) \geqslant 0$, 其中等号仅在 $\psi = 0$ 情况下成立. 令 ψ_1 和 ψ_2 也是平方可积函数, 由之可以构造 $\psi = \psi_1 + \lambda\psi_2$, 其中 λ 为任意复参数. 依定义,

$$(\psi, \psi) = (\psi_1, \psi_1) + |\lambda|^2(\psi_2, \psi_2) + \lambda(\psi_1, \psi_2) + \lambda^*(\psi_2, \psi_1) \geqslant 0.$$

取 $\lambda = -(\psi_2, \psi_1)/(\psi_2, \psi_2)$, 则有

$$(\psi, \psi) = (\psi_1, \psi_1) + \left[-\frac{(\psi_2, \psi_1)^*}{(\psi_2, \psi_2)^*} \right] \left[-\frac{(\psi_2, \psi_1)}{(\psi_2, \psi_2)} \right] (\psi_2, \psi_2)$$

$$- \frac{(\psi_2, \psi_1)}{(\psi_2, \psi_2)}(\psi_1, \psi_2) + \left[-\frac{(\psi_2, \psi_1)^*}{(\psi_2, \psi_2)^*} \right] (\psi_2, \psi_1)$$

$$= (\psi_1, \psi_1) - \frac{|(\psi_2, \psi_1)|^2}{(\psi_2, \psi_2)} \geqslant 0.$$

于是, 有

$$(\psi_1, \psi_1) \geqslant \frac{|(\psi_2, \psi_1)|^2}{(\psi_2, \psi_2)},$$

亦即有式 (7.6), 也就是有

$$\int_{-\infty}^{+\infty} f^*(x)g(x)\mathrm{d}x \leqslant \sqrt{\int_{-\infty}^{+\infty} |f(x)|^2 \mathrm{d}x} \sqrt{\int_{-\infty}^{+\infty} |g(x)|^2 \mathrm{d}x}. \tag{7.6'}$$

显然, Cauchy-Schwarz 不等式类似于我们熟悉的矢量关系

$$\boldsymbol{A}^2\boldsymbol{B}^2 \geqslant (\boldsymbol{A}\cdot\boldsymbol{B})^2, \quad 即 \quad \boldsymbol{A}^2 \geqslant \left(\boldsymbol{A}\cdot\frac{\boldsymbol{B}}{|\boldsymbol{B}|}\right)^2.$$

亦即矢量 $\boldsymbol{A}$ 的长度大于或等于它在任意方向 $\dfrac{\boldsymbol{B}}{|\boldsymbol{B}|}$ 上的投影.

于是, 任取 $\mathcal{L}^2(R)$ 上的函数 $f(x)$ 和 $g(x)$, 对于它们的任何一个线性组合 $G(x) = \alpha f(x) + \beta g(x)$, 其中 α、β 为任意复数, 我们有

$$\int_{-\infty}^{+\infty} \big|G(x)\big|^2 \mathrm{d}x = \int_{-\infty}^{+\infty} \big|\alpha f(x) + \beta g(x)\big|^2 \mathrm{d}x$$

$$= |\alpha|^2 \int_{-\infty}^{+\infty} \big|f(x)\big|^2 \mathrm{d}x + |\beta|^2 \int_{-\infty}^{+\infty} \big|g(x)\big|^2 \mathrm{d}x$$

$$+ \alpha^*\beta \int_{-\infty}^{+\infty} f^*(x)g(x)\mathrm{d}x + \alpha\beta^* \int_{-\infty}^{+\infty} f(x)g^*(x)\mathrm{d}x.$$

由 Cauchy-Schwarz 不等式知,

$$上式 \leqslant |\alpha|^2 \int_{-\infty}^{+\infty} \big|f(x)\big|^2 \mathrm{d}x + |\beta|^2 \int_{-\infty}^{+\infty} \big|g(x)\big|^2 \mathrm{d}x$$

$$+ 2|\alpha\beta|\sqrt{\int_{-\infty}^{+\infty} \big|f(x)\big|^2 \mathrm{d}x}\sqrt{\int_{-\infty}^{+\infty} \big|g(x)\big|^2 \mathrm{d}x}$$

$$< \infty.$$

这表明, $\mathcal{L}^2(R)$ 上的两函数 $f(x)$ 和 $g(x)$ 的任意一个线性组合 $G(x) = \alpha f(x) + \beta g(x)$ 也都是平方可积的.

前述讨论表明, 平方可积函数构成一个希尔伯特空间, 它具有复向量空间的三个基本性质: 正定、有限内积、线性可乘数, 并且该空间是无穷维的.

于是, 量子力学的第一条基本假设可以更一般地表述为: "体系的量子状态可用适当的希尔伯特空间中的向量 (简称态矢量) 描述". 态矢量包含了体系全部的物理信息, 并不局限于坐标和动量. 对于三维空间中运动的粒子, 希尔伯特空间是三个实数变量 (x, y, z) 数域上的平方可积函数构成的向量空间, 通常记作 $\mathcal{L}^2(R^3)$.

将波函数视为希尔伯特空间中的以本征态为基矢的矢量后, 我们可以得到如下几何性质:

$$\psi = \sum_{k=1}^{N} c_i\phi_k, \quad c_k = \frac{(\phi_k, \psi)}{(\phi_k, \phi_k)},$$

从而

$$\psi = \sum_k \frac{(\phi_k, \psi)}{(\phi_k, \phi_k)} \phi_k.$$

两态矢量的内积则为

$$(\psi, \psi') = \sum_{ik} \frac{(\phi_k, \psi)^*(\phi_i, \psi')}{(\phi_k, \phi_k)(\phi_i, \phi_i)}(\phi_k, \phi_i) = \sum_k \frac{(\phi_k, \psi)^*(\phi_k, \psi')}{(\phi_k, \phi_k)}.$$

7.2.4　狄拉克符号

前述讨论表明, 满足薛定谔方程的波函数 $\psi(\boldsymbol{r}, t)$ 对应于希尔伯特空间 $\mathcal{L}^2(R^3)$ 中的一个矢量. 由平面几何原理我们知道, 矢量之间的方位关系不依赖于具体的坐标系选取. 我们已经知道波函数可以在坐标空间表述也可以在动量空间表述, 这相当于选取了不同的基矢或不同的表象. 因此, 将波函数视为希尔伯特空间中的矢量后, 我们应该可以进一步抽象化, 采用希尔伯特空间中不依赖于具体表象的态矢量 $\psi(t)$ 来描述物理体系的量子状态. 狄拉克引入了符号 $|\cdots\rangle$ 来表示抽象的态矢量

$$
\begin{aligned}
&\text{Ket 矢 (右矢):} \quad |\psi(t)\rangle \to \text{希尔伯特空间 } \mathcal{H}_d \text{ 中的元素,} \\
&\text{Bra 矢 (左矢):} \quad \langle\psi(t)| \to \text{希尔伯特空间的对偶空间 } \overline{\mathcal{H}}_d \text{ 中的元素,} \\
&\qquad\text{内积 :} \quad \langle\phi|\psi\rangle = (\phi, \psi).
\end{aligned}
$$

左矢和右矢之间的内积操作可以形象地理解为: 左矢吃掉一个右矢, 吐出一个复数. 左矢和右矢具有如下性质.

(1) 每一个右矢都存在一个对应的左矢, 反之亦然, 同时满足如下数乘关系:

$$|\psi\rangle^* = \langle\psi|, \qquad (a|\psi\rangle)^* = a^*\langle\psi|,$$

$$|a\psi\rangle = a|\psi\rangle, \qquad \langle a\psi| = a^*\langle\psi|,$$

其中 a 为任意复数.

(2) 标积性质.

$$
\begin{aligned}
&\text{复共轭:} \quad \langle\phi|\psi\rangle^* = \langle\psi|\phi\rangle, \\
&\quad\text{线性:} \quad \langle\phi|a_1\psi_1 + a_2\psi_2\rangle = a_1\langle\phi|\psi_1\rangle + a_2\langle\phi|\psi_2\rangle, \\
&\text{反线性:} \quad \langle a_1\phi_1 + a_2\phi_2|\psi\rangle = a_1^*\langle\phi_1|\psi\rangle + a_2^*\langle\phi_2|\psi\rangle.
\end{aligned}
$$

(3) Cauchy-Schwarz 不等式.

$$|\langle\psi|\phi\rangle|^2 \leqslant \langle\psi|\psi\rangle\langle\phi|\phi\rangle.$$

(4) 三角不等式.

$$\sqrt{\langle(\psi+\phi)|(\psi+\phi)\rangle} \leqslant \sqrt{\langle\psi|\psi\rangle} + \sqrt{\langle\phi|\phi\rangle}.$$

(5) 正交归一.

$$\text{正交:} \quad \langle\psi|\phi\rangle = 0.$$

$$\text{归一:} \quad \langle\psi|\psi\rangle = \langle\phi|\phi\rangle = 1.$$

(6) 禁止的物理量.

如果 $|\psi\rangle$ 和 $|\phi\rangle$ 属于同一个希尔伯特空间, 则 $|\psi\rangle|\phi\rangle$ 和 $|\phi\rangle|\psi\rangle$ 是禁止的.

但是, 如果 $|\psi\rangle$ 和 $|\phi\rangle$ 属于不同的希尔伯特空间, 则可通过直乘积 $|\psi\rangle \otimes |\phi\rangle$ 构造更大的希尔伯特空间, 有时简写为 $|\psi\phi\rangle$ 或 $|\psi\rangle|\phi\rangle$. 例如, 氢原子中电子的波函数, 在仅考虑空间运动情况下, 我们有 $|\psi\rangle = |n\,l\,m_l\rangle$, 其维数为 $\sum_{l=0}^{n-1}(2l+1) = n^2(n=1,2,3,\cdots)$; 考虑纯量子效应的自旋空间波函数 $|\phi\rangle = \left|\frac{1}{2}\pm\frac{1}{2}\right\rangle$ 情况下, 对 $m_l = l = 0$, 则有 $|\psi\rangle \otimes |\phi\rangle = |n\,0\,0\rangle \otimes \left|\frac{1}{2}\pm\frac{1}{2}\right\rangle = \left|n\,\frac{1}{2}\left(\pm\frac{1}{2}\right)\right\rangle$, 由原来的坐标空间的一维波函数扩展为二维波函数; 对 $l \neq 0$, 则有 $|\psi\rangle \otimes |\phi\rangle = |n\,l\,m_l\rangle \otimes \left|\frac{1}{2}\pm\frac{1}{2}\right\rangle = \left|n\left(l+\frac{1}{2}\right)\left(m_l\pm\frac{1}{2}\right)\right\rangle \oplus \left|n\left(l-\frac{1}{2}\right)\left(m_l\pm\frac{1}{2}\right)\right\rangle$, 波函数空间的维数由坐标空间的 $(2l+1)$ 维扩展到 $\left(\left(2\left(l+\frac{1}{2}\right)+1\right) + \left(2\left(l-\frac{1}{2}\right)+1\right) = 2(2l+1)\right)$ 维; 对确定的 n, 考虑 $l = 0,1,2,\cdots,n-1$, 则其量子态空间总维数为 $\sum_{l=0}^{n-1} 2(2l+1) = 2n^2$, 从而有原子的壳层结构和元素周期表.

7.2.5 线性空间基矢的性质

一个矢量空间 V 的维数 d_V 定义为该空间最大的独立矢量的个数. 希尔伯特空间是正定内积的完备的复矢量空间. 其基矢满足下述两个基本要求: 独立性和完备性.

1. 独立性 (independence)

如果找不到一组矢量 $\{\psi_1,\psi_2,\cdots\}$ 的非平庸线性组合构成零矢量, 那么我们就称这组矢量为独立的. 换言之, 一组独立矢量集合中的任意一个矢量都无法表述为其他矢量的线性组合. 例如, 三维坐标空间中 $\hat{x}$ 方向的矢量不能表述为 $\hat{y}$ 方向的矢量与 $\hat{z}$ 方向的矢量的线性叠加.

前面我们已经定义了厄米算符, 并要求厄米算符的本征值为实数 (物理可观测量对应厄米算符). 事实上, 在第 2 章中我们就讨论过厄米算符的两个重要性质 (定理): 厄米算符的本征值是实数, 其相应不同本征值的本征函数相互正交 (内积为零). 即: 如果 $\hat{A}u_n = A_n u_n$, $\hat{A}u_m = A_m u_m$, 且 $A_m \neq A_n$, 则

$$(u_n, u_m) = \langle u_n | u_m \rangle = 0.$$

这说明厄米算符的不同本征值对应的本征函数 (满足线性矢量空间的基矢之间的) 独立性. 更重要的是, 我们将任意矢量 (波函数) 按照厄米算符本征函数展开时, 所得到的结果是唯一的.

2. 完备性 (completeness)

如果任意一个矢量都可以写成一组矢量 $\{\phi_i | i = 1, 2, 3 \cdots, n\}$ 的线性组合,

$$\psi = a_1 \phi_1 + a_2 \phi_2 + \cdots + a_n \phi_n,$$

则称这组矢量是完备的. 注意: 一组完备矢量集合中各矢量不一定是正交的, 但我们总可以找到一个子集满足正交性.

除此之外, 这组基矢应该是物理可测的, 或者是物理可测量态的线性叠加. 下面我们分别讨论本征函数满足上述要求的算符和处理 "无穷维" 空间的基矢的方案.

在这里, 我们证明两个在量子物理中极其重要且具有普适性的定理.

定义 7.1 记 $\hat{H}$ 是一个厄米算符, 如果对于任意态 $|\psi\rangle$, $\dfrac{\langle \psi | \hat{H} | \psi \rangle}{\langle \psi | \psi \rangle}$ 总是大于某一个固定的常数 c, 则称 $\hat{H}$ 是有下界的.

定理 7.1 设 $\hat{H}$ 是有下界的厄米算符, 令 $|a\rangle$ 是 $\hat{H}$ 的本征态, 即有

$$\hat{H}|a\rangle = E_a|a\rangle, \quad a = 0, 1, 2, \cdots,$$

并且 $E_0 \leqslant E_1 \leqslant E_2 \cdots$, 则有如下结论.

(1) 总可以取 $\langle a | b \rangle = \delta_{ab}$.

(2) $\dfrac{\langle \psi | \hat{H} | \psi \rangle}{\langle \psi | \psi \rangle}$ 的最小值有下述三种情形:

(i) 如果 $|\psi\rangle$ 为任意态, 则 $\left. \dfrac{\langle \psi | \hat{H} | \psi \rangle}{\langle \psi | \psi \rangle} \right|_{\min} = E_0$;

(ii) 如果 $|\psi\rangle$ 为满足 $\langle 0|\psi\rangle = 0$ 的任意态, 则 $\dfrac{\langle\psi|\hat{H}|\psi\rangle}{\langle\psi|\psi\rangle}\bigg|_{\min} = E_1$;

(iii) 如果 $|\psi\rangle$ 为满足 $\langle 0|\psi\rangle = \langle 1|\psi\rangle = \cdots = \langle n-1|\psi\rangle = 0$ 的任意态, 则 $\dfrac{\langle\psi|\hat{H}|\psi\rangle}{\langle\psi|\psi\rangle}\bigg|_{\min} = E_n$.

下面我们证明这个定理.

因为 $\hat{H}$ 是厄米算符, 由前述性质知, 第一条显然成立. 下面证明第二条. 记

$$E \equiv \frac{\langle\psi|\hat{H}|\psi\rangle}{\langle\psi|\psi\rangle},$$

则其变分为

$$
\begin{aligned}
\delta E &= \frac{\langle\delta\psi|\hat{H}|\psi\rangle}{\langle\psi|\psi\rangle} + \frac{\langle\psi|\hat{H}|\delta\psi\rangle}{\langle\psi|\psi\rangle} - \frac{\langle\psi|\hat{H}|\psi\rangle}{\langle\psi|\psi\rangle^2}[\langle\delta\psi|\psi\rangle + \langle\psi|\delta\psi\rangle] \\
&= \frac{1}{\langle\psi|\psi\rangle}[\langle\delta\psi|\hat{H}|\psi\rangle + (\langle\delta\psi|\hat{H}|\psi\rangle)^*] - \frac{E}{\langle\psi|\psi\rangle}[\langle\delta\psi|\psi\rangle + (\langle\delta\psi|\psi\rangle)^*] \\
&= \frac{2\mathrm{Re}(\langle\delta\psi|\hat{H}|\psi\rangle)}{\langle\psi|\psi\rangle} - \frac{E}{\langle\psi|\psi\rangle}2\mathrm{Re}(\langle\delta\psi|\psi\rangle) \\
&= \frac{1}{\langle\psi|\psi\rangle}2\mathrm{Re}(\langle\delta\psi|\hat{H}-E|\psi\rangle),
\end{aligned}
$$

其中 $\mathrm{Re}(\cdots)$ 表示取 $(\cdots)$ 的实部. 为保证对任意的 $\delta\psi$, $\delta E \equiv 0$, 从而 E 为最小值, 则 $(\hat{H}-E)|\psi\rangle$ 一定是希尔伯特空间中的零矢量, 因为只有零矢量才与所有矢量正交, 于是有

$$\hat{H}|\psi\rangle = E|\psi\rangle.$$

即 E 和 $|\psi\rangle$ 分别为 $\hat{H}$ 的本征值、本征矢. 又因为 $\hat{H}$ 的最小本征值为 E_0, 所以定理所述第一种情况一定成立 (正确).

记我们讨论的空间的基矢组为 $\{v_0, v_1, v_2, \cdots\}$, 假设这些基矢相互正交, 并令 $v_0 = |0\rangle$, 先考虑由 $\{v_i|i \geqslant 1\}$ 张成的子空间. 由厄米算符的定义知, 对所有 $|v_i\rangle(i \geqslant 1)$, 都有

$$\langle v_0|\hat{H}|v_i\rangle = E_0\langle v_0|v_i\rangle = 0.$$

这表明, $\hat{H}|v_i\rangle$ 也与 $|v_0\rangle$ 正交, 也就是说, $\hat{H}|v_i\rangle$ 也属于 $\{|v_i\rangle|i \geqslant 1\}$ 这个子空间. 仿照对第 (i) 种情况的证明过程, 即可得到 E_1 是其中的最小值. 以此类推, 可证明第 (iii) 种情况. 该定理常被称为 Fredric–Riesz 能谱定理.

上述定理是近似方法中的变分法的理论基础. 在量子物理中, 可解析求解的量子系统非常稀少, 通常的物理问题都无法解析求解. 这要求我们利用各种已知

的量子系统的本征函数, 在合理的假设下, 采用已知的波函数来近似表征所研究的物理系统的波函数, 并予以具体求解. 变分法常常被用于近似求解一个量子体系的基态, 它对于求解激发态并不是很实用, 因为由上述定理知, 计算很复杂. 通常, 变分法被用于研究强关联物理系统, 如分数霍尔效应. 其计算思路是, 我们先猜测一个波函数, 称之为试探波函数, 根据物理图像, 人们常将这一试探波函数在一组合适的本征函数构成的基矢空间进行展开, 展开系数依赖于待求解物理体系的独立变量或参数. 我们可以求解体系哈密顿算符在这个试探波函数下的平均值. 通过变化独立变量或参数的数值, 我们可以找到此平均值的最小值. 根据上述定理, 这个平均值要大于或等于量子体系的真实基态能量, 从而可以估算体系基态能量的大小. 毋庸置疑, 独立变量的选取直接影响到变分法是否高效, 从而变分法近似的优劣依赖于试探波函数的选取, 即我们是否选取了好的试探波函数和参数集合. 如果我们猜测的试探波函数和基态波函数非常接近, 那么调节参数 a_i 得到的能量最小值就接近真实的基态能. 一个好的物理学家可以通过多年经验和物理直觉来选取合适的试探波函数的形式和参数. 在后面 (第 8 章) 我们将举例说明变分法的应用.

　　下面我们具体讨论无穷维线性空间的基矢的完备性. 为此, 我们先给出完备性的定义, 之后应用上述定理证明有下界无上界的厄米算符的本征函数构成一组完备的希尔伯特基矢.

　　定义 7.2　一个基矢量集合 $\{|a\rangle\}$ 被称为完备的, 是指对任意态 $|\psi\rangle$, 都存在一组常数 $\{c_a\}$, 若令

$$|R_m\rangle \equiv |\psi\rangle - \sum_{a=0}^{m} c_a |a\rangle,$$

则有

$$\lim_{m\to\infty} \langle R_m | R_m \rangle = 0, \quad 即 \sum_{a=0}^{m} c_a |a\rangle \longrightarrow |\psi\rangle.$$

如果一组态矢量集合满足上式, 那么就可以将无限维的希尔伯特空间视为有限维希尔伯特空间, 从而可用有限维空间的数学方法来研究无限维空间.

　　定理 7.2　如果一个厄米算符 $\hat{A}$ 有下界而无上界, 那么它的本征函数集合 $\{|a\rangle\}$ 是完备的.

　　证明　我们首先考虑有限维的情形. 记 $c_a = \langle a|\psi\rangle$, 且有限维空间的维度为 d_V, 则 $|\psi\rangle = \sum_{a=0}^{d_V-1} c_a |a\rangle$. 当 $m \geqslant d_V$ 时,

$$|R_m\rangle = |\psi\rangle - \sum_{a=0}^{d_V-1} c_a |a\rangle = 0.$$

下面我们讨论无限维的情况. 因为厄米算符 $\hat{H}$ 有下界, 所以通过如下平移

$$\hat{H} \to \hat{H} + 常量$$

总可以使得 $E_0 \geqslant 0$, 即有本征值序列

$$0 \leqslant E_0 \leqslant E_1 \leqslant E_2 \leqslant \cdots \leqslant E_m \leqslant E_{m+1} \leqslant \cdots.$$

因为 $\hat{H}$ 无上界, 所以当 $m \to \infty$ 时, $E_m \to \infty$. 考虑

$$|R_m\rangle = |\psi\rangle - \sum_{a=0}^{m} c_a |a\rangle,$$

且对所有 $a \leqslant m$, $|R_m\rangle$ 都满足 $\langle a|R_m\rangle = 0$. 由前述定理知

$$\frac{\langle R_m|\hat{H}|R_m\rangle}{\langle R_m|R_m\rangle} \geqslant E_{m+1} \geqslant E_m \geqslant 0,$$

从而有

$$\langle R_m|R_m\rangle \leqslant \frac{\langle R_m|\hat{H}|R_m\rangle}{E_m}. \tag{a}$$

上面不等式右方的分子中的平均值为

$$\langle R_m|\hat{H}|R_m\rangle = \langle\psi|\hat{H}|\psi\rangle - \sum_{a=0}^{m} c_a^* \langle a|\hat{H}|\psi\rangle - \sum_{b=0}^{m} c_b \langle\psi|\hat{H}|b\rangle + \sum_{a,b=0}^{m} c_a^* c_b \langle a|\hat{H}|b\rangle.$$

因为 $|\psi\rangle = |R_m\rangle + \sum_{a=0}^{m} c_a |a\rangle$, 考虑其本征函数性质, 则得

$$\langle a|\hat{H}|\psi\rangle = E_a \langle a|\psi\rangle = E_a \left(\langle a|R_m\rangle + \sum_{i=0}^{m} c_i \langle a|i\rangle \right).$$

因为 $\langle a|R_m\rangle = 0$, $\langle a|i\rangle = \delta_{ai}$, 则

$$\langle a|\hat{H}|\psi\rangle = c_a E_a.$$

同理,

$$\langle\psi|\hat{H}|b\rangle = c_b^* E_b.$$

从而得

$$\langle R_m|\hat{H}|R_m\rangle = \langle\psi|\hat{H}|\psi\rangle - \sum_{a=0}^{m} c_a^* c_a E_a - \sum_{b=0}^{m} c_b c_b^* E_b + \sum_{a,b} c_a^* c_b E_b \delta_{ab}$$

$$= \langle \psi | \hat{H} | \psi \rangle - \sum_{a=0}^{m} c_a^* c_a E_a - \sum_{b=0}^{m} c_b c_b^* E_b + \sum_a c_a^* c_a E_a$$

$$= \langle \psi | \hat{H} | \psi \rangle - \sum_{b=0}^{m} c_b^* c_b E_b$$

$$\leqslant \langle \psi | \hat{H} | \psi \rangle.$$

上式等号右边是与 m 无关的常量. 综合不等式 (a) 和上式可知, 在 $m \to \infty$, 从而 $E_m \to \infty$ 情况下,

$$\langle R_m | R_m \rangle \leqslant \frac{\langle R_m | \hat{H} | R_m \rangle}{E_m} \leqslant \frac{\langle \psi | \hat{H} | \psi \rangle}{E_m} \longrightarrow 0.$$

又因为 $\langle R_m | R_m \rangle \geqslant 0$, 故而

$$\lim_{m \to \infty} \langle R_m | R_m \rangle = 0.$$

我们所熟悉的简谐振子势的哈密顿算符即是满足这一条件的典型实例.

根据前述基本原理, 我们将量子力学的基本假设总结于下. 不同著作有不同的定义, 这里将之归纳为五个基本假设.

第一假设 (量子态表述原理): 每一个物理系统都具有一个适合的希尔伯特空间 $\mathcal{H}$. 在每一时刻, 物理体系的状态都完全由 $\mathcal{H}$ 中的一个归一化的态矢量 $|\psi(t)\rangle$ 描述, 并且一组态矢量的线性叠加态仍为 (另) 一个态矢量. 每个态矢量的绝对相位不可测, 但物理体系不同状态之间的相对相位不是任意的, 由初始条件给定, 否则会破坏态叠加原理. 例如, 如果假设体系每个状态都具有任意的相位,

$$|\psi_1'\rangle = \mathrm{e}^{\mathrm{i}\delta_1} |\psi_1\rangle, \quad |\psi_2'\rangle = \mathrm{e}^{\mathrm{i}\delta_2} |\psi_2\rangle,$$

那么 $|\psi_1'\rangle$ 和 $|\psi_2'\rangle$ 的叠加将违背态叠加原理, 因为

$$c_1 |\psi_1'\rangle + c_2 |\psi_2'\rangle \neq c_1 |\psi_1\rangle + c_2 |\psi_2\rangle.$$

第二假设 (算符假定): 量子力学中的每一个可观测物理量 Q 都对应于物理体系的希尔伯特空间 $\mathcal{H}$ 上的一个线性厄米算符 $\hat{Q}$, 换言之, 线性厄米算符 $\hat{Q}$ 表示物理量 Q 为可观测量.

第三假设 (测量公设):

(1) 记 $|\psi\rangle$ 为测量前物理体系的状态, 对物理量 Q 进行测量, 无论测量前 $|\psi\rangle$ 为何, 测量得到的结果一定是 $\hat{Q}$ 的某个本征值 Q_α, 即本征值 Q_α 为物理量的测量值, 即测量使得被测量子体系坍缩到其本征态, 并且在测量之后, 体系以测量导致的本征态为初态开始新的演化. 该公设通常也被称为量子化原理.

(2) 记物理量算符 $\hat{Q}$ 的本征方程为 $\hat{Q}\phi_\alpha = Q_\alpha \phi_\alpha$, 多次测量得到 Q_α 的概率为 $|\langle \phi_\alpha | \psi \rangle|^2$, 这通常被称为谱分解原理 (spectral decomposition principle).

第四假设 (时间演化行为): 设 $|\psi\rangle$ 是物理体系在 t 时刻的状态函数, 当没有任何其他干扰时, 物理体系的时间演化行为遵从薛定谔方程

$$i\hbar \frac{\partial}{\partial t} |\psi\rangle = \hat{H} |\psi\rangle.$$

第五假设 (全同性公设): 对于全同粒子体系中任何两个粒子的交换, 体系的任何可测量物理量都是不变的.

值得特别注意的是, 全同性是量子化的必然结果, 是经典物理没有的现象.

7.3　量子测量

7.3.1　量子测量的概念与存在争论的问题

顾名思义, 测量即通过一些操作对事物进行观察, 从而对事物作出量化描述, 也就是对非量化的事物进行量化的过程. 那么, 如前所述, 在对量子体系进行一次测量之后, 我们会得到一个测量值; 多次测量会得到不同的数值和与测量值相应的概率, 并可得到一个平均值; 具体测量值及其相应的概率取决于量子体系原来所处的状态及测量操作. 那么, 在首次测量之后、物理体系尚没有充分的时间进行演化之前, 重复相同的测量操作, 将会得到与首次测量完全相同的测量值, 而且概率为 1. 这是物理学自洽性的必然要求, 到目前为止人们尚未发现违背上述原则的实验现象. 物理学最重要的能力是预测和检验. 在一个物理体系没有任何外界干扰的情况下, 在非常短的时间内 (此时物理体系没有充分的时间进行演化) 对此物理系统进行多次全同测量操作, 如果我们得到不同的测量值, 那就意味着物理学规律是完全不可检验的. 综上所述, 测量实质上是一个制备过程, 测量将物理体系原来所处的态变为与测量相关的某个状态, 而且对于这个新状态, 测量值 Q 是精确的, 没有统计涨落. 下面我们看一下这个物理体系的新状态和测量算符 $\hat{Q}$ 之间的关系.

对有一定概率分布 (围绕最大概率测量值) 的状态进行一次测量, 其偏差大小可由 "涨落" 来定义, 即由方均根偏差来定义,

$$\Delta Q = \sqrt{\left(\psi, \left(\hat{Q} - \overline{Q}\right)^2 \psi\right)} = \sqrt{\left(\psi, (\hat{Q}^2 - \overline{Q}^2)\psi\right)} = \sqrt{\langle \psi | (\hat{Q}^2 - \overline{Q}^2) | \psi \rangle}. \quad (7.7)$$

要使 "涨落" 为零, 即测量值只取确定值, 则要求

$$\Delta Q = \sqrt{\langle (\hat{Q} - \overline{Q})\psi | (\hat{Q} - \overline{Q})\psi \rangle} = \sqrt{|(\hat{Q} - \overline{Q}) | \psi \rangle|^2} = 0.$$

于是我们得到方程

$$(\hat{Q} - \overline{\hat{Q}})|\psi\rangle = 0.$$

记这一特殊状态 $|\psi\rangle$ 为 $|u_n\rangle$, 则有

$$\hat{Q}|u_n\rangle = Q_n|u_n\rangle.$$

该方程显然即我们已经熟悉的算符 $\hat{Q}$ 的本征方程.

　　由此知, 当且仅当物理体系处于算符 $\hat{Q}$ 的本征态所描述的状态时, 测量 $\hat{Q}$ 所得的数值才是确定的 (概率为 1), 即为相应的本征值 (这时测量 "涨落" 为零). 由大量实验事实知, 对一个物理体系进行测量操作, 不论物理体系原本处于何种状态, 测量值必定是算符 $\hat{Q}$ 的本征值之一, 记作 Q_n, 测量后的极短时间内体系处于与 Q_n 相应的算符 $\hat{Q}$ 的本征态 $|u_n\rangle$, 此即前述的量子力学的测量公设.

　　回顾前述量子测量公设和量子力学关于量子态演化的动力学方程, 我们知道, 量子力学中有两种与时间相关却截然不同的过程. 第一种是物理体系在没有干扰情况下的演化过程, 这是完全决定性的. 无论 $\hat{H}$ 是否随时间变化, 在给定某时刻 t_i 的波函数 $|\psi(t_i)\rangle$ 和哈密顿 $\hat{H}(t_i)$, 以及另一时刻 t_f 的哈密顿量 $\hat{H}(t_f)$ 情况下, 我们可以求解一阶微分方程得到 $|\psi(t_f)\rangle$. 这既包括预测未来波函数, 也包括逆推过去的波函数. 第二种情况则是不可逆的测量过程, 由于测量操作会对物理体系造成不可预测的干扰, 因此无法复原并消除过程的痕迹, 于是, 多次 (原则上无穷多次) 测量可以得到 $\hat{Q}$ 的本征值谱 $\{Q_n\}$ 的平均值, 各 Q_n 以一定的概率出现.

　　在一个理论体系中同时存在这两种截然不同的时间演化过程是让人困惑的, 并且是目前仍然困扰物理学家的难题. 再者, 由前述基本理论的讨论知道, 量子力学描述的波函数完备地描述体系的状态是在基矢为无限维的情况下的, 但在实际测量中无法遍历无限维空间, 于是实际量子测量的完备程度就成为另一个必须认真探讨的重要问题. 凡此种种, 都对关于量子力学和量子测量的理解造成了困扰. 正因为这些, 关于量子测量的争论和研究一直持续不断. 本节对此予以简要介绍.

7.3.2　EPR 佯谬

　　传统物理大厦的根基中存在着某些 "不言自明" 的假设 (常美其名曰 "公理"), 这些假设都与我们日常的生活经验息息相关, 挑战或推翻这些假设意味着动摇我们笃信的金科玉律, 必然会引起极大的争议. 例如, 经典物理默认的 "实在性"(reality) 和 "局域性"(locality) 是否还适用于量子世界? 这引发了一场自 20 世纪 30 年代中期持续至今的世纪之辩. 根据实在性, 真实的物理世界与人类观测无关, 物理学的研究对象是超然于人类的存在, 与人类是否观测它们无关, 正如爱因斯坦所言: "当我们不看月亮时, 月亮也是存在的." 对于前述的量子态, 相应于所测物理量的某本征值 Q_n 在 $\hat{Q}$ 的完整的本征值谱 $\{Q_n\}$ 中的概率总是存在且

确定不变的. 局域性则源自爱因斯坦的相对论 ——没有信息的传播速度可以超越光在真空中的速度, 否则将违背因果律. 但 20 世纪物理学最令人惊异的进展之一是量子力学并不遵守上述的 "实在性" 或 "局域性" ——至少违背其中之一.

我们已经熟悉并接受了 "量子物体可以处于某种物理量不完全确定的状态" 这一概念, 但量子世界中更为神奇的是物体可以处在 "纠缠态" 上. 量子纠缠是违背我们直觉的神奇现象 ——纠缠态中, 各个体在测量前处于不确定的状态, 仅当测量后才具有确定的属性. 1935 年薛定谔创造了 "纠缠态"(entangled states) 一词, 旨在突出量子力学的这一令人不安的特性. "纠缠" 一词可能取义于 "紧握的双手" ——改变其中任意一只手的状态必然会影响到另外一只手. 爱因斯坦也对量子力学的概率诠释感到异常不满, 他坚信一个完整理论的预言应该是确切的, 因此量子力学是不完备的. 为解决这一问题, 玻姆提出存在没有显式表达出来的变量 (隐变量), 在考虑了隐变量的效应的情况下, 量子力学就是完备的了, 这一观点后来被称为局域隐变量理论[①].

1935 年, 爱因斯坦和 Podolsky、Rosen 三人撰文再次挑战量子力学的完备性和定域性[②]. 他们分析两全同粒子的不考虑自旋情况下的动量本征态

$$\psi_p(x_i) = \frac{1}{\sqrt{2\pi\hbar}} e^{-ipx_i}.$$

因为

$$\int \psi_p^*(x_1)\psi_p(x_2 + a)\mathrm{d}p = \delta(x_1 - x_2 - a),$$

即有: 如果测定了粒子 1 的位置 x_1, 也就同时测定了粒子 2 的位置 x_2, 于是爱因斯坦等认为量子力学违背 "定域性" 原理, 因为同时测得两个粒子的位置与因果律不一致. 事实上这种同时测量到位置是纠缠态的必然结果. 因此, 爱因斯坦等对于量子力学的完备性和定域性的挑战成为著名的 "EPR 佯谬". "EPR 佯谬" 影响深远, 引发了量子物理前沿波澜壮阔的变革.

再考虑两个光子, 都处于 $| \nearrow \rangle$ 态, 在 $\{| \rightarrow \rangle, | \uparrow \rangle\}$ 基中, 光子的态矢量为

$$| \nearrow \rangle = \frac{1}{\sqrt{2}}(| \uparrow \rangle + | \rightarrow \rangle),$$

其中一个光子通过偏振测量仪器得到竖直极化 ($| \uparrow \rangle$), 另外一个光子通过偏振仪器后测得水平极化 ($| \rightarrow \rangle$). 偏振测量仪器所得结果是毋庸置疑的, 但到达偏振器

① D. Bohm, Quantum Theory, Printice–Hill, 1951.

② A. Einstein, B. Podolsky, and N. Rosen, "Can quantum-mechanical description of physical reality be considered complete", Phys. Rev. 47, 777 (1935).

前的光子处于何种状态呢？按照量子力学的概率诠释, 测量前的两个光子处于相同的状态, 但这无法解释为何对相同光子出现了两种不同的测量结果. 爱因斯坦坚持 "实在性" 应该满足 "局域性" ——我们制备的一对光子必须始终具有共享的属性. 在抵达偏振器之前, 两个光子的各种已知属性是完全相同的, 但它们还具有不为人知的、由某种 "隐蔽" 的变量描述的不同属性. 虽然这些隐蔽属性无法在实验室中被测量, 但它们可以区分不同光子, 进而决定了光子通过偏振器后的极化状态.

从测量角度来看待量子纠缠就更为神奇. 两个经典物体相距甚远而彼此之间没有相互作用时, 测量其中一个物体不会影响到另一个物体的状态, 但量子两体系统却具有截然不同的行为. 考虑两个光子 1 和 2 构成的系统, 令体系处于量子态

$$|\psi_{12}\rangle = \frac{1}{\sqrt{2}}\left(|\rightarrow_1\rangle|\uparrow_2\rangle + |\uparrow_1\rangle|\rightarrow_2\rangle\right),$$

其中, $|\rightarrow\rangle$ 表示光子处于水平极化状态, $|\uparrow\rangle$ 表示光子处于竖直极化状态. 光子仅有两种极化, 因此光子极化空间的维度为 2, $\{|\rightarrow\rangle, |\uparrow\rangle\}$ 构成一组正交完备基, 即有 $\langle\rightarrow|\rightarrow\rangle = \langle\uparrow|\uparrow\rangle = 1$, $\langle\rightarrow|\uparrow\rangle = \langle\uparrow|\rightarrow\rangle = 0$. 两个光子背向飞离且相距极其遥远后, 由 Alice 和 Bob 二人进行观测, 此时 Alice 和 Bob 因距离极远而无法交换信息 (因果律要求), 两者的测量完全独立, 从而 Bob 的测量完全不会受到 Alice 测量的影响, 反之亦然. 双光子初态 $|\psi_{12}\rangle$ 决定了 Alice 和 Bob 仅有两种测量结果: ① Alice 测到 $|\rightarrow\rangle$, Bob 测到 $|\uparrow\rangle$; ② Alice 测到 $|\uparrow\rangle$, Bob 测到 $|\rightarrow\rangle$. 这两种结果听起来合情合理, 符合我们日常生活经验, 因为我们制备了这个物理系统. 但如果 Alice 沿着 $45°(|\nearrow\rangle)$ 或 $135°(|\nwarrow\rangle)$ 两个方向测量光子的偏振状态, 其中

$$|\nearrow\rangle \equiv |45°\rangle = \frac{1}{\sqrt{2}}(|\uparrow\rangle + |\rightarrow\rangle),$$

$$|\nwarrow\rangle \equiv |135°\rangle = \frac{1}{\sqrt{2}}(|\uparrow\rangle - |\rightarrow\rangle),$$

因为 $\{|\nearrow\rangle, |\nwarrow\rangle\}$ 也是一组正交归一基, 我们把初始光子态按照 $\{|\nearrow\rangle, |\nwarrow\rangle\}$ 展开, 可得

$$|\psi_{12}\rangle = \frac{1}{\sqrt{2}}\left(|\nearrow_1\nearrow_2\rangle - |\nwarrow_1\nwarrow_2\rangle\right).$$

按照量子力学的态叠加原理, 当 Alice 测量到 $|\nearrow\rangle$ 时, 她会得到 Bob 处的光子也应该处于 $|\nearrow\rangle$ 的结论; 当 Alice 测量到 $|\nwarrow\rangle$ 时, Bob 处的光子也会处于 $|\nwarrow\rangle$. 虽然 Alice 预先不知晓测量结果, 但当她测得 $|\nearrow\rangle$ 时, Bob 处的光子只能处于 $|\nearrow\rangle$ 态, 因此 Bob 的测量结果依赖于 Alice 的测量结果. 这似乎很奇怪, 虽然 Alice 和

Bob 天各一方, Alice 的测量操作不会影响或干扰 Bob 处的光子, 但 Alice 选择沿何种方向测量光子极化却完全确定了 Bob 的测量结果. 从 Bob 的角度来看, 不管 Alice 进行何种测量, 他的光子可以处于 $\{|\rightarrow\rangle, |\uparrow\rangle\}$ 或 $\{|\nearrow\rangle, |\nwarrow\rangle\}$ 中的任一个, 但 Alice 的测量却消除了这种不确定性, 从而对于物理学的局域性提出了挑战.

7.3.3 贝尔不等式

鉴于当时的实验无法检验量子力学是否破坏实在性和局域性, 1935 年爱因斯坦和玻尔之间关于量子力学的论战更像是高手之间的哲学论辩, 没有引起人们的关注. 与哲学思辨相比, 大部分物理学家更关注实验现象. 20 世纪 30 年代后期, 物理学全面进军量子世界, 在原子分子物理、原子核物理、粒子物理和凝聚态物理等领域遇到形形色色、层出不穷的新现象, 大量未知的物理问题亟待研究, 因此过分关注量子力学的核心本质就显得食古不化了. 在 "大航海" 时代, 谁还关心轮船航行的原理呢? 但总有离经叛道之士. 天才物理学家约翰·贝尔经过长时间思考后, 于 1964 年提出了著名的 "贝尔不等式", 使得检验 "隐变量理论" 成为可能, 注定载入自然科学史册. 贝尔不等式兼具 "简单" 和 "可检验" 两个优点, 适用于任何满足局域性和实在性的物理理论, 其生命力随着科学技术的进步而逐渐凸显, 极大地影响了现代物理学前沿和交叉学科的发展. 但或许是 "不合时宜" 的因素, 贝尔开创性的工作不被同行欣赏而只能发表在一个短命期刊上 [1].

下面简单介绍贝尔不等式. 考虑一个集合中的元素都具有三种泾渭分明的属性, 不妨称之为 a, b, c. 令 $n(a, \neg b)$ 表示具有 a 属性但不具有 b 属性的元素构成的集合, 此时对属性 c 没有任何要求; $n(a, b, \neg c)$ 则表示具有 a 属性和 b 属性但不具备 c 属性的元素构成的集合. 注意: 这些属性是集合内元素本身固有的属性, 与是否被测量无关. 根据集合论有

$$n(a, c) = n(a, \neg b, c) + n(a, b, c),$$
$$n(b, \neg c) = n(a, b, \neg c) + n(\neg a, b, \neg c). \tag{7.8}$$

因为所有集合 n 都是正定的, 所以有

$$n(a, c) \geqslant n(a, b, c), \quad n(b, \neg c) \geqslant n(a, b, \neg c). \tag{7.9}$$

上述两个不等式相加, 则有

$$n(a, c) + n(b, \neg c) \geqslant n(a, b, c) + n(a, b, \neg c) = n(a, b),$$

亦即有

$$n(a, b) \leqslant n(a, c) + n(b, \neg c). \tag{7.10}$$

---

[1] J. Bell, On the Einstein Podolsky Rosen paradox, Physics 1, 195 (1965).

这就是贝尔给出的不等式. 该不等式是非常直观的, 因为左方集合中元素必备的属性 a 和 b 都出现在右方集合中; 更为直观的示意图见图 7.1. 贝尔不等式只要求研究对象具有独一无二的、确定的属性或特征, 并且这些属性是研究对象固有的, 测量其中某个对象的属性绝对不会影响其他对象的属性. 这与我们日常生活经验一致, 因此贝尔不等式并不局限于量子力学.

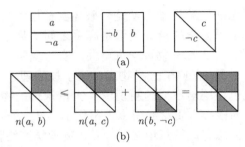

(a)

(b)

图 7.1   (a) 集合中具有三个不同属性 a、b 和 c 的元素示意图; (b) 贝尔不等式的示意图

为简单直观地展示贝尔不等式, 我们引述 Zeilinger 的著作 *Dance of the Photons*[①]中所述的宏观实例 (更早的起源应该是 d'Espagnat 和 Wigner), 考察多对孪生兄弟组成的集合, 其中每对孪生兄弟都具有相同的身高 (height) ——或高或矮, 相同的发色——或棕色或金色, 相同的瞳色——或褐色或蓝色. 根据贝尔不等式, 我们知道, 孪生兄弟的成对数目 N 满足

$$N(\text{高个}, \text{棕发}) \leqslant N(\text{棕发}, \text{褐眼}) + N(\text{高个}, \text{蓝眼}).$$

因为每一对孪生子是全同的, 当观测到某人是棕发时, 其兄弟的发色必然是棕色, 因此上述不等式也可以理解为给定身高、发色或瞳色属性的单人数目, 即

$$N(\text{单人高个}, \text{单人棕发}) \leqslant N(\text{单人棕发}, \text{单人褐眼}) + N(\text{单人高个}, \text{单人蓝眼}).$$
(7.11)

因为孪生子的发色具有互斥性, 或棕色或金色, 不可能既是棕色又是金色. 与之相似的是光子的极化测量. 当光子通过竖直或水平偏振的测量仪器后, 光子或为竖直偏振或为水平偏振, 而不能同时具有两种偏振状态. 因此, 我们可以将水平偏振 ($0°$) 和竖直偏振 ($90°$) 对应于棕发和金黄色头发. 身高和瞳色等属性也可以对应于两个互斥的偏振测量. 例如, 将 $30°$ 偏振对应于高个, 将 $120°$ 偏振对应于矮个; 将 $-30°$ 偏振对应于蓝色瞳孔, 将 $60°$ 偏振对应于褐色瞳孔. 因此, 贝尔不等式给出

$$N(30°, 0°) \leqslant N(0°, 60°) + N(30°, -30°),$$
(7.12)

① A. Zeilinger, Dance of the Photons: from Einstein to quantum teleportation (2010).

$N(30°, 0°)$ 表示一个偏振器角度为 0° 而另一个偏振器角度为 30° 情况下同时 (严格地说, 某时间间隔内) 测量到两个信号; 其他的数目也依此类推. 易于验证: 孪生子不等式 (7.11) 成立, 而纠缠光子对的测量却违背了光子不等式 (7.12).

在孪生子不等式的推导过程中, 我们默认瞳色是孪生子固有的属性, 与具体观测无关. 虽然测量并没有显式地出现在推导过程中, 但确认具有某属性的孪生子数目就要求提前通过某种方法观测了该属性. 观测前孪生子的瞳色并不是褐色和蓝色的混合体. 此外, 孪生子不等式中还隐含了局域性假设——孪生子中某人的身高等属性不依赖于是否观测另外一人. 如果纠缠光子对要满足光子不等式, 则要求纠缠光子自始至终具有确定偏振属性——预先决定了光子是否能够通过偏振仪器. 因此, 当光子具有某种确定的偏振性质 (实在性), 并且单个光子极化性质不受对另一个光子测量的影响 (局域性) 时, 光子不等式就成立了, 但量子实验的结果与之不符.

贝尔不喜欢爱因斯坦的隐变量理论, 他基于隐变量的局域性给出了可供实验检验的不等式, 但贝尔的原始推导太晦涩. 1974 年, Clauser 和 Horne 给出了更为简单的不等式 [①]. 考虑两个纠缠光子处于如下纠缠态:

$$|\psi_{12}\rangle = \frac{1}{\sqrt{2}} \big(|\uparrow_1\rangle |\uparrow_2\rangle + |\rightarrow_1\rangle |\rightarrow_2\rangle \big), \tag{7.13}$$

第一个光子向右传播通过偏振片 1 (其偏振轴和竖直方向的夹角为 a), 而第二个光子向左传播通过偏振片 2 (偏振方向和竖直方向夹角为 b). 定义 $P_1(a, \lambda)$ 为偏振片 1 探测到沿 a 方向极化且具有隐变量 λ 的光子的概率, $P_2(b, \lambda)$ 为偏振片 2 探测到沿 b 方向极化且具有隐变量 λ 的光子的概率, 并且满足

$$0 \leqslant P_1(a, \lambda) \leqslant 1, \quad 0 \leqslant P_2(b, \lambda) \leqslant 1.$$

因为通过任何手段都无法探知隐变量的信息, 根据态叠加原理, 物理测量结果一定要对所有的隐变量进行平均. 令 $\rho(\lambda)$ 为隐变量 λ 的权重函数, 包含了隐变量的全部信息, 满足

$$\rho(\lambda) \geqslant 0, \quad \int \rho(\lambda) \mathrm{d}\lambda = 1,$$

因此, 偏振片 1 或偏振片 2 中测得光子的概率是

$$P_1(a) = \int P_1(a, \lambda) \rho(\lambda) \mathrm{d}\lambda, \quad P_2(b) = \int P_2(b, \lambda) \rho(\lambda) \mathrm{d}\lambda.$$

---

① J.F. Clauser and M.A. Horne, Phys. Rev. D 10, 526 (1974).

所谓的 "局域性" 要求偏振片 1 和偏振片 2 之间无法交流信息, 因此两个测量之间是独立事件, 故偏振片 1 和 2 中测得光子的联合概率为

$$P_{12}(a, b, \lambda) = P_1(a, \lambda) P_2(b, \lambda),$$

对隐变量求平均后可得到物理测量概率为

$$P_{12}(a, b) = \int P_{12}(a, b, \lambda) \rho(\lambda) \mathrm{d}\lambda = \int P_1(a, \lambda) P_2(b, \lambda) \rho(\lambda) \mathrm{d}\lambda. \tag{7.14}$$

虽然隐变量可能会导致测量 1 和测量 2 之间存在关联, 从而使得 $P_{12}(ab) \neq P_1(a) \cdot P_2(b)$, 但测量的局域性则要求 $P_{12}(a, b, \lambda)$ 一定可以分解成 $P_1(a, \lambda) \cdot P_2(b, \lambda)$.

遗憾的是, 上述的隐变量相关的概率关系无法为我们提供更多的有用信息. 为了得到贝尔不等式, 我们考虑对纠缠光子进行不同偏振方向的测量, 例如对第一个光子沿偏振角度 a_1 和 a_2 分别进行测量, 对第二个光子沿偏振角度 b_1 和 b_2 进行测量. 虽然无法对第一个光子同时测量 a_1 和 a_2, 也无法对第二个光子同时测量 b_1 和 b_2, 但我们可以讨论 $a_{1,2}$ 和 $b_{1,2}$ 之间的不同组合测量结果的概率. 令

$$X_1 \equiv P_1(a_1, \lambda), \quad X_2 \equiv P_1(a_2, \lambda), \quad Y_1 \equiv P_2(b_1, \lambda), \quad Y_2 \equiv P_2(b_2, \lambda),$$

显然 $0 \leqslant X_{1,2} \leqslant 1$ 和 $0 \leqslant Y_{1,2} \leqslant 1$, 并容易验证 X_1、X_2、Y_1 和 Y_2 满足

$$U = (X_1 Y_1 - X_1 Y_2 + X_2 Y_1 + X_2 Y_2 - X_2 - Y_1) \leqslant 0. \tag{7.15}$$

不妨先设 $X_1 \geqslant X_2$, 则

$$U = (X_1 - 1) Y_1 + (Y_1 - 1) X_2 + (X_2 - X_1) Y_2,$$

因为每一项都小于零, 故而 $U \leqslant 0$. 再设 $X_2 \geqslant X_1$, 则

$$U = X_1 Y_1 + X_2 Y_1 - X_1 Y_2 - Y_1 + X_2 (Y_2 - 1)$$

$$\leqslant X_1 Y_1 + X_2 Y_1 - X_1 Y_2 - Y_1 + X_1 (Y_2 - 1)$$

$$= X_1 (Y_1 - 1) + (X_2 - 1) Y_1 \leqslant 0.$$

将 $X_{1,2}$ 和 $Y_{1,2}$ 的定义式代入不等式 (7.15), 则得

$$P_1(a_1, \lambda) P_2(b_1, \lambda) - P_1(a_1, \lambda) P_2(b_2, \lambda) + P_1(a_2, \lambda) P_2(b_1, \lambda)$$

$$+ P_1(a_2, \lambda) P_2(b_2, \lambda) - P_1(a_2, \lambda) - P_2(b_1, \lambda) \leqslant 0.$$

由测量的局域性进一步可得

$$P_{12}(a_1, b_1, \lambda) - P_{12}(a_1, b_2, \lambda) + P_{12}(a_2, b_1, \lambda)$$

$$+ P_{12}(a_2, b_2, \lambda) - P_1(a_2, \lambda) - P_2(b_1, \lambda) \leqslant 0.$$

虽然每项中的隐变量可以不同, 但对每项的隐变量分别求平均, 则得到

$$\frac{P_{12}(a_1, b_1) - P_{12}(a_1, b_2) + P_{12}(a_2, b_1) + P_{12}(a_2, b_2)}{P_1(a_2) + P_2(b_1)} \leqslant 1. \tag{7.16}$$

此即贝尔不等式在实验测量中的表现形式. 由于此不等式的推导是基于局域性和实在性, 如果实验结果违背此不等式, 那就意味着局域性与实在性无法共存.

为实验检验方便, 人们通过优化实验装置来进一步简化贝尔不等式. 因为两个偏振片测量是独立的, 所以 $P_{12}(a, b)$ 只依赖于 a 和 b 两个偏振方向之间的夹角 θ_{ab}, 而与 a 和 b 的具体方位无关, 即 $P_{12}(a, b) = P_{12}(\theta_{ab})$. 考虑如图 7.2 所示各种夹角情况的测量, $\theta_{a_1 b_1} = \theta_{b_1 a_2} = \theta_{a_2 b_2} = \theta$, $\theta_{a_1 b_2} = 3\theta$. 此时贝尔不等式简化为

$$S(\theta) = \frac{3P_{12}(\theta) - P_{12}(3\theta)}{P_1 + P_2} \leqslant 1. \tag{7.17}$$

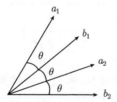

图 7.2 贝尔不等式检验实验中一些夹角示意图

人们已完成了很多实验来检验贝尔不等式, 实验结果显示更为支持违背贝尔不等式. 对于式 (7.13) 所示的双光子纠缠态中的光子, 通过与竖直方向夹角为 a 和 b 的两个偏振片的联合概率是

$$P_{12}(a, b) = |\langle a|\langle b|\psi_{12}\rangle|^2 = \frac{1}{2}|\langle a|\uparrow_1\rangle\langle b|\uparrow_2\rangle + \langle a|\rightarrow_1\rangle\langle b|\rightarrow_2\rangle|^2$$

$$= \frac{1}{2}(\sin a \sin b + \cos a \cos b)^2 = \frac{1}{2}\cos^2(a - b) = \frac{1}{2}\cos^2\theta.$$

处于纠缠态的光子不具有明确的偏振信息, 可以被视作非偏振光子, 因此

$$P_1(a) = |\langle a|\langle\uparrow_2\,|\psi_{12}\rangle|^2 + |\langle a|\langle\to_2\,|\psi_{12}|^2$$

$$= \frac{1}{2}\left(|\langle a|\uparrow_1\rangle\langle\uparrow_2\,|\uparrow_2\rangle|^2 + |\langle a|\to_1\rangle\langle\to_2\,|\to_2\rangle|^2\right)$$

$$= \frac{1}{2}\left(\sin^2 a + \cos^2 a\right) = \frac{1}{2}.$$

同理, $P_2(b) = 1/2$, 故而

$$S(\theta) = \frac{3\cos^2\theta - \cos^2 3\theta}{2}.$$

图 7.3 给出 $S(\theta)$ 对于 θ 角的依赖行为. 由图易知, 当 $\theta = \pi/8$ 时, $S(\pi/8) = 1.207$. 这显然破坏了贝尔不等式, 因此, 在量子力学中, 局域性与实在性无法共存.

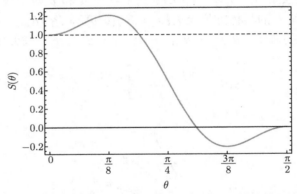

图 7.3 $S(\theta)$ 对于 θ 角的依赖行为, 其中虚线表示满足局域性的理论预言的上限, 实线表示量子力学的理论预言

对于贝尔不等式的实验检验也是一波三折. 1972 年, 加州大学伯克利分校的 Freedman 和 Clauser 完成了首次检验贝尔不等式的实验[1], 实验结果符合量子力学预测, 违背了贝尔不等式. 但 1974 年哈佛大学的 Holt 和 Pipkin 进行了相似的实验, 结果却满足贝尔不等式. 虽然这个工作最终没有发表, 但人们面临着两个截然不同的实验结果. 1976 年, 德州农机大学 (Texas A&M) 的 Fry 和 Thompson 完成了第三个独立实验[2], 实验结果符合量子力学预言而违背贝尔不等式. 1980~1982 年期间, 法国理论与应用光学研究所的 Aspect 团队通过 "双通

[1] S. J. Freedman and J. F. Clauser, Experimental test of local hidden-variable theories, Phys. Rev. Lett. 28, 938 (1972).

[2] E. S. Fry and R. C. Thompson, Experimental test of local hidden-variable theories, Phys. Rev. Lett. 37, 465 (1976).

道"实验直接检验局域性, 得到了令人信服的实验结果, 表明贝尔不等式确实不成立[①].

大部分检验贝尔不等式的实验方案的原理都非常类似, 如图 7.4 所示. 首先, 选择具有两个激发态的原子, 将其激发到最高的激发态上, 当原子级联跃迁到基态时可以辐射出两种频率或波长的光子. 选择合适的原子能级使得辐射的一对光子都处于横向极化或水平极化, 从而得到一对纠缠光子

$$|\psi_{12}\rangle = \frac{1}{\sqrt{2}} \left(|\uparrow_1\rangle |\uparrow_2\rangle + |\rightarrow_1\rangle |\rightarrow_2\rangle \right).$$

Aspect 等在双通道实验中选择了钙原子作为纠缠源, 将钙原子激发到激发能级 e_1 (寿命为 15 ns), 它跃迁到另一个激发能级 e_2 时辐射波长为 551 nm 的光子. 激发能级 e_2 的寿命为 5 ns, 它继续跃迁到基态 f, 从而产生波长为 422 nm 的第二个光子. 初始激发态 e_1 和基态 f 的角动量均为 $0\hbar$, 而激发态 e_2 的角动量为 $1\hbar$, 因此钙原子激发态跃迁辐射出的两个光子就处于上述的纠缠状态.

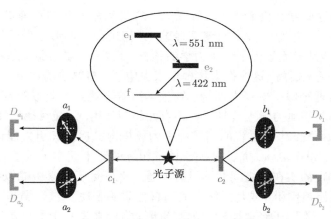

图 7.4   检验贝尔不等式的实验的原理图

其次, 在出射光子的光路上放置滤波片, 只允许特定波长或频率的光子通过. 例如, 左方滤波片只允许波长为 551 nm 的光子通过, 而右方滤波片仅允许波长为 422 nm 的光子通过. 再次, 在滤波片后面放置分路器, 用于将光子引导到不同的偏振测量仪器. 例如, c_1 分路器将 551 nm 波长的光子分流引导到偏振角为 a_1 或 a_2 的偏振测量器上; c_2 分路器则将 422 nm 波长的光子分流引导到偏振角为 b_1 或 b_2 的偏振测量器上. 最后, 在偏振测量器后方放置光子探测器 D_{a_1,a_2} 和 D_{b_1,b_2},

① A. Aspect, P. Grangier, and G. Roger, Phys. Rev. Lett. 49, 91 (1982); A. Aspect, J. Dalibard, and G. Roger, Phys. Rev. Lett. 49, 1804 (1982).

来确认光子是否通过了相应的偏振测量器. 检验贝尔不等式需要四种不同的测量组合:

(1) 偏振片 1 沿着角 a_1, 偏振片 2 沿着角 b_1;

(2) 偏振片 1 沿着角 a_1, 偏振片 2 沿着角 b_2;

(3) 偏振片 1 沿着角 a_2, 偏振片 2 沿着角 b_1;

(4) 偏振片 1 沿着角 a_2, 偏振片 2 沿着角 b_2.

对于联合概率 $P_{12}(a_1, b_1)$, 我们需要考虑上述第 1 种偏振片测量组合. 设探测器 D_{a_1} 和 D_{b_1} 记录的总事例数为 $N_{a_1 b_2}$, 而探测器 D_{a_1} 和 D_{b_1} 同时测量到的光子数目是 $n_{a_1 b_1}$, 则有

$$P_{12}(a_1, b_1) = \frac{n_{a_1 b_1}}{N_{a_1 b_1}}.$$

类似地, 有

$$P_{12}(a_1, b_2) = \frac{n_{a_1 b_2}}{N_{a_1 b_2}}, \quad P_{12}(a_2, b_1) = \frac{n_{a_2 b_1}}{N_{a_2 b_1}}, \quad P_{12}(a_2, b_2) = \frac{n_{a_2 b_2}}{N_{a_2 b_2}}.$$

将实验测得的这些联合概率代入不等式 (7.16) 即可检验贝尔不等式.

得益于近 40 年科学技术的突飞猛进, 人们进行了形形色色的贝尔不等式的检验实验, 实验结果均验证了量子力学的预言. 此外, 大量实验也从不同角度证实了波包塌缩. 毫无疑问, 这令很多物理学家失望了. 与熟悉的量子力学相比, 包含隐变量的超级理论似乎更令人期待. 物理学家曾经遇到过类似的窘境, 伟大的牛顿在缔造宏伟的经典力学大厦时不得不直面超距作用, 但最终他选择求助于神力. 但经过深入的研究, 牛顿时代的问题由引力场概念的提出和引力理论的建立而解决. 时隔多年, 量子测量, 尤其是关于量子纠缠的测量证实了量子力学坚如磐石, 量子现象与物理的实在性之间实际没有矛盾, 至于量子力学中貌似存在的 "非定域性"(或者说超距作用) 或是纠缠态的固有性质的表现, 量子塌缩可能是量子层次上的测量完全不同于经典层次上的测量所致 (经典层次上的测量可以保证不影响 (或者说, 不改变) 被测对象的状态, 但在量子层次上, 相当于 "制备" 的测量一定改变被测对象的状态, 以致应该将被测对象、测量仪器和测量过程视为一个完整的量子系统, 因为量子现象与经典现象之间的差别仅在 $\hbar$ 的量级 (第 8.6 节将予具体讨论), 也就是 10^{-34} J·s 的量级, 现有层次的测量都不太可能不影响被测对象的状态而使之塌缩到被测物理量的本征态), 因此爱因斯坦等对量子力学的诘难实际仅是佯谬. 无论如何, 量子现象及相应的量子力学理论既奇异又诱人, 并在发展建立关于量子信息、量子计算等技术, 但相应的基本理论和实验测量两方面的基本问题都需要继续认真深入地探究. 随着研究的快速深入, 这些技术将成为真正的实用技术, 以造福人类.

7.4 表象与表象变换

7.4.1 态矢量的性质及表象变换

1. 希尔伯特空间的几何性质

前述讨论已经表明, 量子力学中的波函数可以抽象地表述为希尔伯特空间中的一个态矢量, 用狄拉克符号记作 $|\psi\rangle$. 我们可以根据所研究物理对象的性质选取合适的可测量物理量完全集 $\{\hat{F}, \cdots\}$ 的共同本征函数组 $\{\phi_k\}$, 其中 k 表示一组完全的量子数. 这些共同本征函数构成一组完备归一的基矢, 并且可以覆盖整个希尔伯特空间, 即

(1) $\langle\phi_j|\phi_k\rangle = \delta_{jk}$;

(2) $\forall|\psi\rangle, |\psi\rangle = \sum_k c_k|\phi_k\rangle, c_k = \langle\phi_k|\psi\rangle$.

我们称这样一组基矢为 F 表象, 其中 c_k 表示 $|\psi\rangle$ 在基矢 ϕ_k 方向上的投影, 亦即态矢量 $|\psi\rangle$ 在 $\{|\phi_k\rangle\}$ 为基矢所张成的 "坐标系" 中的坐标. 当选定一组可测量物理量完全集后, 亦即选取一个坐标系后, $\{c_k = \langle\phi_k|\psi\rangle\}$ 的集合与 $|\psi\rangle$ 是完全等价的, 这组数 (或 "坐标") 就是态矢量 $|\psi\rangle$ 在 F 表象中的表述. 不同表象中的表述仅仅是在不同坐标系中对同一态矢量的描述.

考虑一个任意态矢量在 F 表象中的表述

$$|\psi\rangle = \sum_k c_k|\phi_k\rangle = \sum_k \langle\phi_k|\psi\rangle|\phi_k\rangle = \sum_k |\phi_k\rangle\langle\phi_k|\psi\rangle,$$

显然,

$$|\phi_k\rangle\langle\phi_k| \equiv \hat{P}_k \tag{7.18}$$

可以称为投影算符, 其作用是将态矢量 $|\psi\rangle$ 投影到第 k 个基矢方向. 例如, 在平面几何中, 我们可以将 x-y 平面上的一个矢量 $\boldsymbol{R} = a\boldsymbol{e}_x + b\boldsymbol{e}_y$ 投影到 x 或 y 方向, 选择基矢

$$\boldsymbol{e}_x = \begin{pmatrix} 1 \\ 0 \end{pmatrix}, \quad \boldsymbol{e}_y = \begin{pmatrix} 0 \\ 1 \end{pmatrix},$$

则矢量 $\boldsymbol{R}$ 由其在坐标轴上投影 (坐标) 表述为

$$\boldsymbol{R} = \begin{pmatrix} a \\ b \end{pmatrix},$$

并且, 投影算符为

$$\hat{P}_x = \begin{pmatrix} 1 \\ 0 \end{pmatrix} \otimes \begin{pmatrix} 1 & 0 \end{pmatrix} = \begin{pmatrix} 1 & 0 \\ 0 & 0 \end{pmatrix},$$

$$\hat{P}_y = \begin{pmatrix} 0 \\ 1 \end{pmatrix} \otimes \begin{pmatrix} 0 & 1 \end{pmatrix} = \begin{pmatrix} 0 & 0 \\ 0 & 1 \end{pmatrix}. \tag{7.19}$$

将投影算符作用在矢量 $\boldsymbol{R}$ 上可得

$$\hat{P}_x \boldsymbol{R} = \begin{pmatrix} 1 & 0 \\ 0 & 0 \end{pmatrix} \begin{pmatrix} a \\ b \end{pmatrix} = a \begin{pmatrix} 1 \\ 0 \end{pmatrix} = a\boldsymbol{e}_x,$$

$$\hat{P}_y \boldsymbol{R} = \begin{pmatrix} 0 & 0 \\ 0 & 1 \end{pmatrix} \begin{pmatrix} a \\ b \end{pmatrix} = b \begin{pmatrix} 0 \\ 1 \end{pmatrix} = b\boldsymbol{e}_y.$$

由此知, 形象地讲, 投影算符的作用是提取出态矢量在具体表象中某个基矢方向的 "坐标". 因为 $|\psi\rangle$ 是任意的, 而且厄米算符的本征函数是完备的, 所以我们有

$$\sum_k |\phi_k\rangle\langle\phi_k| = \hat{I}, \tag{7.20}$$

对于连续谱, 则有

$$\int |\alpha\rangle\langle\alpha| \mathrm{d}\alpha = \hat{I}. \tag{7.21}$$

该规律称为投影算符的封闭性.

两个态矢量的内积与具体表象无关. 从平面几何我们已经知道, 两个矢量的内积仅由两个矢量之间的相对位置决定, 与具体的坐标系无关. 考虑 F 表象和 F' 表象, 设其各自的基矢为 $\{|\phi_k\rangle\}$、$\{|\phi_k'\rangle\}$, 任意两个态矢量 $|\psi\rangle$ 和 $|\phi\rangle$ 在两个表象中的表述分别为

$$|\psi\rangle = \sum_k |\phi_k\rangle\langle\phi_k|\psi\rangle = \sum_k a_k |\phi_k\rangle, \quad |\psi\rangle = \sum_\alpha a_\alpha' |\phi_\alpha'\rangle,$$

$$|\phi\rangle = \sum_k |\phi_k\rangle\langle\phi_k|\phi\rangle = \sum_k b_k |\phi_k\rangle, \quad |\phi\rangle = \sum_\alpha b_\alpha' |\phi_\alpha'\rangle,$$

于是

$$\langle\phi|\psi\rangle = \langle\phi| \Big(\sum_k |\phi_k\rangle\langle\phi_k| \Big) |\psi\rangle = \sum_k \langle\phi|\phi_k\rangle\langle\phi_k|\psi\rangle = \sum_k b_k^* a_k,$$

$$\langle\phi|\psi\rangle = \langle\phi| \Big(\sum_\alpha |\phi_\alpha'\rangle\langle\phi_\alpha'| \Big) |\psi\rangle = \sum_\alpha \langle\phi|\phi_\alpha'\rangle\langle\phi_\alpha'|\psi\rangle = \sum_\alpha b_\alpha^{*\prime} a_\alpha'.$$

这表明, 不同表象中的态矢量的内积非常类似于平面几何中的简单坐标, 相差仅在于求和对象都是复数.

2. 表象变换

在实际研究中, 我们经常需要在不同表象 (如坐标表象、动量表象、能量表象、占有数表象等) 中研究同一个物理对象, 这就要求我们知道不同表象中态矢量之间的交换关系. 考虑态矢量在 F 表象 (本征函数组为 $\{|\phi_k\rangle\}$) 和 F' 表象 (本征函数组为 $\{|\phi'_\alpha\rangle\}$) 中的表述:

$$|\psi\rangle = \sum_k a_k |\phi_k\rangle = \sum_\alpha a'_\alpha |\phi'_\alpha\rangle.$$

计算上式等号两侧与左矢量 $\langle\phi'_\beta|$ 的标量积, 则得

$$\langle\phi'_\beta|\psi\rangle = \sum_k a_k \langle\phi'_\beta|\phi_k\rangle = \sum_\alpha a'_\alpha \langle\phi'_\beta|\phi'_\alpha\rangle = \sum_\alpha a'_\alpha \delta_{\alpha\beta} = a'_\beta.$$

所以有

$$a'_\beta = \sum_k a_k \langle\phi'_\beta|\phi_k\rangle = \sum_k S_{\beta k} a_k,$$

其中

$$S_{\beta k} = \langle\phi'_\beta|\phi_k\rangle$$

为 $|\phi'_\beta\rangle$ 与 $|\phi_k\rangle$ 之间的内积, 亦即它们之间的重叠. 写成矩阵形式, 即有

$$
\begin{pmatrix} a'_1 \\ a'_2 \\ a'_3 \\ \vdots \end{pmatrix}
=
\begin{pmatrix}
\langle\phi'_1|\phi_1\rangle & \langle\phi'_1|\phi_2\rangle & \langle\phi'_1|\phi_3\rangle & \cdots \\
\langle\phi'_2|\phi_1\rangle & \langle\phi'_2|\phi_2\rangle & \langle\phi'_2|\phi_3\rangle & \cdots \\
\langle\phi'_3|\phi_1\rangle & \langle\phi'_3|\phi_2\rangle & \langle\phi'_3|\phi_3\rangle & \cdots \\
\vdots & \vdots & \vdots &
\end{pmatrix}
\begin{pmatrix} a_1 \\ a_2 \\ a_3 \\ \vdots \end{pmatrix}
$$

$$
=
\begin{pmatrix}
S_{11} & S_{12} & S_{13} & \cdots \\
S_{21} & S_{22} & S_{23} & \cdots \\
S_{31} & S_{32} & S_{33} & \cdots \\
\vdots & \vdots & \vdots &
\end{pmatrix}
\begin{pmatrix} a_1 \\ a_2 \\ a_3 \\ \vdots \end{pmatrix},
$$

其中, $\begin{pmatrix} S_{11} & S_{12} & S_{13} & \cdots \\ S_{21} & S_{22} & S_{23} & \cdots \\ S_{31} & S_{32} & S_{33} & \cdots \\ \vdots & \vdots & \vdots & \end{pmatrix} = S_{F'F}$ 为 F 表象到 F' 表象的变换矩阵, 其中的第 k 列矩阵元是 F 表象中第 k 个本征矢在 F' 表象中的表述 (坐标值, 或投影

值). 上式常简记为

$$a' = S_{F'F}a. \tag{7.22}$$

3. **坐标表象与动量表象**

下面我们考虑两个最熟悉也是最不容易理解的表象, 即坐标表象和动量表象. 坐标算符 $\hat{X}$ 的本征方程和本征函数的正交归一性及封闭性如下:

本征方程: $\hat{X}|x\rangle = x|x\rangle, \quad \forall x \in \mathcal{R}$ ($\mathcal{R} =$ 实数集合),

正交归一性: $\langle x|x'\rangle = \delta(x - x')$,

封闭性: $\displaystyle\int_{-\infty}^{+\infty} |x\rangle\langle x|\mathrm{d}x = \mathcal{I}$.

同理, 动量算符的本征方程和本征函数的正交归一性及封闭性为

本征方程: $\hat{P}|p\rangle = p|p\rangle, \quad \forall p \in \mathcal{R}$,

正交归一性: $\langle p|p'\rangle = \delta(p - p')$,

封闭性: $\displaystyle\int_{-\infty}^{+\infty} |p\rangle\langle p|\mathrm{d}p = \mathcal{I}$.

一般而言, 在物理量 $\hat{Q}$ 的连续谱表象中,

$$|\psi\rangle = \int \mathrm{d}Q |Q\rangle\langle Q|\psi\rangle = \int \mathrm{d}Q \psi(Q)|Q\rangle.$$

我们通常将 $\psi(Q) \equiv \langle Q|\psi\rangle$ 称作 Q 空间的波函数. 例如, 我们熟悉的坐标空间的波函数 $\psi(x) = \langle x|\psi\rangle$, 动量空间的波函数 $\psi(p) = \langle p|\psi\rangle$. 下面我们通过表象理论推导我们之前已经熟悉的结果.

1) 波函数的归一化

在坐标表象中, 波函数的归一化表述为

$$\langle\psi|\psi\rangle = \langle\psi|\left(\int |x\rangle\langle x|\mathrm{d}x\right)|\psi\rangle = \int \langle\psi|x\rangle\langle x|\psi\rangle\mathrm{d}x = \int \psi^*(x)\psi(x)\mathrm{d}x = 1.$$

最后一步就是我们熟悉的坐标空间波函数归一化.

2) 本征函数的完备性

厄米算符的本征函数组成一组正交归一的完备基矢, 量子体系的任意波函数都可以表述为厄米算符的本征函数的线性组合. 记 $|\psi(x)\rangle$ 为量子体系的波函

数, $|\phi_n(x)\rangle$ 为某厄米算符的本征函数或一组可测量物理量完全集的共同本征函数, 则有 $|\psi(x)\rangle = \sum_n c_n|\phi_n(x)\rangle$.

按照表象理论,
$$|\psi\rangle = \sum_n c_n|\phi_n\rangle.$$

注意: 上式中的 $|\psi\rangle$ 和 $|\phi_n\rangle$ 都是抽象的态矢, 并不依赖于任何表象, 所以系数 c_n 与 x 无关. 在此等式左方插入恒等算符 $I = \int |x\rangle\mathrm{d}x\langle x|$, 则有
$$\int |x\rangle\langle x|\mathrm{d}x\,|\psi\rangle = \sum_n c_n \int |x\rangle\langle x|\mathrm{d}x\,|\phi_n\rangle,$$

亦即有
$$\int |x\rangle\psi(x)\mathrm{d}x = \sum_n c_n \int |x\rangle\phi_n(x)\mathrm{d}x.$$

再将等号两侧与 $\langle x'|$ 做内积, 并假设积分与求和可以互换顺序, 则有
$$\int \langle x'|x\rangle\psi(x)\mathrm{d}x = \sum_n c_n \int \langle x'|x\rangle\phi_n(x)\mathrm{d}x,$$

亦即有
$$\int \delta(x'-x)\psi(x)\mathrm{d}x = \sum_n c_n \int \delta(x'-x)\phi_n(x)\mathrm{d}x,$$

由此知
$$\psi(x') = \sum_n c_n\phi_n(x').$$

这正是我们已经熟悉的形式.

3) 坐标表象与动量表象间的变换

为了具体实现坐标表象的波函数 $\psi(x)$ 与动量表象的波函数 $\psi(p)$ 之间的变换,
$$\psi(p) = \langle p|\psi\rangle = \int \langle p|x\rangle\langle x|\psi\rangle\mathrm{d}x = \int \langle p|x\rangle\psi(x)\mathrm{d}x,$$
$$\psi(x) = \langle x|\psi\rangle = \int \langle x|p\rangle\langle p|\psi\rangle\mathrm{d}p = \int \langle x|p\rangle\psi(p)\mathrm{d}p,$$

我们需要知道变换系数 $\langle x|p\rangle$ 和 $\langle p|x\rangle$. 下面我们导出 $\langle x|p\rangle$, 并给出坐标空间中动量算符的微分表述形式. 我们从动量算符本征方程出发来展开.

对动量算符本征方程
$$\hat{P}|p\rangle = p|p\rangle,$$

左乘以坐标算符的本征左矢, 我们有

$$\langle x|\hat{P}|p\rangle = p\langle x|p\rangle.$$

再插入由坐标的本征左矢与坐标的本征右矢构成的单位算符, 则有

$$\int \langle x|\hat{P}|x'\rangle\langle x'|p\rangle \mathrm{d}x' = p\langle x|p\rangle. \tag{7.23}$$

由此知, 为确定 $\langle x|p\rangle$, 我们需要计算 $\langle x|\hat{P}|x'\rangle$, 也就是算符 $\hat{P}$ 在坐标基矢下的矩阵元. 因为坐标算符和动量算符满足对易关系

$$[\hat{X},\hat{P}] = \hat{X}\hat{P} - \hat{P}\hat{X} = \mathrm{i}\hbar,$$

于是, 我们有

$$\mathrm{i}\hbar\langle x|x'\rangle = \langle x|\hat{X}\hat{P}|x'\rangle - \langle x|\hat{P}\hat{X}|x'\rangle.$$

再考虑坐标表象的本征方程 $\hat{X}|x\rangle = x|x\rangle$, 则有

$$\mathrm{i}\hbar\langle x|x'\rangle = (x - x')\langle x|\hat{P}|x'\rangle,$$

由此得

$$\langle x|\hat{P}|x'\rangle = \mathrm{i}\hbar\frac{\delta(x-x')}{x-x'}. \tag{7.24}$$

乍一看, 该表达式非常奇怪, 它在 $x \neq x'$ 处为零, 但在 $x = x'$ 处似乎是无穷大除以零. 事实上, δ 函数除具有积分定义外, 还具有其他方式的定义. 例如, 其原函数定义为

$$\delta(x) = \lim_{\sigma\to 0}\frac{1}{\sqrt{\pi\sigma^2}}\mathrm{e}^{-x^2/\sigma^2},$$

将之代入上式, 则有

$$\langle x|\hat{P}|x'\rangle = \mathrm{i}\hbar\lim_{\sigma\to 0}\frac{1}{\sqrt{\pi}\sigma}\frac{\mathrm{e}^{-(x-x')^2/\sigma^2}}{x-x'}.$$

该式对于所有有限的 σ 都具有良好的定义.

另外, 将式 (7.24) 代入式 (7.23), 则有

$$p\langle x|p\rangle = \int \mathrm{i}\hbar\frac{\delta(x-x')}{x-x'}\langle x'|p\rangle \mathrm{d}x'.$$

将 $\langle x'|p\rangle$ 在 x 附近展开, 我们有

$$\langle x'|p\rangle = \langle x|p\rangle + (x'-x)\frac{\mathrm{d}\langle x|p\rangle}{\mathrm{d}x} + \frac{(x'-x)^2}{2}\frac{\mathrm{d}^2}{\mathrm{d}x^2}\langle x|p\rangle + \cdots,$$

于是有

$$-\frac{\mathrm{i}}{\hbar}p\langle x|p\rangle = \int \frac{\delta(x-x')}{x-x'}\left(\langle x|p\rangle + (x'-x)\frac{\mathrm{d}\langle x|p\rangle}{\mathrm{d}x} + \frac{(x'-x)^2}{2}\frac{\mathrm{d}^2}{\mathrm{d}x^2}\langle x|p\rangle + \cdots\right)\mathrm{d}x'$$

$$= \langle x|p\rangle \int \frac{\delta(x-x')}{x-x'}\mathrm{d}x' - \frac{\mathrm{d}}{\mathrm{d}x}\langle x|p\rangle \int \delta(x-x')\mathrm{d}x'$$

$$+ \frac{1}{2}\frac{d^2}{\mathrm{d}x^2}\langle x|p\rangle \int (x-x')\delta(x-x')\mathrm{d}x' + \cdots.$$

上式右边第一项是

$$\int \mathrm{d}x'\frac{\delta(x-x')}{x-x'} = \lim_{\sigma\to0}\frac{1}{\sqrt{\pi\sigma^2}}\int_{-\infty}^{+\infty}\mathrm{d}x'\frac{\mathrm{e}^{-(x-x')^2/\sigma^2}}{x-x'} = \lim_{\sigma\to0}\frac{1}{\sqrt{\pi\sigma^2}}\int_{-\infty}^{+\infty}\mathrm{d}x\frac{\mathrm{e}^{-x^2/\sigma^2}}{x}.$$

因为上式中的被积函数是 x 的奇函数, 所以积分结果为 0, 于是有前式第一项为 0. 由于

$$\int \delta(x-x')\mathrm{d}x' = 1,$$

则前式第二项为 $-\frac{\mathrm{d}}{\mathrm{d}x}\langle x|p\rangle$.

因为

$$\int (x-x')\delta(x-x')\mathrm{d}x' = 0,$$

则前式第三项等于 0. 同理, 前式中除第二项不为 0 之外, 其他项都为 0. 总之, 有

$$\frac{\mathrm{i}}{\hbar}p\langle x|p\rangle = \frac{\mathrm{d}}{\mathrm{d}x}\langle x|p\rangle,$$

于是有

$$\int \frac{1}{\langle x|p\rangle}\mathrm{d}\langle x|p\rangle = \int \frac{\mathrm{i}}{\hbar}p\mathrm{d}x.$$

完成积分、再考虑对数函数的定义, 则得

$$\langle x|p\rangle = C\mathrm{e}^{\mathrm{i}\frac{px}{\hbar}}.$$

因为

$$\delta(x - x') = \int \langle x|p\rangle\langle p|x'\rangle \mathrm{d}p = \int |C|^2 \mathrm{e}^{\mathrm{i}\frac{p(x-x')}{\hbar}} \mathrm{d}p = |C|^2 2\pi\delta\left(\frac{x-x'}{\hbar}\right)$$
$$= |C|^2 2\pi\hbar\delta(x-x'),$$

其中最后一步利用了 δ 函数的性质 $\delta(ax) = \delta(x)/|a|$. 于是, 我们得到归一化常数 $C = \dfrac{1}{\sqrt{2\pi\hbar}}$ (为简单, 取之为实数), 进而有归一化的波函数

$$\langle x|p\rangle = \frac{1}{\sqrt{2\pi\hbar}}\mathrm{e}^{\mathrm{i}px/\hbar}, \quad \langle p|x\rangle = \langle x|p\rangle^* = \frac{1}{\sqrt{2\pi\hbar}}\mathrm{e}^{-\mathrm{i}px/\hbar}. \tag{7.25}$$

在上面的推导中, 我们仅采用了坐标算符与动量算符的对易关系, 下面推导动量算符在坐标表象中的算符形式. 将前面推导中的动量算符的本征矢 $|p\rangle$ 替换成任意态矢量 $|\psi\rangle$, 则有

$$\langle x|\hat{P}|\psi\rangle = \int \langle x|\hat{P}|x'\rangle\langle x'|\psi\rangle \mathrm{d}x'.$$

将 $\langle x'|\psi\rangle$ 在 $\langle x|\psi\rangle$ 附近展开, 则得

$$\langle x'|\psi\rangle = \langle x|\psi\rangle + (x-x')\frac{\mathrm{d}}{\mathrm{d}x}\langle x|\psi\rangle + \cdots,$$

采用与前述完全相同的计算, 我们得到

$$\langle x|\psi\rangle = -\mathrm{i}\hbar\frac{\mathrm{d}}{\mathrm{d}x}\langle x|\psi\rangle,$$

从而有

$$\hat{P} = -\mathrm{i}\hbar\frac{\mathrm{d}}{\mathrm{d}x}. \tag{7.26}$$

此即我们早已熟悉并且通过平移变换推导得出的一维坐标空间中的动量算符的表达形式. 需要注意的是, 这一形式虽然是我们熟悉的形式, 但更严格的写法是

$$\hat{P} = -\mathrm{i}\hbar\int |x\rangle\frac{\mathrm{d}}{\mathrm{d}x}\langle x|\mathrm{d}x. \tag{7.27}$$

它对应于希尔伯特空间中的一个算符. 将上述讨论中的量子态 $|\psi\rangle$ 具体化为 x', 前述的 $\langle x|\hat{P}|x'\rangle$ 则可具体表述为

$$\langle x|\hat{P}|x'\rangle = -\mathrm{i}\hbar\frac{\mathrm{d}}{\mathrm{d}x}\delta(x-x') \equiv \mathrm{i}\hbar\frac{\delta(x-x')}{x-x'}.$$

即式 (7.24) 所述的形式.

7.4.2 算符的表示及表象变换

1. 算符的自然展开

考虑物理量算符在某具体物理量算符 $\hat{F}$ 表象 (基矢为 $\{|\alpha\rangle\}$) 中的表示. 利用厄米算符的本征矢量的封闭性

$$\sum_{\alpha} |\alpha\rangle\langle\alpha| = \hat{I}$$

可得, 物理量算符 $\hat{Q}$ 在 $\hat{F}$ 表象中的自然展开形式为

$$\hat{Q} = \sum_{\alpha\beta} |\alpha\rangle\langle\alpha|\hat{Q}|\beta\rangle\langle\beta| = \sum_{\alpha\beta} |\alpha\rangle Q_{\alpha\beta}\langle\beta|, \tag{7.28}$$

其中 $Q_{\alpha\beta} = \langle\alpha|\hat{Q}|\beta\rangle$ 为物理量算符 $\hat{Q}$ 在算符 $\hat{F}$ 的本征态矢 $|\alpha\rangle$ 与 $|\beta\rangle$ 之间的矩阵元. 当 $\hat{Q} = \hat{F}$ 时, $\langle\alpha|\hat{Q}|\beta\rangle = Q_\beta\delta_{\alpha\beta}$, 于是我们得到物理量算符 $\hat{Q}$ 的自然展开形式

$$\hat{Q} = \sum_{\alpha} |Q_\alpha\rangle Q_\alpha\langle Q_\alpha|.$$

当 $\hat{Q}$ 的本征值为连续谱时, 则有

$$\hat{Q} = \int |Q\rangle Q\langle Q|\mathrm{d}Q.$$

算符的自然展开也可以用来定义算符的函数. 将前述结果直接推广, 即有

$$f(\hat{Q}) = \sum_{m} |Q_m\rangle f_{Q_m}\langle Q_m| = \sum_{m} |Q_m\rangle \sum_{n} \frac{f^{(n)}(0)}{n!}\hat{Q}_m^n\langle Q_m|, \tag{7.29}$$

其中, $f^{(n)}$ 为函数 f 的 n 阶导数, $\hat{Q}_m^n$ 为 $\hat{Q}_m$ 的 n 次方.

但有些特殊形式的函数不能如此展开. 例如, 算符 $\hat{Q}$ 的逆算符 $\hat{Q}^{-1}$ 是算符 $\hat{Q}$ 的函数, 但是它不能用幂级数展开来定义. 我们在求解氢原子问题时已经遇到 $\left\langle\frac{1}{r}\right\rangle \neq \frac{1}{\langle r\rangle}$, 但我们可用算符的自然展开来定义. 逆算符 $\hat{Q}^{-1}$ 定义为

$$\hat{Q}^{-1} = \sum_{n} |Q_n\rangle \frac{1}{Q_n}\langle Q_n|. \tag{7.30}$$

显然这个定义是正确的, 因为

$$\hat{Q}\hat{Q}^{-1} = \hat{Q}\sum_{n} |Q_n\rangle \frac{1}{Q_n}\langle Q_n| = \sum_{n} \hat{Q}|Q_n\rangle \frac{1}{Q_n}\langle Q_n|$$

$$= \sum_n Q_n |Q_n\rangle \frac{1}{Q_n} \langle Q_n| = \sum_n |Q_n\rangle\langle Q_n| = \hat{I},$$

$$\hat{Q}^{-1}\hat{Q} = \sum_n |Q_n\rangle \frac{1}{Q_n} \langle Q_n|\hat{Q} = \sum_n |Q_n\rangle \frac{1}{Q_n} \langle Q_n|Q_n^*$$

$$= \sum_n |Q_n\rangle \frac{1}{Q_n} \langle Q_n|Q_n = \sum_n |Q_n\rangle\langle Q_n| = \hat{I}.$$

2. 算符的表示

我们已经熟知, 物理量算符的作用是对波函数进行操作, 它将一个态矢量变为另一个态矢量, 例如

$$|\varphi\rangle = \hat{Q}|\psi\rangle.$$

记在 F 表象中态矢量 $|\varphi\rangle$ 和 $|\psi\rangle$ 分别为

$$|\varphi\rangle = \sum_k b_k |\phi_k\rangle, \quad |\psi\rangle = \sum_k a_k |\phi_k\rangle,$$

代入前述的算符操作方程中, 可得

$$\sum_k b_k |\phi_k\rangle = \sum_k a_k \hat{Q}|\phi_k\rangle.$$

上式等号两边分别乘以左矢 $\langle\phi_j|$, 则得

$$\sum_k b_k \langle\phi_j|\phi_k\rangle = \sum_k a_k \langle\phi_j|\hat{Q}|\phi_k\rangle.$$

由本征矢的性质知

$$\langle\phi_j|\phi_k\rangle = \delta_{jk}, \quad \langle\phi_j|\hat{Q}|\phi_k\rangle = Q_{jk},$$

于是有

$$b_j = \sum_k Q_{jk} a_k. \tag{7.31}$$

写成矩阵形式, 即有

$$\begin{pmatrix} b_1 \\ b_2 \\ b_3 \\ \vdots \end{pmatrix} = \begin{pmatrix} Q_{11} & Q_{12} & Q_{13} & \cdots \\ Q_{21} & Q_{22} & Q_{23} & \cdots \\ Q_{31} & Q_{32} & Q_{33} & \cdots \\ \vdots & \vdots & \vdots & \ddots \end{pmatrix} \begin{pmatrix} a_1 \\ a_2 \\ a_3 \\ \vdots \end{pmatrix}, \tag{7.31'}$$

其中 $[Q_{jk}]$ 是算符 $\hat{Q}$ 在 F 表象中的表示, 它的作用是将态矢量 $|\psi\rangle$ 转变为态矢量 $|\varphi\rangle$. 显然算符作用的结果与具体表象的选取无关. 事实上, 矩阵 $[Q_{jk}]$ 描述了 F 表象的本征基矢 $|\phi_k\rangle$ 在算符 $\hat{Q}$ 作用下得到的新态矢量在 F 表象中的表示, 即

$$\hat{Q}|\phi_k\rangle = \sum_j |\phi_j\rangle\langle\phi_j|\hat{Q}|\phi_k\rangle = \sum_j |\phi_j\rangle\langle\phi_j|\hat{Q}|\phi_k\rangle = \sum_j |\phi_j\rangle Q_{jk},$$

以分量形式具体表述, 即有

$$\hat{Q}|\phi_k\rangle = Q_{1k}|\phi_1\rangle + Q_{2k}|\phi_2\rangle + Q_{3k}|\phi_3\rangle + \cdots.$$

显然, $[Q_{1k}, Q_{2k}, Q_{3k}, \cdots]$ 组成算符 $\hat{Q}$ 在 F 表象中的矩阵表示的第 k 列元素的集合.

综上所述, 为确定算符 $\hat{Q}$ 在某表象中的矩阵表示, 我们只需要将该算符作用在该表象的基矢上, 将所得基矢在该表象中的展开系数所形成的矩阵转置, 即得 $\hat{Q}$ 在该表象中的表示. 例如,

$$\begin{aligned}
\hat{Q}|\phi_1\rangle &= Q_{11}|\phi_1\rangle + Q_{21}|\phi_2\rangle + Q_{31}|\phi_3\rangle + \cdots, \\
\hat{Q}|\phi_2\rangle &= Q_{12}|\phi_1\rangle + Q_{22}|\phi_2\rangle + Q_{32}|\phi_3\rangle + \cdots, \\
\hat{Q}|\phi_3\rangle &= Q_{13}|\phi_1\rangle + Q_{23}|\phi_2\rangle + Q_{33}|\phi_3\rangle + \cdots, \\
&\vdots
\end{aligned}$$

其系数矩阵为

$$\begin{pmatrix}
Q_{11} & Q_{21} & Q_{31} & \cdots \\
Q_{12} & Q_{22} & Q_{32} & \cdots \\
Q_{13} & Q_{23} & Q_{33} & \cdots \\
\vdots & \vdots & \vdots & \ddots
\end{pmatrix}.$$

将该矩阵转置即得到算符 $\hat{Q}$ 在 F 表象中的矩阵表示

$$[Q]_F = \begin{pmatrix}
Q_{11} & Q_{12} & Q_{13} & \cdots \\
Q_{21} & Q_{22} & Q_{23} & \cdots \\
Q_{31} & Q_{32} & Q_{33} & \cdots \\
\vdots & \vdots & \vdots & \ddots
\end{pmatrix}. \tag{7.32}$$

显然, 算符在其自身表象中的表示是对角矩阵, 本征值为其对角矩阵元. 例如, 设算符 $\hat{Q}$ 的本征态矢量为 $|Q_i\rangle$, 即有本征方程

$$\hat{Q}|Q_i\rangle = Q_i|Q_i\rangle,$$

算符 $\hat{Q}$ 在其自身表象中的矩阵表示是

$$[Q] = \begin{pmatrix} Q_1 & 0 & 0 & \cdots \\ 0 & Q_2 & 0 & \cdots \\ 0 & 0 & Q_3 & \cdots \\ \vdots & \vdots & \vdots & \ddots \end{pmatrix}.$$

例 1　哈密顿算符.

考虑量子力学中最重要的算符——哈密顿算符 $\hat{H}$,

$$\hat{H} = \sum_i |E_i\rangle E_i \langle E_i|,$$

能量平均值为

$$\langle \psi|\hat{H}|\psi\rangle = \sum_i E_i \langle \psi|E_i\rangle \langle E_i|\psi\rangle = \sum_i E_i |a_i|^2 = \langle E\rangle.$$

在 $\hat{H}$ 表象 (能量表象) 中, 哈密顿算符的形式为

$$\hat{H} = \begin{pmatrix} E_1 & 0 & 0 & \cdots \\ 0 & E_2 & 0 & \cdots \\ 0 & 0 & E_3 & \cdots \\ \vdots & \vdots & \vdots & \ddots \end{pmatrix}.$$

例 2　谐振子势场中的坐标算符和动量算符.

选取厄米函数作为基矢 $\{|\phi_n\rangle | n = 1, 2, 3, \cdots\}$, 右矢 $|\psi\rangle$ 和左矢 $\langle\psi|$ 分别展开为

$$|\psi\rangle = \sum_n C_n |\phi_n\rangle, \quad \langle\psi| = \sum_n C_n^* \langle\phi_n|,$$

其中, $C_n = \langle\phi_n|\psi\rangle$, $C_n^* = \langle\psi|\phi_n\rangle$. 显然, $\langle\psi|\psi\rangle = \sum_n |C_n|^2 = 1$, 并且, 右矢 $|\psi\rangle$ 在厄米函数基矢上的展开系数即 $\{C_n\}$, 也就是 $|\psi\rangle$ 的坐标完全确定了 $|\psi\rangle$. 这样, 我们可以采用行向量和列向量来分别表示 $\langle\psi|$、$|\psi\rangle$, 即有

$$\langle\psi| \longrightarrow (C_1^*, C_2^*, C_3^*, \cdots, C_n^*, \cdots), \quad |\psi\rangle \longrightarrow \begin{pmatrix} C_1 \\ C_2 \\ C_3 \\ \vdots \\ C_n \\ \vdots \end{pmatrix}.$$

任意一个算符 $\hat{Q}$ 在厄米函数基底下都可以用矩阵 Q_{nm} 表示为

$$Q_{nm} = \langle\phi_n|\hat{Q}|\phi_m\rangle.$$

我们前面已经推导过坐标算符 $\hat{x}$ 和相应维度的动量算符 $\hat{p}$, 它们都可以由产生、湮灭算符表示, 具体地, 有

$$\hat{x} = \sqrt{\frac{\hbar}{2m\omega}}\left(\hat{b}^\dagger + \hat{b}\right), \quad \hat{p} = \mathrm{i}\sqrt{\frac{m\hbar\omega}{2}}\left(\hat{b}^\dagger - \hat{b}\right).$$

将算符 $\hat{x}$ 和 $\hat{p}$ 分别作用在简谐振子本征函数上, 可得如下递推关系:

$$\hat{x}\phi_n = \sqrt{\frac{\hbar}{2m\omega}}\left[\sqrt{n+1}\phi_{n+1}(x) + \sqrt{n}\phi_{n-1}(x)\right],$$

$$\hat{p}\phi_n = \mathrm{i}\sqrt{\frac{m\hbar\omega}{2}}\left[\sqrt{n}\phi_{n-1}(x) - \sqrt{n+1}\phi_{n+1}(x)\right].$$

进而可得 $\hat{x}$ 和 $\hat{p}$ 在厄米函数基底上的矩阵表示为

$$\hat{x} = \sqrt{\frac{\hbar}{2m\omega}}\begin{pmatrix} 0 & \sqrt{1} & 0 & 0 & \cdots \\ \sqrt{1} & 0 & \sqrt{2} & 0 & \cdots \\ 0 & \sqrt{2} & 0 & \sqrt{3} & \cdots \\ 0 & 0 & \sqrt{3} & 0 & \cdots \\ \vdots & \vdots & \vdots & \vdots & \ddots \end{pmatrix},$$

$$\hat{p} = \mathrm{i}\sqrt{\frac{m\hbar\omega}{2}}\begin{pmatrix} 0 & -\sqrt{1} & 0 & 0 & \cdots \\ \sqrt{1} & 0 & -\sqrt{2} & 0 & \cdots \\ 0 & \sqrt{2} & 0 & -\sqrt{3} & \cdots \\ 0 & 0 & \sqrt{3} & 0 & \cdots \\ \vdots & \vdots & \vdots & \vdots & \ddots \end{pmatrix},$$

这两个矩阵都是无限维的. 可以验证

$$\hat{x}_{nk}\hat{p}_{km} - \hat{p}_{nk}\hat{x}_{km} = \mathrm{i}\hbar\mathcal{I}_{nm}.$$

3. 物理量的表象变换

我们在实际工作中经常会在不同表象中处理同一个物理问题, 例如算符 $\hat{Q}$ 在 F、F' 两个表象各自表示为

$$F \text{ 表象 (基矢 } \{|\phi_k\rangle\}): \quad Q_{kj} = \langle\phi_k|\hat{Q}|\phi_j\rangle,$$
$$F' \text{ 表象 (基矢 } \{|\phi'_\alpha\rangle\}): \quad Q'_{\alpha\beta} = \langle\phi'_\alpha|\hat{Q}|\phi'_\beta\rangle.$$

一个自然的问题是: Q_{kj} 与 $Q'_{\alpha\beta}$ 之间有什么联系.

利用

$$|\phi'_\alpha\rangle = \sum_k |\phi_k\rangle\langle\phi_k|\phi'_\alpha\rangle = \sum_k |\phi_k\rangle S^*_{\alpha k},$$
$$|\phi'_\beta\rangle = \sum_j |\phi_j\rangle\langle\phi_j|\phi'_\beta\rangle = \sum_j S^*_{\beta j}|\phi_j\rangle,$$

可得

$$Q'_{\alpha\beta} = \langle\phi'_\alpha|\hat{Q}|\phi'_\beta\rangle = \left(\sum_k \langle\phi_k|S_{\alpha k}\right)\hat{Q}\left(\sum_j S^*_{\beta j}|\phi_j\rangle\right)$$
$$= \sum_{kj} S_{\alpha k}S^*_{\beta j}\langle\phi_k|\hat{Q}|\phi_j\rangle$$
$$= \sum_{kj} S_{\alpha k}Q_{kj}S^\dagger_{j\beta}$$
$$= \left(SQS^\dagger\right)_{\alpha\beta},$$

常简记为

$$Q' = SQS^\dagger = SQS^{-1}, \quad Q' \equiv [Q'_{\alpha\beta}], \quad Q = [Q_{kj}]. \tag{7.33}$$

关于态矢量和物理量的表示及表象变换, 可小结如下:

$$F\text{表象}\{|\phi_k\rangle\} \qquad\qquad F'\text{表象}\{|\phi'_\alpha\rangle\}$$

$$\text{量子态}|\psi\rangle: \quad a = \begin{pmatrix} a_1 \\ a_2 \\ \vdots \end{pmatrix}, a_k = \langle\phi_k|\psi\rangle, \quad a' = \begin{pmatrix} a'_1 \\ a'_2 \\ \vdots \end{pmatrix}, a'_\alpha = \langle\phi'_\alpha|\phi\rangle.$$

$$物理量\hat{Q}: \quad Q=[Q_{kj}]=\begin{pmatrix} Q_{11} & Q_{12} & \cdots \\ Q_{21} & Q_{22} & \cdots \\ \vdots & \vdots & \ddots \end{pmatrix}, \quad Q'=[Q'_{kj}]=\begin{pmatrix} Q'_{11} & Q'_{12} & \cdots \\ Q'_{21} & Q'_{22} & \cdots \\ \vdots & \vdots & \ddots \end{pmatrix},$$

$$Q_{kj}=\langle\phi_k|\hat{Q}|\phi_j\rangle, \qquad\qquad Q'_{\alpha\beta}=\langle\phi'_\alpha|\hat{Q}|\phi'_\beta\rangle.$$

表象变换:

$$F\to F', \quad F'\to F.$$
$$a'=Sa, \quad a=S^\dagger a';$$

$$Q'=SQS^\dagger=SQS^{-1}, \quad Q=S^\dagger Q'S,$$

其中

$$S=[S_{\alpha\beta}]=\begin{pmatrix} S_{11} & S_{12} & \cdots \\ S_{21} & S_{22} & \cdots \\ \vdots & \vdots & \ddots \end{pmatrix}, \quad S_{\alpha\beta}=\langle\phi'_\beta|\phi_\alpha\rangle.$$

7.5 矩阵力学概要

7.5.1 本征方程

将 F 表象中的波函数代入物理量 Q 的本征方程

$$\hat{Q}|\psi\rangle=Q|\psi\rangle,$$

可得

$$\hat{Q}\sum_k a_k|\phi_k\rangle=\sum_k a_k\hat{Q}|\phi_k\rangle=Q\sum_k a_k|\phi_k\rangle.$$

用左矢 $\langle\phi_j|$ 标积上式等号两侧, 得

$$\sum_k a_k\langle\phi_j|\hat{Q}|\phi_k\rangle=Q\sum_k a_k\langle\phi_j|\phi_k\rangle=Q\sum_k a_k\delta_{jk}=Qa_j.$$

记 $\langle\phi_j|\hat{Q}|\phi_k\rangle=Q_{jk}$, 则有

$$\sum_k (Q_{jk}-Q\delta_{jk})a_k=0. \tag{7.34}$$

此乃关于 a_k 的线性齐次方程组, 其有非平庸解的充要条件是 (久期方程)

$$\det |Q_{jk} - Q\delta_{jk}| = \begin{vmatrix} Q_{11} - Q & Q_{12} & Q_{13} & \cdots \\ Q_{21} & Q_{22} - Q & Q_{23} & \cdots \\ Q_{31} & Q_{32} & Q_{33} - Q & \cdots \\ \vdots & \vdots & \vdots & \ddots \end{vmatrix} = 0. \tag{7.35}$$

如果上述本征方程组的维数为 N, 并且 $\hat{Q}$ 是厄米算符, 即

$$[Q_{jk}]^* = [Q_{kj}],$$

则上述久期方程给出 $\hat{Q}$ 算符的 N 个实数本征值, 记作 $\{Q_j \,|\, j = 1, 2, 3, \cdots, N\}$. 如果厄米算符具有无穷多的本征值, 只要这些无穷多的本征值是可数的, 我们仍然可以通过上述方法求解 $\hat{Q}$ 的本征值. 将 Q_j 代入原本征方程就可以求解出 F 表象中相应的本征矢量 a_k^j.

$$\begin{pmatrix} a_1^{(j)} \\ a_2^{(j)} \\ a_3^{(j)} \\ \vdots \end{pmatrix}, \quad j = 1, 2, 3, \cdots, N.$$

如果本征方程具有重根, 此时体系存在简并, 我们需要找到与 $\hat{Q}$ 对易的其他物理量, 求解它们的共同本征态来解除简并.

例 1　确定泡利矩阵 σ_x 在 σ_z 表象中的本征值和本征态.

我们知道, 在 σ_z 表象中, σ_x 的矩阵形式为

$$\hat{\sigma}_x = \begin{pmatrix} 0 & 1 \\ 1 & 0 \end{pmatrix},$$

其久期方程为

$$\begin{vmatrix} -Q & 1 \\ 1 & -Q \end{vmatrix} = 0,$$

其解为

$$Q = \pm 1.$$

将 $Q = \pm 1$ 代入原本征方程即可求解出相应的本征矢.

记待求解的本征矢为 $\begin{pmatrix} a_1 \\ a_2 \end{pmatrix}$, 相应于 $Q = +1$, 则有

$$\begin{pmatrix} -1 & 1 \\ 1 & -1 \end{pmatrix} \begin{pmatrix} a_1 \\ a_2 \end{pmatrix} = 0,$$

它有解

$$a_1 = a_2.$$

将 $Q = -1$ 代入原本征方程中, 可得

$$\begin{pmatrix} 1 & 1 \\ 1 & 1 \end{pmatrix} \begin{pmatrix} a_1 \\ a_2 \end{pmatrix} = 0,$$

它有解

$$a_1 = -a_2.$$

归一化后可得 σ_x 在 σ_z 表象中的本征值和本征矢如下:

$$Q = +1: \quad |\sigma_x = +1\rangle = \frac{1}{\sqrt{2}} \begin{pmatrix} 1 \\ 1 \end{pmatrix},$$

$$Q = -1: \quad |\sigma_x = -1\rangle = \frac{1}{\sqrt{2}} \begin{pmatrix} 1 \\ -1 \end{pmatrix},$$

从而, 我们得到 σ_z 表象到 σ_x 表象的变换矩阵为

$$S_{\sigma_z \to \sigma_x} = \langle \sigma_z = \pm 1 | \sigma_x = \pm 1 \rangle = \frac{1}{\sqrt{2}} \begin{pmatrix} 1 & 1 \\ 1 & -1 \end{pmatrix}. \tag{7.36}$$

因为算符在其自身表象中的矩阵表示是对角的, 对角元是其本征值, 于是有

$$[\sigma_x]_{\text{自身表象}} = \begin{pmatrix} 1 & 0 \\ 0 & -1 \end{pmatrix},$$

则在 σ_z 表象中, $\hat{\sigma}_x$ 的矩阵表述为

$$[\sigma_x]_{\sigma_z \text{ 表象}} = S_{\sigma_z \to \sigma_x} \begin{pmatrix} 1 & 0 \\ 0 & -1 \end{pmatrix} S^\dagger_{\sigma_z \to \sigma_x}$$

$$= \frac{1}{2} \begin{pmatrix} 1 & 1 \\ 1 & -1 \end{pmatrix} \begin{pmatrix} 1 & 0 \\ 0 & 1 \end{pmatrix} \begin{pmatrix} 1 & 1 \\ 1 & -1 \end{pmatrix}$$

$$= \begin{pmatrix} 0 & 1 \\ 1 & 0 \end{pmatrix}.$$

这显然验证了前面所得变换矩阵的正确性.

例 2   确定在 $\sigma_z = +1$ 的本征态中测量 $\hat{\sigma}_x$ 的可能值及相应的概率.

在 σ_z 自身表象中, 本征值为 1 的态矢量是 $\begin{pmatrix} 1 \\ 0 \end{pmatrix}$. 为测量 σ_x, 我们需要将相应于 $|\sigma_z = +1\rangle$ 的态矢量在 $\hat{\sigma}_x$ 的本征态上展开, 所以测得 σ_x 的概率幅是 $A_{\sigma_x} = \langle \sigma_x | \sigma_z = +1 \rangle$, 具体即

$$A_{\sigma_x=+1} = \frac{1}{\sqrt{2}}(1 \quad 1)\begin{pmatrix} 1 \\ 0 \end{pmatrix} = \frac{1}{\sqrt{2}},$$

$$A_{\sigma_x=-1} = \frac{1}{\sqrt{2}}(1 \, -1)\begin{pmatrix} 1 \\ 0 \end{pmatrix} = \frac{1}{\sqrt{2}}.$$

用态矢量表示, 则有

$$|\sigma_z = +1\rangle = \frac{1}{\sqrt{2}}|\sigma_x = +1\rangle + \frac{1}{\sqrt{2}}|\sigma_x = -1\rangle.$$

在 σ_z 表象中上式可以写成矩阵形式:

$$\begin{pmatrix} 1 \\ 0 \end{pmatrix} = \frac{1}{\sqrt{2}}\left(\frac{1}{\sqrt{2}}\begin{pmatrix} 1 \\ 1 \end{pmatrix}\right) + \frac{1}{\sqrt{2}}\left(\frac{1}{\sqrt{2}}\begin{pmatrix} 1 \\ -1 \end{pmatrix}\right).$$

所以, 在 σ_z 表象中本征值为 $\sigma_z = 1$ 的本征矢中测量 σ_x 的可得值为 $+1$ 和 -1, 相应的概率都为 $\frac{1}{2}$.

例 3   在 $\{L^2, L_z\}$ 表象中, 确定在 $l = 1$ 子空间 (即 $\hat{L}^2 = 2\hbar^2$ 的子空间) 中 $\hat{L}_x$ 的本征值和本征矢, 以及 $L_z = 0$ 的本征态下测量 L_x 的可得值及相应的概率.

为确定 L_x 在 $\{L^2, L_z\}$ 表象中的本征值和本征矢, 我们先确定在 $\{L^2, L_z\}$ 表象中 $\hat{L}_x$ 的矩阵表述形式.

由轨道角动量升降算符的定义和代数关系, 知

$$\hat{L}_+|lm\rangle = \hbar\sqrt{(l-m)(l+m+1)}\,|l, m+1\rangle,$$

$$\hat{L}_-|lm\rangle = \hbar\sqrt{(l+m)(l-m+1)}\,|l, m-1\rangle,$$

所以

$$\hat{L}_x|lm\rangle = \frac{\hat{L}_+ + \hat{L}_-}{2}|lm\rangle$$

$$= \frac{\hbar}{2}\sqrt{(l+m)(l-m+1)}\,|l, m-1\rangle + \frac{\hbar}{2}\sqrt{(l-m)(l+m+1)}\,|l, m+1\rangle.$$

从而得到 $\hat{L}_x$ 在 $l = 1$ 子空间中的矩阵表示 $\langle 1, (1, 0, -1)|L_x|1, (1, 0, -1)\rangle$ 为

$$[L_x] = \frac{\hbar}{2} \begin{pmatrix} 0 & \sqrt{2} & 0 \\ \sqrt{2} & 0 & \sqrt{2} \\ 0 & \sqrt{2} & 0 \end{pmatrix}.$$

其本征方程为

$$\sum_n [(\hat{L}_x)_{mn} - l_x \hbar \delta_{mn}] a_n = 0,$$

即

$$\begin{pmatrix} -l_x & \dfrac{\sqrt{2}}{2} & 0 \\ \dfrac{\sqrt{2}}{2} & -l_x & \dfrac{\sqrt{2}}{2} \\ 0 & \dfrac{\sqrt{2}}{2} & -l_x \end{pmatrix} \begin{pmatrix} a_1 \\ a_2 \\ a_3 \end{pmatrix} = 0.$$

其存在非平庸解的条件是

$$\begin{vmatrix} -l_x & \dfrac{\sqrt{2}}{2} & 0 \\ \dfrac{\sqrt{2}}{2} & -l_x & \dfrac{\sqrt{2}}{2} \\ 0 & \dfrac{\sqrt{2}}{2} & -l_x \end{vmatrix} = 0,$$

亦即

$$-l_x^3 + l_x = 0,$$

解之得 $l_x = 0, \pm 1$. 进而可得到相应于各本征值 l_x 的本征态为

$$\phi_{l_x=1} = \frac{1}{2} \begin{pmatrix} 1 \\ \sqrt{2} \\ 1 \end{pmatrix}, \quad \phi_{l_x=0} = \frac{1}{2} \begin{pmatrix} \sqrt{2} \\ 0 \\ -\sqrt{2} \end{pmatrix}, \quad \phi_{l_x=-1} = \frac{1}{2} \begin{pmatrix} 1 \\ -\sqrt{2} \\ 1 \end{pmatrix}.$$

下面确定在 $\hat{L}_z$ 的本征值为 0 的本征态中测量 $\hat{L}_x$ 的可取值及相应的概率.

因为在 $\{L^2, L_z\}$ 表象中, 相应于 $\hat{L}^2$、$\hat{L}_z$ 的本征值分别为 2、0 的表示 (或态矢量) 是

$$|l = 1, l_z = 0\rangle = \begin{pmatrix} 0 \\ 1 \\ 0 \end{pmatrix},$$

将其按照 $\hat{L}_x$ 的本征矢分解, 则有

$$|l=1, l_z=0\rangle = \sum_{i=-1}^{+1} a_i |l=1, l_x=i\rangle,$$

其中 a_i 为

$$a_{+\hbar} = \frac{1}{2}(1 \quad \sqrt{2} \quad 1)\begin{pmatrix} 0 \\ 1 \\ 0 \end{pmatrix} = \frac{\sqrt{2}}{2},$$

$$a_0 = \frac{1}{2}(\sqrt{2} \quad 0 \quad -\sqrt{2})\begin{pmatrix} 0 \\ 1 \\ 0 \end{pmatrix} = 0,$$

$$a_{-\hbar} = \frac{1}{2}(1 \quad -\sqrt{2} \quad 1)\begin{pmatrix} 0 \\ 1 \\ 0 \end{pmatrix} = -\frac{\sqrt{2}}{2},$$

于是有

$$\begin{pmatrix} 0 \\ 1 \\ 0 \end{pmatrix} = \frac{\sqrt{2}}{2}\left(\frac{1}{2}\begin{pmatrix} 1 \\ \sqrt{2} \\ 1 \end{pmatrix}\right) - \frac{\sqrt{2}}{2}\left(\frac{1}{2}\begin{pmatrix} 1 \\ -\sqrt{2} \\ 1 \end{pmatrix}\right).$$

所以, 在 L_z 表象中, 本征值为 $l_z=0$ 的本征矢中测量 L_x 的可能值为 $\hbar$ 和 $-\hbar$, 相应的测值概率都是 $\frac{1}{2}$.

下面再通过表象变换给出 $\hat{L}_x$ 在 $\{L^2, L_x\}$ 表象中的矩阵形式, 检验上述结果的正确性.

由前述结果知, 在 $l=1$ 的子空间中, $\{L^2, L_x\}$ 到 $\{L^2, L_z\}$ 表象的变换矩阵是

$$S_{L_x \to L_z} = \frac{1}{2}\begin{pmatrix} 1 & \sqrt{2} & 1 \\ \sqrt{2} & 0 & -\sqrt{2} \\ 1 & -\sqrt{2} & 1 \end{pmatrix},$$

从而 $\{L^2, L_z\}$ 到 $\{L^2, L_x\}$ 表象的变换矩阵是

$$S_{L_z \to L_x} = S_{L_x \to L_z}^{\dagger} = \frac{1}{2}\begin{pmatrix} 1 & \sqrt{2} & 1 \\ \sqrt{2} & 0 & -\sqrt{2} \\ 1 & -\sqrt{2} & 1 \end{pmatrix}.$$

故而, $\hat{L}_x$ 在 $\{L^2, L_x\}$ 表象中的矩阵表示为

$$[L_x]_{L_x \text{ 表象}}$$

$$= S'[L_x]_{L_z \text{ 表象}} S'^\dagger = S^\dagger[L_x]_{L_z \text{ 表象}} S$$

$$= \frac{1}{2}\begin{pmatrix} 1 & \sqrt{2} & 1 \\ \sqrt{2} & 0 & -\sqrt{2} \\ 1 & -\sqrt{2} & 1 \end{pmatrix} \frac{\hbar}{2}\begin{pmatrix} 0 & \sqrt{2} & 0 \\ \sqrt{2} & 0 & \sqrt{2} \\ 0 & \sqrt{2} & 0 \end{pmatrix} \frac{1}{2}\begin{pmatrix} 1 & \sqrt{2} & 1 \\ \sqrt{2} & 0 & -\sqrt{2} \\ 1 & -\sqrt{2} & 1 \end{pmatrix}$$

$$= \frac{\hbar}{4}\begin{pmatrix} 1 & \sqrt{2} & 1 \\ \sqrt{2} & 0 & -\sqrt{2} \\ 1 & -\sqrt{2} & 1 \end{pmatrix}\begin{pmatrix} 1 & 0 & -1 \\ \sqrt{2} & 0 & \sqrt{2} \\ 1 & 0 & -1 \end{pmatrix}$$

$$= \hbar\begin{pmatrix} 1 & 0 & 0 \\ 0 & 0 & 0 \\ 0 & 0 & -1 \end{pmatrix}.$$

这正如我们所预期的, 算符在其自身表象中的矩阵表示为对角矩阵, 且对角元素为其本征值.

7.5.2 定态薛定谔方程的矩阵形式

考虑 F 表象 $\{|\phi_k\rangle\}$, 其基矢 $\{|\phi_k\rangle\}$ 不随时间变化. 任意波函数 $|\psi(t)\rangle$ 都可按照 F 表象的基矢展开, 即有

$$|\psi(t)\rangle = \sum_k a_k(t)|\phi_k\rangle.$$

将展开后的波函数代入薛定谔方程

$$\mathrm{i}\hbar\frac{\partial}{\partial t}|\psi(t)\rangle = \hat{H}|\psi(t)\rangle,$$

可得

$$\mathrm{i}\hbar\sum_k \frac{\mathrm{d}a_k}{\mathrm{d}t}|\phi_k\rangle = \sum_k a_k(t)\hat{H}|\phi_k\rangle.$$

用左矢 $\langle\phi_j|$ 标积上式等号两侧, 得

$$\mathrm{i}\hbar\sum_k \frac{\mathrm{d}a_k}{\mathrm{d}t}\langle\phi_j|\phi_k\rangle = \sum_k a_k(t)\langle\phi_j|\hat{H}|\phi_k\rangle.$$

考虑 $\langle\phi_j|\phi_k\rangle = \delta_{jk}$ 和 $\langle\phi_j|\hat{H}|\phi_k\rangle = H_{jk}$, 上式可简写为

$$\mathrm{i}\hbar\frac{\mathrm{d}a_j}{\mathrm{d}t} = \sum_k H_{jk}a_k. \tag{7.37}$$

写成具体的矩阵形式, 则有

$$\mathrm{i}\hbar\frac{\mathrm{d}}{\mathrm{d}t}\begin{pmatrix} a_1 \\ a_2 \\ a_3 \\ \vdots \end{pmatrix} = \begin{pmatrix} H_{11} & H_{12} & H_{13} & \cdots \\ H_{21} & H_{22} & H_{23} & \cdots \\ H_{31} & H_{32} & H_{33} & \cdots \\ \vdots & \vdots & \vdots & \ddots \end{pmatrix}\begin{pmatrix} a_1 \\ a_2 \\ a_3 \\ \vdots \end{pmatrix}.$$

当 $\hat{F} = \hat{H}$ 时, $H_{jk} = E_j\delta_{jk}$, 由上式可得

$$\mathrm{i}\hbar\frac{\mathrm{d}a_j(t)}{\mathrm{d}t} = E_j a_j(t). \tag{7.38}$$

由此可得

$$a_j(t) = a_j^0\mathrm{e}^{-\mathrm{i}\frac{E_j t}{\hbar}}, \quad a_j^0 \equiv a_j, \quad t = 0.$$

上述讨论表明, 在 $\hat{H}$ 表象 (能量表象) 中, 薛定谔方程是对角化的, 并且对角元是哈密顿算符的能量本征值, 此时的波函数为

$$|\psi(t)\rangle = \begin{pmatrix} a_1^0\mathrm{e}^{-\mathrm{i}\frac{E_1 t}{\hbar}} \\ a_2^0\mathrm{e}^{-\mathrm{i}\frac{E_2 t}{\hbar}} \\ a_3^0\mathrm{e}^{-\mathrm{i}\frac{E_3 t}{\hbar}} \\ \vdots \end{pmatrix}. \tag{7.39}$$

7.5.3　物理量的平均值

在 F 表象中, 物理量算符 $\hat{Q}$ 在态矢量 $|\psi\rangle$ 下的平均值为

$$\langle Q\rangle = \langle\psi|\hat{Q}|\psi\rangle = \sum_{jk} a_j^*\langle\phi_j|\hat{Q}|\phi_k\rangle a_k = \sum_{jk} a_j^* a_k Q_{jk}, \tag{7.40}$$

其矩阵形式是

$$\langle Q\rangle = (a_1^*\ a_2^*\ a_3^*\ \cdots)\begin{pmatrix} Q_{11} & Q_{12} & Q_{13} & \cdots \\ Q_{21} & Q_{22} & Q_{23} & \cdots \\ Q_{31} & Q_{32} & Q_{33} & \cdots \\ \vdots & \vdots & \vdots & \ddots \end{pmatrix}\begin{pmatrix} a_1 \\ a_2 \\ a_3 \\ \vdots \end{pmatrix}.$$

如果我们选取 $\hat{Q}$ 表象, 即采用 $\hat{Q}$ 的本征矢作为基矢, 那么 (Q_{jk} 为一个对角矩阵), 算符 $\hat{Q}$ 的平均值则为

$$\langle Q \rangle = \sum_{jk} a_j^* \langle \phi_j | \hat{Q} | \phi_k \rangle a_k = \sum_{jk} a_j^* Q_j \delta_{jk} a_k = \sum_k \left| a_k \right|^2 Q_k. \tag{7.41}$$

这里的 $|a_k|^2$ 就是在 $|\psi\rangle$ 态中测量物理量 Q 得到 Q_k 的概率.

7.6 薛定谔绘景和海森伯绘景

第 3 章的讨论已经表明, 在薛定谔波动力学中, 物理量算符 $\hat{Q}$ 不显含时间, 物理量的平均值 $\langle Q \rangle$ 及其概率分布随时间的演化完全归结为态矢量 $|\psi\rangle$ 随时间的演化,

$$\frac{\mathrm{d}}{\mathrm{d}t} \langle Q \rangle = \frac{1}{\mathrm{i}\hbar} \overline{[\hat{Q}, \hat{H}]},$$

其中, $\hat{H}$ 为所研究系统的哈密顿量.

但是, 波函数本身是不能测量的, 与实际物理观测相关的是物理量的平均值及其概率分布, 那么我们是否有其他等效的描述方案呢? 事实上, 表述量子力学的理论框架中时间依赖行为的方案称为量子力学的绘景 (picture). 由于量子物理表述的规律既涉及物理量又涉及量子态, 于是人们可以采用物理量不依赖于时间、仅量子态随时间演化的方案, 也可以采用物理量随时间演化而量子态保持不变的方案, 还可以采用物理量和量子态都随时间演化的方案, 相应地即有薛定谔绘景、海森伯绘景、相互作用绘景. 这里对薛定谔绘景和海森伯绘景及两者间的关系予以简单讨论.

7.6.1 时间演化算符

设波函数随时间演化的行为由一个时间演化算符 $\hat{U}(t, t_i)$ 描述 (其中 t_i 为初始时刻, 为简单起见, 常取 $t_i = 0$), 即有

$$\begin{aligned} |\psi(t)\rangle &= \hat{U}(t, 0)|\psi(0)\rangle, \\ \hat{U}(0, 0) &= \hat{I}. \end{aligned} \tag{7.42}$$

态叠加原理要求 $\hat{U}(t, 0)$ 必须是线性算符, 即有

$$\hat{U}(t, 0)\big(a|\psi_1(0)\rangle + b|\psi_2(0)\rangle\big) = a\hat{U}(t, 0)|\psi_1(0)\rangle + b\hat{U}(t, 0)|\psi_2(0)\rangle,$$

而概率守恒要求

$$\langle \psi(t) | \psi(t) \rangle = \langle \psi(0) | \psi(0) \rangle.$$

将 $|\psi(t)\rangle$ 的表达式代入上式, 则应有

$$
\begin{aligned}
\langle\psi(t)|\psi(t)\rangle &= \langle\hat{U}(t, 0)\psi(0)|\hat{U}(t, 0)\psi(0)\rangle \\
&= \langle\psi(0)|\hat{U}^\dagger(t, 0)\hat{U}(t, 0)|\psi(0)\rangle \\
&= \langle\psi(0)|\psi(0)\rangle.
\end{aligned}
$$

因为态矢量 $|\psi\rangle$ 是任意的, 由上式则知

$$
\hat{U}^\dagger(t, 0)\hat{U}(t, 0) = \hat{U}(t, 0)\hat{U}^\dagger(t, 0) = I,
$$

$$
\hat{U}^\dagger(t, 0) = \hat{U}^{-1}(t, 0),
$$

所以时间演化算符为幺正算符.

　　将前述波函数的演化行为代入薛定谔方程, 我们有

$$
\mathrm{i}\hbar\frac{\partial}{\partial t}\left(\hat{U}(t, 0)|\psi(0)\rangle\right) = \hat{H}\left(\hat{U}(t, 0)|\psi(0)\rangle\right),
$$

因为 $|\psi(0)\rangle$ 是任意波函数, 由上式则得

$$
\mathrm{i}\hbar\frac{\partial}{\partial t}\hat{U}(t, 0) = \hat{H}\hat{U}(t, 0).
$$

解此微分方程, 并考虑初始条件 $\hat{U}(0, 0) = \hat{I}$, 则得

$$
\hat{U}(t, 0) = \mathrm{e}^{-\mathrm{i}\frac{\int_0^t \hat{H}\mathrm{d}t'}{\hbar}}. \tag{7.43}
$$

7.6.2　海森伯方程

　　下面考虑物理量的平均值随时间演化的行为. 根据物理量的平均值的定义和量子态随时间演化的表达式, 我们有

$$
\begin{aligned}
\langle Q\rangle &= \langle\psi(t)|\hat{Q}|\psi(t)\rangle = \langle\hat{U}(t, 0)\psi(0)|\hat{Q}|\hat{U}(t, 0)\psi(0)\rangle \\
&= \langle\psi(0)|\hat{U}^\dagger(t, 0)\hat{Q}\hat{U}(t, 0)|\psi(0)\rangle \\
&= \langle\psi(0)|\hat{Q}(t)|\psi(0)\rangle,
\end{aligned}
$$

其中

$$
\hat{Q}(t) = \hat{U}^\dagger(t, 0)\hat{Q}\hat{U}(t, 0) = \mathrm{e}^{\mathrm{i}\frac{\hat{H}t}{\hbar}}\hat{Q}\mathrm{e}^{-\mathrm{i}\frac{\hat{H}t}{\hbar}}. \tag{7.44}
$$

由此知, 我们可以将物理量的平均值对时间的依赖关系从波函数中提取出来, 再将之传递给重新定义的含时的物理量算符. 此时, 态矢量保持不变 (一直是 $\psi(0)$),

但物理量算符随时间变化 —— 这就是海森伯绘景. 并且, 这两种不同的处理时间依赖行为的方法 (前述的薛定谔绘景和这里的海森伯绘景) 是等价的.

下面我们讨论物理量算符随时间演化的行为. 对上式直接取关于时间的导数, 我们有

$$\frac{\mathrm{d}}{\mathrm{d}t}\hat{Q}(t) = \left(\frac{\partial}{\partial t}\hat{U}^\dagger(t,\,0)\right)\hat{Q}\hat{U}(t,\,0) + \hat{U}^\dagger(t,\,0)\hat{Q}\left(\frac{\partial}{\partial t}\hat{U}(t,\,0)\right).$$

由薛定谔方程及其共轭形式知

$$\mathrm{i}\hbar\frac{\partial}{\partial t}\hat{U}(t,\,0) = \hat{H}\hat{U}(t,\,0),$$

$$-\mathrm{i}\hbar\frac{\partial}{\partial t}\big(\hat{U}(t,\,0)\big)^\dagger = \hat{U}^\dagger(t,\,0)\hat{H}^\dagger = \hat{U}^\dagger(t,\,0)\hat{H},$$

故而, 使用简化记号 $\hat{U} = \hat{U}(t,\,0)$(显式上省略了时间演化算符中的时间变量), 我们得到

$$\begin{aligned}
\frac{\mathrm{d}}{\mathrm{d}t}\hat{Q}(t) &= \frac{1}{-\mathrm{i}\hbar}(\hat{U}^\dagger\hat{H})\hat{Q}\hat{U} + \hat{U}^\dagger\hat{Q}\left(\frac{1}{\mathrm{i}\hbar}\hat{H}\hat{U}\right) \\
&= \frac{1}{\mathrm{i}\hbar}\left(-\hat{U}^\dagger\hat{H}\hat{Q}\hat{U} + \hat{U}^\dagger\hat{Q}\hat{H}\hat{U}\right) \\
&= \frac{1}{\mathrm{i}\hbar}\left(-\hat{U}^\dagger\hat{H}\hat{U}\hat{U}^\dagger\hat{Q}\hat{U} + \hat{U}^\dagger\hat{Q}\hat{U}\hat{U}^\dagger\hat{H}\hat{U}\right) \\
&= \frac{1}{\mathrm{i}\hbar}\left(-\hat{H}\hat{Q}(t) + \hat{Q}(t)\hat{H}\right) \\
&= \frac{1}{\mathrm{i}\hbar}\left[\hat{Q}(t),\,\hat{H}\right],
\end{aligned}$$

其中我们应用了

$$\hat{U}^\dagger\hat{H}\hat{U} = \hat{U}\hat{H}\hat{U}^\dagger = \hat{H}\,, \quad \hat{U}^\dagger\hat{Q}\hat{U} = \hat{Q}(t).$$

至此, 我们得到了著名的海森伯方程

$$\frac{\mathrm{d}}{\mathrm{d}t}\hat{Q}(t) = \frac{1}{\mathrm{i}\hbar}\left[\hat{Q}(t),\,\hat{H}\right]. \tag{7.45}$$

7.6.3 薛定谔绘景和海森伯绘景及其间的比较

薛定谔绘景和海森伯绘景具有完全不同的表述形式, 但它们应该给出完全一致的理论预言, 因为物理可观测量不会因所采用的数学描述方案不同而异. 下面我们对两种绘景的主要内容进行比较.

1. 薛定谔绘景和海森伯绘景的主要内容

1) 薛定谔绘景

在薛定谔绘景下, 波函数随时间变化, 而物理量算符与时间无关, 波函数随时间演化的行为由薛定谔方程

$$i\hbar\frac{\partial}{\partial t}\psi(t) = \hat{H}\psi(t)$$

决定.

2) 海森伯绘景

在海森伯绘景下, 波函数与时间无关, 但物理量算符随时间变化, 其变化行为由海森伯方程

$$i\hbar\frac{\mathrm{d}}{\mathrm{d}t}\hat{Q}(t) = \left[\hat{Q}(t), \hat{H}\right]$$

决定.

分别以 S、H 标记薛定谔绘景、海森伯绘景, 则上述关系可小结如下:

$$\text{物理量算符} \qquad\qquad\qquad \text{态矢量}$$

$$\hat{Q}_\mathrm{S}(t) = \hat{Q}_\mathrm{S}(0) = \hat{Q}_\mathrm{S}, \qquad\qquad i\hbar\frac{\partial}{\partial t}\psi_\mathrm{S}(t) = \hat{H}\psi_\mathrm{S}(t),$$

$$\hat{Q}_\mathrm{H}(t) = \mathrm{e}^{\mathrm{i}\frac{\hat{H}t}{\hbar}}\hat{Q}_\mathrm{S}\mathrm{e}^{-\mathrm{i}\frac{\hat{H}t}{\hbar}}, \qquad\qquad \psi_\mathrm{H}(t) = \psi_\mathrm{H}(0) = \psi_\mathrm{S}(0),$$

$$\frac{\mathrm{d}}{\mathrm{d}t}\hat{Q}_\mathrm{H}(t) = \frac{1}{\mathrm{i}\hbar}\left[\hat{Q}_\mathrm{H}(t), \hat{H}\right]. \qquad\qquad \frac{\partial}{\partial t}\psi_\mathrm{H}(t) = 0.$$

2. 薛定谔绘景与海森伯绘景的主要差别

在薛定谔绘景下, 因为物理量算符与时间无关, 所以可测量物理量完备集的基矢也不随时间变化. 这就意味着希尔伯特空间的坐标系不变, 变化的是态矢量. 在海森伯绘景下, 因为物理量算符随时间变化, 所以希尔伯特空间的坐标系随时间而转动, 但是态矢量不随时间变化. 两种绘景之间的差别可列于图 7.5 中.

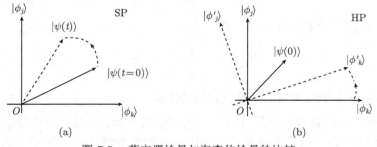

图 7.5　薛定谔绘景与海森伯绘景的比较:
(a) 态矢量变换; (b) 坐标系 (物理量) 变换

这完全类似于经典力学中的坐标系变换的主动、被动图像. 实际工作中, 采用薛定谔绘景来求解哈密顿算符的本征方程较为方便, 但海森伯绘景更适于理论研究, 因为其形式更类似于经典物理图像——物理量 (算符) 主动变化, 特别是经典物理中没有波函数. 从而, 1925 年狄拉克受海森伯工作的启发, 通过与经典哈密顿方程对比而得到经典和量子的对应原理.

思考题与习题

7.1 设 $\hat{A}$ 和 $\hat{B}$ 是厄米算符, 满足 $[\hat{A}, \hat{B}] = \mathrm{i}\hbar$, 态矢 $|a\rangle$ 是 $\hat{A}$ 的本征值为 a 的本征向量, 则有

$$\langle a|[\hat{A}, \hat{B}]|a\rangle = \langle a|\hat{A}\hat{B} - \hat{B}\hat{A}|a\rangle = (a - a)\langle a|\hat{B}|a\rangle = 0.$$

但另一方面有

$$\langle a|[\hat{A}, \hat{B}]|a\rangle = \langle a|\mathrm{i}\hbar|a\rangle = \mathrm{i}\hbar \neq 0.$$

试说明上述讨论中不正确之处.

7.2 考虑投影算符 $\hat{P}_1 = |\phi\rangle\langle\phi|$ 和 $\hat{P}_2 = |\psi\rangle\langle\psi|$, 设 $\langle\phi|\psi\rangle = \alpha \in \mathbb{C}$, $\alpha \neq 0$, 试确定 α 取何值时算符 $\hat{C} = \hat{P}_1\hat{P}_2$ 是投影算符.

7.3 考虑算符 $\hat{O} = \beta|\phi\rangle\langle\psi|$, 其中 $|\psi\rangle$ 和 $|\phi\rangle$ 是已经归一化的态矢量, 令 $\langle\psi|\phi\rangle = \alpha \neq 0$, α 和 β 是复常数, 试确定 $|\psi\rangle$、$|\phi\rangle$、α 和 β 分别满足什么条件时 $\hat{O}$ 是厄米算符、幺正算符、投影算符.

7.4 已知正交归一完备基 $\{|\phi_n\rangle\}$, 试讨论算符 $\hat{O} = \sum c_n|\phi_n\rangle\langle\phi_n|$ 中 c_n 取何值时, $\hat{O}$ 是投影算符.

7.5 记量子数为 $\frac{1}{2}$ 的自旋在 z 方向上的投影算符 $\hat{s}_z$ 的本征态为 $|+\rangle$、$|-\rangle$, 试证明, 该自旋在 x、y、z 三个方向上的投影算符 $\hat{s}_x$、$\hat{s}_y$、$\hat{s}_z$ 可以分别表述为

$$\hat{s}_x = \frac{\hbar}{2}\big(|+\rangle\langle-| + |-\rangle\langle+|\big), \quad \hat{s}_y = \frac{\mathrm{i}\hbar}{2}\big(|-\rangle\langle+| - |+\rangle\langle-|\big), \quad \hat{s}_z = \frac{\hbar}{2}\big(|+\rangle\langle+| - |-\rangle\langle-|\big),$$

并有

$$[\hat{s}_i, \hat{s}_j] = \mathrm{i}\hbar\varepsilon_{ijk}\hat{s}_k, \quad \{\hat{s}_i, \hat{s}_j\} = \frac{\hbar^2}{2}\delta_{ij}.$$

7.6 一组正交归一完备基 $\{|\phi_n\rangle | n = 1, 2, \cdots, N\}$ 张开一个矢量空间 V,

(1) 试证明作用于矢量空间 V 上的算符可以被表示为 $\hat{O} = \sum\limits_{n,m} c_{nm}|\phi_n\rangle\langle\phi_m|$;

(2) 对于 $N = 3$ 的特殊情况, 已知

$$\hat{O}|\phi_1\rangle = -|\phi_2\rangle, \quad \hat{O}|\phi_2\rangle = -|\phi_3\rangle, \quad \hat{O}|\phi_3\rangle = -|\phi_1\rangle + |\phi_2\rangle,$$

试给出算符 $\hat{O}$ 的具体表述形式;

(3) 定义算符 $\hat{P} = \sum\limits_{n \leqslant N'} |\phi_n\rangle\langle\phi_n|$, 其中 $N' \leqslant N$, 试证明 $\hat{P}$ 是投影算符;

(4) 算符 $\hat{O} = \sum_{n,m} c_{nm} |\phi_n\rangle\langle\phi_m|$, 其中 $c_{nm} \in \mathbb{C}$, 试说明 c_{nm} 分别满足什么条件时, $\hat{O}$ 是厄米算符、幺正算符或投影算符.

7.7　记 $\{|n\rangle\}$ 是一组正交归一完备基, 薛定谔方程的解可以按照 $|n\rangle$ 展开为

$$|\psi\rangle = \sum_n a_n |n\rangle,$$

一般算符 $\hat{O}$ 可以表述为 $\hat{O} = \sum_{nm} c_{nm} |n\rangle\langle m|$. 如果有一对指标 n 和 m 使得 $c_{mn} \neq c_{nm}^*$, 则算符 $\hat{O}$ 是非厄米算符. 试确定, 对于此希尔伯特空间中的任意态矢量 $|\psi\rangle$, 非厄米算符 $\hat{O}$ 是否有实数平均值.

7.8　设 $|n\rangle$ 是无穷维希尔伯特空间的正交归一基, 一体系的哈密顿量可以表述为

$$\hat{H} = \sum_{n=-\infty}^{+\infty} \left[E_0 |n\rangle\langle n| + \Delta |n\rangle\langle n+1| + \Delta |n+1\rangle\langle n| \right],$$

令 $\hat{T}|n\rangle = |n+1\rangle$,

(1) 试证明 $[\hat{H}, \hat{T}] = 0$;

(2) 试确定 $\hat{T}$ 的本征值为 $\mathrm{e}^{-\theta}$ 的本征矢 $|\theta\rangle$;

(3) 试证明 $|\theta\rangle$ 也是 $\hat{H}$ 的本征态, 并请给出相应的本征值.

7.9　设两个厄米算符 $\hat{A}$、$\hat{B}$ 满足 $\hat{A}^2 = \hat{B}^2 = \hat{I}$, 并且 $\{\hat{A}, \hat{B}\} = 0$, 其中 $\hat{I}$ 为单位算符 (矩阵), 试给出: (1) $\hat{A}$ 表象中, 算符 $\hat{A}$、$\hat{B}$ 的矩阵表述形式; (2) $\hat{B}$ 表象中, 算符 $\hat{A}$、$\hat{B}$ 的矩阵表述形式; (3) $\hat{A}$ 表象中, 算符 $\hat{B}$ 的本征值和本征函数; (4) $\hat{B}$ 表象中, 算符 $\hat{A}$ 的本征值和本征函数; (5) 由 $\hat{A}$ 表象到 $\hat{B}$ 表象的幺正变换矩阵 S.

7.10　设一可测量物理量可由 3×3 矩阵表述为

$$\frac{1}{\sqrt{2}} \begin{pmatrix} 0 & 1 & 0 \\ 1 & 0 & 1 \\ 0 & 1 & 0 \end{pmatrix},$$

(1) 试确定该可测量物理量的本征向量、本征值及其简并度;

(2) 试尽可能多地给出与此矩阵形式表述的算符相应的实际物理量.

7.11　已知相应于一组正交归一基 $|1\rangle$、$|2\rangle$ 和 $|3\rangle$, 两物理量算符 $\hat{A}$ 和 $\hat{B}$ 可以表述为

$$A \equiv \begin{pmatrix} a & 0 & 0 \\ 0 & -a & 0 \\ 0 & 0 & -a \end{pmatrix}, \quad B \equiv \begin{pmatrix} b & 0 & 0 \\ 0 & 0 & -ib \\ 0 & ib & 0 \end{pmatrix},$$

其中 a 和 b 都是实数, i 为虚数单位,

(1) 试确定这两个算符的本征值, 并分析其简并性;

(2) 试证明这两个算符可以有共同本征态;

(3) 试找出这两个算符的正交归一的共同本征函数系, 给出这两个算符的相应于每一个本征函数的本征值, 并分析上面所得本征值是否能够完整地表征各本征矢的性质.

7.12 一量子体系, 除了能量之外, 还具有三个可测量物理量, 可分别记为 P、Q、R. 设该体系只有两个归一化的能量本征态 $|1\rangle$、$|2\rangle$, 试根据下述 "实验数据"(已记 $\hbar = 1$, 且其中一组数据是非物理的):

(1) $\langle 1|P|1\rangle = 1/2$, $\langle 1|P^2|1\rangle = 1/4$;

(2) $\langle 1|Q|1\rangle = 1/2$, $\langle 1|Q^2|1\rangle = 1/6$;

(3) $\langle 1|R|1\rangle = 1$, $\langle 1|R^2|1\rangle = 5/4$, $\langle 1|R^3|1\rangle = 7/4$;

尽可能多地定出 P、Q、R 的本征值.

7.13 记以泡利矩阵 $\hat{\boldsymbol{\sigma}}$ 为基础的 2×2 矩阵为 $\hat{\boldsymbol{\sigma}} \cdot \boldsymbol{a}$, 试证明这样的 2×2 矩阵相应的行列式在下述变换下不变:

$$\hat{\boldsymbol{\sigma}} \cdot \boldsymbol{a} \longrightarrow \hat{\boldsymbol{\sigma}} \cdot \boldsymbol{a}' \equiv \exp\left(\frac{\mathrm{i}\hat{\boldsymbol{\sigma}} \cdot \boldsymbol{\phi}}{2}\right) (\hat{\boldsymbol{\sigma}} \cdot \boldsymbol{a}) \exp\left(\frac{-\mathrm{i}\hat{\boldsymbol{\sigma}} \cdot \boldsymbol{\phi}}{2}\right),$$

并对 $\boldsymbol{\phi}$ 沿 $+z$ 情况, 给出 $a_k(k = 1, 2, 3)$ 的变换形式 ($a_k \to a_k'$ 的 a_k' 的具体表述形式).

7.14 对空间有限平移为 d 的操作 $\hat{T}(\boldsymbol{d}) = \exp\left(-\frac{\mathrm{i}\hat{\boldsymbol{p}} \cdot \boldsymbol{d}}{\hbar}\right)$, 其中 $\hat{\boldsymbol{p}}$ 为动量算符,

(1) 试就空间任意方向位置算符 $x_k(k = 1, 2, 3 = x, y, z)$, 计算 $[x_k, \hat{T}(\boldsymbol{d})]$;

(2) 根据第 (1) 问的结果, 说明位置算符的期望值 $\langle \boldsymbol{x}\rangle$ 在平移变换下演化的行为.

7.15 定义 2×2 矩阵 $\hat{U} = \dfrac{a_0 + \mathrm{i}\hat{\boldsymbol{\sigma}} \cdot \boldsymbol{a}}{a_0 - \mathrm{i}\hat{\boldsymbol{\sigma}} \cdot \boldsymbol{a}}$, 其中 a_0 为实数, $\boldsymbol{a}$ 为各坐标值都为实数的三维向量, $\hat{\boldsymbol{\sigma}}$ 为泡利矩阵.

(1) 试证明算符 $\hat{U}$ 是幺正幺模的;

(2) 一般地, 一个 2×2 幺正幺模矩阵可以表征三维空间中的一个转动操作, 试确定以 $\{a_k | k = 0, 1, 2, 3\}$ 为宗量表述的相应于该 $\hat{U}$ 的转动的转轴和转角.

7.16 记 $\hat{U}(t)$ 为一对时间 t 可微的幺正算符, 试证明 $\mathrm{i}\hbar\dfrac{\mathrm{d}\hat{U}}{\mathrm{d}t}$ 可以表示成

$$\mathrm{i}\hbar\frac{\mathrm{d}\hat{U}}{\mathrm{d}t} = \hat{H}\hat{U},$$

其中 $\hat{H}$ 为厄米算符.

7.17 对于厄米算符 $\hat{H}$ 和关于时间可微的算符 $\hat{U}(t)$, 如果 $\mathrm{i}\hbar\dfrac{\mathrm{d}\hat{U}}{\mathrm{d}t} = \hat{H}\hat{U}$ 成立, 试证明 $\hat{U}\hat{U}^\dagger$ 满足方程

$$\mathrm{i}\hbar\frac{\mathrm{d}}{\mathrm{d}t}(\hat{U}\hat{U}^\dagger) = [\hat{H}, \hat{U}\hat{U}^\dagger].$$

进而再证明, 如果 $t = t_0$ 时 $U(t_0)$ 为幺正算符, 则 $\hat{U}(t)$ 总是幺正算符.

7.18 试对于一维谐振子, 在海森伯绘景下计算 $[\hat{x}(t_1), \hat{x}(t_2)]$, $[\hat{p}(t_1), \hat{p}(t_2)]$, $[\hat{x}(t_1), \hat{p}(t_2)]$.

7.19 对于原子核的重要成分中子和质子, 在忽略电磁作用的贡献等的情况下, 它们的质量可认为都是 m, 它们相应的状态 $|n\rangle$、$|p\rangle$ 可以看作是自由粒子哈密顿量 $\hat{H}_0$ 的简并的本征态, 即有 (已取真空中的光速 $c = 1$)

$$\hat{H}_0|n\rangle = m|n\rangle, \quad \hat{H}_0|p\rangle = m|p\rangle,$$

设有某种相互作用 $\hat{H}'$ 能够使中子转变为质子 (这里暂时不考虑其他粒子), 即有

$$\hat{H}'|n\rangle = \alpha|p\rangle, \quad \hat{H}'|p\rangle = \alpha|n\rangle,$$

其中 α 为实数. 试初步确定初始时刻 $(t=0)$ 的一个中子在 t 时刻转变为质子的概率.

7.20　试验证积分方程

$$\hat{B}(t) = \hat{B}_0 + \mathrm{i}\left[\hat{A}, \int_0^t \hat{B}(\tau)\mathrm{d}\tau\right]$$

有解

$$\hat{B}(t) = \exp(\mathrm{i}\hat{A}t)B(0)\exp(-\mathrm{i}\hat{A}t),$$

其中 $\hat{A}$ 与时间无关.

第 8 章　近似计算方法

前几章的讨论表明, 如果系统的哈密顿量不显含时间 t, 则有能量本征值方程 $\hat{H}\psi = E\psi$. 形式上, 人们可以通过求解该本征方程确定系统的波函数和能量, 进而确定系统的其他性质. 但实际可以严格求解的系统极少. 因此, 人们需要采用近似方法进行求解, 尤其是在计算资源有限和研究较复杂的系统的情况下.

如果哈密顿量 $\hat{H}$ 可分解成两个部分

$$\hat{H} = \hat{H}_0 + \hat{H}' = \hat{H}_0 + \lambda\hat{W},$$

其中, $\hat{H}' = \lambda\hat{W}$ 相对于 $\hat{H}_0$ 很小 ($|\lambda| \ll 1$), 于是可称之为微扰, 那么可在 $\hat{H}_0$ 的本征函数和本征值的基础上进行逐级近似求解. 这种方法称为微扰方法.

如果只考虑束缚态, 则称之为束缚态 (定态) 微扰. 如果其中的 $\hat{H}_0$ 的本征函数是非简并的, 则称之为非简并定态微扰; 如果 $\hat{H}_0$ 的本征函数为简并的, 则称之为简并定态微扰; 如果主要关心连续态, 则称之为散射态微扰, 由其可研究散射问题. 如果 $\hat{H}' = \lambda\hat{W}$ 是时间相关的, 则称之为含时微扰; 如果微扰使系统由一个定态转变为另一个定态, 则称之为跃迁; 如果状态不变, 则称之为 (弹性) 散射. 在有些情况下, 量子效应可以通过非量子的经典方法近似确定, 这种近似称为准经典近似. 限于课程范畴, 本章对这些近似计算方法予以简单介绍, 主要内容包括: 非简并定态微扰计算方法, 简并定态微扰计算方法, 含时微扰与量子跃迁问题计算方法初步, 散射问题计算方法初步, 变分方法, 准经典近似与 WKB 近似方法.

8.1　非简并定态微扰计算方法

8.1.1　一般讨论

记 $\hat{H}_0$ 的本征方程为

$$\hat{H}_0\psi_n^{(0)} = E_n^{(0)}\psi_n^{(0)},$$

本征值 $E_n^{(0)}$ 和本征函数 $\psi_n^{(0)}$ 已经解得, 再记考虑了 $\hat{H}'$ 的近似解为

$$\begin{aligned}
E &= E^{(0)} + \lambda E^{(1)} + \lambda^2 E^{(2)} + \cdots, \\
\psi &= \psi^{(0)} + \lambda\psi^{(1)} + \lambda^2\psi^{(2)} + \cdots,
\end{aligned}$$

(8.1)

代入原本征值方程, 比较 λ 的幂次, 则得逐级近似方程:

0 级近似 (仅考虑 λ^0):　$\hat{H}_0\psi^{(0)} = E^{(0)}\psi^{(0)}$, $\qquad(8.2)$

一级近似 (考虑到 λ^1):　$\hat{H}_0\psi^{(1)} + \hat{W}\psi^{(0)} = E^{(0)}\psi^{(1)} + E^{(1)}\psi^{(0)}$, $\qquad(8.3)$

二级近似 (考虑到 λ^2):　$\hat{H}_0\psi^{(2)} + \hat{W}\psi^{(1)} = E^{(0)}\psi^{(2)} + E^{(1)}\psi^{(1)} + E^{(2)}\psi^{(0)}$, $\quad(8.4)$

$\qquad\cdots$

由此知, 将零级近似的解 $E^{(0)}$ 和 $\psi^{(0)}$ 代入一级近似的方程, 即可解得一级近似下的解 $E^{(1)}$ 和 $\psi^{(1)}$; 将零级近似和一级近似下的解代入二级近似的方程, 即可解得二级近似下的解 $E^{(2)}$ 和 $\psi^{(2)}$; 依次求解下去, 即可得到满足精度要求的解.

8.1.2　一级微扰近似下的能量本征值和本征函数

假设不考虑微扰时, 系统的状态确定, 即已有

$$E^{(0)} = E_k^{(0)}, \quad \psi^{(0)} = \psi_k^{(0)},$$

根据态叠加原理, 记 $\psi^{(1)} = \sum_n a_n^{(1)}\psi_n^{(0)}$, 则一级近似 ($\lambda$ 的一次幂) 的方程 (式 (8.3)) 化为

$$\sum_n a_n^{(1)} E_n^{(0)}\psi_n^{(0)} + \hat{W}\psi_k^{(0)} = E_k^{(0)}\sum_n a_n^{(1)}\psi_n^{(0)} + E^{(1)}\psi_k^{(0)}.$$

方程的等号两边都左乘以 $\psi_m^{(0)*}$, 并考虑本征函数的正交归一性 $\langle\psi_m^0|\psi_n^0\rangle = \delta_{mn}$, 完成积分 (包括对分立变量的求和), 则得

$$a_m^{(1)} E_m^{(0)} + W_{mk} = E_k^{(0)} a_m^{(1)} + E^{(1)}\delta_{mk},$$

其中

$$W_{mk} = \langle\psi_m^0|\hat{W}|\psi_k^0\rangle = \int \psi_m^{(0)*}\hat{W}\psi_k^{(0)}\mathrm{d}\tau.$$

显然, 当 $m = k$ 时, $E^{(1)} = W_{kk}$, $a_k^{(1)} = 0$; 当 $m \neq k$ 时, $a_m^{(1)} = \dfrac{W_{mk}}{E_k^{(0)} - E_m^{(0)}}$. 所以有一级微扰近似结果

$$E_{k,1} = E_k^{(0)} + \lambda W_{kk} = E_k^{(0)} + H'_{kk}, \qquad(8.5)$$

$$\psi_{k,1} = \psi_k^{(0)} + \sum_{n\neq k} \frac{H'_{nk}}{E_k^{(0)} - E_n^{(0)}}\psi_n^{(0)}. \qquad(8.6)$$

8.1.3 二级微扰近似下的能量本征值和本征函数

假设不考虑微扰时, 系统的状态确定, 即已有

$$E^{(0)} = E_k^{(0)}, \quad \psi^{(0)} = \psi_k^{(0)},$$

并且一级微扰近似下的解也已确定. 记 $\psi^{(2)} = \sum_n a_n^{(2)} \psi_n^{(0)}$, 代入二级近似下 (包含 λ 的二次幂) 的方程 (式 (8.4)), 则得

$$\sum_n a_n^{(2)} E_n^{(0)} \psi_n^{(0)} + \hat{W} \sum_n a_n^{(1)} \psi_n^{(0)} = E_k^{(0)} \sum_n a_n^{(2)} \psi_n^{(0)} + W_{kk} \sum_n a_n^{(1)} \psi_n^{(0)} + E_k^{(2)} \psi_k^{(0)},$$

方程两边左乘以 $\psi_m^{(0)*}$, 完成积分 (包括对分立变量的求和), 则得

$$a_m^{(2)} E_m^{(0)} + \sum_n a_n^{(1)} W_{mn} = E_k^{(0)} a_m^{(2)} + W_{kk} a_m^{(1)} + E_k^{(2)} \delta_{mk},$$

由之可解得 $E_k^{(2)}$ 和 $a_n^{(2)}$.

于是有精确到二级微扰近似的结果

$$E_{k,2} = E_k^{(0)} + H_{kk}' + \sum_{n \neq k} \frac{|H_{nk}'|^2}{E_k^{(0)} - E_n^{(0)}}, \tag{8.7}$$

$$\psi_{k,2} = \left[1 - \frac{1}{2} \frac{|H_{kn}'|^2}{(E_k^{(0)} - E_n^{(0)})^2} \right] \psi_k^{(0)} + \sum_{n \neq k} \left[\frac{H_{nk}'}{E_k^{(0)} - E_n^{(0)}} - \frac{H_{nk}' H_{kk}'}{(E_k^{(0)} - E_n^{(0)})^2} \right.$$

$$\left. + \left(\sum_{m \neq k} \frac{H_{nm}' H_{mk}'}{(E_k^{(0)} - E_n^{(0)})(E_k^{(0)} - E_m^{(0)})} \right) \right] \psi_n^{(0)}. \tag{8.8}$$

例题 8.1 试确定一置于较弱的均匀电场中的电偶极平面转子的状态.

解 记电偶极转子的转动惯量为 I, 电偶极矩为 $\boldsymbol{P}$, 均匀电场的场强为 ε, 方向沿 x 正向, 如图 8.1 所示.

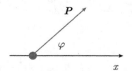

图 8.1 置于沿 x 正方向的电场中的电偶极子 $\boldsymbol{P}$ 示意图

依题意, 记转子的转轴沿垂直于纸面的 z 方向, 已知转子的转动惯量为 I, 则无外电场时, 转子的哈密顿量为

$$\hat{H}_0 = \frac{\hat{L}_z^2}{2I} = -\frac{\hbar^2}{2I} \frac{\mathrm{d}^2}{\mathrm{d}\varphi^2},$$

其本征方程为

$$-\frac{\hbar^2}{2I}\frac{\mathrm{d}^2\psi}{\mathrm{d}\varphi^2} = E\psi,$$

本征函数为

$$\psi_m^{(0)}(\varphi) = \frac{1}{\sqrt{2\pi}}\mathrm{e}^{\mathrm{i}m\varphi}, \quad m = 0, \pm 1, \pm 2, \cdots,$$

能量本征值为

$$E_m^{(0)} = \frac{m^2\hbar^2}{2I}.$$

当有均匀外电场时, 电偶极子与外电场之间有相互作用

$$\hat{H}' = -\hat{\boldsymbol{P}} \cdot \boldsymbol{\varepsilon} = -P\varepsilon\cos\varphi.$$

依题意 (电场较弱), 该相互作用可以视为微扰, 则

$$\begin{aligned}
H'_{m'm} &= -\frac{P\varepsilon}{2\pi}\int_0^{2\pi}\mathrm{e}^{-\mathrm{i}m'\varphi}\cos\varphi\,\mathrm{e}^{\mathrm{i}m\varphi}\mathrm{d}\varphi \\
&= -\frac{P\varepsilon}{4\pi}\int_0^{2\pi}\left[\mathrm{e}^{\mathrm{i}(m-m'+1)\varphi} + \mathrm{e}^{\mathrm{i}(m-m'-1)\varphi}\right]\mathrm{d}\varphi \\
&= -\frac{P\varepsilon}{2}\left(\delta_{m',m+1} + \delta_{m',m-1}\right).
\end{aligned}$$

所以一级能量修正为

$$\Delta E^{(1)} = H'_{mm} = 0,$$

二级能量修正为

$$\Delta E^{(2)} = \sum_{m'\neq m}\frac{|H'_{m'm}|^2}{E_m^{(0)} - E_{m'}^{(0)}} = \frac{P^2\varepsilon^2 I}{\hbar^2}\frac{1}{4m^2-1}.$$

一级修正后的波函数为

$$\psi_m = \psi_m^{(0)} + \sum_{m'\neq m}\frac{H'_{m'm}}{E_m^{(0)} - E_{m'}^{(0)}}\psi_{m'}^{(0)} = \frac{\mathrm{e}^{\mathrm{i}m\varphi}}{\sqrt{2\pi}}\left[1 + \frac{P\varepsilon I}{\hbar^2}\left(\frac{\mathrm{e}^{\mathrm{i}\varphi}}{2m+1} - \frac{\mathrm{e}^{-\mathrm{i}\varphi}}{2m-1}\right)\right].$$

此时的概率密度分布为

$$\left|\psi_m(\varphi)\right|^2 = \frac{1}{2\pi}\left|1 + \frac{P\varepsilon I}{\hbar^2}\frac{4m\mathrm{i}\sin\varphi - 2\cos\varphi}{4m^2-1}\right|^2.$$

显然, 该概率密度分布不再各向同性, 并且相应于不同激发态的概率密度分布不同, 从而出现极化. 例如,

$$\left|\psi_0(\varphi)\right|^2 = \frac{1}{2\pi}\left(1 + \frac{P\varepsilon I}{\hbar^2}2\cos\varphi\right)^2,$$

$$\left|\psi_1(\varphi)\right|^2 = \frac{1}{2\pi}\left|1 + \frac{P\varepsilon I}{\hbar^2}\frac{4\mathrm{i}\sin\varphi - 2\cos\varphi}{3}\right|^2.$$

再计算电偶极算符在相应态下的期望值即可得到相应微扰级次下的极化强度, 再计算其关于外电场的导数即得极化率.

8.2 简并定态微扰计算方法

回顾前述关于量子态和物理量的讨论, 我们知道, 在零级近似的状态简并时, 波函数不唯一确定, 前述的非简并微扰计算方法不适用, 而需要针对简并态的微扰计算方法.

另外, 简并是系统存在对称性的表现, 解除简并则是破坏对称性的方法.

8.2.1 简并定态微扰计算方法的框架

记 $\hat{H}_0$ 的本征值 $E_k^{(0)}$ 是 d 重简并的, 相应的本征函数为 $\phi_i^{(0)}$ $(i = 1, 2, \cdots, d)$, 则可设零级近似波函数为

$$\psi_k^{(0)} = \sum_{i=1}^d c_i^{(0)}\phi_i^{(0)},$$

代入前述的一级近似下 (λ 的一次幂决定) 的方程 (式 (8.3)) 得

$$(\hat{H}_0 - E_k^{(0)})\psi_k^{(1)} = E_k^{(1)}\sum_{i=1}^d c_i^{(0)}\phi_i^{(0)} - \sum_{i=1}^d c_i^{(0)}\hat{W}\phi_i^{(0)},$$

以 $\phi_j^{(0)*}$ 左乘上式两边后进行积分 (包括对分立变量的求和), 考虑 $\hat{H}_0$ 的厄米性, 则得

$$[\mathrm{LHS}] = \int \phi_j^{(0)*}(\hat{H}_0 - E_k^{(0)})\psi_k^{(1)}\mathrm{d}\tau = \int \left[(\hat{H}_0 - E_k^{(0)})\phi_j^{(0)}\right]^*\psi_k^{(1)}\mathrm{d}\tau \equiv 0,$$

$$[\mathrm{RHS}] = \sum_{i=1}^d \left[E_k^{(1)}\delta_{ji} - W_{ji}\right]c_i^{(0)},$$

于是有

$$\sum_{i=1}^d \left[H_{ji}' - \lambda E_k^{(1)}\delta_{ji}\right]c_i^{(0)} = 0,$$

其中 $H_{ji} = \int \phi_j^{(0)*} \hat{H}' \phi_i^{(0)} \mathrm{d}\tau$. 显然, $\lambda E_k^{(1)}$ 确定后该关于 $c_i^{(0)}$ 的线性齐次方程组才完全确定.

由数学原理知, 该关于 $c_i^{(0)}$ 的线性齐次方程组有不全为零的解的条件是其系数矩阵的行列式为 0, 即有久期方程

$$\det \left| H_{ji}' - \lambda E_k^{(1)} \delta_{ji} \right| = 0.$$

解此久期方程即可得到一级修正的能量 $\lambda E_k^{(1)}$, 进而完全确定关于 $c_i^{(0)}$ 的线性齐次方程组. 解此关于 $c_i^{(0)}$ 的线性齐次方程组即可确定消除简并的波函数中的展开系数 $c_i^{(0)}$, 从而确定一级修正的波函数.

8.2.2　一个简单应用——氢分子离子态的描述

1. 二重简并体系的一般描述

设哈密顿量 $\hat{H}$ 的重要部分 $\hat{H}_0$ 的某能级能量 $E_0^{(0)}$ 具有二重简并, 即有本征方程

$$\hat{H}_0 \psi_1^{(0)} = E_0^{(0)} \psi_1^{(0)}, \quad \hat{H}_0 \psi_2^{(0)} = E_0^{(0)} \psi_2^{(0)},$$

并且这两个简并态 $\{\psi_1^{(0)}, \psi_2^{(0)}\}$ 构成一组完备集.

记所施微扰为 $\hat{H}' = \lambda \hat{W}$, 其在前述二重简并完备基上的矩阵元分别为 λW_{11}、λW_{12}、λW_{21}、λW_{22}, 代入前述简并微扰方法的一般表达式, 体系的哈密顿量可以以矩阵形式表述为

$$\begin{pmatrix} E_0^{(0)} + \lambda W_{11} & \lambda W_{12} \\ \lambda W_{21} & E_0^{(0)} + \lambda W_{22} \end{pmatrix} \begin{pmatrix} c_1 \\ c_2 \end{pmatrix} = E \begin{pmatrix} c_1 \\ c_2 \end{pmatrix}.$$

在该微扰下的物理态则为 $\psi = c_1 \psi_1^{(0)} + c_2 \psi_2^{(0)}$.

由线性代数理论知, 上述关于 c_1、c_2 的齐次线性方程组有非平庸解的条件为

$$\begin{vmatrix} E_0^{(0)} + \lambda W_{11} - E & \lambda W_{12} \\ \lambda W_{21} & E_0^{(0)} + \lambda W_{22} - E \end{vmatrix} = 0.$$

计算该行列式知, 这是一个关于 E 的一元二次方程, 其解为

$$E_{\pm} = E_0^{(0)} + \frac{\lambda}{2} (W_{11} + W_{22}) \pm \frac{\lambda}{2} \sqrt{(W_{11} - W_{22})^2 + 4 W_{12} W_{21}}.$$

显然, 该表达式等号右边第二项为微扰作用对原测量值 $E_0^{(0)}$ 的整体修正, 第三项导致能级分裂, 因为不同符号贡献的能量不同, 从而解除简并.

进而易得, 相应于 $E_\pm$ 的波函数中的叠加系数 $\{c_1, c_2\}$ 之间有关系:

$$\frac{c_1^\pm}{c_2^\pm} = \frac{2W_{12}}{(W_{22} - W_{11}) \pm \sqrt{(W_{11} - W_{22})^2 + 4W_{12}W_{21}}}.$$

进而可以讨论其他性质, 例如 8.1 节曾经讨论过的物质的极化等.

对于极端的情况: $W_{11} = W_{22} = 0$、$W_{12} = W_{21} = V \neq 0$, 容易解得

$$E_\pm = E_0^{(0)} \pm V, \quad c_1^\pm = \pm c_2^\pm.$$

考虑归一化条件, 则有具体的能量和波函数如下:

$$E_+ = E_0^{(0)} + V, \quad \psi = \frac{1}{\sqrt{2}} \begin{pmatrix} 1 \\ 1 \end{pmatrix} = \frac{1}{\sqrt{2}}(\psi_1^{(0)} + \psi_2^{(0)}),$$

$$E_- = E_0^{(0)} - V, \quad \psi = \frac{1}{\sqrt{2}} \begin{pmatrix} 1 \\ -1 \end{pmatrix} = \frac{1}{\sqrt{2}}(\psi_1^{(0)} - \psi_2^{(0)}).$$

2. 氢分子离子结构的描述

为对简并微扰方法及其应用有具体的了解, 我们简要讨论一个简单的类分子——氢分子离子的结构.

氢分子离子由两个氢原子核 (质子) 和一个电子组成. 记两个氢原子核分别位于 a、b, 其间的间距为 R, 一个电子相对于氢原子核 a 的间距为 r_a, 相对于氢原子核 b 的间距为 r_b, 如图 8.2 所示.

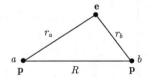

图 8.2 氢离子的组分结构示意图

仅考虑电子与氢原子核 a 或氢原子核 b 形成的 (子) 系统, 它们都相当于一个氢原子, 其基态空间波函数可分别表述为

$$\psi_a(r_a) = 2\left(\frac{Z^*}{a_0}\right)^{3/2} \mathrm{e}^{-Z^* r_a/a_0},$$

$$\psi_b(r_b) = 2\left(\frac{Z^*}{a_0}\right)^{3/2} \mathrm{e}^{-Z^* r_b/a_0},$$

其中, a_0 为玻尔 (第一轨道) 半径, Z^* 为考虑了实际存在其他电荷情况下一个氢原子核的有效电荷. 显然这是一个二重简并体系, 氢分子离子的波函数是这两个波函数的线性叠加. 直接计算知, 上述波函数间的重叠为

$$\iiint \psi_a^* \psi_b \mathrm{d}\tau = \iiint \psi_b^* \psi_a \mathrm{d}\tau = S \neq 0.$$

再直接计算知, 一级近似下, 氢分子离子中两氢原子核与电子之间的相互作用在上述两波函数之间的矩阵元为 V. 再记氢原子基态能量为 E_0, 由简并微扰方法得氢离子的能量为

$$E_\pm = E_0 \pm V.$$

这表明, 氢分子离子中两基态氢原子体系模型的二重简并被解除. 这样求解得到的氢分子离子的相应于 E_+、E_- 的波函数可以分别表述为

$$\psi_+ = \frac{1}{\sqrt{2(1+S)}}\left(\psi_a + \psi_b\right), \quad \psi_- = \frac{1}{\sqrt{2(1-S)}}\left(\psi_a - \psi_b\right).$$

其关于两氢原子核之间间距 $R = r_{ab}$ 的分布如图 8.3 (b) 所示.

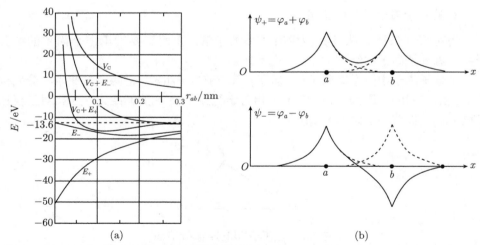

图 8.3　氢分子离子的成键、反键两种情况的键势能示意图 (a) 及相应的电子态分布示意图 (b)

由图 8.3 (b) 易知, 在 $r_{ab} \to \infty$ 极限下, $\psi_\pm \to \psi_{1s}^{H}$, 相应地,

$$E_\pm \approx E_1^{H} = -13.6\,\mathrm{eV}.$$

在 $r_{ab} \to 0$ 极限下, $\psi_+ \to \psi_{1s}^{H}$, $\psi_- \to \psi_{2p}^{H}$, 相应地,

$$E_+ \approx Z^{*2} E_1^{H} \approx -54.4\,\mathrm{eV}, \quad E_- \approx \frac{Z^{*2}}{n^2} E_1^{H} \approx E_1^{H} = -13.6\,\mathrm{eV}.$$

事实上, 氢分子离子中除了两原子核与电子之间都有相互作用之外, 两原子核之间也有相互作用, 因此氢分子离子的能量应该为上述能量与两氢原子核之间的库仑排斥能 $V_C = \dfrac{e^2}{4\pi\varepsilon_0 R}$ 之和. 具体计算结果如图 8.3 (a) 所示. 由图 8.3 (a) 易知, $E_+ + V_C$ 整体具有短程排斥、中长程吸引的特征, 从而相应的状态为束缚态, 即形成氢分子离子 H_2^+; 而 $E_- + V_C$ 在任何间距下都仅有排斥的特征, 从而相应的状态不为束缚态. 并且可以具体得到氢分子离子的离解能为 $E_B = 2.648\text{eV}$, 键长为 $r_0 = 0.106\text{nm}$, 即两氢原子核相距恰好为氢原子基态的直径的情况下形成氢分子离子.

8.3　含时微扰和量子跃迁问题计算方法初步

8.3.1　量子态之间跃迁的一般描述

量子系统从一个定态到另一个定态的演化称为跃迁.

人们常根据引起跃迁的原因对跃迁进行分类. 由于量子态自身的不稳定性引起的由高能量态自发地退激到低能量态的跃迁称为自发跃迁. 受外界影响而产生的由一个量子态到另一个量子态的跃迁称为受激跃迁. 如果受激跃迁使系统由高能量态转变到低能量态, 则称之为受激发射. 如果受激跃迁使系统由低能量态转变到高能量态, 则称之为受激吸收.

既然跃迁是量子态 (定态) 之间的演化, 那么与原子状态的跃迁相应, 原子中电子的分布 (或者说, 电磁场的分布) 都发生变化. 这种变化的主要特征和表现可以根据电磁场的多极展开原理和方法 (具体可参阅电磁学或电动力学的教材或有关专著) 来表征, 于是人们将原子状态的跃迁分为电偶极、磁偶极、电四极等极次的跃迁.

1. 研究方法概要

1) 相互作用的特点

我们知道, 定常相互作用 (即哈密顿量不依赖于时间) 下, 物理系统处于定态. 具体地,

$$i\hbar\frac{\partial}{\partial t}\psi(\boldsymbol{r}, t) = \hat{H}\psi(\boldsymbol{r}, t),$$

因为 $\dfrac{\partial \hat{H}}{\partial t} = 0$, 则能量守恒, 薛定谔方程有解

$$\psi(\boldsymbol{r}, t) = \hat{U}(t)\psi(\boldsymbol{r}, 0) = e^{-i\hat{H}t/\hbar}\psi(\boldsymbol{r}, 0),$$

其中的 $\psi(\boldsymbol{r}, 0)$ 为哈密顿量 $\hat{H}$ 的本征函数的线性叠加, 即有

$$\psi(\boldsymbol{r}, 0) = \sum_n a_n \psi_n(\boldsymbol{r}),$$

其中 ψ_n 满足方程

$$\hat{H}\psi_n = E_n\psi_n,$$

并且展开系数 a_n 可以表述为

$$a_n = \big(\psi_n,\ \psi(\boldsymbol{r}, 0)\big).$$

如果初始时刻原子处于哈密顿量的本征态, 即有 $\psi(\boldsymbol{r}, 0) = \psi_k$, 则

$$\psi(\boldsymbol{r}, t) = \mathrm{e}^{-\mathrm{i}E_k t/\hbar}\psi_k(\boldsymbol{r}).$$

这就是说, 体系保持在量子态 $\psi_k(\boldsymbol{r})$.

上述讨论表明, 定常相互作用不会引起定态之间跃迁. 然而, 量子状态改变时, 其中的相互作用场一定改变. 也就是说, 对于一个状态改变过程, 引起状态改变的因素都是时间相关的作用. 实际研究中, 人们可以采用周期性微扰和一段时间内定常作用等理想模型.

2) 哈密顿量依赖于时间的过程

A. 一般情况

由前几章 (尤其是第 7 章) 关于量子力学的薛定谔方程的解的一般讨论知, 量子态的演化行为可以表述为

$$\psi(\boldsymbol{r}, t) = \hat{U}(t)\psi(\boldsymbol{r}, 0),$$

其中

$$\hat{U}(t) = \hat{T}\mathrm{e}^{-\frac{\mathrm{i}}{\hbar}\int_0^t \hat{H}\mathrm{d}t}.$$

由于我们讨论的问题都是满足因果律的问题, 也就是说我们的研究对象的演化都是满足由先到后的自然的时间顺序的, 因此在上式中引入了对时间按由先到后排序的算符 $\hat{T}$, 该算符常被简称为编时算符. 然而, 实际计算中这种一般方法难以具体计算, 因此人们发展建立了非相对论量子力学层次上的计算方法. 下面对之予以简单介绍.

B. 量子态之间的跃迁

记一量子体系的哈密顿量可以表述为

$$\hat{H} = \hat{H}_0 + \hat{H}'(t),$$

其中 $\hat{H}_0$ 不依赖于时间, 且有本征方程

$$\hat{H}_0\psi_n = E_n\psi_n.$$

初始时刻, 系统处于 $\hat{H}_0$ 的某个本征态 ψ_k, 即有 $\psi(t=0)=\psi_k$.

在相互作用 $\hat{H}'$ 影响下, 体系的量子态之间发生跃迁. 如果 $\hat{H}'$ 很强, 相应的跃迁很复杂, 从而难以讨论. 但在通常情况下, $\hat{H}'$ 都可近似为微扰 (相对于 $\hat{H}_0$), 于是, 在任意时刻 t, 系统的状态可以表述为 $\hat{H}_0$ 的本征态的线性叠加态, 即有

$$\psi(t)=\sum_n C_{nk}(t)\mathrm{e}^{-\mathrm{i}\frac{E_n}{\hbar}t}\psi_n,$$

其中 $C_{nk}(t)$ 为待定的展开系数.

将上述 t 时刻系统的状态 $\psi(t)$ 代入薛定谔方程

$$\mathrm{i}\hbar\frac{\partial}{\partial t}\psi(t)=(\hat{H}_0+\hat{H}')\psi(t),$$

并考虑 $\hat{H}_0$ 的本征方程 $\hat{H}_0\psi_n=E_n\psi_n$, 则得

$$\mathrm{i}\hbar\sum_n\frac{\mathrm{d}\,C_{nk}(t)}{\mathrm{d}\,t}\mathrm{e}^{-\mathrm{i}\frac{E_n}{\hbar}t}\psi_n=\sum_n C_{nk}(t)\mathrm{e}^{-\mathrm{i}\frac{E_n}{\hbar}t}\hat{H}'\psi_n.$$

上式等号两边左乘 $\psi_{k'}^*$, 完成积分 (包括对分立变量的求和), 则得

$$\mathrm{i}\hbar\frac{\mathrm{d}\,C_{k'k}(t)}{\mathrm{d}\,t}=\sum_n\mathrm{e}^{\mathrm{i}\omega_{k'n}t}\left(\psi_{k'}^*,\hat{H}'\psi_n\right)C_{nk}(t),$$

其中 $\omega_{k'n}=\dfrac{E_{k'}-E_n}{\hbar}$. 在初条件 $C_{nk}(0)=\delta_{nk}$ (即 $\psi(t=0)=\psi_k$) 下解此微分方程即可确定展开系数.

进而, 根据任意波函数按本征函数展开的意义, 在时刻 t 测得系统处于状态 n 的概率为

$$P_{nk}(t)=\left|C_{nk}(t)\right|^2.$$

由于初始时刻系统处于状态 ψ_k, 即系统处于 $\psi_n\ (n\neq k)$ 态的概率为 0, 因此上式即由 k 态到 n 态的跃迁概率.

计算上述跃迁概率随时间的变化率即有跃迁速率

$$\zeta_{nk}=\frac{\mathrm{d}}{\mathrm{d}t}P_{nk}(t)=\frac{\mathrm{d}}{\mathrm{d}t}\left|C_{nk}(t)\right|^2.$$

由于 $\hat{H}'$ 为微扰, 即有 $\hat{H}'\ll\hat{H}_0$, 从而对于 $n\neq k$, $\left|C_{nk}(t)\right|^2\ll 1$.

在零级近似下, $\psi(t=0)=\psi_k$, 于是

$$\frac{\mathrm{d}\,C_{k'k}}{\mathrm{d}\,t}=0,\quad C_{k'k}^{(0)}(t)=C_{k'k}^{(0)}(0)=\delta_{k'k}.$$

按照微扰计算方法, 在一级近似下, 前述的关于 $C_{k'k}(t)$ 的方程化为

$$i\hbar\frac{\mathrm{d}\,C_{k'k}(t)}{\mathrm{d}\,t} = \mathrm{e}^{\mathrm{i}\omega_{k'k}t}H'_{k'k},$$

其中 $H'_{k'k} = \left(\psi_{k'},\ \hat{H}'\psi_k\right)$. 该方程的解可以形式地表述为

$$C_{k'k}^{(1)}(t) = \frac{1}{\mathrm{i}\hbar}\int_0^t \mathrm{e}^{\mathrm{i}\omega_{k'k}t'}H'_{k'k}\mathrm{d}t'.$$

总之, 在一级微扰近似下, 我们有

$$C_{k'k}(t) = C_{k'k}^{(0)} + C_{k'k}^{(1)}(t) = \delta_{k'k} + \frac{1}{\mathrm{i}\hbar}\int_0^t \mathrm{e}^{\mathrm{i}\omega_{k'k}t'}H'_{k'k}\mathrm{d}t'.$$

对 $k' \neq k$,

$$C_{k'k}(t) = \frac{1}{\mathrm{i}\hbar}\int_0^t \mathrm{e}^{\mathrm{i}\omega_{k'k}t'}H'_{k'k}\mathrm{d}t',$$

$$P_{k'k}(t) = \frac{1}{\hbar^2}\left|\int_0^t \mathrm{e}^{\mathrm{i}\omega_{k'k}t'}H'_{k'k}\mathrm{d}t'\right|^2,$$

进而可以得到跃迁速率 $\zeta_{k'k} = \dfrac{\mathrm{d}}{\mathrm{d}t}P_{k'k}(t)$.

　　如果系统的状态有简并, 即初态为一系列简并态中的某一个, 末态可以为另一系列简并态中的任意一个, 所以计算跃迁概率和跃迁速率时应对末态求和, 对初态求平均.

　　2. 两种简单模型下的跃迁

　　前面讨论了一般情况下研究量子跃迁的近似计算方法和程序, 下面以两种模型情况为例, 予以具体讨论.

　　1) 周期微扰情况下的跃迁

　　记周期微扰 (periodic perturbation) 作用为

$$\hat{H}'(t) = H'\mathrm{e}^{-\mathrm{i}\omega t},$$

其中, ω 为微扰作用的圆频率. 按前述一般讨论, t 时刻体系从初态 k 到末态 k' ($k' \neq k$) 的跃迁振幅为

$$C_{k'k}(t) = \frac{1}{\mathrm{i}\hbar}\int_0^t \mathrm{d}t'\langle k'|H'|k\rangle \mathrm{e}^{\mathrm{i}(\omega_{k'k}-\omega)t'} = \frac{1}{\mathrm{i}\hbar}\langle k'|H'|k\rangle\frac{\mathrm{e}^{\mathrm{i}(\omega_{k'k}-\omega)t}-1}{\mathrm{i}(\omega_{k'k}-\omega)},$$

跃迁概率为

$$P_{k'k}(t) = \left|C_{k'k}(t)\right|^2 = \frac{4\left|H'_{k'k}\right|^2}{\hbar^2}\left\{\frac{\sin\left[(\omega_{k'k}-\omega)t/2\right]}{\omega_{k'k}-\omega}\right\}^2,$$

其中 $\omega_{k'k} = \dfrac{E_{k'}-E_k}{\hbar}$ 为体系跃迁的内禀圆频率. 考虑数学关系

$$\lim_{\alpha\to\infty}\frac{\sin^2\alpha x}{x^2} = \pi\alpha\delta(x)$$

知, 上式中

$$\lim_{t\to\infty}\frac{4\sin^2[(\omega_{k'k}-\omega)t/2]}{(\omega_{k'k}-\omega)^2} = \lim_{t\to\infty}\frac{\sin^2[(\omega_{k'k}-\omega)t/2]}{[(\omega_{k'k}-\omega)/2]^2} = \pi t\delta[(\omega_{k'k}-\omega)/2].$$

于是, 在 $(\omega_{k'k}-\omega)t \gg 1$ 的情况下,

$$P_{k'k}(t) = \frac{2\pi t}{\hbar^2}\left|H'_{k'k}\right|^2\delta(\omega_{k'k}-\omega). \tag{8.9}$$

而单位时间的跃迁概率, 即跃迁速率 (transition rate) 为

$$\zeta_{k'k} = \frac{\mathrm{d}}{\mathrm{d}t}P_{k'k}(t) = \frac{2\pi}{\hbar^2}|H'_{k'k}|^2\delta(\omega_{k'k}-\omega)$$
$$= \frac{2\pi}{\hbar}\left|H'_{k'k}\right|^2\delta(E_{k'}-E_k-\hbar\omega). \tag{8.10}$$

上式表明, 如果周期微扰持续时间足够长 (远大于体系的内禀特征时间), 则体系的跃迁速率将与时间无关, 而且只有在末态能量 $E_{k'}\approx E_k+\hbar\omega$ 的情况下, 才有可观的跃迁概率. 上式中的 $\delta(E_{k'}-E_k-\hbar\omega)$ 正是周期微扰作用下体系的能量守恒的反映.

2) 一段时间内常微扰情况下的跃迁

我们知道, 一个体系所受外界微扰通常都是只在一定时间区间内起作用. 为简单起见, 我们考虑在一定时间区间 $(0,T)$ 内加上定常微扰 (图 8.4) 的情形. 依照物理情形, 这样的微扰作用可以表述为

$$\hat{H}'(t) = H'\left[\theta(t)-\theta(t-T)\right],$$

其中 $\theta(t)$ 为阶梯函数, 具体定义为

$$\theta(t) = \begin{cases} 0, & t < 0, \\ 1, & t > 0. \end{cases}$$

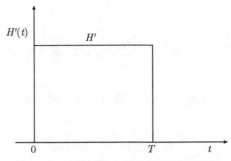

图 8.4   一段时间内的定常微扰示意图

按前述一般讨论所得结果, 在时刻 t, 微扰作用 $H'(t)$ 导致的体系从 k 态跃迁到 $k'(k' \neq k$, 并且对于连续谱 $\langle k'k \rangle = \delta(k'-k))$ 态的跃迁幅度的一级近似结果为

$$C_{k'k}^{(1)}(t) = \frac{1}{\mathrm{i}\hbar} \int_{-\infty}^{t} H'_{k'k}(t') \mathrm{e}^{\mathrm{i}\omega_{k'k}t'} \mathrm{d}t',$$

经分步积分计算, 得

$$C_{k'k}^{(1)}(t) = -\frac{H'_{k'k}(t)\mathrm{e}^{\mathrm{i}\omega_{k'k}t}}{\hbar\,\omega_{k'k}} + \int_{-\infty}^{t} \frac{\partial H'_{k'k}(t')}{\partial t'} \frac{\mathrm{e}^{\mathrm{i}\omega_{k'k}t'}}{\hbar\,\omega_{k'k}} \,\mathrm{d}t'.$$

由此知, 在 $t > T$ 后, 上式右边第一项为零, 而第二项化为

$$\int_{-\infty}^{t} \mathrm{d}t' H'_{k'k} [\delta(t') - \delta(t'-T)] \frac{\mathrm{e}^{\mathrm{i}\omega_{k'k}t'}}{\hbar\,\omega_{k'k}} = \frac{H'_{k'k}}{\hbar\,\omega_{k'k}} (1 - \mathrm{e}^{\mathrm{i}\omega_{k'k}T})$$

因此, $t > T$ 后, 从 k 态到 k' $(k' \neq k)$ 态的跃迁概率为

$$P_{k'k}(t) = \frac{\left|H'_{k'k}\right|^2}{\hbar^2\,\omega_{k'k}^2} \left|1 - \mathrm{e}^{\mathrm{i}\omega_{k'k}T}\right|^2 = \frac{\left|H'_{k'k}\right|^2}{\hbar^2} \frac{\sin^2(\omega_{k'k}T/2)}{(\omega_{k'k}/2)^2}.$$

以上各式中 $H'_{k'k} = \langle k'|H'|k \rangle$ 是定常的微扰作用 H' 在初态 k 和末态 k' 之间的矩阵元, 与时间无关. 由此知, $P_{k'k}(t)$ 随时间的变化行为 (以内禀圆频率标记) 如图 8.5 所示.

显然, 在微扰作用的持续时间 T 足够长 $(\omega_{k'k}T \gg 1)$ 情况下, $P_{k'k}(t)$ $(t \geqslant T)$ 只在 $\omega_{k'k} \approx 0$ 的一个很小范围内不为零. 考虑前述的数学关系, 知

$$\frac{\sin^2(\omega_{k'k}T/2)}{(\omega_{k'k}/2)^2} \xrightarrow{T \to \infty} \pi T \delta(\omega_{k'k}/2) = 2\pi T \delta(\omega_{k'k}),$$

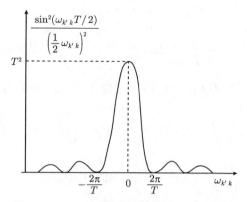

图 8.5　$P_{k'k}(t)$ 随时间的变化行为示意图

因此, 在 $t \geqslant T, \omega_{k'k} \gg 1$ 情况下,

$$P_{k'k}(t) = \frac{2\pi}{\hbar^2}|H'_{k'k}|^2 T\delta(\omega_{k'k}).$$

而跃迁速率则为

$$w_{k'k} = \frac{\partial P_{k'k}}{\partial T} = \frac{2\pi}{\hbar^2}|H'_{k'k}|^2\delta(\omega_{k'k}) = \frac{2\pi}{\hbar}|H'_{k'k}|^2\delta(E_{k'} - E_k).$$

上式表明, 对于只在一段时间 $(0, T)$ 起作用的常微扰, 如果作用持续的时间 T 相对于体系的特征时间足够长, 则体系由 k 态到 k' $(k' \neq k)$ 态的跃迁速率与时间无关, 并且只有在末态能量 $E_{k'}$ 约等于初态能量 E_k 情况下, 才有可观的跃迁发生. 上式中的 $\delta(E_{k'} - E_k)$ 正是常微扰作用下体系能量守恒的反映.

为较简单地计算由 k 态到 k' $(k' \neq k)$ 态的总跃迁速率, 我们记体系中 k' $(k' \neq k)$ 态的态密度为 $\rho(E_{k'})$, 即在能量区间 $(E_{k'}, E_{k'} + \mathrm{d}E_{k'})$ 范围内的末态数为 $\rho(E_{k'})\mathrm{d}E_{k'}$, 则对各 k' 态的分离求和可以近似为对 $E_{k'}$ 的连续积分, 于是由 k 态到 $E_{k'} \approx E_k$ 附近一系列可能末态的总跃迁速率为

$$w = \int \mathrm{d}E_{k'}\rho(E_{k'})w_{k'k} = \frac{2\pi}{\hbar}\rho(E_k)|H'_{k'k}|^2. \tag{8.11}$$

人们常称该结果为跃迁速率的费米黄金规则 (golden rule).

另外, 我们对体系在时间间隔 $(0, T)$ 内受到的微扰作用 $\hat{H}'(t)$(与时间有关, 且在 $t < 0$ 和 $t > T$ 情况下, $\hat{H}' = 0$) 作傅里叶变换, 即考虑

$$\hat{H}'(t) = \int_{-\infty}^{\infty} \mathrm{d}\omega \hat{H}'(\omega)\mathrm{e}^{-\mathrm{i}\omega t},$$

亦即有

$$\hat{H}'(\omega) = \frac{1}{2\pi} \int_{-\infty}^{\infty} \mathrm{d}t \hat{H}'(t) \mathrm{e}^{\mathrm{i}\omega t} = \frac{1}{2\pi} \int_{0}^{T} \mathrm{d}t \hat{H}'(t) \mathrm{e}^{\mathrm{i}\omega t},$$

由前述讨论易知, 在 $t \geqslant T$ 后, 一级微扰近似下的跃迁幅度为

$$C_{k'k}^{(1)}(t) = \frac{1}{\mathrm{i}\hbar} \int_{0}^{T} H_{k'k}'(t) \mathrm{e}^{\mathrm{i}\omega_{k'k}t} \mathrm{d}t = \frac{1}{\mathrm{i}\hbar} \int_{-\infty}^{\infty} H_{k'k}'(t) \mathrm{e}^{\mathrm{i}\omega_{k'k}t} \mathrm{d}t$$

$$= \frac{1}{\mathrm{i}\hbar} \int_{-\infty}^{\infty} \mathrm{d}t \mathrm{e}^{\mathrm{i}\omega_{k'k}t} \int_{-\infty}^{\infty} \mathrm{d}\omega H_{k'k}'(\omega) \mathrm{e}^{-\mathrm{i}\omega t}$$

$$= \frac{1}{\mathrm{i}\hbar} \int_{-\infty}^{\infty} \mathrm{d}\omega H_{k'k}'(\omega) 2\pi \delta(\omega_{k'k} - \omega) = \frac{2\pi}{\mathrm{i}\hbar} H'(\omega_{k'k}).$$

因此, 经历一段时间 $(0, T)$ 微扰作用后, 体系从 k 态跃迁到 $k' (\neq k)$ 态的概率 (在一级微扰近似下) 可以表述为

$$P_{k'k} = \left| C_{k'k}^{(1)} \right|^2 = \frac{4\pi^2}{\hbar^2} \left| H_{k'k}'(\omega_{k'k}) \right|^2, \tag{8.12}$$

式中, $H_{k'k}'(\omega_{k'k})$ 是微扰作用 $\hat{H}'(t)$ 的傅里叶变换式中频率为 $\omega_{k'k}$ 的波幅 $H'(\omega_{k'k})$ 在体系的初态 k 与末态 k' 之间的矩阵元. 回顾式 (8.12) 的导出过程知, 只有在 $H'(t)$ 的傅里叶变换式中含有频率为 $\omega_{k'k} = |E_{k'} - E_k|/\hbar$ 的成分的情况下, 才可能引起体系在能量为 E_k 的态与能量为 $E_{k'}$ 的态之间跃迁.

8.3.2　实用举例: 原子状态的改变

1. 原子状态改变的方式与表现

我们知道, 原子由一个原子核和若干个电子组成, 电子与原子核和电子与电子之间的相互作用都是电磁作用, 这就是说, 原子是电磁作用形成的多体 (中重原子) 或少体 (轻原子) 量子束缚体系, 因此原子可以处于各种量子态. 由于原子核质量远大于电子的质量, 因此通常可以近似为由运动的电子与固定不动 (严格来讲是近似自由运动) 的原子核形成的束缚体系, 并且以其中电子的 (量子) 状态近似表征原子的 (量子) 状态.

原子中的电子的状态除遵从量子力学规律外, 还遵从统计规律, 因此其各状态的能量 (能级) 都不取严格的确定值而有一定的宽度 (即能量有非 0 的不确定度, 并且该不确定度因状态而异), 从而原子中的各电子的状态的寿命都不是无限长, 即原子具有自身不稳定性. 由于原子自身的不稳定性或受外界影响, 原子中的

电子的状态会发生变化. 电子状态改变的方式可概括如下:

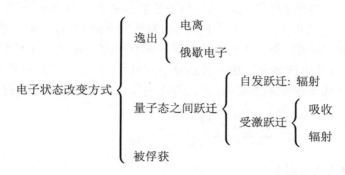

由于原子本身是电中性的复合粒子 (量子束缚态), 当有电子逸出原子后, 原子不再呈电中性, 因此这一变化表现为中性原子转变为带电离子, 并可在外界观测到电子.

当原子内的电子发生量子态之间跃迁时, 其量子态之间的能量改变量都以光子的形式释放. 如果这样的光子直接逸出原子, 其表现方式即为发光. 根据其改变的量子态不同, 形成的光子的能量不同, 所发出的光可能是红外光、可见光、紫外线, 也可能是 X 射线. 如果是人为控制而实现的能级间的跃迁, 则形成激光. 如果所释放出的光子被原子内原处于较高能态的电子吸收, 则可使该电子脱离束缚 (电离), 从而放出电子, 即发生内光电效应, 并观测到俄歇电子 (因其发现人而命名).

当原子中内层的电子被原子核俘获或吸收时, 原子核的核电荷数发生变化, 例如质子数为 Z 的原子核俘获一个电子后, 其核电荷数转变为 $(Z-1)$, 从而发生元素变化, 并且原子由一类中性原子转变为另一类中性原子.

本小节简要介绍在 (非相对论) 量子力学框架下描述原子状态改变的方案.

2. 发射系数、吸收系数及原子态寿命

为讨论原子状态改变的描述方案, 我们先引入描述原子状态改变性质的基本特征量及它们近似满足的基本规律.

根据能量守恒原理, 对于能量分别为 E_m、E_k 的态之间的跃迁, 无论是发射或吸收能量, 它都必须满足量子化条件

$$\hbar\omega_{km} = \left|E_m - E_k\right| = h\nu_{km}, \tag{8.13}$$

其中, ω_{km}、ν_{km} 分别为发射或吸收的能量对应的量子态的圆频率、频率, 其间有关系 $\omega_{km} = 2\pi\nu_{km}$. 前已述及, 发射是由高能态向低能态的转变, 包括自发发射和受激发射, 则 $\omega_{km}(\nu_{km})$ 为发射出的光子的圆频率 (频率). 吸收则使得原子由低

能态转变到高能态, 只有在外界提供能量的情况下才能够发生, 这就是说仅有受激吸收, $\omega_{mk}(\nu_{mk})$ 则为相应于原子所吸收能量的量子态的圆频率 (频率).

记时刻 t 单位体积内处于 E_k、E_m 态的原子数分别为 N_k、N_m, 假设 $E_m > E_k$, 并仅考虑线性响应, 即仅考虑状态数关于时间的变化率正比于原状态数的情况 (原则上, 该变化率应该是原状态数的复杂的函数, 但对之做泰勒展开, 其最低阶效应项即为正比于原状态数的项, 因此称之为线性相应), 对自发发射 $(m \to k)$, 则有

$$\frac{\mathrm{d}N_m}{\mathrm{d}t} = -\frac{\mathrm{d}N_k}{\mathrm{d}t} = -A_{km}N_m, \tag{8.14}$$

其中 A_{km} 称为自发发射系数.

记温度 T 情况下引起受激辐射的外场的能量密度为 $\rho(\nu_{km}, T)$, 也仅考虑线性响应, 对受激发射 $(m \to k)$ 则有

$$\frac{\mathrm{d}N_m}{\mathrm{d}t} = -\frac{\mathrm{d}N_k}{\mathrm{d}t} = -B_{km}N_m\rho(\nu_{km}, T), \tag{8.15}$$

其中, B_{km} 称为受激发射系数. 对受激吸收 $(k \to m)$, 则有

$$\frac{\mathrm{d}N_m}{\mathrm{d}t} = -\frac{\mathrm{d}N_k}{\mathrm{d}t} = C_{mk}N_k\rho(\nu_{mk}, T), \tag{8.16}$$

其中 C_{mk} 称为吸收系数.

不存在外场的情况下, 只有自发发射, 记初始时刻处于 m 态的原子数为 N_{m0}, 那么在线性响应下, 求解方程 (8.14), 则得时刻 t 仍处于 m 态的原子数为

$$N_m = N_{m0}\mathrm{e}^{-A_{km}t}. \tag{8.17}$$

按照直观意义, 原子处于 m 态的寿命即使相应的原子数由 N_{m0} 变化到 0 的时间, 于是, 该寿命可以表述为

$$\tau = \frac{1}{N_{m0}} \int_{N_{m0}}^{0} t|\mathrm{d}N_m| = \int_{0}^{\infty} t\mathrm{e}^{-A_{km}t}A_{km}\mathrm{d}t = \frac{1}{A_{km}}.$$

由此知, 只要确定了原子态的自发发射系数 A_{km}, 即确定了相应量子态的寿命.

在有外场的情况下, 无论外场如何, 一个状态的原子数目的增加率一定等于与跃迁相应的另一状态的原子数目的减少率, 于是有

$$\frac{\mathrm{d}N_m}{\mathrm{d}t} = -\frac{\mathrm{d}N_k}{\mathrm{d}t} = -A_{km}N_m - B_{km}N_m\rho(\nu_{km}, T) + C_{mk}N_k\rho(\nu_{mk}, T). \tag{8.18}$$

所谓稳态, 即达到动态平衡、宏观上看不到变化的状态, 即有 $\dfrac{\mathrm{d}N_m}{\mathrm{d}t} = -\dfrac{\mathrm{d}N_k}{\mathrm{d}t} = 0$, 那么, 相应于有关跃迁的自发发射系数、受激发射系数、受激吸收系数及外场的能量密度之间应满足关系

$$\left[A_{km} + B_{km}\rho(\nu_{km}, T)\right]N_m = C_{mk}\rho(\nu_{mk}, T)N_k. \tag{8.19}$$

上式仍包含多个物理量, 我们需要先确定一些量之间的关系, 使之简化. 况且其中的引起受激发射或受激吸收的能量密度尚待确定. 通常情况下, 受激吸收过程与受激发射过程为互逆过程, $\rho(\nu_{mk}, T) = \rho(\nu_{km}, T)$, 从而受激吸收系数近似等于受激发射系数, 于是可假设 $C_{mk} = B_{km}$, 则上式化为

$$\left[A_{km} + B_{km}\rho(\nu_{km}, T)\right]N_m = B_{km}\rho(\nu_{km}, T)N_k.$$

由此可得

$$\rho(\nu_{km}, T) = \frac{A_{km}}{B_{km}}\frac{N_m}{N_k - N_m}.$$

根据微观状态按能量分布的玻尔兹曼分布律, 温度为 T 情况下量子态的数目满足分布律

$$N_a = N_0 \mathrm{e}^{-\frac{E_a}{k_{\mathrm{B}}T}},$$

于是

$$\frac{N_k}{N_m} = \mathrm{e}^{\frac{E_m - E_k}{k_{\mathrm{B}}T}} = \mathrm{e}^{\frac{\hbar\omega_{km}}{k_{\mathrm{B}}T}},$$

其中 ω_{km} 为原子态改变所引起辐射的内禀圆频率. 由此知, 前式可表述为

$$\rho(\nu_{mk}, T) = \frac{A_{km}}{B_{km}}\frac{1}{\mathrm{e}^{\frac{\hbar\omega_{km}}{k_{\mathrm{B}}T}} - 1}.$$

在高温情况下, $\mathrm{e}^{\frac{\hbar\omega_{km}}{k_{\mathrm{B}}T}}$ 可做幂级数展开, 于是有

$$\rho(\nu_{km}, T) = \frac{A_{km}}{B_{km}}\frac{k_{\mathrm{B}}T}{\hbar\omega_{km}}.$$

另外, 由高温 (低频) 情况下黑体辐射本领的瑞利–金斯公式知

$$\rho(\nu_{km}, T) = \frac{\omega_{km}^2}{4\pi^2 c^3}k_{\mathrm{B}}T.$$

上述两式联立, 则可得到

$$A_{km} = \frac{\hbar\omega_{km}}{k_{\mathrm{B}}T}\rho(\nu_{km}, T)B_{km} = \frac{\hbar\omega_{km}^3}{4\pi^2 c^3}B_{km}.$$

由此知, 通过实验测定了受激发射系数 B_{km}, 即可得到自发发射系数 A_{km}, 进而即可得到原子态的自然寿命 τ. 特殊地, 对于原子的电偶极跃迁, 可以计算得到 (具体计算可参见曾谨言,《量子力学》(第五版)(科学出版社, 2013) 第一卷 12.5.1 节)

$$B_{km} = \frac{4\pi^2 e^2}{3\hbar^2}\left|\boldsymbol{r}_{km}\right|^2, \quad A_{km} = \frac{e^2\omega_{km}^3}{3\hbar c^3}\left|\boldsymbol{r}_{km}\right|^2.$$

3. 原子和原子核的低极次电磁跃迁的选择定则

前已说明, 原子和原子核等量子束缚体系的状态之间发生跃迁时, 这些量子束缚体系的电荷分布和物质分布都发生变化, 这种状态变化可以由电磁系统的多极展开形式来表征. 相应地, 这些量子束缚体系的状态之间的跃迁就分为电作用、磁作用和相应的不同极次. 由前述关于量子态跃迁的一般讨论知, 量子态之间的跃迁一定遵守能量守恒原理 (玻尔关于氢原子光谱的频率假设实际上就是能量守恒原理的表现), 并且跃迁是否能够发生还取决于引起跃迁的相互作用的矩阵元 (通常亦被称为跃迁振幅) 是否为 0, 于是相互作用及能够发生跃迁的态就受到了严格的限制. 这样的限制通常被简称为选择定则. 这里对这些量子束缚体系的低极次量子跃迁的选择定则进行简要讨论.

1) 电偶极跃迁的规律

A. 相互作用与跃迁概率

经典电磁理论告诉我们, 电磁作用可以由多极展开形式表述, 并且电偶极 (常简记为 E1) 作用可以唯象地表述为电偶极矩 $\boldsymbol{P}$ 与电场 $\boldsymbol{E}$ 之间的相互作用. 将之量子化, 即有

$$\hat{H}' = -\boldsymbol{P} \cdot \boldsymbol{E}, \tag{8.20}$$

其中, $\boldsymbol{P}$ 为电偶极矩, $\boldsymbol{E}$ 为电场强度, 对于通常的电磁波中的电场, 它可以表述为

$$\boldsymbol{E} = \boldsymbol{E}_0 \cos(\omega t - \boldsymbol{k} \cdot \boldsymbol{r}) \approx \boldsymbol{E}_0 \cos\omega t,$$

其中 ω 为电磁场的圆频率.

对于由 $k\ \{nlj\}$ 态到 $m\ \{n'l'j'\}$ 态的跃迁, 按照含时微扰的计算方法计算得, 跃迁概率可以表述为

$$W_{k\to m} = \frac{\pi|H'_{mk}|^2}{\hbar^2}\frac{\sin^2[\omega_{mk}-\omega)t/2]}{[(\omega_{mk}-\omega)/2]^2} = \frac{2\pi t}{\hbar}\left|H'_{mk}\right|^2\delta(E_m - E_k \pm \hbar\omega), \tag{8.21}$$

其中, $\omega_{mk} = \dfrac{E_m - E_k}{\hbar}$, $H'_{mk} = \langle\hat{H}'\rangle = \int\psi_m^*(-\boldsymbol{P}\cdot\boldsymbol{E}_0)\psi_k\mathrm{d}\tau$, $\mathrm{d}\tau$ 为对标记粒子所处量子状态的所有自由度积分的体积元 (既包括对连续变量的积分又包括对分立变量的求和).

B. 跃迁选择定则

由跃迁概率的表达式 (式 (8.21)) 知, 只有在 $E_m - E_k \pm \hbar\omega = 0$ 的情况下, 跃迁概率才不为 0, 因此有能量选择定则

$$\omega = \omega_{mk} = \frac{E_m - E_k}{\hbar}. \tag{8.22}$$

电偶极作用是电磁作用的最低极次形式. 由于电磁作用过程中, 系统的宇称是守恒量, 而系统的宇称由系统的轨道角动量决定, 根据宇称与轨道角动量的关系, 则有

$$\prod_{\text{ED}} = (-1)^{\sum l_i} = \text{常量}. \tag{8.23}$$

定性地, 光子宇称为 -1, 根据总宇称保持不变, 则要求原子的初末态宇称改变. 该规律称为拉波特定则.

具体地, 原子和原子核的电偶极矩由其中带电粒子 (或者说有效电荷) 的分布状态决定, 对于碱金属原子和类氢离子, 它可以简单地由价电子的电量及其位置矢量表述为 $\boldsymbol{P} = -e\boldsymbol{r}$; 因此, 由 $k\,\{nlj\}$ 态到 $m\,\{n'l'j'\}$ 态的跃迁矩阵元为

$$F_{mk} = \langle \hat{H}' \rangle = \langle n'\,l'\,j' | (-\boldsymbol{P} \cdot \boldsymbol{E}_0) | n\,l\,j \rangle = e\langle n'\,l'\,j' | (\boldsymbol{r} \cdot \boldsymbol{E}_0) | n\,l\,j \rangle.$$

记 $\boldsymbol{E}_0$ 沿 z 方向, $\boldsymbol{r}$ 与 z 方向间的夹角为 θ, 则

$$F_{mk} = \langle \hat{H}' \rangle = eE_0 \langle n'\,l' | r | n\,l \rangle \cdot \langle l'm_{l'}\,j'm_{j'} | \cos\theta | lm_l jm_j \rangle.$$

因为 $\cos\theta = \dfrac{2\sqrt{3\pi}}{3} Y_{10}$, $|lm_l jm_j\rangle = \langle lm_l \frac{1}{2}m_s | jm_j\rangle |lm_l \frac{1}{2}m_s\rangle$, 则

$$F_{mk} = \langle \hat{H}' \rangle = \frac{2\sqrt{3\pi}eE_0}{3} \langle n'\,l' | r | n\,l \rangle\, \delta(l' - l \mp 1)\, \delta(m_{l'} - m_l)\delta(m_{s'} - m_s).$$

因为 $\langle n'\,l' | r | n\,l \rangle$ 为 r 在径向波函数间的积分, 不会为 0, 所以跃迁矩阵元是否为 0, 或者说所说的跃迁是否能够发生, 取决于 $\delta(l' - l \mp 1)$ 和 $\delta(m_{l'} - m_l)$ 是否等于 0. 再者, 电子等粒子还具有自旋自由度, 电子 (等粒子) 的总角动量为 $j = l \pm 1/2$, 并且 $m_j = m_l + m_s$. 于是, 我们有电偶极跃迁的关于角动量的选择定则

$$\begin{cases} \Delta l = l_i - l_f = l - l' = \pm 1, \\ \Delta m_l = m_{l_i} - m_{l_f} = m_l - m_{l'} = 0, \\ \Delta j = j_i - j_f = j - j' = 0, \pm 1, \\ \Delta m_j = m_{j_i} - m_{j_f} = m_j - m_{j'} = 0, \pm 1. \end{cases} \tag{8.24}$$

事实上, 对于原子等量子束缚系统, 其内部电场 E 并不一定规则地沿 z 方向, 从而前述的矩阵元除了 $\cos\theta$ 的矩阵元之外, 还有 $\sin\theta$ 的矩阵元, 也就是还有 Y_{11} 和 Y_{1-1} 的矩阵元, 于是不仅有 $\Delta m_l = 0$、$\Delta m_j = 0$ 的跃迁, 还有 $\Delta m_l = \pm 1$、$\Delta m_j = \pm 1$ 的跃迁.

对于多电子原子, 第 6 章的讨论表明, 角动量的耦合有 LS 耦合和 JJ 耦合两种制式.

对于 LS 耦合制式, 由于其耦合规则是先将各电子的轨道角动量耦合成原子的总轨道角动量、各电子的自旋耦合成原子的总自旋, 然后再将各电子的总轨道角动量与各电子的总自旋耦合成原子的总角动量, 而电偶极相互作用与自旋无关, 因此, LS 耦合制式下多电子原子的电偶极跃迁的角动量选择定则是

$$\begin{cases} \Delta S \equiv 0, \\ \Delta L = 0, \pm 1, \\ \Delta J = 0, \pm 1, \quad 0 \to 0 \text{除外}. \end{cases} \tag{8.25}$$

对于 JJ 耦合制式, 由于其耦合规则是先将各电子的轨道角动量与其自旋耦合成该电子的总角动量, 然后再将各电子的总角动量耦合成原子的总角动量, 而与自旋无关的电偶极相互作用实际与每个电子的轨道角动量进行作用, 因此, JJ 耦合制式下多电子原子的电偶极跃迁的角动量选择定则是

$$\begin{cases} \Delta j_1 = 0, \quad \Delta j_2 = 0, \pm 1, \quad \text{或} \quad \Delta j_1 = 0, \pm 1, \quad \Delta j_2 = 0, \\ \Delta J = 0, \pm 1, \quad 0 \to 0 \text{除外}. \end{cases} \tag{8.26}$$

关于通过电偶极跃迁发出的光的偏振性质, 通常约定 $\Delta m_j = 0$ 的光为 π 光, 即线偏振光; $\Delta m_j = \pm 1$ 的光为 σ 光, 亦即圆偏振光. 按照迎着光的传播方向看光的偏振旋向的约定, 电矢量作顺时针转动的称为右旋偏振光, 电矢量作逆时针转动的称为左旋偏振光, 也就说, 对应于 $\Delta m = -1$ 的跃迁产生的 σ 光 (亦记为 σ^- 光) 为右旋光, 对应于 $\Delta m = +1$ 的跃迁产生的 σ 光 (亦记为 σ^+ 光) 为左旋光. 这样约定的基础是光子的自旋在其传播方向上的投影的改变与原子 (电子) 的角动量在光的传播方向上的投影的改变相反.

一般地, 对电 K 极跃迁, 原子的初末态宇称的乘积满足关系

$$\prod_{E,i} \prod_{E,f} = (-1)^K \tag{8.27}$$

从而, 对 $K = $ 奇数极的电跃迁, 角动量的选择定则是

$$\Delta L = L_i - L_f = \pm K, \pm(K-2), \cdots, \pm 1;$$

对 $K = $ 偶数极的电跃迁, 角动量的选择定则是

$$\Delta L = L_i - L_f = \pm K, \pm(K - 2), \cdots, 0.$$

2) 磁偶极跃迁

由电磁作用的多极展开形式知, 磁偶极 (常简记为 M1) 作用可以表述为磁矩与矢径间的作用, 并有一阶球谐函数作为系数, 即相互作用的形式可以表述为

$$\hat{H}' \propto \cos\theta Y_{10}(\theta, \phi) \propto Y_{00}(\theta, \phi).$$

因此, 磁偶极跃迁除有与电偶极跃迁相同的能量选择定则外, 还有不改变系统宇称的特点, 即有角动量选择定则

$$\Delta l = 0.$$

并可直接推广到多电子原子:

$$\Delta n = 0, \begin{cases} \Delta L = 0, & \Delta S = 0, \\ \Delta J = 0, \pm 1, & \Delta M_J = 0, \pm 1. \end{cases} \tag{8.28}$$

对于通过磁偶极跃迁发出的光的偏振性质, 通常约定 $\Delta M_J = 0$ 的光为 σ 光, $\Delta M_J = \pm 1$ 的光为 π.

具体计算并比较磁偶极跃迁的跃迁概率的表达式与电偶极跃迁的跃迁概率的表达式知, 磁偶极跃迁的概率比电偶极跃迁的概率低, 辐射的能量也较低, 亦即发出的光的频率较低、波长较长.

一般地, 对磁 K 极跃迁, 粒子的初末态宇称的乘积满足关系

$$\prod_{M,i} \prod_{M,f} = (-1)^{K+1}. \tag{8.29}$$

因此, 对 $K = $ 奇数极的磁跃迁, 角动量的选择定则是

$$\Delta L = L_i - L_f = \pm(K - 1), \pm(K - 3), \cdots, 0.$$

对 $K = $ 偶数极的磁跃迁, 角动量的选择定则是

$$\Delta L = L_i - L_f = \pm(K - 1), \pm(K - 3), \cdots, 1.$$

8.4 散射问题计算方法初步

我们知道, 入射粒子经与其他粒子 (通常简称之为靶) 作用后出射的现象称为散射, 并且, 如果作用前后系统的总能量、总动量分别保持不变, 则称之为弹性散

射; 如果出射粒子的能量与入射粒子的能量不同, 则称之为非弹性散射. 显然, 通过考察散射的行为和特征, 人们可以获取粒子与靶相互作用及靶的结构的信息, 因此, 对于散射的研究是近现代科学研究与技术研发的最重要过程和手段, 例如, 对于原子结构的认识、对于原子核的性质与结构的认识、对于强子结构的认识、对于材料的结构与性质的认识、对于新药的研制与开发等. 因此, 关于散射的研究与关于束缚态的研究同样重要!

本节对散射问题的量子力学描述予以简单讨论.

8.4.1 一般描述方案

1. 出射的运动状态

前已说明, 粒子经靶作用后出射的现象称为散射. 实际物质中一个粒子的运动行为通常由多个靶粒子决定. 为简单起见, 人们通常由一个入射粒子经一个靶粒子作用而出射的简单情况来展开研究, 并称这样的散射为两体散射. 两体散射的情况如图 8.6 所示.

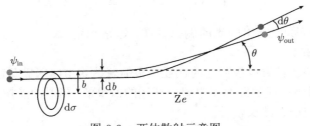

图 8.6 两体散射示意图

由前面各章节的讨论知, 质量为 m 的入射粒子的状态可以由平面波形式表述为

$$\psi_{\text{in}} = e^{i\boldsymbol{k}\cdot\boldsymbol{r}} = e^{ikr\cos\theta} = e^{ikz}. \tag{8.30}$$

因为有心力场中运动粒子的角动量为守恒量, 并且 $\hat{l}_z = i\hbar\dfrac{\partial}{\partial\varphi}$, 则

$$\hat{l}_z e^{ikz} = 0 = 0e^{ikz}.$$

这表明, e^{ikz} 为角动量的 z 分量的相应于本征值 0 的本征态.

另外, 由数学原理知

$$e^{ikz} = e^{ikr\cos\theta} = \sum_{l=0}^{\infty}[4\pi(2l+1)]^{1/2} i^l j_l(kr) Y_{l0}(\theta),$$

其中, $j_l(kr)$ 是宗量为 kr 的 l 阶球贝塞尔函数, $Y_{l0}(\theta)$ 是 $\{l,0\}$ 阶球谐函数, l 为角动量量子数. 考虑贝塞尔函数在宗量趋于无穷大情况下的渐近行为, 则有

$$e^{ikz} = e^{ikr\cos\theta} \xrightarrow{r\to\infty} \sum_{l=0}^{\infty} [4\pi(2l+1)]^{1/2} \frac{1}{2ikr} \left[e^{i(kr-\frac{1}{2}\pi)} - e^{-i(kr-\frac{1}{2}\pi)} \right] Y_{l0}(\theta).$$

由此知, 动量本征态可以由能量和角动量的共同本征态展开, 亦即可以表述为能量和角动量的共同本征态的叠加态.

这表明, 入射的平面波 ψ_{in}(亦简记为 ψ_i) 可以按球面波展开, 即有

$$\psi_{in} = \sqrt{4\pi} \sum_{l=0}^{\infty} \sqrt{2l+1}\, i^l j_l(kr) Y_{l0}(\cos\theta)$$

$$\xrightarrow{kr\to\infty} \frac{\sqrt{\pi}}{kr} \sum_{l=0}^{\infty} \sqrt{2l+1}\, i^{l+1} \left[e^{-i(kr-\frac{l\pi}{2})} - e^{i(kr-\frac{l\pi}{2})} \right] Y_{l0}(\cos\theta).$$

经过与靶作用 (记之为 $U(r)$), 表征粒子状态的振幅和相位都可能发生变化, 记相应的出射波函数 ψ_{out} (亦简记为 ψ_o) 的渐近行为为

$$\psi_o \xrightarrow{kr\to\infty} \frac{\sqrt{\pi}}{kr} \sum_{l=0}^{\infty} \sqrt{2l+1}\, i^{l+1} \left[e^{-i(kr-\frac{l\pi}{2})} - S_l(k) e^{i(kr-\frac{l\pi}{2})} \right] Y_{l0}(\cos\theta). \quad (8.31)$$

上述两式等号两边相减, 得

$$\psi_o - \psi_i \xrightarrow{kr\to\infty} \frac{\sqrt{\pi}}{kr} \sum_{l=0}^{\infty} \sqrt{2l+1}\, i^{l+1} \left[1 - S_l(k) \right] e^{i(kr-\frac{l\pi}{2})} Y_{l0}(\cos\theta).$$

考虑 ψ_i 的原始表达式, 则可记之为

$$\psi_o \xrightarrow{r\to\infty} e^{ikr\cos\theta} + f(\theta) \frac{e^{ikr}}{r}, \quad (8.32)$$

其中

$$f(\theta) = \frac{\sqrt{\pi}}{k} \sum_{l=0}^{\infty} \sqrt{2l+1}\, i^{l+1} \left[1 - S_l(k) \right] e^{-il\frac{\pi}{2}} Y_{l0}(\cos\theta)$$

$$= \frac{\sqrt{\pi}}{k} \sum_{l=0}^{\infty} \sqrt{2l+1}\, i \left[1 - S_l(k) \right] Y_{l0}(\cos\theta). \quad (8.33)$$

k' 为考虑了入射粒子与靶之间作用的 $\boldsymbol{k}$ 矢量的模. 上述诸式中的 $S_l(k)$ 常被称为出射波系数, $f(\theta)$ 常被称为散射振幅.

显然, 如果 $S_l(k) = 1$, 则 $f(\theta) = 0$, 从而 $\psi_{\text{out}}(\boldsymbol{r}) = \psi_{\text{in}}(\boldsymbol{r})$, 即粒子处于自由运动状态.

如果 $|S_l(k)| = 1$, 记之为 $S_l(k) = \mathrm{e}^{2\mathrm{i}\delta_l(k)}$, 则

$$f(\theta) = \frac{1}{k} \sum_{l=0}^{\infty} (2l+1) \mathrm{e}^{\mathrm{i}\delta_l(k)} \sin \delta_l(k) P_l(\cos \theta). \tag{8.34}$$

这表明, 粒子的出射振幅没有变化, 但相位发生了变化, 从而可以描述弹性散射. 上式中的相位改变 $\delta_l(k)$ 常被称为 l 波散射相移 (phase shift).

如果 $|S_l(k)| < 1$, 则出射波振幅减小, 这表明发生了吸收, 由之既可以描述非弹性散射也可以描述靶粒子转变.

2. 微分散射截面与散射截面

对稳定流密度 j_{i} 的入射, 出射到 $\{\theta, \phi\}$ 方向的立体角 $\mathrm{d}\Omega$ 内的粒子数定义为

$$\mathrm{d}n(\theta, \varphi) = \sigma(\theta, \varphi) j_{\mathrm{i}} \mathrm{d}\Omega,$$

其中

$$\sigma(\theta, \varphi) = \frac{1}{j_{\mathrm{i}}} \left(\frac{\mathrm{d}n}{\mathrm{d}\Omega} \right)$$

称为 (微分) 散射截面, 表示单位时间内被一个粒子散射到 θ 方向单位立体角内的粒子数占单位时间内入射到单位靶面上的粒子数的比例. 对全立体角求和即得总截面

$$\sigma_{\mathrm{t}} = \int \sigma(\theta, \varphi) d\Omega = \int_0^{2\pi} \left[\int_0^{\pi} \sigma(\theta, \varphi) \sin \theta \ \mathrm{d}\theta \right] \mathrm{d}\varphi.$$

如果入射粒子的能量足够高, 以致其波长远小于束流的宽度, 则质量为 m 的入射粒子的状态可记为 $\psi_{\mathrm{i}} = \mathrm{e}^{\mathrm{i}kz}$, 入射流密度则可表示为

$$j_{\mathrm{i}} = -\mathrm{i}\hbar \frac{1}{2m} \left(\psi_{\mathrm{i}}^* \nabla \psi_{\mathrm{i}} - \psi_{\mathrm{i}} \nabla \psi_{\mathrm{i}}^* \right) = \frac{\hbar k}{m}.$$

经过与靶作用 (记之为 $U(r)$), 粒子状态发生变化, 亦即出射态 ψ_{o} 与入射态不同, 记其渐近行为为

$$\psi_{\mathrm{o}} \xrightarrow{r \to \infty} \mathrm{e}^{\mathrm{i}kz} + f(\theta) \frac{\mathrm{e}^{\mathrm{i}kr}}{r},$$

则散射流密度 (径向) 为

$$j_{\text{o}} = \frac{-\text{i}\hbar}{2m}\left[f^*(\theta)\frac{-\text{e}^{\text{i}kr}}{r}\frac{\partial}{\partial r}\left(f(\theta)\frac{\text{e}^{\text{i}kr}}{r}\right) - f(\theta)\frac{\text{e}^{\text{i}kr}}{r}\frac{\partial}{\partial r}\left(f^*(\theta)\frac{-\text{e}^{\text{i}kr}}{r}\right)\right] = \frac{\hbar k}{m}\frac{|f(\theta)|^2}{r^2},$$

那么, 单位时间内进入 θ 方向立体角 $\text{d}\Omega$ 中的出射粒子数为

$$\text{d}n_{\text{o}} = j_{\text{o}}r^2\text{d}\Omega = \frac{\hbar k}{m}|f(\theta)|^2\text{d}\Omega.$$

因此, 微分散射截面可以表述为

$$\sigma(\theta) = \frac{1}{j_{\text{i}}}\left(\frac{\text{d}n}{\text{d}\Omega}\right) = |f(\theta)|^2. \tag{8.35}$$

由此知, 在量子力学层面上研究散射截面的核心问题是求解相互作用势 $U(r)$ 下的薛定谔方程, 得到其渐近行为, 确定下函数 $f(\theta)$.

3. 细致平衡原理

记入射道 $a + A$ 为 α, 出射道 $b + B$ 为 β, 则单位时间内的跃迁概率为

$$\lambda_{\beta\alpha} = \frac{2\pi}{\hbar}\left|H_{\beta\alpha}\right|^2\frac{\text{d}n}{\text{d}E_\beta},$$

其中, $H_{\beta\alpha}$ 为引起反应的微扰作用矩阵元, $\dfrac{\text{d}n}{\text{d}E_\beta}$ 为末态的态密度.

记出射道中的自旋权重因子为 S_β, 粒子的运动可以做非相对论近似, β 道的动量为 p_β, 约化质量为 μ_β, 速度为 v_β, 位形空间体积为 V, 则其量子态数目为

$$\text{d}n = \frac{\text{反应道的相空间体积}}{\text{一个量子态的相空间体积}} = S_\beta\frac{4\pi p_\beta^2\text{d}p_\beta}{(2\pi\hbar)^3}V = \frac{4\pi p_\beta^2\text{d}p_\beta}{(2\pi\hbar)^3}(2L_b+1)(2L_B+1)V,$$

其中, L_b、L_B 分别为反应后两粒子的自旋. 又因为 $E_\beta \cong \dfrac{1}{2}\mu_\beta v_\beta^2$, 即 $\text{d}E_\beta = \mu_\beta v_\beta\text{d}v_\beta = v_\beta\text{d}p_\beta$, 则

$$\lambda_{\beta\alpha} = \frac{V}{\pi\hbar^4}\frac{p_\beta^2}{v_\beta}\left|H_{\alpha\beta}\right|^2(2L_b+1)(2L_B+1).$$

另外, 由反应截面的定义知

$$\sigma_{\beta\alpha} = \frac{\lambda_{\beta\alpha}}{\Phi_\alpha} = \frac{\lambda_{\beta\alpha}}{n_\alpha v_\alpha} = \frac{\lambda_{\beta\alpha}}{v_\alpha/V}.$$

将 $\lambda_{\beta\alpha}$ 的表达式代入, 则有

$$\sigma_{\beta\alpha} = \frac{1}{\pi\hbar^4}\frac{p_\beta^2}{\nu_\alpha\nu_\beta}|VH_{\beta\alpha}|^2(2L_b+1)(2L_B+1).$$

因为通常情况下, $|H_{\beta\alpha}|^2 = |H_{\alpha\beta}|^2$, 则

$$\frac{\sigma_{\alpha\beta}}{\sigma_{\alpha\beta}} = \frac{p_\beta^2(2L_b+1)(2L_B+1)}{p_\alpha^2(2L_a+1)(2L_A+1)},$$

$$\frac{\dfrac{\mathrm{d}\sigma_{\beta\alpha}}{\mathrm{d}\Omega}}{\dfrac{\mathrm{d}\sigma_{\alpha\beta}}{\mathrm{d}\Omega}} = \frac{p_\beta^2(2L_b+1)(2L_B+1)}{p_\alpha^2(2L_a+1)(2L_A+1)},$$

其中, L_a、L_A 分别为反应前两粒子的自旋.

这些反应截面间的关系称为细致平衡原理. 由此知, 只要知道了反应 $a +$ $A \longrightarrow b + B$ 的反应截面, 也就知道了反应 $b + B \longrightarrow a + A$ 的反应截面. 那么, 如果一个很难实现的反应的逆反应相对容易实现, 人们可以通过对逆反应进行研究而获得原反应的信息.

4. Lippmann–Schwinger 方程及 T 矩阵与 S 矩阵

前已述及, 研究散射的关键是确定出射粒子的波函数. 下面简要介绍确定出射粒子波函数的一般方法.

记 c 道系统内部的哈密顿量为 $\hat{H}_c$, 与靶间作用为 U_c, 考虑与靶间作用下的系统的波函数为 ψ_c, 能量为 E, 则有薛定谔方程:

$$(\hat{H}_c + U_c)\psi_c = E\psi_c,$$

亦即有

$$(E - \hat{H}_c)\psi_c = U_c\psi_c.$$

假设 c 道内部的本征能量也为 E 的本征波函数为 φ_c, 即有

$$(E - \hat{H}_c)\varphi_c = 0,$$

上述两式等号两边分别相减, 得

$$(E - \hat{H}_c)(\psi_c - \varphi_c) = U_c\psi_c.$$

因为 $\hat{H}_c$ 为线性厄米算符, $E - \hat{H}_c$ 通常存在逆, 从而可得

$$\psi_c = \varphi_c + \frac{1}{E - \hat{H}_c}U_c\psi_c. \tag{8.36}$$

由此知, c 道系统经与靶作用后的状态可由上式以 φ_c 为初值 (即取 $\psi_c^{\text{initial}} = \varphi_c$)、通过递推方法确定. 然而, 当 ψ_c 或 $U_c\psi_c$ 为 $\hat{H}_c$ 的本征态时, 由于其本征值为 E, 则上式第二项的分母为 0, 出现发散, 无法直接计算, 因此应采取措施消除这一发散. 理论上, 消除这种发散的方法称为重整化. 这里不系统介绍重整化理论, 仅直观地引入 "重整化系数" (参数 ε), 即考虑

$$\frac{1}{E - \hat{E}_c + \mathrm{i}\varepsilon}(E - \hat{H}_c)(\psi_c - \varphi_c) = \frac{1}{E - \hat{E}_c + \mathrm{i}\varepsilon}U_c\psi_c,$$

于是, 记向外、向内运动的波函数分别为 $\varphi_c^{(+)}$、$\varphi_c^{(-)}$, 则有

$$\varphi_c^{(\pm)} = \varphi_c + \frac{1}{E - \hat{E}_c + \mathrm{i}\varepsilon}U_c\varphi_c^{(\pm)}.$$

此即 Lippmann–Schwinger (L–S) 方程, 可以通过递推的方法进行求解. 其中的 $(E - \hat{E}_c \pm \mathrm{i}\varepsilon)^{-1}$ 称为格林函数算符.

对 $\varphi_c^{(+)} \xrightarrow{U_{c'}} \varphi_{c'}$, 则有 T 矩阵:

$$T_{c'c} = \langle \varphi_{c'}|U_{c'}|\varphi_c^{(+)}\rangle.$$

记 $\hat{S} = 1 + 2\mathrm{i}\hat{T}$, 则有 S 矩阵:

$$S_{c'c} = \langle \varphi_{c'}|\hat{S}|\varphi_c\rangle.$$

T 矩阵和 S 矩阵是描述散射的基本特征量. 由于课程范畴所限, 这里仅提及这些概念, 不予具体讨论. 有兴趣深入探讨的读者请参阅关于散射理论的教材或专著.

5. 格林函数方法

前述讨论表明, 对于散射问题, 具体计算归结为通过求解薛定谔方程

$$(\nabla^2 + k^2)\psi(\boldsymbol{r}) = \frac{2m}{\hbar^2}U(\boldsymbol{r})\psi(\boldsymbol{r})$$

确定出射态 $\psi(\boldsymbol{r}) \xrightarrow{r\to\infty} \mathrm{e}^{\mathrm{i}\boldsymbol{k}\cdot\boldsymbol{r}} + f(\theta,\varphi)\dfrac{\mathrm{e}^{\mathrm{i}\boldsymbol{k}\cdot\boldsymbol{r}}}{r}$. 定义格林函数 $G(\boldsymbol{r},\boldsymbol{r}')$ 为满足方程

$$(\nabla^2 + k^2)G(\boldsymbol{r},\boldsymbol{r}') = \delta(\boldsymbol{r} - \boldsymbol{r}')$$

的解, 则由

$$(\nabla^2 + k^2)\psi(\boldsymbol{r}) = \frac{2m}{\hbar^2}\int U(\boldsymbol{r}')\psi(\boldsymbol{r}')\delta(\boldsymbol{r} - \boldsymbol{r}')\mathrm{d}\boldsymbol{r}'$$

$$= \frac{2m}{\hbar^2} \int U(\boldsymbol{r}')\psi(\boldsymbol{r}')\big(\nabla^2 + k^2\big)G(\boldsymbol{r}, \boldsymbol{r}')\mathrm{d}\boldsymbol{r}'$$

得

$$\psi(\boldsymbol{r}) = \psi^{(0)}(\boldsymbol{r}) + \frac{2m}{\hbar^2} \int U(\boldsymbol{r}')\psi(\boldsymbol{r}')G(\boldsymbol{r}, \boldsymbol{r}')\mathrm{d}\boldsymbol{r}'.$$

上述方程实际是 L–S 方程的积分形式, 并要求

$$\psi_{\mathrm{o}}(\boldsymbol{r}) = \frac{2m}{\hbar^2} \int U(\boldsymbol{r}')G(\boldsymbol{r}, \boldsymbol{r}')\psi(\boldsymbol{r}')\mathrm{d}\boldsymbol{r}' \xrightarrow{r \to \infty} \mathrm{e}^{\mathrm{i}\boldsymbol{k}\cdot\boldsymbol{r}} + f(\theta, \varphi)\frac{\mathrm{e}^{\mathrm{i}k\cdot r}}{r}.$$

考虑格林函数的平移不变性 $G(\boldsymbol{r}, \boldsymbol{r}') = G(\boldsymbol{r} - \boldsymbol{r}')$, 对格林函数作傅里叶变换, 即记

$$G(\boldsymbol{r} - \boldsymbol{r}') = \int \mathrm{e}^{\mathrm{i}\boldsymbol{q}\cdot(\boldsymbol{r}-\boldsymbol{r}')}\tilde{G}(\boldsymbol{q})\mathrm{d}\boldsymbol{q},$$

因为

$$\nabla^2 \mathrm{e}^{\mathrm{i}\boldsymbol{q}\cdot(\boldsymbol{r}-\boldsymbol{r}')} = -\boldsymbol{q}^2 \mathrm{e}^{\mathrm{i}\boldsymbol{q}\cdot(\boldsymbol{r}-\boldsymbol{r}')},$$

$$\frac{1}{(2\pi\hbar)^3} \int \mathrm{e}^{\mathrm{i}\boldsymbol{q}\cdot(\boldsymbol{r}-\boldsymbol{r}')}\mathrm{d}\boldsymbol{q} = \delta(\boldsymbol{r} - \boldsymbol{r}'),$$

则

$$\big(-\boldsymbol{q}^2 + k^2\big)\tilde{G}(\boldsymbol{q}) = \frac{1}{(2\pi)^3}.$$

于是有

$$\tilde{G}(\boldsymbol{q}) = -\frac{1}{(2\pi)^3}\frac{1}{(\boldsymbol{q}^2 - \boldsymbol{k}^2)},$$

因此

$$G(\boldsymbol{r} - \boldsymbol{r}') = -\frac{1}{(2\pi)^3} \int \mathrm{e}^{\mathrm{i}\boldsymbol{q}\cdot(\boldsymbol{r}-\boldsymbol{r}')}\frac{1}{\boldsymbol{q}^2 - \boldsymbol{k}^2}\mathrm{d}\boldsymbol{q}.$$

记 $\boldsymbol{R} = \boldsymbol{r} - \boldsymbol{r}'$, 则

$$G(\boldsymbol{R}) = -\frac{1}{(2\pi)^3} \int \frac{\mathrm{e}^{\mathrm{i}\boldsymbol{q}\cdot\boldsymbol{R}}}{\boldsymbol{q}^2 - \boldsymbol{k}^2}\mathrm{d}\boldsymbol{q}$$

$$= -\frac{1}{(2\pi)^3} \int_0^\infty q^2 \mathrm{d}q \int_0^\pi \sin\theta\mathrm{d}\theta \int_0^{2\pi} \frac{\mathrm{e}^{\mathrm{i}qR\cos\theta}}{\boldsymbol{q}^2 - \boldsymbol{k}^2}\mathrm{d}\varphi$$

$$= -\frac{1}{4\pi^2}\frac{1}{2\mathrm{i}R} \int_0^\infty \Big(\frac{1}{q - k} + \frac{1}{q + k}\Big)\mathrm{e}^{\mathrm{i}qR}\mathrm{d}q.$$

利用留数定理完成积分, 得

$$G(\boldsymbol{r} - \boldsymbol{r}') = -\frac{\mathrm{e}^{\mathrm{i}\boldsymbol{k}\cdot(\boldsymbol{r}-\boldsymbol{r}')}}{4\pi|\boldsymbol{r}-\boldsymbol{r}'|},$$

进而有

$$\psi(\boldsymbol{r}) = \mathrm{e}^{\mathrm{i}\boldsymbol{k}\cdot\boldsymbol{r}} - \frac{m}{2\pi\hbar^2}\int U(\boldsymbol{r}')\psi(\boldsymbol{r}')\frac{\mathrm{e}^{\mathrm{i}\boldsymbol{k}\cdot(\boldsymbol{r}-\boldsymbol{r}')}}{|\boldsymbol{r}-\boldsymbol{r}'|}\mathrm{d}\boldsymbol{r}'. \tag{8.37}$$

由此即可确定出射波波函数及相应的散射振幅.

8.4.2 光学势、玻恩近似、分波分析等研究方法概述

1. 光学势

我们知道, 很多粒子间的反应不仅有散射还有吸收. 并且, 对于散射问题和束缚态问题, 相互作用势都表述为实数形式. 为描述既有散射又有吸收的问题, 人们采用推广对电磁场 (光) 既有散射又有吸收的描述方案, 记引起反应的相互作用势不仅有实部而且有虚部, 并且对实部既考虑与反应物内部物质分布相应的部分, 又考虑与库仑作用相应的部分和自旋–轨道耦合作用, 即有

$$U(r) = U_0(r) + U_{\mathrm{C}}(r) + U_{ls}(r)\boldsymbol{l}\cdot\boldsymbol{s} + \mathrm{i}W(r), \tag{8.38}$$

其中, $U_0(r)$、$U_{\mathrm{C}}(r)$、$U_{ls}(r)$ 和 $W(r)$ 对于不同的系统取不同的形式. 例如, 对于原子核反应, $U_0(r)$ 常被取为 Woods–Saxon 势的形式, $U_{\mathrm{C}}(r)$ 常被取为库仑势的形式 (对核电磁作用半径 $R_{\mathrm{C}} = r_{\mathrm{C}}A^{1/3}$ 之外, 取为库仑势, 对 R_{C} 之内, 取为 $\frac{Z_{\mathrm{a}}Z_{\mathrm{A}}e^2}{2R_{\mathrm{C}}}\left(3 - \frac{r^2}{R_{\mathrm{C}}^2}\right)$), 自旋–轨道耦合作用中的径向相关的强度 $U_{ls}(r)$ 也取为相应于 Woods–Saxon 势的形式, 吸收势常被分为体吸收和面吸收两部分, 体吸收势常被取为形如 Woods–Saxon 势的形式, 面吸收势常被取为与 $U_{ls}(r)$ 相同的形式. 其中的作用强度都像核结构的壳模型中一样, 考虑库仑修正和质子中子不对称 (同位旋) 修正等效应.

对于变形原子核, 常采用一般的将径向分布表述为球谐函数展开的形式, 并有相应的变形核光学势.

2. 玻恩近似

式 (8.37) 给出了入射粒子经与靶相互作用后出射状态的形式化表述. 严格来讲, 应该采用自洽递推的方法确定 $\psi(\boldsymbol{r})$, 例如, 先给出一个试探波函数 $\psi(\boldsymbol{r}')$, 代入式 (8.37) 的等号右边, 解出 $\psi(\boldsymbol{r})$, 再以得到的 $\psi(\boldsymbol{r})$ 作为 $\psi(\boldsymbol{r}')$ 代入式 (8.37) 的等号右边, 再解出 $\psi(\boldsymbol{r})$, 如此递推下去, 得到满足精度要求的 (与实际情况很好

符合的) 解, 进而描述散射现象. 显然, 这样的递推计算很复杂, 因此人们也常采用近似方法进行求解. 尤其是, 如果入射粒子与靶间的作用可以作为微扰作用情况, $\psi(\boldsymbol{r}')$ 可以由以入射粒子与靶之间的相互作用为微扰情况下的解作为近似表述, 进而直接积分而定下 $\psi(\boldsymbol{r})$, 这种方法称为玻恩近似方法, 并以所考虑微扰的解的级次加上一作为玻恩近似的级次.

　　例如, 如果入射粒子能量相对很高, 入射粒子与靶之间的相互作用很弱, 则 $\psi(\boldsymbol{r}')$ 可由零级近似表述为 $\mathrm{e}^{\mathrm{i}\boldsymbol{k}\cdot\boldsymbol{r}'}$, 于是有

$$\psi(\boldsymbol{r}) = \mathrm{e}^{\mathrm{i}\boldsymbol{k}\cdot\boldsymbol{r}} - \frac{m}{2\pi\hbar^2} \int U(\boldsymbol{r}')\mathrm{e}^{\mathrm{i}\boldsymbol{k}\cdot\boldsymbol{r}'}\frac{\mathrm{e}^{\mathrm{i}k|\boldsymbol{r}-\boldsymbol{r}'|}}{|\boldsymbol{r}-\boldsymbol{r}'|}\mathrm{d}\boldsymbol{r}'.$$

对于散射态, r 通常很大, 于是

$$|\boldsymbol{r}-\boldsymbol{r}'| = (r^2 - 2\boldsymbol{r}\cdot\boldsymbol{r}' + r'^2)^{1/2} \approx r(1 - \boldsymbol{r}\cdot\boldsymbol{r}'/r^2),$$

$$\mathrm{e}^{\mathrm{i}\boldsymbol{k}\cdot(\boldsymbol{r}-\boldsymbol{r}')} \approx \mathrm{e}^{\mathrm{i}kr[1-(\boldsymbol{r}\cdot\boldsymbol{r}')/r^2]} = \mathrm{e}^{\mathrm{i}(kr-\boldsymbol{k}'\cdot\boldsymbol{r}')},$$

其中, $\boldsymbol{k}' = k\dfrac{\boldsymbol{r}}{r}$ 为出射波的 k 矢量, 即 $\hbar\boldsymbol{k}'$ 为出射粒子动量. 因此, 出射波函数可以表述为

$$\psi_{\mathrm{o}}(\boldsymbol{r}) \xrightarrow{r\to\infty} -\frac{m\mathrm{e}^{\mathrm{i}kr}}{2\pi\hbar^2 r} \int U(\boldsymbol{r}')\mathrm{e}^{-\mathrm{i}(\boldsymbol{k}'-\boldsymbol{k})\cdot\boldsymbol{r}'}\mathrm{d}\boldsymbol{r}'.$$

与边界条件比较, 则得

$$f(\theta,\varphi) = -\frac{m}{2\pi\hbar^2} \int U(\boldsymbol{r}')\mathrm{e}^{-\mathrm{i}(\boldsymbol{k}'-\boldsymbol{k})\cdot\boldsymbol{r}'}\mathrm{d}\boldsymbol{r}'.$$

进而即可确定散射截面、反应截面等.

　　例如, 对于弹性散射, 即有 $|\boldsymbol{k}'| = |\boldsymbol{k}|$, 记 $\boldsymbol{k}' - \boldsymbol{k} = \boldsymbol{q}$, 则转移动量即为 $\boldsymbol{q}\hbar$. 再记散射角为 θ, 如图 8.7 所示, 则有 $q = 2k\sin\dfrac{\theta}{2}$, 于是有

$$f(\theta,\varphi) = f(\theta) = -\frac{2m}{\hbar^2 q} \int r'U(r')\sin qr'\mathrm{d}r',$$

从而

$$\sigma(\theta) = |f(\theta)|^2 = \frac{2m^2}{\hbar^4 q^2}\left|\int r'U(r')\sin qr'\mathrm{d}r'\right|^2.$$

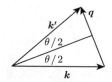

图 8.7 弹性散射的动量及其转移示意图

特殊地, 对于入射粒子与靶之间的相互作用为库仑作用的情况, 人们称之为库仑散射. 由于点电荷库仑作用是长程作用, 所以处理起来很困难. 为解决这一困难, 人们常对之引入指数衰减因子, 即修正为汤川 (Yukawa) 势:

$$V(r) = \frac{\kappa}{r}\mathrm{e}^{-ar}, \quad a \to 0.$$

在汤川势下, 对于质量为 μ 的入射粒子, 计算得

$$f(\theta) = -\frac{2\mu\kappa}{\hbar^2}\frac{1}{a^2 + q^2},$$

其中 q 为转移动量. 于是有

$$\sigma(\theta) = \left|f(\theta)\right|^2 = \frac{4\mu^2\kappa^2}{\hbar^4}\frac{1}{(a^2 + q^2)^2}.$$

在 $a \to 0$ 情况下,

$$\sigma(\theta) = \frac{4\mu^2\kappa^2}{\hbar^4 q^4} = \frac{4\mu^2\kappa^2}{16\hbar^4 k^4 \sin^4(\theta/2)} = \frac{\kappa^2}{4\mu^2 v^4 \sin^4(\theta/2)} = \frac{\kappa^2}{16E_k^2 \sin^4(\theta/2)}.$$

显然, 该表达式与经典力学中库仑散射截面公式 (即卢瑟福公式) 相同.

对于电子与原子间的散射, 电子除受原子核的引力外, 还受核外电子的排斥. 为避免计算的复杂性, 人们常将电子的作用近似为一个电荷分布为 $(-e\rho(r))$ 的作用, 即有

$$U(r) = -\frac{Ze_s^2}{r} + e_s^2\int\frac{\rho(r')}{|r - r'|}\mathrm{d}r'.$$

于是有

$$f(\theta) = -\frac{\mu e_s^2}{2\pi\hbar^2}\int\mathrm{e}^{\mathrm{i}q\cdot r}\Big[-\frac{Z}{r} + \int\frac{\rho(r')}{|r - r'|}\mathrm{d}r'\Big]\mathrm{d}r,$$

完成积分, 则得

$$f(\theta) = \frac{2\mu e_s^2}{\hbar^2 q^2}\big[Z - F(\theta)\big],$$

其中

$$F(\theta) = \int e^{i\boldsymbol{q}\cdot\boldsymbol{r}'}\rho(r')\mathrm{d}\boldsymbol{r}'.$$

该 $F(\theta)$ 称为相应于电荷密度分布 $\rho(r)$ 的形状因子 (form factor). 它表征核外电子的屏蔽效应, $[Z - F(\theta)]$ 则可视为有效电荷.

3. 分波法及道耦合等方法概述

基于前述一般方法, 实际计算中, 发展了分波法、道耦合等方法.

1) 分波散射振幅与相移

由 8.4.1 节的一般讨论知, 散射态 (也就是出射态) 可以表述为各种角动量态的叠加, 也就是说每一个角动量态都可以作为散射态 (出射态) 的一个组成部分, 亦即散射态中的一个分波, 做对应

$$[4\pi(2l + 1)]^{1/2}\,\mathrm{i}^l \mathrm{j}_l(kr)\mathrm{Y}_{l0}(\theta) \xrightarrow{\text{散射}} f_l(\theta)\frac{e^{ikr}}{r}, \tag{8.39}$$

$f_l(\theta)$ 即来自入射波的相应于角动量量子数为 l 的分波的散射振幅, 简称为 l 分波. 求解经相互作用后的散射波波函数, 其 l 分波的径向部分 $R(r)$ 可以表述为 l 阶球贝塞尔函数与 l 阶球汉克尔函数的叠加, 具体即有

$$R_l(r) \longrightarrow \sqrt{4\pi(2l + 1)}\,\mathrm{i}^l\Big[\mathrm{j}_l(kr) + \frac{a_l}{2}\mathrm{h}_l(kr)\Big].$$

再考虑球贝塞尔函数和球汉克尔函数在无穷远处的渐近行为, 则得

$$R_l(r) \xrightarrow{r\to\infty} \sqrt{4\pi(2l + 1)}\,\mathrm{i}^l\frac{(1 + a_l)\exp[\mathrm{i}(kr - l\pi/2)] - \exp[-\mathrm{i}(kr - l\pi/2)]}{2\mathrm{i}kr},$$

其中 a_l 为待定参数, 具体由散射势场决定. 与 8.4.1 小节一般讨论中的式 (8.31) 比较知, 这里新引入的待定参数 a_l 与散射的出射波系数 S_l 之间有关系

$$S_l = 1 + a_l.$$

对于简单的弹性散射情况, 各分波的振幅不变, 仅相位改变, 从而有

$$|1 + a_l| = 1.$$

于是, 可以取

$$1 + a_l = S_l = e^{\mathrm{i}2\delta_l}, \tag{8.40}$$

其中 δ_l 称为 l 分波的散射相移, 由散射势场决定. 进而

$$a_l = e^{\mathrm{i}2\delta_l} - 1 = 2\,\mathrm{i}\,e^{\mathrm{i}\delta_l}\sin\delta_l. \tag{8.41}$$

对于 l 分波的散射波 $\sqrt{4\pi(2l+1)}\,\mathrm{i}^l\dfrac{a_l}{2}\mathrm{h}_l(kr)\mathrm{Y}_{l0}(\theta)$，考虑球汉克尔函数在无穷远处的渐近行为和上面"确定"的 a_l（或 S_l），则有

$$\psi_{\mathrm{sc}}(kr) \xrightarrow{r\to\infty} \sqrt{4\pi(2l+1)}\,\mathrm{i}^l\frac{a_l}{2\mathrm{i}kr}\mathrm{e}^{\mathrm{i}(kr-l\pi/2)}\mathrm{Y}_{l0}(\theta)$$

$$=\frac{\sqrt{\pi(2l+1)}}{kr}\mathrm{i}^{l+1}(1-S_l)\mathrm{e}^{\mathrm{i}(kr-l\pi/2)}\mathrm{Y}_{l0}(\theta)$$

$$=\frac{2l+1}{k}\mathrm{e}^{\mathrm{i}\delta_l}\sin\delta_l P_l(\cos\theta)\frac{\mathrm{e}^{\mathrm{i}kr}}{r},$$

与式 (8.39) 比较知，l 分波的散射振幅为

$$f_l(\theta)=\frac{2l+1}{k}\mathrm{e}^{\mathrm{i}\delta_l}\sin\delta_l P_l(\cos\theta), \tag{8.42}$$

总散射振幅则为

$$f(\theta)=\sum_{l=0}^{\infty}f_l(\theta). \tag{8.43}$$

相应地，弹性散射的 l 分波的散射截面为

$$\sigma_{\mathrm{e},l}=\big|f_l(\theta)\big|^2=\frac{\pi}{k^2}(2l+1)\big|1-S_l\big|^2,$$

总的散射截面为

$$\sigma_{\mathrm{e,t}}=\frac{\pi}{k^2}\int|f(\theta)|^2\mathrm{d}\Omega=\frac{\pi}{k^2}\int\sum_{l=0}^{\infty}(2l+1)\big|1-S_l\big|^2\mathrm{d}\Omega.$$

对于非弹性散射，采用与 8.4.1 节一般讨论中所述的方法，计算径向出射流密度得

$$j_r \xrightarrow{r\to\infty} \frac{k\hbar}{m}\sum_{ll'}\frac{2l+1}{2\mathrm{i}kr}\frac{2l'+1}{2\mathrm{i}kr}\big[S_l^*S_{l'}+(-l)^{l+l'+1}\big]P_l(\cos\theta)P_{l'}(\cos\theta),$$

其中 m 为被散射粒子的质量. 于是 l 分波的散射截面为

$$\sigma_{\mathrm{ine},l}=\big|f_l(\theta)\big|^2=\frac{\pi}{k^2}(2l+1)\big(1-|S_l|^2\big),$$

非弹性散射的总截面为

$$\sigma_{\mathrm{ine,t}}=\frac{\pi}{k^2}\sum_{l=0}^{\infty}(2l+1)\big(1-|S_l|^2\big).$$

进而可得, 既考虑弹性散射又考虑非弹性散射的 l 分波的散射截面为

$$\sigma_l = \sigma_{\mathrm{e},l} + \sigma_{\mathrm{ine},l} = \frac{2\pi}{k^2}(2l+1)\big(1 - \mathrm{Re}S_l\big), \tag{8.44}$$

其中 $\mathrm{Re}S_l$ 表示 S_l 的实部. 总散射截面则为

$$\sigma_{\mathrm{t}} = \sum_{l=0}^{\infty} \sigma_l. \tag{8.45}$$

　　上述讨论表明, 计算散射截面和研究散射问题的关键归结为计算各分波的散射相移 δ_l 或出射波系数 S_l. 回顾前述讨论, 各分波的散射相移 (出射波系数 S_l) 由入射粒子 (入射波) 的能量和散射作用势 $U(r)$ 决定. 具体地, l 分波的散射相移 δ_l 来自于 l 分波的径向波函数的渐近行为的变化:

$$\frac{\sin(kr - l\pi/2)}{kr} \longrightarrow \frac{\sin(kr - l\pi/2 + \delta_l)}{kr}.$$

显然, 相应于 $U(r) = 0$, $\delta_l = 0$. 如图 8.8 所示, 相应于 $U(r) > 0$ 且为 r 的减函数, 即散射作用力为排斥力, 从而粒子将被向外推, 亦即其径向波函数将被向外推, 这相当于 $\delta_l < 0$. 相应于 $U(r) < 0$ 且为 r 的升函数, 即散射作用力为吸引力, 从而粒子的径向波函数将向内移, 这相当于 $\delta_l > 0$. 一般而言, 对应于吸引相互作用的分波相移 $\delta_l > 0$, 对应于排斥作用的分波相移 $\delta_l < 0$.

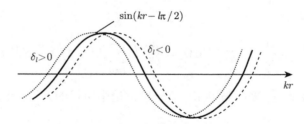

图 8.8　l 分波散射相移的符号约定示意图

2) 散射截面的光学定理

回顾前述讨论知, θ 方向的散射振幅为

$$f(\theta) = \frac{\sqrt{\pi}}{k} \sum_{l=0}^{\infty} \sqrt{2l+1}\,\mathrm{i}\big[1 - S_l(k)\big]\mathrm{Y}_{l0}(\cos\theta),$$

其在 $\theta = 0$ 方向的虚部则为

$$\mathrm{Im}f(0) = \frac{1}{2k}\sum_{l=0}^{\infty}(2l+1)\,\mathrm{Im}\,\{[1 - S_l(k)]\mathrm{i}\} = \frac{1}{2k}\sum_{l=0}^{\infty}(2l+1)\big(1 - \mathrm{Re}S_l\big).$$

与前述的 l 分波的总散射截面公式 (8.44) 比较, 则得

$$\sigma_l = \frac{4\pi}{k}\mathrm{Im}f_l(0). \tag{8.46}$$

这表明, l 分波的总散射截面由 l 分波的散射振幅在 θ 方向的虚部决定. 该规律常被称为散射截面的光学定理.

3) 道耦合方法

实用中, 为简化计算, 人们通常仅对对应于小角动量的低分波分别进行计算和讨论, 例如, 仅分别讨论 s 波、p 波、d 波等的行为. 事实上, 出射态包含有各种分波, 总的散射振幅为各分波散射振幅之和. 将一些分波耦合在一起完整地讨论散射的行为和规律的方法即为道耦合方法 (CCM). 利用其进行研究时应注意, 尽管 (8.45) 式很简单, 但它实际是相干叠加 (因为各分波的相移可能不同).

此外, 还有扭曲波玻恩近似 (DWBA)、扭曲波冲量近似 (DWIA) 等近似方法. 这些方法的基本思想与前述方法相同, 具体处理的近似方案有所不同. 因为对于它们的具体讨论比较数学化, 所以这里不予具体展开.

8.5 变 分 方 法

我们知道, 绝大多数实际的物理系统都是有相互作用的多粒子系统, 例如, 绝大多数分子、原子、原子核等都是多粒子量子体系, 在研究固体中电子的运动及电子与晶格的相互作用等问题中实际处理的也是有相互作用的多粒子体系. 与经典力学中的情况相似, 有相互作用的多粒子体系问题很难严格求解, 从而只能近似处理. 通常的近似处理方案有两个, 其一是采用适当的模型, 把物理问题简化; 其二, 即使对于已简化了的模型, 往往也只能采用近似方法进行计算求解, 其中广泛应用的是微扰方法和变分法. 微扰方法已在前面几节予以介绍, 这里简要介绍变分法.

8.5.1 变分原理

记量子力学体系的含有参变量的哈密顿量为 $\hat{H}(\lambda)$, 本征函数亦为参变量 λ 的函数 $\psi_n(\lambda)$, 其中 n 为相应于可测量物理量完全集的一组量子数, 则体系的束缚态能量本征值可以通过在一定的边界条件下求解薛定谔方程

$$\hat{H}(\lambda)\psi_n(\lambda) = E_n(\lambda)\psi_n(\lambda)$$

确定. 对上述方程计算关于参变量 λ 的一阶偏导数, 则有

$$\frac{\partial \hat{H}(\lambda)}{\partial \lambda}\psi_n(\lambda) + \hat{H}(\lambda)\frac{\partial \psi_n}{\partial \lambda} = \frac{\partial E_n(\lambda)}{\partial \lambda}\psi_n(\lambda) + E_n(\lambda)\frac{\partial \psi_n}{\partial \lambda}.$$

计算 $\psi_n(\lambda)$ 与上式的标量积, 得

$$\left(\psi_n(\lambda), \frac{\partial \hat{H}(\lambda)}{\partial \lambda}\psi_n(\lambda)\right) + \left(\psi_n(\lambda), \hat{H}(\lambda)\frac{\partial \psi_n}{\partial \lambda}\right) = \frac{\partial E_n(\lambda)}{\partial \lambda} + \left(\psi_n(\lambda)\, E_n(\lambda)\frac{\partial \psi_n}{\partial \lambda}\right).$$

由哈密顿量的厄米性知

$$\left(\psi_n(\lambda), \hat{H}(\lambda)\frac{\partial \psi_n}{\partial \lambda}\right) = \left(\hat{H}(\lambda)\psi_n(\lambda), \frac{\partial \psi_n}{\partial \lambda}\right) = E_n(\lambda)\left(\psi_n(\lambda), \frac{\partial \psi_n}{\partial \lambda}\right).$$

代入上式, 则上式化为

$$\left(\psi_n(\lambda), \frac{\partial \hat{H}(\lambda)}{\partial \lambda}\psi_n(\lambda)\right) = \frac{\partial E_n(\lambda)}{\partial \lambda},$$

即

$$\overline{\frac{\partial \hat{H}(\lambda)}{\partial \lambda}} = \frac{\partial E_n(\lambda)}{\partial \lambda}. \tag{8.47}$$

该关系常被称为 Hellman–Feynmann 定理.

另外, 由 7.2.5 节的讨论知, 相应于完备的线性空间 $|\psi_n\rangle$, E_n 有下界. 具体地, 记体系的包括 $\hat{H}$ 在内的一组可测量物理量完全集的共同本征态为 $\{\psi_0, \psi_1, \psi_2, \cdots\}$, 相应的能量本征值分别为 $\{E_0, E_1, E_2, \cdots\}$, 体系的波函数则可表述为本征函数 ψ_n 的线性叠加

$$\Phi = \sum_n c_n \psi_n,$$

其中 c_n 为展开系数. 于是, 体系的哈密顿量的期望值为

$$\overline{\hat{H}} = \frac{\int \Phi^* \hat{H} \Phi \,\mathrm{d}\tau}{\int \Phi^* \Phi \,\mathrm{d}\tau} = \frac{\sum_{nn'} c_n^* c_n' \int \psi_n^* \hat{H} \psi_n' \,\mathrm{d}\tau}{\sum_{nn'} c_n^* c_n' \delta_{nn'}} = \frac{\sum_n |c_n|^2 E_n}{\sum_n |c_n|^2}.$$

记体系的哈密顿量的本征值集合 $\{E_0, E_1, E_2, \cdots\}$ 中的最小值为 E_0, 则

$$上式 \geqslant \frac{E_0 \sum_n |c_n|^2}{\sum_n |c_n|^2} = E_0,$$

即

$$\overline{\hat{H}} \geqslant E_0.$$

上式表明 E_n 有下界, 即有极小值, 于是由函数的极小值条件

$$\frac{\partial E_n(\lambda)}{\partial \lambda} = 0, \quad \frac{\partial^2 E_n(\lambda)}{\partial \lambda^2} > 0, \tag{8.48}$$

即可求得体系基态能量的上限. 此即量子体系的变分原理.

上述讨论表明, 从原理上讲, 变分原理与薛定谔方程等价. 从应用上讲, 变分原理的价值在于: 根据具体问题的特点, 先对波函数作一定的限制 (例如选择某种在数学上比较简单, 在物理上也较合理的试探波函数), 然后给出在该试探波函数下的能量平均值 $\overline{H}$, 并利用极值条件使 $\overline{H}$ 取极小值, 即可确定在所取的试探形式下的最佳函数, 它可以作为体系的严格的波函数的最佳近似, 也就是确定下体系的基态波函数和基态能量.

原则上, 利用变分法只能确定体系的基态波函数和基态能量. 但也可以由之确定体系的激发态的波函数和相应的能量, 只不过计算过程复杂很多. 例如, 对第一激发态的波函数, 取其波函数为 Φ_1. 由体系的所有本征函数为一组正交归一函数系知, 假设的 Φ_1 应与已求得的基态波函数 Φ_0 正交. 若 Φ_1 与 Φ_0 不正交, 即 $(\Phi_1, \Phi_0) \neq 0$, 则可以利用施密特正交化方法, 把 Φ_1 变换成 $\Phi_1' = \Phi_1 - \Phi_0(\Phi_1, \Phi_0)$, 则 Φ_1' 与 Φ_0 正交 $((\Phi_1', \Phi_0) = 0)$, 然后再用与处理基态相同的办法计算. 如果希望进一步确定第二激发态, 则要求试探波函数与已求出的基态和第一激发态波函数都正交. 由此知, 利用变分法可以简便地确定体系的基态波函数和能量, 而处理激发态则比较麻烦, 并且一般而言, 近似程度逐渐变差. 但有时基于对称性考虑, 这些正交条件是自动满足的. 例如, 角动量守恒的体系, 如果第一激发态的角动量与基态的不同, 则它们的正交性可自动满足.

运用变分原理求解实际问题时的具体形式有多种, 下面介绍常用的里茨变分法.

8.5.2 里茨 (Ritz) 变分法

设已选定试探函数的具体形式, 函数中含有待定参数. 例如, 体系的基态波函数选取为

$$\Phi(q, \lambda_1, \lambda_2, \cdots),$$

其中, q 代表体系的全部坐标, $\{\lambda_1, \lambda_2, \cdots\}$ 为待定参数的集合, 则

$$\overline{\hat{H}} = \frac{\displaystyle\int \Phi^* \hat{H} \Phi \, \mathrm{d}\tau}{\displaystyle\int \Phi^* \Phi \, \mathrm{d}\tau} = \overline{\hat{H}}(\lambda_1, \lambda_2, \cdots).$$

根据变分原理, 波函数应使 $\overline{\hat{H}}$ 取极值, 即 $\delta \overline{\hat{H}} = 0$, 亦即

$$\sum_i \frac{\partial \overline{\hat{H}}}{\partial \lambda_i} \delta \lambda_i = 0.$$

但 $\delta \lambda_i$ 是任意的, 于是应有

$$\frac{\partial \overline{\hat{H}}}{\partial \lambda_i} = 0, \quad i = 1, 2, \cdots.$$

此乃一组关于参变量 λ_i 的方程组. 求解该方程组, 可得相应于 $\overline{\hat{H}}$ 取得极 (小) 值的 $\{\lambda_i | i = 1, 2, \cdots\}$, 将所得结果代入原来选取的波函数的表达式和计算出的 $\overline{\hat{H}}$ 的表达式, 即求得体系的 (相应于所选取形式的) 基态波函数及基态能量.

例题 8.2 试对处于定态的荷电多粒子体系, 证明其动能的平均值 $\overline{T}$ 与库仑作用的平均值 $\overline{U}_C$ 满足关系 (位力定理)

$$2\overline{T} + \overline{U} = 0.$$

证明 记 q_i、m_i 分别为 N 粒子体系中第 i 个粒子的电荷、质量, 则体系的薛定谔方程为

$$-\sum_i \frac{\hbar^2}{2m_i} \nabla_i^2 \psi + \frac{1}{2} \sum_{i \neq k} \frac{q_i q_k}{4\pi \varepsilon_0 r_{ik}} \psi = E\psi,$$

其中 ψ 满足归一化条件

$$\int \cdots \int |\psi(r_1, r_2, \cdots, r_N)|^2 \mathrm{d}\tau_1 \mathrm{d}\tau_2 \cdots \mathrm{d}\tau_N = 1.$$

体系的动能平均值 $\overline{T}$、库仑作用的平均值 $\overline{U}$ 分别为

$$\overline{T} = -\frac{\hbar^2}{2} \sum_i \frac{1}{m_i} \int \cdots \int \left(\psi^* \nabla_i^2 \psi\right) \mathrm{d}\tau_1 \mathrm{d}\tau_2 \cdots \mathrm{d}\tau_N,$$

$$\overline{U} = \frac{1}{2} \sum_{i \neq k} \int \cdots \int \psi^* \frac{q_i q_k}{4\pi \varepsilon_0 r_{ik}} \psi \mathrm{d}\tau_1 \mathrm{d}\tau_2 \cdots \mathrm{d}\tau_N,$$

而体系的能量期望值则为

$$E = \overline{T} + \overline{U}.$$

做尺度变换

$$r_i' = \lambda r_i,$$

其中 λ 为待定的实参数. 为保证归一化条件仍然成立, 要求 ψ 相应地变换为

$$\psi_\lambda = \lambda^{3N/2}\psi(\lambda r_1, \lambda r_2, \cdots, \lambda r_N),$$

并且

$$\nabla_i^2 = \lambda^2 \nabla_i'^2, \quad \frac{1}{r_{ik}} = \lambda \frac{1}{r_{ik}'}.$$

在变换的尺度和波函数下计算动能算符和势能算符的期望值得

$$E(\lambda) = \lambda^2 \overline{T} + \lambda \overline{U}.$$

计算其关于 λ 的一阶偏导数, 并考虑极值条件得

$$\frac{\partial E(\lambda)}{\partial \lambda} = 2\lambda \overline{T} + \overline{U} = 0,$$

即有

$$\lambda\big|_{\mathrm{st}} = -\frac{\overline{U}}{2\overline{T}}.$$

由能量期望值 E 的原始表达式知 $\lambda\big|_{\mathrm{st}} = 1$, 于是有

$$2\overline{T} + \overline{U} = 0.$$

【定理得证】

8.5.3 一个实例——氢分子

氢分子由两个氢原子组成, 是最简单的分子之一. 认真考察其结构知, 氢分子由两个原子核 (质子) 和两个电子组成, 记两个质子分别为 a、b, 两个电子分别为 1、2, 氢分子的结构和其中的各间距坐标标记如图 8.9 所示.

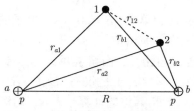

图 8.9 氢分子的组分结构示意图

对于氢原子基态, 由第 6 章关于多粒子系统波函数的讨论知, 包含两个电子的氢分子的基态波函数可以近似表示为两个氢原子的基态波函数的乘积. 作为一

个四粒子系统, 氢分子的哈密顿量为

$$\hat{H} = -\frac{\hbar^2}{2m_{\mathrm{p}}}\big(\nabla_a^2+\nabla_b^2\big) - \frac{\hbar^2}{2m_{\mathrm{e}}}\big(\nabla_1^2+\nabla_2^2\big) + \frac{e_s^2}{r_{12}} - e_s^2\left(\frac{1}{r_{a1}}+\frac{1}{r_{a2}}+\frac{1}{r_{b1}}+\frac{1}{r_{b2}}\right) + \frac{e_s^2}{R},$$

其中 $e_s^2 = \dfrac{e^2}{4\pi\varepsilon_0}$. 由于质子的质量远大于电子的质量, 则可忽略质子的动能. 又由于带电粒子之间的相互作用 (简单来讲, 即屏蔽), 每个电子感受到的对其作用的电荷都不是一个单位的电荷, 记考虑了电荷屏蔽效应后的有效电荷数为 λ, 则氢分子中电子的哈密顿量为

$$\hat{H}_{\mathrm{e}} = -\frac{\hbar^2}{2m_{\mathrm{e}}}\big(\nabla_1^2+\nabla_2^2\big) + \frac{\lambda e_s^2}{r_{12}} - \lambda e_s^2\left(\frac{1}{r_{a1}}+\frac{1}{r_{a2}}+\frac{1}{r_{b1}}+\frac{1}{r_{b2}}\right) + \frac{\lambda e_s^2}{R}$$

一个电子相对于一个原子核的基态波函数可以表示为

$$\psi_a(i) = \frac{1}{\sqrt{\pi}}\left(\frac{\lambda}{a_0}\right)^{3/2}\mathrm{e}^{-\lambda r_{ai}/a_0}, \quad \psi_b(i) = \frac{1}{\sqrt{\pi}}\left(\frac{\lambda}{a_0}\right)^{3/2}\mathrm{e}^{-\lambda r_{bi}/a_0},$$

其中 a_0 为玻尔半径. 为表述简洁, 下面简记 $\dfrac{\lambda}{a_0}$ 为 λ.

计及两个电子波函数的交换对称性, H_2 分子的基态的试探波函数可以表述为 (未归一化)

$$\Psi_+(1,2) = \Phi_+(1,2)\,\chi_0(s_{1z},s_{2z}), \quad \Psi_-(1,2) = \Phi_-(1,2)\,\chi_1(s_{1z},s_{2z}),$$

其中

$$\Phi_+(1,2) = [\psi(r_{a1})\psi(r_{b2})+\psi(r_{a2})\psi(r_{b1})], \quad \Phi_-(1,2) = [\psi(r_{a1})\psi(r_{b2})-\psi(r_{a2})\psi(r_{b1})],$$

χ_0、χ_1 分别是两个电子的自旋单态 ($S=0$, 两个电子的自旋 "反平行")、自旋三重态 ($S=1$, 自旋 "平行") 波函数.

由于哈密顿量不含自旋自由度, 由自旋单态与自旋三重态的正交归一性知, $\langle\Psi_+|\hat{H}_{\mathrm{e}}|\Psi_-\rangle = \langle\Psi_-|\hat{H}_{\mathrm{e}}|\Psi_+\rangle = 0$, 于是仅有 $E_+(\lambda,R) = \langle\Psi_+|\hat{H}_{\mathrm{e}}|\Psi_+\rangle \neq 0$ 和 $E_-(\lambda,R) = \langle\Psi_-|\hat{H}_{\mathrm{e}}|\Psi_-\rangle \neq 0$. 稍具体的计算, 以 E_+ 为例, 简述如下.

由于有效电荷为 λ 的类氢原子的基态 (1s 态) 波函数满足能量本征值方程

$$\left(-\frac{\hbar^2}{2m_{\mathrm{e}}}\nabla^2 - \frac{\lambda e_s^2}{r}\right)\psi(r) = E\psi(r).$$

对于电子 1, 上式中 r 为 r_{a1} 或 r_{b1}, ∇^2 为 ∇_1^2; 对于电子 2, 上式中 r 为 r_{a2} 或 r_{b2}, ∇^2 为 ∇_2^2, 则有

$$
\begin{aligned}
\hat{H}_e|\Psi_+\rangle =& F(r_{a1})\psi(r_{b2}) + \psi(r_{a1})F(r_{b2}) + F(r_{b1})\psi(r_{a2}) + \psi(r_{b1})F(r_{a2}) \\
& + \left(\frac{e_s^2}{r_{12}} - \frac{e_s^2}{r_{b1}} - \frac{e_s^2}{r_{a2}} + \frac{e_s^2}{R}\right)\psi(r_{a1})\psi(r_{b2}) \\
& + \left(\frac{e_s^2}{r_{12}} - \frac{e_s^2}{r_{a1}} - \frac{e_s^2}{r_{b2}} + \frac{e_s^2}{R}\right)\psi(r_{a2})\psi(r_{b1}) \\
=& E_+[\psi(r_{a1})\psi(r_{b2}) + \psi(r_{a2})\psi(r_{b1})],
\end{aligned}
$$

其中

$$
F(r) = \left(-\frac{1}{2}\lambda^2 - \frac{\lambda-1}{r}\right)\psi(r).
$$

计算 $\psi(r_{a1})\psi(r_{b2}) + \psi(r_{a2})\psi(r_{b1})$ 与上式的标量积, 可得

$$
2(A + A'S)e_s^2 - 2(K + K'S)e_s^2 + (B + B')e_s^2 = \left(E_+ - \frac{e_s^2}{R}\right)(1 + S^2).
$$

于是有

$$
E_+ = \frac{e_s^2}{R} + \frac{2(A + A') - 2(K + K'S\varphi) + (B + B')}{1 + S^2}e_s^2,
$$

其中

$$
S = \int d\tau_1 \psi^*(r_{a1})\psi(r_{b1}) = \int \frac{\lambda^2}{\pi}d\tau_1 \exp[-\lambda(r_{a1} + r_{b1})] = \left(1 + \rho + \frac{1}{2}\rho^2\right)\exp(-\rho),
$$

$$
K = \int d\tau_1 |\psi(r_{a1})|^2/r_{b1} = \int \frac{\lambda^3}{\pi}d\tau_1 \frac{1}{r_{b1}}\exp(-2\lambda(r_{a1})) = \frac{\lambda}{\rho}[1 - (1+\rho)\exp(-2\rho)],
$$

$$
K' = \int d\tau_1 \psi^*(r_{a1})\psi(r_{b1})/r_{a1} = \int \frac{\lambda^3}{\pi}d\tau_1 \frac{1}{r_{a1}}\exp[-\lambda(r_{a1} + r_{b1})]
$$

$$
= \lambda(1+\rho)\exp(-\rho) = \lambda\left[S(\rho) - \frac{1}{2}\rho^2\exp(-\rho)\right],
$$

$$
A = \int d\tau_1 \psi^*(r_{a1})F(r_{a1}) = \int d\tau_1 |\psi(r_{a1})|^2 \left(-\frac{1}{2}\lambda^2 + \frac{\lambda-1}{r_{a1}}\right)
$$

$$
= -\frac{\lambda^3}{2} + \lambda(\lambda-1),
$$

$$
A' = \int d\tau_1 \psi^*(r_{a1})F(r_{b1}) = \int d\tau_1 \psi^*(r_{a1})\left(-\frac{1}{2}\nabla_1^2 - \frac{\lambda-1}{r_{ab}}\right)\psi(r_{b1})
$$

$$= -\frac{1}{2}\lambda^2 S + (\lambda - 1)K',$$

$$B = \iint d\tau_1 d\tau_2 |\psi(r_{a1})|^2 |\psi(r_{b2})|^2 / r_{12}$$

$$= \left(\frac{\lambda^3}{\pi}\right)^2 \int d\tau_1 \exp[-2\lambda(r_{a1})] \int d\tau_2 \exp[-2\lambda(r_{b2})/r_{12}]$$

$$= \lambda \frac{1}{\rho}\left[1 - \left(1 + \frac{11}{8}\rho + \frac{3}{4}\lambda^2 + \frac{1}{6}\rho^3\right)\exp(-2\lambda)\right],$$

$$B' = \iint d\tau_1 d\tau_2 \psi^*(r_{a1})\psi(r_{b1})\psi^*(r_{b2})\psi(r_{a2})/r_{12}$$

$$= \lambda\left[\left(\frac{5}{8} - \frac{23}{20}\rho - \frac{3}{5}\rho^2 - \frac{1}{15}\rho^3\right)\exp(-2\rho) + \frac{6}{5}\frac{\varphi(\rho)}{\rho}\right],$$

$$\varphi(\rho) = [S(\rho)]^2(\ln\rho + C) - [S(-\rho)]^2\chi(4\rho) + 2S(\rho)S(-\rho)\chi(2\rho),$$

$$C = 0.57722 \text{ (Euler 数)}, \quad \chi(\rho) = \int_\rho^\infty \frac{1}{t}\exp(-t)\,dt, \quad \rho = \lambda R.$$

同理可算得 $E_-(\lambda)$.

以 λ 为变分参数, 由极值条件

$$\frac{\partial}{\partial\lambda}E_\pm = 0$$

即可得到相应于基态的 λ 之值. 由于有效电荷量 λ (实际是其与第一玻尔轨道的比值) 依赖于两质子之间的间距 R, 则由上述计算可得到 $E_\pm(\lambda)$ 随 R 的变化行为, 所得结果如图 8.10 所示.

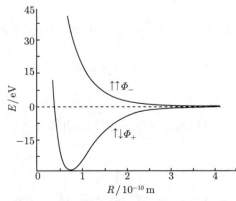

图 8.10　氢分子能量的变分方法计算结果

由图 8.10 知, E_+ 在 $\lambda = 1.166$, $\rho = 1.70$ 处有极小点. 此处 $R = R_0 = 1.458\, a_0 = 7.73 \times 10^{-11}\,\mathrm{m}$, 与实验测得的氢分子的键长 $7.42 \times 10^{-11}\,\mathrm{m}$ 符合得很好. 相应地, $E_+(R_0) = -1.139 \cdot \dfrac{e_s^2}{a_0} = -30.90\,\mathrm{eV}$ ($\dfrac{e_s^2}{a_0} = 27.13\,\mathrm{eV}$ 常被称为能量的原子单位). 当 $R \to \infty$ (即 H_2 分子解体) 时 H_2 变成两个中性氢原子, 它们都处于 1s 轨道, 其能量和为 $2E_\mathrm{H} = 2 \times \left(-\dfrac{1}{2}\dfrac{e_s^2}{a_0} \right) = -\dfrac{e_s^2}{a_0} = -27.13\,\mathrm{eV}$. 另外, 通过分析 $E_+(R)$ 曲线在 $R = R_0$ 邻域内的行为, 可得氢分子的零点振动能为 $\dfrac{1}{2}\hbar\omega_0 \approx 0.010$ (原子单位) $= 0.27\,\mathrm{eV}$, 由此可算得氢分子的离解能为

$$D_\mathrm{d} = -2E_\mathrm{H} - \left[-E_+(R_0) + \frac{1}{2}\hbar\omega_0 \right] = 3.54\,\mathrm{eV}.$$

与实验测量结果 (4.45 eV) 符合得也相当好.

回顾上述计算过程知, 这里采用的计算比较简单粗糙, 如果采用更细致的含有较多参数的试探波函数, 计算结果与实验测量结果的符合程度会明显提高. 由此知, 变分法是相当有效的近似计算方法.

8.6 准经典近似与 WKB 近似方法

8.6.1 一般说明

对于狄拉克来说, 1925 年的夏天是异常难忘的. 他试图将物理量算符的非对易性和经典力学结合起来. 几乎一个世纪以前, 哈密顿已经建立了哈密顿方程来描述经典物理中物体的运动规律. 在哈密顿建立的分析力学中, 物体的状态由任意时刻物体的位置和动量来描述. 整个物理体系的运动规律完全由体系的哈密顿量 $\left(\text{以一维情况为例}, H = \dfrac{p^2}{2m} + V(x)\right)$ 支配, 物体的位置坐标和动量随时间演化的行为遵从如下哈密顿正则方程:

$$\frac{\mathrm{d}x}{\mathrm{d}t} = \frac{\partial H}{\partial p}, \quad \frac{\mathrm{d}p}{\mathrm{d}t} = -\frac{\partial H}{\partial x}.$$

设 $f(x, p, t)$ 是坐标、动量和时间的某个函数, 它对时间的全导数为

$$\frac{\mathrm{d}f}{\mathrm{d}t} = \frac{\partial f}{\partial t} + \frac{\partial f}{\partial x}\frac{\partial x}{\partial t} + \frac{\partial f}{\partial p}\frac{\partial p}{\partial t}.$$

将哈密顿方程代入, 则得

$$\frac{\mathrm{d}f}{\mathrm{d}t} = \frac{\partial f}{\partial t} + \{f, H\},$$

其中 $\{f,\,H\}$ 为经典物理中的泊松括号:

$$\{f,\,H\} = \frac{\partial f}{\partial x}\frac{\partial H}{\partial p} - \frac{\partial f}{\partial p}\frac{\partial H}{\partial x}.$$

对任意的一对函数 f 和 g, 泊松括号定义为

$$\{f,\,g\} = \frac{\partial f}{\partial x}\frac{\partial g}{\partial p} - \frac{\partial f}{\partial p}\frac{\partial g}{\partial x}.$$

当 $f = x$ 且 $g = p$ 时, 我们得到关系式

$$\{x,\,p\} = 1.$$

不显含时间的物理量随时间演化的行为则为

$$\frac{\mathrm{d}f}{\mathrm{d}t} = 0 + \frac{\partial f}{\partial x}\frac{\partial x}{\partial t} + \frac{\partial f}{\partial p}\frac{\partial p}{\partial t} = \{f,\,H\}. \tag{8.49}$$

与量子力学中物理量 Q 随时间演化的海森伯方程

$$\frac{\mathrm{d}Q}{\mathrm{d}t} = \frac{1}{\mathrm{i}\hbar}\big[\hat{Q},\,\hat{H}\big]$$

比较则知 (狄拉克发现): 除以 $\mathrm{i}\hbar$ 因子后, 量子力学的算符对易子具有与分析力学中的泊松括号类似的作用, 具体即有: 量子力学中的 $[x,\,p] = \mathrm{i}\hbar$ 相应于分析力学中的 $\{x,\,p\} = 1$, 量子力学中的 $\frac{\mathrm{d}Q}{\mathrm{d}t} = \frac{1}{\mathrm{i}\hbar}\big[\hat{Q},\,\hat{H}\big]$ 相应于分析力学中的 $\frac{\mathrm{d}Q}{\mathrm{d}t} = \{Q,\,H\}$.

　　狄拉克从而得到了经典和量子的对应原理: 将经典物理中的泊松括号替换成量子对易子并除以 $\mathrm{i}\hbar$ 即得量子物理中物理量的性质. 狄拉克将不对易的量子物理量称为 q-数 (q-numbers), 而经典物理量则为 c-数 (c-numbers). 至此, 狄拉克完成了他的量子理论[1].

　　总之, 当 $\hbar$ 可以被认为很小、从而可以忽略时, 量子力学即可作准经典 (力学) 近似; 当对易子 (量子泊松括号) 退化为经典泊松括号时, 量子力学亦可作准经典近似. 由关于氢原子能谱等的讨论知, 在量子数很大情况下, 量子的离散能谱趋于经典的连续能谱, 这表明在大量子数情况下, 量子力学可以做准经典近似, 此即著名的玻尔对应原理. 值得注意, 玻尔对应原理的成立对体系的势场有要求, 即不是

　　[1] P.A.M. Dirac, The fundamental equations of quantum mechanics, Proceedings of the Royal Society of London, Series A, Vol. 109, No. 752 (1925), pp. 642-653.

对任意势场情况玻尔对应原理都成立. 有关讨论请参阅苏汝铿的《量子力学》(复旦大学出版社, 1997).

下面具体讨论薛定谔方程的准经典近似.

对静止质量为 m 的粒子, 记其在势场 U 中运动的量子态 (波函数) 为

$$\psi(\boldsymbol{r}, t) = C(\boldsymbol{r}, t)\mathrm{e}^{\mathrm{i}S(\boldsymbol{r},t)/\hbar},$$

则其在时空中的概率密度分布为

$$\rho(\boldsymbol{r}, t) = \big|C(\boldsymbol{r}, t)\big|^2,$$

概率流密度为

$$\boldsymbol{j} = \frac{1}{2m}\big(\psi^*\hat{\boldsymbol{p}}\psi + \psi\hat{\boldsymbol{p}}^*\psi^*\big) = \frac{|C|^2}{m}\nabla S,$$

并且, 粒子的速度为

$$\boldsymbol{v} = \frac{\boldsymbol{j}}{\rho} = \frac{\nabla S}{m}.$$

另外, 将上述波函数代入薛定谔方程

$$\mathrm{i}\hbar\frac{\partial \psi}{\partial t} = \hat{H}\psi = \Big(-\frac{\hbar^2}{2m}\nabla^2 + U\Big)\psi$$

计算, 得

$$\mathrm{i}\hbar\frac{\partial C}{\partial t}\mathrm{e}^{\mathrm{i}S/\hbar} - C\frac{\partial S}{\partial t}\mathrm{e}^{\mathrm{i}S/\hbar} = UC\mathrm{e}^{\mathrm{i}S/\hbar} - \frac{\hbar^2}{2m}(\nabla^2 C)\mathrm{e}^{\mathrm{i}S/\hbar} - \frac{\mathrm{i}\hbar}{m}(\nabla C \cdot \nabla S)\mathrm{e}^{\mathrm{i}S/\hbar}$$

$$- \frac{\mathrm{i}\hbar}{2m}C(\nabla^2 S)\mathrm{e}^{\mathrm{i}S/\hbar} + \frac{1}{2m}C(\nabla S \cdot \nabla S)\mathrm{e}^{\mathrm{i}S/\hbar}.$$

考虑上式等号两边实部、虚部分别相等, 则得

$$\frac{\partial C}{\partial t} = -\frac{1}{2m}\Big(C\nabla^2 S + 2\nabla C \cdot \nabla S\Big),$$

$$\frac{\partial S}{\partial t} = -\Big[U + \frac{(\nabla S)^2}{2m} - \frac{\hbar^2}{2m}\frac{\nabla^2 C}{C}\Big].$$

再者, 由前述的概率密度 ρ 和概率流密度 $\boldsymbol{j}$ 直接计算 $\dfrac{\partial \rho}{\partial t}$ 和 $\nabla \cdot \boldsymbol{j}$ 知, 连续性方程

$$\frac{\partial \rho}{\partial t} + \nabla \cdot \boldsymbol{j} = 0$$

即上述 $\dfrac{\partial C}{\partial t}$ 表述的方程. 并且, 上述关于 $\dfrac{\partial S}{\partial t}$ 的表达式即

$$\frac{\partial S}{\partial t} + U + \frac{(\nabla S)^2}{2m} - \frac{\hbar^2}{2m}\frac{\nabla^2 C}{C} = 0.$$

在 $\hbar \to 0$, 从而可以忽略情况下, 上式化为

$$\frac{\partial S}{\partial t} + U + \frac{(\nabla S)^2}{2m} = 0.$$

再考察波函数 ψ 的表达式知, 其中指数上的相因子 S 对应于经典力学中的作用量, 并且对于哈密顿系统,

$$S = -Et + W + A,$$

其中, E 为系统的能量, W 为哈密顿特性函数, A 为常量. 对于非耗散的哈密顿系统, 能量守恒, 即有

$$\frac{\partial S}{\partial t} = -E,$$

于是, 上述关于 $\dfrac{\partial S}{\partial t}$ 的方程即

$$\frac{(\nabla S)^2}{2m} = E - U.$$

这实际上即经典力学中的哈密顿–雅可比方程 (Hamilton-Jacobi equation). 这表明, 在 $\hbar \to 0$ 情况下, 量子力学中的薛定谔方程

$$\mathrm{i}\hbar\frac{\partial}{\partial t}\psi(\boldsymbol{r}, t) = \hat{H}\psi(\boldsymbol{r}, t)$$

化为经典力学中的哈密顿–雅可比方程, 也就是说薛定谔方程的准经典近似就是哈密顿–雅可比方程. 显然, 哈密顿–雅可比方程与我们熟悉的经典力学的牛顿方程 $m\dfrac{\mathrm{d}^2\boldsymbol{r}}{\mathrm{d}t^2} = -\nabla U$ 的形式类似. 再回顾薛定谔对微观粒子的德布罗意物质波假设的机制给出物理解释, 并给出定态薛定谔方程的过程知, 薛定谔正是沿着上述过程的逆过程实现其突破的 (具体可参见本书第 1 章 1.3 节的讨论).

8.6.2　WKB 近似方法

1. WKB 近似方法介绍

为了较方便地进行准经典近似计算, Wenzel、Kramers 和 Brillouin 几乎同时分别提出了一种准经典近似计算方法 (G. Wenzel, Z. Phys. **38** 518 (1926); H.M.

Kramers, Z. Phys. **39**, 828 (1926); L. Brillouin, Compes. Rendus **183**, 24 (1926); J. de. Phys. **7**, 353 (1926)), 后人统称之为 WKB 近似方法. 本小节对此方法予以简要介绍.

对一维定态薛定谔方程

$$-\frac{\hbar^2}{2m}\frac{\mathrm{d}^2}{\mathrm{d}x^2}\psi(x) + U(x)\psi(x) = E\psi(x),$$

记其解为 $\psi(x) = \mathrm{e}^{\mathrm{i}[S(x)/\hbar]}$, 其中 $S(x)$ 为复函数, 代入薛定谔方程, 则得

$$\frac{\hbar}{\mathrm{i}}\frac{1}{2m}\frac{\mathrm{d}^2S}{\mathrm{d}x^2} + \frac{1}{2m}\left(\frac{\mathrm{d}S}{\mathrm{d}x}\right)^2 = E - U(x).$$

假设 $S(x)$ 可以表述为 $\hbar$ 的幂级数, 即有

$$S = S_0 + \frac{\hbar}{\mathrm{i}}S_1 + \left(\frac{\hbar}{\mathrm{i}}\right)^2 S_2 + \cdots,$$

代入前述方程, 得

$$\frac{1}{2m}S_0'^2 + \frac{\hbar}{\mathrm{i}}(S_0'' + 2S_0'S_1') + \frac{1}{2m}\left(\frac{\hbar}{\mathrm{i}}\right)^2(S_1'^2 + 2S_0'S_2' + S_1'') + \cdots = E - U(x),$$

比较 $\hbar$ 的同幂次, 得

$$\frac{1}{2m}S_0'^2 = E - U(x), \quad 2S_0'S_1' + S_0'' = 0, \quad 2S_0'S_2' + S_1'^2 + S_1'' = 0, \quad \cdots.$$

由 $\frac{1}{2m}S_0'^2 = E - U(x)$, 容易解得

$$S_0(x) = \pm\int^x \sqrt{2m(E - U(x)}\,\mathrm{d}x = \pm\int^x p\,\mathrm{d}x.$$

代入第二个方程, 得

$$S_1' = -\frac{1}{2}\frac{S_0''}{S_0'} = -\frac{1}{2}\frac{p'}{p} = (\ln p^{-1/2})',$$

由此易得一级量子修正解

$$S_1 = \ln p^{-1/2} + 常量,$$

从而得到考虑一级量子修正下的波函数.

实用时, 应注意下述两点: ① 根据是否经典允许, 选取 S_0 的符号; ② 注意边界条件决定的连续性条件.

2. 一个应用实例——原子核的 α 衰变的描述

我们知道, 原子核的 α 衰变即释放出基态氦-4 原子核的衰变, 由于氦-4 原子核的质量数为 4、核电荷数为 2, 则质量数为 A、核电荷数为 Z 的原子核 X 的 α 衰变可以一般地表示为

$$_Z^A \mathrm{X} \longrightarrow {_{Z-2}^{A-4}} \mathrm{Y} + \alpha.$$

假设衰变前母核 X 处于静止状态, 根据能量守恒定律, 我们有

$$m_\mathrm{X} c^2 = m_\mathrm{Y} c^2 + m_\alpha c^2 + E_\alpha + E_\mathrm{r},$$

其中, m_X、m_Y 和 m_α 分别为母核、子核和 α 粒子的静止质量, E_α 和 E_r 分别为 α 粒子的动能和子核的反冲动能. 定义 E_α 与 E_r 之和为 "α 衰变能", 并记之为 Q_α, 则有

$$Q_\alpha \equiv E_\alpha + E_\mathrm{r} = \left[m_\mathrm{X} - \left(m_\mathrm{Y} + m_\alpha \right) \right] c^2.$$

由于通常的核素性质所述的质量都是原子质量, 而非原子核的质量, 记母态原子、子态原子、氦原子和电子的质量分别为 M_X、M_Y、M_He、m_e, 则

$$m_\mathrm{X} = M_\mathrm{X} - Z m_\mathrm{e}, \quad m_\mathrm{Y} = M_\mathrm{Y} - (Z-2) m_\mathrm{e}, \quad m_\alpha = M_\mathrm{He} - 2 m_\mathrm{e},$$

于是, α 衰变能 Q_α 可以表示为

$$Q_\alpha = \left[M_\mathrm{X} - \left(M_\mathrm{Y} + M_\mathrm{He} \right) \right] c^2.$$

显然, 为保证 α 衰变发生, 必须有 $Q_\alpha > 0$, 即

$$M_\mathrm{X}(Z, A) > M_\mathrm{Y}(Z-2, A-4) + M_\mathrm{He}.$$

总之, 一个核素发生 α 衰变的条件是其质量必须大于衰变达到的子核原子质量与氦原子质量之和.

α 衰变释放出的 α 粒子来自原子核, 在核内时, 它受到核力提供的吸引作用; 在核外时, 它受到子原子核提供的库仑排斥作用. 吸引的核力与排斥的库仑力的叠加在核表面形成一个势垒, 如图 8.11 所示. 稍具体地, 该势垒的高度可以近似地由 α 粒子刚溢出母核时与子核之间的库仑排斥能表征, 即有

$$U_\mathrm{B} = \frac{1}{4\pi\varepsilon_0} \frac{2Z e^2}{R}.$$

记子核、α 粒子的半径分别为 $r_\mathrm{Y} = r_0 A_\mathrm{Y}^{1/3}$、$r_\alpha = r_0 A_\alpha^{1/3}$, $r_0 = 1.2\mathrm{fm}$, 其中 A_Y、A_α 分别为子核、α 粒子的质量数; 再考虑 $\dfrac{e^2}{4\pi\varepsilon_0} = 1.44\,\mathrm{fm \cdot MeV}$, 则得以 MeV 为单位的势垒高度为

$$U_{\mathrm{B}} = \frac{2Z \times 1.44}{1.2(A_{\mathrm{Y}}^{1/3} + A_{\alpha}^{1/3})} = 2.4 \frac{Z}{A_{\mathrm{Y}}^{1/3} + A_{\alpha}^{1/3}}.$$

例如, 对于 $^{212}_{84}\mathrm{Po}$, 可得到 $U_{\mathrm{B}} \approx 26\mathrm{MeV}$, 明显大于实验测量到的它释放出的 α 粒子的动能 (8.78MeV). 那么, 原子核的 α 衰变是原本处于核内的 α 粒子通过量子隧道效应、穿过上述位垒而逸出原子核所致. 因此, 原子核的 α 衰变的机制是强作用和电磁作用共同形成的势场中的量子隧穿, 如图 8.11 中由 E_{α} 标记的虚线附近的曲线所示.

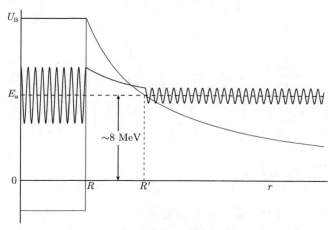

图 8.11 原子核的 α 衰变的势垒示意图

认识到 α 衰变是 α 粒子在强作用和电磁作用共同形成的势场中的量子隧穿所致, 我们即可利用量子力学的势垒隧穿理论对之进行描述. 由于完整的相互作用很复杂, 难以进行严格的计算, 近似地, 我们可以采用量子力学的准经典近似方法——WKB 近似方法进行计算. 根据前面计算得到的 S 的表达式, 计算透射系数, 在最低阶近似下, 得到 α 粒子通过量子隧穿而透射出母原子核的透射系数为

$$|T|^2 \propto P = \mathrm{e}^{-2|S_0|/\hbar}.$$

再记母原子核的半径为 R、透射出库仑位垒的位置坐标为 R_{out}, 分布在 $[R, R_{\mathrm{out}}]$ 区间内的库仑位垒为 $U(x)$, 考虑 $E < U(x)$, 则有

$$S_0 = \sqrt{2m} \int_{x_1}^{x_2} \sqrt{U(x) - E} \, \mathrm{d}x.$$

改记透射系数为

$$|T|^2 \propto \mathrm{e}^{-G},$$

则其中的 G 为

$$G = 2\frac{\sqrt{2m}}{\hbar} \int_{x_1}^{x_2} \sqrt{U(x) - E}\, \mathrm{d}x.$$

对于库仑位垒, 参照电子从原子中电离的能量条件知, α 粒子的动能应该等于其透射出去处的库仑排斥能, 于是 α 粒子透射出去处距离母核核心的间距 (即对应动能 E_α 的库仑能的半径) 为

$$R_{\mathrm{out}} = R' = \frac{1}{4\pi\varepsilon_0} \frac{Z_1 Z_2 e^2}{E_\alpha},$$

则

$$\int_R^{R_{\mathrm{out}}} \left(\frac{1}{4\pi\varepsilon_0} \frac{Z_1 Z_2 e^2}{r} - E_\alpha \right)^{1/2} \mathrm{d}r = \sqrt{\frac{1}{4\pi\varepsilon_0} Z_1 Z_2 e^2} \int_R^{R_{\mathrm{out}}} \left(\frac{1}{r} - \frac{1}{R_{\mathrm{out}}} \right)^{1/2} \mathrm{d}r$$

$$= R_{\mathrm{out}} \left(\frac{1}{4\pi\varepsilon_0} \frac{Z_1 Z_2 e^2}{R_{\mathrm{out}}} \right)^{1/2} \left[\arccos\sqrt{\frac{R}{R_{\mathrm{out}}}} - \sqrt{\frac{R}{R_{\mathrm{out}}} \left(1 - \frac{R}{R_{\mathrm{out}}} \right)} \right]$$

$$= \sqrt{\frac{Z_1 Z_2 e^2 R_{\mathrm{out}}}{4\pi\varepsilon_0}} F(R/R_{\mathrm{out}}).$$

假设透射出去的 α 粒子原来距离其透射处相当远, 即有 $R/R_{\mathrm{out}} \ll 1$, 则可对 $F(R/R_{\mathrm{out}})$ 作一级近似, 于是有

$$F\left(\frac{R}{R_{\mathrm{out}}} \right) \approx \frac{\pi}{2} - 2\sqrt{\frac{R}{R_{\mathrm{out}}}},$$

从而

$$G \approx 2\sqrt{\frac{2m_\alpha}{\hbar^2}} \frac{1}{4\pi\varepsilon_0} \frac{Z_1 Z_2 e^2}{\sqrt{E_\alpha}} \left(\frac{\pi}{2} - 2\sqrt{\frac{R}{R_{\mathrm{out}}}} \right).$$

将 $Z_1 = Z_\alpha = 2$, $m_\alpha c^2 = 3750\mathrm{MeV}$ 代入, 对于核电荷数为 $Z_2 = Z$ 的子核,

$$G \approx \frac{4Z}{\sqrt{E_\alpha}} - 3\sqrt{ZR},$$

其中释放出的 α 粒子的动能 E_α 以 MeV 为单位; $R \approx 1.2\left(A_{\mathrm{Y}}^{1/3} + A_\alpha^{1/3} \right)$, 进而即可得到 α 粒子撞击势垒而穿过的概率 $P = \mathrm{e}^{-G}$.

由于上述透射概率小于 1, 因此需要撞击多次才能透射出去. 记 α 粒子在母核内运动的速率为 v, 母核的半径为 R, 则 1s 时间内 α 粒子撞击位垒的次数 n 可以直观地近似表述为

$$n = \frac{v}{2R}.$$

而 α 粒子在母核内运动的速率可以由其动能 E_α 表述为

$$v = \sqrt{\frac{2E_\alpha}{m_\alpha}} = c\sqrt{\frac{2E_\alpha}{m_\alpha c^2}}.$$

取 E_α 以 MeV 为单位, 则

$$v = c\sqrt{\frac{2E_\alpha}{3750}} \approx \left(6.9 \times 10^6\right)\sqrt{E_\alpha}\ \mathrm{m/s}.$$

记母核的质量数为 A_X, 则母核的半径 $R = r_0 A_\mathrm{X}^{1/3}$, 于是有

$$n \approx (3 \times 10^{21}) A_\mathrm{X}^{-1/3} E_\alpha^{1/2}\ \mathrm{s}^{-1}.$$

那么, α 衰变的平均寿命 (半衰期) 可以近似表述为

$$\tau = \frac{1}{nP} \approx \left(3.5 \times 10^{-22}\right) A_\mathrm{X}^{1/3} \frac{1}{\sqrt{E_\alpha}} \exp\left(\frac{4Z}{\sqrt{E_\alpha}} - 3\sqrt{ZR}\right).$$

由此即得 α 衰变的半衰期 τ 与 α 粒子的能量 E_α 之间有近似关系:

$$\ln\tau = A E_\alpha^{-1/2} + B,$$

其中, A 与 B 为依赖于母核结构的参数, τ 以 s 为单位, E_α 以 MeV 为单位.

　　按上述计算很难得到可以与实验测量结果相比较的结果, 因此实际应用中需要精细地考虑原子核中 α 粒子的能量状态及衰变位垒 (亦即原子核结构等) 的信息. 作为一个例子, 较精细地考虑了原子核结构和相互作用效应情况下对一些重原子核的 α 衰变的半衰期的计算结果与实验测量结果的比较, 如图 8.12 所示.

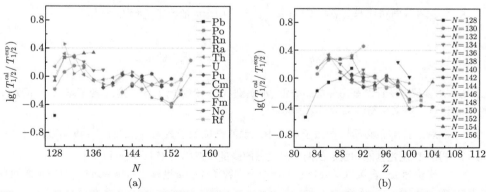

图 8.12　较精细地考虑了原子核结构和相互作用效应影响下计算得到的一些重原子核的 α 衰变的半衰期 (按其以 s 为单位的数值的以 10 为底的对数表述) 与实验测量结果的比较 (取自 Y.B. Qian, Z.Z. Ren, and D.D. Ni, Phys. Rev. C 83: 044317 (2011))

　　由图 8.12 知, 在较精细地考虑了原子核结构等效应情况下, 人们可以很好地描述原子核的 α 衰变的寿命. 由此知, 在一些复杂的过程中, 准经典近似可以相当好地解决实际的物理问题.

思考题与习题

　　8.1　我们讨论的微扰理论框架是对能量和波函数进行微扰展开, 试说明不对动量进行微扰展开计算的物理机制.

　　8.2　设非简谐振子的哈密顿量为

$$\hat{H} = -\frac{\hbar^2}{2\mu}\frac{\mathrm{d}^2}{\mathrm{d}x^2} + \frac{1}{2}\mu\omega_0^2 x^2 + \beta x^3, \quad \beta\text{为实常数},$$

取

$$\hat{H}_0 = -\frac{\hbar^2}{2\mu}\frac{\mathrm{d}^2}{\mathrm{d}x^2} + \frac{1}{2}\mu\omega_0^2 x^2, \quad \hat{H}' = \beta x^3,$$

试利用微扰方法计算其本征能量及相应的本征函数.

　　8.3　一维谐振子的哈密顿量通常表述为

$$\hat{H}_0 = -\frac{\hbar^2}{2\mu}\frac{\mathrm{d}^2}{\mathrm{d}x^2} + \frac{1}{2}\mu\omega^2 x^2,$$

其中, μ 为粒子的质量, ω 为谐振动的圆频率. 现对之加上一个微扰

$$\hat{H}' = \frac{\lambda}{2}\mu\omega^2 x^2, \quad \lambda \ll 1,$$

试利用微扰方法, 在考虑到三级近似情况下, 确定系统粒子能级的修正, 并与精确解进行比较.

　　8.4　三维各向同性谐振子势 $V(r) = \frac{1}{2}\mu\omega^2 r^2$ 中运动的粒子, 受到微扰作用

$$\hat{H}' = \lambda xyz + \frac{\lambda^2}{\hbar\omega}x^2 y^2 z^2, \quad \lambda\text{为很小的常数},$$

(1) 试利用微扰方法计算基态能级的修正 (准确到 λ^2); (2) 对于一级近似下的基态, 计算间距 r 的平均值 $\langle r \rangle$, 并对所得结果给出物理解释.

　　8.5　对于三维各向同性谐振子势场中运动的自旋量子数为 $\frac{1}{2}$ 的粒子, 添加微扰 $\hat{H}' = \lambda\hat{\boldsymbol{\sigma}}\cdot\hat{\boldsymbol{r}}$ 作用, 试确定基态和紧邻的两个激发态的能量修正 (精确到二级近似).

　　8.6　质量为 μ、自旋量子数为 0 的两个全同粒子在一维谐振子势场中运动, 设粒子之间有相互作用

$$\hat{H}' = U_0 \exp[-\beta^2(x_1 - x_2)^2], \quad U_0\text{为绝对值很小的常数},$$

试利用微扰方法确定一级近似下体系的基态的能级修正.

8.7 设有自由粒子在长度为 L 的一维区域中运动, 波函数满足周期性边界条件 $\psi(-L/2) = \psi(L/2)$, 波函数形式可取为

$$\psi_+^{(0)} = \sqrt{\frac{2}{L}}\cos kx, \quad \psi_-^{(0)} = \sqrt{\frac{2}{L}}\sin kx, \quad k = \frac{2\pi n}{L}, \quad n = 0, 1, 2, \cdots,$$

设粒子还受到一个微扰作用

$$\hat{H}'(x) = -U_0 \exp(-x^2/a^2), \quad a \ll L,$$

试利用简并微扰方法确定能级的一级修正.

8.8 对位于 $x \in (0, a)$ 的一维无限深势阱中运动的粒子施加微扰作用

$$\hat{H}'(x) = \begin{cases} 2\lambda\dfrac{x}{a}, & 0 < x < a/2, \\ 2\lambda\left(1 - \dfrac{x}{a}\right), & a/2 < x < a. \end{cases}$$

试确定基态能量的一级修正.

8.9 在一维无限深势阱

$$U(x) = \begin{cases} 0, & 0 < x < a \\ \infty, & x \leqslant 0, \quad x \geqslant a \end{cases}$$

中运动的粒子, 受到微扰

$$\hat{H}'(x) = \begin{cases} -b, & 0 < x < a/2 \\ +b, & a/2 < x < a \end{cases}$$

的作用, 试确定粒子在空间的概率密度分布的改变.

8.10 对于在二维无限深势阱

$$U(x, y) = \begin{cases} 0, & 0 < x, y < a \\ \infty, & \text{其他} \end{cases}$$

中运动的一个质量为 m 的粒子, 加上微扰 $\hat{H}' = \lambda xy \quad (0 \leqslant x, y \leqslant a)$ 作用, 试确定粒子的基态及第一激发态的能量修正.

8.11 实际原子核不是一个点电荷, 而是一个可以视为电荷均匀分布的球体. 实验测量表明, 原子核的电荷分布半径与核电荷数 Z 之间的关系可以表述为 $R = r_{0p}Z^{1/3}$, 其中 $r_{0p} = 1.635 \times 10^{-15}$m, 试利用微扰方法估计这种 (非点电荷) 效应对原子的 1s 能级的修正. (假设 1s 电子波函数近似取为类氢原子的 1s 态波函数.)

8.12 半径为 R 的带电球体的电势分布可视为球壳分布:

$$\rho_q(r) = \begin{cases} Ze/R, & r < R, \\ Ze/r, & r > R. \end{cases}$$

试确定在微扰

$$\hat{H}' = \begin{cases} Ze^2\left(\dfrac{1}{r} - \dfrac{1}{R}\right), & r < R \\ 0, & r > R \end{cases}$$

作用下, 一个带电量为 $-e$、质量为 m 的粒子的 1s 能级的一级修正.

8.13　对于 μ 原子 (以一个 μ^- 粒子取代一个电子而形成的原子, $m_\mu = 207\, m_e$), (1) 试确定 μ^- 粒子的圆轨道 ($l = n-1$) 半径, 并与核半径比较, 进一步估算原子序数 Z 多大时, μ^- 的 "轨道半径" 将与核半径相等; (2) 对于 Z 较小的轻核, 试估算原子核电荷的有限分布对 μ^- 原子的 1s 能级的影响.

8.14　半径为 r_0 的均匀带电小球在外静电场中获得的势能可以表述为

$$U(r) = V(r) + \frac{1}{6} r_0^2 \nabla^2 V(r) + \cdots,$$

其中, r 为与球心之间的距离, $V(r)$ 是把小球换为点电荷情况下的静电势能. 氢原子中, 视电子为点电荷, 则它与原子核之间的库仑作用势能为 $V(r) = -e_s^2/r$. 如果视电子为带电量为 $(-e)$ 的小球, 半径 $r_0 = e_s^2/(m_e c^2)$, 则势能应改为上述的 $U(r)$. 现在, 把 r_0^2 项视为微扰, 试确定 1s 和 2p 能级的微扰修正 (相当于 Lamb 移动).

8.15　氢原子的 $n = 2$ 能级的精细结构如图 6.3 所示, 具体即有

$$\Delta = E(2p_{3/2}) - E(2p_{1/2}) = \frac{1}{32}\alpha^2 m_e c^2 = 4.5 \times 10^{-5}\ \text{eV},$$

其中 $\alpha = e_s^2/\hbar c \approx 1/137$ 为精细结构常数. 现将氢原子置于 "弱" 电场 ε 中, 试确定一级微扰下能级的分裂.

8.16　单价电子原子处于某种离子点阵中, 周围离子对价电子的作用势可近似表示为

$$\hat{H}' = V_0\left(x^4 + y^4 + z^4 - \frac{3}{5} r^4\right),$$

并可视为微扰. 现有处于 3d 态的单价电子, 它的正交归一波函数可取为

$$\psi_1 = \frac{1}{2}\left(y^2 - z^2\right) f(r), \quad \psi_2 = \frac{1}{2\sqrt{3}}\left(2x^2 - y^2 - z^2\right) f(r),$$

$$\psi_3 = yz f(r), \qquad \psi_4 = zx f(r), \qquad \psi_5 = xy f(r),$$

其中 $f(r)$ 为无奇异性的函数, 试讨论一级微扰近似下, 3d 能级的分裂情况及分裂后的能量简并度.

8.17　将处于超精细结构基态 (1s, 总角动量量子数 $F = 0$) 的氢原子置于沿 z 轴方向均匀弱磁场 $\boldsymbol{B}$ 中, 相互作用势的主要部分为 $\hat{H}' = -\boldsymbol{B} \cdot (\boldsymbol{\mu}_e + \boldsymbol{\mu}_p) \approx -B\mu_{ez}$, 试确定能级移动 $\Delta E(B)$; 定义原子的磁化率 $\alpha_0 = -\left(\dfrac{\partial^2 \Delta E(B)}{\partial B^2}\right)_{B=0}$, 试确定 α_0.

8.18　对于氢原子的 s 态 ($l = 0$), 原子核 (质子) 与电子的超精细相互作用可以表示为 $\hat{H}' = -\dfrac{8\pi}{3} \boldsymbol{\mu}_p \cdot \boldsymbol{\mu}_e \delta(r)$, r 是原子核与电子的相对距离, $\boldsymbol{\mu}_p = g_p \dfrac{e}{2m_p c} \boldsymbol{s}_p$ (其中 $g_p = 5.586$),

$\boldsymbol{\mu}_e = -2\dfrac{e}{2m_e c}\boldsymbol{s}_e$ 分别是质子的磁矩、电子的磁矩, $\boldsymbol{s}_p$、$\boldsymbol{s}_e$ 分别为质子、电子的自旋. 试确定 H' 引起的氢原子基态的超精细分裂.

8.19 在中心力场中运动的两个粒子, 均处于 s 态 ($l_1 = l_2 = 0$), 粒子 1 的自旋量子数为 1, 内禀磁矩 $\boldsymbol{\mu}_1 = -\mu\boldsymbol{s}_1$; 粒子 2 的自旋量子数为 $\dfrac{1}{2}$, 无内禀磁矩. 设两粒子之间有相互作用 $A\boldsymbol{s}_1 \cdot \boldsymbol{s}_2$, $A > 0$, 此外还受到沿 z 方向的均匀外磁场 B 的作用, 粒子的轨道运动可以不考虑. (1) 试对 $B = 0$ 情况, 确定体系的能级; (2) 试对磁场很强情况 (从而可略去 $A\boldsymbol{s}_1 \cdot \boldsymbol{s}_2$), 确定体系的能级; (3) 试确定体系能级的精确解, 就强磁场和弱磁场情况分别给出近似公式, 并与微扰方法得到的结果进行比较.

8.20 设在 H_0 表象中, 系统的哈密顿量 $\hat{H}$ 可由矩阵表述为

$$\hat{H} = \begin{pmatrix} E_1^{(0)} & 0 & a \\ 0 & E_2^{(0)} & b \\ a^* & b^* & E_3^{(0)} \end{pmatrix}, \quad E_1^{(0)} < E_2^{(0)} < E_3^{(0)},$$

试利用微扰方法, 确定系统能级的二级修正.

8.21 设在 H_0 表象中, $\hat{H}_0$ 可表述为 $n \times n$ 矩阵

$$\hat{H}_0 = \begin{pmatrix} \varepsilon_1 & 0 & 0 & 0 & \cdots \\ 0 & \varepsilon_1 & 0 & 0 & \cdots \\ 0 & 0 & \varepsilon_3 & 0 & \cdots \\ 0 & 0 & 0 & \varepsilon_3 & \cdots \\ \vdots & \vdots & \vdots & \vdots & \ddots \end{pmatrix},$$

其中 $\varepsilon_i \neq \varepsilon_j$, 微扰 $\hat{H}'$ 可以表述为

$$\hat{H}' = \begin{pmatrix} -1 & -1 & -1 & -1 & \cdots \\ -1 & -1 & -1 & -1 & \cdots \\ \vdots & \vdots & \vdots & \vdots & \ddots \end{pmatrix},$$

即所有矩阵元都为 -1, 试确定系统的本征值与本征函数.

8.22 设体系的能量本征态和本征值分别记为 ψ_n、E_n ($n = 0, 1, 2, \cdots$), 初始时刻 ($t = 0$) 体系处于基态 ψ_0; $t \geq 0$ 之后, 体系受到微扰 $H'(x,t) = F(x)\mathrm{e}^{-t/\tau}$ 作用 (其中 τ 为实常数, $F(x)$ 为无奇异性的实函数), 试采用一级微扰近似确定在足够长时间后 ($t/\tau \gg 1$), 体系激发到 ψ_n 态的概率.

8.23 具有电荷 q 的离子, 在其平衡位置附近做一维简谐运动, 在光的照射下发生跃迁, 入射光能量密度为 $\rho(\omega)$, 波长较长. (1) 试给出跃迁的选择定则; (2) 设离子原来处于基态, 试确定每秒钟跃迁到第一激发态的概率.

8.24 设有一带电量为 q、质量为 μ 的粒子, 在宽度为 a 的一维无限深势阱中运动, 在波长 $\lambda \gg a$ 的光照射下, 发生跃迁. (1) 试给出跃迁的选择定则; (2) 设粒子原来处于基态, 试给出跃迁速率公式.

8.25　有一个二能级体系, 哈密顿量为 $\hat{H}_0$, 能级分别为 E_1、E_2 $(E_1 < E_2)$, 相应的本征态分别为 ψ_1、ψ_2. 设 $t = 0$ 时刻体系处于 ψ_1 态, $t \geqslant 0$ 后, 体系受到微扰 $\hat{H}'$ 作用, 在 $\hat{H}_0$ 表象中, $\hat{H}'$ 可以表述为

$$H' = \begin{pmatrix} \alpha & \gamma \\ \gamma & \beta \end{pmatrix}, \quad \alpha, \beta, \gamma \text{ 均为实数,}$$

试确定 $t > 0$ 时, 体系处于 ψ_2 态的概率.

8.26　同上题. 设二能级简并, 即有 $E_1 = E_2 = E$, $\alpha = \beta = 0$, 并且 $\psi(t = 0) = \psi_1$, 试确定 $\psi(t)$, 并与经典力学的耦合摆的共振现象做比较.

8.27　一粒子具有自旋量子数 $\frac{1}{2}$, 磁矩为 $\boldsymbol{\mu}$, 电荷为 0, 处于磁场 $\boldsymbol{B}$ 中. 在 $t = 0$ 时, $\boldsymbol{B}$ 沿 z 方向, 大小为 B_0, 粒子处于 σ_z 的本征态 $\begin{pmatrix} 0 \\ 1 \end{pmatrix}$. 在 $t > 0$ 后, 加上沿 x 方向的较弱磁场 (强度为 B_1), 试确定 $t > 0$ 后粒子的自旋态, 以及测得粒子自旋 "向上" 的概率.

8.28　把处于基态的氢原子放在平行板电容器中, 平板法线方向为 z 轴方向, 电场沿 z 轴方向, 可视为均匀. 对电容器突然充电, 然后放电, 电场随时间变化的行为可表示为

$$E(t) = \begin{cases} 0, & t < 0, \\ E_0 \exp(-t/\tau), & t > 0 \quad (\tau \text{ 为实常数}). \end{cases}$$

试确定时间充分长以后, 氢原子跃迁到 2s 态及 2p 态的概率.

8.29　在不考虑自旋情况下, 原子中的电子态可以表示为 $\psi_{nlm_l}(r, \theta, \phi) = R_{nl}(r) Y_{lm_l}(\theta, \phi)$. 对于初态为 s 态 $(E_{nl}, l = 0)$、终态为 p 态 $(E_{n'l'}, l' = 1)$ 的电偶极自发跃迁, 试确定跃迁到 $m_l = 1, 0, -1$ 的终态的分支比.

8.30　同上题. 设初态为 $|nlm_l\rangle$, 末态为 $|n'l'm_l'\rangle$, 并且 n' 确定. (1) 如果 l' 固定, 试在略去末态径向波函数的差异的情况下, 确定跃迁到不同 m_l' 态的分支比; (2) 如果 l' 不固定, 末态的径向波函数的差异可以忽略, 试确定跃迁到不同 l' 能级的分支比.

8.31　在能量谱密度为 $\rho(\omega)$ 的自然光 (可认为波长较长, 电场可记为 $E = E_0 \cos \omega t$) 作用下原子中的电子可以由 k 态跃迁到 k' 态 $(E_{k'} > E_k, k$ 和 k' 为两组标记原子中的电子的状态的 nlm_l 的简称), 记 $\omega_{k'k} = \dfrac{E_{k'} - E_k}{\hbar}$, $\boldsymbol{r}_{k'k}$ 为两状态间的相对矢径 (从而原子有电偶极矩 $\boldsymbol{D} = -e\boldsymbol{r}_{k'k}$), 试证明原子的跃迁速率为 $B_{k'k} = \dfrac{4\pi^2 e^2}{3\hbar^2} \left| \boldsymbol{r}_{k'k} \right|^2 \rho(\omega_{k'k})$, 其中 $|\boldsymbol{r}_{k'k}| = \langle k'|\boldsymbol{r}|k \rangle$.

8.32　对处于基态的氢原子加上交变电场 $E = E_0[\exp(\mathrm{i}\omega t) + \exp(-\mathrm{i}\omega t)]$, 其中 $\hbar\omega \gg$ 氢原子的电离能, 试利用微扰一级近似确定氢原子在每秒钟时间内电离的概率.

8.33　试采用一级 Born 近似, 确定被下列势场作用的粒子的微分散射截面:

(1) $U(r) = \begin{cases} U_0, & r < a, \\ 0, & r > a; \end{cases}$

(2) $U(r) = U_0 \exp(-\lambda r^2)$, $\quad \lambda > 0$;

(3) $U(r) = U_0 \exp(-\lambda r)/r$, $\quad \lambda > 0$;

(4) $U(r) = q/r^2$.

8.34 试证明散射波幅的二级 Born 修正表达式为

$$f^{(2)} = \left(\frac{2m}{\hbar^2}\right)^2 \frac{1}{4\pi} \cdot \frac{1}{(2\pi)^3} \int \frac{U(k-k')U(k'-k_0)}{k'^2 - k^2}\mathrm{d}k',$$

其中 $U(q) = \dfrac{1}{(2\pi\hbar)^{3/2}} \displaystyle\int \exp(-\mathrm{i}\boldsymbol{q}\cdot\boldsymbol{r})\mathrm{d}\boldsymbol{r}$.

8.35 采用 Born 近似处理基态氢原子对能量为 E_k 的快速电子 (质量记为 m) 的散射, 记 $k = \sqrt{2mE_k}/\hbar$, $q = 2k\sin(\theta/2)$(θ 为散射角), $\lambda = \hbar^2/(me^2)$. 试证明: (1) 微分截面为

$$\sigma(\theta) = \frac{4\lambda^2(8 + q^2\lambda^2)^2}{(4 + q^2\lambda^2)^4};$$

(2) 总截面为

$$\sigma_{\mathrm{t}} = \frac{\pi\lambda^2}{3} \frac{7k^4\lambda^4 + 18k^2\lambda^2 + 12}{(k^2\lambda^2 + 1)^3};$$

(3) 在高温极限下

$$\sigma_{\mathrm{t}} \approx \frac{7\pi}{3k^2};$$

(4) 氢原子的形状因子为 $F(\theta) = \left(1 + \dfrac{q^2\lambda^2}{4}\right)^{-2}$.

8.36 质量为 μ 的粒子被壳势场 $U(r) = U_0\delta(r - R_0)$ 散射, 在高能散射情况下, 可采用 Born 近似计算其散射波幅和截面, 试给出计算结果.

8.37 质量为 m、自旋量子数为 $\dfrac{1}{2}$、能量都为 E_k 的两个未极化的全同粒子, 从相反方向入射, 发生弹性散射. 设粒子之间相互作用势为汤川势 $U(r) = \dfrac{\beta}{r}\mathrm{e}^{-\lambda r}$ $(\lambda > 0)$. (1) 对入射能量很大 $(k\lambda \gg 1)$ 情况, 试采用 Born 近似确定散射截面; (2) 如果在 θ 和 $\pi-\theta$ 方向同时测量两个出射粒子, 试确定它们处于自旋三重态 $(S = 1)$ 的概率, 以及两个粒子自旋都向上的概率, 并给出 $E_k \to 0$ 情况下两个粒子自旋都向上的概率; (3) 试讨论采用 Born 近似对能量 E_k 的要求.

8.38 设中性原子的电荷分布具有球对称性, 其密度分布 $\rho(r)$ 具有如下特征: $r \to \infty$, $\rho(r)$ 迅速趋于 0, 且 $\int \rho(r)\mathrm{d}\boldsymbol{r} = 0$, 但 $\int \rho(r)r^2\mathrm{d}\boldsymbol{r} = A \neq 0$(正负电荷分布不均匀). 现有质量为 m、带电量为 e 的粒子沿 z 轴方向入射, 受到此电荷分布所产生的静电场的散射. 试采用 Born 近似计算朝前散射 $(\theta \to 0)$ 的微分截面.

8.39 考虑中子束对双原子分子 H_2 的散射. 中子束沿 z 轴方向入射, 两个氢原子核位于 $x = \pm a$ 处, 中子与电子之间无相互作用, 中子与氢原子核 (即质子) 之间的短程作用可以近似表述为

$$U(r) = -U_0[\delta(x - a)\delta(y)\delta(z) + \delta(x + a)\delta(y)\delta(z)],$$

试在不考虑反冲情况下, 给出一级 Born 近似下的散射波幅和微分截面.

8.40 质量为 μ 的粒子被中心势 $U(r) = \dfrac{q}{r^2}$ $(q > 0)$ 散射. (1) 试确定 s、p、d 分波的散射相移和总散射相移 δ_{t}; (2) 如果作用势较弱, 以致 $8\mu q/\hbar^2 \ll 1$, 试确定散射波幅、散射相移和散射截面; (3) 试采用 Born 近似计算散射波幅和散射截面, 并与 (2) 的结果比较.

8.41　质量为 m 的粒子被势场

$$U(r) = \begin{cases} \infty, & r < a \\ 0, & r > a \end{cases}$$

的散射称为钢球散射. 试就低能极限和高能极限两种情况给出钢球散射的散射相移和散射截面.

8.42　质量为 μ 的粒子被球壳势场 $U(r) = U_0 \delta(r - R_0)$(其中 R_0 为常量) 散射, 试确定各分波的总相移 δ_t 和总散射截面, 并与钢球散射的结果比较.

8.43　对于粒子被势场 $U(r) = q/r^4\,(q > 0)$ 散射, 试确定低能极限情况下 s 波散射的散射波幅、散射相移、散射长度和散射截面.

8.44　对于粒子被势场 U 的散射, 散射总截面可以由分波 l 和相应的散射相移 δ_l 表述为

$$\sigma_t = \frac{4\pi}{k^2} \sum_{l=0}^{\infty} (2l+1) \sin^2 \delta_l.$$

在合适的入射能量 E_k 情况下, 有 $\delta_l = (n+1/2)\pi\,(n = 0, 1, 2, \cdots)$, 相应的散射截面出现最大值; 在能量偏离上述特殊值的情况下, 散射截面减小, 从而整体出现共振峰. 记相应于某共振峰峰值的能量为 E_0, 峰的宽度 (常被称为共振宽度) 为 $\Gamma_l = \dfrac{2}{\left(\frac{\partial \delta_l}{\partial E}\right)\Big|_{E_0}}$, 试证明:

(1) l 分波的散射振幅对于能量的依赖关系为 $F_l(E) = \dfrac{\Gamma_l/2}{(E - E_0) + \mathrm{i}\Gamma_l/2}$;

(2) 相应的散射截面为 (该式即著名的 Breit–Wigner 公式)

$$\sigma_t \approx \sigma_l = \frac{4\pi}{k^2}(2l+1) \frac{\left(\Gamma_l/2\right)^2}{(E - E_0)^2 + \left(\Gamma_l/2\right)^2}.$$

8.45　我们熟悉的问题通常是在已知量子系统的势函数情况下, 确定束缚粒子的能量本征值和本征函数, 或对非束缚粒子确定其反射 (透射) 系数或者出射粒子的空间分布等. 但是, 实际研究中遇到的问题是人们先测量到了量子体系的概率密度, 从而需要确定生成此概率密度 (或相移) 的势函数的形式, 这通常被称为 "逆向工程" 问题 (inverse problem).

(1) 假设相应于质量为 m 的无自旋粒子空间概率密度分布的波函数为

$$\psi(x) = \begin{cases} \dfrac{1}{4}\sqrt{\dfrac{15}{a^5}}\,(a^2 - x^2), & |x| \leqslant a, \\ 0, & |x| > a, \end{cases}$$

并且生成这样的波函数的势场 $U(x)$ 有特征 $\langle \hat{U} \rangle = 0$ 或 $\hat{U}(0) = 0$, 或者粒子的能量 $E = 0$, 试就这三种情况, 从薛定谔方程出发, 分别给出这三种情况下的势能函数 $U(x)$;

(2) 已知质量为 m 的无自旋粒子的波函数为 $\psi(x) = \sqrt{2\alpha^3}\,x\mathrm{e}^{-\alpha|x|}$, 试确定粒子所处势场的表达形式;

(3) 已知质量为 m 的无自旋粒子在短距中心势中的波函数为 $\psi(r, \theta, \phi) = \dfrac{A}{r}\left(\mathrm{e}^{-\alpha r} - \mathrm{e}^{-\beta r}\right)$, 其中 A、α、β 都是实常数且 $\alpha < \beta$, 试确定粒子所处势场的表达形式.

8.46 势能函数为 $U(x)$ 的一维束缚量子体系的基态能量 E_0 满足不等式

$$E_0 \leqslant E(\alpha) = \int \phi_\alpha^*(x) \left[-\frac{\hbar^2}{2m} \frac{\mathrm{d}^2}{\mathrm{d}x^2} + U(x) \right] \phi_\alpha(x)\,\mathrm{d}x,$$

其中 $\phi_\alpha(x)$ 是基态的试探波函数, 而 α 是变分参数. 请采用归一化的高斯试探波函数

$$\phi_\alpha(x) = \left(\frac{2\alpha}{\pi} \right)^{1/4} \mathrm{e}^{-\alpha x^2},$$

说明: 当 $\alpha > 0$ 时, 变分不等式的右方可以为负, 请给出一般性的条件, 并说明给出的条件是否是充分必要条件.

8.47 试采用下述两种试探波函数, 利用变分法确定一维简谐振子的基态波函数和能量, (1) $\psi(x) = \mathrm{e}^{-\lambda x^2}$, 其中 λ 为待定参数; (2) $\psi(x) = \mathrm{e}^{-|x|/a}$, 其中 a 是待定参数, 并说明哪一种试探波函数相对好一些, 及其机制.

8.48 H_2 分子中的一个电子被电离后形成 H_2^+, 其哈密顿量为

$$\hat{H} = -\frac{\hbar^2}{2m_e} \nabla^2 - \frac{e_s^2}{r_A} - \frac{e_s^2}{r_B} + \frac{e_s^2}{R},$$

其中, R 是两质子的间距, 而 r_A、r_B 分别是电子与质子 A、质子 B 之间的距离. 试用变分法估算氢分子离子 (H_2^+) 的基态能量.

8.49 一个粒子受限于势函数 $U(x) = \begin{cases} Ax, & x > 0 \\ \infty, & x \leqslant 0 \end{cases}$, 其中 $A > 0$. 试分别采用变分法、定态微扰论 (要求精确到三阶量子修正), 计算粒子的基态能量, 并比较两种方法所得结果.

8.50 通常所说的 "场致辐射" 是指在外界电场作用下金属内的电子挣脱金属束缚而脱出的现象. 我们可以采用简化模型描述这种现象: 记金属表面位于 $x = 0$ 处, 在金属外 $(x > 0)$ 施加外部电场 ε, 此时电子所受的势函数可以表述为 $U(x) = \begin{cases} -U, & x \leqslant 0 \\ -e\varepsilon x, & x > 0 \end{cases}$, 金属内电子由于受到功函数 ϕ 的限制而无法脱出, 因此, 我们可以设金属内的电子能量为 $E = -\phi$. 请采用 WKB 近似方法计算外部电场作用下金属内束缚电子的透射概率.

8.51 一个质量为 m 粒子位于势场 $U(x) = \begin{cases} mgz, & z > 0 \\ \infty, & z = 0 \end{cases}$ 中, 即有相当于经典物理中的弹性小球撞击地面的现象, 试利用 WKB 近似方法给出所有的束缚能级和基态的波函数.

第 9 章　电磁场中运动的带电粒子与量子相位

自然界中的基本粒子大多都是带电粒子, 带电粒子的运动状态由其所处的电磁场决定. 即使是表观上的中性粒子, 如果其组分单元是带电粒子, 它们的状态和性质也受电磁场的影响, 并在光谱和极化状态等方面表现出奇妙的性质. 带电粒子在电磁场中运动的状态的奇妙之处还表现在量子态的相位上, 这为我们研究量子相位提供了一个极好的平台. 本章对描述带电粒子在电磁场中的运动状态的理论框架, 在粒子的能谱、光谱和极化运动状态等方面的表现和一些应用实例, 以及量子相位进行讨论, 主要内容包括: 基本理论框架, 电子的朗道能级, 磁场中的原子, 电场中的原子——斯塔克效应, 量子相位.

9.1　基本理论框架

9.1.1　经典电磁作用规律的表述及其规范不变性

1. 表征经典电磁场性质的特征量及经典电磁作用规律的表述

经过归纳总结大量实验事实, 人们将麦克斯韦发现的经典电磁场的规律表述为一组包含四个方程的方程组:

$$\nabla \cdot \boldsymbol{D} = \rho \quad \text{((推广的) 电场的高斯定理)},$$
$$\nabla \cdot \boldsymbol{B} = 0 \quad \text{(磁场的高斯定理)},$$
$$\nabla \times \boldsymbol{E} = -\frac{\partial \boldsymbol{B}}{\partial t} \quad \text{(法拉第电磁感应定律)},$$
$$\nabla \times \boldsymbol{H} = \boldsymbol{J} + \frac{\partial \boldsymbol{D}}{\partial t} \quad \text{((推广的) 安培环路定理)},$$

其中, $\boldsymbol{E}$ 为电场强度; $\boldsymbol{D}$ 为电位移矢量, 它与电场强度和电极化强度 $\boldsymbol{P}$ 之间有关系 $\boldsymbol{D} = \varepsilon_0 \boldsymbol{E} + \boldsymbol{P}$ (其中 ε_0 为真空的介电常量), 记 $\boldsymbol{P} = \chi_E \varepsilon_0 \boldsymbol{E}$, χ_E 为介质的电极化率, $\varepsilon_{\mathrm{r}} = 1 + \chi_E$, $\varepsilon = \varepsilon_{\mathrm{r}} \varepsilon_0$ 为介质的介电常量, 则 $\boldsymbol{D} = \varepsilon \boldsymbol{E}$; $\boldsymbol{H}$ 为磁场强度; $\boldsymbol{B}$ 为磁感应强度, 它与磁场强度和介质的磁化强度 $\boldsymbol{M}$ 之间有关系 $\boldsymbol{B} = \mu_0 \boldsymbol{H} + \boldsymbol{M}$ (其中 μ_0 为真空的磁导率), 记 $\boldsymbol{M} = \chi_M \boldsymbol{H}$, χ_M 为介质的磁化率, $\mu_{\mathrm{r}} = 1 + \chi_M$, $\mu = \mu_{\mathrm{r}} \mu_0$ 为介质的磁导率, 则 $\boldsymbol{B} = \mu \boldsymbol{H}$; $\boldsymbol{J}$ 为电流密度. 这表明, 电场是极矢量场, 磁场是赝矢量场、且有旋.

我们熟知, 静电场的电场强度 $\boldsymbol{E}$ 可以由相应的电势 φ 表述为

$$\boldsymbol{E} = -\nabla\varphi, \tag{9.1}$$

亦即有 $\varphi(\boldsymbol{r}) = \int_{\infty}^{\boldsymbol{r}} \boldsymbol{E} \cdot \mathrm{d}\boldsymbol{l}$ (已取 $\varphi(\infty) = 0$). 将式 (9.1) 代入 (推广的) 电场的高斯定理, 则有

$$\nabla^2\varphi = -\frac{\rho}{\varepsilon},$$

其中 ρ 为自由电荷密度.

根据矢量运算的性质: 旋量的散度恒为零, 人们引入另一个矢量 $\boldsymbol{A}$, 将磁感应强度 $\boldsymbol{B}$ 表述为

$$\boldsymbol{B} = \nabla \times \boldsymbol{A}, \tag{9.2}$$

并称该矢量 $\boldsymbol{A}$ 为磁矢势, 亦即有 $\oiint_S \boldsymbol{B} \cdot \mathrm{d}\boldsymbol{S} = \oint_L \boldsymbol{A} \cdot \boldsymbol{l}$ (通过任意曲面的磁通量等于相应的磁矢势沿围成的边界的回路积分, 它显然与曲面的具体形状无关). 将式 (9.2) 代入 (推广的) 电场的安培环路定理, 考虑稳恒电流 ($\frac{\partial \boldsymbol{D}}{\partial t} \equiv 0$) 产生的磁场情况下, 则有

$$\nabla^2\boldsymbol{A} - \nabla(\nabla \cdot \boldsymbol{A}) = -\mu\boldsymbol{J},$$

其中 $\boldsymbol{J}$ 为自由电流密度. 如果有附加条件 $\nabla \cdot \boldsymbol{A} = 0$, 对磁矢势 $\boldsymbol{A}$ 的任意分量, 都有

$$\nabla^2 A_i = -\mu J_i, \quad i = 1, 2, 3 = x, y, z.$$

显然, 该方程与电势 φ 满足的方程的形式相同.

将式 (9.2) 代入法拉第电磁感应定律的表达式, 则有

$$\nabla \times \boldsymbol{E} = -\frac{\partial}{\partial t}(\nabla \times \boldsymbol{A}) = -\nabla \times \frac{\partial \boldsymbol{A}}{\partial t},$$

移项则得

$$\nabla \times \left(\boldsymbol{E} + \frac{\partial \boldsymbol{A}}{\partial t}\right) = 0.$$

这表明, $\boldsymbol{E} + \dfrac{\partial \boldsymbol{A}}{\partial t}$ 仍然是无旋场, 从而仍可由标势 φ 描述, 即有 $\boldsymbol{E} + \dfrac{\partial \boldsymbol{A}}{\partial t} = -\nabla\varphi$, 于是有

$$\boldsymbol{E} = -\nabla\varphi - \frac{\partial \boldsymbol{A}}{\partial t}, \tag{9.3}$$

即磁矢势 (矢量场) 随时间的变化率对电场强度有贡献.

2. 电磁场的规范变换及其规范对称性

对四矢量 $A_\mu = (\varphi, \boldsymbol{A})$ 做变换

$$\begin{aligned} \boldsymbol{A} &\longrightarrow \quad \boldsymbol{A}' = \boldsymbol{A} + \nabla\chi(\boldsymbol{r}, t), \\ \varphi &\longrightarrow \quad \varphi' = \varphi - \frac{\partial}{\partial t}\chi(\boldsymbol{r}, t), \end{aligned} \tag{9.4}$$

其中 χ 为任意的关于时空坐标的函数, 按定义, 计算 $\boldsymbol{B} = \nabla \times \boldsymbol{A}$, $\boldsymbol{E} = -\nabla\varphi - \dfrac{\partial}{\partial t}\hat{\boldsymbol{A}}$, 得

$$\boldsymbol{B}' = \nabla \times \boldsymbol{A}' = \nabla \times (\boldsymbol{A} + \nabla\chi) = \nabla \times \boldsymbol{A} = \boldsymbol{B},$$

$$\boldsymbol{E}' = -\nabla\varphi' - \frac{\partial \boldsymbol{A}'}{\partial t} = -\nabla\Big(\varphi - \frac{\partial\chi}{\partial t}\Big) - \frac{\partial}{\partial t}(\boldsymbol{A} + \nabla\chi) = -\nabla\varphi - \frac{\partial \boldsymbol{A}}{\partial t} = \boldsymbol{E}.$$

这表明, 对标量势 φ 和矢量势 $\boldsymbol{A}$ 作式 (9.4) 所示的变换之后, 无论变换中的函数 χ 取什么形式, 变换之后的电场强度和磁感应强度都与变换之前的相同.

显然, 给定一个函数 χ, 即对式 (9.4) 所示的变换给定一个条件, 就确定一组电磁势 $\{\boldsymbol{A}, \varphi\}$. 这样的每一组电磁势 $\{\boldsymbol{A}, \varphi\}$, 或者说每一个确定电磁势的条件, 称为一种规范 (gauge), 式 (9.4) 所示的变换称为规范变换 (gauge transformation), 可直接观测的电场强度和磁感应强度不依赖于所取规范的性质称为规范不变性 (gauge invariance), 或规范对称性 (gauge symmetry). 经典电磁理论是第一个规范场论 (gauge field theory) [①].

显然, 为对矢量势 $\boldsymbol{A}$ 得到与标量势 φ 形式相同的 (二阶微分) 方程所采用的辅助条件

$$\nabla \cdot \boldsymbol{A} = 0$$

(相应地, 应有 $\nabla^2\chi = 0$) 为一种规范, 通常称之为库仑规范. 经典电磁学中还常用形式为

$$\nabla \cdot \boldsymbol{A} + \frac{1}{c^2}\frac{\partial\varphi}{\partial t} = 0$$

(其中 $c^2 = \dfrac{1}{\varepsilon_0\mu_0}$) 的规范, 并称之为洛伦茨规范. 在洛伦茨规范下, 由麦克斯韦方程组得到的 $\boldsymbol{A}$、φ 满足的方程具有完全对称的形式:

$$\nabla^2\boldsymbol{A} - \frac{1}{c^2}\frac{\partial^2\boldsymbol{A}}{\partial t^2} = -\mu_0\boldsymbol{J},$$

$$\nabla^2\varphi - \frac{1}{c^2}\frac{\partial^2\varphi}{\partial t^2} = -\frac{\rho}{\varepsilon_0}. \tag{9.5}$$

---

① 百度 "物理百科" 对其建立和发展历史有下述介绍: 麦克斯韦在他的论文里特别提出, 该理论源自于开尔文勋爵于 1851 年发现的关于磁矢势的数学性质. 但是, 该对称性的重要性在早期的表述中没有被注意到. 大卫·希尔伯特假设在坐标变换下作用量不变, 由此推导出爱因斯坦场方程时, 也没有注意到对称性的重要. 之后, 赫尔曼·外尔试图统一广义相对论和电磁学, 他猜想 "Eichinvarianz" 或者说尺度 ("规范") 变换下的 "不变性" 可能也是广义相对论的局部对称性. 后来发现该猜想将导致某些非物理的结果. 但是在量子力学发展以后, 外尔、弗拉基米尔·福克和弗里茨·伦敦实现了该思想, 但作了一些修改 (把缩放因子用一个复数代替, 并把尺度变换转变为相位变化——一个 U(1) 规范对称性), 泡利在 1940 年推动了该理论的传播.

由此知, 规范不变性是物理学的基本规律, 任何真正可以观测的物理量都遵守这一规律; 在理论研究中, 规范变换和规范条件对于物理量的确定至关重要, 各种可能真实的理论构建的真实的物理量都必须满足规范对称的条件.

9.1.2 电磁场中运动的带电粒子的动量和哈密顿量

我们知道, 经典情况下, 在电场强度为 $\boldsymbol{E}$、磁感应强度为 $\boldsymbol{B}$ 的电磁场中以速度 $\boldsymbol{v}$ 运动的带电量为 q 的粒子所受的力为电场力与洛伦兹力之和, 即有

$$\boldsymbol{F} = q(\boldsymbol{E} + \boldsymbol{v} \times \boldsymbol{B}),$$

记粒子的动量为 $\boldsymbol{p}$, 由牛顿第二定律知

$$\frac{\mathrm{d}\boldsymbol{p}}{\mathrm{d}t} = q(\boldsymbol{E} + \boldsymbol{v} \times \boldsymbol{B}).$$

将前述的电磁场性质的场强表述 (电场强度 $\boldsymbol{E}$ 和磁感应强度 $\boldsymbol{B}$) 与电磁势表述 (四维矢量势 $A_\mu = (\varphi, \boldsymbol{A})$) 之间的关系代入上述牛顿方程的表达式, 则得

$$\frac{\mathrm{d}\boldsymbol{p}}{\mathrm{d}t} = q\left[-\nabla\varphi - \frac{\partial\boldsymbol{A}}{\partial t} + \boldsymbol{v} \times (\nabla \times \boldsymbol{A})\right].$$

考虑 $\boldsymbol{v} \times (\nabla \times \boldsymbol{A}) = \nabla(\boldsymbol{v} \cdot \boldsymbol{A}) - (\boldsymbol{v} \cdot \nabla)\boldsymbol{A}$, 并注意 $\boldsymbol{v} \cdot \nabla = 0$ 知

$$\frac{\mathrm{d}\boldsymbol{p}}{\mathrm{d}t} = q\left[-\nabla\varphi - \frac{\partial\boldsymbol{A}}{\partial t} + \nabla(\boldsymbol{v} \cdot \boldsymbol{A}) - (\boldsymbol{v} \cdot \nabla)\boldsymbol{A}\right] = q\left[-\nabla\varphi + \nabla(\boldsymbol{v} \cdot \boldsymbol{A}) - \frac{\partial\boldsymbol{A}}{\partial t}\right],$$

移项, 即得

$$\frac{\mathrm{d}}{\mathrm{d}t}(\boldsymbol{p} + q\boldsymbol{A}) + \nabla(q\varphi - q\boldsymbol{v} \cdot \boldsymbol{A}) = 0.$$

与拉格朗日方程

$$\frac{\mathrm{d}}{\mathrm{d}t}\frac{\partial L}{\partial \dot{x}_i} - \frac{\partial L}{\partial x_i} = 0$$

及广义动量的定义

$$P_i = \frac{\partial L}{\partial \dot{x}_i}$$

对比, 则得广义动量

$$\boldsymbol{P} = \boldsymbol{p} + q\boldsymbol{A}.$$

并且, 拉氏量中的自由部分可以表述为

$$L_{\text{free}} = \frac{\boldsymbol{p}^2}{2m},$$

拉氏量中的相互作用部分可以表述为

$$L_{\text{int}} = -q(\varphi - \boldsymbol{v} \cdot \boldsymbol{A}),$$

那么, 系统的哈密顿量可以表述为

$$H = \sum_i \dot{x}_i P_i - L = \boldsymbol{P} \cdot \frac{\boldsymbol{p}}{m} - L = \frac{(\boldsymbol{p} + q\boldsymbol{A}) \cdot \boldsymbol{p}}{m} - \left[\frac{\boldsymbol{p}^2}{2m} - q\left(\varphi - \frac{\boldsymbol{p}}{m} \cdot \boldsymbol{A} \right) \right],$$

亦即有

$$H = \frac{\boldsymbol{p}^2}{2m} + q\varphi = \frac{(\boldsymbol{P} - q\boldsymbol{A})^2}{2m} + q\varphi.$$

考虑前述的与广义坐标共轭的广义动量的表达形式知, 在四矢量为 $A_\mu = (\varphi, \boldsymbol{A})$ 的电磁场中运动的质量为 m、带电量为 q 的粒子的正则动量为 (较理论化地讲, 这一过程为正则量子化)

$$\hat{\boldsymbol{P}} = \hat{\boldsymbol{p}} + q\hat{\boldsymbol{A}} = -\mathrm{i}\hbar\nabla.$$

哈密顿量为

$$\hat{H} = \frac{(\hat{\boldsymbol{P}} - q\boldsymbol{A})^2}{2m} + q\varphi$$

$$= \frac{\hat{\boldsymbol{P}}^2}{2m} - \frac{q(\hat{\boldsymbol{P}} \cdot \boldsymbol{A} + \boldsymbol{A} \cdot \hat{\boldsymbol{P}})}{2m} + \frac{q^2 \boldsymbol{A}^2}{2m} + q\varphi.$$

显然, 粒子与外电磁场之间的相互作用可以表述为

$$\hat{H}_{\text{int.}} = -\frac{q\left(\hat{\boldsymbol{P}} \cdot \boldsymbol{A} + \boldsymbol{A} \cdot \hat{\boldsymbol{P}} \right)}{2m} + \frac{q^2 \boldsymbol{A}^2}{2m} + q\varphi.$$

对由 N 个粒子形成的多粒子系统, 则有

$$\hat{H}_{\text{int.}} = \sum_{i=1}^N \left[-\frac{q_i(\hat{\boldsymbol{P}}_i \cdot \boldsymbol{A} + \boldsymbol{A} \cdot \hat{\boldsymbol{P}}_i)}{2m_i} + \frac{q_i^2 \boldsymbol{A}^2}{2m_i} + q_i\varphi \right].$$

若非分立电荷而是连续体, 则应将上述求和改为积分.

9.1.3　规范对称性

1. 薛定谔方程的规范变换及其规范对称性

9.1.2 节的讨论表明, 电磁场中运动的带电粒子的哈密顿量为包含磁矢势的正则动量和标量势的复合算符, 因此哈密顿量的规范变换为

$$\hat{H} \longrightarrow \hat{H}' = \frac{1}{2m}\left(\hat{\boldsymbol{P}} - q\boldsymbol{A}' \right)^2 + q\varphi',$$

波函数的规范变换为

$$\psi \longrightarrow \psi' = \mathrm{e}^{\mathrm{i}\frac{q}{\hbar}\chi}\psi.$$

直接计算, 知

$$\left(\mathrm{i}\hbar\frac{\partial}{\partial t} - \hat{H}'\right)\psi' = \left(\mathrm{i}\hbar\frac{\partial}{\partial t} - \hat{H}\right)\psi = 0.$$

这表明薛定谔方程具有规范对称性.

2. 概率密度、流密度、速度及它们的规范对称性

对于在电磁场中运动的带电粒子, 其概率密度仍定义为 $\rho = \psi^*\psi$, 其流密度算符扩展为

$$\hat{\boldsymbol{j}} = \frac{1}{2m}(\psi^*\hat{\boldsymbol{P}}\psi - \psi\hat{\boldsymbol{P}}\psi^*) - \frac{q}{m}\boldsymbol{A}\psi^*\psi,$$

其速度算符扩展为

$$\hat{\boldsymbol{v}} = \frac{\hat{\boldsymbol{p}}}{m} = \frac{1}{m}(\hat{\boldsymbol{P}} - q\boldsymbol{A}) = \frac{1}{m}(-\mathrm{i}\hbar\nabla - q\boldsymbol{A}).$$

直接计算知, 仍有概率密度连续性方程

$$\frac{\partial}{\partial t}\rho + \nabla \cdot \hat{\boldsymbol{j}} = 0,$$

并且, 这些关系及 $\langle\hat{\boldsymbol{v}}\rangle$ 都具有规范对称性.

9.2 电子的朗道能级

9.2.1 均匀磁场中运动的电子的哈密顿量

我们知道, 经典情况下, 电磁场可以由电场强度 $\boldsymbol{E}$ 和磁感应强度 $\boldsymbol{B}$ 描述, 也可以由电势 φ 和磁矢势 $\boldsymbol{A}$ 构成的四矢量 $A_\mu = (\varphi, \boldsymbol{A})$ 描述. 前述讨论表明, 在通常的量子化方案下, 电磁场中以速度 $\boldsymbol{v}$ 运动的质量为 M、带电量为 q 的粒子的哈密顿量为

$$\hat{H} = \frac{(\hat{\boldsymbol{P}} - q\boldsymbol{A})^2}{2M} + q\varphi.$$

对于沿 z 方向的均匀磁场 $\boldsymbol{B}$, 由定义 $\boldsymbol{B} = \nabla \times \boldsymbol{A}$ 知, 磁矢势可以表述为

$$\boldsymbol{A} = \frac{1}{2}\boldsymbol{B} \times \boldsymbol{r} = -\frac{1}{2}By\hat{\boldsymbol{x}} + \frac{1}{2}Bx\hat{\boldsymbol{y}},$$

其中 $\hat{\boldsymbol{x}}$、$\hat{\boldsymbol{y}}$ 分别为直角坐标空间的 x、y 方向的单位矢量, 即有 $\boldsymbol{r} = x\hat{\boldsymbol{x}} + y\hat{\boldsymbol{y}} + z\hat{\boldsymbol{z}}$, 于是有哈密顿量

$$\hat{H} = \frac{1}{2M}\left(\hat{\boldsymbol{P}} - q\boldsymbol{A}\right)^2 + q\varphi = \frac{1}{2M}\left[\left(\hat{P}_x + \frac{q}{2}By\right)^2 + \left(\hat{P}_y - \frac{q}{2}Bx\right)^2 + \hat{P}_z^2\right] + q\varphi.$$

即有

$$\hat{H} = \frac{1}{2M}\left[\hat{P}_x^2 + \hat{P}_y^2 + \left(\frac{qB}{2}\right)^2(x^2 + y^2) - qB(x\hat{P}_y - y\hat{P}_x) + \hat{P}_z^2\right] + q\varphi,$$

亦即

$$\hat{H} = \frac{1}{2M}\left[\hat{P}_x^2 + \hat{P}_y^2 + \left(\frac{qB}{2}\right)^2(x^2 + y^2) - qB\hat{l}_z + \hat{P}_z^2\right] + q\varphi.$$

由轨道磁矩的定义知, $\dfrac{q\hat{l}_z}{2M}$ 为电量为 q 的粒子的轨道磁矩的 z 分量, 再考虑所考察磁场的方向, 则上式可改写为

$$\hat{H} = \frac{1}{2M}\left[\hat{P}_x^2 + \hat{P}_y^2 + \left(\frac{qB}{2}\right)^2(x^2 + y^2)\right] - \hat{\boldsymbol{\mu}}_{l,q} \cdot \boldsymbol{B} + \frac{1}{2M}\hat{P}_z^2 + q\varphi, \qquad (9.6)$$

其中, $\hat{\boldsymbol{\mu}}_{l,q} = \dfrac{q\hat{\boldsymbol{l}}}{2M}$ 为带电量为 q、质量为 M 的粒子的 "轨道" 磁矩. 显然, 上式中的 $-\hat{\boldsymbol{\mu}}_{l,q} \cdot \boldsymbol{B}$ 项为 "轨道" 磁矩与磁场 $\boldsymbol{B}$ 之间的相互作用, 其表述形式即将经典电磁学中磁矩 $\boldsymbol{\mu}$ 与磁场 $\boldsymbol{B}$ 之间的相互作用 (势)$U_{\mu B} = -\boldsymbol{\mu} \cdot \boldsymbol{B}$ 量子化的形式.

我们知道, $\dfrac{qB}{2M}$ 为拉莫尔 (Larmor) 频率 ω_{L}, 则均匀磁场中运动的带电粒子的哈密顿量为

$$\hat{H} = \frac{1}{2M}\left(\hat{P}_x^2 + \hat{P}_y^2\right) + \frac{1}{2}M\omega_{\mathrm{L}}^2(x^2 + y^2) - \omega_{\mathrm{L}}\hat{l}_z + \frac{\hat{P}_z^2}{2M}.$$

此乃一在 z 方向自由运动、在 x-y 平面内的二维谐振子势场中绕 z 轴方向转动的带电量为 q 的粒子的哈密顿量. 这表明, 电磁场为带电粒子提供一个自然的束缚或囚禁势, 从而人们可以利用磁阱、光阱等实现冷原子囚禁以及玻色–爱因斯坦凝聚.

9.2.2 本征函数

由于粒子在 z 方向上不受作用, 其运动是自由运动, 因此粒子的 z 方向的本征函数可表述为

$$\psi(z) = \frac{1}{\sqrt{2\pi\hbar}}\mathrm{e}^{\mathrm{i}\frac{P_z z}{\hbar}},$$

本征能量为

$$E_z = \frac{P_z^2}{2M}.$$

由于不受限制, P_z 连续取值, 因此该本征能量也连续取值.

由上述哈密顿量的表达式知, 在 x-y 平面内, 带电量为 q 的粒子受二维谐振子势场作用, 并绕 z 轴方向转动, 记 $\rho^2 = x^2 + y^2$, 则其本征函数为

$$\psi(x,y) = \psi(\rho,\varphi) = R(\rho)\mathrm{e}^{\mathrm{i}m\varphi},$$

其中 $m = 0, \pm 1, \pm 2, \pm 3, \cdots$,

$$R(\rho) = R_{n_\rho|m|}(\rho) \propto \rho^{|m|} F(-n_\rho, |m| + 1, \alpha^2\rho^2)\mathrm{e}^{-\alpha^2\rho^2/2},$$

$\alpha = \sqrt{\dfrac{M\omega_{\mathrm{L}}}{\hbar}} = \sqrt{\dfrac{eB}{2\hbar}}$, F 为合流超几何多项式, n_ρ 为径向波函数的节点数 ($\rho = 0$ 和 $\rho = \infty$ 的两端点除外).

9.2.3 朗道能级及其简并度

我们已经熟知, 二维谐振子场中电子的能级为

$$E_{\mathrm{2dHO}} = (N + 1)\hbar\omega_{\mathrm{L}},$$

其中 $N = 2n_\rho + |m|$, 并且转动能量为

$$E_{z\mathrm{R}} = m\hbar\omega_{\mathrm{L}}.$$

因此, 电子在 x-y 平面内运动的总能量为

$$E_{x\text{-}y} = E_N = (N + 1)\hbar\omega_{\mathrm{L}}$$

其中 $N = 2n_\rho + |m| + m = 0, 1, 2, 3, \cdots$. 显然, 对任意 $m \leqslant 0$, 都有 $N = 2n_\rho$.

一些低能量态的量子数具体取值及相应能量如表 9.1 所示.

显然, 朗道能级对应的量子态具有下述特点: 在与磁场垂直的方向, 朗道能级是量子化的, 量子态的数目是可数的. 在沿磁场方向, 粒子的能量是连续的, 状态

数是无穷多个. 因此, 完整态的简并度为无穷大. 尽管从笼统来讲, 磁场中运动的电子的量子态的数目为无穷多, 但此无穷多仅仅是对沿磁场的 z 方向而言的; 电子在与磁场垂直的 x-y 方向的运动仍然是受限制的. 从相对运动角度来看, 这种某 (些) 方向, 或者说维度, 实际受到限制的运动可以等价地被认为实际的运动维度减少了的运动, 因此, 人们有 "维度减少"(dimension reduction) 的说法.

表 9.1　低能量态的量子数具体取值及相应能量

n_ρ	m	N	$E_N/\hbar\omega_{\rm L}$
0	$0, -1, -2, -3, \cdots$	0	1
0	1	2	3
1	$0, -1, -2, -3, \cdots$	2	3
0	2	4	5
1	1	4	5
2	$0, -1, -2, -3, \cdots$	4	5
0	3	6	7
1	2	6	7
2	1	6	7
3	$0, -1, -2, -3, \cdots$	6	7

9.2.4　规范不变性的进一步检验

1. 矢势的表述

对于沿 z 方向的均匀磁场 $\boldsymbol{B}$, 由定义 $\boldsymbol{B} = \nabla \times \boldsymbol{A}$, 矢势 $\boldsymbol{A}$ 可以表述为前面采用的 (对称规范下的表述)

$$\boldsymbol{A} = \frac{1}{2}\boldsymbol{B} \times \boldsymbol{r} = -\frac{1}{2}By\hat{x} + \frac{1}{2}Bx\hat{y},$$

即有

$$A_x = -\frac{1}{2}By, \quad A_y = \frac{1}{2}Bx, \quad A_z = 0,$$

也可以表述为 (朗道规范)

$$A_x = -By, \quad A_y = A_z = 0.$$

2. 朗道规范下的哈密顿量的表述

将前述的朗道规范下的矢量势的表达式代入哈密顿量的一般表达式, 知

$$\hat{H} = \frac{1}{2M}\left(\hat{\boldsymbol{P}} - q\boldsymbol{A}\right)^2$$

$$= \frac{1}{2M}\left[(\hat{P}_x + qBy)^2 + \hat{P}_y^2 + \hat{P}_z^2\right]$$

$$= \frac{1}{2M}\left[\hat{P}_x^2 + (\hat{P}_y^2 + 2qBy\hat{P}_x + q^2B^2y^2) + \hat{P}_z^2\right].$$

这表明, 与 z 方向一样, 电子在 x 方向上的运动也为自由运动.

3. 朗道规范下的能量本征函数与本征值

由于带电量为 q 的粒子在 x 方向上的运动也为自由运动, 那么, 其在 x-y 平面内运动的本征函数可以表述为

$$\psi(x,y) = \mathrm{e}^{\mathrm{i}\frac{P_x x}{\hbar}}\phi(y),$$

并有本征方程

$$\frac{1}{2M}\left[\hat{P}_y^2 + (P_x + qBy)^2\right]\phi(y) = E\phi(y).$$

记 $\omega_\mathrm{c} = \dfrac{|q|B}{M} = 2\omega_\mathrm{L}$, $y_0 = \dfrac{P_x}{qB}$, 对质量为 m_q 的粒子, 则有

$$\left[\frac{1}{2m_q}\hat{P}_y^2 + \frac{1}{2}m_q\omega_\mathrm{c}^2(y+y_0)^2\right]\phi(y) = E\phi(y).$$

此乃以 $-y_0$ 为平衡位置的一维谐振子的本征方程. 因此, 电子 (对应于上式中 $q = -e$, $m_q = m_\mathrm{e}$) 在 x-y 平面内运动的本征能量为

$$E_{x\text{-}y} = \left(n + \frac{1}{2}\right)\hbar\omega_\mathrm{c} = (2n+1)\hbar\omega_\mathrm{L}.$$

这一结果显然与前述的另一种矢势取法下的结果相同. 这充分表明, 电磁场中运动的带电粒子的能谱等性质具有规范不变性, 并且, 电子的本征函数可以表述为

$$\phi(y) \propto \mathrm{e}^{-\alpha^2(y+y_0)^2}\mathrm{H}_n(\alpha(y+y_0)),$$

其中 $\mathrm{H}_n(\alpha(y+y_0))$ 为 n 阶厄米多项式.

概括而言, 电子在 x-y 平面内的运动具有特点: ① 尽管能级是离散的, 但其在 x 方向上的运动是自由运动, 即是具有离散能级的非束缚态; ② 因为 $y_0 = \dfrac{P_x}{qB}$ 连续取值, 即谐振动的平衡位置连续可变、取无穷多个数值, 因此上述离散能级是无穷简并的.

9.2.5 应用举例

带电粒子在电磁场中的运动是常见的运动情形, 因此朗道能级已有广泛应用. 这里仅举两个例子.

1. 量子霍尔效应

我们知道, 对于经典的材料, 在与外加磁场垂直的方向上可以测量到电流. 这一现象称为霍尔效应. 究其机制, 这是由于磁场中运动的电子受到洛伦兹力作用. 上述讨论表明, 在考虑量子效应情况下, 在与磁场垂直方向上的谐振动也使得其在与磁场垂直的方向上形成电流. 由于运动状态是量子化的, 因此相应的霍尔电流和霍尔电阻等都是量子化的, 从而有量子霍尔效应.

2. (反) 磁催化效应

深入的研究表明, 可见物质的质量起源于称为手征对称性动力学破缺的非微扰相互作用过程. 所谓手征对称即表征相互作用的拉格朗日量在左手转动和右手转动下的表述形式保持不变, 手征对称性破缺即表征相互作用的拉格朗日量在左手转动和右手转动下的表述形式不再保持不变. 如果手征对称性破缺源自相互作用, 则称之为手征对称性动力学破缺. 更具体地, 人们通常将手征对称性动力学破缺局限于相互作用拉氏量的形式保持不变但相互作用强度变化引起的自发破缺.

形象但不严谨地讲, 手征对称相当于自旋方向完全随机、不受任何限制; 手征对称性破缺相当于自旋倾向于一个特殊的方向. 由于温度升高, 组成系统的粒子的无规则运动状态增多, 因此, 当温度很高时, 手征对称性会恢复. 所谓的磁催化效应即外加磁场会迟滞手征对称性的恢复, 即手征对称性恢复的 (赝) 临界温度随外磁场增强而升高的现象. 直观地, 由于磁场具有"维度减少"的作用, 随着磁场增强, 手征转动倾向于其原破缺到的方向的效应增强, 从而使其恢复完全随机所需的温度升高, 也就是说具有磁催化效应, 并且量子色动力学的唯象模型下的实际计算都给出这样的结果. 然而, 2012 年, 格点量子色动力学的模拟计算表明, 手征对称性恢复的 (赝) 临界温度却随外磁场增强而降低, 也就是具有反磁催化效应. 目前, 关于实际存在磁催化效应还是反磁催化效应的争论仍是可见物质质量起源 (或者说, 强相互作用物质相变) 研究领域的重要课题.

9.3　磁场中的原子

9.3.1　强磁场中运动的原子——正常塞曼效应

1. 实验事实

1896 年, 荷兰物理学家塞曼 (P. Zeeman) 首先发现, 如果把原子放入较强的磁场中, 原子发出的每条光谱线都分裂为三条. 1897~1899 年, 美国物理学家迈克耳孙 (A. A. Michelson) 利用自己发明的干涉仪和分辨本领更高的阶梯光栅证实了塞曼的发现, 并得到更精细的结果; 英国学者普列斯顿 (T. Preston) 给出了各种磁致分裂的图像. 考虑最早的发现人的贡献, 人们称这种光谱分裂现象为正常

塞曼效应 (normal Zeeman effect) 或简单塞曼效应. 塞曼据此获得了 1902 年的诺贝尔物理学奖.

2. 强磁场中运动的原子内的电子的能级

由 6.1 节的讨论知, 原子中轨道角动量为 l 的电子 (带电量 $q = -e$) 有 "轨道" 磁矩

$$\hat{\boldsymbol{\mu}}_{l,e} = -\frac{\mu_B \hat{\boldsymbol{l}}}{\hbar},$$

其中 $\mu_B = \dfrac{e\hbar}{2m_e} = 9.2740154 \times 10^{-24} \text{ J/T}$ 称为玻尔磁子.

由式 (9.6) 知, 磁感应强度为 $\boldsymbol{B}$ 的磁场与磁矩 $\boldsymbol{\mu}$ 之间的相互作用势为

$$U_{\mu B} = -\hat{\boldsymbol{\mu}} \cdot \boldsymbol{B}.$$

记外磁场沿 $\boldsymbol{z}$ 方向, 则原子内的电子与磁场间的相互作用可以表述为

$$U_{\mu B} = -\hat{\boldsymbol{\mu}} \cdot \boldsymbol{B} = \hat{\mu}_{e,l_z} B = \frac{eB}{2m_e}\hat{l}_z,$$

其中 m_e 为电子的静质量. 再者, 因为目前实验室实现的磁场的磁感应强度最高可达 10^2 T, 而原子的半径 $R \leqslant 10^{-10} \text{ m}$, 则

$$\frac{\dfrac{e^2 B^2}{4}(x^2 + y^2)}{eB\hat{l}_z} \leqslant \frac{\dfrac{e^2 B^2}{4}R^2}{eB\hbar} = \frac{eBR^2}{4\hbar} \sim 10^{-3}.$$

这表明, 磁场提供的谐振作用相比于磁场与磁矩之间的相互作用可以忽略. 于是, 电子的哈密顿量可以表述为

$$\hat{H} = -\frac{\hbar^2}{2m_e}\nabla^2 - \frac{Ze_s^2}{r} + \frac{eB}{2m_e}\hat{l}_z.$$

直接计算知, 在这种情况下, 角动量 $\boldsymbol{l}$ 不再守恒, 但 $\boldsymbol{l}^2$ 和 l_z 仍守恒, 因此电子仍有本征函数

$$\psi_{nlm} = R_{nl}(r)Y_{l,m_l}(\theta, \varphi),$$

相应的本征能量则为

$$E_{nlm_l}^{B} = E_n + \frac{eB}{2m_e}m_l\hbar, \tag{9.7}$$

其中 m_l 为角动量 $\boldsymbol{l}$ 在 z 轴方向上的投影量子数. 因为对一个给定的 l,

$$m_l = 0, \pm 1, \pm 2, \cdots, \pm l,$$

即有 $2l + 1$ 个值, 则原来的一条能级分裂为 $(2l + 1)$ 条, 关于 l 的简并被解除. 例如, 对 d 态能级, $l = 2$, $m_l = 0, \pm 1, \pm 2$, 有五个值, 在强磁场中分裂为五条能级. 分裂后的相邻能级的间距为

$$\Delta E = E_{nlm_l} - E_{nl(m_l-1)} = \frac{eB}{2m_e}\hbar = \hbar\omega_L,$$

其中的 $\omega_L = \dfrac{eB}{2m_e}$ 即前述的拉莫尔频率 (Larmor frequency).

3. 正常塞曼效应下的光谱

相应于原子内电子状态变化, 电子的位置 r 变化, 形成偶极振子 $P = qr = -er$, 由第 8 章关于量子跃迁的讨论知, 对于电偶极跃迁, 不同状态间的跃迁矩阵元可表述为

$$T \propto \langle n'l'm_l'|\hat{r}|nlm_l\rangle.$$

因为位置矢量 r 可以表述为

$$r = \hat{i}x + \hat{j}y + \hat{k}z,$$

其中, $\hat{i}$、$\hat{j}$、$\hat{k}$ 分别为 x、y、z 方向的单位矢量, 并且直角坐标系的坐标 (x,y,z) 与球坐标系中的坐标 (r,θ,φ) 之间的关系可以表述为

$$x = r\sin\theta\cos\varphi = \frac{r}{2}\sin\theta\left(e^{i\varphi} + e^{-i\varphi}\right) = -\sqrt{\frac{2\pi}{3}}r\left[Y_{11}(\theta,\varphi) + Y_{1-1}(\theta,\varphi)\right],$$

$$y = r\sin\theta\sin\varphi = \frac{r}{2i}\sin\theta\left(e^{i\varphi} - e^{-i\varphi}\right) = \sqrt{\frac{2\pi}{3}}ir\left[Y_{11}(\theta,\varphi) + Y_{1-1}(\theta,\varphi)\right],$$

$$z = r\cos\theta = \sqrt{\frac{4\pi}{3}}rY_{10}(\theta,\varphi).$$

那么

$$T \propto \langle n'l'm_l'|\hat{r}|nlm_l\rangle = \sum_q \alpha_{lq}\langle l'm_l'|Y_{1q}|lm_l\rangle,$$

其中 $\alpha_{lq} = \langle n'l'|r|nl\rangle$.

根据角动量理论, 对任意的非 0 的 l, 都有

$$l' = |l-1|, l, l+1, \quad m_l' = m_l + q.$$

再考虑电偶极光子的角动量为 1、宇称为 -1, 由电磁相互作用保持宇称守恒的基本原理知, 角动量选择定则为

$$\Delta l = l - l' = \pm 1, \quad \Delta m_l = m_l - m_l' = 0, \pm 1. \tag{9.8}$$

考虑强磁场中的原子的能级与磁量子数 m_l 的关系 (式 (9.7))

$$E_{nlm_l} = E_n + \frac{eB}{2m_e}m_l\hbar$$

则知, 原来的每条光谱线都只能分裂为分别对应于 $\Delta m_l = 0, \pm 1$ 的三条, 相应光子 (光谱线) 的能量分别为

$$E_\gamma = \begin{cases} h\nu_0 - \dfrac{eB\hbar}{2m_e}, \\[2mm] h\nu_0, \\[2mm] h\nu_0 + \dfrac{eB\hbar}{2m_e}. \end{cases}$$

例如, 在不考虑电子自旋情况下, 镓 (Ga) 原子 (基态组态为 $[Ar](4s)^2(3d)^{10}$ $(4p)^1$) 由低激发态到基态跃迁的能级和光谱线的正常塞曼效应, 如图 9.1 所示. 在较强的磁场中, 其 d 态能级、p 态能级分别分裂为五条、三条, 根据跃迁的角动量选择定则, 可能的跃迁仅有相应于 $\Delta m_l = -1$ 的由 $m_l = -2$ 到 $m_l' = -1$ 的跃迁、由 $m_l = -1$ 到 $m_l' = 0$ 的跃迁、由 $m_l = 0$ 到 $m_l' = 1$ 的跃迁, 相应于 $\Delta m_l = 0$ 的由 $m_l = -1$ 到 $m_l' = -1$ 的跃迁、由 $m_l = 0$ 到 $m_l' = 0$ 的跃迁、由 $m_l = 1$ 到 $m_l' = 1$ 的跃迁, 以及相应于 $\Delta m_l = 1$ 的由 $m_l = 2$ 到 $m_l' = 1$ 的跃迁、由 $m_l = 1$ 到 $m_l' = 0$ 的跃迁、由 $m_l = 0$ 到 $m_l' = -1$ 的跃迁, 这表明跃迁形成的光子的能量仅有三种情况, 也就是仅有三条光谱线, 亦即原来的一条光谱线在较强的磁场中时分裂为三条.

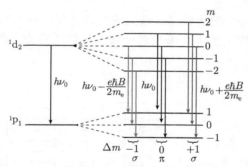

图 9.1　不考虑电子自旋情况下, 镓原子的低激发能级结构和光谱线的正常塞曼效应示意图

考虑能级分裂及光谱线分裂情况下各谱线的偏振状态, 按照电偶极辐射发光的约定, $\Delta m_l = \pm 1$ 的为 σ 光, $\Delta m_l = 0$ 的为 π 光, 这就是说, 与原光谱线相比, 波长 (频率) 保持不变的是 π 光, 波长 (频率) 增大 (减小) 和波长 (频率) 减小 (增大) 的是 σ 光.

4. 电子自旋与正常塞曼效应

我们知道, 电子除有轨道磁矩外, 还有自旋磁矩. 在强磁场中, 自旋–轨道耦合作用可忽略, 对于沿 z 方向的磁场 $\boldsymbol{B}$, 电子的哈密顿量为

$$\hat{H} = \frac{\hat{\boldsymbol{p}}^2}{2m_e} + U(r) + \frac{eB}{2m_e}(\hat{l}_z + 2\hat{s}_z),$$

其中, $\dfrac{eB}{2m_{\mathrm{e}}}\hat{l}_z = -\boldsymbol{\mu}_l \cdot \boldsymbol{B}$ 为轨道磁矩的贡献, $\dfrac{eB}{m_{\mathrm{e}}}\hat{s}_z = -\boldsymbol{\mu}_s \cdot \boldsymbol{B}$ 为自旋磁矩的贡献.

计算知, 系统的可观测物理量完全集为 $\{\hat{H}, \hat{\boldsymbol{l}}^2, \hat{l}_z, \hat{s}_z\}$, 它们的共同本征函数为

$$\psi_{nlm_l m_s}(r, \theta, \varphi, s_z) = R_{nl}(r)\mathrm{Y}_{l,m_l}(\theta, \varphi)\chi_{m_s}(s_z),$$

能量本征值为

$$E = E_{nl} + \frac{eB}{2m_{\mathrm{e}}}(m_l + 2m_s)\hbar, \tag{9.9}$$

其中 $m_s = \pm\dfrac{1}{2}$.

因为 r 与 s_z 无关, 则电偶极跃迁对于自旋的选择定则是

$$\Delta m_s = 0.$$

那么, 跃迁只能在 $m_s = \dfrac{1}{2}$ 和 $m_s = -\dfrac{1}{2}$ 两组能级内部进行. 因此, 尽管电子的自旋对能级分裂有贡献, 但对正常塞曼效应的光谱分裂没有影响. 例如, 考虑电子自旋情况下, 镓 (Ga) 原子的不考虑相对论修正的低激发态能级和光谱的正常塞曼效应如图 9.2 所示.

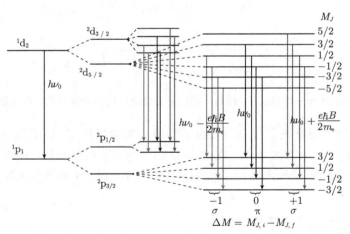

图 9.2　考虑电子自旋情况下, 镓原子的不考虑相对论修正的低激发态能级按 m_j 分裂的情况和光谱的正常塞曼效应示意图

认真对比图 9.2 所示的能谱和式 (9.9) 给出的能谱, 我们可以发现, 二者并不完全一致. 在磁场中, 图 9.2 所示的以 $\{J, M_J\}$ 标记的所有态的能量相对于无磁

场情况下的能量都有移动; 但是, 由式 (9.9) 知, 对 $m_l + 2m_s = 0$ 的态, 在较强磁场中的能量与无磁场情况下的能量没有差别. 例如, 对 3S 和 3P 单粒子态, 不考虑磁场效应、仅考虑磁场与轨道磁矩的作用、既考虑磁场与轨道磁矩的作用又考虑磁场与自旋磁矩的作用三种情况下的能级分别如图 9.3 的左边部分、中间部分、右边部分所示. 可能发出光的跃迁由图中的箭头所示. 显然, 由 $m_l = 1$ 与 $m_s = -\frac{1}{2}$ 耦合而成的 $m_j = \frac{1}{2}$ 与由 $m_l = -1$ 与 $m_s = \frac{1}{2}$ 耦合而成的 $m_j = -\frac{1}{2}$ 简并, 即有能级 "丢失", 但原来的一条光谱线仍然分裂为三条. 这种现象称为帕邢–巴克效应.

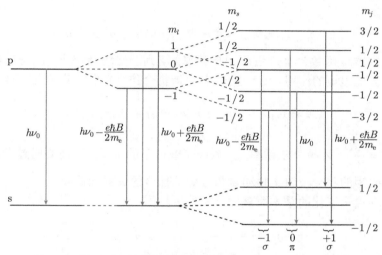

图 9.3 较强磁场下原子能级及光谱的帕邢–巴克效应示意图

9.3.2 弱磁场中运动的原子——反常塞曼效应

1. 反常塞曼效应

9.3.1 节已经述及, 迈克耳孙在塞曼发现强磁场中的原子的光谱线都规则地分裂为三条之后, 旋即验证了这一现象. 事实上, 他还发现, 在弱磁场中, 原子的光谱线分裂成偶数条的现象. 例如, 在弱磁场中, 钠黄光的 $D1$ 线 (波长为 589.6nm) 分裂成 4 条, $D2$ 线 (波长为 589.0nm) 分裂成 6 条. 在当时并不知道这一现象的物理机制. 为纪念磁场中的原子的光谱线会发生分裂的最早发现人, 人们称这种现象为反常塞曼效应 (anomalous Zeeman effect).

2. 反常塞曼效应的物理根源与描述

在弱磁场中, 电子的自旋–轨道耦合作用不能忽略. 于是, 哈密顿量应表述为

$$\hat{H} = \frac{\hat{\boldsymbol{p}}^2}{2m_{\rm e}} + U(r) + \xi(r)\hat{\boldsymbol{l}} \cdot \hat{\boldsymbol{s}} + \frac{eB}{2m_{\rm e}}\left(\hat{l}_z + 2\hat{s}_z\right)$$

$$= \frac{\hat{\boldsymbol{p}}^2}{2m_{\rm e}} + U(r) + \xi(r)\hat{\boldsymbol{l}} \cdot \hat{\boldsymbol{s}} + \frac{eB}{2m_{\rm e}}\hat{j}_z + \frac{eB}{2m_{\rm e}}\hat{s}_z,$$

其中, $\hat{j}_z = \hat{l}_z + \hat{s}_z$ 为电子的总角动量算符.

忽略最后一项, 系统的可观测物理量完全集可取为 $\{\hat{H}, \hat{\boldsymbol{l}}^2, \hat{\boldsymbol{j}}^2, \hat{j}_z\}$, 其共同本征函数为

$$\psi_{nljm_j}(r, \theta, \varphi, s_z) = R_{nlj}(r)\phi_{ljm_j}(\theta, \varphi, s_z).$$

以上述共同本征函数为基础进行微扰计算, 得到弱磁场情况下 (既考虑磁场与轨道磁矩和自旋磁矩的作用, 又考虑自旋–轨道耦合作用) 的能量本征值为

$$E = E_{nlj} + m_j g_j \hbar \omega_{\rm L} = E_{nlj} + m_j g_j \mu_B B,$$

其中, $\omega_{\rm L} = \dfrac{eB}{2m_{\rm e}}$ 为拉莫尔频率, g_j 为原子或电子的 g 因子, 需要通过考虑轨道磁矩与自旋磁矩的耦合及轨道角动量与自旋的耦合的关系而确定.

由角动量量子化的基本原理知,

$$m_j = -j, -j+1, -j+2, \cdots, j-2, j-1, j,$$

则没有外磁场时, E_{nlj} 是 $2j+1$ 重简并的. 当加上外磁场时, E_{nljm_j} 按 m_j 的不同而分裂为 $2j+1$ 条. 因为 $j = l - \dfrac{1}{2},\ l + \dfrac{1}{2}$ 为半整数, 则 $2j+1 =$ 偶数, 所以在弱磁场中, 原子光谱线的一条谱线分裂成偶数条, 即有实验观测到的反常塞曼效应. 并且, 相邻能级间的裂距为

$$\Delta E = |g_j|\frac{e\hbar}{2m_{\rm e}}B = |g_j|\mu_B B.$$

选择定则与 9.3.1 节所述的电偶极跃迁的选择定则相同, 即有

$$\Delta l = \pm 1; \quad \Delta j = 0, \pm 1; \quad \Delta m_j = 0, \pm 1.$$

例如, 通常情况下由 3p → 3s 跃迁形成的钠黄光 D 线 (波长为 589.3nm), 具有精细结构的 $D1$ 线和 $D2$ 线 (波长分别为 589.6nm、589.0nm), 它们分别源自由

考虑自旋–轨道耦合作用引起的 $p_{1/2}$ 态、$p_{3/2}$ 态与 $s_{1/2}$ 态之间的跃迁, 但它们关于 $j = \dfrac{3}{2}$、$j = \dfrac{1}{2}$ 是简并的. 当钠原子处于较弱的磁场中时, 相应于 $D1$ 线的初态 $\left(j_i = \dfrac{1}{2}\right)$ 和末态 $\left(j_f = \dfrac{1}{2}\right)$ 的能级都分裂为 2 条, 分别相应于 $m_j = \dfrac{1}{2}$、$-\dfrac{1}{2}$; 相应于 $D2$ 线的初态 $\left(j_i = \dfrac{3}{2}\right)$ 和末态 $\left(j_f = \dfrac{1}{2}\right)$ 的能级分别分裂为 4 条、2 条. 根据上述跃迁选择定则, 与原 $D1$ 线的初末态相应的任何两能级之间都可以发生跃迁, 所以原 $D1$ 线分裂为 4 条. 与原 $D2$ 线的初、末态相应的分裂出的能级中, $\dfrac{3}{2} \to -\dfrac{1}{2}$ 的跃迁和 $-\dfrac{3}{2} \to \dfrac{1}{2}$ 的跃迁不能够发生, 其他的 6 种跃迁可以发生, 所以原 D2 线分裂为 6 条. 该分裂情况如图 9.4 所示.

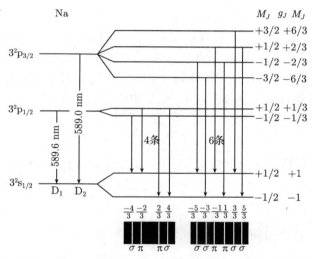

图 9.4 钠原子的能级结构及光谱的反常塞曼效应示意图

3. 朗德 g 因子的确定

由上述关于原子的反常塞曼效应的能级及光谱分裂的表达式知, 为定量确定反常塞曼效应引起的光谱分裂, 我们需要确定电子的朗德 g 因子 (亦即总旋磁比).

将此前讨论过的关于粒子的轨道旋磁比 g_l 和自旋旋磁比 g_s 的定义推广, 则知粒子的总旋磁比 (亦即 g 因子) 可以表述为

$$g_j = \left| \frac{\mu_j}{\mu_B \langle j \rangle} \right|,$$

其中, μ_B 为玻尔磁子, $\langle j \rangle$ 为总角动量 $\boldsymbol{j}$ 的大小的值 (期望值), μ_j 为粒子的总磁

矩 $\boldsymbol{\mu}_l + \boldsymbol{\mu}_s$ 在总角动量 $\boldsymbol{j} = \boldsymbol{l} + \boldsymbol{s}$ 方向上的投影. 下面我们确定单电子的朗德 g 因子和多电子体系在 LS 和 JJ 两种耦合制式下的朗德 g 因子.

1) 单电子的朗德 g 因子

根据电子的轨道磁矩和自旋磁矩的定义

$$\boldsymbol{\mu}_l = -\frac{\mu_{\mathrm{B}}}{\hbar}\boldsymbol{l}, \quad \boldsymbol{\mu}_s = -\frac{2\mu_{\mathrm{B}}}{\hbar}\boldsymbol{s},$$

其中, $\mu_{\mathrm{B}} = \dfrac{e\hbar}{2m_{\mathrm{e}}}$, m_{e} 为电子的质量, 将 $\hat{\boldsymbol{l}}$、$\hat{\boldsymbol{s}}$ 的本征值代入, 则轨道磁矩和自旋磁矩的大小分别为

$$\mu_l = \sqrt{l(l+1)}\mu_{\mathrm{B}}, \quad \mu_s = 2\sqrt{s(s+1)}\mu_{\mathrm{B}}.$$

与

$$\mu_l = g_l\frac{\langle \hat{\boldsymbol{l}} \rangle}{\hbar}\mu_{\mathrm{B}}, \quad \mu_s = g_s\frac{\langle \hat{\boldsymbol{s}} \rangle}{\hbar}\mu_{\mathrm{B}}$$

比较知, 理想模型情况下的电子的轨道 g 因子、自旋 g 因子分别为 $g_l = 1, g_s = 2$.

根据角动量耦合的矢量耦合规则, 电子的总角动量为

$$\hat{\boldsymbol{j}} = \hat{\boldsymbol{l}} + \hat{\boldsymbol{s}},$$

其大小为 $\sqrt{j(j+1)}\hbar$, j 的取值为 $j = |l-s|, |l-s|+1, \cdots, l+s-1, l+s$, 而电子的总磁矩为

$$\hat{\boldsymbol{\mu}}_{\mathrm{t}} = \hat{\boldsymbol{\mu}}_l + \hat{\boldsymbol{\mu}}_s.$$

电子的这些矢量耦合如图 9.5 所示.

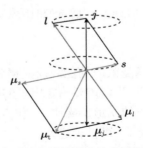

图 9.5　电子的角动量耦合及磁矩耦合示意图

由图 9.5 易知, 尽管 $\boldsymbol{\mu}_l$ 与 $\boldsymbol{l}$ 共线反向、$\boldsymbol{\mu}_s$ 与 $\boldsymbol{s}$ 共线反向, 但由于转换为 $\boldsymbol{l}$ 与 $\boldsymbol{s}$ 叠加后的叠加系数不同, 电子的总磁矩 $\boldsymbol{\mu}_{\mathrm{t}}$ 一般不与 $\boldsymbol{j}$ 共线反向. 但是, 人们仍

习惯上将 $\boldsymbol{\mu}_{\mathrm{t}}$ 在 $\boldsymbol{j}$ 上的投影作为电子的总磁矩, 并记电子的总磁矩的大小为

$$\mu_j = -g_j \langle \hat{\boldsymbol{j}} \rangle \mu_{\mathrm{B}}.$$

另外, 按该定义,

$$\mu_j = \left\langle \hat{\boldsymbol{\mu}}_{\mathrm{t}} \cdot \frac{\hat{\boldsymbol{j}}}{\langle \hat{\boldsymbol{j}} \rangle} \right\rangle = \left\langle -(\hat{\boldsymbol{l}} + 2\hat{\boldsymbol{s}}) \mu_{\mathrm{B}} \cdot \frac{\hat{\boldsymbol{l}} + \hat{\boldsymbol{s}}}{\langle \hat{\boldsymbol{j}} \rangle} \right\rangle$$

$$= -\frac{\mu_{\mathrm{B}}}{\langle \hat{\boldsymbol{j}} \rangle} \langle (\hat{l}^2 + 2\hat{s}^2 + 3\hat{\boldsymbol{l}} \cdot \hat{\boldsymbol{s}}) \rangle = -\frac{\mu_{\mathrm{B}}}{\langle \hat{\boldsymbol{j}} \rangle} \left\langle \left(\frac{3}{2}\hat{j}^2 - \frac{1}{2}\hat{l}^2 + \frac{1}{2}\hat{s}^2 \right) \right\rangle$$

$$= -\frac{\mu_{\mathrm{B}}}{\langle \hat{\boldsymbol{j}} \rangle} \left[\frac{3}{2}j(j+1) - \frac{1}{2}l(l+1) + \frac{1}{2}s(s+1) \right] \hbar^2.$$

比较上述 μ_j 的两表达式, 并考虑 $\langle \hat{\boldsymbol{j}} \rangle^2 = j(j+1)\hbar^2$, 得

$$g_j = \frac{3j(j+1) - l(l+1) + s(s+1)}{2j(j+1)},$$

亦即有

$$g_j = \frac{3}{2} + \frac{s(s+1) - l(l+1)}{2j(j+1)}. \tag{9.10}$$

例如,

$$g_j(^2S_{1/2}) = \frac{3}{2} + \frac{s(s+1) - l(l+1)}{2j(j+1)} = 2,$$

$$g_j(^2P_{1/2}) = \frac{3}{2} + \frac{s(s+1) - l(l+1)}{2j(j+1)} = \frac{2}{3},$$

$$g_j(^2P_{3/2}) = \frac{3}{2} + \frac{s(s+1) - l(l+1)}{2j(j+1)} = \frac{4}{3}.$$

因此, 对于钠原子的反常塞曼效应的能谱和光谱分裂, 我们有图 9.5 中标记的 $g_J M_J$ 之值.

　　2) 多电子 LS 耦合制式下的 g 因子

　　由第 6 章的讨论知, 多电子体系的角动量的 LS 耦合制式是先分别将每个电子的轨道角动量 $\boldsymbol{l}_i$、自旋 $\boldsymbol{s}_i$ 耦合得到总轨道角动量 $\boldsymbol{L} = \sum_i \boldsymbol{l}_i$、总自旋 $\boldsymbol{S} = \sum_i \boldsymbol{s}_i$, 然后将 $\boldsymbol{L}$ 与 $\boldsymbol{S}$ 耦合得到体系的总角动量 $\boldsymbol{J} = \boldsymbol{L} + \boldsymbol{S}$, J 的取值为

$$J = |L-S|, |L-S|+1, \cdots, L+S-1, L+S,$$

其中 L、S 的取值由同样的矢量耦合规则确定, 具体讨论见第 6 章.

由角动量耦合规则知, LS 耦合制式下总轨道角动量与总自旋耦合得到体系的总角动量以及各磁矩的耦合都与单粒子情况下的相同, 并且我们通常考察的磁矩仍然是

$$\boldsymbol{\mu}_t = \boldsymbol{\mu}_L + \boldsymbol{\mu}_S$$

在 $\boldsymbol{J}$ 方向上的投影 $\boldsymbol{\mu}_J$, g 因子亦即

$$g_J = \frac{\mu_J}{\sqrt{J(J+1)}\,\mu_\mathrm{B}}.$$

于是, 我们有

$$g_J = \frac{3}{2} + \frac{S(S+1) - L(L+1)}{2J(J+1)}. \tag{9.11}$$

相应地, 总磁矩在 z 方向上的投影为

$$\mu_{J_z} = g_J M_J \mu_\mathrm{B}.$$

例如, 对我们曾讨论过的银原子, 其价电子组态为 $(4\mathrm{d})^{10}(5\mathrm{s})^1$, $(4\mathrm{d})^{10}$ 作为一个支壳, 其轨道角动量和自旋分别为 $L_{\text{Sub-S}} = 0$、$S_{\text{Sub-S}} = 0$, 价电子态 $(5\mathrm{s})^1$ 的轨道角动量和自旋分别为 $l_\mathrm{V} = 0$, $s_\mathrm{V} = \frac{1}{2}$, 从而, 银原子的总轨道角动量 $\boldsymbol{L} = \boldsymbol{L}_{\text{Sub-S}} + \boldsymbol{l}$、总自旋 $\boldsymbol{S} = \boldsymbol{S}_{\text{Sub-S}} + \boldsymbol{s}$、总角动量 $\boldsymbol{J} = \boldsymbol{L} + \boldsymbol{S}$ 的值 (以 $\hbar$ 为单位) 分别为

$$L = 0, \quad S = \frac{1}{2}, \quad J = \frac{1}{2}.$$

朗德 g 因子 (旋磁比) 为

$$g_J = \frac{3}{2} + \frac{\frac{1}{2}\left(\frac{1}{2}+1\right) - 0(0+1)}{2 \cdot \frac{1}{2}\left(\frac{1}{2}+1\right)} = 2,$$

由于 $J = \frac{1}{2}$, 则 $M_J = \pm\frac{1}{2}$, 于是 $\mu_{J_z} = g_J M_J \mu_\mathrm{B} = \pm\mu_\mathrm{B}$, 从而在通过与其束流方向垂直的不均匀磁场的施特恩–格拉赫实验中, 银原子束分裂为两束 (分列在束流对应线的上下两侧).

3) 多电子 JJ 耦合制式下的 g 因子

由第 6 章的讨论知, 多电子体系的角动量的 JJ 耦合制式是先将每个电子的

轨道角动量 l_i 与自旋 s_i 耦合得到其总角动量 $j_i = l_i + s_i$,然后将各 j_i 耦合得到体系的总角动量

$$J = \sum_i j_i,$$

其中各 j_i 及 J 的取值遵循一般的角动量耦合的规则. 以两电子体系为例的矢量耦合如图 9.6 所示,其中 J 的可取值为

$$J = |j_1 - j_2|, \ |j_1 - j_2| + 1, \cdots, j_1 + j_2 - 1, \ j_1 + j_2.$$

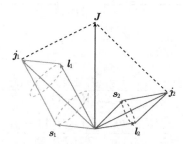

图 9.6   以两电子体系为例的 JJ 制式下的角动量耦合示意图

由图 9.6 并参照图 9.5 易知,体系中每个电子的磁矩的大小为

$$\mu_{j_i} = g_{j_i} \sqrt{j_i(j_i + 1)} \, \mu_{\mathrm{B}},$$

方向沿 j_i 的反方向,但这些磁矩直接耦合得到的总磁矩 $\mu_{\mathrm{t}} = \sum_i \mu_{j_i}$ 并不沿 J 的反方向. 与单电子情况等相同,人们仍然取 μ_{t} 在 J 方向的投影 μ_J 作为体系的总磁矩,并且定义体系的朗德 g 因子 (旋磁比) 为

$$g_J = \frac{\mu_J}{\sqrt{J(J+1)} \, \mu_{\mathrm{B}}}.$$

对两电子系统,直接计算其总磁矩

$$
\begin{aligned}
\mu_J &= \left\langle \hat{\boldsymbol{\mu}}_{j_1} \cdot \frac{\hat{\boldsymbol{J}}}{\langle \hat{\boldsymbol{J}} \rangle} + \hat{\boldsymbol{\mu}}_{j_2} \cdot \frac{\hat{\boldsymbol{J}}}{\langle \hat{\boldsymbol{J}} \rangle} \right\rangle \\
&= g_{j_1} \mu_{\mathrm{B}} \frac{\langle \hat{\boldsymbol{j}}_1 \cdot (\hat{\boldsymbol{j}}_1 + \hat{\boldsymbol{j}}_2) \rangle}{\langle \hat{\boldsymbol{J}} \rangle} + g_{j_2} \mu_{\mathrm{B}} \frac{\langle \hat{\boldsymbol{j}}_2 \cdot (\hat{\boldsymbol{j}}_1 + \hat{\boldsymbol{j}}_2) \rangle}{\langle \hat{\boldsymbol{J}} \rangle} \\
&= g_{j_1} \mu_{\mathrm{B}} \frac{\langle \hat{\boldsymbol{j}}_1^2 + \hat{\boldsymbol{j}}_1 \cdot \hat{\boldsymbol{j}}_2 \rangle}{\langle \hat{\boldsymbol{J}} \rangle} + g_{j_2} \mu_{\mathrm{B}} \frac{\langle \hat{\boldsymbol{j}}_2^2 + \hat{\boldsymbol{j}}_2 \cdot \hat{\boldsymbol{j}}_1 \rangle}{\langle \hat{\boldsymbol{J}} \rangle},
\end{aligned}
$$

代入上式, 得

$$g_J = g_{j_1} \frac{\langle \hat{\boldsymbol{j}}_1^2 + \hat{\boldsymbol{j}}_1 \cdot \hat{\boldsymbol{j}}_2 \rangle}{\langle \hat{\boldsymbol{J}}^2 \rangle} + g_{j_2} \frac{\langle \hat{\boldsymbol{j}}_2^2 + \hat{\boldsymbol{j}}_2 \cdot \hat{\boldsymbol{j}}_1 \rangle}{\langle \hat{\boldsymbol{J}}^2 \rangle}$$

$$= g_{j_1} \frac{j_1(j_1+1) + \dfrac{1}{2}\big[J(J+1) - j_1(j_1+1) - j_2(j_2+1)\big]}{J(J+1)}$$

$$+ g_{j_2} \frac{j_2(j_2+1) + \dfrac{1}{2}\big[J(J+1) - j_1(j_1+1) - j_2(j_2+1)\big]}{J(J+1)},$$

化简则得体系的朗德 g 因子为

$$\begin{aligned} g_J =& g_{j_1} \frac{J(J+1) + j_1(j_1+1) - j_2(j_2+1)}{2J(J+1)} \\ &+ g_{j_2} \frac{J(J+1) + j_2(j_2+1) - j_1(j_1+1)}{2J(J+1)}. \end{aligned} \tag{9.12}$$

9.3.3　磁共振

1. 拉莫尔进动

将自旋指向 (θ, φ) 方向的粒子置于沿 z 方向的磁场 $\boldsymbol{B}$ 中, 记粒子的磁矩为 $\boldsymbol{\mu}_{\mathrm{M}} = \mu_{\mathrm{M}} \boldsymbol{\sigma}$, 其中 $\boldsymbol{\sigma}$ 为泡利算符, 则其与磁场间的相互作用为

$$\hat{H} = -\hat{\boldsymbol{\mu}}_M \cdot \boldsymbol{B} = -\mu_{\mathrm{M}} \hat{\sigma}_z B = \begin{pmatrix} -\mu_{\mathrm{M}} B & 0 \\ 0 & \mu_{\mathrm{M}} B \end{pmatrix}.$$

记任意时刻的自旋态为 $\psi = C_\uparrow \chi_{1/2} + C_\downarrow \chi_{-1/2}$, 其中 $\chi_{1/2}$、$\chi_{-1/2}$ 分别为 $\hat{\sigma}_z$ 沿 z 正方向、沿 z 负方向的本征态, 则自旋状态随时间变化满足的薛定谔方程 $\mathrm{i}\hbar \dfrac{\partial \psi}{\partial t} = \hat{H}\psi$ 具体表述为

$$\mathrm{i}\hbar \frac{\partial}{\partial t} \begin{pmatrix} C_\uparrow \\ C_\downarrow \end{pmatrix} = \begin{pmatrix} -\mu_{\mathrm{M}} B & 0 \\ 0 & \mu_{\mathrm{M}} B \end{pmatrix} \begin{pmatrix} C_\uparrow \\ C_\downarrow \end{pmatrix},$$

即有

$$\mathrm{i}\hbar \frac{\partial C_\uparrow}{\partial t} = -\mu_{\mathrm{M}} B C_\uparrow, \qquad \mathrm{i}\hbar \frac{\partial C_\downarrow}{\partial t} = \mu_{\mathrm{M}} B C_\downarrow.$$

解之得

$$C_\uparrow(t) = \mathrm{e}^{\mathrm{i}\frac{\mu_\mathrm{M}B}{\hbar}t}C_\uparrow(0), \quad C_\downarrow(t) = \mathrm{e}^{-\mathrm{i}\frac{\mu_\mathrm{M}B}{\hbar}t}C_\downarrow(0).$$

取初始条件为 (已作为习题 6.4、习题 6.8 等由读者自己讨论过)

$$\begin{pmatrix} C_\uparrow(0) \\ C_\downarrow(0) \end{pmatrix} = \begin{pmatrix} \cos\dfrac{\theta}{2}\,\mathrm{e}^{\mathrm{i}\varphi/2} \\ \sin\dfrac{\theta}{2}\,\mathrm{e}^{-\mathrm{i}\varphi/2} \end{pmatrix},$$

则

$$\begin{pmatrix} C_\uparrow(t) \\ C_\downarrow(t) \end{pmatrix} = \begin{pmatrix} \cos\dfrac{\theta}{2}\mathrm{e}^{\mathrm{i}(2\omega_\mathrm{L}t+\varphi)/2} \\ \sin\dfrac{\theta}{2}\mathrm{e}^{-\mathrm{i}(2\omega_\mathrm{L}t+\varphi)/2} \end{pmatrix},$$

其中 $\omega_\mathrm{L} = \dfrac{\mu_\mathrm{M}B}{\hbar} = \dfrac{qB}{2m}$ 为拉莫尔频率.

由此知, 粒子的自旋矢量与极轴的夹角保持固定值 θ, 但以角速度 ω_L 绕极轴转动, 如图 9.7 所示. 这种转动称为拉莫尔进动. ω_L 称为拉莫尔进动角速度.

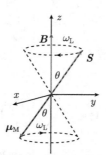

图 9.7 带负电荷的粒子的拉莫尔进动 (自旋磁矩与自旋反向) 示意图

2. 拉比解与磁共振

在 z 方向有恒定磁场 B_z、x 方向有交变磁场

$$B_x = B_0\cos\omega t = \frac{B_0}{2}\left(\mathrm{e}^{\mathrm{i}\omega t} + \mathrm{e}^{-\mathrm{i}\omega t}\right)$$

情况下, 自旋所受作用的哈密顿量为

$$\hat{H} = -\mu_\mathrm{M}\left(\hat{\sigma}_z B_z + \hat{\sigma}_x B_x\right) = \mu_\mathrm{M}\begin{pmatrix} -B_z & -\dfrac{B_0}{2}\left(\mathrm{e}^{\mathrm{i}\omega t} + \mathrm{e}^{-\mathrm{i}\omega t}\right) \\ -\dfrac{B_0}{2}\left(\mathrm{e}^{\mathrm{i}\omega t} + \mathrm{e}^{-\mathrm{i}\omega t}\right) & B_z \end{pmatrix},$$

对粒子的自旋态 $\psi = C_\uparrow \chi_{1/2} + C_\downarrow \chi_{-1/2}$, 则其满足的薛定谔方程 $i\hbar \dfrac{\partial \psi}{\partial t} = \hat{H}\psi$ 具体表述为微分方程组

$$i\hbar \frac{\partial C_\uparrow}{\partial t} = -\mu_{\mathrm{M}} B_z C_\uparrow - \frac{\mu_{\mathrm{M}} B_0}{2}\left(\mathrm{e}^{i\omega t} + \mathrm{e}^{-i\omega t}\right) C_\downarrow,$$

$$i\hbar \frac{\partial C_\downarrow}{\partial t} = \mu_{\mathrm{M}} B_z C_\downarrow - \frac{\mu_{\mathrm{M}} B_0}{2}\left(\mathrm{e}^{i\omega t} + \mathrm{e}^{-i\omega t}\right) C_\uparrow,$$

在忽略以 $\omega + \dfrac{2\mu_{\mathrm{M}} B_z}{\hbar}$ 为圆频率的反共振的情况下, 考虑 $t = 0$ 时系统处于态 $|\boldsymbol{\mu}\rangle = |\downarrow\rangle$ 的初始条件, 求解该微分方程组, 得

$$C_\uparrow(t) = i\frac{\mu_{\mathrm{M}} B_0}{\hbar \omega_{\mathrm{R}}} \sin\frac{\omega_{\mathrm{R}} t}{2} \mathrm{e}^{-i\frac{\Delta\omega}{2} t},$$

$$C_\downarrow(t) = \left[\cos\frac{\omega_{\mathrm{R}} t}{2} + i\frac{\omega - 2\mu_{\mathrm{M}} B_z/\hbar}{\omega_{\mathrm{R}}} \sin\frac{\omega_{\mathrm{R}} t}{2}\right] \mathrm{e}^{i\frac{\Delta\omega}{2} t},$$

其中

$$\Delta\omega = \omega - \frac{2\mu_{\mathrm{M}} B_z}{\hbar}, \quad \omega_{\mathrm{R}} = \sqrt{\Delta\omega^2 + \left(\frac{\mu_{\mathrm{M}} B_0}{\hbar}\right)^2}.$$

该解称为拉比 (I. I. Rabi) 严格解.

于是有概率密度

$$P_\uparrow(t) = \left|C_\uparrow(t)\right|^2 = \left(\frac{\mu_{\mathrm{M}} B_0}{\hbar \omega_{\mathrm{R}}}\right)^2 \sin^2\frac{\omega_{\mathrm{R}} t}{2},$$

$$P_\downarrow(t) = \left|C_\downarrow(t)\right|^2 = 1 - \left(\frac{\mu_{\mathrm{M}} B_0}{\hbar \omega_{\mathrm{R}}}\right)^2 \sin^2\frac{\omega_{\mathrm{R}} t}{2}.$$

并且, 在 $0 \to t$ 时间内系统由 $|\downarrow\rangle$ 到 $|\uparrow\rangle$ 的跃迁概率为

$$P(\downarrow\to\uparrow) = \left(\frac{\mu_{\mathrm{M}} B_0}{\hbar \omega_{\mathrm{R}}}\right)^2 \sin^2\frac{\omega_{\mathrm{R}} t}{2}.$$

显然, 该跃迁概率以拉比角频率 ω_{R} 周期变化.

对共振情形, 即有 $\omega = 2\dfrac{\mu_{\mathrm{M}} B_z}{\hbar} = 2\omega_{\mathrm{L}}$, 则 $\omega_{\mathrm{R}} = \dfrac{\mu_{\mathrm{M}} B_0}{\hbar}$, 变化振幅为 1; 对非共振情形, 周期和幅度都随频率失谐量 $\Delta\omega = |\omega - \omega_{\mathrm{L}}|$ 增大而减小. 这样变化的经典图像如图 9.8 所示.

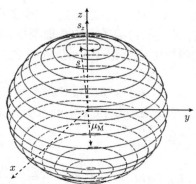

图 9.8 量子数为 $\frac{1}{2}$ 的自旋态在 z 方向恒定、x 方向交变的磁场中运动状态示意图

这表明, 在一个方向恒定、另一个方向交变的磁场中的自旋态除具有自旋之外, 还有进动和章动. 这与经典物理中的陀螺完全相同, 亦即有量子陀螺. (美国物理学家) 拉比以此为基础, 发展建立了巧妙利用原子的超精细结构和塞曼能级 (组合) 间的共振跃迁的分子束共振法, 并以 10^{-3} 的精度测得核子和一些原子核的磁矩 (比其导师施特恩的结果高了两个量级), 据此获得了 1944 年的诺贝尔物理学奖.

3. 顺磁共振

9.3.2 节的讨论表明, 处于磁场中的原子的能级会发生塞曼分裂, 分裂的相邻能级的间距为 $\Delta E = |g|\mu_B B$. 那么, 在外加光场的光量子能量满足条件

$$\hbar\omega = h\nu = \Delta E = |g|\mu_B B$$

的情况下, 电子会吸收这份能量发生能级之间的跃迁, 从而使电子状态或磁矩取向改变. 这种共振吸收现象称为电子顺磁共振 (electron paramagnetic resonance, EPR). 将 μ_B 的值和通常的磁感应强度 B 的值代入 ΔE 的表达式计算知, 能够引起顺磁共振的光的频率在微波波段 ($10^{-3} \sim 10^{-1}$m).

4. 核磁共振

我们知道, 与电子和原子一样, 核子和原子核也有磁矩, 核子磁矩以核磁子 μ_N 为单位,

$$\mu_N = \frac{e\hbar}{2m_p} = \frac{1}{1836}\mu_B,$$

并且有反常磁矩 (施特恩因为此发现获得 1943 年的诺贝尔物理学奖, 拉比以较高精度测定其数值而获得 1944 年的诺贝尔物理学奖. 直接在 QCD 层面对此反常磁矩的机制的研究仍在进行中): $\mu_p = 2.793\mu_N$, $\mu_n = -1.9135\mu_N$.

那么, 使分子束 (或原子束) 通过强度合适且交变的磁场时, 核能级会像电子 (原子) 能级一样发生分裂, 并且核自旋的取向会周期性地变化.

令固定频率的射频无线电波通过原子束场, 并对之进行测量, 则应有吸收谱, 共振吸收条件为

$$h\nu = |g_N|\mu_N B.$$

这种现象称为核磁共振 (nuclear magnetic resonance, NMR) 吸收现象. 由于核子的磁矩仅仅是电子的磁矩的约 $\dfrac{1}{1836}$,

$$\left(\frac{\nu}{B}\right)_{电子} = \frac{g_e\mu_B}{h} = 14\,g_e\ \text{GHz/T}, \quad \left(\frac{\nu}{B}\right)_{质子} = \frac{g_N\mu_N}{h} = 7.6\,g_N\ \text{MHz/T}$$

则比引起电子顺磁共振的磁场强度小约三个数量级的磁场即可引起核磁共振, 在 10^3 高斯量级的磁场下, 核能级的裂距在射频波段, 在特斯拉量级的磁场强度下, 可以得到很高的精度. 由于大量微观状态形成的系统一定满足统计规律, 那么磁场中粒子的能级由于塞曼效应发生分裂后, 处于下能级的粒子数一定多于处于上能级的粒子数, 即可能发生受激吸收的粒子数多于可能发生受激发射的粒子数, 那么在利用外加射频场测量时, 整体上应观测到吸收谱. 例如, 实验观测到的 ^{7}Li 原子束的核磁共振吸收谱如图 9.9 所示.

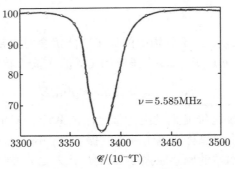

图 9.9　^{7}Li 原子束的核磁共振吸收谱

根据上述讨论, 在精确控制磁场的情况下, 人们可以利用核磁共振来测定原子核的磁矩. 反过来, 如果已知原子核的磁矩, 人们则可利用核磁共振来灵敏地控制磁场或进行精确测量.

利用束流方法进行核磁共振测量需要将物质粒子化, 至少形成原子束流, 对技术要求很高, 并且 (在当时) 应用范围受限. 1945 年底和 1946 年初, 美国麻省理工学院的珀塞尔 (E.M. Purcell) 课题组、美国斯坦福大学的布洛赫 (F. Bloch) 课题组分别在石蜡样品、水样品中直接观测到核磁共振现象, 从而使核磁共振测量大大简化, 他们因此获得了 1952 年的诺贝尔物理学奖.

回顾上述讨论, 我们在考察外磁场与原子核 (甚至核子) 的作用时, 都仅考虑了它们之间的直接 (或者说, 裸的原子核或核子) 的作用, 事实上, 由于原子中的电子对原子核的屏蔽, 并且电子绕核运动产生的磁场一定与外加磁场方向相反 (负电荷决定), 因此真正对原子核有作用的磁场应该是扣除了核外电子屏蔽之后的磁场 $B_{有效}$. 具体深入的研究表明, 对于外磁场 $B_{外}$, 电子屏蔽引起的抗磁场为 $-\sigma B_{外}$, 其中 $\sigma > 0$, 并且因原子不同和分子不同而不同, 即有

$$B_{有效} = B_{外} - \sigma B_{外}.$$

记引起标准氢原子核核磁共振的外磁场为 $B_{外标}$, 引起不同环境中的氢原子核核磁共振的外磁场 $B_{外}$ 与 $B_{外标}$ 必有偏离, 于是, 人们定义

$$\delta = \frac{B_{外标} - B_{外}}{B_{外标}} \times 10^6 \text{ ppm},$$

其中 ppm (parts per million) 意为百万分之几, 并称之为化学位移. 1950 年, 美国物理学家普洛克特 (W.G. Proctor) 和我国物理学家虞福春 (长期担任北京大学教授、技术物理系副主任) 首先在测量 ^{14}N 的核磁矩时发现化学位移, 美国物理学家狄更孙 (W.C. Dickinson) 在对 ^{17}F 的化合物的测量中也发现类似现象. 这样, 人们完全确认了同一原子的不同化合物的 "共振磁场" 有化学位移. 由此知, 化学位移是不同物质及同一类组分但不同结构的物质的指纹, 从而核磁共振成为研究分子结构、进行医学诊断、精密测量、量子状态调控、(模拟) 量子计算等的有效方法.

由于核磁共振的作用巨大, 对在不同发展阶段对之作出重要贡献或扩展应用领域的科学家曾多次授予诺贝尔奖. 例如, 瑞士化学家 R.R. Ernst 因提出由非常短而强的射频脉冲取代缓慢改变照射脉冲, 从而大大提高核磁共振测量的灵敏度, 而获得 1991 年的诺贝尔化学奖; 瑞士化学家 K. Wüthrich 因提出将核磁共振测量方法延伸到生物大分子的想法, 并率先确定一个蛋白质的结构, 而获得 2002 年的诺贝尔化学奖; 美国科学家 P. Lauterbur 和英国科学家 P. Mansfield 因提出在静磁场中使用梯度场, 从而可以获得物体的二维和三维图像, 使核磁共振在医疗和其他领域得以广泛应用, 而获得 2003 年的诺贝尔生理学或医学奖.

9.4 电场中运动的原子——斯塔克效应

1. 斯塔克效应简介

前面讨论了磁场中的原子, 并得知, 在磁场影响下, 原子的能级和光谱都会发生分裂, 并根据发现人的贡献, 将之命名为正常塞曼效应、反常塞曼效应、帕邢–巴

克效应. 进一步的研究表明, 将原子置于电场中时, 其能谱和光谱也会发生分裂.
例如, 氢原子光谱莱曼系的第一条谱线由一条变为三条, 如图 9.10 所示.

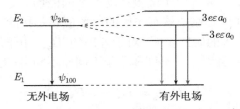

图 9.10　氢原子能级及光谱的斯塔克效应示意图

该现象最早由德国物理学家斯塔克 (J. Stark) 于 1913 年在氢原子光谱的巴
耳末系中发现, 因此称之为斯塔克效应. 斯塔克因此获得了 1919 年的诺贝尔物理
学奖. 由于多电子原子很复杂, 因此在这里我们仅具体讨论碱金属原子和类氢离
子的斯塔克效应.

2. 定量描述方案

我们已知, 电场 V 与电荷 q 间的相互作用势为

$$U' = qV = -\boldsymbol{P} \cdot \boldsymbol{E},$$

其中, $\boldsymbol{E}$ 为所加电场的电场强度, $\boldsymbol{P}$ 为与电荷 q 相应的电偶极矩.

那么, 对置于沿 z 方向的电场 ε 中的原子内的电子, 则有

$$\hat{U}' = -(-e\boldsymbol{r}) \cdot \boldsymbol{\varepsilon} = e\varepsilon r \cos\theta,$$

其中, θ 为 r 与 z 方向 (ε 方向) 间的夹角.

较具体地, 将核电荷数为 Z 的类氢离子置于沿 z 方向的电场中, 电子除受原
子核的作用外, 还受外电场的作用. 记电子与原子核之间的间距为 r, 则其哈密顿
量可以表述为

$$\hat{H} = -\frac{\hbar^2}{2m}\nabla^2 - \frac{Ze_s^2}{r} + e\varepsilon r \cos\theta.$$

由原子的半径大约在 0.1nm 的量级甚至更小知, 原子内的电势大约为
$10^{11}\mathrm{V/m}$. 因为现在通常能够实现的外电场的电势 $V_{\text{ext}} \leqslant 10^8\mathrm{V/m}$, 则有 $V_{\text{ext}} \ll V_{\text{in}}$, 所以 $\hat{U}' = e\varepsilon r \cos\theta$ 可视为微扰.

由于仅考虑内部库仑场作用情况下原子的量子态通常是高度简并的, 例如氢
原子和类氢离子的状态是 n^2 重简并的 (其中 n 为标记原子状态的主量子数), 那
么, 实际的计算需要在简并微扰方法下才能实现.

3. 氢原子低能量态的能级分裂和莱曼系光谱第一条谱线的分裂

因为外电场作用可视为微扰, 所以可以采用微扰方法进行计算. 由于实验观测到的是外电场中的原子的能级和光谱发生分裂, 这表明在不考虑外电场影响时, 原子中的电子的能态是简并的, 因此我们应该采用简并定态微扰方法进行计算.

根据微扰计算方法的基本原理, 简并的本征函数可取为

$$\psi_{nlm}^{(i,0)} = R_{nl}(r)Y_{l,m}(\theta,\varphi).$$

因为

$$\cos\theta Y_{l,m}(\theta,\varphi) = \sqrt{\frac{(l+1)^2 - m^2}{(2l+1)(2l+3)}}Y_{(l+1)m}(\theta,\varphi) + \sqrt{\frac{l^2 - m^2}{(2l-1)(2l+1)}}Y_{(l-1)m}(\theta,\varphi),$$

记 $|nlm\rangle = |i\rangle, |nl'm'\rangle = |k\rangle$, 则

$$H'_{ki} = \langle l'm'|\hat{U}'|lm\rangle = \alpha_{+1}\delta_{l'(l+1)}\delta_{m'm} + \alpha_{-1}\delta_{l'(l-1)}\delta_{m'm},$$

其中 $\alpha_{\pm1}$ 为常数.

由此可确定简并微扰方法中的本征值方程:

$$\sum_{i=1}^{k}\left[H'_{ki} - \lambda E_n^{(1)}\delta_{ki}\right]c_i^{(0)} = 0.$$

解此本征方程即可确定能级分裂及相应的波函数 $\psi = \sum_i c_i^{(0)}\psi_{nlm}^{(i,0)}$.

例如, 对于氢原子莱曼系第一条谱线的斯塔克效应, 已知氢原子莱曼系第一条谱线来自跃迁:

$$\psi_{2lm}(r,\theta,\varphi) \longrightarrow \psi_{100}(r,\theta,\varphi),$$

即在没有外场影响时, 该跃迁的末态是唯一的 (非简并的), 但初态 $\{l,m\} = \{0,0\}$, $\{1,1\}, \{1,0\}, \{1,-1\}$ 是四重简并态. 为下面计算方便, 我们分别记之为 ϕ_1、ϕ_2、ϕ_3、ϕ_4.

当置于电场中时, 记氢原子 (中的电子) 的波函数为 $\psi_j = \sum_i^4 c_i^{(0)}\phi_i$, 则有

$$H'_{13} = \langle\phi_1|\hat{U}'|\phi_3\rangle$$

$$= \iiint \frac{1}{4\sqrt{2\pi}a_0^{3/2}}\left(2 - \frac{r}{a_0}\right)e^{-r/2a_0}e\varepsilon r\cos\theta\frac{r}{4\sqrt{2\pi}a_0^{5/2}}e^{-r/2a_0}\cos\theta r^2\sin\theta\mathrm{d}r\mathrm{d}\theta\mathrm{d}\varphi$$

$$= \frac{e\varepsilon}{32\pi a_0^4}\int_0^\infty\left(2 - \frac{r}{a_0}\right)r^4 e^{-r/a_0}\mathrm{d}r\int_0^\pi\cos^2\theta\sin\theta\mathrm{d}\theta\int_0^{2\pi}\mathrm{d}\varphi = -3e\varepsilon a_0,$$

$$H'_{31} = -3e\varepsilon a_0,$$

$$H'_{11} = H'_{12} = H'_{14} = H'_{21} = H'_{22} = H'_{23} = H'_{24} = H'_{32} = H'_{33} = H'_{34}$$

$$= H'_{41} = H'_{42} = H'_{43} = H'_{44} = 0.$$

于是有保证本征方程有非零解的久期方程

$$\begin{vmatrix} -\lambda E^{(1)} & 0 & -3e\varepsilon a_0 & 0 \\ 0 & -\lambda E^{(1)} & 0 & 0 \\ -3e\varepsilon a_0 & 0 & -\lambda E^{(1)} & 0 \\ 0 & 0 & 0 & -\lambda E^{(1)} \end{vmatrix} = 0,$$

亦即有

$$(\lambda E^{(1)})^2 \big[(\lambda E^{(1)})^2 - (3e\varepsilon a_0)^2 \big] = 0,$$

解之得

$$\lambda E^{(1)}_{21} = 3e\varepsilon a_0, \quad \lambda E^{(1)}_{23} = -3e\varepsilon a_0, \quad \lambda E^{(1)}_{22} = \lambda E^{(1)}_{24} = 0.$$

由此知, 氢原子的 ψ_{2lm} 态的简并部分解除, 仍简并的两个态的能量与原来的相同, 解除简并的两个态的能量分别增大、减小 $3e\varepsilon a_0$. 由此知, 氢原子低激发态能谱分裂和光谱分裂如图 9.10 所示.

进而可以解得, 相对于无外电场时的简并波函数 ψ_{200}、ψ_{211}、ψ_{210}、ψ_{21-1}, 在沿 z 方向的外电场 ε 中的氢原子的波函数变化为

$$\psi^{(0)}_{21} = \frac{1}{\sqrt{2}}(\psi_{200} - \psi_{210}), \quad \psi^{(0)}_{22} = \psi_{211},$$

$$\psi^{(0)}_{23} = \frac{1}{\sqrt{2}}(\psi_{200} + \psi_{210}), \quad \psi^{(0)}_{24} = \psi_{21-1}.$$

由此可以讨论氢原子的其他性质的变化.

9.5　量　子　相　位

第 1 章讨论描述量子态的波函数的物理意义时曾经说过, 定常的相因子对物理态的性质没有贡献, 因为它不影响量子态的概率密度分布, 然而有些量子相位却非常重要, 尤其是对于置于电磁场中的原子会表现出丰富的极其有趣的物理现象. 前几节已经讨论过, 置于电磁场中的原子具有塞曼效应、斯塔克效应、顺磁共

振效应、核磁共振效应等, 它们表现为原子的能级发生分裂和移动, 从而光谱有改变且自旋状态出现周期性变化或者在梯度场作用下原子束受力与偏折等. 更为有趣的是, 在一些特定的电场和磁场的组合设置中, 除了上述效应外, 中性原子的质心轨道的量子运动还有可能俘获到一种所谓的几何相位, 其本质是纯粹拓扑性的, 与原子质心的动力学状态无关, 尽管在经典力学意义上没有任何外场力施加到所考虑的粒子之上, 但在量子力学层面上会引起可观测效应. 这里简略讨论一些量子相位的重要表现.

9.5.1 Aharonov–Bohm 效应

我们已经熟知, 粒子的波函数可以一般地表述为

$$\psi(\boldsymbol{r}) = C(\boldsymbol{r})\mathrm{e}^{\mathrm{i}\varphi(\boldsymbol{r})}.$$

由于相位变化通常远快于振幅变化, 则

$$\hat{\boldsymbol{P}}\psi(\boldsymbol{r}) = -\mathrm{i}\hbar\nabla\big[C(\boldsymbol{r})\mathrm{e}^{\mathrm{i}\varphi(\boldsymbol{r})}\big] = -\mathrm{i}\hbar\big\{\nabla C(\boldsymbol{r}) + C(\boldsymbol{r})[\mathrm{i}\nabla\varphi(\boldsymbol{r})]\big\}\mathrm{e}^{\mathrm{i}\varphi(\boldsymbol{r})}$$

$$\approx -\mathrm{i}\hbar C(\boldsymbol{r})(\mathrm{i}\nabla\varphi(\boldsymbol{r}))\mathrm{e}^{\mathrm{i}\varphi(\boldsymbol{r})} = \hbar[\nabla\varphi(\boldsymbol{r})]\psi(\boldsymbol{r}),$$

于是有

$$\hat{\boldsymbol{P}} \sim \hbar\nabla\varphi(\boldsymbol{r}),$$

即粒子的动量算符由表征粒子状态的波函数的相位的梯度决定.

另外, 磁场中带电粒子的动量为

$$\boldsymbol{P} = \boldsymbol{p}_{粒子} + \boldsymbol{p}_{场} = m\boldsymbol{v} + q\boldsymbol{A}(\boldsymbol{r}),$$

于是有

$$\nabla\varphi(\boldsymbol{r}) = \frac{1}{\hbar}\big[m\boldsymbol{v} + q\boldsymbol{A}(\boldsymbol{r})\big],$$

其中, m 为粒子的质量, $\boldsymbol{v}$ 为粒子的速度, q 为粒子所带的电量, $\boldsymbol{A}(\boldsymbol{r})$ 为磁场的矢量势.

与没有磁场情况下的波函数的相位的梯度相比知, 多出了一项 $\dfrac{q\boldsymbol{A}(\boldsymbol{r})}{\hbar}$. 选定原点 O, 在另一点 P, 带电粒子的波函数则有附加相位

$$(\Delta\varphi)_{磁} = \frac{q}{\hbar}\int_{O}^{P}\boldsymbol{A}(\boldsymbol{r})\cdot\mathrm{d}\boldsymbol{l}.$$

使一电子束分为两束从不同侧绕过一载流螺线管后再会合, 如图 9.11 所示, 由于由螺线管的不同侧到达 P 点的电子的波函数间有不同的附加相位, 因此有附

加相位差

$$\Delta\varphi = (\Delta\varphi)_{\text{磁}} = \frac{q}{\hbar}\Big[\int_{(\mathrm{I})} \boldsymbol{A}(\boldsymbol{r}) \cdot \mathrm{d}\boldsymbol{l} - \int_{(\mathrm{II})} \boldsymbol{A}(\boldsymbol{r}) \cdot \mathrm{d}\boldsymbol{l}\Big],$$

亦即有

$$\Delta\varphi = \frac{q}{\hbar}\oint \boldsymbol{A}(\boldsymbol{r}) \cdot \mathrm{d}\boldsymbol{l} = \frac{q}{\hbar}\oiint(\nabla \times \boldsymbol{A}) \cdot \mathrm{d}\boldsymbol{S} = \frac{q}{\hbar}\oiint \boldsymbol{B} \cdot \mathrm{d}\boldsymbol{S} = \frac{q}{\hbar}\Phi_{\mathrm{B}},$$

其中 Φ_{B} 为通过闭合回路的磁通量, 则在相遇处 P 应具有干涉效应. 这一效应由 Y. Aharonov 和 D. Bohm 于 1959 年预言 (Physical Review 115, 485 (1959)), 因此称之为 Aharonov–Bohm 效应, 常简称为 AB 效应.

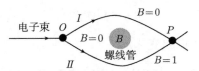

图 9.11　使一电子束分为两束从不同侧绕过一载流螺线管后再会合的示意图

　　我们知道, 在理论上, 无限长螺线管外 $\boldsymbol{B} = 0$、$\boldsymbol{A} \neq 0$, 那么, 如果在 P 点确实有干涉效应出现, 则其不仅说明量子相位的重要性, 还表明电子可以在没有磁场的地方感知磁矢势的物理效应. 也就是说, 磁矢势不仅是研究电磁场性质时为计算方便和形式对称而引入的辅助场, 而且是有实际效应的物理场.

　　该效应于 1960 年得到初步验证 (R.G. Chambers, Physical Review Letters 5, 3 (1960)), 但由于保证 $\boldsymbol{B}_{\text{内部}} \neq 0$, $\boldsymbol{B}_{\text{外部}} \equiv 0$ 的无限长螺线管难以真正实现, 因此上述检验的精度和可信度都不很高. 直到 1985 年, A. Tonomura 采用带超导屏蔽层的磁环代替无限长螺线管的方案才精确验证了 AB 效应 (Physical Review Letters 56, 792 (1986)).

　　Tonomura 实验采用的带超导屏蔽层的磁环如图 9.12 (a) 所示. 记

$$\Phi_0 = \frac{h}{2e},$$

则对于 $q = -e$ 的电子, 当

$$\Delta\varphi = (\nabla\varphi)_{\text{磁}} = -\frac{\Phi_B}{\Phi_0}\pi = n\pi,$$

且 n 为偶数时, 出现全息干涉增强; n 为奇数时, 出现全息干涉相消.

　　实验测量到的温度为 4.5K (保证所用的作为超导屏蔽层的 Nb 材料处于超导态) 情况下的全息干涉图样如图 9.12 (b) (对应于 $n =$ 奇数) 和 (c) (对应于 $n =$ 偶数) 所示. 图 9.12(b) 和 (c) 中环形的带子为超导环的阴影, 图 9.12(b) 的环内外干涉条纹明亮相反、图 9.12(c) 的环内外干涉条纹明亮相应, 充分表明确实存在 AB 效应.

Tonomura 实验还表明, $\dfrac{\Phi_B}{\Phi_0}$ 为整数, 即磁通量是量子化的.

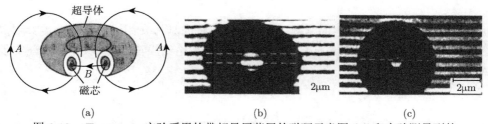

(a)　　　　　　　　(b)　　　　　　　　(c)

图 9.12　Tonomura 实验采用的带超导屏蔽层的磁环示意图 (a) 和实验测量到的表征干涉效应的全息图 ((b)、(c))

9.5.2　Aharonov–Casher 效应

1984 年, Y. Aharonov 和 A. Casher 提出 (Physical Review Letters 53, 319 (1984)), 具有磁矩的中性粒子可以受到电场的影响, 当通过电场时, 会发生相位变化. 其原理如图 9.13 (取自 Physical Review Letters 63, 380 (1989)) 所示, 其中 (a) 为 9.5.1 节已经讨论过的 AB 效应的图示, 荷电束流在无限长螺线管的一侧分裂成的两束在螺线管的另一侧相遇处有附加的量子相位, 或者说有拓扑相移, 从而产生可观测的干涉效应. 螺线管的每一匝都是一个环形电流线圈, 都具有磁矩, 那么无限长的螺线管相当于无限多个顺排的小磁矩元形成的磁矩柱, 如图 9.13 (b) 所示. 从相对运动的角度来看, 产生 AB 效应的荷电束流从两侧绕过顺排的磁矩柱等价于磁矩束流从两侧绕过荷电柱之后再相遇, 如图 9.13 (c) 所示. AB 效应是附加的拓扑相移

$$\Delta\varphi_{\mathrm{AB}} = (\nabla\varphi)_{磁} = \frac{q}{\hbar}\oint \boldsymbol{A}(\boldsymbol{r})\cdot\mathrm{d}\boldsymbol{l} = \frac{q}{\hbar}\Phi_{\mathrm{B}}$$

所致, 那么, 尽管不带电但具有磁矩 $\boldsymbol{\mu}$ 的粒子通过电场 $\boldsymbol{E}$ 时, 由于电场的影响, 也会发生相位变化

$$\Delta\varphi_{\mathrm{AC}} = \frac{1}{\hbar}\oint (\boldsymbol{\mu}\times\boldsymbol{E})\cdot\mathrm{d}\boldsymbol{l} = \Pi\frac{4\pi\mu\Lambda}{\hbar},$$

其中, Π 表征中性粒子的自旋极化状态, 取值 ± 1 分别对应自旋朝上、自旋朝下; Λ 为形成电场的荷电柱体上的电荷线密度.

AC 效应提出不久, Cimmino 等即利用中子干涉谱仪测量了通过电压为 30kV/mm 的真空带电柱系统附近的热中子的干涉图样, 测得结果见图 9.13 (d)(取自 Physical Review Letters 63, 380 (1989)). 其中 C_2、C_3 为探测器测量到的分别由带电柱的两侧到达探测器的热中子数, 两计数 C_2、C_3 与上述拓扑相移 (附加相位) 之间的关系可以表述为

$$C_2 = a_2 - b_2 \cos \Delta \varphi_{\mathrm{AC}}, \quad C_3 = \frac{1}{3} a_2 + b_2 \cos \Delta \varphi_{\mathrm{AC}},$$

a_2、b_2 是由实验装置决定的常数, 有关实验装置的具体介绍这里略去. 实验测得 $\Delta \varphi_{\mathrm{AC}}^{\mathrm{neutron}} = (2.19 \pm 0.52) \mathrm{mrad}$, 与 $1.50 \mathrm{mrad}$ 的理论结果符合得较好, 从而证实了 AC 效应.

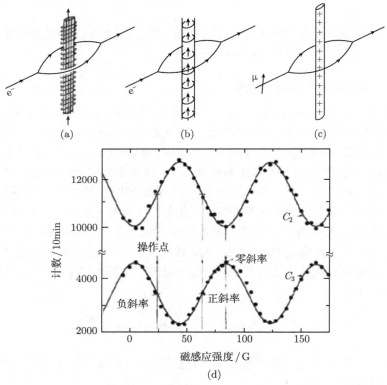

图 9.13　AC 效应原理示意图 ((a)~(c)) 和对中子测量的结果 (d)

9.5.3　He-McKellar-Wilkens-Wei-Han-Wei 效应

我们知道, 在经典情况下, 置于外电场中的电偶极矩会受到电场的作用, 使之状态发生变化, 例如使电介质极化; 置于外磁场中的电偶极矩不受外磁场作用, 不会出现可观测的效应. 然而, 在 AB 效应的启发下, 何小刚和 McKellar (Phys. Rev. A 47 (1993), 3424) 以及 Wilkens (Phys. Rev. Lett. 72 (1994), 5) 提出置于

磁场中的电偶极矩会受到磁场的作用, 产生附加的量子相位. 在他们的理论和建议的实验装置中考察的携带永久电偶极矩的中性粒子还要有一条线状分布的单极子磁场源. 可是真正单独存在的磁单极子从来没有被实验探测到, 即便是 Wilkens 建议的用穿孔的永久磁性材料箔产生一条近似的磁单极子线也不容易, 况且实验中经常采用的原子束中的原子并不具有永久电偶极矩. 这两个困难都在不久之后由我国学者尉海清、韩汝珊和尉秀清予以解决 (Phys. Rev. Lett. 75 (1995), 2071). 尉–韩–尉指出, 在以柱坐标 (r, θ, z) 描述的柱状体中引入一个柱对称的 (沿径向的) 非均匀电场 $\boldsymbol{E} \propto \dfrac{\boldsymbol{r}}{r^2}$ 和一个沿轴向的均匀磁场 $\boldsymbol{B} = B\dfrac{\boldsymbol{z}}{z}$, 在这样的电磁场中以速度 $\boldsymbol{v}$ 在平面 (r, θ) 内运动的质量为 M、具有电极化率 α 的中性原子获得一个诱导的电偶极矩

$$\boldsymbol{P} = \alpha \boldsymbol{E}_{\mathrm{t}} = \alpha(\boldsymbol{E} + \boldsymbol{v} \times \boldsymbol{B}),$$

其中, $\boldsymbol{E}_{\mathrm{t}}$ 是原子在其质心参考系中所感受到的总的电场强度, 该电场与电偶极矩之间的相互作用势为

$$-\frac{1}{2}\alpha \boldsymbol{E}_{\mathrm{t}} \cdot \boldsymbol{E}_{\mathrm{t}} = -\frac{1}{2}\alpha(\boldsymbol{E} + \boldsymbol{v} \times \boldsymbol{B})^2.$$

那么, 在实验室参考系中, 决定原子平面运动的拉格朗日量可以写成

$$\begin{aligned} L &= \frac{1}{2}M\boldsymbol{v}^2 + \frac{1}{2}\alpha(\boldsymbol{E} + \boldsymbol{v} \times \boldsymbol{B})^2 \\ &= \frac{1}{2}(M + \alpha B^2)\boldsymbol{v}^2 + \frac{1}{2}\alpha \boldsymbol{E}^2 + \alpha \boldsymbol{v} \cdot (\boldsymbol{B} \times \boldsymbol{E}), \end{aligned} \tag{9.13}$$

其中最后一项 $\alpha \boldsymbol{v} \cdot (\boldsymbol{B} \times \boldsymbol{E}) = \boldsymbol{v} \cdot \dfrac{\boldsymbol{a}}{r}$, $\boldsymbol{a}$ 为沿角向 θ 方向的大小确定的向量. 这表明存在一个纯粹拓扑性质的几何相位, 该几何相位与带电粒子在细长通电螺线管外运动所得的 Aharonov-Bohm 相位在数学形式上完全一致. 容易验证, 这样的几何相位项在经典物理意义下不引起任何力学效应, 但只要 $\boldsymbol{a}$ 的取值不刚好为 $\hbar$ 的整数倍, 它在量子力学中却会导致可观测的量子态干涉或者能级移动效应. 认真考察尉–韩–尉设置知, 其中的静电磁场组合 $\boldsymbol{B} \times \boldsymbol{E}$ 在引入任何试验粒子之前就已经在空间中固化了一个方向沿角度 θ、大小反比于间距 r 的反常, 从而确立了设置的拓扑不平凡特性. 对任何中性原子或分子, 只要它具有非零的电极化率 α, 就会自然地、成正比例地俘获这一反常, 使其空间运动呈现出不平凡的拓扑性质. 另外, 由于原子和分子束干涉技术日臻成熟并已广泛采用, 这个设置所需要的可极化的中性试验粒子很容易实现.

　　直观来看, $\dfrac{1}{2}\alpha \boldsymbol{E}^2 \propto r^{-2}$ 的势能项使得体系的哈密顿量没有下界, 从而使得体系没有一个能量极小的绝对稳定态. 这在物理上表现为试验粒子的低角动量轨

道态不稳定, 以坠毁到 $E \propto \dfrac{r}{r^2}$ 的场源上而告终. 然而, 事实上, 只要试验粒子以一个角动量超过某个阈值的初始状态为出发点, 就可以有效地避免那些不稳定态. 况且, 总可以在尉–韩–尉的设置中再引入一个环形的、作用到试验粒子质心上的约束势 $U(r)$ 来抗衡这一径向静电吸引势, 以阻止粒子的轨道坠毁.

　　上述讨论表明, 利用尉–韩–尉方案测定外磁场中中性粒子的几何相位的难度仍然很大. 为了探求和验证中性粒子的几何相位效应, 世界各地的原子和分子束实验物理学家们做了很多努力, 例如, 设计和改进精密的物质波干涉仪器, 特别是在干涉装置中引入电场和磁场, 并在近些年陆续得到了一些与 $\boldsymbol{B} \times \boldsymbol{E}$ 呈正比关系的几何相位的迹象 (Phys. Rev. Lett. 109, 120404 (2012); Phys. Rev. Lett. 111, 030401 (2013); Phys. Rev. A 93, 023637 (2016); 等等).

　　再考察尉–韩–尉的拉格朗日量中的正比于 $\boldsymbol{v}^2$ 的项, 其系数可改写为

$$\frac{1}{2}\big(M + \alpha \boldsymbol{B}^2\big) = \frac{1}{2}M\big(1 + \alpha \frac{\boldsymbol{B}^2}{M}\big),$$

即磁场的作用使得中性原子的质量 M 成为有效质量

$$M_\alpha = M\big(1 + \alpha \frac{\boldsymbol{B}^2}{M}\big).$$

该有效质量相比于其原固有质量 M 通常仅有约 10^{-9} 的修正. 由关于磁共振的讨论知, 这一质量修正会引起磁回旋质谱仪中运动的原子的回旋频率 $\omega_{\mathrm{C}} = \dfrac{qB}{M}$ 有相同量级的修正, 具体地, 该相对修正为

$$\frac{\Delta \omega_{\mathrm{C}}^\alpha}{\omega_{\mathrm{C}}} \approx -\alpha \frac{\boldsymbol{B}^2}{M}.$$

2004 年, 美国麻省理工学院的 Pritchard 研究组率先采用图 9.14 (a) 所示的 Penning 离子阱精密质谱实验装置观测到了这一回旋频率修正, 图 9.14 (b) 是他们报道的对 CO^+ 和 N_2^+ 的相对磁回旋频率为时三天半的追踪观测结果 (Nature 430, 58 (2004)). MIT 研究组同时还强调了 $\alpha \boldsymbol{B}^2$ 引起的有效质量修正在许多基于精确质量对比的检验基本物理定律 (如 CPT 对称性、爱因斯坦质能等价关系等) 的实验、原子和分子的电极化率数值测量实验, 以及物理化学和生物化学研究者们使用的磁回旋共振的质谱分析中, 都会是一个重要因素.

　　尉–韩–尉还预言 $\alpha(\boldsymbol{B} \times \boldsymbol{E})$ 几何相位会在中性超流体中引起可观测的宏观量子干涉效应 (Phys. Rev. Lett. 75, 2071 (1995)). 在 1995 年之前, 激光致冷而产生的、稀薄气体的玻色–爱因斯坦凝聚态尚未在实验中观测到, 电中性的超流现象只能在液态的 ^{4}He 和 ^{3}He 中发生, 其中尤以 ^{4}He 超流体较易制备. 但是 ^{4}He

原子既不带电也不携带固有的电极矩或磁极矩, 所以想通过施加外场来影响和控制 ^{4}He 超流体并不容易. 不过, 经由强电场诱导电偶极矩而获得几何相位效应会提供一条途径. 2001 年, 加利福尼亚大学伯克利分校的 Packard 研究组通过采用纳米尺度的小孔阵列作为超流弱链接, 首次观测到了基于 ^{3}He 超流体的宏观量子 "双缝" 干涉效应 (Nature 412, 55 (2001)). 2006 年, 基于 ^{4}He 超流体的宏观量子干涉效应也由实验证实 (Phys. Rev. B 74, 100509(R) (2006)). 此外, 还有不少研究建议在固体中的电子–空穴对的玻色–爱因斯坦凝聚体、稀薄气体的玻色–爱因斯坦凝聚体等量子态中寻找诱导的电偶极矩的几何相位效应 (例如, Phys. Rev. Lett. 102, 106407 (2009); Phys. Rev. Lett. 116, 250403 (2016); 等等). 总之, 中性粒子在静电磁场中的几何相位及其效应已经得到证实, 精细的物理研究正在广泛开展.

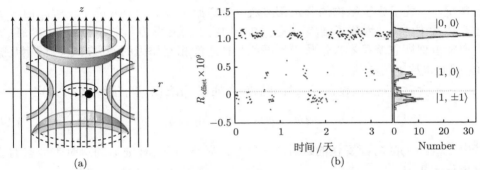

图 9.14 (a) Penning 离子阱磁回旋质谱仪的结构示意图, 其中的一个环形电极和两个盖状电极产生的电四极场将待测离子束缚在 $z \approx 0$ 附近的区域, 该电四极场与沿 z 方向的均匀磁场合作起来把待测离子进一步限制在 $r \approx 0$ 的区域, 从而迫使离子在垂直于磁场的平面内做非常精确的回旋运动. (b) 利用 Penning 离子阱磁回旋质谱仪对 CO^+ 和 N_2^+ 进行近 90h 的测量得到的相对磁回旋频率的数据, 其中 $R_{\text{offset}} = (M_{\text{eff}}[CO^+]/M_{\text{eff}}[N_2^+]) - 1$, $M_{\text{eff}}[CO^+]$ 和 $M_{\text{eff}}[N_2^+]$ 分别为 CO^+、N_2^+ 在磁场中的有效质量. 由于 N_2^+ 的结构对称性, 其电极化率是固定的. 数据中明显的三个量子化等级清晰地说明 CO^+ 具有三个量子化了的电极化率, 分别对应于 CO^+ 的三个不同的量子转动态

9.5.4 贝利 (Berry) 相位

前述的量子相位都仅有空间效应、没有时间效应, 随时间变化的系统的量子相位如何呢? 这方面著名的是贝利相位, 本小节对之予以简要讨论, 有兴趣对此进行详细具体探究的读者可参阅 A. Shapere, and F. Wilczek, Geometric Phases in Physics (World Scientific Publishing Company, Singapore, 1988); A. Bohm, A. Mostafazadeh, H. Koizumi, Q. Niu, and J. Zwanziger, The Geometric Phase in Quantum Systems (Springer-Verlag, Berlin, 1993) 等专著.

1. 绝热近似与绝热相位

我们熟知, 一般形式的薛定谔方程为

$$\mathrm{i}\hbar\frac{\partial}{\partial t}\psi(\boldsymbol{r},t) = \hat{H}(\boldsymbol{r},t)\psi(\boldsymbol{r},t),$$

并且很难求解出既依赖于空间坐标 $\boldsymbol{r}$ 又随时间演化的波函数 $\psi(\boldsymbol{r},t)$.

对于不含时情况, 由第 6 章关于分子结构的求解方案的讨论知, 在玻恩-奥本海默近似

$$C_{nm} = \sum_p \frac{1}{m_p}\big[\langle u_n|\nabla_p|u_m\rangle\cdot\nabla_p + \langle u_n|\frac{1}{2}\nabla_p^2|u_m\rangle\big] = 0$$

的情况下, 关于分子结构的薛定谔方程 (考虑原子核的运动) 可以求解. 由于上述表达式中的 u_n 为分子结构中关于电子的定态薛定谔方程的本征函数, 玻恩–奥本海默近似即忽略了本来依赖于不同原子核之间相互作用的不同态之间的相互影响, 因此也称之为绝热近似.

对于含时情况, 假设在任意时刻仍有本征态 $|n(t)\rangle$, 即有瞬时本征方程

$$\hat{H}(t)|n(t)\rangle = E_n(t)|n(t)\rangle, \tag{9.14}$$

其中 $E_n(t)$ 为随时间变化的瞬时本征能量. 显然, 任一时刻 t 的瞬时本征态的相位也与 t 相关.

记初始时刻系统的本征态为 $\psi(0) = |m(0)\rangle$, 由于哈密顿量显含时间, 因此系统的能量不守恒, 从而没有确定的定态, 那么, 在 $t > 0$ 时刻, 系统的波函数 $\psi(t)$ 应该为具有各种不同能量的瞬时本征态的线性叠加态. 记相应于 $|n(t)\rangle$ 态的叠加系数为 $a_n(t)$, 即有

$$\psi(t) = \sum_n a_n(t)\exp\big[-\frac{\mathrm{i}}{\hbar}\int_0^t E_n(t')\mathrm{d}t'\big]|n(t)\rangle, \tag{9.15}$$

将之代入一般形式的薛定谔方程, 则有

$$\mathrm{i}\hbar\sum_n \frac{\partial a_n(t)}{\partial t}\exp\big[-\frac{\mathrm{i}}{\hbar}\int_0^t E_n(t')\mathrm{d}t'\big]|n(t)\rangle$$

$$+\,\mathrm{i}\hbar\sum_n a_n(t)\big[-\frac{\mathrm{i}}{\hbar}E_n(t)\big]\exp\big[-\frac{\mathrm{i}}{\hbar}\int_0^t E_n(t')\mathrm{d}t'\big]|n(t)\rangle$$

$$+\,\mathrm{i}\hbar\sum_n a_n(t)\exp\big[-\frac{\mathrm{i}}{\hbar}\int_0^t E_n(t')\mathrm{d}t'\big]\big|\frac{\partial}{\partial t}n(t)\big\rangle$$

$$= \sum_n a_n(t)\, E_n(t)\, \exp\Big[-\frac{\mathrm{i}}{\hbar}\int_0^t E_n(t')\mathrm{d}t'\Big]\,|n(t)\rangle,$$

亦即有

$$\sum_n \frac{\partial a_n(t)}{\partial t}\, \exp\Big[-\frac{\mathrm{i}}{\hbar}\int_0^t E_n(t')\mathrm{d}t'\Big]\,|n(t)\rangle$$

$$+ \sum_n a_n(t)\, \exp\Big[-\frac{\mathrm{i}}{\hbar}\int_0^t E_n(t')\mathrm{d}t'\Big]\,\Big|\frac{\partial}{\partial t}n(t)\Big\rangle = 0.$$

方程两边 (左) 乘以 $\langle m(t)|$ 并完成关于空间部分的积分, 则得

$$\frac{\partial}{\partial t}a_m(t) = -\Big\langle m(t)\Big|\frac{\partial m(t)}{\partial t}\Big\rangle a_m(t)$$

$$- \sum_{n\neq m} a_n(t)\, \exp\Big\{-\frac{\mathrm{i}}{\hbar}\int_0^t \big[E_n(t')-E_m(t')\big]\mathrm{d}t'\Big\}\Big\langle m(t)\Big|\frac{\partial}{\partial t}n(t)\Big\rangle. \tag{9.16}$$

显然, 该微分方程组仍然很难求解 (难以定下各个 $a_n(t)$ 等).

直观地, 如果 $|a_n(t)| \ll 1$, 或者 $\langle m(t)|\frac{\partial n(t)}{\partial t}\rangle \to 0$, 则上式近似化为

$$\frac{\partial}{\partial t}a_m(t) = -\Big\langle m(t)\Big|\frac{\partial}{\partial t}m(t)\Big\rangle a_m(t). \tag{9.17}$$

在这一情况下, 对 $t > 0$ 的任意时刻, 我们有近似解

$$a_m(t) = \exp\Big[-\int_0^t \Big\langle m(t')\Big|\frac{\partial}{\partial t'}m(t')\Big\rangle\mathrm{d}t'\Big]a_m(0), \tag{9.18}$$

并且系统保持在 $\hat{H}(t)$ 的瞬时本征态

$$\psi(t) = a_m(t)\, \exp\Big[-\frac{\mathrm{i}}{\hbar}\int_0^t E_m(t')\mathrm{d}t'\Big]|m(t)\rangle.$$

下面讨论前述条件 $\langle m(t)|\frac{\partial}{\partial t}n(t)\rangle \to 0$ 的物理意义.

对前述的瞬时本征方程 (式 (9.14)) 计算关于时间 t 的微分, 得

$$\frac{\partial \hat{H}}{\partial t}|n(t)\rangle + \hat{H}(t)\Big|\frac{\partial}{\partial t}n(t)\Big\rangle = \frac{\partial E_n(t)}{\partial t}|n(t)\rangle + E_n(t)\Big|\frac{\partial}{\partial t}n(t)\Big\rangle.$$

计算上式等号两侧与 $\langle m(t)|$ 的内积 $(|m(t)\rangle \neq |n(t)\rangle)$, 得

$$\langle m|\frac{\partial \hat{H}}{\partial t}|n\rangle + E_m(t)\langle m|\frac{\partial n}{\partial t}\rangle = E_n(t)\langle m|\frac{\partial n}{\partial t}\rangle$$

于是有

$$\langle m|\frac{\partial}{\partial t}n\rangle = \frac{\langle m|\frac{\partial \hat{H}}{\partial t}|n\rangle}{E_n - E_m}. \tag{9.19}$$

这表明 $\langle m|\frac{\partial n}{\partial t}\rangle \to 0$ 对应于 $\frac{\langle m|\frac{\partial \hat{H}}{\partial t}|n\rangle}{E_n - E_m} \to 0$. 由于 $\langle m|\frac{\partial \hat{H}}{\partial t}|n\rangle \to 0$ 表征哈密顿量 $\hat{H}(t)$ 随时间变化快慢的程度, $\frac{E_n - E_m}{\hbar}$ 表征处于 $|m(t)\rangle$ 态的体系向 $|n(t)\rangle$ 跃迁的本征频率, 则

$$\beta = \frac{\hbar\langle m|\frac{\partial \hat{H}}{\partial t}|n\rangle}{(E_n - E_m)^2} \tag{9.20}$$

表征哈密顿量随时间变化的频率相对于体系由 $|m\rangle$ 到 $|n\rangle$ 态跃迁的速率. 那么, 相应于 $\langle m(t)|\frac{\partial}{\partial t}n(t)\rangle \to 0$ 的 $\beta \to 0$ 表征由 $|m\rangle$ 到 $|n\rangle$ 态跃迁的速率趋于 0, 也就是不同态之间基本没有跃迁, 亦即体系保持在瞬时本征态 $|m(t)\rangle$. 从而上面定义的 β 可作为绝热条件的标志量.

于是, 我们有量子绝热定理: **如果体系的哈密顿量 $\hat{H}(t)$ 随时间变化足够缓慢, 初态为 $|\psi(0)\rangle = |m(0)\rangle$, 则 $t > 0$ 时刻体系将保持在 $\hat{H}(t)$ 的瞬时本征态 $|m(t)\rangle$.**

总之, 在绝热近似下, 考虑初条件 $a_n(0) = \delta_{nm}$, 含时系统的量子态可以表述为

$$\psi(t) = a_m(t)\exp\left[-\frac{\mathrm{i}}{\hbar}\int_0^t E_m(t')\mathrm{d}t'\right]|m(t)\rangle,$$

其中

$$a_m(t) = \exp\left[-\int_0^t \langle m(t')|\dot{m}(t')\rangle\mathrm{d}t'\right]a_m(0).$$

这表明, 绝热近似下, 实际即很缓慢变化情况下, 初条件为 $a_n(0) = \delta_{nm}$ 的体系的量子态可以表述为

$$\psi(t) = \mathrm{e}^{\mathrm{i}(\alpha_m(t)+\gamma_m(t))}|m(t)\rangle, \tag{9.21}$$

其中

$$\alpha_m(t) = -\frac{1}{\hbar}\int_0^t E_m(t')\mathrm{d}t',$$

$$\gamma_m(t) = \mathrm{i} \int_0^t \langle m(t') | \dot{m}(t') \rangle \mathrm{d}t'.$$

显然, $\alpha_m(t)$ 为通常的动力学相位, 仅依赖于瞬时本征值 $E_m(t)$ 随时间变化的行为; $\gamma_m(t)$ 为依赖于 $\langle m | \dot{n} \rangle = \dfrac{\langle m | \dfrac{\partial \hat{H}}{\partial t} | n \rangle}{E_n - E_m}$ 的附加相位, 亦即依赖于瞬时能量本征态 $|m(t)\rangle$ 及其随时间变化快慢的附加相位. 考虑 $|m(t)\rangle$ 的归一化条件知, $\gamma_m(t)$ 为实数. 由于上述结果是在绝热近似条件下得到的, 亦即仅对满足绝热近似条件的体系成立, 因此常称之为绝热相位 (最早由 Moore 给此命名). 再回顾完整的计算和分析过程知, 这里所说的绝热近似并不像热物理中所说的没有能量交换, 其要点是, 即使有能量交换, 只要量子态的变换很缓慢, 以致有瞬时本征态, 即可被认为满足绝热近似条件. 总之, 这里的绝热的核心实际是变化缓慢.

2. 贝利相位

显然, 上述绝热相位是量子力学框架下很抽象的相位, 难以直观理解其物理意义. 1984 年英国物理学家贝利 (M.V. Berry) 在英国皇家学会会志上发表论文 (Proc. Roy. Soc. A 392, 45 (1984)) 阐明了绝热相位的物理意义和直观图像. 下面对之予以简要介绍.

考虑一个具有随时间周期性变化的参量 $\boldsymbol{R}(t)$ 的量子体系, 其哈密顿量为 $\hat{H}(\boldsymbol{R}(t))$. 记参量变化的周期为 τ, 即有 $\boldsymbol{R}(\tau) = \boldsymbol{R}(0)$, 并且 $\hat{H}(\boldsymbol{R}(\tau)) = \hat{H}(\boldsymbol{R}(0))$. 根据量子力学基本原理, 在绝热近似下, 体系具有瞬时本征方程

$$\hat{H}(\boldsymbol{R}(t)) | n(\boldsymbol{R}(t)) \rangle = E_n(\boldsymbol{R}(t)) | n(\boldsymbol{R}(t)) \rangle,$$

其中, $E_n(\boldsymbol{R}(t))$ 为瞬时能量本征值, $|n(\boldsymbol{R}(t))\rangle$ 为体系的包含 $\hat{H}(\boldsymbol{R}(t))$ 在内的一组可测量物理量完全集的瞬时共同本征态, n 是标记体系量子态的一组完备的量子数. 并且, $\{|n(\boldsymbol{R}(t))\rangle\}$ 构成 t 时刻体系量子态的一组完备基, t 时刻体系的任一量子态 $|\psi(t)\rangle$ 都可以由这一组完备基展开.

记初始时刻体系处于某一个给定的瞬时能量本征态 $|m(\boldsymbol{R}(0))\rangle$, 即有

$$|\psi(0)\rangle = |m(\boldsymbol{R}(0))\rangle,$$

按照前述讨论, 如果体系的哈密顿量随时间变化足够缓慢, 从而量子绝热定理成立, 则体系在 t 时刻的量子态 $|\psi(t)\rangle$ 可以表述为

$$|\psi(t)\rangle = \mathrm{e}^{\mathrm{i}[\alpha_m(t) + \gamma_m(t)]} |m(\boldsymbol{R}(t))\rangle,$$

其中

$$\alpha_m(t) = -\frac{1}{\hbar} \int_0^t E_m(\boldsymbol{R}(t')) \, \mathrm{d}t',$$

$$\gamma_m(t) = \mathrm{i} \int_0^t \left\langle m(\boldsymbol{R}(t')) \left| \frac{\partial}{\partial t'} m(\boldsymbol{R}(t')) \right\rangle \right. \mathrm{d}t',$$

$\alpha_m(t)$ 是依赖于瞬时能量本征值 $E_m(\boldsymbol{R}(t))$ 的通常的动力学相位, $\gamma_m(t)$ 为依赖于瞬时能量本征态 $|m(\boldsymbol{R}(t))\rangle$ 及其随时间变化率 $\left| \frac{\partial}{\partial t} m(\boldsymbol{R}(t)) \right\rangle$ 的绝热相位.

　　Berry 指出, 由于 $\gamma_m(t)$ 是由满足含时薛定谔方程的量子态确定的, 考虑到 $\boldsymbol{R}(t)$ 和 $\hat{H}(\boldsymbol{R}(t))$ 随时间变化而周期性演化, 则 $\gamma_m(t)$ 一般是不可积的, 从而 γ_m 不能表示为 $\boldsymbol{R}$ 的函数. 然而, 特别的是, 经过一个周期 τ 以后, 在参数空间中 $\boldsymbol{R}(t)$ 形成一个闭合曲线 (因为 $\boldsymbol{R}(\tau) = \boldsymbol{R}(0)$), 尽管一般说来, $\gamma_m(\tau) \neq \gamma_m(0)$, 但由于

$$\left| \frac{\partial}{\partial t'} m(t') \right\rangle = \frac{\mathrm{d}\boldsymbol{R}}{\mathrm{d}t'} \cdot \nabla |m(\boldsymbol{R})\rangle,$$

则 $\gamma_m(\tau)$ 可表述为

$$\gamma_m(\tau) = \mathrm{i} \int_{R(0)}^{R(\tau)} \mathrm{d}\boldsymbol{R} \cdot \langle m(\boldsymbol{R}) | \nabla | m(\boldsymbol{R}) \rangle.$$

记

$$\mathrm{i}\langle m(\boldsymbol{R}) | \nabla | m(\boldsymbol{R}) \rangle = \boldsymbol{A}_m(\boldsymbol{R}),$$

则 $\gamma_m(\tau)$ 的表达式可改写为

$$\gamma_m(\tau) = \oint_C \boldsymbol{A}_m(\boldsymbol{R}) \cdot \mathrm{d}\boldsymbol{R} = \gamma_m(C).$$

于是, Berry 还指出, $\gamma_m(\tau)$ 可以表示为参数空间中的一个回路积分, 如图 9.15 所示.

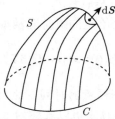

图 9.15　含周期性变化参量的体系的绝热相位 $\gamma_m(\tau)$ 由参数空间中的一个回路积分表述的示意图

上述讨论表明, 只要绝热近似成立, $\gamma_m(\tau) = \gamma_m(C)$ 不依赖于沿闭合回路 C 如何行走.

考虑 $|m(\boldsymbol{R})\rangle$ 的正交归一性 $\langle m(\boldsymbol{R})|m(\boldsymbol{R})\rangle = 1$, 计算其关于参数 $\boldsymbol{R}$ 的微分, 得

$$\langle m(\boldsymbol{R})|\nabla|m(\boldsymbol{R})\rangle + \langle \nabla m(\boldsymbol{R})|m(\boldsymbol{R})\rangle = 0,$$

即有

$$\langle m(\boldsymbol{R})|\nabla|m(\boldsymbol{R})\rangle + \langle m(\boldsymbol{R})|\nabla|m(\boldsymbol{R})\rangle^* = 0.$$

这表明, $\langle m(\boldsymbol{R})|\nabla|m(\boldsymbol{R})\rangle$ 为纯虚数, 因此 $A_m(\boldsymbol{R}) = \mathrm{i}\langle m(\boldsymbol{R})|\nabla|m(\boldsymbol{R})\rangle$ 为实数, 从而 $\gamma_m(C)$ 为实数, 亦即是可以观测到的. Berry 把 $\gamma_m(C)$ 称为几何相位改变或几何相移 (geometrical phase change). 后来人们习惯称 $\gamma_m(C)$ 为贝利几何相位, 简称几何相位.

根据斯托克斯定理,

$$\gamma_m(C) = \oint_C \boldsymbol{A}_m(\boldsymbol{R}) \cdot \mathrm{d}\boldsymbol{R} = \iint_S \left[\nabla \times \boldsymbol{A}_m(\boldsymbol{R}) \right] \cdot \mathrm{d}\boldsymbol{S}$$

即上述环路积分可以化为参数空间中的面积分, 如图 9.15 所示.

进一步, 记 $\nabla \times \boldsymbol{A}_m(\boldsymbol{R}) = \boldsymbol{B}_m$, 则

$$\gamma_m(C) = \iint_S \boldsymbol{B}_m(\boldsymbol{R}) \cdot \mathrm{d}\boldsymbol{S}$$

与我们熟知的关于磁场性质的描述方案比较知, $\boldsymbol{A}_m(\boldsymbol{R})$ 可看作参数空间中的 "矢势", 而 $\boldsymbol{B}_m = \nabla \times \boldsymbol{A}_m(\boldsymbol{R})$ 则可看作相应的 "磁场强度", $\gamma_m(C)$ 则代表通过以参数空间中闭曲线 C 为边界的曲面 S 的 "磁通量". 参照电磁理论知, 除了 "磁单极" 奇点 (出现在能级简并处) 外, 都有

$$\nabla \cdot \boldsymbol{B}_m(\boldsymbol{R}) = 0.$$

进一步, 考虑对瞬时本征态 $|m(\boldsymbol{R})\rangle$ 作一个相位变换

$$|m(\boldsymbol{R})\rangle \to \mathrm{e}^{\mathrm{i}\chi R}|m(\boldsymbol{R})\rangle,$$

则

$$\boldsymbol{A}_m(\boldsymbol{R}) \to \boldsymbol{A}_m(\boldsymbol{R}) - \nabla\chi.$$

这显然相当于一个规范变换. 与本章 9.1 节所述的规范变换相同,

$$\boldsymbol{B}_m(\boldsymbol{R}) = \nabla \times \boldsymbol{A}_m(\boldsymbol{R})$$

保持不变, 即具有规范变换不变性, 也就是规范对称性, 因而 $\gamma_m(C)$ 与 $|m(\boldsymbol{R})\rangle$ 的相位选取无关. 这就是说, 尽管 $\boldsymbol{A}_m(\boldsymbol{R})$ 依赖于瞬时能量本征态 $|m(\boldsymbol{R})\rangle$ 的相位的选取, 但 $\boldsymbol{B}_m(\boldsymbol{R})$ 和 $\gamma_m(C)$ 都与之无关.

　　进一步, $\boldsymbol{A}_m(\boldsymbol{R})$ 围绕一个闭合回路 C 的线积分 (其数值可以不为 0) 的规范无关性具有拓扑不变性, 因此贝利相位亦即一种拓扑相位. 差不多同期的研究表明, 拓扑相变会引导结构相变. 从而拓扑材料的研究成为近年来凝聚态物理和材料物理领域中非常活跃的研究前沿.

　　再者, 本章 9.1 节的讨论表明, 在通常的量子化方案下, 在沿 z 方向的均匀磁场 $\boldsymbol{B}$ 中以速度 $\boldsymbol{v}$ 运动的质量为 m (相应的机械动量为 $\boldsymbol{p} = m\boldsymbol{v}$)、带电量为 q 的粒子的哈密顿量为在 z 方向自由运动、在 x-y 平面内的二维谐振子势场中绕 z 轴方向转动的粒子的哈密顿量. 显然, 该谐振子势场提供了一个囚禁作用. 这表明, 外磁场对带电粒子提供了一个自然的囚禁势阱, 也就是说, 磁场和光场可以用来囚禁原子, 甚至像一把镊子来操控原子. 为提高囚禁效率, 这些原子的无规则运动的剧烈程度应该足够小, 也就是原子系统的温度应该足够低, 从而出现了冷原子囚禁. 该领域已经成为物理学科的一个重要的非常活跃的分支领域. 此外, 还发展建立了一系列其他新兴的前沿研究方向. 由于这些方向既前沿又比较专门, 限于课程范畴, 这里不予具体介绍, 有兴趣深入探究的读者请参阅有关教材或专著 (Cohen-Tannoudji 和 Guéry-Odelin 的著作 *Advances in Atomic Physics: An Overview*; 王义遒先生的著作《原子的激光冷却与俘陷》(北京大学出版社) 等).

思考题与习题

　　9.1　质量为 m, 电荷为 q 的非相对论粒子在电磁场中运动时, 哈密顿量算符为

$$\hat{H} = \frac{1}{2m}\left(\hat{\boldsymbol{P}} - q\boldsymbol{A}\right)^2 + q\varphi,$$

其中, $\boldsymbol{A}(\boldsymbol{r}, t)$、$\varphi(\boldsymbol{r}, t)$ 分别是电磁场的矢量势、标量势, $\hat{\boldsymbol{P}} = -\mathrm{i}\hbar\nabla$ 是正则动量算符, 定义速度算符为

$$\hat{\boldsymbol{v}} = \frac{\mathrm{d}\boldsymbol{r}}{\mathrm{d}t} = \frac{1}{\mathrm{i}\hbar}\left[\boldsymbol{r}, \hat{H}\right],$$

试给出 $\hat{\boldsymbol{v}}$ 的具体表达式和它的各分量之间的对易关系, 以及 $[\hat{\boldsymbol{v}}, \hat{\boldsymbol{v}}^2]$, 并给出 $[v_\alpha, x_\beta]$ 的值.

　　9.2　接上题, 试证明该粒子的运动满足运动方程

$$m\frac{\mathrm{d}}{\mathrm{d}t}\hat{\boldsymbol{v}} = \frac{q}{2}\left(\hat{\boldsymbol{v}} \times \boldsymbol{B} - \boldsymbol{B} \times \hat{\boldsymbol{v}}\right).$$

　　9.3　质量为 m、电荷为 q 的非相对论粒子在电磁场 $\boldsymbol{B} = \nabla \times \boldsymbol{A}$ 中运动, 定义机械角动量算符为

$$\hat{L} = \frac{1}{2}(\boldsymbol{r} \times m\hat{\boldsymbol{v}} - m\hat{\boldsymbol{v}} \times \boldsymbol{r}),$$

其中 $\hat{\boldsymbol{v}}$ 为 (机械) 速度算符, 试确定 $\dfrac{\mathrm{d}\hat{L}}{\mathrm{d}t}$.

9.4 试确定在相互垂直的均匀电场 $\boldsymbol{E}$ 和磁场 $\boldsymbol{B}$ 中运动的质量为 m、带电量为 q 的粒子的能量本征值.

9.5 在非相对论情况下, 自由电子的磁矩为 $\boldsymbol{\mu}$, 处于 y 方向磁感应强度为 B_y、z 方向磁感应强度为 B_z 的恒定均匀外磁场中,

(1) 试确定系统的哈密顿量的表述形式;

(2) 试确定算符 $\dfrac{\mathrm{d}}{\mathrm{d}t}\boldsymbol{\mu}$ 的表述形式.

9.6 质量为 m、电荷为 q 的粒子在沿 z 轴方向的均匀恒定磁场作用下在 x、y 平面内运动, 定义轨道中心算符 $\hat{x}_0 = x + \dfrac{1}{\omega}v_y$, $\hat{y}_0 = y - \dfrac{1}{\omega}v_x$, 其中 $\omega = qB/(mc)$, 试说明 $\hat{x}_0$、$\hat{y}_0$ 的物理意义, 并证明它们是运动常数.

9.7 接上题, 试确定轨道中心算符 $\hat{r}_0^2 = \hat{x}_0^2 + \hat{y}_0^2$ 和轨道半径 $\rho^2 = |\boldsymbol{r} - \boldsymbol{r}_0|^2 = \dfrac{1}{\omega^2}(v_x^2 + v_y^2)$ 的本征值谱.

9.8 已知质量为 m、电荷为 q 的粒子处于态 $\psi(\boldsymbol{r})$ 时, 其电荷密度和电流密度分别为

$$\rho(\boldsymbol{r}) = q\psi^*(\boldsymbol{r})\psi(\boldsymbol{r}), \quad j(\boldsymbol{r}) = -\frac{\mathrm{i}\hbar q}{2m}(\psi^*(\boldsymbol{r})\nabla\psi(\boldsymbol{r}) - \psi(\boldsymbol{r})\nabla\psi^*(\boldsymbol{r})),$$

试说明如何引入电荷密度和电流密度算符及它们的物理意义, 并证明它们的期望值就是这里的表达式.

9.9 设有质量为 m、电荷为 q 的带电粒子在均匀恒定磁场 $\boldsymbol{B}$ 及三维各向同性谐振子场 $U(r) = \dfrac{1}{2}m\omega_0^2 r^2$ 中运动, 试给出其能谱公式.

9.10 一个质量为 m、电荷为 q 的无自旋粒子被束缚在半径为 R 的圆周上运动, 试对下列情况分别确定其允许的能级 (可以差一个公共的附加常数):

(1) 粒子的运动是非相对论的;

(2) 在与圆面垂直的方向上有一均匀的磁场 $\boldsymbol{B}$;

(3) 保证与 (2) 所述情况同样的磁通穿过圆面, 但是它被限制在一半径为 b $(b > R)$ 的螺线管中;

(4) 在圆面内有一极强的电场 $\boldsymbol{\mathcal{E}}$ 存在 $(q|\boldsymbol{\mathcal{E}}| \gg \hbar^2/(mR^2))$;

(5) 题设的圆被一周长与圆相同、但面积仅为圆的一半的椭圆代替.

9.11 沿着 z 轴的均匀磁场 $\boldsymbol{B}(0,0,B)$ 可选择对称规范

$$\boldsymbol{A} = \frac{1}{2}\boldsymbol{B} \times \boldsymbol{r} = \left(-\frac{B}{2}y, \frac{B}{2}x, 0\right),$$

也可选择不对称规范

$$\boldsymbol{A}_1 = (-By, 0, 0) \quad \text{或} \quad \boldsymbol{A}_2 = (0, Bx, 0),$$

试证明: (1) $\boldsymbol{A}$ 规范下的波函数 $\psi(\boldsymbol{r})$ 变换到 $\boldsymbol{A}_1$、$\boldsymbol{A}_2$ 规范下时, 分别为

$$\psi_1(\boldsymbol{r}) = \psi(\boldsymbol{r}) \exp\left(-\mathrm{i}\frac{qB}{2\hbar}xy\right), \quad \psi_2(\boldsymbol{r}) = \psi(\boldsymbol{r}) \exp\left(\mathrm{i}\frac{qB}{2\hbar}xy\right).$$

(2) 若 $\psi(\boldsymbol{r})$ 是 $\hat{P}_x$ 的本征态, 则 $\psi_1(\boldsymbol{r})$ 是 $\hat{P}_x + \dfrac{qB}{2}y$ 的本征态.

9.12　对于电磁场中运动的 (有效) 质量为 m 的电子, 泡利提出其哈密顿量可以表述为

$$\hat{H} = \frac{1}{2m}[\hat{\boldsymbol{\sigma}} \cdot (\hat{\boldsymbol{P}} + e\boldsymbol{A})]^2 - e\varphi,$$

其中, $\hat{\boldsymbol{\sigma}}$ 为泡利矩阵, $\hat{\boldsymbol{P}}$ 为正则动量算符, $\boldsymbol{A}$、φ 分别为电磁场的矢量势、标量势, 试说明该哈密顿量全面反映了电子在电磁场中运动的行为.

9.13　质量为 m、电荷为 q 的带电粒子置于均匀电场中,

(1) 试写出系统的时间依赖的薛定谔方程;

(2) 试证明对任意态的粒子, 坐标算符的期望值都满足牛顿第二定律;

(3) 试证明在还有一个均匀静磁场情况下, 这一结果也是正确的, 并讨论该结论在质谱仪、粒子加速器等设计中的作用.

9.14　设有质量为 m、电荷为 q 的带电粒子在相互垂直的均匀恒定电场 $\boldsymbol{E}$ 和均匀磁场 $\boldsymbol{B}$ 中运动, 取磁场方向为 z 轴方向, 电场方向为 x 轴方向.

(1) 试确定粒子的能谱和波函数;

(2) 试确定在零动量状态中, 粒子的速度 $\boldsymbol{v}$ 的期望值.

9.15　我们可以将半经典的 Bohr-Sommerfeld 关系

$$\oint \boldsymbol{P} \cdot \mathrm{d}\boldsymbol{r} = \left(n + \frac{1}{2}\right)h$$

(其中积分沿一封闭的轨道, h 为普朗克常量) 推广应用到有电磁场存在的情况 (只需由 $\boldsymbol{p} - q\boldsymbol{A}$ 代替 $\boldsymbol{P}$). 试采用该关系及关于机械动量 $\boldsymbol{p}$ 的运动方程, 导出一个半经典电子在磁场 $\boldsymbol{B}$ 中沿任意轨道运动时的磁通量量子化条件.

9.16　在一边长为 L 的正方体形盒子中有矢量势为 $\boldsymbol{A} = B_0 x \hat{\boldsymbol{e}}_y$ (其中 $\hat{\boldsymbol{e}}_y$ 为 y 方向的单位向量) 的电磁场, 试确定在该盒子中运动的质量为 m、电荷为 q 的带电粒子的能级及其简并度和相应的本征函数.

9.17　一粒子有质量 m、电荷 q、自旋 s (s 对应的量子数不必等于 $1/2$) 和相应磁矩 $\boldsymbol{\mu} = \dfrac{q}{2m}gs$, 其中的 g 为粒子的旋磁比 (即内禀角动量在磁矩方向上的投影的系数), 该粒子在一磁感应强度为 $\boldsymbol{B}$ 的匀强磁场中以远小于光速 c 的速度运动.

(1) 在磁矢势表述为 $\boldsymbol{A} = \dfrac{1}{2}\boldsymbol{B} \times \boldsymbol{r}$ 的规范下, 试写出体系的哈密顿量;

(2) 试从该哈密顿量出发, 导出机械动量 $\boldsymbol{p}$ 和自旋 $\boldsymbol{s}$ 的量子力学 (海森伯) 运动方程 (在非相对论近似中可忽略 $\boldsymbol{A}^2$ 项);

(3) 在不直接求解这些运动方程情况下, 给出保持螺旋度 g 为常数的 g 因子的值;

(4) 试在通常的简单情况下, 给出电子、质子、中子和 π 介子的 g 因子的值.

9.18 电子、μ 子均为自旋量子数为 1/2 的粒子, 电荷都为 $-e$, 记其静止质量为 m, 则其磁矩为

$$\boldsymbol{\mu} = -g\frac{e}{2mc}\boldsymbol{s} = -g\frac{e\hbar}{4mc}\boldsymbol{\sigma},$$

其中, g 因子在 2 附近, $\boldsymbol{\sigma}$ 为泡利矩阵. 考虑具有一定动量的粒子 (电子、μ 子等) 在沿 z 轴方向的均匀磁场中的运动, 其哈密顿量为

$$\hat{H} = \frac{1}{2}mv^2 - \boldsymbol{\mu} \cdot \boldsymbol{B} = \frac{1}{2}mv^2 + g\omega_{\mathrm{L}}s_z,$$

其中, $\boldsymbol{v}$ 为粒子的速度算符, $\omega_{\mathrm{L}} = eB/2mc$ 为拉莫尔频率.

(1) 试证明, 如果 $g = 2$, 则粒子的螺旋度算符 $\boldsymbol{\sigma} \cdot \boldsymbol{v}$ 是守恒量;

(2) 由于实际上 g 因子比 2 大约千分之一, 因此上述 $\boldsymbol{\sigma} \cdot \boldsymbol{v}$ 并不是严格的守恒量. 在 $t = 0$ 初始时刻, 极化粒子垂直于磁场入射, 且初始时自旋取向与速度方向相同. 试给出自旋取向与速度方向偏离的角度随时间变化的行为和时间变化率 (角速度), 并给出该角速度与粒子自旋进动频率的比值;

(3) 若有兴趣, 研读有关文献 (例如, D. Hanneke, S. Fogwell, and G. Gabri- else, Phys. Rev. Lett. 100 (2008), 120801; F. Jegerlehner, and A. Nyffeler, Phys. Rep. 477 (2009), 1; 等等), 对具体实验数据给出自己的计算.

9.19 一个氢原子处在 2p 态, 并且是 $L_x = \hbar$ 的态. 在 $t = 0$ 时, 对系统加上磁感应强度为 $|\boldsymbol{B}|$、方向沿 z 轴的强磁场.

(1) 假定电子的自旋-轨道耦合效应可以忽略, 试给出 L_x 的期望值随时间变化的行为;

(2) 试确定在所加磁场多强情况下, 电子的自旋-轨道耦合效应才真正可以被忽略;

(3) 如果加上的磁场极弱, 并可假定 $t = 0$ 时, $L_x = +\hbar$, $s_x = \frac{1}{2}\hbar$, 磁场仍指向 z 轴方向, 试说明对这种情形计算 L_x 的期望值随时间变化行为的方案 (不需作全部计算, 但各主要步骤需解释清楚).

9.20 试定量分析钠原子的 $3P \to 3S$ 的跃迁所产生的光谱线的正常塞曼效应和反常塞曼效应, 说明它们的基本特征, 画出可能的跃迁示意图. 如果实验所用光谱仪的能量测量精度为 1.0×10^{-6}eV, 那么为测量到正常塞曼效应, 所加外磁场的磁感应强度至少为多大? 如果实验测量可用的外磁场的磁感应强度最大仅为 2 T, 那么为测量到正常塞曼效应, 所用光谱仪的波长分辨率 $\dfrac{\delta\lambda}{\lambda}$ 应至少为多大.

9.21 将基态铯原子置于 2 T 的磁场中, 试确定该铯原子的塞曼分裂能量差; 并说明, 为测量到该塞曼分裂, 所用摄谱仪的波长测量精度至少为多大; 若要使电子自旋转变方向, 外加振荡电磁场的频率应该为多大.

9.22 将含氢样品置于稳恒磁场为 1T 的核磁共振谱仪中, 当共振频率调制到 42.57 MHz 时, 观测到样品的共振吸收. 试确定该含氢样品的 "核" 的旋磁比.

9.23 接上题, 对含角动量为 $\dfrac{3}{2}\hbar$ 的 ^{7}Li 样品, 当共振频率调制到 16.55 MHz 时, 观测到共振吸收. 试确定 ^{7}Li 原子核的 g 因子和磁矩.

主要参考书目

[1] 程檀生. 现代量子力学教程 [M]. 北京: 北京大学出版社, 2006.

[2] Cohen–Tannoudji C, Diu B, Laloë F. Quantum Mechanics [M]. Paris: Hermann, New York: John Wiley & Sons Inc., 1977.

[3] Dirac P A M. The Principle of Quantum Mechanics[M]. 4th ed. London: Oxford University Press, 1958. (中译本, 陈咸亨译, 北京: 科学出版社, 1965)

[4] Griffiths D J. Introduction to Quantum Mechanics[M]. 2nd ed. Boston: Pearson Education Inc., 2005.

[5] Landau L D, Lifshitz E M. Quantum Mechanics (Non-relativistic Theory)[M]. 3rd ed. Oxford: Butterworth–Heinemann, 1977; Beijing: World Publishing Corporation, 1999. (中译本, 严肃译, 北京: 高等教育出版社, 1980 (上册), 1981(下册)).

[6] 刘玉鑫. 原子物理学 [M]. 北京: 高等教育出版社, 2021.

[7] 刘玉鑫. 物理学家用李群李代数 [M]. 北京: 北京大学出版社, 2022.

[8] Sakurai J J. Modern Quantum Mechanics[M]. Boston: Pearson Education Inc., 1994; Sakurai J J, Napolitano J. Modern Quantum Mechanics[M]. 2nd ed. Boston: Pearson Education Asia Ltd. and Beijing World Publishing Corporation, 2011.

[9] Schiff L I. Quantum Mechanics[M]. 3rd ed. New York: McGraw-Hill Inc., 1968.

[10] Shankar R. Principle of Quantum Mechanics[M]. New York: Plenum Press, 1980.

[11] 苏汝铿. 量子力学 [M]. 2 版. 北京: 高等教育出版社, 2002.

[12] 曾谨言. 量子力学 [M]. 5 版. 北京: 科学出版社, 2013(卷 I), 2014(卷 II).

[13] 张永德. 量子力学 [M]. 北京: 科学出版社, 2002.

[14] 张永德, 等. 物理学大题典 · 量子力学 [M].2 版. 北京: 科学出版社, 2018.

[15] 张永德. 量子菜根谭 [M]. 3 版. 北京: 清华大学出版社, 2012.

[16] 周世勋. 量子力学 [M]. 上海: 上海科学技术出版社, 1961.